"十三五"国家重点出版物出版规划项目

高性能高分子材料丛书

耐高温芳炔树脂及其复合材料

黄发荣　齐会民　袁荞龙 等　编著

科 学 出 版 社

北 京

内 容 简 介

本书为"高性能高分子材料丛书"之一,芳炔树脂是以芳炔类单体为原料合成的高性能热固性树脂,具有易加工(低温固化)、高耐热、高残留率(热分解)、低介电等特点。全书共十八章,主要以芳炔树脂为主线,围绕树脂合成、树脂反应、树脂结构与性能、树脂改性、树脂应用等内容展开。书中在简单介绍合成芳炔树脂的原料之后,依次阐述聚芳基乙炔树脂及其复合材料和含硅芳炔树脂及其复合材料,其中涉及芳炔树脂的发展、合成方法、固化成型、结构与性能关系,以及芳炔树脂作为先驱体和复合材料基体的应用等主题;并根据芳炔树脂的特点,探讨了芳炔树脂材料在航空航天等高技术领域中应用前景;还介绍了一些芳炔封端的高性能树脂及其复合材料。

本书是我国首部关于芳炔树脂新材料的专著,聚集了作者及团队三十多年积累的研究成果,内容系统丰富,书中收集了许多实用数据,可为读者选材用材提供依据。本书可作为从事树脂基复合材料研究、生产和应用科技人员的专业参考书,也可作为树脂基复合材料专业学生的参考书。

图书在版编目(CIP)数据

耐高温芳炔树脂及其复合材料 / 黄发荣等编著. —北京:科学出版社, 2020.12

(高性能高分子材料丛书/蹇锡高总主编)

"十三五"国家重点出版物出版规划项目

ISBN 978-7-03-067238-4

Ⅰ. ①耐… Ⅱ. ①黄… Ⅲ. ①树脂基复合材料-研究 Ⅳ. ①TB333.2

中国版本图书馆 CIP 数据核字(2020)第 251978 号

丛书策划:翁靖一
责任编辑:翁靖一 高 微/责任校对:杜子昂
责任印制:师艳茹/封面设计:东方人华

科 学 出 版 社 出版
北京东黄城根北街 16 号
邮政编码:100717
http://www.sciencep.com

北京通州皇家印刷厂印刷
科学出版社发行 各地新华书店经销

*

2020 年 12 月第 一 版 开本:720 × 1000 1/16
2020 年 12 月第一次印刷 印张:37
字数:728 000

定价:198.00 元
(如有印装质量问题,我社负责调换)

高性能高分子材料丛书

编　委　会

总　序

自 20 世纪初，高分子概念被提出以来，高分子材料越来越多地走进人们的生活，成为材料科学中最具代表性和发展前途的一类材料。我国是高分子材料生产和消费大国，每年在该领域获得的授权专利数量已经居世界第一，相关材料应用的研究与开发也如火如荼。高分子材料现已成为现代工业和高新技术产业的重要基石，与材料科学、信息科学、生命科学和环境科学等前瞻领域的交叉与结合，在推动国民经济建设、促进人类科技文明的进步、改善人们的生活质量等方面发挥着重要的作用。

国家"十三五"规划显示，高分子材料作为新兴产业重要组成部分已纳入国家战略性新兴产业发展规划，并将列入国家重点专项规划，可见国家已从政策层面为高分子材料行业的大力发展提供了有力保障。然而，随着尖端科学技术的发展，高速飞行、火箭、宇宙航行、无线电、能源动力、海洋工程技术等的飞跃，人们对高分子材料提出了越来越高的要求，高性能高分子材料应运而生，作为国际高分子科学发展的前沿，应用前景极为广阔。高性能高分子材料，可替代金属作为结构材料，或用作高级复合材料的基体树脂，具有优异的力学性能。这类材料是航空航天、电子电气、交通运输、能源动力、国防军工及国家重大工程等领域的重要材料基础，也是现代科技发展的关键材料，对国家支柱产业的发展，尤其是国家安全的保障起着重要或关键的作用，其蓬勃发展对国民经济水平的提高也具有极大的促进作用。我国经济社会发展尤其是面临的产业升级以及新产业的形成和发展，对高性能高分子功能材料的迫切需求日益突出。例如，人类对环境问题和石化资源枯竭日益严重的担忧，必将有力地促进高效分离功能的高分子材料、生态与环境高分子材料的研发；近 14 亿人口的健康保健水平的提升和人口老龄化，将对生物医用材料和制品有着内在的巨大需求；高性能柔性高分子薄膜使电子产品发生了颠覆性的变化；等等。不难发现，当今和未来社会发展对高分子材料提出了诸多新的要求，包括高性能、多功能、节能环保等，以上要求对传统材料提出了巨大的挑战。通过对传统的通用高分子材料高性能化，特别是设计制备新型高性能高分子材料，有望获得传统高分子材料不具备的特殊优异性质，进而有望满足未来社会对高分子材料高性能、多功能化的要求。正因为如此，高性能高分子材料的基础科学研究和应用技术发展受到全世界各国政府、学术界、工业界的高度重视，已成为国际高分子科学发展的前沿及热点。

因此，对高性能高分子材料这一国际高分子科学前沿领域的原理、最新研究进展及未来展望进行全面、系统地整理和思考，形成完整的知识体系，对推动我国高性能高分子材料的大力发展，促进其在新能源、航空航天、生命健康等战略新兴领域的应用发展，具有重要的现实意义。高性能高分子材料的大力发展，也代表着当代国际高分子科学发展的主流和前沿，对实现可持续发展具有重要的现实意义和深远的指导意义。

为此，我接受科学出版社的邀请，组织活跃在科研第一线的近三十位优秀科学家积极撰写"高性能高分子材料丛书"，内容涵盖了高性能高分子领域的主要研究内容，尽可能反映出该领域最新发展水平，特别是紧密围绕着"高性能高分子材料"这一主题，区别于以往那些从橡胶、塑料、纤维的角度所出版过的相关图书，内容新颖、原创性较高。丛书邀请了我国高性能高分子材料领域的知名院士、"973"项目首席科学家、教育部"长江学者"特聘教授、国家杰出青年科学基金获得者等专家亲自参与编著，致力于将高性能高分子材料领域的基本科学问题，以及在多领域多方面应用探索形成的原始创新成果进行一次全面总结、归纳和提炼，同时期望能促进其在相应领域尽快实现产业化和大规模应用。

本套丛书于 2018 年获批为"十三五"国家重点出版物出版规划项目，具有学术水平高、涵盖面广、时效性强、引领性和实用性突出等特点，希望经得起时间和行业的检验。并且，希望本套丛书的出版能够有效促进高性能高分子材料及产业的发展，引领对此领域感兴趣的广大读者深入学习和研究，实现科学理论的总结与传承，科技成果的推广与普及传播。

最后，我衷心感谢积极支持并参与本套丛书编审工作的陈祥宝院士、李仲平院士、瞿金平院士、王玉忠院士、张立群教授、李光宪教授、郑强教授、王笃金研究员、杨小牛研究员、余木火教授、解孝林教授、王锦艳教授、张守海教授等专家学者。希望本套丛书的出版对我国高性能高分子材料的基础科学研究和大规模产业化应用及其持续健康发展起到积极的引领和推动作用，并有利于提升我国在该学科前沿领域的学术水平和国际地位，创造新的经济增长点，并为我国产业升级、提升国家核心竞争力提供该学科的理论支撑。

中国工程院院士

大连理工大学教授

前　言

先进树脂基复合材料是由高性能树脂和高性能纤维复合而成的轻质高强材料，当今它已成为航空航天等高技术领域的重要材料，并已获得广泛应用。常见的高性能树脂有环氧树脂、酚醛树脂、双马来酰亚胺树脂、聚酰亚胺树脂、氰酸酯树脂等，它们作为纤维复合材料的重要树脂基体已在复合材料行业中发挥极其重要的作用。

随科学技术的快速发展，航空航天等行业对耐高温树脂复合材料提出了迫切的需求。芳炔树脂(含硅芳炔树脂)作为高性能树脂之一，以易加工、高耐热、低介电、高热解残留率、高温可陶瓷化为特征，用其制备的复合材料可耐 450℃以上的高温，作为功能或功能结构一体化复合材料树脂基体展现出很好的发展潜力和应用前景。

编著者在调查国内外芳炔树脂材料研究和进展的基础上，结合在华东理工大学三十多年从事芳炔树脂及其复合材料的研究成果，撰写了《耐高温芳炔树脂及其复合材料》一书。

本书涉及五部分内容，共 18 章：第 1 章概述了芳炔树脂的原料单体的合成与性质；第 2～3 章介绍了聚芳基乙炔树脂及其改性芳炔树脂材料；第 4～13 章详细阐述了含硅芳炔树脂及其复合材料，涉及含硅芳炔树脂的发展、树脂的合成或制备、树脂的固化、树脂的结构与性能等方面，并分述了典型树脂的研究情况；第 14～17 章叙述了含硅芳炔树脂的应用及发展，涉及含硅芳炔树脂陶瓷化、复合工艺技术、复合界面等内容；第 18 章简述了其他芳炔树脂材料的现状。

本书第 1 章由黄发荣撰写；第 2～3 章由齐会民撰写；第 4 章、第 6～12 章由周燕和黄发荣撰写；第 5 章由袁荞龙撰写；第 13 章 13.1 节、13.2 节、13.4 节、13.5 节由袁荞龙和黄发荣撰写；第 13 章 13.3 节、13.6 节由周燕撰写；第 14 章、第 15 章、第 17 章由黄发荣撰写；第 16 章由扈艳红撰写；第 18 章由唐均坤撰写，全书由黄发荣负责审阅和周燕负责校改。博士研究生刘晓天、龚长俊，硕士研究生吴帮强、乔志瑶协助了撰写工作。

本书可作为从事树脂基复合材料研究、生产和应用科技人员的专业参考书，也可作为树脂基复合材料专业学生的参考书。愿本书的出版对先进树脂基复合材料的研究、开发和应用，甚至对复合材料行业的发展起一定的推进作用。本书的撰写和出版得到学校有关部门的关心和支持，同时承蒙科学出版社编辑的热心关照、积极配合和大力支持，编著者在此一并致以深深的谢意！编著者在此也对撰写过程中给予支持和帮助的老师们、同事们及家人们表示衷心的感谢！

本书总结的研究成果是在国家有关部门支持下由诸多同事和研究生参与研究所取得的，在此一并对他们致以衷心的感谢！感谢他们的参与和付出！

由于时间仓促和水平有限，书中难免有不足之处或不妥之处，恳请读者批评并不吝指正。

2020 年 6 月 30 日于上海

目 录

第 1 章

芳炔树脂的原料单体及其合成

1.1 引　言

炔烃与烯烃均为不饱和烃化合物，在有机化合物中占有重要地位，烯烃因用于合成聚合物而获得大规模生产与应用，并受到广泛重视，而炔烃很少应用于合成聚合物。人们早就发现乙炔可三聚环化生成苯，但 20 世纪 60 年代才开始研究乙炔的聚合。1967 年 Hideki Shirakawa 实验室使用过量齐格勒-纳塔催化剂催化乙炔的聚合，合成了银白色带金属光泽的聚乙炔，发现该线型聚乙炔经掺杂可制成高电导性的材料，其电导率可达到金属铜的水平。这一发现不仅为炔烃的聚合应用开辟了道路，也为导电材料的发展开拓了新途径。三位科学家 Alan J. Heeger 和 Alan G. MacDiarmid（美国）、Hideki Shirakawa（日本）因发现导电聚乙炔材料而在 2000 年荣获诺贝尔化学奖，但因聚乙炔材料易氧化而使其应用产生困难，其应用进展始终未有重大突破。

早在 20 世纪 70 年代，炔类化合物便用于合成热固性树脂，最典型的炔类聚合物是炔基封端的聚酰亚胺，当时引起材料学家的重视，短时间内出现了许多研究工作报道，取得了重要进展，并实现了炔基封端聚酰亚胺的应用。但由于该类聚酰亚胺树脂加工窗太窄而未获得大规模的应用。

20 世纪 80 年代，美国国家航空航天局（NASA）材料科学研究室对二乙炔基苯聚合开展了大量的研究，解决了聚合过程中放热量很大的问题，开发了芳基乙炔树脂，并用于制备碳/碳复合材料。从此，芳基乙炔树脂材料受到人们的关注。90 年代含硅芳炔树脂的出现进一步引起了人们对炔类聚合物的兴趣，日本、法国、中国相继开展研究工作，至今已取得重要进展，研制的含硅芳炔树脂逐步走向应用。本书对芳基乙炔树脂和含硅芳炔树脂及其相关材料作论述。首先介绍合成芳炔树脂的原料。

1.2   芳基乙炔单体的种类和性质

1.2.1   芳基乙炔单体的种类

1. 单炔基芳烃[1]

单炔基芳烃是指分子结构中只有一个乙炔基的芳烃，可用于与二炔基或多炔基芳烃共聚，以改善树脂的性能。作为封端剂可用来控制树脂的分子量，改善树脂的工艺性能；作为扩链剂可以用来控制树脂的交联度，改善树脂的力学性能。几种乙炔基芳烃的化学结构如下：

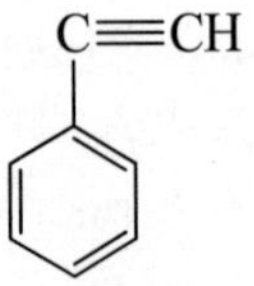

苯乙炔 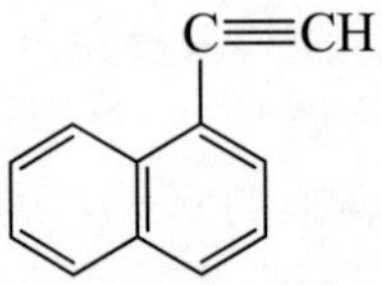   萘乙炔 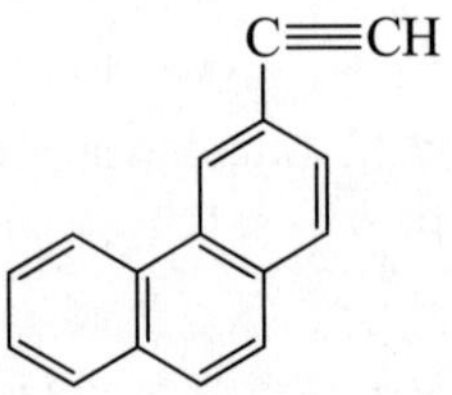   菲乙炔 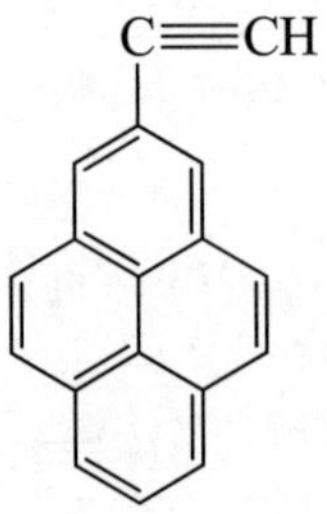   芘乙炔

2. 二炔基芳烃[1-4]

二乙炔基芳烃是指分子结构中有两个乙炔基的芳烃，也是芳基乙炔单体的重要品种，其中二乙炔基苯是最早应用于合成芳基乙炔树脂的单体，常用的有对二乙炔基苯（p-DEB）、间二乙炔基苯（m-DEB）、4,4′-二乙炔基二苯甲烷（DEDPM）、4,4′-二乙炔基联苯（DEBP）等，几种二炔基芳烃的化学结构如下：

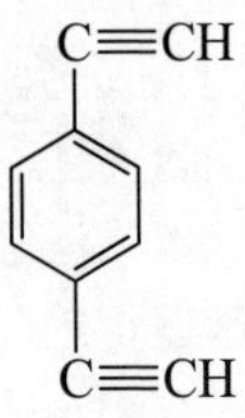

p-DEB 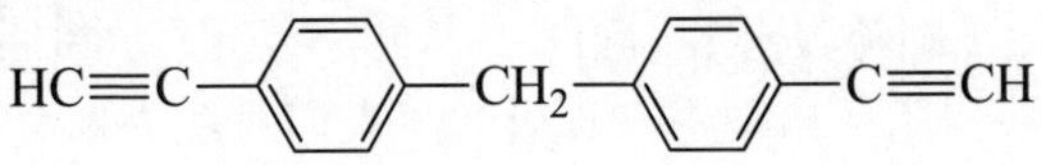   DEDPM

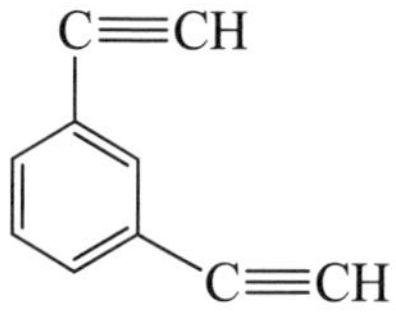

m-DEB

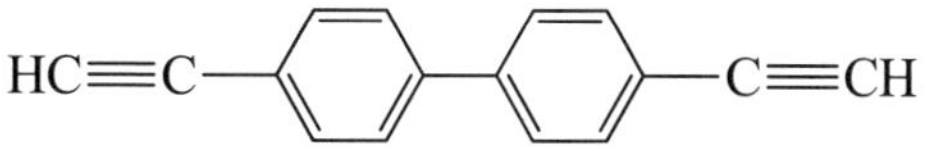

DEBP

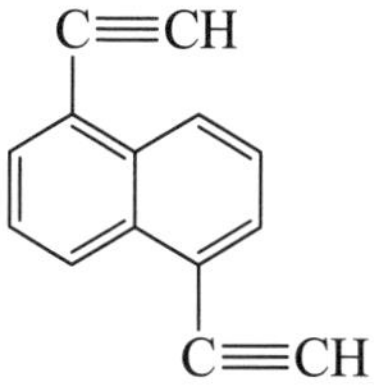

1,5-二乙炔基萘

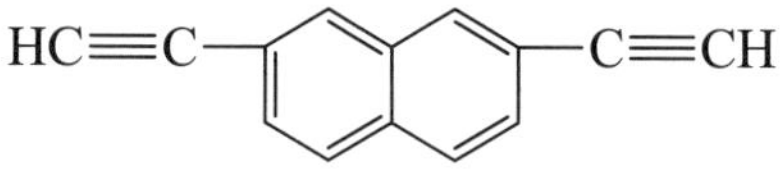

2,7-二乙炔基萘

硫、氧、硅等原子的引入可改善其树脂的某些性能，如带有硫、氧原子的芳炔树脂具有较好的力学性能，如强度、韧性。常见含硫、氧原子的二炔基单体如下[5-7]：

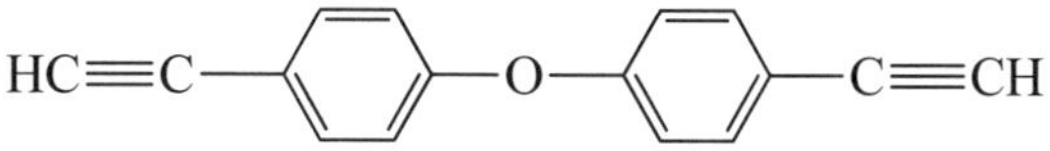

4,4′-二乙炔基二苯醚

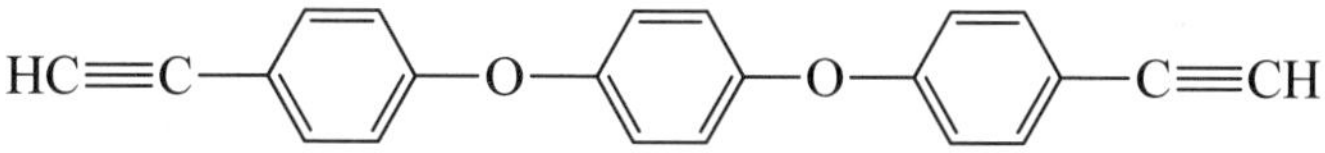

1,4-二(*p*-乙炔基苯氧基)苯

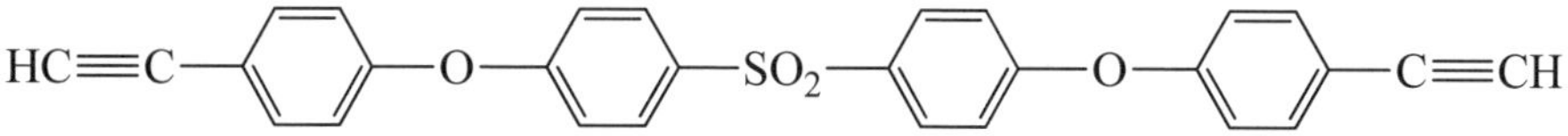

4,4′-二(*p*-乙炔基苯氧基)二苯砜

3. 多炔基芳烃[3,4]

用多炔基芳烃合成的树脂固化后交联密度大，热稳定性好，但性脆，单体合成也比较困难。这类单体往往用作改性剂，用来改善芳炔树脂的性能，常用的有4,4′,4″-三乙炔基三苯甲烷(TETPM)、1,3,5-三(*p*-乙炔基苯基)苯(TETPB)等，其化学结构如下：

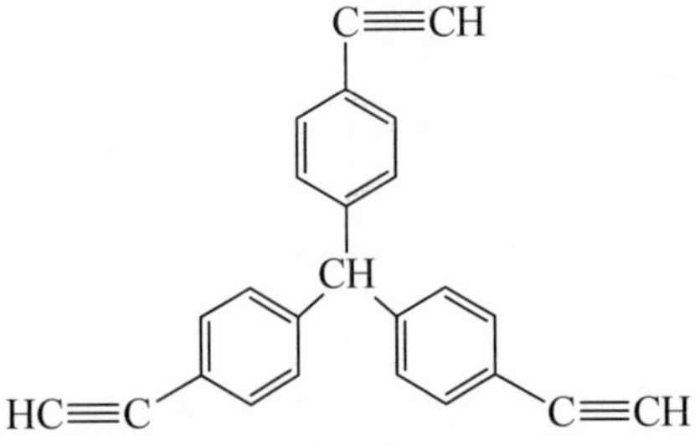

TETPM

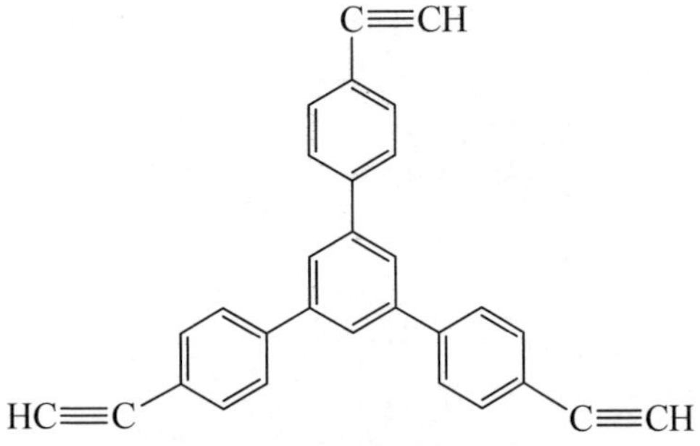

TETPB

4. 内炔基芳烃[8, 9]

内炔基芳烃单体主要由多溴苯与苯乙炔在钯催化剂作用下通过偶合反应合成，由于内乙炔基活性较低，其聚合过程与外乙炔基芳烃明显不同，聚合温度较高(>300℃)，几种内炔基芳烃的化学结构如下：

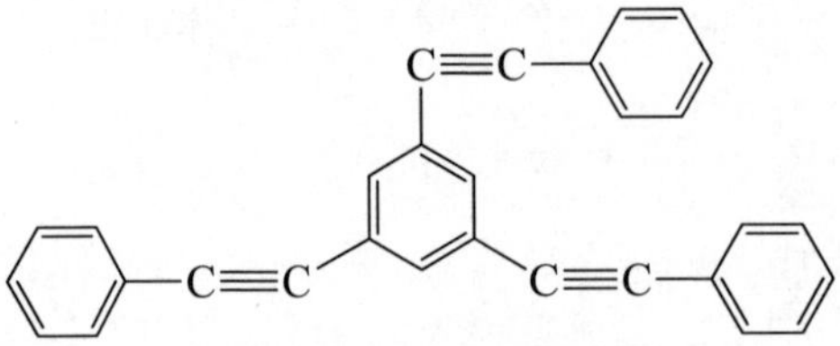

1, 3, 5-三苯乙炔基苯

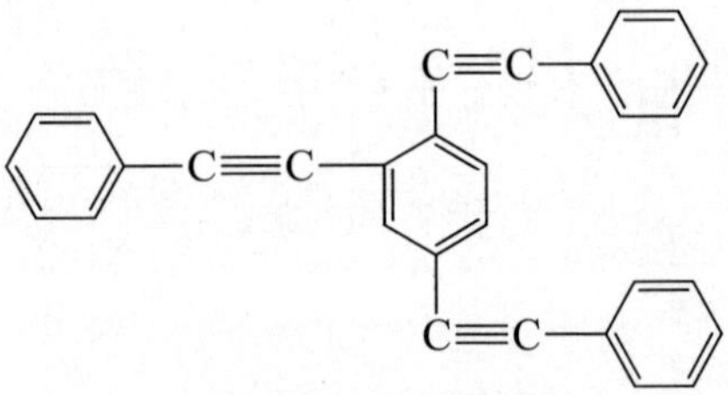

1, 2, 4-三苯乙炔基苯

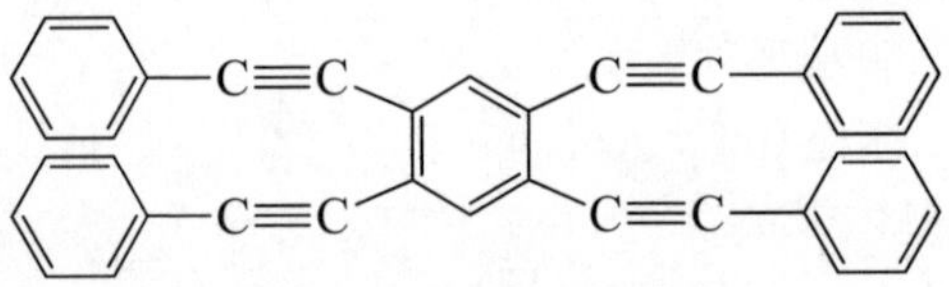

1, 2, 4, 5-四苯乙炔基苯

1.2.2 常用芳基乙炔单体的性质

1. 乙炔基单体

苯乙炔(phenylacetylene)分子式 C_8H_6，分子量 102.1，又称乙炔基苯。苯乙炔(CAS No：536-74-3)，常温下是无色的液体或略带黄色的液体，熔点-44.8℃，沸点 142～144℃，闪点 31℃，密度 0.93g/cm³，折射率 1.549，可与醇、醚互溶，不溶于水。

萘乙炔(naphthylacetylene)分子式 $C_{12}H_8$，分子量 152.2，又称乙炔基萘。1-萘乙炔(CAS No：15727-65-8)，常温下是无色的液体或略带黄色的液体，沸点 270.4℃，闪点 106.3℃，密度 1.07g/cm³，折射率 1.643，可与醇、醚互溶，不溶于水。

2. 二乙炔基单体

1) 二乙炔基苯(diethynyl benzene)

二乙炔基苯分子式 $C_{10}H_6$，分子量 126.2。它们有邻、间、对位异构体，间二乙炔基苯(CAS No: 1785-61-1)，常温下是无色的液体或略带黄色的液体，熔点 $-3℃$，沸点 $188\sim189℃$(760mmHg)，闪点 66.5℃，密度近 1.0 g/cm^3，折射率 1.5820；对二乙炔基苯(CAS No: 935-14-8)，常温下是白色的固体粉末或略带黄色的固体粉末，熔点 $94\sim98℃$，沸点 $(182.8\pm23.0)℃$(760mmHg)，闪点 $(51.9\pm16.7)℃$，密度近 1.0g/cm^3，折射率 1.567；邻二乙炔基苯(CAS No: 21792-52-9)，常温下是淡黄色的液体，沸点 100℃(7mmHg)，沸点 $(200.3\pm23.0)℃$(760mmHg)，闪点 $(62.4\pm16.7)℃$，密度近 1.0g/cm^3；^1H NMR 分析: 7.58ppm、7.24ppm(m, 4H, Ar—H)，3.41ppm(s, 2H, ≡C—H)；FTIR 分析: 3286cm^{-1}(≡C—H)，2162cm^{-1}(C≡C)，1474cm^{-1}、1438cm^{-1}(苯环)。它们均溶解于甲醇、甲苯、四氢呋喃(THF)等，不溶于水。

2) 二乙炔基萘(diethynyl naphthalene)

二乙炔基萘分子式 $C_{14}H_8$，分子量 176.2。二乙炔基萘有多种异构体，其中 1,8-二乙炔基萘(CAS No: 18067-44-2)，常温下是固体，沸点 315.2℃(760mmHg)，闪点 134.9℃，密度 1.1g/cm^3，折射率 1.655；2,7-二乙炔基萘(CAS No: 113705-27-4)，常温下也是固体，沸点 $(315.2\pm15.0)℃$(760mmHg)，闪点 $(134.9\pm14.5)℃$，密度 1.1g/cm^3。

3) 其他二乙炔基单体[10-12]

二乙炔基二苯醚(diethynyldiphenyl ether)分子式 $C_{16}H_{10}O$，分子量 218.3。其中 4,4′-二乙炔基二苯醚(CAS No: 21368-80-9)，其结构如下:

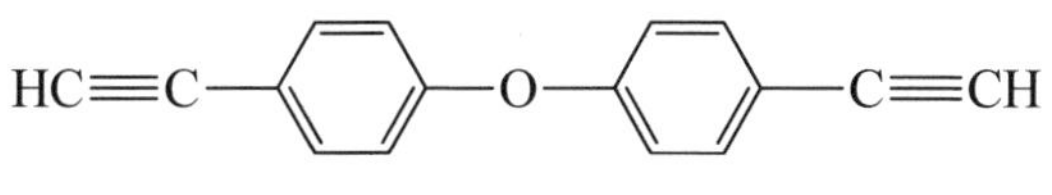

常温下是淡黄色的结晶粉末，熔点 77℃。^1H NMR 分析: 7.47ppm、6.94ppm(s, 4H, Ar—H)，3.06ppm(s, 2H, ≡C—H)；^{13}C NMR 分析: 157.0ppm、133.9ppm、118.9ppm、117.4ppm(苯环)，83.1ppm、76.9ppm(C≡C)；FTIR 分析: 3282cm^{-1}(≡C—H)，2152cm^{-1}(C≡C)，1589cm^{-1}、1496cm^{-1}(苯环)，1241cm^{-1}(Ar—O—Ar)。其易溶于芳烃和四氢呋喃、乙醚、三氯甲烷(俗称氯仿)等极性溶剂。

二(乙炔基苯氧基)苯［bis(ethynyphenoxy) benzene］分子式 $C_{22}H_{14}O_2$，分子量 310.3。其中 1,4-二(4′-乙炔基苯氧基)苯(CAS No: 73899-88-4)，其结构如下:

$$HC \equiv C - \bigcirc - O - \bigcirc - O - \bigcirc - C \equiv CH$$

常温下是淡黄色的结晶粉末，熔点 138～139℃。^{1}H NMR 分析：7.47ppm、6.94ppm（s，4H，Ar—H），7.03ppm（s，4H，Ar—H），3.04ppm（s，2H，≡C—H）；FTIR 分析：3278cm^{-1}（≡C—H），2152cm^{-1}（C≡C），1599cm^{-1}、1501cm^{-1}（苯环），1247cm^{-1}、1099cm^{-1}（Ar—O—Ar）。其易溶于芳烃和四氢呋喃、乙醚、氯仿等极性溶剂。

二（乙炔基苯氧基）二苯醚［bis(ethynylphenyloxy)diphenyl ether］分子式 $C_{28}H_{18}O_3$，分子量 402.4。4,4'-二(4''-乙炔基苯氧基)二苯醚(CAS No：75991-28-5)，其结构如下：

$$HC \equiv C - \bigcirc - O - \bigcirc - O - \bigcirc - O - \bigcirc - C \equiv CH$$

常温下是淡黄色的结晶粉末，熔点 172～173℃。^{1}H NMR 分析：7.46ppm、6.93ppm（s，4H，Ar—H），7.02ppm（s，8H，Ar—H），3.03ppm（s，2H，≡C—H）；FTIR 分析：3303cm^{-1}（≡C—H），2152cm^{-1}（C≡C），1599cm^{-1}、1501cm^{-1}（Ar），1243cm^{-1}、1101cm^{-1}（Ar—O—Ar）。其易溶于芳烃和四氢呋喃、乙醚、氯仿等极性溶剂。

二（乙炔基苯氧）二苯砜[bis(ethynylphenyloxy)diphenyl sulphone]分子式 $C_{28}H_{18}O_4S$，分子量 450.4。其中 4,4'-二(4-乙炔基苯氧基)二苯砜(CAS No：88272-95-1)[13]，其结构如下：

$$HC \equiv C - \bigcirc - O - \bigcirc - SO_2 - \bigcirc - O - \bigcirc - C \equiv CH$$

常温下是白色的结晶粉末，熔点 145～150℃。^{1}H NMR 分析：7.47ppm、6.94ppm（s，4H，Ar—H），7.03ppm（s，4H，Ar—H），4.20ppm（s，2H，≡C—H）；FTIR 分析：3251cm^{-1}（≡C—H），2101cm^{-1}（C≡C），1584cm^{-1}、1487cm^{-1}（苯环），1245cm^{-1}（Ar—O），1148cm^{-1}（S=O）。其易溶于芳烃和四氢呋喃、乙醚、氯仿等极性溶剂。

3. 三乙炔基苯单体[12]

三乙炔基苯(triethynylbenzene)分子式 $C_{12}H_6$，分子量 150.18，三乙炔基苯有异构体，常见有 1,3,5-三乙炔基苯、1,2,4-三乙炔基苯。1,3,5-三乙炔基苯(CAS No：7567-63-7)，熔点 105～107℃，常温下是无色的固体(易变黄)或略带黄色的固体，易升华，溶解于甲醇、甲苯、四氢呋喃等，不溶于水。1,2,4-三乙炔基苯(CAS No：70603-30-4)，密度 1.054g/cm^3，沸点 242.4℃(760mmHg，计算值)，闪点 89.5℃。

1.3　芳基乙炔单体的合成

芳基乙炔单体种类比较多，其合成方法也多种多样，在此不能胜举。芳基乙炔单体的主要合成方法有芳烃的卤化和脱卤法、卤代芳烃取代法、芳烃酰化法（Vilsmeier 方法）等，以下仅作简单介绍。

1. 烷(烯)基芳烃卤化和脱卤法[14-16]

烷基芳烃在一定条件下发生自由基卤素取代反应，生成卤化物：

$$CH_3CH_2 \underset{}{\bigcirc} CH_2CH_3 \xrightarrow{PCl_5,\ h\nu} ClH_2CClHC \underset{}{\bigcirc} CHClCH_2Cl$$

然后卤化物在液氨中脱除卤化氢，可生成炔基芳烃。典型反应示意如下：

$$ClH_2CClHC \underset{}{\bigcirc} CHClCH_2Cl \xrightarrow{NaNH_2,\ NH_3} HC\equiv C \underset{}{\bigcirc} C\equiv CH$$

该方法合成产率较低，第一步合成产率约 60%，第二步合成产率 70%～80%，总合成产率低于 50%。

早期 Hay 等以烷基芳烃为原料，通过脱氢反应生成乙烯基芳烃：

$$H_3CH_2C \underset{}{\bigcirc} CH_2CH_3 \xrightarrow{-H_2} CH_2{=}\underset{H}{C} \underset{}{\bigcirc} \underset{H}{C}{=}CH_2$$

再将乙烯基芳烃卤化，进一步在碱性条件下脱卤化氢，可制得乙炔基芳烃。反应途径如下：

$$H_2C{=}\underset{H}{C} \underset{}{\bigcirc} \underset{H}{C}{=}CH_2 \xrightarrow{X_2} XH_2CXHC \underset{}{\bigcirc} CHXCH_2X$$

$$XH_2CXHC \underset{}{\bigcirc} CHXCH_2X \xrightarrow[ROH]{KOH} CH\equiv C \underset{}{\bigcirc} C\equiv CH$$

但该合成途径长，反应副产物多，如最后一步反应可以脱卤，也可以脱卤化氢。因此，难以得到纯的化合物，且产率也低。

一般直接采用乙烯基芳烃加溴生成芳烃溴化物，然后在强碱的作用下脱除溴化氢，得到芳基乙炔单体。该方法工艺相对简单，成本较低，易于实现工业化生产。国防科技大学和华东理工大学均采用该方法合成了二乙炔基苯。由于多数市售工业二乙烯基苯纯度较低，其含量仅为52%，反应选择性低；用高纯度二乙烯基苯可制得高纯度的二乙炔基苯[17]。因此，如何获得高纯度二乙烯基苯是采用该合成工艺进行工程化制备的关键。目前特殊的二乙烯基苯产品纯度可达80%左右，再经提纯处理，可将工业二乙烯基苯的纯度提高到95%～98%。华东理工大学采取该工艺技术途径，制备了高纯度二乙炔基苯(纯度＞95%)。这为芳基乙炔树脂(PAA)的工业化生产奠定了基础。但在工业生产中，原料和产物中间体、对位异构体始终存在，且很难分离。然而通过一些特殊技术可以制得高纯度的间或对位二乙炔基苯[18]。

2. 卤代芳烃取代法(钯催化偶联-消去法)[19-21]

以二溴苯与三甲基硅乙炔(TMSA)为原料，在催化剂(二氯二苯腈氯化钯、三苯基磷和碘化亚铜)作用下，在胺类溶液中反应，反应产物在碱性水溶液中水解以除去三甲基硅醇(TMS)，然后在高真空下蒸馏提纯，即制得二乙炔基苯。

$$X—Ar—X \xrightarrow[\text{(PhCN)}_2\text{PdCl}_2\text{/(PPh}_3)_2\text{/CuI}]{\text{TMSA/(Pr)}_2\text{NH}} TMS—C\equiv C—Ar—C\equiv C—TMS$$

$$TMS—C\equiv C—Ar—C\equiv C—TMS \xrightarrow{KOH} HC\equiv C—Ar—C\equiv CH$$

$$Ar = —C_6H_4—,\quad —C_{10}H_6—等$$

采用三甲基硅乙炔制备芳基乙炔，工艺比较简单，三甲基硅醇易于脱去，产率较高，但催化剂及三甲基硅乙炔价格高，蒸馏工艺要求也高，生产过程中易发生爆炸，难以实现工业化。

以二溴苯和2-甲基-2-羟基丁炔为原料，在钯催化剂作用下发生Sonogashira反应，得到的中间产物经水解即可得到二乙炔基苯。其反应式如下：

$$X—Ar—X + HC\equiv C—\underset{\underset{CH_3}{|}}{\overset{\overset{CH_3}{|}}{C}}—OH \xrightarrow[\text{Et}_3\text{N/THF}]{\text{PdCl}_2(\text{PPh}_3)_2\text{/CuI}} HO—\underset{\underset{CH_3}{|}}{\overset{\overset{CH_3}{|}}{C}}—C\equiv C—Ar—C\equiv C—\underset{\underset{CH_3}{|}}{\overset{\overset{CH_3}{|}}{C}}—OH + HX$$

$$HO—\underset{\underset{CH_3}{|}}{\overset{\overset{CH_3}{|}}{C}}—C\equiv C—Ar—C\equiv C—\underset{\underset{CH_3}{|}}{\overset{\overset{CH_3}{|}}{C}}—OH \xrightarrow{KOH} HC\equiv C—Ar—C\equiv CH + CH_3COCH_3$$

该方法所用的催化剂昂贵，合成成本高，不易回收。但原料2-甲基-2-羟基丁炔比三甲基硅乙炔价格低得多，具备工程化的前景。

3. 芳烃酰化法 (Vilsmeier 法)[1, 22-24]

　　首先采用酰氯使苯酰化制得二乙酰基苯，然后经 Vilsmeier 试剂(二甲基甲酰胺和三氯氧化磷)处理制得中间产物即烯醛化合物，再用二氧六环和氢氧化钠脱羧基和脱卤化氢即可得到二乙炔基苯。但该方法所用试剂较贵，产率较低，操作复杂，只限于实验室小规模合成。

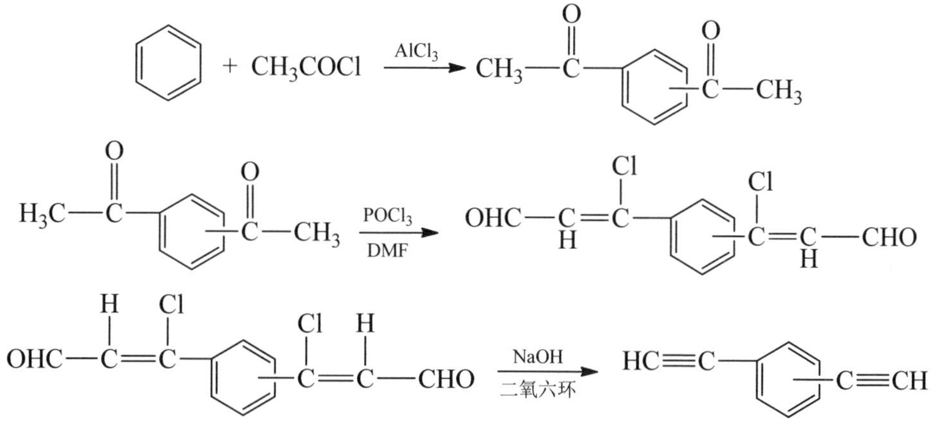

　　也可以用二乙酰基苯和五氯化磷(氯化试剂)反应合成氯代物，再在碱性醇溶剂或 Na/NH$_3$ 中脱除氯化氢，制得二乙炔基苯。反应示意如下[25, 26]：

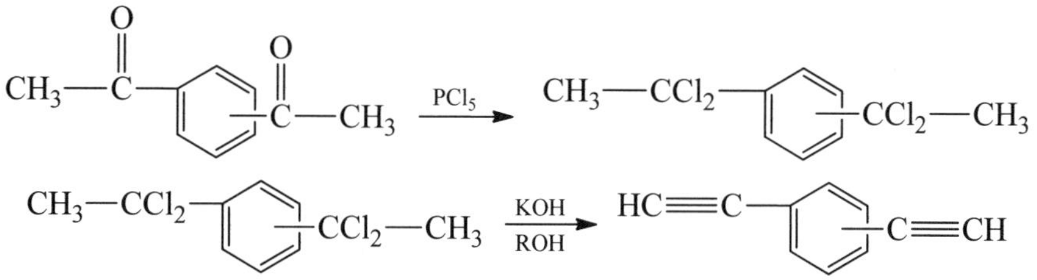

4. 芳醛加成脱除法[27]

　　间苯二甲醛与丙二酸在吡啶催化下在芳烃溶剂中进行反应，生成间苯二丙烯酸：

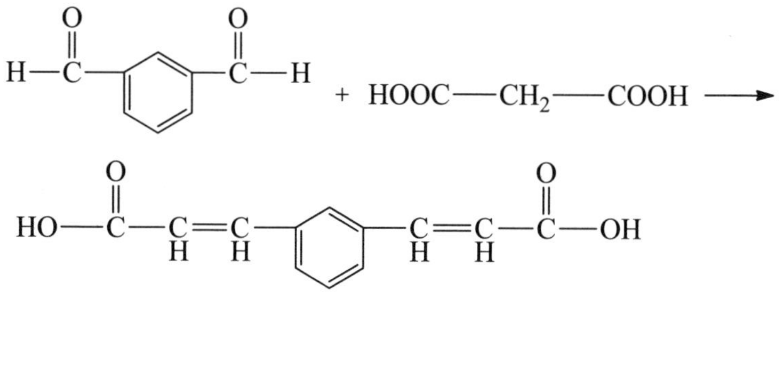

将间苯二丙烯酸在乙酸溶剂中，滴加溴水，进行溴化反应，得到 2, 3, 2′, 3′-四溴间苯二丙酸甲酯：

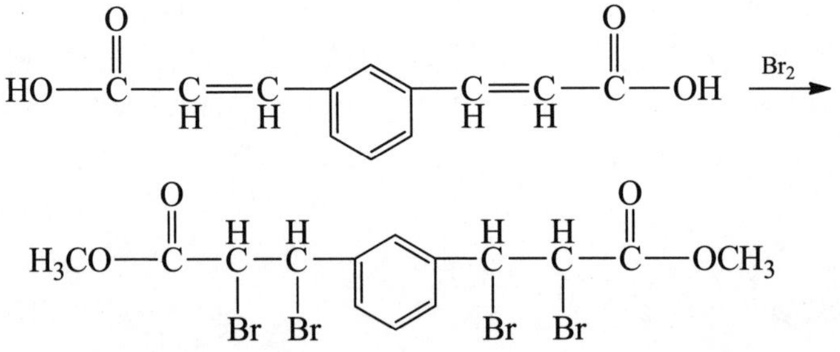

再将 2, 3, 2′, 3′-四溴间苯二丙酸甲酯和碳酸钾在二甲亚砜中进行消除反应，经精制可得到高纯度二乙炔基苯：

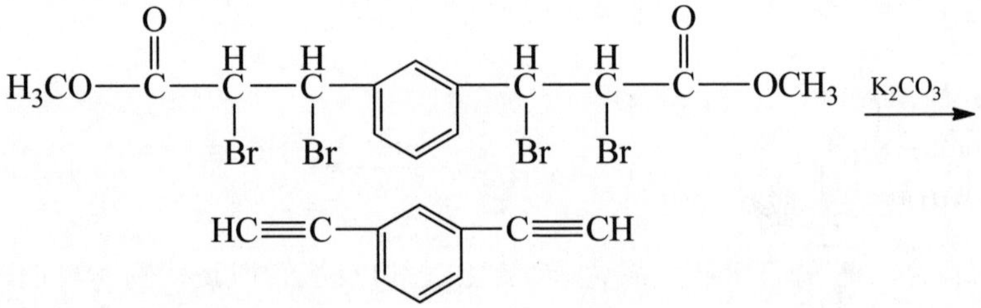

5. 芳酮的高温裂解脱氢[28]

二乙酰基芳烃在三氧化二铝催化(催化剂组分可有石英粉等)下，在 500~600℃高真空下反应生成炔化合物，反应示意如下：

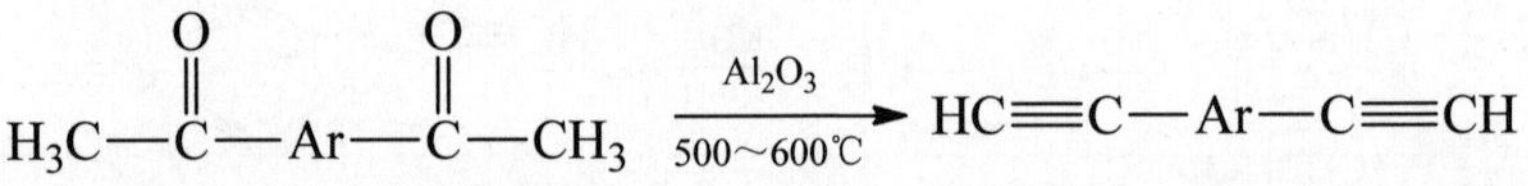

反应物流(二乙酰基芳烃)在高温管式反应器中流动约 10min，经与催化剂接触 0.004~0.006s，可得到二乙炔基芳烃。适当控制反应条件，可有 66%的转化率。但裂解产物中有较多的副产物，需要进行有效分离才能得到较高纯度的二乙炔基芳烃产物。

6. Stephens-Castro 偶联-消去法[29]

芳卤和含保护基团的乙炔铜在吡啶中回流进行 Stephens-Castro 偶联反应，脱去保护基即可制得芳基乙炔单体。例如，间二乙炔基苯的合成反应如下：

$$HC{\equiv}C{-}HC\begin{matrix}OEt\\OEt\end{matrix} \xrightarrow[\text{CuI}]{n\text{-BuLi/THF}} CuC{\equiv}C{-}HC\begin{matrix}OEt\\OEt\end{matrix} \xrightarrow{\text{(二碘苯)}} \begin{matrix}EtO\\EtO\end{matrix}CH{-}C{\equiv}C{-}\text{(苯环)}{-}C{\equiv}C{-}HC\begin{matrix}OEt\\OEt\end{matrix}$$

$$\xrightarrow[C_6H_6/H_2O]{Cl_3C{-}COOH} OHCC{\equiv}C{-}\text{(苯环)}{-}C{\equiv}CCHO \xrightarrow[THF]{NaOCH_3} HC{\equiv}C{-}\text{(苯环)}{-}C{\equiv}CH$$

常用的保护基团有缩酮、乙酸乙酯、酮、缩醛等，但这些保护基团的消去常常需要几步或在强碱介质下才能实现，其总产率较低。

7. 芳醛与磷叶立德试剂反应

由醛合成末端炔的主要途径是通过原位产生的磷叶立德向底物分子中转移引入一个不饱和碳，也可直接使用事先制备好的磷叶立德与醛反应获得所需的烯烃，从而构建炔基。芳醛与磷叶立德试剂反应得到芳基乙烯卤代物，再在碱性条件下消除反应得到芳基乙炔，消除步骤通常需要在叔丁醇钾(t-BuOK)、二(三甲基硅基)氨基锂(LiHMDS)和二(三甲基硅基)氨基钠(NaHMDS)等强碱条件下进行。

1999 年，Michel 等[30]采用二溴甲基三苯基溴化磷[$(C_6H_5)_3P^+{-}CHBr_2$]Br⁻，通过一锅法由醛来合成炔烃和溴代炔烃。首先在氩气气氛中，将[$(C_6H_5)_3P^+{-}CHBr_2$]Br⁻(稍过量)与 t-BuOK 溶解在 THF 中，生成黄褐色的磷叶立德[$(C_6H_5)_3P^+{-}C^-Br_2 {\longleftrightarrow} (C_6H_5)_3P{=}CBr_2$]，然后在室温下加入醛，搅拌少于 5min 后，形成二溴烯烃。将溶液冷却至–78℃后加入 t-BuOK，反应得到中间体溴代乙炔化合物，最后用饱和食盐水淬灭，用乙醚萃取两次，有机层用无水硫酸钠干燥并浓缩，得到相应的炔烃，具体反应过程如下：

$$[\text{(PPh}_3)P^+{-}CHBr_2]Br^- \xrightarrow{t\text{-BuOK}} [(\text{PPh}_3)P^+{-}^-CBr_2 \longleftrightarrow (\text{PPh}_3)P{=}CBr_2]$$

$$(\text{PPh}_3)P{=}CBr_2 + RCHO \xrightarrow{\text{室温}} HC{=}C\begin{matrix}Br\\|\\R\end{matrix}Br \xrightarrow[-78℃]{t\text{-BuOK}} R{-}C{\equiv}C{-}Br \xrightarrow{H_2O} R{-}C{\equiv}C{-}H$$

由于 PPh₃ 与 CBr₄ 反应时不存在多余的 PPh₃CBr₂，故该方法适用性强。此外，对于 α,β-不饱和醛，这种转化一般在没有双键异构化的情况下发生。

1.4　氯硅烷单体的性质及其合成

1.4.1　氯硅烷单体的性质

常用于含硅芳炔树脂合成的氯硅烷单体有一氯三甲基硅烷(chlorotrimethyl-silane)、三氯甲基硅烷(trichloromethylsilane)和二氯二甲基硅烷(dichlorodimethyl-silane)、二氯甲基乙烯基硅烷(dichloro-methyl-vinylsilane)、二氯甲基硅烷(dichloro-methylsilane)、二氯甲基苯基硅烷(dichloromethylphenylsilane)、二氯二苯基硅烷(dichlorodiphenylsilane)等，其基本物理性质列于表1.1中。

表 1.1　氯硅烷的基本性质[*][31]

名称	CAS No.	$\bar{M}_w$	状态	沸点[熔点]/℃	闪点/℃	密度/(g/cm³)	溶解性
一氯三甲基硅烷	75-77-4	108.6	无色液体	57.3[−40]	−18	0.857	溶于苯等
三氯甲基硅烷	75-79-6	149.5	无色液体	66.1[−77]	−13	1.28	溶于苯乙醚
二氯二甲基硅烷	75-78-5	129.1	无色液体	70.2[<−86]	−16	1.07	溶于苯、乙醚、THF 等
二氯甲基硅烷	75-54-7	115.0	液体	40.4[<−93]	−32	1.10	溶于苯、乙醚、THF 等
二氯甲基乙烯基硅烷	124-70-9	141.1	无色或淡黄液体	93[−78]	4	1.085	
二氯甲基苯基硅烷	149-74-6	191.1	无色液体	206~207[−53]	71.6±24.6	1.20	
二氯二苯基硅烷	80-10-4	253.2	无色液体	305[−22]	142	1.204	

* 易与活泼氢物质反应。

1.4.2　氯硅烷单体的合成

1. 氯硅烷单体的合成方法[32, 33]

氯硅烷单体的制备或合成方法主要有直接合成法和格氏试剂法。直接合成法是在金属铜催化和加热条件下，由卤代烃和元素硅直接反应生成有机卤硅烷的方法。该方法早在1941年便由Rochow提出。在工业生产中所有的甲基氯硅烷都是通过该法制取的，反应温度为250~300℃，反应式如下：

$$Si + RX \xrightarrow{\quad Cu \quad} R_nSiX_{4-n}$$

式中，$n=1\sim3$；R 为烃基；X 为氯。

直接合成法是工业上生产甲基氯硅烷的唯一方法。同时，直接合成法在合成乙基氯硅烷及苯基氯硅烷方面也占有重要的地位。进入20世纪90年代，直接合成法又在合成烷氧基硅烷、烯丙基氯硅烷及三甲硅烷基烷烃等方面取得突破，从而增添了新的发展活力。直接合成法具有原料易得、工艺简单、不需溶剂、操作安全、成本低廉等优点，缺点是难以制得硅原子上带有大基团的硅烷单体。

格氏试剂法是利用格氏试剂与四氢化硅($SiCl_4$)反应生成氯硅烷的方法，反应如下：

$$SiCl_4 + RMgX \longrightarrow R_nSiCl_{4-n} + MgXCl$$

式中，$n = 1 \sim 4$；R 为烃基；X 为氯。通过有机镁格氏试剂 RMgX 与卤硅烷反应，使有机基团与硅原子连接在一起，形成有机卤硅烷。采用格氏试剂法合成硅原子上带有不同烃基的硅烷特别方便。例如，用 CH_3SiHCl_2 与 RMgBr 在 CuBr 的催化下反应，形成 $CH_3RSiHCl$，其反应方程式如下：

$$CH_3SiHCl_2 + RMgBr \xrightarrow{CuBr} CH_3RSiHCl + MgClBr$$

如在制备 $C_6H_5SiCH_3Cl_2$ 时，可以以 CH_3SiCl_3 和 C_6H_5MgBr 作为原料进行反应即可得到产物，其反应方程式如下：

$$CH_3SiCl_3 + C_6H_5MgBr \longrightarrow C_6H_5SiCH_3Cl_2 + MgBrCl$$

同理，在制备 $CH_3CH_2C_6H_5SiCl_2$ 和 $CH_2 = CHC_6H_5SiCl_2$ 时也可以用类似的方法。该法步骤简单，但反应条件苛刻，工艺复杂，需要大量有机醚类或芳烃类溶剂，后期产物处理和分离较为困难，且影响反应的因素较复杂，工业化生产困难，实际生产中的应用越来越少。

其他合成方法有平衡再分配法、高温热缩合法等。

2. 氯甲基硅烷的合成

1)氯甲基硅烷的合成过程

由硅与一氯甲烷直接合成(250~300℃)氯甲基硅烷，主反应可用下式简单表示：

$$2CH_3Cl + Si \xrightarrow{Cu, Zn} (CH_3)_2SiCl_2$$

副反应有：

$$4CH_3Cl + 2Si \longrightarrow (CH_3)_3SiCl + CH_3SiCl_3$$

$$3CH_3Cl + Si \longrightarrow CH_3SiCl_3 + 2CH_3 \cdot$$

$$CH_3 \cdot + CH_3 \cdot \longrightarrow CH_3CH_3$$

$$3CH_3Cl + Si \longrightarrow (CH_3)_3SiCl + Cl_2$$

$$2Cl_2 + Si \longrightarrow SiCl_4$$

$$4CH_3Cl + 2Si \longrightarrow (CH_3)_4Si + SiCl_4$$

$$2CH_3Cl \longrightarrow CH_2 \!=\! CH_2 + 2HCl$$

$$3HCl + Si \longrightarrow HSiCl_3 + H_2$$

$$CH_3Cl + HCl + Si \longrightarrow CH_3SiHCl_2$$

具体合成工艺：一氯甲烷气体携带硅粉(60~160 目)进入流化床，在 300℃、0.2~0.3MPa 压力、CuCl 催化剂作用下，合成氯甲基硅烷单体。主要产物是二氯二甲基硅烷(CAS No：75-78-5)。在直接合成反应过程中，伴随着热分解、歧化等反应，在原料或合成过程中少量水分的带入，还会发生氯硅烷的水解反应，以及金属氯化物存在下的烷基化反应等，致使反应更加复杂，据研究报道合成中有 40 余种产物，包括三氯甲基硅烷、一氯甲基硅烷等，具体主要成分和含量如表 1.2 所示。

表 1.2   直接合成法合成的主要产物

化合物名称	分子式	含量/wt%
二氯二甲基硅烷	$(CH_3)_2SiCl_2$	70~90
三氯甲基硅烷	CH_3SiCl_3	10~18
一氯三甲基硅烷	$(CH_3)_3SiCl$	5~8
四氯硅烷	$SiCl_4$	1~3
四甲基硅烷	$(CH_3)_4Si$	0.1
二氯甲基硅烷	CH_3SiHCl_2	1~3
一氯二甲基硅烷	$(CH_3)_2SiHCl$	0.5
三氯硅烷(硅氯仿)	$HSiCl_3$	0.05
乙烷、甲烷、乙烯等烃类		微量
高沸点化合物(聚硅烷及异构体)		1~6

2)氯甲基硅烷的分离与提纯

合成的多组分产物可用分馏法进行分离和提纯。氯甲基硅烷的分馏按其操作方式分为连续式和间歇式。分馏塔的塔型一般选用筛板塔、泡罩塔、丝网波纹填料塔等。对于量大而纯度要求高的单体普遍采用连续分馏塔分馏，对于量小而组分复杂的单体则多用间歇分馏塔分馏，其操作方法原理基本相同，但具体细节仍有差别。一般来说，氯甲基硅烷混合物要通过 4 个塔进行分离。第 1 个塔将混合单体与高沸点的残渣物分离；第 2 个塔将三氯甲基硅烷、二氯二甲基硅烷、一氯三甲基硅烷和低沸点的单体分离；第 3 个塔将二氯二甲基硅烷与三氯甲基硅烷分离；第 4 个塔将一氯三甲基硅烷和含氢单体分离。若要把二氯甲基硅烷和一氯二甲基硅烷分离，或将其他氯甲基硅烷分离，或进一步提高纯度，分馏塔数目可达 10 多个，辅助设备达 60 多台，不仅如此，这些氯甲基硅烷沸点相差不大，因而要求分馏塔的分离效率很高。分离出来的氯甲基硅烷可用于不同场合或作为不同原料用于合成树脂。在某些特定条件下，也用化学法对氯甲基硅烷进行分离。

3. 二氯甲基苯基硅烷和二氯二苯基硅烷的合成

苯基氯硅烷也是重要的有机硅单体之一。二氯二苯基硅烷由直接法来合成，以氯苯和硅铜(Si-Cu)合金为原料，在 ZnO 和 CdCl$_2$ 催化下，在 440~480℃下，生成二氯二苯基硅烷，产率达 72%。反应方程式如下：

$$2C_6H_5Cl + Si\text{-}Cu \xrightarrow{ZnO, CdCl_2} (C_6H_5)_2SiCl_2$$

工业合成二氯二苯基硅烷可用沸腾床(流化床)、搅拌床和转炉反应器来进行。

二氯甲基苯基硅烷也可用高温热缩合法来合成。以二氯甲基硅烷、氯苯为原料，在高温下反应生成二氯甲基苯基硅烷，产率 35%~37%。具体反应条件是：温度 620~650℃(顶部 500℃)，预热温度 250℃，接触时间 40~50s，氯苯/二氯甲基硅烷摩尔比 2.0∶1.0~2.5∶1.0。主要反应方程式如下：

$$CH_3SiHCl_2 + C_6H_5Cl \longrightarrow CH_3C_6H_5SiCl_2 + HCl$$

副反应有：

$$3CH_3SiHCl_2 + C_6H_5Cl \longrightarrow C_6H_6 + 2CH_3SiCl_3 + CH_3SiH_2Cl$$

$$2CH_3SiHCl_2 \longrightarrow (CH_3)_2SiCl_2 + H_2SiCl_2$$

二氯甲基苯基硅烷的合成可采用石英管反应器或铜管或衬铜管反应器来实现。该方法合成流程和设备较简单，易操作，可连续化生产，不需催化剂，但反应温度高(650℃)，产物易分解、炭化，产率低，分离也较困难。

4. 乙烯基氯硅烷的合成

乙烯基氯硅烷可以用直接法来合成。以氯乙烯和硅铜合金粉为原料，在约 500℃高温下反应获得产物，但产率不高。若在 Si-Cu 粉中加入锡粉，产率可以提高到 50%左右，其反应式如下：

$$CH_2 = CHCl + Si\text{-}Cu + Sn \longrightarrow CH_2{=}CHSiCl_3 + CH_2{=}CHSiHCl_2 + C_2H_5SiCl_3 +$$

$$(C_2H_5)_2SiCl_2 + (CH_2{=}CH)_2$$

其中 CH₂＝CHSiCl₃ 与 CH₂＝CHSiHCl₂ 比例约为 3∶1。采用直接法制备二氯甲基乙烯基硅烷所需氯乙烯用量大，产率低。

可用高温缩合法来制备乙烯基氯硅烷，即以含氢硅烷与氯乙烯为原料，在高温下合成二氯甲基乙烯基硅烷，其反应方程式如下：

$$CH_2 = CHCl + CH_3SiHCl_2 \longrightarrow CH_3(CH_2{=}CH)SiCl_2 + HCl$$

高温缩合法制备乙烯基氯硅烷产率高，该法在工业上常用。

参 考 文 献

[1] Bilow J J，Landis A L，Austin W B，et al. Arylacetylenes as high char forming matrix resins. Sampe Journal，1982，18(3)：19-23.

[2] Hurwitz F I，Hyatt L H，Amore L D. Copolymeriztion of di- and trifunctional arylacetylenes. Polymer，1988，29(1)：184-189.

[3] Hurwitz F I. Ethynylated aromatics as high temperature matrix resins. Sampe Journal，1987，23(2)：49-53.

[4] Ngugen H X，Ishida H，Hurwitz F I，et al. Polymerization of diethynyldiphenylmethane：DSC，FTIR，NMR，and dielectric characterization. Journal of Polymer Science Part B：Polymer Physics，1989，27(8)：1611-1627.

[5] Koenig J L，Shields C M. Spectroscopic characterization of acetylene-terminated sulfone resin. Journal of Polymer Science Part B：Polymer Physics，1985，23(5)：845-859.

[6] Bucca D，Keller T M. Blending studies between organic and inorganic arylacetyleneic monomer. Polymer Preprint，1995，36(1)：114-115.

[7] Ratto J J，Dynes P，Hamermes C L. The synthesis and thermal polymerization of 4, 4'-diethynyl phenyl ether. Journal of Polymer Science Part A：Polymer Chemistry，1980，18(3)：1035-1046.

[8] Sastri S B，Armisted P，Keller T M. Cure kinetics of a multisubstituted acetylenic monomer. Polymer，1995，36(7)：1449-1454.

[9] Sastri S B，Keller T M，Jones K M. Studies on cure chemistry of new acetylenic resin. Macromolecules，1993，26(23)：6171-6174.

[10] 辛浩. 新型含硅芳炔树脂及其复合材料的研究. 上海：华东理工大学，2016.

[11] 陈会高. 主链含苯醚结构硅芳炔树脂及其复合材料研究. 上海：华东理工大学，2016.

[12] Li C，Luo J，Ma M，et al. Synthesis and properties of sulfur-contained poly(silylene arylacetylene)s. Journal of Polymer Science Part A：Polymer Chemistry，2019，57：2324-2332；骆佳伟. 基于三乙炔基苯的含硅芳炔树脂及其复合材料的研究. 上海：华东理工大学，2020.

[13] Jones G，Stanforth S P. The Vilsmeier Reaction of Non-Aromatic Compounds. Organic Reactions. John Wiley & Sons，Inc，2004.

[14] Watson J M. Synthesis of diethynylbenzenes. Ⅱ. Macromolecules，1973，6(6)：815-818.

[15] Watson J M. Synthesis of diethynylbenzenes. Macromolecules，1972，5(3)：331-332.

[16] Hay A S. Preparation of m- and p-diethynylbenzenes. Journal of Organic Chemistry，1960，25：637-638.

[17] Carosino L E，Herak D C. Synthesis of diethynylbenzene：US 4997991. 1991.

[18] 沈永嘉，黄发荣，王成云，等. 制备高含量二乙炔基苯的方法：中国，ZL200710045978. X. 2009.

[19] Sonogashira K，Tohda Y，Hagihara N. A convenient of acetylenes：catalytic substitutions of acetylenic hydrogen

with bromoalkens，iodoarenes，and bromopyridines. Tetrahedron Letters，1975，50：4467-4470.

[20] Austin W B，Bilow N，Kelleghan W J，et al. Facile synthesis of ethynylated benzoic acid derivatives and aromatic compounds via ethynyltrimethylsilane. Journal of Organic Chemistry，1981，46：2280-2286.

[21] Ames D E，Bull D，Takundwa R. A convenient synthesis of ethynyl-N-heteroarenes. Synthetic Communications，1981：364-365.

[22] Bilow N. Diethynylbenzene-ethynylprene compolymer：US 4393101. 1983.

[23] Economy J，Jung H，Gogeva T. A one-step process for fabrication of carbon-carbon composites. Carbon，1992，30(1)：81-85.

[24] Rosenblum M，Brawn N，Papenmeier A M. Synthesis of ferrocenylacetylenes. Journal of Organometallic Chemistry，1966，6：173-180.

[25] Ortaggi G，Sleiter G，DIlario L，et al. A convenient procedure for the synthesis of bis(ethynyl)benzene derivatives. Gazzetta Chimica Italiana，1989，119(6)：319-322.

[26] Austin W B，Bilow N. Diethynyl aromatic hydrocarbons which homopolymerize and char efficiently after cure：US 4284834. 1981.

[27] 叶传辉，张芳江，甘建刚，等. 1,3-二乙炔基苯合成方法：中国，201510958885. 0. 2015.

[28] Amirnazmi A. Preparation of ethynylbenzenes：US 4120909. 1978.

[29] Atkinson R E，Curtis R F，Jones D M. Synthesis of aryl and heterocyclic acetylenes via copper acetylides. Chemical Communications，1969(14)：2173-2176.

[30] Michel P，Gennet D，Rassat A. A one-pot procedure for the synthesis of alkynes and bromoalkynes from aldehydes. Tetrahedron Letters，1999，40(49)：8575-8578.

[31] https://www. chemicalbook.com/.

[32] 罗运军，桂红星. 有机硅树脂及其应用. 北京：化学工业出版社，2002：19-37.

[33] 常珊. 有机硅单体的合成. 北京：北京交通大学，2012.

第2章

聚芳基乙炔树脂及其复合材料

2.1 引　言

　　聚芳基乙炔(polyarylacetylene，PAA)树脂是指一类由乙炔基芳烃单体预聚合而成的热固性树脂，其固化物具有高交联度和高热解残碳率，耐热性能优异，可用作耐高温复合材料树脂基体和碳/碳复合材料基体。

　　PAA 树脂的化学结构取决于聚合所用的芳炔基单体，聚二炔基苯树脂的结构可示意如下：

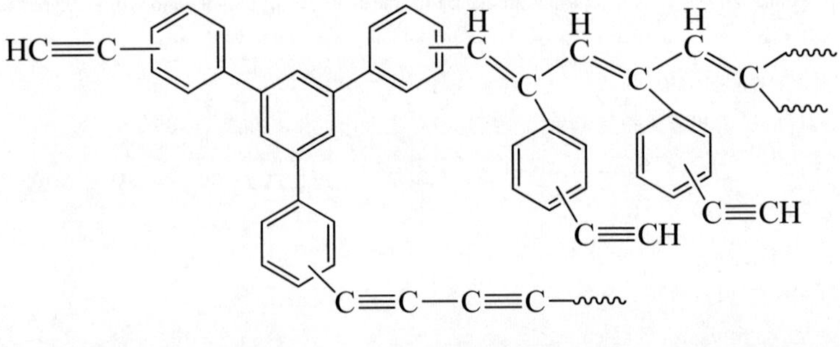

<figure>
HC≡C—⟨⟩—⟨⟩—CH=CH—CH=CH—CH=CH⟩~
                              | | |
                            ⟨⟩   ⟨⟩   ⟨⟩
                              | |
                          C≡CH   C≡CH
        ⟨⟩
         |
   C≡C—C≡C~
</figure>

　　PAA 树脂具有以下主要特点[1-4]：①PAA 树脂固化过程的反应为成环反应或加聚反应，固化时无挥发物和低分子量副产物逸出；②PAA 树脂固化后通常呈高度交联结构，耐高温性能优异；③PAA 树脂分子结构仅含 C、H 两种元素，含碳量达 90%以上，热解残碳率极高，且收缩率较低；④PAA 树脂可呈液态或低熔点固态，易溶于多种常用有机溶剂，如丙酮、丁酮等，适合于多种复合材料成型工艺。

　　PAA 树脂的合成研究始于 20 世纪 50 年代末，是美国寻求高碳聚合物研究计划的课题，他们初始研究发现 PAA 树脂在固化过程中，存在严重收缩和大量放热的问题，工艺实施困难，限制了其实际应用。1960 年 Hay[1]报道了间二乙炔基苯可以通过氧化偶合得到可溶性的聚合物，其分子量和可溶性可通过加入苯乙炔进行控制。Cyanamid 公司通过研究发现了可以降低放热量和解决固化收缩问题的方法。到 20 世纪 70 年代初取得了一些实质性进展，美国 Hercules 公司[2, 3]开发了一项生产聚二乙炔基苯耐高温模压制品的专利技术，该树脂被称为 H 树脂，主要品种有 HA-43、HA-54、HA-55、HA-75 等，解决了 PAA 树脂固化过程的强烈收缩与大量放热问题，并进行了应用试验，结果表明碳纤维/H 树脂复合材料耐烧蚀性能优良，但材料太脆，结构完整性不好，且不适用于浸渍工艺，因而最终关闭了其生产线。苏联学者[5]也对 PAA 树脂进行了研究，合成了一系列芳基乙炔聚合物。到了 20 世纪 80 年代中期，美国宇航公司的材料科学研究所通过低温预聚合和分子链改性技术，制成了一种适合于增强复合材料浸渍工艺的 PAA 树脂，复合材料的力学性能也大幅提高。20 世纪 90 年代初 Hercules 公司又开发了一种比较经济的合成二乙炔基苯单体的一釜法工艺[6]。21 世纪初期，华东理工大学在芳基乙炔聚合热效应与聚合动力学研究的基础上，开发了芳基乙炔本体聚合技术，合成了 PAA 树脂（PAA-ER 和 PAA-AR）[7]。

2.2 聚芳基乙炔树脂的合成

2.2.1 聚合方法

常见的芳基乙炔的聚合方法有催化聚合、电聚合、光聚合和热聚合等，其聚合工艺可以采用溶液聚合、本体聚合等[8-21]。

1. 催化聚合[1, 22-30]

芳基乙炔的聚合大多数采用催化聚合，在催化剂的作用下，乙炔基可以发生三聚环化反应形成芳环结构，以提高聚芳基乙炔的耐热性能。主要的催化剂有镍络合物如乙酰丙酮镍、$Ni(C_5H_7O_2)_2$、$Ni(CO_2)[P(C_6H_5)_3]_2$、$NiCl_2P(C_6H_5)_3NaBH_4$、$Ni(C_5H_7O)_2[P(C_6H_5)_3]$等；Ziegler-Natta 型催化剂如 $AlEt_2Cl/TiCl_4$、t-$Bu_3Al/TiCl_4$ 等；多羰基过渡金属催化剂如 $W(CO)_6$、$Mo(CO)_6$ 等；钴盐类催化剂如$[(EtO)_3P]_4CoBr$；钯盐络合物如三苯基膦氯化钯$[PdCl_2P(Ph_3)_2]$；铜盐催化剂如 CuCl 等。

Furlani 等[24]研究了在催化剂 $TiCl_4/AlEt_3$、$TiCl_4/AlEt_2Cl$ 的作用下，以苯为溶剂，苯乙炔的聚合反应。结果显示在 $TiCl_4/AlEt_3$ 催化体系中，当 Al/Ti 的比率较低时发生三聚环化反应，生成芳烃产物，但有相当比例的固体线型聚合物生成；而在 $TiCl_4/AlEt_2Cl$ 催化体系中，仅发生三聚环化反应，生成芳烃结构，其最大产率可达到 80%。

2. 热聚合[31-35]

端乙炔基芳烃的热聚合为自由基聚合，通常乙炔基热聚合形成共轭多烯结构。Swanson 等[33]采用 ^{13}C 同位素标记法研究了端炔基聚酰亚胺的热聚合，结果发现仅有 30%的乙炔基发生了三聚环化反应。

2.2.2　聚合机理

芳基乙炔聚合反应是通过乙炔基的反应来实现的，乙炔基可以是端乙炔基，也可以是内乙炔基，可以发生的反应也比较多，因此芳基乙炔的聚合机理比较复杂，但主要反应包括三聚环化反应、氧化偶合反应和加成形成共轭多烯等反应。

1. 三聚环化反应[36]

芳基乙炔聚合过程中三个乙炔基相互作用而闭合形成苯环，形成聚亚苯基结构。要完成这个高度选择性的反应有一定的困难，因为三聚反应的单体也易于聚合形成其他的结构，三聚环化反应通常在催化剂作用下完成：

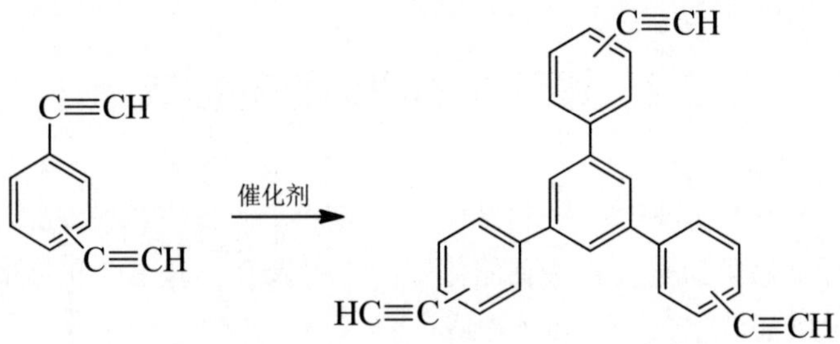

2. 氧化偶合反应[37]

端乙炔基芳烃在催化剂作用下脱去一分子氢，发生氧化偶合反应，形成含内炔基的线型聚合物，内炔基可以进一步交联形成网络结构。

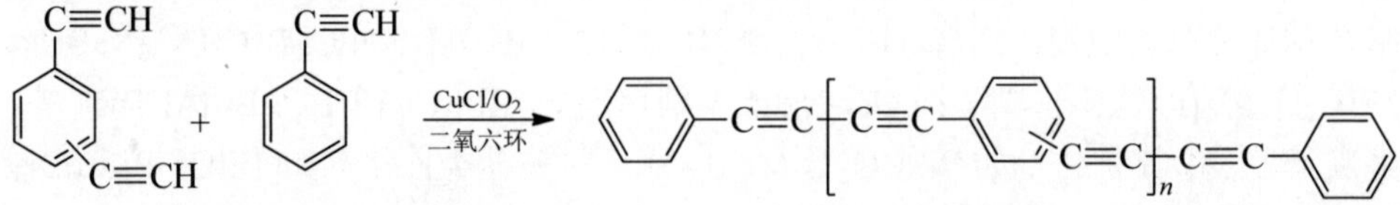

3. 加成形成共轭多烯反应[31]

炔键打开后聚合形成共轭多烯结构，乙炔基单体热聚合主要形成这类结构。通常认为热聚合产物的热稳定性较差。

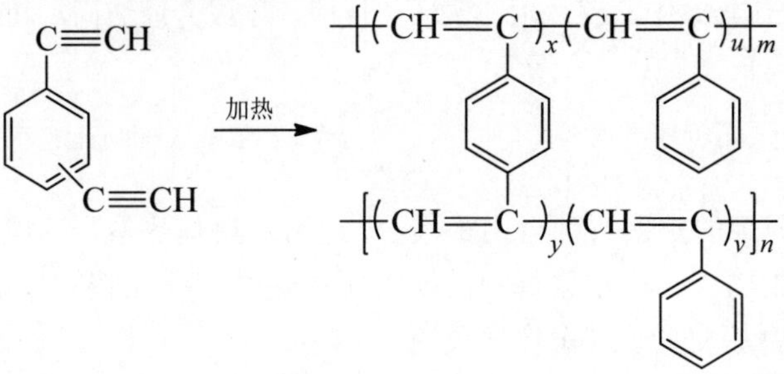

用键能计算理论形成共轭双键的聚合热焓为 (134 ± 20) kJ/mol。通过动态差示扫描量热法(DSC)分析测试了 *p*-DEB 和 *m*-DEB 的聚合热焓(图 2.1)[37]，*p*-DEB 和 *m*-DEB 的聚合热焓分别为 2420J/g 和 2211J/g，即 152.5kJ/mol 和 139.3kJ/mol，据此可得到 *p*-DEB 在聚合过程中大约有 30%的乙炔基发生了三聚环化反应，70%的乙炔基则形成了共轭多烯结构；而 *m*-DEB 在聚合过程中则仅有不到 10%的乙炔基发生了三聚环化反应，90%的乙炔基则形成了共轭多烯结构。

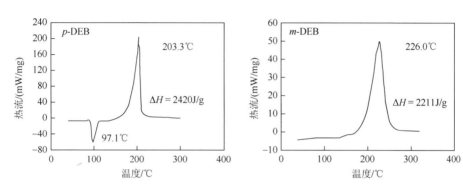

图 2.1 *p*-DEB 和 *m*-DEB 的 DSC 曲线

采用热聚合合成低分子量的预聚物的分子中仍含有大量的炔键，在热作用下可以进一步固化。图 2.2 为不同温度下 PAA 树脂固化前后聚合物的红外光谱图。由图可见，在 200℃下固化 2h 后，$\equiv$C—H 在 3300cm^{-1}、630cm^{-1} 处的吸收峰及 C$\equiv$C 在 2100cm^{-1} 的吸收峰明显降低；在 300℃下固化 2h 后，上述吸收峰基本消失。

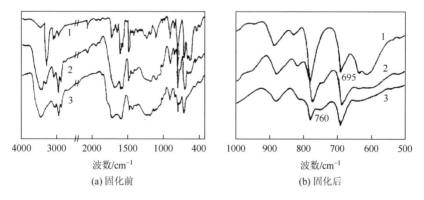

(a) 固化前   (b) 固化后

图 2.2 不同温度固化前后聚(*m*-DEB)的红外光谱图

1. 预聚物；2. 200℃下 2h；3. 300℃下 2h

PAA 树脂固化后在 700~800cm^{-1} 处吸收峰的变化显示了顺式烯烃的特征，并且不同芳基乙炔聚合物在该区域的红外光谱变化可以用来区别其顺式和反式异构体。聚合物固化后在 $900\sim1000\mathrm{cm}^{-1}$ 处未出现新的吸收峰，也表明固化过程中没有反式结构形成。

通过上述分析，可以认为芳基乙炔预聚物在固化过程中主要形成了如图 2.3 所示的顺式结构。

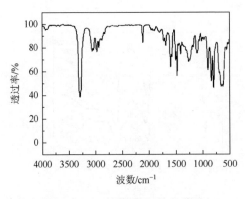

图 2.3   PAA 树脂固化后形成的顺式多烯结构

2.2.3 聚芳基乙炔树脂的结构表征

PAA 树脂是通过芳基乙炔单体经预聚合得到的一种热固性树脂，它的组成为全碳氢结构，根据预聚合所用芳基乙炔单体的不同，其结构也有所不同。图 2.4 和图 2.5 分别为采用间位二乙炔基苯与对位二乙炔基苯混合物预聚合制备的 PAA 树脂的红外光谱图和质子核磁共振(^{1}H NMR)谱图。

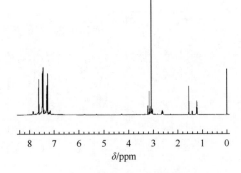

图 2.4   PAA 树脂的红外光谱图   图 2.5   PAA 树脂的 ^{1}H NMR 谱图

2.3　聚芳基乙炔树脂的性能

2.3.1　聚芳基乙炔树脂的工艺性能

1. 聚芳基乙炔树脂的流变性能[37-39]

　　PAA 树脂在室温下为液体，在聚合过程中可通过控制聚合反应的温度和时间来控制预聚物的黏度，以满足不同的应用要求。图 2.6 为不同黏度的 PAA 树脂在不同温度下的流变曲线，由图可见，不同黏度的 PAA 树脂，其剪切应力和剪切速率均呈线性关系，且直线通过原点，其相关系数均大于 0.99，这表明 PAA 树脂的流变行为与牛顿流体行为相符。

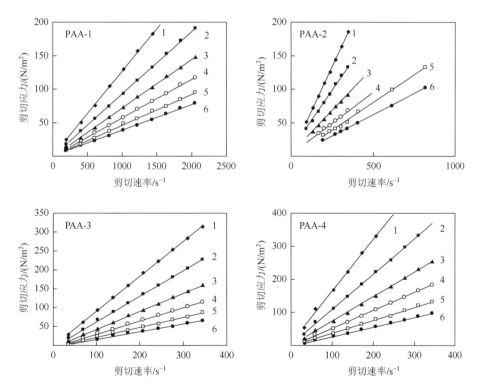

图 2.6　不同黏度的 PAA 树脂在不同温度下的流变曲线

1. 30℃；2. 35℃；3. 40℃；4. 45℃；5. 50℃；6. 55℃

　　图 2.7 为不同分子量 PAA 树脂的黏度随温度的变化曲线。由图可见，随着温度的升高，PAA 树脂的黏度逐渐降低；这是由于随着温度的升高，聚合物分子链

的活动能力增加，分子间相互作用减弱，因此 PAA 树脂的黏度随温度的升高以指数规律降低。

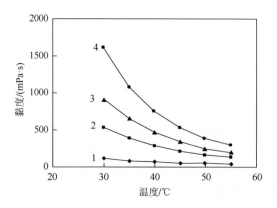

图 2.7　不同分子量 PAA 树脂的黏度随温度的变化曲线

1. PAA-1；2. PAA-2；3. PAA-3；4. PAA-4

2. 聚芳基乙炔树脂的稳定性

PAA 树脂为芳基乙炔的预聚物，其分子结构中仍含有相当数量的炔基，在储存过程中，炔键在热或紫外光的作用下会逐渐发生反应而使树脂的分子量逐渐增加，表现为树脂的黏度逐渐增加。图 2.8 为两种不同黏度的 PAA 树脂在 30℃储存过程中其黏度随时间的变化曲线。由图可见，PAA-5 树脂起始黏度为 710mPa·s，在储存过程中其黏度逐渐增加，平均每 10 天增加 100mPa·s 左右，60 天后 PAA-5 树脂的黏度变为 1350mPa·s，黏度增加近一倍。PAA-6 起始黏度为 1650mPa·s，刚开始黏度增加较缓慢，平均每 10 天增加 230mPa·s 左右，20 天后黏度快速增加，平均每 10 天增加 550mPa·s 左右，60 天后黏度变为 4200mPa·s。图 2.8 同时表明

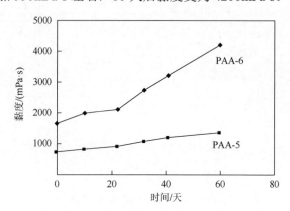

图 2.8　PAA 树脂的黏度随时间的变化曲线(30℃)

PAA 树脂的分子量越高，其储存稳定性也越差。由于 PAA 树脂储存稳定性较差，PAA 树脂需要冷藏，并采取有效的阻聚措施，以保证 PAA 树脂具有较好的储存稳定性。

　　图 2.9 为不同温度下 PAA 树脂的黏度随时间的变化曲线。由图可见，在 60℃和 80℃时，90min 内黏度变化不明显，其后黏度缓慢增加；在 90℃时，PAA 树脂的黏度增加较快，但 180min 后 PAA 树脂仍保持较低的黏度，可以满足树脂传递模塑(RTM)等成型工艺要求。进一步升高温度，PAA 树脂的黏度增加很快，当温度达到 120℃时，预聚物在 60min 内可凝胶；当温度超过 120℃时，PAA 树脂的聚合速度急剧增加，很容易发生暴聚。PAA 树脂在 60~90℃具有较低的黏度和较长的适用期，适用于 RTM 成型工艺。

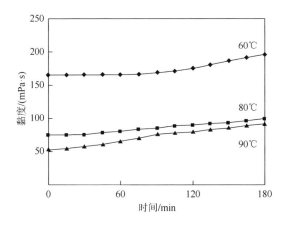

图 2.9　不同温度下 PAA 树脂(PAA-7)的黏度随时间的变化曲线

3. 聚芳基乙炔树脂的固化特性

　　PAA 树脂的热固化反应为自由基聚合反应，在自由基聚合中自由基的引发速率越快，其反应速率越快。PAA 树脂在固化反应过程中，乙炔基在苯环对位取代的树脂由于存在共轭效应，引发过程中形成的自由基较稳定，因此具有较高的引发速率和反应速率；而乙炔基在苯环间位取代的树脂由于共轭稳定效应较弱，引发速率和反应速率较低。

　　图 2.10 为聚(p-DEB)在不同升温速率时的 DSC 曲线。PAA 树脂在 100~360℃内出现放热峰，生成高度交联的固化物。聚(p-DEB)和聚(m-DEB)在不同升温速率时的 DSC 测试结果列于表 2.1。随升温速率的提高，树脂的反应放热峰移向高温，反应热略有下降；对于相同升温速率而言，聚(p-DEB)的峰顶温度 T_p 略低于聚(m-DEB)。

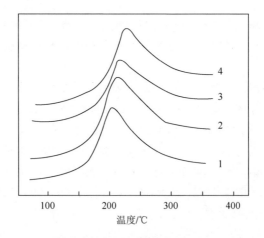

图 2.10　聚(*p*-DEB)在不同升温速率时的 DSC 曲线

升温速率：1. $\beta = 5℃/min$；2. $\beta = 10℃/min$；3. $\beta = 15℃/min$；4. $\beta = 20℃/min$

表 2.1　PAA 树脂的 DSC 结果

聚合物	$\beta/(℃/min)$	$T_i/℃$	$T_p/℃$	$T_e/℃$	$\Delta H/(J/g)$
聚(*p*-DEB)	5	123.2	201.7	308.4	437.3
	10	135.4	212.0	338.1	452.8
	15	141.5	219.8	342.7	411.5
	20	146.0	224.9	358.7	448.4
聚(*m*-DEB)	5	107.9	212.9	338.1	502.6
	10	119.4	223.1	350.3	452.6
	15	127.7	229.4	353.1	376.3
	20	129.3	236.1	360.2	433.8

注：β 为升温速率；T_i 为起始反应温度；T_p 为峰顶温度；T_e 为结束反应温度；ΔH 为反应放热，下同。

树脂固化反应活化能的大小也能表征不同树脂的反应速率的大小。根据 Kissinger 法和 Ozawa 法计算上述两种树脂的固化反应动力学参数。

Kissinger 法：

$$\frac{d[\ln(\beta / T_p^2)]}{d(1 / T_p)} = -\frac{E_a}{R} \tag{2-1}$$

Ozawa 法：

$$\frac{d\ln\beta}{d(1 / T_p)} = -1.052\frac{E_a}{R} \tag{2-2}$$

$$A = \frac{\beta E \exp(E_a / RT_p)}{RT_p^2} \tag{2-3}$$

式中，β 为升温速率；T_p 为峰顶温度；E_a 为表观反应活化能；R 为摩尔气体常数；A 为指前因子。

表 2.2 列出了计算所得结果。结果表明表观反应活化能和指前因子均按聚 (p-DEB) < 聚 (m-DEB) 的规律变化，但 Ozawa 法计算所得的结果略高于 Kissinger 法。活化能 (E_a) 较低有利于反应，而指前因子较低则不利于反应。根据阿伦尼乌斯 (Arrhenius) 关系式：

$$k = Ae^{-E/RT} \tag{2-4}$$

计算反应速率常数，结果表明在固化反应温度范围内，聚 (p-DEB) 的固化反应速率常数 k 高于聚 (m-DEB) 的 k 值。活化能、反应速率常数 k 和峰顶温度的变化规律一致，均表明聚 (p-DEB) 树脂的固化反应速率比聚 (m-DEB) 树脂快。

表 2.2　PAA 树脂固化动力学参数

树脂	Kissinger 法		Ozawa 法	
	$E_a/(\text{kJ/mol})$	A/s^{-1}	$E_a/(\text{kJ/mol})$	A/s^{-1}
聚 (p-DEB)	108.5	4.2×10^9	110.9	7.5×10^9
聚 (m-DEB)	117.6	2.1×10^{10}	119.7	3.5×10^{10}

2.3.2　聚芳基乙炔树脂固化物性能

PAA 树脂的性能随所用单体的不同而有所不同，但优异的耐热性能、高残碳率为其共同特点。美国 Hercules 公司开发的 H 树脂由二乙炔基苯和苯乙炔共聚而成，其主要结构如下：

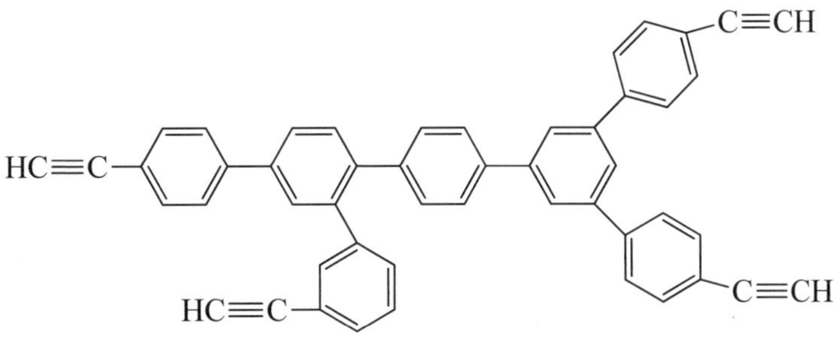

其主要性能特点：①可熔可溶；②固化后热稳定性和化学稳定性优良；③高温力学性能优；④硬度高、耐热性能好；⑤电学性能好。美国休斯公司采用二乙炔基二苯基甲烷均聚，其聚合反应速率可通过反应温度来控制。该树脂固化物热解残碳率高达 91%，由于二苯甲烷链结构的引入，改善了 PAA 树脂的脆性，可用作热结构复合材料的树脂基体。

1. 聚芳基乙炔树脂的物理性能

PAA 树脂一般是由芳基乙炔单体共聚而成的聚合物，根据所用单体组分的不同，PAA 树脂的性能不同。但共同的特点是聚合物高度交联、高芳环含量、耐热性能好、热解残碳率高。Cessna 等[41, 42]给出了典型 PAA 树脂(H-A54)的物理性能，如表 2.3 所示。

表 2.3   H-A54 树脂的物理性能[42]

性能项目	数值	性能项目	数值
固化前密度/(g/cm³)	1.135	可燃性	不燃烧
固化后密度/(g/cm³)	1.145	氧指数	>55
在空气中可连续使用温度/℃	>215	固化树脂的比热容(50℃)/[J/(g·K)]	1.221
在空气中短期使用温度/℃	>315	固化树脂的比热容(125℃)/[J/(g·K)]	1.450
弯曲强度(23℃)/MPa	50~140	固化树脂热导率(100℃)/[W/(m·K)]	0.272
弯曲强度(360℃)/MPa	40~80	热膨胀系数/℃⁻¹	$5\times10^{-5}\sim7\times10^{-5}$
弯曲模量(23℃)/GPa	5~8	固化反应的最大放热/(J/g)	836
弯曲模量(300℃)/MPa	3.5~5	体积电阻率/(Ω·cm)	10^{17}
Barcol 硬度(935-1)	85	介电损耗角正切(60Hz，23℃)	0.002
Taber 磨耗(1000 转数)	0.004	介电损耗角正切(60Hz，100℃)	0.009

2. 聚芳基乙炔树脂固化物的热稳定性

PAA 树脂经过热固化可获得结构致密、无空隙固化物。通过热重分析(TGA)可获得各固化物的起始分解温度 T_i、最大分解速率温度 T_{max} 和各不同失重率温度等特征温度，以及固化物的热解残碳率，其结果汇总于表 2.4 中。由表可见，PAA固化物的起始分解温度达到 500℃以上，最大分解速率温度达 600℃以上，高温热解残碳率达 80%以上，都明显优于 616 酚醛树脂。因此 PAA 树脂，特别是 p, m-DEB 的共聚树脂是一个热分解温度、热稳定性、残碳率都优异的树脂基体，可用于制备耐高温树脂基复合材料。

表 2.4   PAA 固化物的特征温度与残碳率

固化物	T_i/℃	T_{d5}/℃	T_{d10}/℃	T_{max}/℃	残碳率/%
聚(m-DEB)	506	550	605	602	84(730℃)
聚(p-DEB)	504	560	635	605	86(730℃)
聚(p, m-DEB)	543	602	781	648	84(730℃)
616 酚醛树脂	327	319	416	589	63(900℃)

2.4　聚芳基乙炔树脂复合材料的性能

2.4.1　碳纤维/聚芳基乙炔树脂复合材料的力学性能

以聚芳基乙炔树脂为基体，碳纤维(CF)为增强材料，采用模压工艺制得不同树脂含量的碳纤维/聚芳基乙炔树脂(CF/PAA)复合材料，其树脂复合材料的物理性能如表 2.5 所示。

表 2.5　不同树脂含量的 PAA 树脂复合材料

样品编号	树脂含量/wt%	密度/(g/cm³)	空隙率/%
PC-1	22.0	1.49	6.4
PC-2	27.5	1.45	6.3
PC-3	33.6	1.43	5.0
PC-4	40.2	1.40	4.2

1. 树脂含量对复合材料力学性能的影响

树脂含量对复合材料的力学性能有很大影响，图 2.11 为树脂含量对 CF/PAA 复合材料弯曲强度和弯曲模量的影响。由图可见，复合材料中树脂含量较高和较低时复合材料的弯曲强度和模量都较低。由于纤维的弯曲强度远高于树脂，因此复合材料的弯曲强度主要由纤维决定；但在树脂含量较低时，树脂与纤维的界面黏接较差，由表 2.5 也可看出，树脂含量较低时，复合材料的空隙率较高，导致纤维在复合材料中的作用不能充分发挥；树脂含量太高，增强材料含量低，增强效果不够。因此树脂的含量在 27%～34%，其复合材料的性能最好。

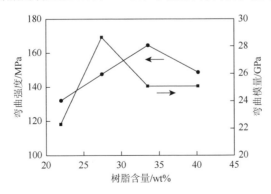

图 2.11　树脂含量对 CF/PAA 复合材料弯曲强度和弯曲模量的影响

图 2.12 为树脂含量对复合材料层间剪切强度的影响, 其变化规律与图 2.11 一致, 即树脂含量在 30%左右时复合材料的层间剪切强度较大。

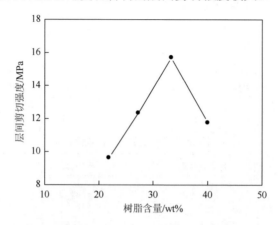

图 2.12   树脂含量对复合材料层间剪切强度的影响

2. 后处理温度对复合材料性能的影响

图 2.13、图 2.14 分别为后处理温度对 CF/PAA 复合材料弯曲强度和层间剪切强度的影响。由图 2.13 可见, 随着后处理温度的升高, 复合材料的弯曲强度呈下降趋势, 弯曲模量随后处理温度的升高变化较小。340℃后处理 4h 后, 复合材料的弯曲强度和弯曲模量分别为 114.3MPa 和 27.4GPa, 分别为 250℃后处理样品的 77%和 96%。

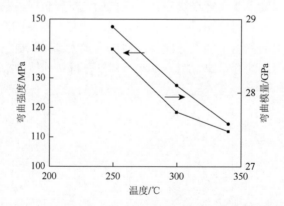

图 2.13   后处理温度对复合材料弯曲强度和弯曲模量的影响

在 250～300℃, 后处理温度对材料的层间剪切强度影响不大, 后处理温度高于 300℃后复合材料的层间剪切强度迅速下降, 340℃后处理样品的层间剪切强度为 10.1MPa, 仅为 250℃后处理样品的 82%。这是因为随后处理温度的升高, 树

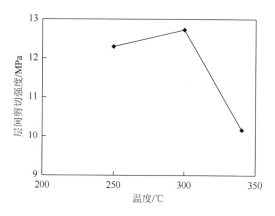

图 2.14　后处理温度对复合材料层间剪切强度的影响

脂的交联密度增加，韧性下降，较高的交联密度使基体内部极易形成微裂纹[8]，导致材料的力学性能下降。CF/PAA 复合材料经 250℃处理 4h 后具有较好的力学性能。

3. 聚芳基乙炔树脂复合材料的高温力学性能

复合材料的高温力学性能对其应用具有非常重要的作用。表 2.6 为不同树脂含量的 CF/PAA 复合材料在室温和 240℃时的力学性能测试结果。表 2.6 表明 CF/PAA 复合材料在高温下的强度保持率很高，复合材料在 240℃时弯曲强度和层间剪切强度的保持率平均分别达 93%和 91%左右，而在相同条件下，其他耐高温树脂复合材料，如碳纤维增强双马来酰亚胺树脂复合材料在 200℃时弯曲强度保持率仅为 70%左右，层间剪切强度保持率仅为 50%左右，因此 CF/PAA 复合材料可作为耐高温材料。

表 2.6　CF/PAA 复合材料的高温力学性能

性能	PC-1	PC-2	PC-3	PC-4
弯曲强度(25℃)/MPa	132.3	150.9	164.5	148.5
弯曲强度(240℃)/MPa	116.7	147.3	156.9	143.4
弯曲强度保持率/%	88	98	95	97
弯曲模量(25℃)/GPa	22.2	28.6	25.0	25.0
弯曲模量(240℃)/GPa	20.0	25.8	22.5	22.4
弯曲模量保持率/%	90	90	90	90
层间剪切强度(25℃)/MPa	9.6	12.3	15.7	11.7
层间剪切强度(240℃)/MPa	8.6	12.1	15.0	10.7
层间剪切强度保持率/%	90	98	96	91

2.4.2　玻璃纤维/聚芳基乙炔树脂复合材料的介电性能

1. 聚芳基乙炔树脂组成对复合材料介电常数和介电损耗的影响

表 2.7 列出了以不同组成的 PAA 树脂为基体，以 E-玻纤布为增强材料的复合材料的介电性能。

表 2.7　PAA 树脂组成对复合材料的介电性能的影响

序号	树脂组成/wt%		介电常数 ε'	介电损耗 $\tan\delta$ / $(\times 10^{-3})$
	DEB	苯乙炔		
1	100	0	3.9	5.6
2	90	10	3.9	5.4
3	80	20	4.1	5.7
4	70	30	4.1	3.7
5	60	40	4.3	4.0

注：测试频率为 1MHz，测试温度：25℃。

从表 2.7 中可知，随着 DEB 含量的减少和苯乙炔含量的增加，复合材料的介电常数 ε' 值呈逐渐变大的趋势，而介电损耗 $\tan\delta$ 值有增有减趋势变小，ε' 与 $\tan\delta$ 两者的变化趋势相反。分子结构对于材料的介电常数的影响很大，一般来说，极性基团使介电常数增大，分子结构的对称性则导致介电常数降低。如果不考虑增强材料的影响，大分子的交联、支化等结构对介电常数有影响，交联使极性基团活动的取向困难，因此减小了 ε' 的值，而支化增加了分子间的距离，减弱了分子间的相互作用，使极性基团取向的活动性有所增加，所以 ε' 值会增大。同时苯乙炔只含有一个炔键，是单官能团化合物，其含量的增加必然会降低树脂的交联密度，结果引起材料 ε' 的增大。

2. 频率对不同复合材料的介电常数和介电损耗的影响

表 2.8 列出了分别在 1kHz、10kHz、100kHz、1MHz 等不同频率条件下不同组成的 PAA 树脂复合材料的介电常数 ε' 与介电损耗 $\tan\delta$ 的值。

表 2.8　不同频率下复合材料的介电性能

序号	树脂组成/wt%	介电常数 ε'				介电损耗 $\tan\delta$ /$(\times 10^{-3})$			
		1 kHz	10 kHz	100 kHz	1 MHz	1 kHz	10 kHz	100 kHz	1 MHz
1	100% p-DEB (1% Cat)	3.96	4.06	4.02	3.94	9.98	7.89	5.98	5.98
2	70% p-DEB + 30%苯乙炔 (1% Cat)	4.07	4.03	4.06	4.04	10.2	7.08	4.53	4.53
3	100% p-DEB (无 Cat)	3.58	3.57	3.59	3.57	2.24	3.27	2.84	3.42

注：Cat 为催化剂。

　　PAA 树脂复合材料在频率为 1kHz～1MHz 内介电常数基本保持不变，但无催化剂的 PAA 树脂复合材料介电常数明显降低。对于介电损耗来说，情况则有所不同，因为介电损耗是一个松弛过程，介质在电场中的不同极化过程需要的时间长短是不同的，随着电场频率的增加，各种极化过程会在不同的频率范围内先后出现跟不上电场变化的情况，导致在整个频率范围介电损耗出现峰形变化。

3. 温度对不同组成复合材料的介电常数和介电损耗的影响

　　表 2.9 是在固定频率(100kHz)下不同组成 PAA 树脂复合材料在不同温度下测得的介电性能。

表 2.9　不同温度下复合材料的介电常数

序号	树脂组成/wt%	介电常数 ε'					介电损耗 $\tan\delta$ /($\times 10^{-3}$)				
		25℃	50℃	100℃	150℃	200℃	25℃	50℃	100℃	150℃	200℃
1	100% p-DEB (1% Cat)	4.02	3.87	3.81	3.75	3.73	5.98	5.49	5.17	2.90	2.67
2	70% p-DEB + 30%苯乙炔 (1% Cat)	4.06	4.09	4.10	4.10	4.10	4.53	3.87	4.49	5.92	6.13
3	100% p-DEB (无 Cat)	3.59	3.59	3.58	3.56	3.57	3.27	2.04	1.76	1.55	2.41

　　从表 2.9 中可以发现，对于共聚物，随着温度的升高，介电常数略有增大，而对于均聚物，随着温度的升高，介电常数的值逐渐减小，这一点与通常介电谱中所表明的情况规律不相符合，一般而言，材料在某一频率下的介电常数是随着温度的升高而增大的，但是情况并不是绝对的。归结其原因，温度对取向极化有两种相反的作用。一方面温度升高，分子热运动加剧，对偶极取向的干扰增大，反而不利于偶极取向，使极化减弱；另一方面温度升高，有利于分子结构的取向，因而材料的介电常数随温度的变化要视这两个因素的消长而定。随着温度的升高，后者逐渐占主导地位，导致介电常数因极化随温度升高的减弱而减小。

　　从表 2.9 中可以发现，对于介电损耗 $\tan\delta$ 值，均聚物(表中 1 号和 3 号)材料的变化趋势基本相同，都是随温度升高而减小，但是 2 号共聚物 $\tan\delta$ 的变化则有所不同。对于 2 号共聚物来讲，$\tan\delta$ 值呈先减小再增大的趋势，这可能是由于苯乙炔的加入，大分子中含有的小分子基团有所增多，且交联程度下降，导致分子结构中对应于不同尺寸运动单元的偶极运动有所增加，随着温度的升高，这些不同尺寸运动单元的松弛情况有所不同，结果导致损耗有所增大，$\tan\delta$ 值在高温时出现增大的现象。

4. 预聚合反应催化剂对复合材料介电性能的影响

　　预聚合过程中采用的催化剂是乙酰丙酮镍与三苯基膦的混合物，是一种含有金属镍离子的物质，金属离子的介入必然会对材料的介电性能产生一定的影响，金属离子的存在增大了 $\tan\delta$ 值。为了研究金属离子对于 PAA 复合材料的介电性能的影响，采用在不同催化剂含量的条件下进行催化聚合和不引入催化体系的热聚合，然后用这些树脂制成相应的 PAA 复合材料。

表 2.10 是不同催化剂含量对复合材料介电性能的影响。可以发现，热聚合体系即相应的复合材料中不含有镍金属离子，其介电常数 ε' 和介电损耗 $\tan\delta$ 值都比催化聚合体系低。由此可见，金属离子的介入确实对材料的介电性能有很大的影响，使得 ε' 与 $\tan\delta$ 值都有不同程度的升高。金属离子在电场下发生的是离子型的电导损耗，而电导损耗对于介质的介电损耗影响较大。在使用相同的聚合单体和催化剂，仅催化剂的含量不同(这里采用 1wt%和 2wt%)时，材料的介电性能也有一些不同。表 2.10 表明催化剂含量分别为 1wt%和 2wt%的对位二乙炔基苯预聚合制备的聚芳基乙炔树脂[聚(p-DEB)]复合材料的介电常数是一样的，均为 3.9，但是后者的介电损耗却比前者大了将近一倍，为 9.6×10^{-3}，这说明催化剂的加入量对于材料的介电常数的影响并不是很大，然而对于介电损耗的影响却是成倍增加(当催化剂含量为 1wt%～2wt%时)。

表 2.10   不同催化剂含量对复合材料介电性能的影响

序号	聚合单体	催化剂含量/wt%	ε'	$\tan\delta/(\times10^{-3})$
1	100% p-DEB	0	3.4	4.5
2	100% p-DEB	1	3.9	5.6
3	100% p-DEB	2	3.9	9.6

2.4.3 空心石英纤维/聚芳基乙炔树脂复合材料的性能

1. 复合材料的力学性能

张剑等[43]采用空心石英纤维(HQF)为增强材料，以 PAA 树脂为基体，用 RTM 成型工艺制备了 HQF/PAA 复合材料，并比较了其与实心石英纤维(QF)增强 PAA 树脂(QF/PAA)复合材料的力学性能和介电性能。表 2.11 列出了纤维体积分数相近的四种复合材料在室温及 450℃条件下的力学性能数据。表 2.12 列出了 HQF/PAA 树脂的高温力学性能保持率及相对于同结构树脂复合材料 QF/PAA 的高温力学性能保持率。可以看出，这四种复合材料在室温下均表现出较好的综合力学性能，尽管材料的力学性能在 450℃保温 120s 后出现了不同程度的下降，但是力学性能的保持率绝大部分稳定在 60%～80%，弯曲模量的保持率达 90%以上。另外，HQF/PAA 的高温力学性能数值只达到了 QF/PAA 的 55%～75%，这其中有

HQF/PAA 纤维体积分数较低的影响，但更大程度上的影响是由于空心石英纤维自身的强度比同规格的实心石英纤维要差，因此同结构的 HQF/PAA 的力学性能要比 QF/PAA 的差。尽管如此，从表 2.11 中的数据来看，HQF/PAA 复合材料在 450℃、120s 的条件下大部分力学性能指标仍有较好表现，该材料可在 450℃ 下力学性能要求不高的应用环境下短时使用。

表 2.11　石英纤维/PAA 树脂复合材料的力学性能

复合材料	密度 /(g/cm³)	纤维体积分数 /%	拉伸强度/MPa 室温	拉伸强度/MPa 450℃，120s	拉伸模量 /GPa	压缩强度/MPa 室温	压缩强度/MPa 450℃，120s	压缩模量 /GPa	弯曲强度/MPa 室温	弯曲强度/MPa 450℃，120s	弯曲模量/GPa 室温	弯曲模量/GPa 450℃，120s
HQF/PAA-a	1.49	41.0	173	106	17.5	86.6	57.1	21.5	151	112	14.6	13.3
HQF/PAA-b	1.49	42.2	120	82.1	13.0	55.7	43.0	16.4	111	84.5	12.0	11.5
QF/PAA-a	1.60	45.5	213	142	24.1	111	102	26.3	209	163	22.5	21.1
QF/PAA-b	1.63	45.3	228	114	17.2	82.3	71.7	23.4	143	118	20.6	20.0

表 2.12　HQF/PAA 树脂复合材料的高温力学性能保持率

空心石英纤维复合材料	拉伸强度保持率/% 相对于室温	拉伸强度保持率/% 相对于实心石英纤维复合材料	压缩强度保持率/% 相对于室温	压缩强度保持率/% 相对于实心石英纤维复合材料	弯曲强度保持率/% 相对于室温	弯曲强度保持率/% 相对于实心石英纤维复合材料	弯曲模量保持率/% 相对于室温	弯曲模量保持率/% 相对于实心石英纤维复合材料
HQF/PAA-a	61.27	74.65	65.94	55.98	74.17	68.71	91.10	63.03
HQF/PAA-b	68.42	72.02	77.20	59.97	76.13	71.61	95.83	57.50

由于 HQF/PAA 的力学性能较 QF/PAA 差，因此在使用时要尽可能地通过优化增强体结构来弥补材料自身性能的不足。层合复合材料在受到冲击载荷时会产生分层，分层的存在将造成材料结构强度和刚度的降低，使其性能得不到充分的发挥。提高其层间强度和抗分层、抗冲击的能力是使用复合材料所必需解决的问题。2D 织物铺覆缝合技术和 2.5D 立体编织技术都是提高复合材料层间强度的有效手段。2D 织物铺覆缝合技术是通过缝合使复合材料在垂直于铺层平面的方向得到增强。2.5D 立体编织技术是在编织的过程中通过一部分纱线将相邻的几个织物层勾连在一起成为一个整体，可以从根本上提高材料层间强度，解决材料的分层问题。从表 2.11 和表 2.12 中可以看出，对于空心石英纤维复合材料来说，尽管 2.5D 立体编织织物复合材料的高温力学性能保持率略高，但是在相同纤维体积分数的情况下，无论是常温还是高温，2D 铺覆缝合织物复合材料的拉伸、压缩、弯曲和层间剪切性能均高于 2.5D 立体编织织物复合材料，即在纤维含量不变的前提

下,采用 2D 织物铺覆缝合织物代替 2.5D 立体编织织物可以有效地提高 HQF/PAA 的综合力学性能。可见,随着纤维增强体制备技术的优化,HQF/PAA 的性能有望获得进一步提高。

2. 复合材料的介电性能

根据 Lichtenecker 对数混合定律,复合材料的介电常数与各组成相之间存在如下关系:

$$\ln \varepsilon = \sum_i x_i \cdot \ln \varepsilon_i \qquad (2\text{-}5)$$

式中,ε 为复合材料的介电常数;x_i 和 ε_i 分别为材料中第 i 相的体积分数和介电常数。纯石英的介电常数为 3.78,PAA 的介电常数为 3.0。按 11.3%的空心度、41.0%的纤维体积分数计算,HQF/PAA 复合材料的介电常数应为 3.1;按 45.0%的纤维体积分数计算,QF/PAA 复合材料的介电常数应为 3.33。HQF/PAA-a 复合材料和 QF/PAA-a 复合材料在室温条件下测试 8～18GHz 介电性能和频率的关系如图 2.15 所示。

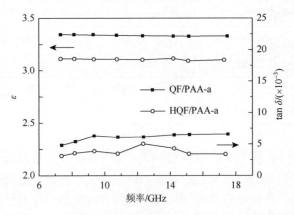

图 2.15   两种复合材料介电性能和测试频率的关系

从图 2.15 中可见两种复合材料的介电常数均与理论计算值相符,且 HQF/PAA 较 QF/PAA 的介电常数(3.33)和介质损耗角正切值(0.006)均有明显降低,这也表明在该复合材料中空心纤维依旧能保持较高的空心度,现行的工艺条件能充分发挥出空心纤维的结构优势,进一步降低材料介电常数和介电损耗。从图中还可以看到 HQF/PAA-a 复合材料在 8～18GHz 内不但具有较低的介电常数(3.1)和介质损耗角正切值(0.004),而且在这个较宽的频率范围内具有稳定的介电性能。这是由于空心石英纤维具有较低且稳定的介质损耗角正切值,在 0.1～100GHz 内石英纤维的介电常数保持不变，介质损耗角正切值的变化也非常小。而 PAA 树脂也具有低介电常数和较小的介质损耗，两者复合获得了更大的性能优势。

透波材料的使用温度通常是梯度变化的，因此有必要了解不同温度下材料的介电性能。HQF/PAA-a 复合材料在不同温度下的介电性能见表 2.13。

表 2.13　不同温度下 HQF/PAA-a 复合材料的介电性能

温度/℃	介电常数	$\tan\delta/(\times 10^{-3})$
室温	3.10	3.9
100	3.10	4.7
200	3.11	4.0
300	3.12	4.2
400	3.10	3.3
500	3.11	1.9

从表 2.13 中可以看出，随着温度的升高，HQF/PAA-a 复合材料较低的介电常数保持稳定，几乎没有发生变化，介质损耗角正切值随着温度的升高呈整体减小趋势。这个测试结果表明该材料能够作为耐高温透波材料在室温至 500℃ 的温度范围内使用。

HQF/PAA 与 QF/PAA 的力学性能、介电性能的比较，表明该材料具有较好的高温力学性能和优异的电性能，使用温度可达 450℃，在较宽的温度和频率范围（室温至 500℃，8～18GHz）内均具有更低的介电常数(3.1)和介质损耗角正切值(0.004)，是一种比较理想的耐高温透波复合材料。尽管该材料的高温力学性能仅有同结构 QF/PAA 的 55%～75%，但是其介电常数和介电损耗更低，电性能优异，在实际应用中可以获得更高的传输系数和更宽的壁厚容差，可以为特定环境下的透波要求提供一种较为理想的材料选择。从纤维增强体形式对复合材料力学性能的影响可以看出，通过纤维增强体结构的优化有望进一步提高该类材料的综合性能，弥补材料自身的不足。

2.4.4　碳纤维/聚芳基乙炔树脂复合材料的耐烧蚀性能

从表 2.14 中可以看出，与 CF(PAN)(聚丙烯腈碳纤维)/616 酚醛树脂复合材料的烧蚀率相比，CF(PAN)/PAA 复合材料在 20s 和 40s 时都有较小的线烧蚀率和质量烧蚀率，CF(黏胶丝)/PAA 复合材料也有比 CF(粘胶丝)/616 酚醛复合材料稍小的烧蚀率。PAA 树脂固化后为高度交联、高芳环含量的聚合物，耐高温性好，高温下的残碳率高，而 616 酚醛树脂固化物热分解温度低，高温残碳率也低。因此，PAA 树脂是一种很具潜力的耐烧蚀防热材料。

表 2.14　PAA 树脂与 616 酚醛树脂复合材料的耐烧蚀性能比较

试样	烧蚀时间/s	线烧蚀率/(mm/s)	质量烧蚀率/(g/s)
CF (粘胶丝) /PAA	20	−0.0005	0.0300
	40	0.0027	0.0214
CF (PAN) /PAA	20	−0.0028	0.0273
	40	0.0045	0.0191
CF (粘胶丝) /616 酚醛	20	−0.0020	0.0505
	40	0.0042	0.0368
CF (PAN) /616 酚醛	20	0.0158	0.0466
	40	0.0115	0.0396

2.5　聚芳基乙炔树脂及其复合材料的应用及前景

PAA 树脂具有优异的耐热性能及优良的工艺性能，引起了各国高技术界的重视，成为耐高温复合材料的待选树脂基体。例如，它是碳/碳复合材料的优良先驱体树脂，是固体发动机喷管喉衬的理想材料；CF/PAA 复合材料的耐烧蚀性能和可靠性远远高于传统的碳/酚醛，是喷管扩张段及导弹再入头锥的防热材料；CF/PAA 复合材料具有高的结构稳定性和极低的吸湿率，因此作为结构功能复合材料在航天器部件方面有较大的应用潜力。

2.5.1　碳/碳复合材料[37, 42, 44]

碳/碳复合材料是固体火箭发动机最重要的高技术材料之一，其应用已拓展到航天其他领域，如液体发动机喷管、航天器太阳电池基材及高温结构。碳/碳复合材料中的液相法碳先驱体主要有沥青和热固性树脂两类。沥青的优点是热解成炭后十分易于石墨化，又称"软炭"，缺点是残碳率低，需在高压下反复浸渍，工艺周期长。热固性树脂浸渍工艺则方便得多，且在低压下进行。主要树脂品种有糠酮树脂、酚醛树脂、聚酰亚胺、聚苯并噁唑和 PAA 树脂，其中使用最多的是糠酮树脂和酚醛树脂，其特点是材料成本低，工艺上较成熟，但残碳率较低，而且炭化时体积收缩很大，因此需要反复浸渍致密。由于阻塞效应，后来的浸渍十分困难，因而使工艺成本急剧上升。此外，它们在复合材料中排出大量低分子副产物(约17%)，易于造成产品的空隙。其他各类高碳树脂也各有局限性。相比之下，PAA 树脂在高残碳率和低收缩率方面有突出优点，因而致密效率较高，比酚醛树脂高 50%～60%，可以大大降低工艺成本，它的低收缩率有助于防止表面缺陷扩展至材料内部，是低压工艺制造碳/碳复合材料的一个新方向。例如，美国宇航公司用 T-50 碳纤维或碳布/PAA 制作的碳/碳复合材料，呈现出优良的力学性能和尺寸完整性。

PAA 树脂和其他热固性树脂一样，属于玻璃炭，热解时只能原位炭化，能量障碍使得难以实现 C—C 键断开和流动，除非在工艺中施加外应力，否则到 3000℃ 也不会重排形成石墨类结晶结构。后来研究工作发现，热固性树脂用碳纤维增强后在 2500℃ 下也可实现局部石墨化，石墨化围绕在碳纤维四周，呈葱形皮层结构，厚度是 1～3μm。当前比较一致的观点是由树脂炭化收缩的局部应力引起，称为应力石墨化现象。实验表明，酚醛树脂炭化时复合材料界面诱导的应力值可达 300MPa 量级。PAA 树脂的应力石墨化现象也比较明显，美国宇航公司的实验表明，当 PAA 基碳/碳复合材料石墨化温度为 2400℃ 和 2750℃ 时，界面处的炭层间距分别可缩小到 0.3375nm 和 0.3370nm，和天然石墨的差别已不大，实验证明在 2800～3000℃ 下施加外应力可使局部的石墨化程度达到 55%～58%。

人们还探索用催化石墨化的途径来提高 PAA 石墨化程度，清除基体内的玻璃态区。其中硼就是一种有效的催化剂，可以通过空穴扩散来减少石墨化的动力障碍，硼含量为 5% 时就足以使炭转变为有序状态。美国宇航公司用碳硼烷 $C_2B_{10}H_{12}$ 对纯 PAA 树脂及 PAA 树脂基碳/碳复合材料进行了石墨化研究，碳硼烷可溶于 PAA/丁酮溶液，均匀分散。X 射线衍射实验表明其效果相当显著，含 5% 硼的 PAA 树脂试样在 1800℃ 时，试样结晶度迅速提高，衍射峰对应的层间距 $d_{(002)} = 0.3380$nm；2400℃ 时 $d_{(002)}$ 减小到 0.3362nm，和天然石墨 (0.3354nm) 十分接近。扫描电镜观察表明 1800℃ 时试样开始出现少量层状结构，2400℃ 时可看到清晰的石墨片层，基体已完全石墨化。

2.5.2　耐烧蚀防热材料

PAA 树脂是一种新型耐烧蚀防热材料基体，用于固体发动机喷管出口锥及弹道导弹头锥等防热部件。碳酚醛树脂是目前最主要的树脂基耐烧蚀材料，低廉的成本及较好的性能使它一直占有主导地位。它的主要问题是残碳率低，烧蚀变异性大，可预测性差，因此其可靠性不太理想，尽管至今未出现过因此导致飞行失败的案例，但地面试验中经常可看到烧蚀坑、沟槽等局部过度烧蚀和不稳定烧蚀现象，并多次造成地面试车失败及飞行中的临界性烧蚀。1986 年美国航天飞机第 8 次飞行中，固体助推器喷管入口段严重不均匀烧蚀，某些部位几乎已贯通，从粗糙的烧蚀面及基材中的裂纹可断定这是由比正常热化学烧蚀更严重的机械性开裂引起的。重要原因之一是酚醛树脂亲水性很强，而且缩聚副产物也有水，水可以起增塑剂作用，可明显降低材料玻璃化转变温度和层间承载能力。在烧蚀过程中，水分汽化则造成材料内层高压，形成一系列分层并延伸到表面，致使材料局部破碎脱落和烧蚀增强。原因之二是酚醛产气量大，且主要是高分子量烃，并包括含氧烃、CO、CO₂。这些烃类可进一步裂解成炭，沉积下来阻塞气体扩散通道，进一步增大内层压力，最后可拉断增强纤维。

PAA 树脂至少在两个方面显著优于酚醛树脂。一方面它是一种低吸湿树脂，吸水率仅 0.1%～0.2%，约为酚醛树脂的 1/50，其玻璃化转变温度高，且不会受水分影响；另一方面是高残碳率和低产气量，热解峰约为 800℃，释出的主要是 H₂，不会再裂解，因此它避免了机械剥落性过度烧蚀的危险，图 2.16 所示为 PAA 树脂和酚醛树脂热解气体的气质联用(GC-MS)分析结果；此外还由于它的聚合过程无副产物，因此可制作无孔洞部件；近年来的改进又使它的力学性能明显提高，已超过酚醛树脂，工艺性能也完全满足要求。

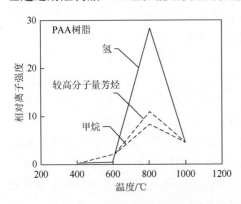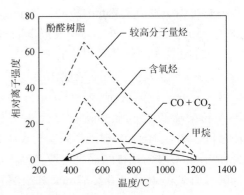

图 2.16　PAA 树脂和酚醛树脂热解气体的 GC-MS 分析结果

20 世纪 80 年代末美国马歇尔航天中心开展了一项试验研究，他们制作了 T300 碳布/PAA 模压试样，总厚度 64mm，固化压力 0.7MPa，制品密度 1.46g/cm³，树脂含量 29%。热传导实验表明碳/PAA 和标准碳/酚醛(FM5055，FM5879A)在垂直于叠层方向的热传导率相近，可以对背壁材料提供足够的绝热保护。力学性能实验表明 T300 碳布/PAA 试样室温层间拉伸强度为 5.3MPa；400℃时下降到 1.4MPa。而参比的碳/酚醛试样在室温下强度仅 4.2MPa，260℃时迅速下降到 0.3MPa。烧蚀实验采用 CO₂ 等离子喷焰实验装置，实验时间 10s，实验结果示于图 2.17，可看到 T300 碳布/PAA 耐烧蚀性非常优异，而且数据集中，说明它重现性好，可预示性强。相比之下，参比的标准碳/酚醛的烧蚀高得多，数据分散，试样表面存在大量过度烧蚀坑。中国航天科技集团公司第四研究院第四十三研究所采用国内制备的 PAA 树脂和国产 PAN 基碳布制作试样，进行了树脂成碳化、复合工艺性能、力学性能、热性能、烧蚀性能等实验，实验结果表明国产 CF/PAA 热解峰顶温度、残碳率、耐烧蚀性能远远优于各种 CF/酚醛。

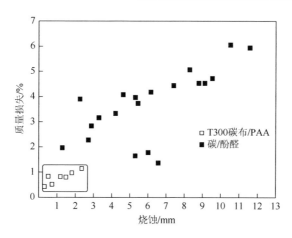

图 2.17　碳/PAA 等离子烧蚀实验

2.5.3　耐高温结构材料

　　PAA 树脂作为结构复合材料主要在两个方向发展，即耐高温结构材料和航天器结构材料。作为耐高温结构材料的着眼点是耐高温性能优异，可以在 400℃以上高温下使用。相比之下，目前耐高温性能最好的聚酰亚胺树脂(PMR-15、LARC-160 等)使用温度也仅 350℃。美国刘易斯航天中心曾对二炔(二乙炔基二苯基甲烷)和三炔(三乙炔基三苯基甲烷等)的共聚型 PAA 树脂与碳纤维复合后的性能进行了一系列研究，验证了它具有优良的耐高温能力，在空气中 460℃下保持稳定。不足之处是他们合成的树脂交联度过高，材料脆性大，剪切强度不足，达不到结构材料要求，有待进一步改进。

　　将 PAA 树脂用作航天器结构材料，出发点是吸湿性低，且挥发性气体逸出极少，这意味着其制件不会由于环境湿度变化而产生尺寸变化，也不会由于空间真空环境而逸出排气污染传感器及太阳能镜面，导致效率和使用寿命下降。图 2.18 示出两种树脂吸湿性能的比较，环氧树脂属于亲水性树脂，分子结构中含有大量的极性基团($—OH$、$—NH_2$)，易与水分子形成氢键，其水分析出和变形性能一直是航天器设计中关注的问题。PAA 树脂在这方面具有得天独厚的优势，美国宇航公司曾在空军资助下开展一项试验，证明 PAA 树脂真空下失重及可凝结挥发分符合航空航天局规范，排气水平远低于许可极限。在力学性能方面也已达到碳/环氧树脂相同水平，为考核 PAA 树脂在长期太空环境下的老化性能，美国国家航空航天局曾在其大型"空间环境暴露试验装置(LDEF)"中进行了长达 6 年的碳/PAA 复合材料的老化试验，主要检验原子氧和太阳能辐射的影响，原子氧通量高达 $8.7×10^{21}$ 原子/m^2，太阳辐射为 11200 当量太阳时，试样未出现重大损坏，显示了 PAA 树脂具有良好的空间环境适应性。

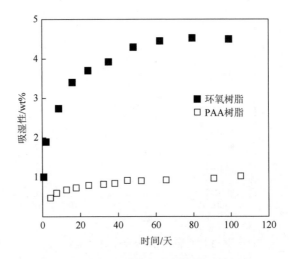

图 2.18   PAA 树脂和环氧树脂吸湿性比较

2.5.4   耐高温透波材料

以 E-玻纤布为增强材料，以 PAA 树脂为基体，树脂含量为 (35 ± 2)% 制成复合材料样品，测得不同温度下的复合材料的弯曲强度和弯曲模量，如表 2.15 所示。从表可见，E-玻纤布/PAA 树脂复合材料具有高的高温力学性能，在室温至 300℃内弯曲强度和弯曲模量均可保持基本不变。在 400℃下弯曲强度和弯曲模量虽稍有下降，但保持率均达到 87% 以上。同时可以看到，E-玻纤布/PAA 树脂复合材料具有很低的介电常数和介电损耗，具有优异的透波性能，PAA 树脂可作为制备耐高温透波复合材料的树脂基体。

表 2.15   不同温度下 E-玻纤布/PAA 树脂复合材料的力学、介电性能

测试温度/℃	弯曲强度/MPa	弯曲模量/GPa	介电常数 ε	介电损耗 $\tan\delta$
25	266	20.4	3.59	0.00327
250	268	20.7	—	—
300	270	20.2	—	—
350	239	19.1	—	—
400	232	18.1	—	—

注：试样在测试温度下保温 10min。

参 考 文 献

[1]   Hay A S. Communication-oxidative coupling acetylenes. Journal of Organic Chemistry，1960，25（7）：1275-1276.

[2]   Jabloner H. Poly（arylacetylenes）and thermoset resins therefrom：US 4097460. 1978.

[3]   Barry W T. Review of polyarylacene matrice for thin-walled composites. AD-A214921.

[4]　Michaels R，Zaugg H. Notes-synthesis of 9-methyl-3, 9-diazabicyclo[4.2.1]nonane. Journal of Organic Chemistry，1960，25(4)：637.

[5]　Korshak V V，Volpin M E，Segeev V A，et al. Polymers of polyphenylene type and method of producing the same：US 3705131. 1972.

[6]　Carosino L E，Herak D C. Synthesis of diethynylbenzene：US 4997991. 1991.

[7]　包建文. 耐高温树脂基复合材料及其应用. 1 版. 北京：航空工业出版社，2018：374-427.

[8]　Bilow J J，Landis A L，Austin W B，et al. Arylacetylenes as high char forming matri resins. Sampe Journal，1982，18(3)：19-23.

[9]　Hurwitz F I，Hyatt L H，Amore L D. Copolymeriztion of di- and trifunctional arylacetylenes. Polymer，1988，29(1)：184-189.

[10]　Hurwitz F I. Ethynylated aromatics as high temperature matrix resins. Sampe Journal，1987，23(2)：49-53.

[11]　Ngugen H X，Ishida H，Hurwitz F I，et al. Polymerization of diethynyldiphenylmethane：DSC，FTIR，NMR，and dielectric characterization. Journal of Polymer Science Part B：Polymer Physics，1989，27(8)：1611-1627.

[12]　Koenig J L，Shields C M. Spectroscopic characterization of acetylene-terminated sulfone resin. Journal of Polymer Science Part B：Polymer Physics，1985，23(5)：845-859.

[13]　Bucca D，Keller T M. Blending studies between organic and inorganic arylacetyleneic monomer. Polymer Preparation，1995，36(1)：114-115.

[14]　Ratto J J，Dynes P，Hamermesh C L. The synthesis and thermal polymerization of 4, 4'-diethynyl phenyl ether. Journal of Polymer Science Part A：Polymer Chemistry，1980，18(3)：1035-1046.

[15]　Sastri S B，Armisted P，Keller T M. Cure kinetics of a multisubstituted acetylenic monomer. Polymer，1995，36(7)：1449-1454.

[16]　Sastri S B，Keller T M，Jones K M. Studies on cure chemistry of new acetylenic resins. Macromolecules，1993，26(23)：6171-6174.

[17]　Economy J，Jung H，Gogeva T. A one-step process for fabrication of carbon-carbon composites. Carbon，1992，30(1)：81-85.

[18]　Rosenblum M，Brawn N，Papenmeier J，et al. Synthesis of ferrocenylacetylenes. Journal of Organometal Chemistry，1966，6：173-180.

[19]　Sonogashira K，Tohda Y，Hagihara N. A Convenient of acetylenes：catalytic substitutions of acetylenic hydrogen with bromoalkens，iodoarenes，and bromopyridines. Tetrahedron Letter，1975，50：4467-4470.

[20]　Austin W B，Bilow N，Kelleghan W J，et al. Facile synthesis of ethynylated benzoic acid derivatives and aromatic compounds via ethynyltrimethylsilane. Journal of Organic Chemistry，1981，46：2280-2286.

[21]　Ames D E，Bull D，Takundwa R，et al. A Convenient Synthesis of ethynyl-n-heteroarenes. Synthetic Communications，1981，(5)：364-365.

[22]　Atkinson R E，Curtis R F，Jones D M，et al. Synthesis of aryl and heterocyclic acetylenes via copper acetylides. Journal of the Chemical Society，1969，(14)：2173-2176.

[23]　Jabloner H，Cessna L C Jr. A fusible thermosetting polyphenylene. Polymer Preparation，1976，17(1)：169-174.

[24]　Furlani A，Moretti G，Guerrieri A. Aromatization reactions of acetylenic hydrocarbons：the TiCl$_4$/AlEt$_2$Cl catalytic system. Journal of Polymer Science Part B：Polymer Letters，1967，5(6)：523-526.

[25]　Bracke W. Synthesis of soluble，branched polyphenyls. Journal of Polymer Science Part A：Polymer Chemistry，1972，10(7)：2097-2101.

[26]　Sergee V A，Shitikov V K，Chemomordik Y A，et al. Reactive oligomers based on the polycylotrimerization of

acetylene compounds. Applied Polymer Symposium，1975，26：237-248.

[27] Chalk A J，Gilbert A R. A new simple synthesis of soluable high molecular weight polyphenylenes by the cotrimerization of mono-and bifunctional terminatal acetylenes. Journal of Polymer Science Part A：Polymer Chemistry，1972，10(7)：2033-2043.

[28] Douglas W E，Overend A S. Catalysis of crosslinking of an ethynylaryl-terminated monomer. Polymer Communications，1991，32(16)：495-496.

[29] Korshak V V，Sergeev V A，Shitikov V K，et al. Synthesis and properties of polyphenylenes prepared by polycyclotrimerization of diethynylbenzene. Vysokimol Soedin Ser A，1973，15(1)：27-34.

[30] Korshak V V，Volpin M E，Sergeev V A. Polymers of polyphenylene type and method of producing the same：US 3705131. 1972.

[31] 李银奎，彭仲皓，陈朝辉. 聚二乙炔基苯的合成及性能研究. 宇航材料工艺，1990，20(1)：40-46.

[32] 童乙青，李银奎，陈朝辉. 热重法分析聚芳基乙炔的热分解性能. 国防科技大学学报，1990，12(1)：110-114.

[33] Swanson S A，Fleming W W，Hofer D C. Acetylene-terminated polyimide cure studies using ^{13}C magic-angle spinning NMR on isotopically labeled samples. Macromolecule，1992，25(2)：582-588.

[34] Gandon S，Mison P，Bartholin M，et al. Thermal polymerization of arylacetylenes：1. Study of a monofunctional model compound. Polymer，1997，38(6)：1439-1447.

[35] Zaldivar R J，Rellick G S，Yang J M. Processing effects on the mechanical behavior of polyarylacetylene-derived carbon/carbon composites. SAMPE Journal，1991，27(5)：29-36.

[36] Economy J，Jung H，Gogeva T. A one-step process for fabrication of carbon-carbon composites. Carbon，1992，30(1)：81-85.

[37] 丁学文. 芳基乙炔聚合物及其复合材料的性能研究. 上海：华东理工大学，2001.

[38] 丁学文，王玮，齐会民，等. 芳基乙炔预聚物流变性能研究. 功能高分子学报，2001，14(1)：105-108.

[39] 丁学文，齐会民，庄元其，等. 芳基乙炔聚合物固化反应动力学和结构表征. 华东理工大学学报，2001，27(2)：161-164.

[40] Satya B S，Teddy M K，Kenneth M，et al. Studies on cure chemistry of new acetylenic resins. Macromolecules，1993，26(23)：6171-6174.

[41] Cessna L C Jr，Jabloner H. A new class of easily moldable highly stable thermosetting resins. Journal of Elast Plast，1974，6(2)：103-113.

[42] Cessna L C Jr. Thermosetting compositions containing poly(arylacetylenes)and an aromatic ring compound having the rings joined through a nitrogen：US 3904574A. 1975.

[43] 张剑，杨洁颖，张天翔，等. 空心石英纤维增强聚芳基乙炔树脂基透波复合材料的制备及其性能. 宇航材料工艺，2015，(5)：64-67.

[44] Jobloner H. Poly(arylacetylene)molding compositions：US 4070333A. 1978.

第 3 章

改性聚芳基乙炔树脂及其复合材料

3.1 引 言

　　PAA 树脂虽然具有优异的耐高温性能，但是性脆。此外，PAA 树脂为全碳氢结构，为非极性结构，与增强材料的界面结合力较差。因此，人们采用了多种方法对聚芳基乙炔树脂进行改性，如苯并恶嗪改性聚芳基乙炔树脂、酚醛树脂改性聚芳基乙炔树脂等。

3.2 苯并恶嗪改性聚芳基乙炔树脂

　　苯并恶嗪树脂是一种可开环聚合形成酚醛树脂结构的树脂，因此也被称为开环聚合酚醛树脂，具有良好的工艺性能和耐热性能，通过苯并恶嗪与聚芳基乙炔共混，可以充分利用苯并恶嗪树脂的工艺性能，以及聚芳基乙炔树脂的耐烧蚀防热性能和高残碳率，获得适合于 RTM 成型的高残碳率的耐烧蚀防热树脂。根据所用原料的不同可合成不同结构的苯并恶嗪，对其性能进行优化，例如，学者们合成了乙炔基二苯醚型苯并恶嗪(44E-eP)、乙炔基二苯酮型苯并恶嗪(44K-eP)等[1-3]，结构式如下：

44E-eP

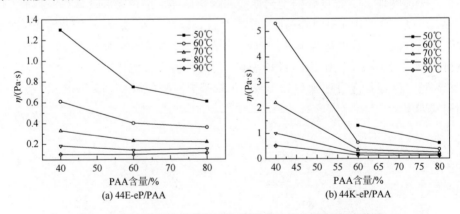

44K-eP

3.2.1　苯并噁嗪改性聚芳基乙炔树脂的流变性能

1. 苯并噁嗪改性聚芳基乙炔树脂的黏度

苯并噁嗪改性聚芳基乙炔共混体系的性能取决于苯并噁嗪、聚芳基乙炔树脂的结构、共混比例等，图 3.1(a)和图 3.1(b)分别是乙炔基二苯醚型苯并噁嗪/聚芳基乙炔体系(44E-eP/PAA)和乙炔基二苯酮型苯并噁嗪/聚芳基乙炔体系(44K-eP/PAA)的黏度与 PAA 含量的关系曲线。从图中可以看出，共混体系的黏度随着温度的升高而降低；同温度下，PAA 含量高者，体系黏度低。当温度高于 60℃时，对于 44E-eP/PAA 体系，三种不同比例的树脂黏度均低于 1.0Pa·s，适合于 RTM 成型工艺。比较两图，可以看到 44K-eP/PAA 体系黏度明显高于同条件下的 44E-eP/PAA 体系，并且 44K-eP/PAA(60∶40，质量比)体系在温度高于 80℃时，黏度才低于 1.0Pa·s。

图 3.1　不同共混比的苯并噁嗪/聚芳基乙炔的黏度-温度曲线

图 3.2 为 44E-eP/PAA(60∶40)体系黏度-温度曲线。从图中可以看到黏度随着温度的升高(30~80℃)而迅速降低。当温度低于 50℃时，体系黏度高于 5Pa·s；而当温度达到 80℃时，体系黏度降低到 340mPa·s。

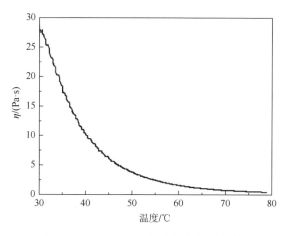

图 3.2　44E-eP/PAA 体系黏度-温度曲线

图 3.3 为 44K-eP/PAA 在 80℃和 90℃下黏度随时间的变化。可以看到 80℃下黏度与时间呈线性关系，增长较缓；90℃下黏度随时间的延长呈指数增长趋势。150min 前体系黏度在 80℃时较高，90℃时较低；150min 后体系黏度在 90℃时较高，这可能是因为温度高时，树脂交联反应较快，分子量升高，黏度升高。

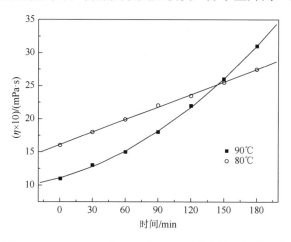

图 3.3　44K-eP/PAA 在 80℃和 90℃下黏度随时间的变化

2. 苯并噁嗪改性聚芳基乙炔树脂的等温流变性能

黏度是测量树脂流动性和 RTM 成型过程中树脂工艺性的一个重要参数。图 3.4 为 44E-eP/PAA 体系在 110℃、120℃、130℃和 150℃下的黏度-时间曲线。从图中可以看出共混体系的黏度随着温度的升高而升高。110℃下，曲线在 2h 内无明显变化，说明其黏度没有明显变化；而在 150℃下，曲线在 10min 左右就出现转折，黏度开始升高，分子间开始交联，并且随着时间的延长，黏度急剧上升，说明在温度较高的条件下，体系中基团反应活性增加，交联固化反应速率加快，所以体系黏度的上升随着温度的升高而显著加快。

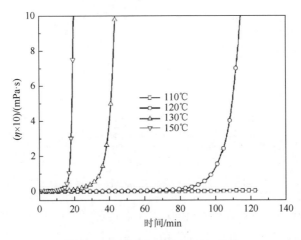

图 3.4   不同温度下黏度-时间曲线

3. 苯并噁嗪改性聚芳基乙炔树脂的凝胶点和交联活化能

在等温流变曲线上，热固性树脂的凝胶时间为树脂弹性模量(G')和黏性模量(G'')的交点($G'/G'' = \tan\delta = 1$)。为了分析温度对凝胶时间的影响，通过平板流变仪对 44E-eP/PAA 体系在等温状态(130℃、140℃和 150℃)的 G' 和 G'' 进行了表征，如图 3.5 所示。可以看到 G' 和 G'' 在不同温度下都有一个交点，并且温度越高，交点所对应的时间越短，表明在温度较高的条件下，体系凝胶越快，固化速率越快。

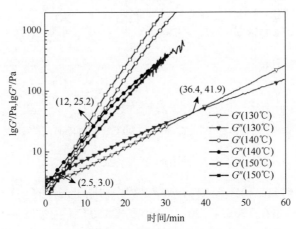

图 3.5   不同温度下的 44E-eP/PAA 体系 G' 和 G'' 曲线

表 3.1 为 44E-eP/PAA 体系在不同温度下(130℃、140℃和 150℃)的凝胶时间。

温度从 130℃升到 150℃，凝胶时间从 36min 降到 2.5min，这是因为高温下分子间交联反应速率加快。

表 3.1　44E-eP/PAA 树脂在不同温度下的凝胶时间

温度/℃	时间/min	E_c/(kJ/mol)
130	36	
140	12	22.7
150	2.5	

不同温度下的凝胶时间可以用来计算交联反应的表观活化能。对于一个给定的树脂体系，通过交联时间得到的化学转化率可以看作一个常数。因此，凝胶时间可以通过方程式(3-1)与反应动力学常数相关联。

$$t_{gel} = c \cdot \frac{1}{k'} \tag{3-1}$$

式中，t_{gel} 为凝胶时间；c 为实验常数；k' 为反应动力学常数。

考虑到反应动力学常数与温度有关，通过阿伦尼乌斯关系，可以得到：

$$\ln t_{gel} = \frac{E_c}{RT} + c' \tag{3-2}$$

式中，E_c 为固化交联活化能；R 为摩尔气体常数；T 为固化温度；c' 为常数。

通过表达式(3-2)可以发现，$\ln t_{gel}$ 和 $1/T$ 存在线性关系，如图 3.6 所示。通过计算图中曲线的斜率，可以得到 E_c，见表 3.1。

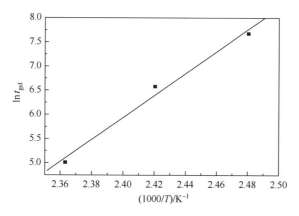

图 3.6　44E-eP/PAA 体系 $\ln t_{gel}$-$1/T$ 曲线

3.2.2   苯并噁嗪改性聚芳基乙炔树脂的固化动力学与固化工艺

1. 用非等温 DSC 对苯并噁嗪改性聚芳基乙炔树脂固化反应进行分析

图 3.7 为 44E-eP/PAA 体系在升温速率分别为 5℃/min、10℃/min、15℃/min 下的 DSC 曲线。从图中可以看到不同升温速率下固化反应的一些参数，如起始固化温度、峰顶温度等。可以看到随着升温速率的提高，共混体系固化放热峰向高温移动。44E-eP/PAA 体系平均固化反应放热量为 357.6J/g。

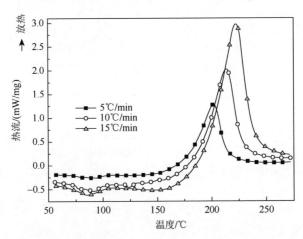

图 3.7   不同升温速率下 44E-eP/PAA 体系 DSC 曲线

2. 动力学分析

采用 Kissinger 和 Ozawa 方法对 44E-eP/PAA 体系的固化动力学进行分析。图 3.8 为 44E-eP/PAA 体系 $\ln(\beta/T^2)$ 和 $\ln\beta$ 分别对 $1000/T$ 作图所得曲线。从图中可以看到 $\ln(\beta/T^2)$ 和 $\ln\beta$ 与 $1000/T$ 有很好的线性关系。通过计算直线的斜率，可以得到固化反应的活化能。用 Kissinger 法和 Ozawa 法得到 44E-eP/PAA 体系的活化能分别为 96.4kJ/mol 和 99.3kJ/mol。

3. 动力学模型

对于 44E-eP/PAA 体系，用 Kissinger 方法得到 E_a，然后作 $\ln[Af(\alpha)]$-$\ln(1-\alpha)$ 图，如图 3.9 所示。从图可看出曲线 $\ln[Af(\alpha)]$-$\ln(1-\alpha)$ 不是直线，有个最大值，从而认为 44E-eP/PAA 的固化反应为自催化反应。根据文献报道，当噁嗪环发生开环反应时会有酚羟基产生，能加速开环反应的发生。

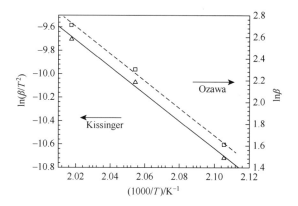

图 3.8　44E-eP/PAA 体系 Kissinger 和 Ozawa 法曲线

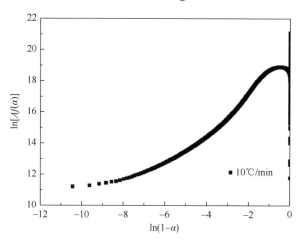

图 3.9　44E-eP/PAA 体系 $\ln[Af(\alpha)]$-$\ln(1-\alpha)$ 曲线

　　根据自催化固化的动力学模型，采用多元线性回归计算反应级数。分别对 $\ln\beta\dfrac{\mathrm{d}\alpha}{\mathrm{d}T}$ -$\ln(1-\alpha)$ 和 $\ln\beta\dfrac{\mathrm{d}\alpha}{\mathrm{d}T}$ -$\ln\alpha$ 作图，固化度 α 取值从开始反应到最大峰值之间，即：$\alpha=0.1\sim0.5$，可求得 n、m 两个参数。用 Kissinger 法中得到的平均活化能和公式 $A=\dfrac{E\beta\exp(E_a/RT_p)}{RT_p^2}$，可以求得参数 A。44E-eP/PAA 体系多元线性回归分析结果如表 3.2 所示。从而得到 44E-eP/PAA 自催化动力学模型如下：

$$\frac{\mathrm{d}\alpha}{\mathrm{d}T}=1.5\times10^{10}\exp\left(-\frac{96370}{T}\right)(1-\alpha)^{1.8}\alpha^{0.78} \tag{3-3}$$

表 3.2   44E-eP/PAA 树脂的固化动力学参数

升温速率/(℃/min)	E_a/(kJ/mol)	T_p/K	A	n	m
5		475.2	1.5×10^{10}	1.95	0.82
10	96.4	487.0	1.5×10^{10}	1.67	0.76
15		496.0	1.4×10^{10}	1.83	0.77
平均值	—		1.5×10^{10}	1.80	0.78

4. 固化工艺

树脂固化过程通常采用阶梯升温固化,而在每一个温度点是作为等温固化过程来理解的。利用固化反应 DSC 图,通过外推法可以预估各固化阶段的工艺参数。在固化反应 DSC 图中,其固化放热峰出现的位置随升温速率大小的变化而变化,采用对 T-β 作图进行外推的方法来确定固化工艺的近似温度。

根据不同升温速率下 44E-eP/PAA 固化反应放热峰的起始温度、峰顶温度和峰终温度等数值,绘出特征温度 T 和升温速率 β 的 T-β 关系曲线,再外推到 $\beta=0$ 时得到三点温度,即固化工艺温度,分别对应凝胶温度 T_i、固化温度 T_p 和后处理温度 T_t。

表 3.3 为 44E-eP/PAA 由 DSC 曲线所得到的固化反应特征温度。由表 3.3 的数据作出特征温度和升温速率关系曲线,如图 3.10 所示。

表 3.3   44E-eP/PAA 固化反应特征温度

升温速率/(℃/min)	T_i/℃	T_p/℃	T_t/℃
5	179.4	201.8	212.7
10	202.5	214.2	223.4
15	213.1	226.2	236.5

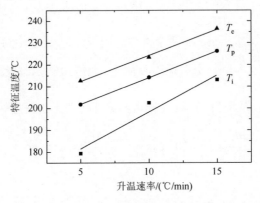

图 3.10   44E-eP/PAA 体系特征温度和升温速率关系曲线

由图 3.10 拟合直线外推至 $\beta = 0$ 处，得到 44E-eP/PAA 的固化工艺温度：$T_{\rm i} = 174℃$，$T_{\rm p} = 197℃$，$T_{\rm t} = 208℃$。即近似凝胶温度为 174℃，固化温度为 197℃，后处理温度为 208℃。

对 44E-eP/PAA 体系固化反应的动力学分析中，热聚合反应的动力学方程为

$$\frac{{\rm d}\alpha}{{\rm d}T} = 1.5 \times 10^{10} \exp\left(-\frac{96370}{T}\right)(1-\alpha)^{1.8}\alpha^{0.78} \tag{3-4}$$

由上式可得到在不同反应程度时固化温度与固化时间的关系，以及不同温度下固化度与固化时间的关系，从而对固化时间进行预测。

根据以上分析，树脂固化物的固化工艺采用较小温度跨度的阶梯升温，同时考虑散热效果，制定固化制度。

3.2.3　苯并噁嗪改性聚芳基乙炔树脂固化物的热稳定性

苯并噁嗪改性聚芳基乙炔树脂体系经热固化后，其固化物用热失重方法测试热稳定性和热解残碳率，图 3.11(a) 和图 3.11(b) 分别为不同配比的 44E-eP/PAA 和 44K-eP/PAA 固化物的热失重曲线。热分解温度 ($T_{\rm d5}$) 和热解残碳率汇总在表 3.4 中，从结果可知，苯并噁嗪改性聚芳基乙炔树脂固化物的热分解温度和热解残碳率都随着聚芳基乙炔含量的增加而增加。

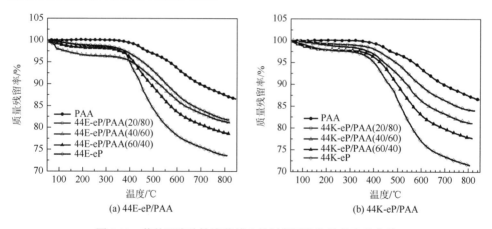

(a) 44E-eP/PAA　　　　　(b) 44K-eP/PAA

图 3.11　苯并噁嗪改性聚芳基乙炔树脂固化物的热失重曲线

表 3.4　苯并噁嗪改性聚芳基乙炔树脂固化物的热失重特征数据

试样号	组成		$T_{\rm d5}$/℃	残碳率/%	
	苯并噁嗪	聚芳基乙炔		600℃	800℃
1		100	0	398	78.2	73.6
2	44E-eP	60	40	414	83.4	78.8
3		40	60	406	86.2	81.4

试样号	组成		$T_{d5}/℃$	残碳率/%	
	苯并噁嗪	聚芳基乙炔		600℃	800℃
4	44E-eP	20	80	453	87.6	81.9
5		0	100	567	93.6	87.4
6		100	0	400	77.1	71.6
7	44K-eP	60	40	428	82.9	77.9
8		40	60	442	86.2	81.3
9		20	80	490	89.6	84.2

3.3   酚醛树脂改性聚芳基乙炔树脂

PAA 树脂因其优异的电性能、高残碳率、低吸湿率和优良的高温力学性能，已成为下一代树脂基耐烧蚀防热复合材料的理想基体。但是，由于 PAA 树脂本身的非极性，与纤维浸润性较差、黏结不良，因此改善纤维与 PAA 树脂界面的黏结性能已经成为推进 PAA 树脂更广泛应用的关键问题，PAA 树脂改性后，不会引起 PAA 树脂残碳率和耐热性明显下降，仍能保持较高的残碳率和耐热性能；可显著提高 PAA 树脂与增强材料的界面结合强度，改善复合材料的界面性能，因此常选用酚醛树脂来改性 PAA 树脂。

3.3.1   酚醛树脂改性聚芳基乙炔树脂的固化反应特性

苗春卉等[4, 5]用酚醛树脂对 PAA 树脂进行改性，其改性前后 PAA 树脂的黏度-温度曲线如图 3.12 所示，从图中可以看出，室温条件下，改性后的 PAA 树脂黏度较大，约为 200Pa·s，随着温度的升高，树脂黏度逐渐降低，在 100℃时，黏度降低到工艺窗口范围内，为 2.7Pa·s 左右，随着温度进一步升高到 175℃时，树脂黏度开始升高，当温度升至 180℃时，树脂黏度迅速升高，这表明树脂发生了凝胶化转变，而未改性的 PAA 树脂在室温下即保持较低的黏度，直至温度升高到 120℃左右时，树脂黏度开始升高，即树脂开始凝胶，可以发现：虽然酚醛树脂改性后 PAA 树脂的室温黏度明显升高，对其室温操作的工艺性有所影响，但其高温条件下的工艺窗口有效时间延长，有利于树脂基体对纤维增强体的充分浸渍。

图 3.13 为不同升温速率下 PAA 树脂及酚醛树脂改性 PAA 树脂的 DSC 曲线，从图中可以看出，在相同的升温速率下，改性后 PAA 树脂放热峰向高温方向移动，改性后 PAA 树脂固化反应峰变矮，这表明改性后 PAA 树脂固化放热量减少，酚醛树脂改性后与 PAA 树脂发生预聚，释放出一部分能量，聚合过程趋于平缓。

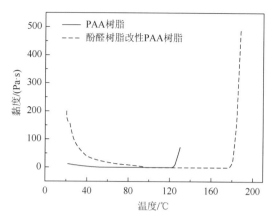

图 3.12 酚醛树脂改性前后 PAA 树脂黏度-温度曲线

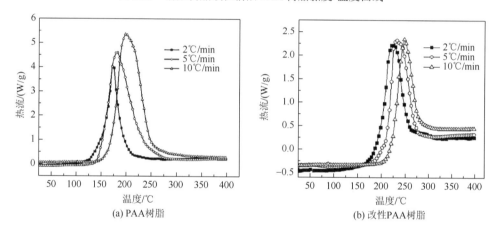

图 3.13 不同升温速率 PAA 树脂及酚醛树脂改性 PAA 树脂的 DSC 曲线

在不同升温速率下，PAA 树脂体系及酚醛树脂改性 PAA 树脂体系固化反应起始温度(T_i)、反应放热峰峰顶温度(T_p)和反应终止温度(T_e)及反应热焓(ΔH)数值如表 3.5 所示。

表 3.5 不同升温速率下 PAA 及其改性树脂的 DSC 数据

升温速率/ (℃/min)	T_i/℃		T_p/℃		T_e/℃		ΔH/(J/g)	
	PAA 树脂	酚醛改性 PAA 树脂	PAA 树脂	酚醛改性 PAA 树脂	PAA 树脂	酚醛改性 PAA 树脂	PAA 树脂	酚醛改性 PAA 树脂
2	104.09	164.65	171.80	221.11	258.61	258.61	510.60	381.15
5	128.33	178.28	180.05	229.85	293.38	293.38	755.85	556.32
10	139.89	190.01	198.26	249.29	308.86	308.86	1029.13	754.66

3.3.2　酚醛树脂改性聚芳基乙炔树脂固化物的性能

PAA 树脂固化过程中有比较明显的热失重,分析改性前后 PAA 树脂的质量残留率,结果如图 3.14 所示,从图中可以看出,改性后的 PAA 树脂热失重率从 47.9% 降低至 19.6%,这表明酚醛树脂与 PAA 树脂体系中的挥发性成分发生了反应,抑制了这些成分的挥发[4, 5]。

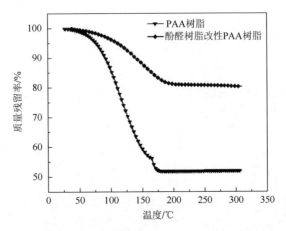

图 3.14　PAA 树脂与酚醛树脂改性 PAA 树脂热失重曲线

加入酚醛树脂后, PAA 树脂的固化收缩特性也得到了较大的改善,如表 3.6 所示。由表中数据可知,经过酚醛树脂改性后 PAA 树脂的固化收缩率明显下降,使应力集中现象缓和,从而减少了复合材料板的裂纹缺陷。

表 3.6　酚醛树脂改性前后 PAA 树脂密度和固化收缩率

树脂	固化前密度/(g/cm³)	固化后密度/(g/cm³)	固化收缩率/%
PAA	1.0295	1.1414	9.80
酚醛树脂改性 PAA	1.1209	1.1991	6.97

PAA 树脂基体韧性较差,且固化体积收缩量较大,使得树脂固化收缩后产生的应变比较大,同时由于其放热速率过快,极易在树脂内部产生局部的应力集中,从而导致复合材料板缺陷的产生,因此,通过树脂固化物的弯曲断裂性能可比较 PAA 树脂与酚醛树脂改性 PAA 树脂的韧性,图 3.15 为 PAA 树脂和酚醛树脂改性 PAA 树脂的弯曲应力-应变曲线。

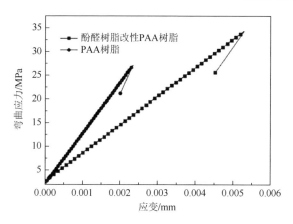

图 3.15　PAA 树脂与酚醛树脂改性 PAA 树脂的弯曲应力-应变曲线

从图 3.15 中可以看出，PAA 树脂和酚醛树脂改性 PAA 树脂在弯曲应力作用下，弯曲应变与弯曲应力均呈线性关系，弯曲应力达到最大值时，试样发生脆性断裂，弯曲应力迅速减小，酚醛树脂改性前后 PAA 树脂的弯曲强度和弯曲应变如图 3.16 所示。从图中可以看出，改性后 PAA 树脂的弯曲强度和弯曲应变有比较明显的增加，PAA 树脂的脆性得到了一定的改善。

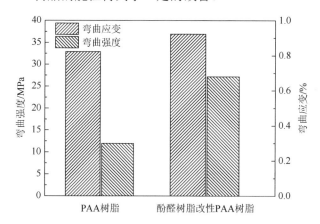

图 3.16　酚醛树脂改性前后 PAA 树脂的弯曲强度和弯曲应变

3.3.3　酚醛树脂改性聚芳基乙炔树脂复合材料的力学性能

采用手糊成型工艺制备了 PAA 树脂基复合材料板和酚醛树脂改性 PAA 树脂基复合材料板，纤维体积分数为 47%。固化工艺为 115℃/10h + 120℃/4h + 140℃/2h + 160℃/2h+180℃/2h + 250℃/4h。所制备的复合材料截面金相照片见图 3.17 和图 3.18。

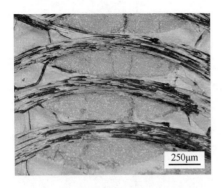

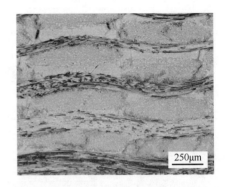

图 3.17   石英纤维/PAA 树脂截面金相   图 3.18   石英纤维/改性 PAA 树脂截面金相

从图 3.17 中可以看出，使用石英纤维/PAA 树脂制造的复合材料层合板纤维束间存在一定的富树脂现象，这些富树脂区存在大量裂纹，且部分裂纹贯穿束内、束间。

由图 3.17 和图 3.18 的对比可知，虽然使用石英纤维(QF)/改性 PAA 树脂制造的复合材料层合板纤维束间仍然存在一定的富树脂现象，且纤维束间部分区域存在裂纹，但裂纹数量比 PAA 树脂复合材料明显减少，且裂纹不贯穿束内、束间。

酚醛树脂改性前后 QF/PAA 复合材料的力学性能如表 3.7 所示。

表 3.7   PAA 树脂及酚醛树脂改性 PAA 树脂复合材料的力学性能

测试项目	QF/PAA	QF/酚醛树脂改性 PAA
压缩强度/MPa	113	145
压缩模量/GPa	11.4	15.8
弯曲强度/MPa	173	241
弯曲模量/MPa	8.9	12.8
层间剪切强度/MPa	10.2	12.6

从表 3.7 中可以看出，改性后 QF/PAA 树脂复合材料的压缩强度、弯曲强度、弯曲模量及层间剪切强度均有较大程度的提高，至少提高了 20%，这表明酚醛树脂的加入有效地改善了 PAA 树脂基体及其复合材料的基本力学性能。综合以上结果可以看出，改性后的 PAA 树脂固化反应较未改性的 PAA 树脂更加平缓，同时酚醛树脂与 PAA 树脂中的挥发分在固化过程中发生反应，减少了固化过程中产生的挥发分，并使 PAA 树脂固化后形成的三维网络更加致密，从而导致树脂强度增加，韧性增强，同时能够改善 QF/PAA 树脂复合材料中树脂基体与增强纤维之间的界面性能，使得复合材料的力学性能提高。

使用扫描电子显微镜观察层合板断面形貌，结果如图 3.19 所示，从图中可以看出，PAA 树脂复合材料单向板断裂后，纤维被明显拔出，纤维表面比较光滑，附着树脂很少，这说明二者之间的界面结合力很小；酚醛树脂改性 PAA 树脂复合材料单向板断裂后，纤维拔出较少，断口较平整，纤维表面附着大量树脂，说明纤维与树脂的界面黏结性能良好。

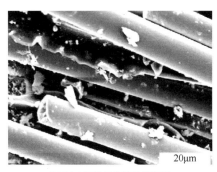 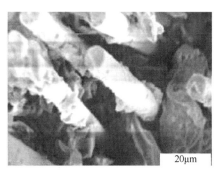

(a) PAA树脂复合材料单向板　　　　　(b) 酚醛树脂改性PAA树脂复合材料单向板

图 3.19　酚醛树脂改性前后 PAA 树脂复合材料的断面形貌

为了进一步分析酚醛树脂改性对于 QF/PAA 树脂复合材料界面的影响，通过测试酚醛树脂改性 PAA 树脂的表面张力，与 PAA 树脂对比，评价了酚醛树脂改性 PAA 树脂对石英纤维的浸润性能，如表 3.8 所示。

表 3.8　PAA 树脂及酚醛树脂改性 PAA 树脂表面张力对比

测试次数	PAA 树脂表面张力/(mN/m)	酚醛树脂改性 PAA 树脂表面张力/(mN/m)
1	28.761±0.030	28.736±0.025
2	29.679±0.029	25.648±0.025
3	30.732±0.029	17.895±0.028
平均值	29.724±0.029	24.093±0.028

从表 3.8 中可知，酚醛树脂改性 PAA 树脂表面张力比 PAA 树脂小，因此在纤维表面更容易铺展，树脂对纤维的浸润性更好。

PAA 树脂体系中加入酚醛树脂改性后，树脂固化反应峰变矮，且反应峰向高温方向移动，这是由于改性酚醛树脂的反应温度高于 PAA 树脂，同时改性酚醛树脂与 PAA 树脂发生预聚，释放出一部分能量，使得高温聚合过程趋于平缓；酚醛树脂改性 PAA 树脂体系相较于 PAA 树脂体系可降低固化收缩率、提高韧性，从而减少裂纹缺陷的产生，酚醛树脂改性 PAA 树脂表面张力减小，对石英纤维表面浸润性更好，改善了 PAA 树脂与增强纤维的界面性能，提高了 QF/PAA 复合材料的力学性能。

3.3.4　酚醛树脂改性聚芳基乙炔树脂复合材料的烧蚀性能

闫联生等[6-8]采用高性能硼酚醛树脂(FB)对 PAA 树脂进行改性，高性能硼酚醛树脂与碳纤维的黏接性好，碳布复合材料层间剪切强度高达 39.7MPa，因此，采用高性能硼酚醛树脂改性 PAA 树脂来提高 PAA 树脂与碳纤维界面的结合强度，提高 PAA 复合材料的剪切强度。此外，高性能硼酚醛树脂的分子结构中引入了柔性较大的 B—O—键，具有较好的韧性，可以改善 PAA 树脂的脆性。具体采用的改性方法有共混法(Ⅱ)和涂层法(Ⅰ)。共混法是将改性用的酚醛树脂直接加入基体树脂溶液中；涂层法是将改性用的酚醛树脂配成稀溶液，预先在增强碳布表面涂层，然后再浸渍基体树脂溶液。

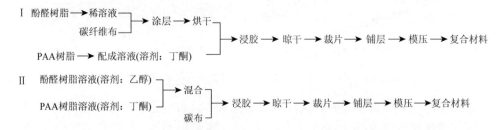

高性能酚醛树脂共混法改进 PAA 树脂及其复合材料性能如表 3.9 所示，当高性能酚醛树脂用量(PAA 树脂基体按 100 质量份计)低于 20 份时，混合树脂体系的残碳率变化较小。当高性能酚醛树脂用量超过 20 份时，混合树脂体系的残碳率降低较为明显。随高性能酚醛树脂用量的增加，复合材料的剪切强度明显增大，当高性能酚醛树脂用量为 20 份时，复合材料的剪切强度增至 10.9MPa，氧-乙炔质量烧蚀率 0.024g/s。当高性能酚醛树脂用量超过 20 份时，虽然复合材料的剪切强度继续增大，但混合树脂体系的残碳率降低。因此。高性能酚醛树脂用量应控制在 20 份以内。

表 3.9　高性能酚醛树脂用量对共混处理效果的影响

酚醛树脂用量/%	混合树脂残碳率/%	复合材料剪切强度/MPa	氧-乙炔质量烧蚀率/(g/s)
0	77.3	5.5	0.017
5	76.9	6.4	—
10	76.7	8.4	0.020
15	76.1	9.4	—
20	75.6	10.9	0.024
25	72.4	11.4	—
30	71.8	12.3	0.038

涂层处理的碳布/PAA 树脂复合材料的性能如表 3.10 所示，涂层溶液的浓度对涂层处理结果影响较小，涂层含量(涂层树脂与基体树脂的质量比)对涂层处理结果影响较大，随着涂层含量的增加，复合材料的性能明显提高。涂层处理对抗烧蚀性能的影响较小，烧蚀率略有增大，氧-乙炔质量烧蚀率由未处理前的 0.017g/s 增加到 0.029g/s。

表 3.10　涂层处理对碳布/PAA 树脂复合材料性能的影响

涂层溶液浓度/%	涂层含量/%	剪切强度/MPa	质量烧蚀率/(g/s)
3	5	9.3	—
	10	10.8	0.018
5	5	9.4	—
	10	11.3	0.021
	15	12.3	0.029

采用酚醛树脂改性，可提高 PAA 树脂与碳纤维界面结合强度，提高 PAA 树脂复合材料的剪切强度。涂层改性可显著提高 PAA 树脂与碳纤维界面结合强度，提高复合材料的剪切强度，而且对 PAA 树脂本体性能和复合材料的质量烧蚀率影响不大。

参 考 文 献

[1]　Qi H M，Pan G Y，Yin L，et al. Preparation and characterization of high char yield polybenzoxazine/polyaryl-acetylene blends for resin transfer molding. Journal of Applied Polymer Science，2009，114(5)：3026-3033.

[2]　Qi H M，Yin L，Pan G Y，et al. Dynamic mechanical and thermal stability of a novel resin transfer molding matrix derived from blend of benzoxazine and polyarylacetylene. 238th ACS National Meeting，Washington，DC，United States August 16-20，2009.

[3]　Qi H M，Yin L，Pan G Y，et al. Dynamic mechanical and thermal stability of a novel resin transfer molding matrix derived from blend of benzoxazine and polyarylacetylene. PMSE Preprints，2009，101：1086-1088.

[4]　苗春卉，翟全胜，叶宏，等. 酚醛改性聚芳基乙炔树脂基复合材料性能研究. 玻璃钢/复合材料，2018，(12)：82-88.

[5]　苗春卉，翟全胜，张晨乾，等. 表面处理对石英纤维增强 PAA 树脂复合材料界面性能的影响. 玻璃钢/复合材料，2019，(7)：78-84.

[6]　闫联生. 酚醛改性聚芳基乙炔基复合材料探索. 玻璃钢/复合材料，2001，(3)：22-31.

[7]　闫联生，姚冬梅，闫桂沈，等. 碳布增强聚芳基乙炔新型防热材料. 玻璃钢/复合材料，1999，(5)：20-23.

[8]　闫联生，姚冬梅，杨学军. 新型耐烧蚀材料研究. 宇航材料工艺，2002，(2)：29-31.

第4章

含硅芳炔树脂及其复合材料的研究发展概况

4.1　国外研究进展

含硅芳炔树脂是指一类在芳炔树脂中引入硅元素、可固化形成高耐热的热固性无机杂化树脂。其典型结构如下：

$$\text{—}\!\!\big[\!\!\text{—}Si(RR')\text{—}C\equiv C\text{—}Ar\text{—}C\equiv C\text{—}\big]_n$$

含硅芳炔树脂的诞生可追溯到 20 世纪 60 年代初，苏联 Luneva 研究团队[1, 2]以对二乙炔基苯或乙炔和氯硅烷(或卤代硅烷)为原料，通过脱氢缩合反应制备了高热变形温度的黄色或深褐色树脂，其结构如下：

$$\left[\!\!\begin{array}{c}Ph\\|\\Si\\|\\Ph\end{array}\!\!-C\equiv C-\!\!\bigcirc\!\!-C\equiv C\right]_n \qquad \left[\!\!\begin{array}{c}CH_3\\|\\C\\|\\CH_3\end{array}\!\!-C\equiv C-\!\!\begin{array}{c}CH_3\\|\\Si\\|\\CH_3\end{array}\!\!-\!\!\bigcirc\!\!\right]_n$$

他们对树脂的性能进行了表征，研究结果表明树脂溶解性差，且在 300℃也不熔融。他们又利用(乙)炔格氏试剂和烷基、芳基卤化物的反应制备了含硅芳炔聚合物，同时考查了聚合物的电性能，发现该聚合物耐热可达 450～550℃，其电阻率高达 3.1×10^{11}～$3.6\times10^{12}\Omega\cdot cm$[3]。

20 世纪 70 年代初，苏联 Gverdtsiteli 等[4]报道了在 H_2PtCl_6 催化下，硅氢键与硅炔键可发生加成反应，并制得了聚合度为 3～6 的聚合物。到了 80 年代，Shim 和 Risen[5]报道了用氯化酞菁硅和二甲基氯硅烷分别与对二乙炔基苯反应，制得了含硅芳炔聚合物，其结构如下：

$$\left[PcSi-C\equiv C-\!\!\bigcirc\!\!-C\equiv C\right]_n \qquad \left[\!\!\begin{array}{c}CH_3\\|\\Si\\|\\CH_3\end{array}\!\!-C\equiv C-\!\!\bigcirc\!\!-C\equiv C\right]_n$$

这些树脂固化物具有良好的热稳定性。日本 Arai 等[6]用催化剂催化炔基硅烷的聚合，制得了高分子量含硅聚合物，用作气体分离膜。

进入 20 世纪 90 年代，含硅芳炔树脂的研究报道快速增多，涉及合成反应、多种结构树脂的制备、结构与性能表征、应用研究等。如 Liu 和 Harrod[7]研究了氯化亚铜催化硅烷和乙炔基化合物的交叉-脱氢偶合反应，用间二乙炔基苯和苯基硅烷制备了可溶性含硅芳炔树脂，发现升高反应温度可提高树脂的分子量，但在室温下放置几天后树脂就不溶了，即使在惰性气氛中也是如此。法国 Corriu 研究团队[8-12]通过二乙炔基硅烷和芳基溴化物催化缩合、金属炔化合物或炔格氏试剂与卤代硅烷反应等，合成了多种含硅芳炔树脂和含硅多炔树脂 $\{-\!\!\!-SiRR'-C\!\equiv\!C-C\!\equiv\!C-]_n\}$，并研究了反应机理，同时研究了其高温陶瓷化效果，并将其用作高温无机 SiC 陶瓷的先驱体。日本 Itoh 研究团队以苯基硅烷与间二乙炔基苯为反应原料，在氧化镁催化下通过脱氢偶合反应合成了含硅芳炔树脂，他们对含硅芳炔树脂开展了系列研究工作[13-20]，形成 MSP 树脂品种。随后，法国 Buvat 研究团队也相继开展研究[21-24]，研制出易加工的含硅芳炔树脂产品即 BLJ 树脂。

含硅芳炔树脂按树脂结构和侧基可分为含硅氢基芳炔树脂、含硅乙烯基芳炔树脂、含硅烷基芳炔树脂、含硅氧烷芳炔树脂和含特殊结构硅芳炔树脂。下面分别加以介绍。

4.1.1　含硅氢基芳炔树脂

1994 年开始，日本 Itoh 等[13, 17]对含硅芳炔树脂展开了深入的研究，率先利用硅氢与炔氢在碱金属氧化物如氧化镁等（混合物）催化下发生的脱氢偶合反应，合成了系列含硅氢基团的芳炔树脂（即 MSP 树脂），产率为 40%，反应示意图如下：

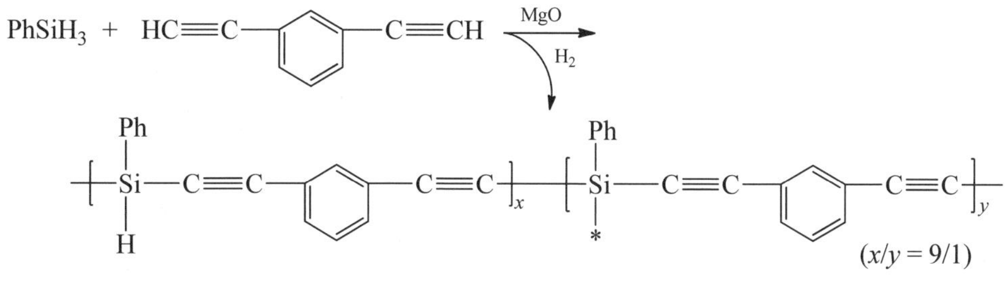

研究结果表明含硅芳炔树脂 MSP 固化树脂具有高的耐热性和阻燃性，MSP 树脂在氩气（Ar）气氛 400℃下固化后，在氮气中热分解温度 T_{d5} 高达 860℃，1000℃下热解残留率达 94%，在空气中，T_{d5} 达 567℃，1000℃下热解残留率为 28%。固化

树脂在 1000℃以上开始陶瓷化。MSP 树脂的弯曲强度、模量在 200～400℃基本不变；经 400℃和 500℃固化的产物极限氧指数分别达 42 和 54。

Itoh 等[15, 25, 26]采用格氏试剂法制备树脂，即在溴乙烷和镁制备的格氏试剂中分步加入间二乙炔基苯和苯基二氯硅烷，反应生成含硅氢基团的芳炔树脂，产率为 75%。

以液态 MSP（$\bar{M}_w = 820$，$\bar{M}_n = 540$，23℃下黏度为 2.5Pa·s）树脂为基体，分别以碳纤维布、碳化硅纤维布、玻璃纤维布为增强材料，采用预浸料的方法制备了复合材料，研究了其室温和高温下的性能，发现在氩气下分别在 200℃、400℃和 600℃固化 2h,制得的复合材料具备良好的耐热性能,在室温、200℃、400℃下弯曲模量和弯曲强度基本保持不变，甚至有所提高，如表 4.1 所示。动态力学分析表明固化后的 MSP 树脂及其复合材料在 500℃以下没有出现玻璃化转变。

表 4.1   MSP 树脂复合材料性能

纤维	固化温度/℃	弯曲强度/MPa			弯曲模量/GPa		
		23℃	200℃	400℃	23℃	200℃	400℃
碳纤维	400	111	120	142	31	33	35
碳纤维	600	99	94	113	26	29	27
玻璃纤维	400	80	79	95	14	13	13
玻璃纤维	600	93	82	93	18	17	17
SiC 纤维	400	110	111	110	30	29	30
SiC 纤维	600	54	59	63	19	24	21

他们又制备了不同连接结构的芳炔树脂，研究了结构对性能的影响，研究表明含硅芳炔树脂的结构对其性能有很大的影响，如表 4.2 所示，可见苯环的连接位置对树脂的热稳定性影响显著，在氩气气氛下其耐热性：间位＞对位＞邻位。

表 4.2　不同结构的含硅芳炔树脂的特征与性能

结构	$\bar{M}_w$ ($\bar{M}_w / \bar{M}_n$)	IR/cm^{-1}	^{1}H NMR /ppm	T_{d5}/℃ (Ar)	Y_{r1000}/% (Ar)	T_{d5}/℃ (空气)
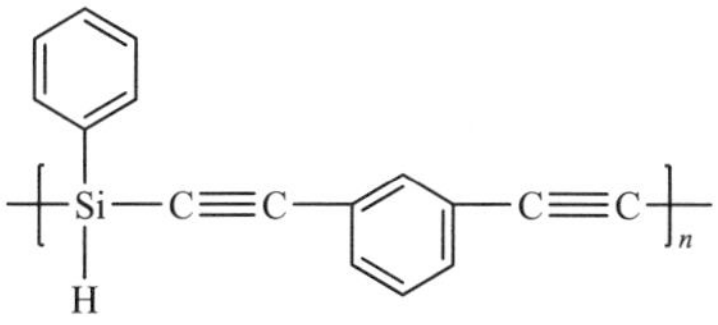	7.90×10^3 (2.0)	(Si—H, C≡C) 2158; (Si—H) 812	5.11; 7.3~7.9	894	94	573
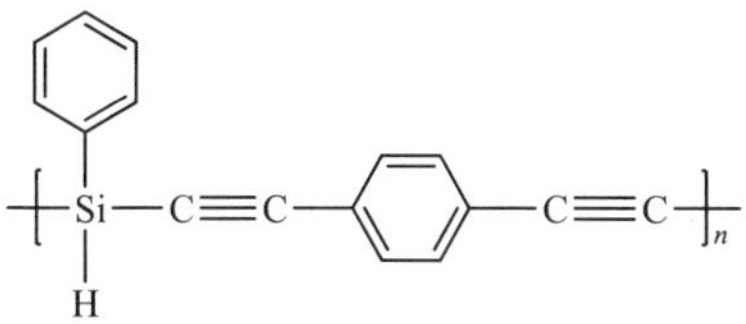	2.60×10^4 (4.8)	(Si—H, C≡C) 2163; (Si—H) 822	5.12; 7.5~7.8	577	92	476
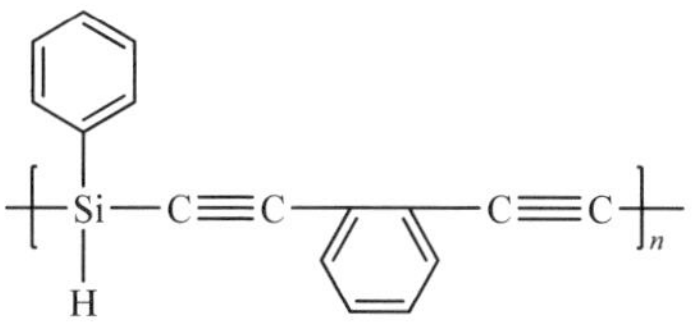	3.20×10^3 (1.9)	(Si—H, C≡C) 2170; (Si—H) 820	5.15; 7.2~7.8	561	88	567

Itoh 等[20]还合成了一系列不同硅侧基的含硅芳炔树脂，其结构式如下：

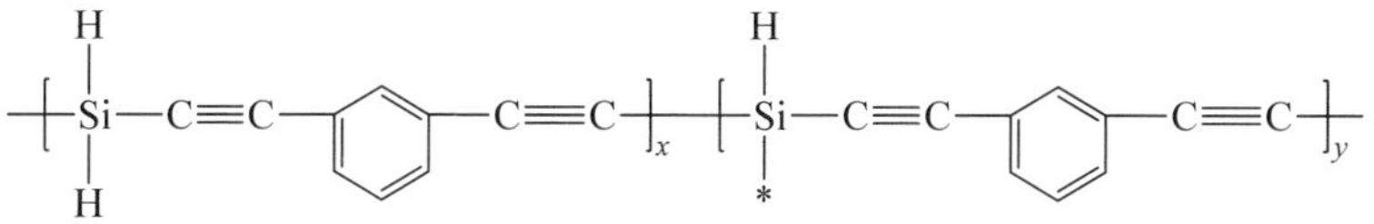

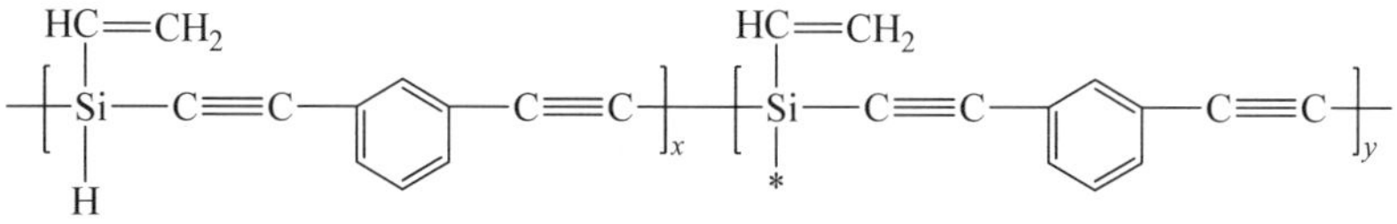

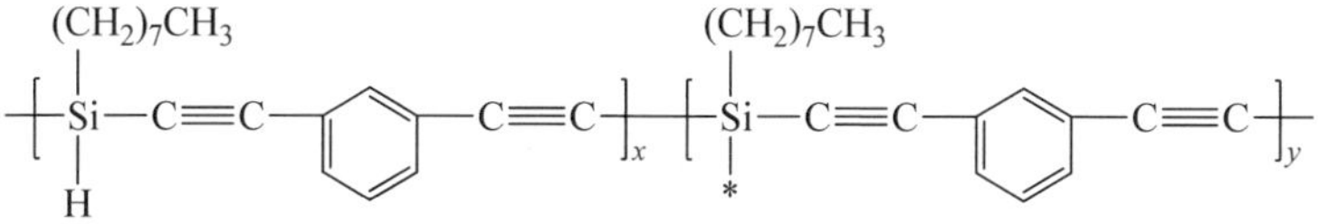

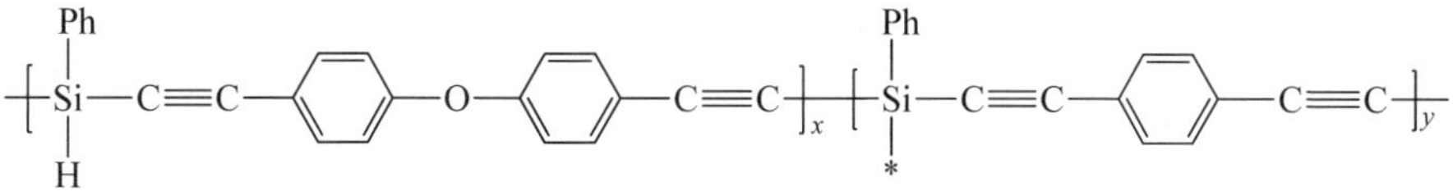

它们的热性能列于表 4.3，从表中可以看出，含硅氢基团的树脂具有较高的热稳定

性，这可能与树脂固化交联度有关。另外，带有活性可交联基团的树脂的耐热性比非活性基团的树脂高。

表 4.3　含硅芳炔树脂的热性能

树脂	$\bar{M}_w$	$T_g/℃$	$T_{d5}/℃$ (Ar)	$Y_{r1000}/\%$ (Ar)	$T_{d5}/℃$ (空气)
MSP	2880	48	860	94	567
树脂 1	2520	—	930	94	530
树脂 2	5970	38	867	94	562
树脂 3	2940	—	442	74	447
树脂 4	5940	52	632	90	574

1995 年，Itoh 等[27]用 MSP 树脂经 150℃熔融后，在 200℃空气中纺丝并固化，在氮气气氛下热处理到 1500℃得到了硅含量为 13%的碳纤维，拉伸强度达 3500MPa。

1997 年日本 Ishikawa 等[28, 29]将酰胺、酰亚胺结构引入含硅芳炔树脂，T_{d5} 达 619~640℃。1998 年，他们[30]又报道了炔氢和硅氢在金属氢化物存在下的缩合反应，采用 PhSiH$_3$、苯乙炔和 LiAlH$_4$ 在 120℃回流 20h 得到 42%苯乙炔基苯基硅烷和 9%二苯乙炔基苯基硅烷，硅氢转化率达到 53%。

2000 年日本 Yokota 等[31]报道了纤维增强 MSP 树脂复合材料用作烧蚀材料和火箭发动机喷管。2001 年 Itoh 等[32]报道 MSP 树脂纤维复合材料耐辐射性能，当辐照剂量达到 100MGy 时其强度不变。

自 2001 年起，法国 Buvat 等[21, 22, 33, 34]开展了含硅芳炔树脂的合成与应用研究，发展了苯乙炔封端的含硅芳炔树脂（称为 BLJ 树脂）。BLJ 树脂固化反应热焓较低（<400J/g），固化时无小分子生成；BLJ 树脂固化物在 100%相对湿度环境下，吸湿率小于 1%；树脂耐热性能优异，DMA 测试结果表明固化树脂在 450℃前未出现玻璃化转变，在氩气中 1000℃热解残留率为 80%。他们采用 RTM 成型工艺制备了耐高温 BLJ 树脂基复合材料。BLJ 树脂结构式如下：

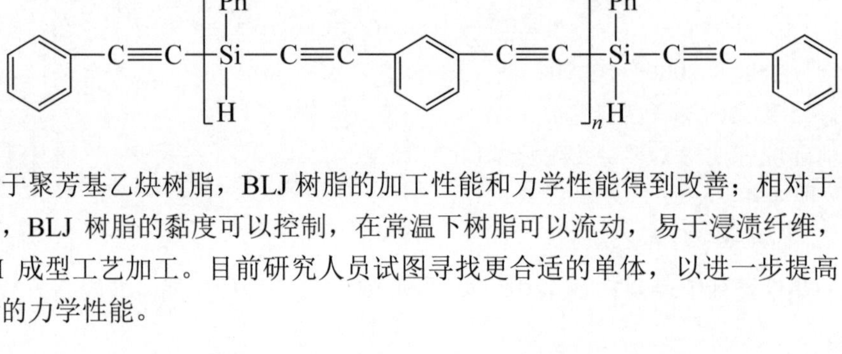

相对于聚芳基乙炔树脂，BLJ 树脂的加工性能和力学性能得到改善；相对于 MSP 树脂，BLJ 树脂的黏度可以控制，在常温下树脂可以流动，易于浸渍纤维，可用 RTM 成型工艺加工。目前研究人员试图寻找更合适的单体，以进一步提高 BLJ 树脂的力学性能。

4.1.2 含硅乙烯基芳炔树脂

1998 年日本 Ichitani 等[35-37]合成了含硅乙烯基芳炔树脂,在空气中 T_{d5} 为 560℃,800℃热解残留率 22%,在氩气(Ar)中 T_{d5} 为 630℃,800℃热解残留率 92%,其结构式如下:

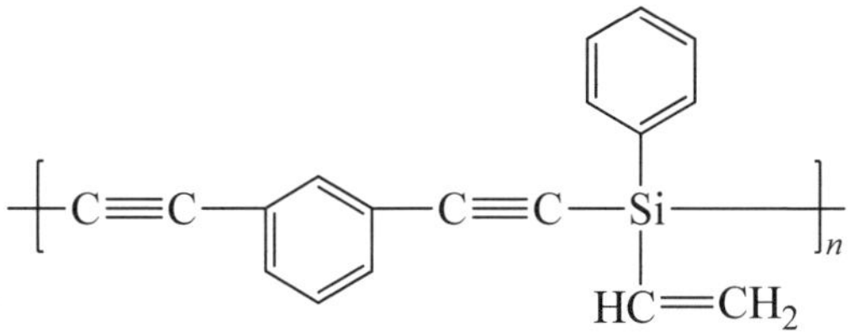

4.1.3 含硅烷基芳炔树脂

苏联 Luneva 等[3]和 Gverdtsiteli 等[4]分别在 1967 年和 1972 年合成了含苯基和甲基硅烷含硅芳炔树脂,该类树脂具有较高的耐热性。

1990 年,法国 Corriu 研究团队[8]以二乙炔基硅烷和芳基溴化物为原料,以三苯基磷氯化钯、碘化亚铜、三苯基膦为催化剂,在三乙胺中合成了多种含硅烷基芳炔树脂:

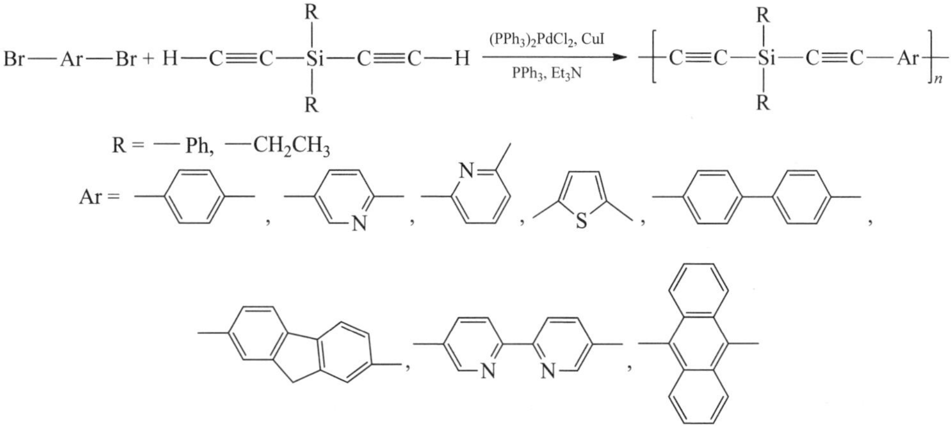

其数均分子量为 2000~10000,并研究了反应机理。

1995 年美国海军科研实验室 Bucca 和 Keller[38]报道了 4,4′-双(苯乙炔基)苯基二甲基硅烷(Ⅰ)与 1,4-二乙炔基苯(Ⅱ)和 1,2,4,5-四苯乙炔基苯(Ⅲ)的共聚合反应,发现 4,4′-双(苯乙炔基)苯基二甲基硅烷与 1,4-二乙炔基苯不发生共聚,只发生自聚,但 4,4′-双(苯乙炔基)苯基二甲基硅烷可与 1,2,4,5-四苯乙炔基苯发生共聚合反应,聚合产物的残碳率高。

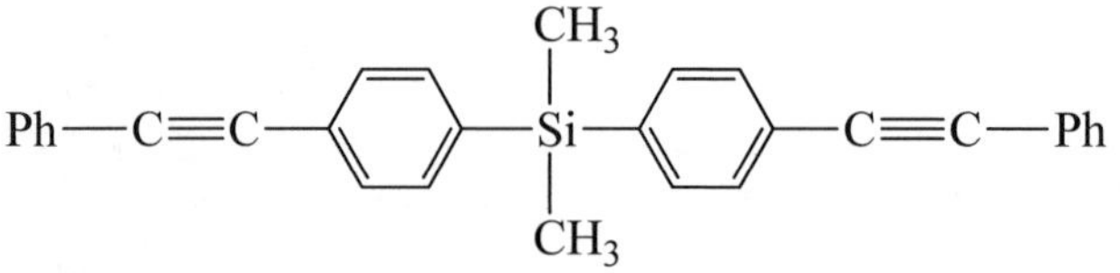

（Ⅰ）

（Ⅱ）

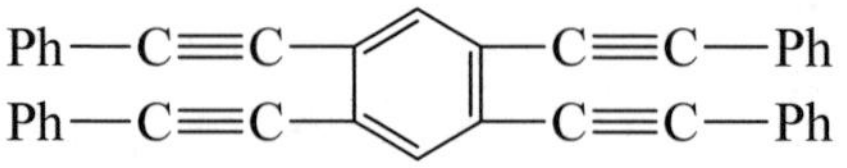

（Ⅲ）

4.1.4 含硅氧烷芳炔树脂

1996 年日本 Inoe 等和 Yamaguchi 等[39, 40]报道了一系列主链中含有硅氧烷结构的含硅芳炔树脂，具有光敏反应性、耐热和阻燃的特性，固化树脂在氩气中 1000℃热解残留率达 85%。

1997 年日本 Sugimoto 等[41]在含硅芳炔树脂中引入硅氧烷结构，制备耐热的含硅芳炔树脂阻燃材料，在空气中固化物 T_{d5} 为 470℃，800℃热解残留率为 43%。他们还制备了含聚硅氧烷链段的芳炔树脂，可以通过热、光和电子束固化，在空气中固化物 T_{d5} 为 380℃，800℃热解残留率为 30%。

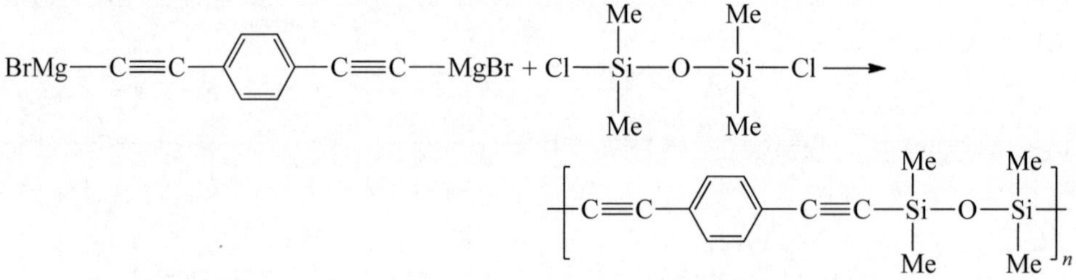

1998 年，Okada 等[36]合成了含硅氧烷结构、联苯的芳炔树脂，熔点 79℃，其固化物在空气中 T_{d5} 为 553℃，800℃热解残留率为 40%，而在氩气中 T_{d5} 为 576℃，800℃热解残留率达 88%。

2002 年，Corriu 等[42]在合成纳米有机-无机杂化树脂方面做了大量的工作，他们通过溶胶-凝胶法合成了一系列纳米结构有机-无机杂化树脂，这些树脂具有较好的韧性和热氧化稳定性，起始分解温度为 400～500℃。其结构式如下：

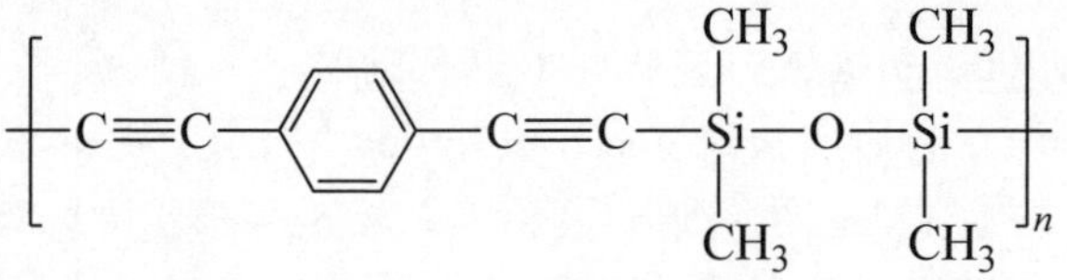

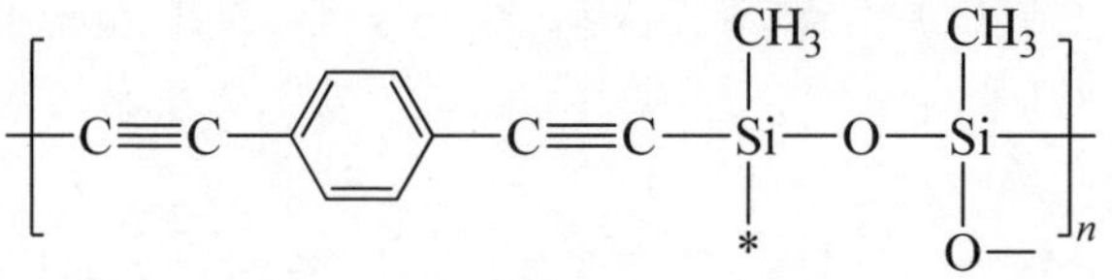

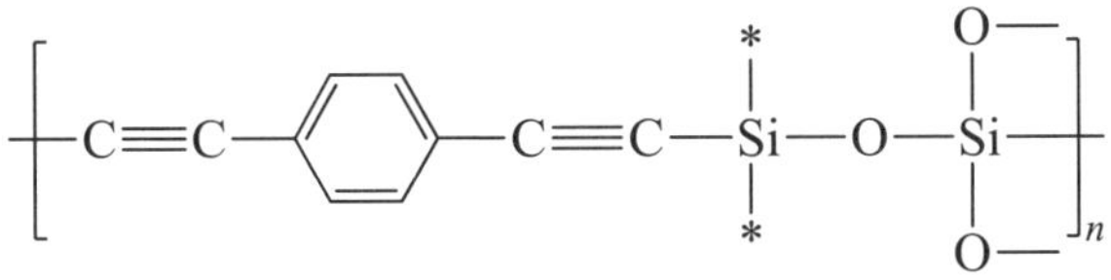

2002 年，法国 Levassort 等[43-46]在含硅芳炔树脂结构中引入聚硅氧烷、聚硅烷等，降低了材料的脆性，但对其耐热性影响不大。他们合成了侧链含有硅氧烷结构的含硅芳炔树脂，这种树脂的黏度低，在 140℃下，黏度小于 100mPa·s。研究表明引入硅氧烷侧链基本上不影响其热稳定性能。这种树脂的结构式如下：

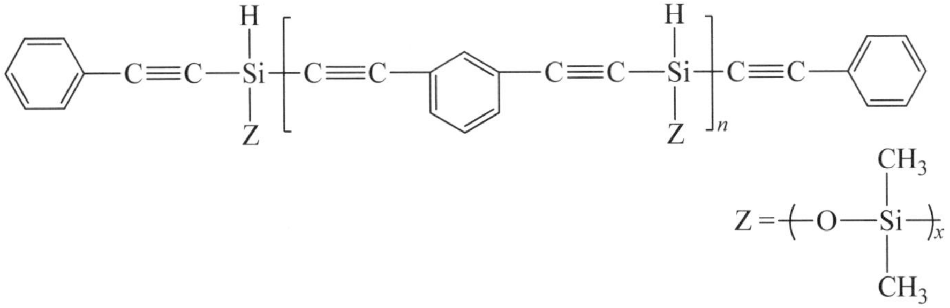

4.1.5 含特殊结构硅芳炔树脂

1998 年，日本 Kobayashi 等[47]利用带硅氢基团的笼形倍半硅氧烷（POSS）（T_8^H）与二炔化合物在 Pt 催化剂存在下通过 Si—H 加成反应制备了可溶的耐热树脂，其结构式如下：

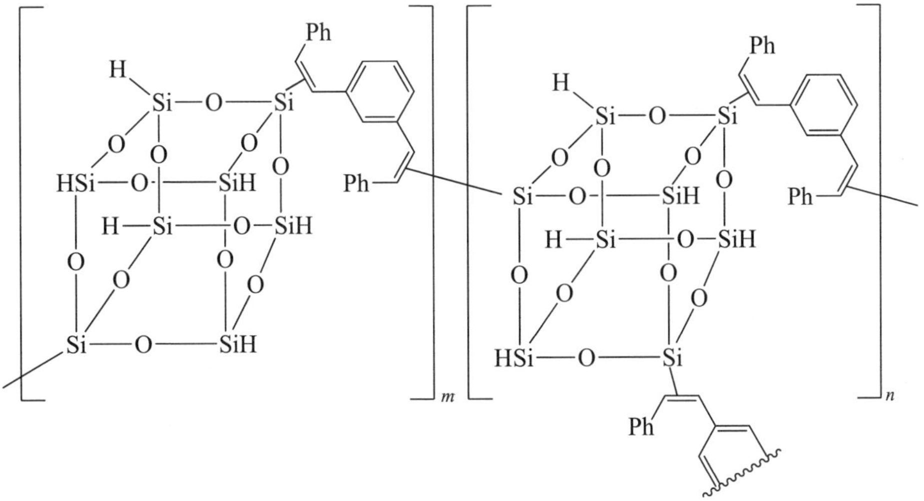

所得树脂的热性能优良，如表 4.4 所示，结果表明其 T_{d5} 高于 840℃，且树脂的热稳定性能取决于二炔的结构，间位芳炔的 POSS 树脂热稳定性高于对位芳炔 POSS

树脂。采用 IR 和 TG-MS 对固化物的热解过程进行了跟踪分析，结果表明在高温下苯基会从主链中裂解出来。

表 4.4　T_8^H 与二炔加成树脂的性能

Ph—C≡C—X—C≡C—Ph 中 X	$\bar{M}_w(\bar{M}_w/\bar{M}_n)$	T_{d1}/℃	T_{d5}/℃	Y_{r984}/%(N₂)
m-C₆H₄	2.1×10^4(2.03)	534	>1000	95.4
p-C₆H₄	3.4×10^4(1.79)	477	788	93.8
Si-Me₂	2.6×10^4(1.65)	454	841	93.4
1, 1′-C₁₀H₈Fe	1.0×10^4(1.79)	486	841	92.9

1995 年美国海军科研实验室和研究人员 Keller 等[48-51]合成了带有碳硼烷结构的含硅氧烷树脂 { —E— C≡C—C≡C—Si(CH₃)₂—O—Si(CH₃)₂CB₁₀H₁₀C—Si(CH₃)₂—O—Si(CH₃)₂—Ⅎ—ₙ }，用凝胶渗透色谱(GPC)测得其分子量约为 4900，固化后的样品的 TGA 测试表明氩气气氛中 1000℃残留率为 85%，空气气氛中的残留率为 92%。用 SEM 及扫描螺旋微探针法分析残留物，结果表明在空气中高温下生成的陶瓷类材料的表面有一层 SiO₂ 膜，它可阻止外部气氛侵蚀材料的内部。1998 年他们申请了碳硼烷芳炔树脂的专利[52]，其典型结构如下：

Ph—C≡C—Ph—Si(CH₃)₂—O—Si(CH₃)₂—CB₁₀H₁₀C—Si(CH₃)₂O—

　　　　　　　Si(CH₃)₂—Ph—C≡C—Ph　　　　　　　　　　（Ⅰ）

Ph—C≡C—Ph—Si(CH₃)₂—O—Si(CH₃)₂—Ph—C≡C—Ph　　　（Ⅱ）

Ph—C≡C—Ph—Si(CH₃)₂—Ph—C≡C—Ph　　　　　　　　　（Ⅲ）

当温度升高到 350～400℃或 450℃时，树脂可发生固化交联反应，形成固化物，固化物在 1000℃以上可形成陶瓷材料。不同结构的树脂具有不同的性能，树脂的陶瓷化率从（Ⅰ）到（Ⅲ）逐渐降低，抗氧化性能也随之降低，这主要是碳硼烷和硅氧烷作用的结果。

1998 年日本 Ichitani 等[53, 54]申请了把碳硼烷引入含硅氧烷芳炔树脂结构中的专利，使树脂在空气中 T_{d5} 达到 800℃。

1999 年日本 Ichitani 等[55, 56]利用含硅芳炔树脂 —E— (CH₂ = CH₂)Si(C₆H₅)—C≡C—C₆H₄—C≡C—Ⅎ—ₙ 的乙烯基和 1, 7-双(二甲基硅基)碳硼烷[HSi(CH₃)₂—(CB₁₀H₁₀C)—Si(CH₃)₂H]或 1, 7-双(二苯基亚甲硅基)碳硼烷[HSi(C₆H₄)₂(CB₁₀H₁₀C)—Si(C₆H₄)₂H]中硅氢基团的加成反应合成了碳硼烷杂化含硅芳炔树脂，结构如下：

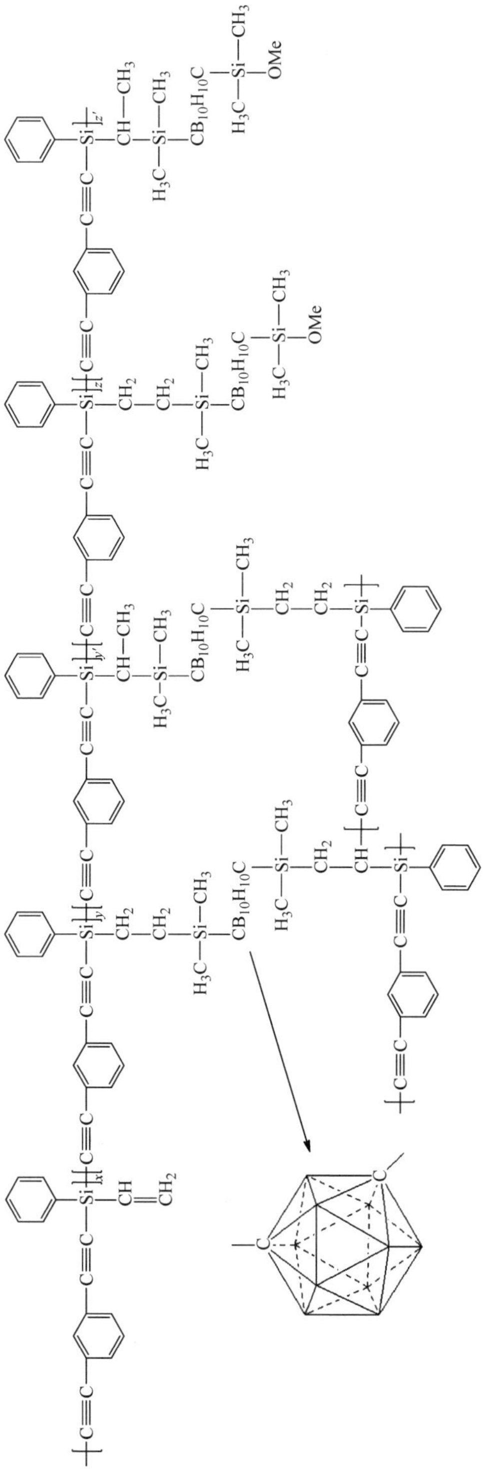

该杂化树脂具有与含硅芳炔树脂类似的加工工艺性，300℃固化后其热稳定性和力学稳定性优异；引入碳硼烷前树脂在空气中的 T_{d5} 达 560℃，800℃残留率为 22%，而引入碳硼烷的树脂在 600℃之前不失重，T_{d5} 达 780℃，800℃残留率为 95%。随着树脂中碳硼烷含量的增加，其热稳定性也相应提高。含碳硼烷结构的树脂仍表现出优良的力学性能，室温下的弯曲模量为 1.86GPa，250℃为 0.95GPa；经过 300℃热处理后，弯曲模量达到 1.96GPa。2000 年，Sugimoto 等[57, 58]报道带有侧乙烯基的含硅芳炔树脂与含硅氢的碳硼烷在催化剂作用下反应得到碳硼烷杂化含硅芳炔树脂，250℃成型后经 1000℃热处理，树脂弯曲模量达到 3.10GPa，极限氧指数大于 70。

2013 年，Kolel 等[59]报道了含碳硼烷芳炔树脂的性能，其合成途径如下：

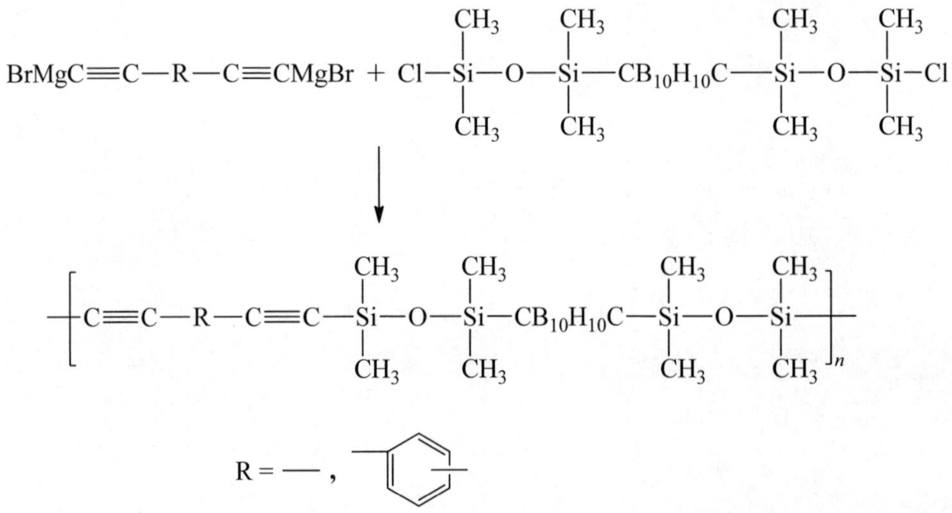

他们发现树脂在 500℃以上才能完全交联，且对位和间位芳炔结构形成的树脂具有不同的性能，对位结构树脂具有更高的结晶性，研究也表明芳炔树脂比脂肪炔树脂具有更高的耐热性(R 不同)。

2001 年，Itoh 和 Iwata[60]课题组利用 4, 4′-二乙炔基二苯醚代替二乙炔基苯与苯基硅烷通过缩聚反应制备了主链含有醚键的硅芳炔树脂。研究结果表明主链含有醚键的硅芳炔树脂固化物经 400℃高温固化后的弯曲强度达到 45MPa，相比MSP 树脂固化物的弯曲强度提高了 350%，将芳醚键引入树脂主链，大幅度提升了树脂的力学强度。该树脂结构如下：

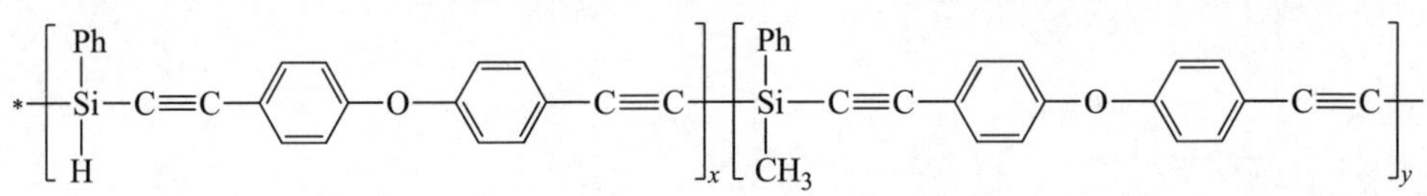

4.2　国内研究进展

2002 年，华东理工大学率先在国内开始含硅芳炔树脂的设计、合成、结构与性能表征等一系列研究，并对其纤维增强复合材料的性能与应用等展开研究[61-92]，成功研究并开发出一类新型结构含硅芳炔树脂(被称为 PSA 树脂)，其主要分子结构如下：

$$G_1 \left[\underset{R_2}{\overset{R_1}{Si}} \left(O - \underset{R_2}{\overset{R_1}{Si}} \right)_m C \equiv C - Ar - C \equiv C \right]_n \underset{R_2}{\overset{R_1}{Si}} \left(O - \underset{R_2}{\overset{R_1}{Si}} \right)_m C \equiv C - Ar - C \equiv C - G_2$$

$$Ar = \longrightarrow \hspace{-0.5em} \boxed{} \hspace{-0.5em} \longrightarrow ,\ \longrightarrow \hspace{-0.5em} \boxed{} \hspace{-0.5em} \left(O \hspace{-0.5em} \boxed{} \right)_x\ 等$$

$R_1 = —CH_3$　$R_2 = —H, —CH_3, —Ph$ 等

$G_1 = —C \equiv C—Ph, —C \equiv C—Ph—C \equiv C—$ 等

$G_2 = —H, —CH_2CH_3, —Si(CH_3)_3$ 等

研制的典型含硅芳炔树脂可在 170℃固化，加工工艺性好，可适用于包括 RTM 成型和模压成型等在内的多种复合材料的成型工艺；固化树脂在室温~500℃未检测到玻璃化转变温度，惰性气体下热分解温度(5%失重温度 T_{d5})高于 600℃，800℃残留率(Y_{r800})高于 80%；高温下可陶瓷化；固化树脂在宽温宽频下介电性能优异且稳定；纤维增强 PSA 树脂复合材料具有优良的室温和高温力学性能，可用作耐烧蚀防热材料、透波材料和高耐热绝缘材料等，在航空航天、电子电器和交通运输等领域显示出很好的应用前景。

4.2.1　含硅氢基芳炔树脂

2004 年华东理工大学陈麒等[93,94]报道了含硅芳炔化合物[$(C_6H_5C \equiv C)_2SiHCH_3$]的合成、固化与性能，该芳炔化合物在 250℃开始固化，固化物热分解温度 T_{d5} 为 568℃(空气)，它们被用于改性热固性树脂。

2006 年北京航空航天大学的张凡和黄鹏程[95]用二乙炔基苯萘与苯基硅烷反应，合成了含硅芳炔树脂：

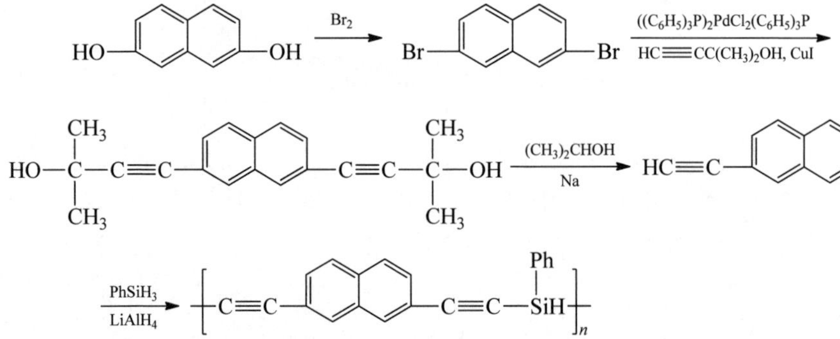

硅氢基的引入可以降低树脂的熔点,熔点小于 100℃;增加树脂的溶解性,能溶于常用有机溶剂,从而有利于加工。其红外分析结果表明该树脂在固化过程中发生硅氢加成反应和 Diels-Alder 反应,并生成带有稠环结构的交联网络。在空气中 T_{d5} 达 450℃,具有良好的耐热性能,可以用作耐高温黏接剂、密封剂和复合材料树脂基体。

2017年华东理工大学Zhou等[96]报道了硼与硅杂化的芳炔树脂的合成与性能,其合成过程如下:

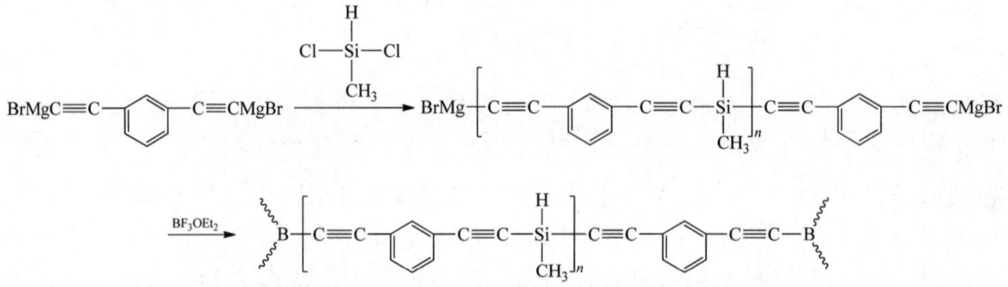

研究表明不同硼/硅配比树脂的固化放热峰出现在 214～225℃,经 150℃/2h + 180℃/2h + 220℃/2h + 250℃/2h + 280℃/2h + 300℃/2h + 350℃/2h + 400℃/4h 固化,树脂固化物在氮气中热分解温度 T_{d5} 可大于 591℃,空气中热分解温度高于 530℃,显示出优良的热氧化稳定性。固化物在 1600℃以上可发生陶瓷化反应,形成含有 B_4C 和 SiC 组分的陶瓷材料。

4.2.2　含硅乙烯基芳炔树脂

华东理工大学高金淼等[67]制备了含硅乙烯基芳炔树脂,并研究了不同分子量树脂的性能,研究表明该类树脂常温下为黏稠状液体或固体,能溶于常用溶剂,固化树脂具有较高的热稳定性。

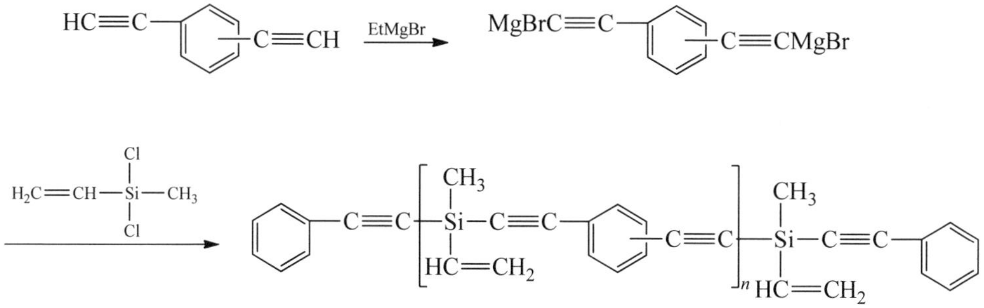

2011～2012 年合肥工业大学谭德新等[97-99]报道了乙烯基三苯乙炔基硅烷(VTPES)或苯基三苯乙炔基硅烷(PTPES)树脂的固化反应、热分解动力学和陶瓷化反应，树脂结构如下：

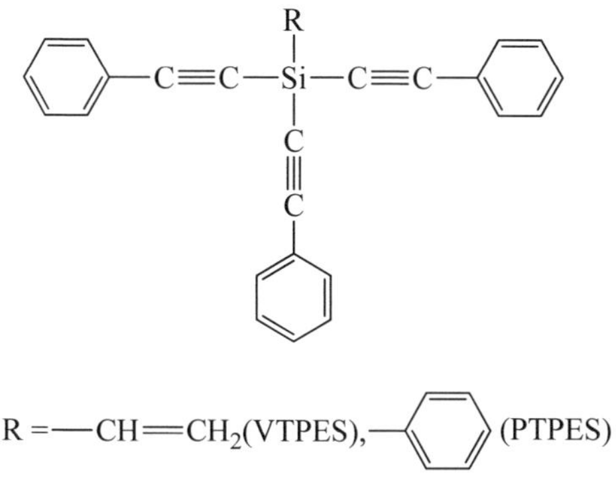

$$R = —CH=CH_2(VTPES), \quad \bigcirc \quad (PTPES)$$

通过 DSC 分析研究了乙烯基或苯基三苯乙炔基硅烷树脂的固化反应动力学，获得了固化反应动力学参数，如表 4.5 所示，树脂遵循 1 级反应，VTPES 树脂具有比 PTPES 树脂更低的活化能。研究表明，VTPES 树脂熔点 84℃，固化放热峰峰顶温度 315℃，PTPES 树脂熔点 116℃，固化放热峰峰顶温度 360℃，VTPES 树脂具有比 PTPES 树脂更宽的加工窗口。他们还研究了 VTPES 树脂固化物在 Ni 和 Fe 作用下的石墨化(900～1600℃)，结果表明 Ni 与 Fe 均可加速石墨化过程，Fe 比 Ni 更有效，且石墨化程度随金属含量增加和热处理温度升高而升高，但温度比催化更有效。

表 4.5　三苯乙炔基硅烷树脂固化反应和固化树脂的热分解反应动力学参数

树脂反应	表观反应级数 n	表观活化能/(kJ/mol)	表观指前因子 A/s^{-1}
VTPES 固化反应	0.92	114.3	$2.82×10^9$
PTPES 固化反应	0.93	153.9	$9.42×10^{11}$
固化 VTPES 分解反应		240.0	$3.16×10^{15}$

4.2.3   含硅烷基芳炔树脂

2004 年,华东理工大学严浩等[61]报道了以卤代硅烷与芳基乙炔为原料,通过其有机镁格氏试剂与卤代硅烷的缩合反应,合成了结构新颖的含硅芳炔树脂,其合成路线如下:

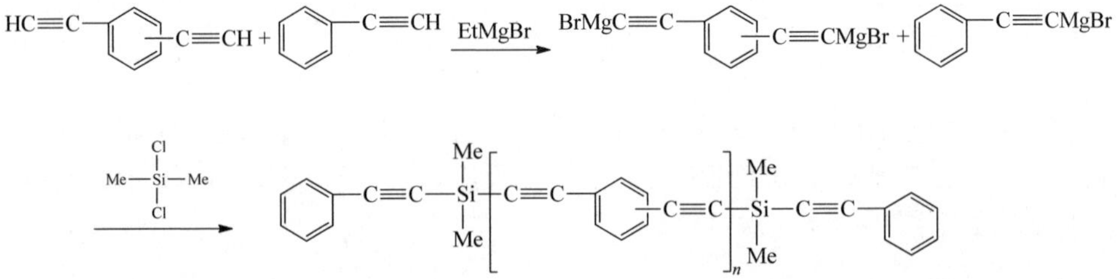

研究表明所得树脂分子量和反应物中苯乙炔含量有关,随苯乙炔所占比例的减少,合成树脂的分子量逐渐增加,分子量分布变宽,这表明苯乙炔在反应过程中起到封端作用,限制了聚合物链的增长。苯乙炔封端的树脂固化产物在惰性气氛下的起始热分解温度在 460℃以上,而无苯乙炔封端的树脂固化产物的分解温度高达 640℃,800℃时残留率在 80%以上,具有很好的耐热性能。

Wang 等[62]用二乙炔基苯格氏试剂与二甲基二氯硅烷进行缩聚反应,并用苯乙炔封端,制备了含硅芳炔树脂,并研究了固化树脂的烧结性能,结果表明树脂固化后烧结至 1300℃以上时,可形成 β-SiC 陶瓷晶粒。

2006 年 Zhou 等[100,101]报道了含炔有机硅化合物[$(C_6H_5C{\equiv}C)_3SiCH_3$](MTPES)的合成与性能,其合成路线如下:

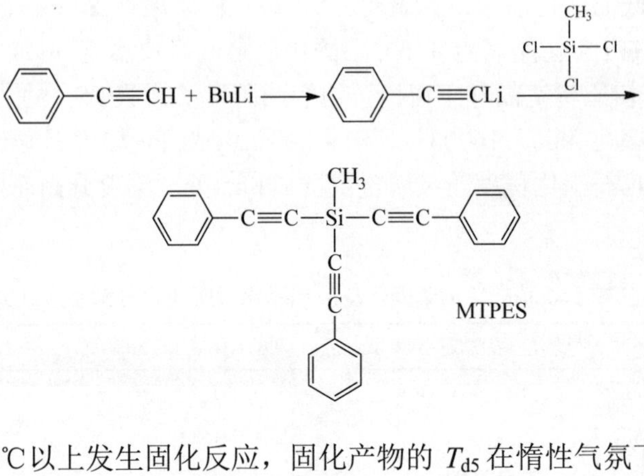

MTPES 在 300℃以上发生固化反应,固化产物的 T_{d5} 在惰性气氛下为 695℃,且在 800℃时质量损失了 7.1%,而在空气气氛下 T_{d5} 下降为 565℃,800℃时的残留

率为 43.9%，该树脂表现出优良的热稳定性。倪礼忠等[102, 103]利用合成的含硅芳炔树脂改性其他树脂，并对其性能进行了表征。

2010 年，黄琛等[76]以含硅芳炔树脂(PSA)为基体、高强玻璃布为增强体制备了含硅芳炔树脂复合材料，并对其模压成型工艺进行了优化，确定了复合材料制备工艺参数；树脂质量分数 31%、成型压力 1.0MPa、升温程序 170℃/2h + 210℃/2h + 250℃/4h，同时测得复合材料的弯曲强度为 278MPa。

2008 年，尹国光等[66]通过格氏试剂法合成了主链含二硅烷结构的含硅芳炔树脂，树脂结构如下：

$$\left[\begin{array}{c} \underset{|}{\overset{Me}{\underset{Me}{|}}}Si-\underset{Me}{\overset{Me}{Si}}-C\equiv C-\!\!\!\bigcirc\!\!\!-C\equiv C \end{array}\right]_n$$

二硅烷芳炔树脂常温下是黏稠状的液体，固化温度低于 200℃。固化树脂具有优异的耐热性能，在氮气下 T_{d5} 和 800℃残留率分别为 631℃和 88.9%，空气下 T_{d5} 和 800℃残留率分别为 565℃和 60.8%。

Li 等[104]利用含硅芳炔树脂电纺丝制造纤维，通过紫外光和热固化结合，成功制备了含硅芳炔树脂纤维，并探讨了纺丝工艺，研究表明纤维的直径随电压的增加和纺丝距离的减少而减小，而纺丝温度对纤维有显著影响，较好的纺丝工艺条件为：温度 150℃，电压 35kV，喷头距离 5cm。纺丝经紫外光固化再进一步热固化的纤维具有较好的性能，纤维拉伸强度可达 55.4MPa，800℃分解残留率达 80%。图 4.1 显示了含硅芳炔树脂电纺丝纤维炭化前后的形貌，结果显示含硅芳炔树脂纤维可望用于制作陶瓷化纤维。

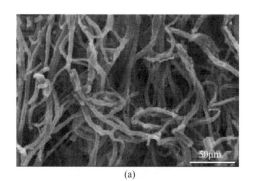
(a)

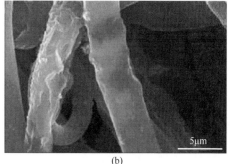
(b)

图 4.1   含硅芳炔树脂的电纺丝纤维电镜照片

（a，b）光固化和热固化得到的纤维；（c，d）相应纤维经 800℃炭化后的照片

4.2.4   含硅氧烷芳炔树脂

2009 年，华东理工大学高飞等[105]利用格氏试剂合成了主链中含硅氧烷链段的芳炔树脂，其合成路线如下：

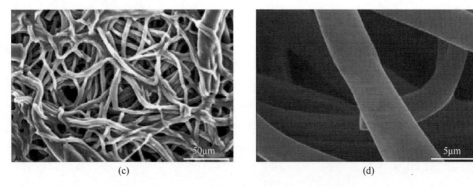

该树脂在室温下为黏性液体，可溶于常用溶剂，固化时反应放热量较低，固化产物的玻璃化转变温度 T_g 高于 350℃，耐热性能优良。

2010 年，Gao 等[74, 75, 106, 107]以二氯多硅氧烷和间(对)-二乙炔基苯为原料，采用格氏试剂法，通过控制硅氧烷的链段长度，合成了一系列含硅氧烷芳炔树脂（Ⅰ、Ⅱ、Ⅲ、Ⅳ、Ⅴ）。该类树脂具有良好的加工性、热氧化稳定性。在氮气气氛下，随着树脂中硅氧烷链段的增长，间位树脂 T_{d5} 从 602℃逐渐降低至 505℃，800℃

残留率从 85%逐渐降低至 72%；在空气气氛下，随着树脂中硅氧烷链段的增长，T_{d5} 从 535℃逐渐降低至 514℃，800℃残留率从 36%逐渐降低至 49%。树脂的合成工艺路线如下：

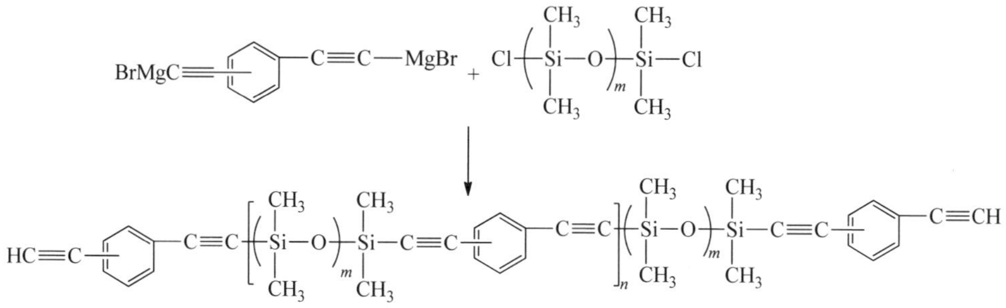

I：$m=1$；II：$m=2$；III：$m=2$；IV：$m=5$；V：$m=7$

4.2.5　含特殊结构硅芳炔树脂

2007 年，华东理工大学周围等[64]则以二氯硫酰为氯化剂，将含硅芳炔树脂结构中的硅氢基团转化为硅氯基团，合成了氯化含硅芳炔，并在此基础上又合成了三甲基硅氧基含硅芳炔与二甲氨基含硅芳炔树脂。其合成路线及树脂结构如下：

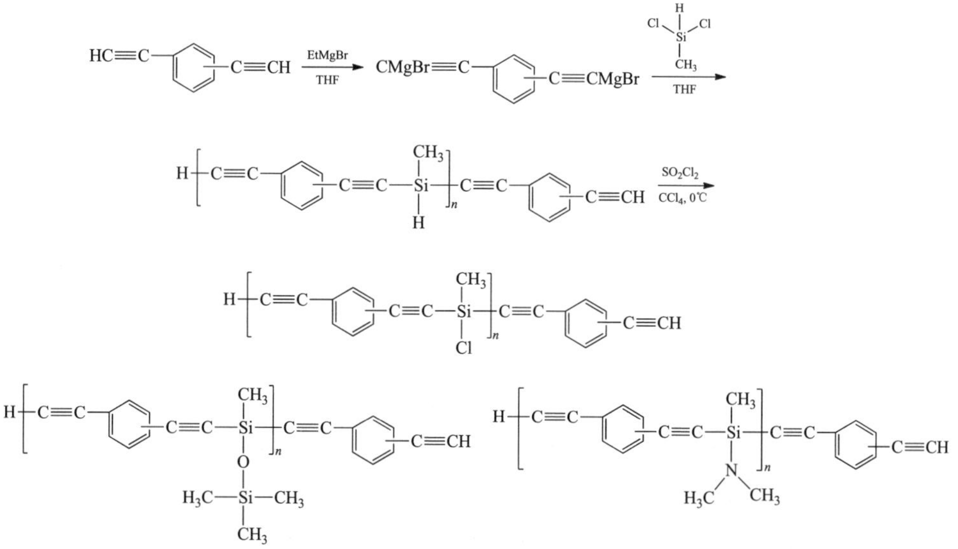

2008 年，李强等[108]通过格氏方法合成了一种新型的主链含八甲基 POSS 芳炔树脂，结构式如下：

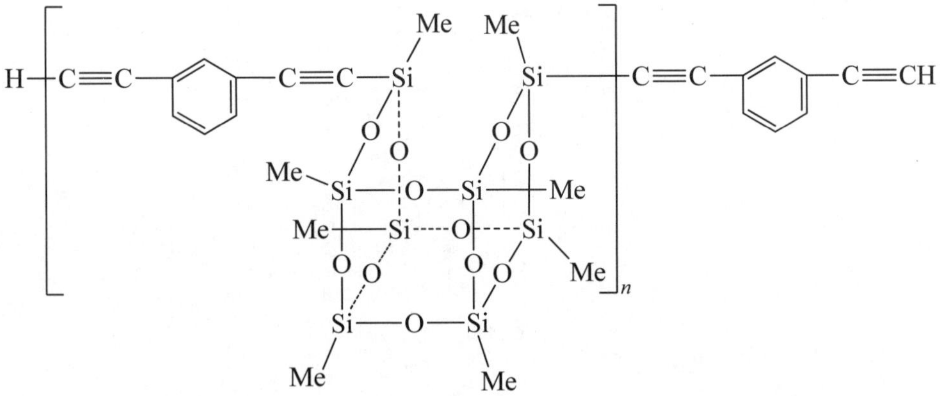

固化后的树脂具有良好的热性能和热稳定性能，经 TGA 分析得出在空气中 T_{d5} 为 479℃，800℃残留率 65.6%；在氮气中，T_{d5} 为 503℃，800℃残留率 87.1%。

2011 年，姜振宇等[88]利用 1, 3-偶极环加成反应合成得到了含 POSS 的含硅芳炔树脂(POSS-SAA)：

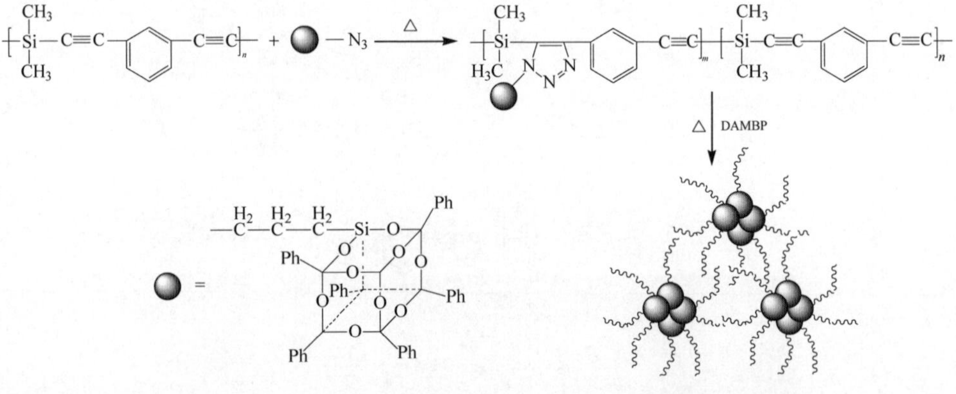

该树脂具有良好的耐热性，含 10% POSS 的含硅芳炔树脂的玻璃化转变温度(T_{g})达 292℃，热分解失重 5%的温度(T_{d5})达 463℃。

2007 年，周权等[109]报道了一种苯乙炔封端主链含有碳硼烷的含硅芳炔(PACS)树脂。通过 TGA 分析测得 PACS 热固化产物在惰性气氛下的 T_{d5} 为 762℃，800℃时的残留率为 94.2%，而在空气气氛下 T_{d5} 稍大于 800℃，800℃时的残留率为 95.6%，可见 PACS 具有优良的热氧化稳定性。其合成路线如下：

$$C_6H_5-C\equiv CH + m\text{-}C_2B_{10}H_{12} \xrightarrow{\ n\text{-BuLi}\ } C_6H_5-C\equiv C-Li + LiC_2B_{10}H_{10}Li$$

$$\xrightarrow{\quad} \left[C_6H_5-C\equiv C-\underset{CH_3}{\overset{H}{Si}}-CB_{10}H_{10}C-\underset{CH_3}{\overset{H}{Si}}-C\equiv C-C_6H_5\right]_n$$

2011 年，王灿峰等[85]通过偶合反应将碳硼烷引入含硅芳炔树脂中，形成了主链上含有碳硼烷结构的含硅芳炔树脂（CB-PSA），由树脂固化产物在 800℃下 1h 的热氧化实验研究表明，树脂在氧化过程中表面形成了一层致密的保护膜（图 4.2），起到了高温抗氧化的效果。其合成路线如下：

$$\left[C\equiv C-\!\!\!\!\bigcirc\!\!\!\!-C\equiv C-\underset{CH_3}{\overset{CH_3}{Si}}\right]_n \xrightarrow[CH_3CN]{B_{10}H_{14}}$$

PSA

$$\left[\underset{B_{10}H_{10}}{\overset{O}{C-C}}-\!\!\!\!\bigcirc\!\!\!\!-C\equiv C-\underset{CH_3}{\overset{CH_3}{Si}}\right]_x \left[C\equiv C-\!\!\!\!\bigcirc\!\!\!\!-C\equiv C-\underset{CH_3}{\overset{CH_3}{Si}}\right]_y$$

CB-PSA

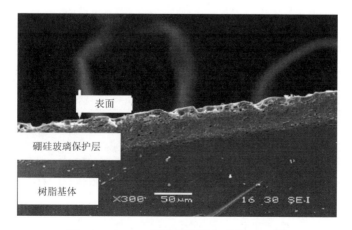

图 4.2　CB-PSA 固化物热氧化后的 SEM 图

同年，程瑞等[110]制备了一种主链中含有硼氧键的含硅芳炔树脂(PABS)，其结构如下：

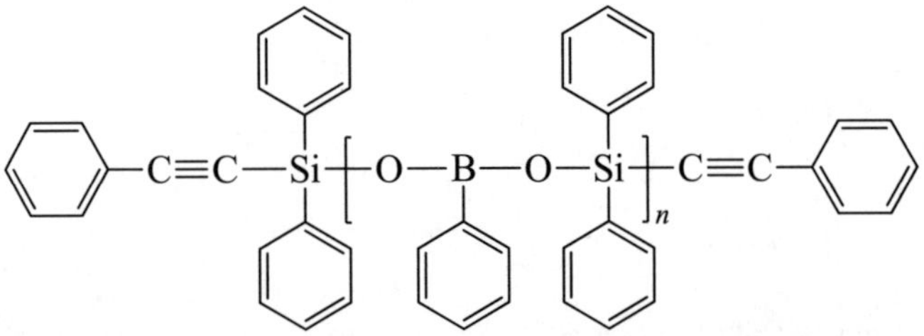

发现 PABS 热固化物的 T_{d5} 在惰性气氛下为 625℃，900℃时的残留率为 90.0%，而在空气气氛下 T_{d5} 与 900℃时的残留率都略有增加，该树脂表现出较优异的热氧化与热稳定性能。

4.2.6　含苯醚结构硅芳炔树脂

2007 年徐金峰等[111]利用格氏反应合成了苯乙炔基封端的含硅芳炔树脂，其结构如下：

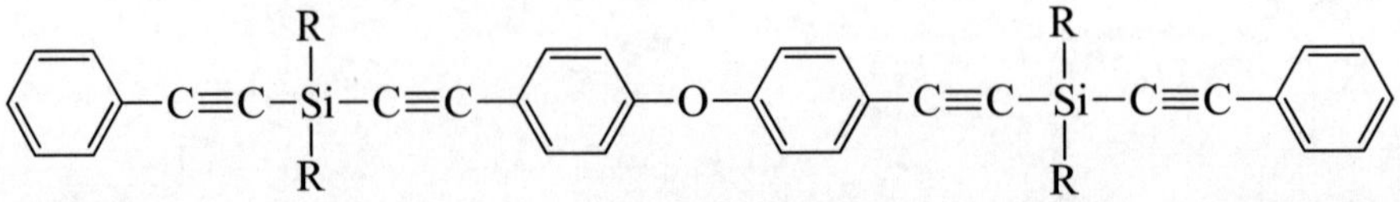

通过控制苯乙炔的含量，得到了不同分子量的树脂，树脂 T_{d5} 和 1000℃残留率（Y_{r1000}）如表 4.6 所示，树脂显示出优良的耐热性。2016 年以来，Chen 等、Xin 等、牛奇等展开了含苯醚结构硅芳炔树脂的研究[112-114]，苯醚结构的引入大幅提升了树脂的力学性能。

表 4.6　含硅芳炔树脂的分子量及固化物的热性能

树脂	$\bar{M}_n$ (GPC)	$\bar{M}_w / \bar{M}_n$	T_{d5}/℃	Y_{r1000}/%（N$_2$）
R = Me	1455	1.67	603	77
R = Ph	1341	1.64	625	81

4.2.7　改性含硅芳炔树脂

黄健翔等[68]报道了含硅芳炔树脂与噁嗪树脂共混的研究，他们将端炔基的苯并噁嗪(BA-apa)与含硅芳炔树脂进行共混，制得改性含硅芳炔树脂；用改性树脂(PSA～BA-a)与碳纤维(T700CF)复合制备了复合材料，结果显示改性树脂固化产物的热性能介于含硅芳炔树脂与苯并噁嗪固化物之间；其复合材料在室温下表现出优异的弯曲性能(表 4.7)，300℃下弯曲性能保持率高。

表 4.7　T700 碳纤维增强改性含硅芳炔树脂的力学性能

复合材料	测试温度/℃	弯曲强度/MPa	弯曲模量/GPa
T700CF/PSA	室温	1261.7	151.3
	300	1188.4	148.0
T700CF/PSA～BA-a	室温	1694.3	146.7
	300	1267.8	140.2

除噁嗪之外，可用带有炔基的聚醚酰亚胺[115]、硅氮烷[116]等来改性含硅芳炔树脂，树脂性能均获得较大幅度的提高。

参 考 文 献

[1]　Korshak V V，Sladkov A M，Luneva L K. Synthesis of heteroorganic polymers with acetylenic bonds in the chain. Bulletin of the Academy of Sciences of the USSR，Division of Chemical Science，1962，(4)：728.

[2]　Korshak V V，Sladkov A M，Luneva L K. Heteroorganic polymers. Bulletin of the Academy of Sciences of the USSR，Division of Chemical Science，1962，(12)：2251-2253.

[3]　Luneva L K，Sladkov A M，Korshak V V. Organometallic polymers with acetylene units in the chains. Vysokomolekulyarnye Soedineniya：Seriya A，1967，9(4)：910-914.

[4]　Gverdtsiteli I M，Melua M S，Doksopulo T P. Synthsis and study of some unsaturated organosilicon compounds based on 1, 4-bis(dimethylsily)benzene. Soobshcheniya Akademii Nauk Gruzinskoi SSR，1972，66(1)：77-80.

[5]　Shim I W，Risen W M Jr. Synthesis and spectral study of low dimensional polyyne polymers containing phthalocyanine silicon and dimethyl silicon in the polymer backbone. Journal of Organometallic Chemistry，1984，260(2)：171-179.

[6]　Arai Y，Koizumi Y，Ai H. Silylarylacetylene polymers：JP 61118412. 1986.

[7]　Liu H Q，Harrod J F. Copper(Ⅰ)chloride catalyzed cross-dehydrocoupling reactions between silanes and ethynyl compounds. A new method for the copolymerization of silanes and alkynes. Canadian Journal of Chemistry，1990，68(7)：1100-1105.

[8]　Corriu R J P，Douglas W E，Yang Z X. Synthesis of poly(alkynylsilane)having various aromatic groups in the backbone. Journal of Polymer Science Part C：Polymer Letters，1990，28：431-437.

[9]　Chicart P，Corriu R J P. Selective synthetic routes to electroconductive organosilicon polymers containing thiophene unites. Chemistry Materials，1991，3：8-10.

[10]　Corriu R J P，Douglas W E，Yang Z X，et al. Preparation of diphenylsilylene polymers containing main-chain acetylene and (hetero)aromatic groups：χ(2)non-linear optical and other properties. Journal of Organometallic Chemistry，1993，455：69-76.

[11]　Corriu R J P，Douglas W E，Yang Z X. Preparation of oligomers containing tetraphenylsilole，acetylene and aromatic groups in the main chain，and incorporation of iron carbonyl. Journal of Organic Chemistry，1993，455：35-39.

[12] Corriu R J P，Douglas W E，Yang Z X. Incorporation of cobalt carbonyl into poly(carbosilane)s containing main chain acetylene and aromatic groups. Polymer，1993，34(16)：3535-3537.

[13] Itoh M，Mitsuzuka M，Iwata K，et al. A novel synthesis and extremely high thermal stability of poly[(phenylsily1ene)-ethynylene-l, 3-phenyleneethynylene]. Macromolecules，1994，27(26)：7917-7919.

[14] Itoh M，Inoue K，Iwata K，et al. New highly heat-resistant polymers containing silicon：poly (silyleneethynylenephenyleneethynylene)s. Macromolecules，1997，30(4)：694-701.

[15] Itoh M，Inoue K，Hirayama N，et al. Fiber reinforced plastics using a new heat-resistant silicon based polymer. Journal of Materials Science，2002，37(17)：3795-3801.

[16] Itoh M. Highly heat and oxidation-resistant materials prepared using silicon-containing thermosetting polymers with [Si(H)～C≡C] units. The Open Materials Science Journal，2011，5(1)：152-161.

[17] Itoh M，Inoue K，Iwata K，et al. A heat-resistant silicon-based polymer. Advanced Materials，1997，9：1187-1190.

[18] Kuroki S，Okita K，Kakigano T，et al. Thermosetting mechanism study of poly[phenylsilyleneethynylene-1, 3-phenyleneethynylene] by solid-state NMR spectroscopy and computational chemistry. Macromolecules，1998，3：1187-1190.

[19] Itoh M. A novel synthesis of a highly heat-resistant organosilicon polymer using base catalysts. Catalysis Surveys from Japan，1999，3：61-69.

[20] Itoh M，Iwata K，Ishikawa J，et al. Various silicon-containing polymers with Si(H)-C≡C units. Journal of Polymer Science Part A：Polymer Chemistry，2001，39(15)：2658-2669.

[21] Buvat P，Jousse F，Delnaud L，et al. Synthesis and properties of new processable type polyarylacetylenes. Proceedings of 46th International Sampe Symposium and Exhibition，Sampe：California，2001：134-144.

[22] Buvat P. Poly(ethynylene phenylene ethynylene silylene) compositions：FR 2836922. 2003.

[23] Buvat P，Nony F. Modified poly(ethynylenephenyleneethynylenesilylenes)，compositions containing them，their preparation processes，and hardened products. FR 2862307，2005.

[24] Levassort C，Jousse F，Delnaud L，et al. Poly(ethylene phenylene ethynylene silylenes) comprising an inert spacer and methods for preparing same：US 6919403 B2. 2005.

[25] Itoh M，Inoue K，Iwata K，et al. Highly heat-resistant polymers containing silicon. Poly(silyleneethynylene phenyleneethynylene)s. Nettowaku Porima，1996，17(4)：161-168.

[26] Itoh M，Mitsuzuka M，Utsumi T，et al. Poly(silyleneethynylenephenyleneethynylenes)and their manufacture and thermally hardened products：EP 617073A2. 1994.

[27] Itoh M，Mitsukq M，Iwata K. Silicon-containing hydrocarbon fibers and their manufacture，JP 07216648，1995.

[28] Ishikawa J，Inoue K，Iwata K. Heat-and fire-resistant silicon-containing polyacetylene-polyamides and manufacture：JP 09118751. 1997.

[29] Ishikawa J，Inoue K，Iwata K. Heat-resistant silicon-containing polyimides and their manufacture：JP 09071647. 1997.

[30] Ishikawa J，Inoue K，Iwata K. Preparation of silylacetylenes and silicon-containing polymers：JP 10120689. 1998.

[31] Yokota R，Itoh M，Inoue K. Heat-resistant silicon polymer materials for aerospace industry：JP 2000080281. 2000.

[32] Itoh M，Inoue K，Hirayama N，et al. Fiber reinforced composites with a new heat-resistant polymer matrix containing silicon. Nippon Fukugo Zairyo Gakkaishi，2001，27(4)：188-193.

[33] Buvat P，Nony F. Modified poly(ethynylenephenyleneethynylenesilylenes)，compositions containing them，their preparation processes，and hardened products：FR 2862307. 2005.

[34] Levassort C，Jousse F，Delnaud L，et al. Poly(ethynylene phenylene ethynylene polysiloxene(silylene))and

methods for preparing same: US 6872795. 2005.

[35] Ichitani M, Sugimoto T, Okada K. Silicon-containing polymers, their production method, and their crosslinked products: JP 10273535. 1998.

[36] Ichitani M, Sugimoto T, Okada K. Heat-resistant silicon polymers and their manufacture: JP 10147645. 1998.

[37] Okada K, Sugimoto T, Ichitani M. Silicon-containing polymers having side chains with functional groups, their production method, and their crosslinked products: JP 10273534. 1998.

[38] Bucca D, Keller T M. Blending studies between organic and inorganic arylacetylenic monomers. Polymer Preprints, 1995, 36(2): 114-115.

[39] Inoe K, Iwata K, Ishikawa J. Manufacture of heat-and fire-resistant siloxanes having acetylene bonds: JP 08333458. 1996.

[40] Yamaguchi B, Fujisaka T, Okada K. Light-sensitive, heat-and fire-resistant silicon compounds and manufacture thereof: JP 08151447. 1996.

[41] Sugimoto T. Polyacetylene-silicone resin hardened materials: JP 09278894. 1997.

[42] Boury B, Corriu R J P, Muramatsu H. Organisation and reactivity of silicon-based hybrid materials with various cross-linking levels. New Journal of Chemistry, 2002, 26: 981-988.

[43] Levassort C. Poly(ethynylenephenyleneethynylenesilylenes) comprising an inert spacer and methods for preparing same: WO 2002038652. 2002.

[44] Levassort C. Poly[ethynylenephenyleneethynylene (polysiloxane) silylene] and methods for preparing same: WO 2002038653. 2002.

[45] Levassort C, Yousse F, Delnaud L, et al. Poly(ethynylene phenylene ethnylene polysiloxene(silylene)s) and method for preparing same: US 0024163. 2004.

[46] Levassort C, Yousse F, Delnaud L, et al. Poly(ethynylene phenylene ethnylene silylene) comprising an inert spacer and methods for preparing same: US 0030170. 2004.

[47] Kobayashi T, Hayashi T, Tanaka M. Synthesis of highly heat-resistant soluble polymers through hydrosilylation polymerization between octakis(hydridosilsesquioxane) and diynes. Chemistry Letters, 1998, 27: 763-764.

[48] Son D Y, Keller T M. Oxidatively stable carborane-siloxane-diacetylene copolymers. Journal of Polymer Science Part A: Polymer Chemistry, 1995, 33: 2969-2972.

[49] Sundar R A, Keller T M. Linear diacetylene polymers containing bis(dimethylsilyl)phenyl and/or bis-(tetramethyldisiloxane)carborane residues: their synthesis, characterization and thermal and oxidative properties. Journal of Polymer Science Part A: Polymer Chemistry, 1997, 35: 2387-2394.

[50] Bucca D, Keller T M. Thermally and oxidatively stable thermosets derived from preceramic monomers. Journal of Polymer Science Part A: Polymer Chemistry, 1997, 35: 1033-1038.

[51] House E J, Keller T M. Linear ferrocenylene-siloxyl-diacetylene polymers and their conversion to ceramics with high thermal and oxidative stabilities. Macromolecules, 1998, 31: 4038-4040.

[52] Bucca D, Keller T M. Thermosetting polymers from inorganic arylacetylenic monomers: US 5807953. 1998.

[53] Okada K, Sugimoto T, Ichitani M. Carborane-containing silicon polymer and its manufacturing method and hardened materials: JP 10168197. 1998.

[54] Nakamura K, Ichitani M. Low-dielectric-constant polycarbosilanes and manufacture of interlayer insulation films therewith: JP 2000319400. 2000.

[55] Ichitani M, Yonezawa K, Okada K, et al. Silyl-carborane hybridized diethynylbenzene-silylene polymer. Polymer Journal, 1999, 31: 908-912.

[56] Kimura H，Okita K，Ichitani M. Structural study of silyl-carborane hybrid diethynylbenzene-silylene polymers by high-resolution solid-state ^{11}B，^{13}C，and ^{29}Si-NMR spectroscopy. Chemistry of Materials，2003，15：355-362.

[57] Yonezawa K，Sugimoto S，Ichitani K. Carborane-containing poly（silethynylenephenylene）compositions with excellent fire and heat resistance and manufacture of their cured products：JP 2000136306. 2000.

[58] Yonezawa M，Sugimoto S，Ichikoku M. Manufacture of heat-and fire-resistant carborane-containing silicon polymer moldings：JP 2000119397. 2000.

[59] Kolel V M K，Dominguez D D，Klug C A，et al. Hybrid inorganic-organic poly（carborane-siloxane-arylacetylene）structural isomers with in-chain aromatics：synthesis and properties. Journal of Polymer Science Part A：Polymer Chemistry，2013，51（12）：2638-2650.

[60] Itoh M，Iwata K. Various silicon-containing polymers with Si（H）-C≡C units. Journal of Polymer Science Part A：Polymer Chemistry，2001，39：2658-2669.

[61] 严浩，齐会民，黄发荣. 新颖含硅芳基多炔树脂的合成与性能. 石油化工，2004，33（9）：880-883.

[62] Wang F，Zhang J，Huang J，et al. Synthesis and characterization of poly（dimethylsilyleneethynylenepheny leneethynylene）terminated with phenylacetylene. Polymer Bulletin，2006，56（1）：19-26.

[63] Wang F，Xu J，Zhang J，et al. Synthesis and thermal cure of diphenyl ethers terminated with acetylene and phenylacetylene. Polymer International，2006，55（9）：1063-1068.

[64] 周围，张健，尹国光，等. 氯化含硅芳炔树脂的合成. 石油化工，2007，36（6）：618-622.

[65] Zhang J，Huang J，Zhou W，et al. Fiber reinforced silicon-containing arylacetylene resin composites. Express Polymer Letters，2007，1（12）：831-836.

[66] Yin G，Zhang J，Wang C，et al. Synthesis and characterization of new disilane-containing arylacetylene resin. E-Polymers，2008，（67）：1-7.

[67] 高金淼，齐会民，张健，等. 新型含硅芳炔树脂及其复合材料的性能. 化工新型材料，2008，36（12）：45-47，56.

[68] Huang J，Du W，Zhang J，et al. Study on the copolymers of silicon-containing arylacetylene resin and acetylene-functional benzoxazine. Polymer Bulletin，2009，62：127-138.

[69] Huang F，Huang J，Gao Y，et al. The blends of a silicon-containing arylacetylene resin and an acetylene-functional benzoxazine. Handbook of Benzoxazine Resins，2011，22：405-414.

[70] Yuan Q，Huang F. Arylacetylene-derived resins and functional benzoxazines. Advanced and Emerging Polybenzoxazine Science and Technology，2017，19：319-342.

[71] 童旸，杜峰可，袁荞龙，等. 含硅芳炔树脂/含官能团苯并噁嗪共混树脂的性能与应用. 绝缘材料，2016，49（10）：24-28，34.

[72] Zhang J，Huang J，Wang C，et al. A new silicon-containing arylacetylene resin with amine groups as precursor to Si-C-N ceramic. Journal of Macromolecular Science Part B：Physics，2009，48：1001-1010.

[73] Zhang L，Gao F，Wang C，et al. Synthesis and characterization of poly[（methylsilylene ethynylenephenylene ethynylene）-co-（dimethylsilylene ethynylenephenyleneethynylene）]s. Chinese Journal of Polymer Science 2010，28（2）：199-207.

[74] Gao F，Zhang L，Tang L，et al. Synthesis and properties of arylacetylene resins with siloxane units. Bulletin of the Korean Chemical Society，2010，31（4）：976-980.

[75] Gao F，Zhang L，Tang L，et al. Synthesis and characterization of poly（tetramethyldisiloxane ethynylenephenylene-ethynylene）resins. Journal of Polymer Research，2011，18（2）：163-169.

[76] 黄琛，周燕，邓鹏，等. 新型含硅芳炔树脂复合材料制备工艺. 宇航材料工艺，2010，40（2）：33-36.

[77]　邓鹏，石松，周燕，等. 含硅芳炔树脂的化学流变特性. 宇航材料工艺，2011，41(4)：24-26，31.

[78]　刘海帆，邓诗峰，黄发荣，等. 乙酰丙酮镍催化含硅芳炔树脂的固化反应行为. 过程工程学报，2012，12(1)：154-159.

[79]　汤乐旻，周燕，田鑫，等. 改性含硅芳炔树脂及其复合材料性能研究. 玻璃钢/复合材料，2012，(6)：41-46.

[80]　张亚兵，童旸，袁荞龙，等. 含硅芳炔树脂及其共混物熔体的流变性能. 华东理工大学学报(自然科学版)，2015，41(3)：321-327.

[81]　闫德强，杨庆涛，周燕，等. 改性含硅芳炔树脂及其复合材料的制备和性能表征. 宇航材料工艺，2016，(3)：43-46.

[82]　Zhang J，Huang J，Yu X，et al. Preparation and properties of modified silicon-containing arylacetyleneresin with bispropargyl ether. Bulletin of the Korean Chemical Society，2012，33(11)：3706-3710.

[83]　Gao Y，Zhou Y，Huang F，et al. Preparation and properties of silicon-containing arylacetylene resin/benzoxazines blends. High Performance Polymers，2013，25(4)：445-453.

[84]　Wang C，Huang F，Jiang Y，et al. A novel oxidation resistant SiC/B₄C/C nanocomposite derived from a carborane-containing conjugated polycarbosilane. Journal of American Ceramic Society，2012，95(1)：71-74.

[85]　Wang C，Zhou Y，Huang F，et al. Synthesis and characterization of thermooxidatively stable poly(dimethylsilyleneethynylenephenylene-ethynylene) with carborane units. Reactive & Functional Polymers，2011，71：899-904.

[86]　Jiang Y，Li J，Huang F，et al. Polymer-derived SiC/B₄C/C nanocomposites: structural evolution and crystallization behavior. Journal of the American Ceramic Society，2014，97(1)：310-315.

[87]　王路平，姜云，黄发荣，等. 耐氧化含碳硼烷乙烯基芳炔树脂的结构和性能. 功能高分子学报，2014，27(3)：285-290.

[88]　Jiang Z，Zhou Y，Huang F，et al. Characterization of a modified silicon-containing arylacetylene resin with POSS functionality. Chinese Journal of Polymer Science，2011，29(6)：726-731.

[89]　Zhou Y，Huang F，Du L，et al. Synthesis and properties of silicon-containing arylacetylene resins with polyhedral oligomeric silsesquioxane. Polymer Engineering and Science，2015，55(2)：316-321.

[90]　Zhou Y，Bu X，Huang F，et al. Nanocomposites of a silicon-containing arylacetylene resin with octakis(dimethylsiloxy)-octasilsesquioxane. Journal of Wuhan University of Technology-Materials Science Edition，2015，30(6)：1301-1316.

[91]　Bu X，Zhou Y，Huang F. The strengthening and toughening effects of a novel octa(propargyl propylsulfide) POSS(OPPSP) on silicon-containing arylacetylene(PSA) resin. Materials Letters，2016，174：2-23.

[92]　鲁加荣，黄发荣，袁荞龙，等. 用含硅芳炔树脂制备 C/C-SiC 复合材料. 宇航材料工艺，2016，(3)：55-60.

[93]　秦亮，陈麒，张宜荣，等. 双马来酰亚胺改性甲基二苯乙炔基硅烷性能的研究. 功能高分子学报，2004，17(1)：109-118.

[94]　陈麒，李扬，戴泽亮，等. 甲基二苯乙炔基硅烷及其网络聚合物的合成与表征. 化学学报，2005，63(3)：254-258.

[95]　张凡，黄鹏程. 含萘炔及硅亚甲基结构的新型聚合物合成及其固化反应的研究. 高分子材料科学与工程，2006，22：66-70.

[96]　Zhou Q，Zhou Q，Geng J，et al. A novel boron-silicon-alkynyl hybridcopolymer: synthesis，characterization，heat resistance，and thermo-oxidativestabilities. High Performance Polymers，2017，29(3)：249-256.

[97]　Tan D X，Shi T J，Li Z. Synthesis，characterization，and non-isothermal curing kinetics of two silicon-containing arylacetylenic monomers. Research on Chemical Intermediates，2011，37(8)：831-845.

[98]　谭德新，王艳丽，唐玲，等. 聚乙烯基三苯乙炔基硅烷的热分解动力学. 材料科学与工艺，2015，23(4)：

81-86.

[99] Tan D X，Shi T J，Li Z. Synthesis and catalytic graphitization of silicon containing arylacetylenic resin. Fullerenes，Nanotubes，and Carbon Nanostructures，2012，20(8)：721-729.

[100] Zhou Q，Feng X，Ni L Z，et al. Novel heat resistant methyl-tri(phenylethynyl)silane resin：synthesis，characterization and thermal properties. Journal of Applied Polymer Science，2006，102(3)：2488-2492.

[101] 周权，冯霞，赵寒青，等. 甲基三苯乙炔基硅烷树脂的固化行为及其耐热性能. 功能高分子学报，2007，19(1)：97-103.

[102] Jiang D，Zhou Q，Fan Q，et al. Curing behavior and thermal performance of cyanate ester resin modified by poly(methyl-benzene diethynylbenzene)siliane. Polymer Bulletin，2015，72：2201-2214.

[103] 熊蒲兰，周权，倪礼忠. 聚(间乙炔基-甲基氢苯基硅烷)树脂的合成及其耐热性能. 功能高分子学报，2013，26(1)：69-73.

[104] Li Z F，Yuan Y C，Chen B L，et al. Photo and thermal cured silicon-containing diethynylbenzene fibers via melt electrospinning with enhanced thermal stability. Journal of Polymer Science，Part A：Polymer Chemistry，2017，55(17)：2815-2823.

[105] 高飞，王帆，张玲玲，等. 含硅氧烷芳炔树脂的合成与表征. 武汉理工大学学报，2009，31：9-12.

[106] Gao F，Zhang L L，Huang F R，et al. Investigation on poly[(methylsilylene ethynylene phenylene ethynylene)-co-(tetramethyldisiloxane ethynylene phenylene ethynylene)]. Chinese Chemical Letter，2010，21：738-742.

[107] Gao F，Zhang L L，Zhou Y，et al. Synthesis and characterization of poly[(methylsilyleneethynylenephenyleneethynylene)s-co-decamethylpentasiloxane]. Journal of Macromolecular Science Part A，2010，47(8)：861-866.

[108] Li Q，Zhou Y，Hang X，et al. Synthesis and characterization of a novel arylacetylene oligomer containing POSS units in main chains. European Polymer Journal，2008，44(8)：2538-2544.

[109] Zhou Q，Mao Z，Ni L Z，et al. Novel phenyl acetylene terminated poly(carboranesilane)：synthesis，characterization，and thermal property. Journal of Applied Polymer Science，2007，104(5)：2498-2503.

[110] Cheng R，Zhou Q，Ni L，et al. Synthesis and thermal property of boron-silicon-acetylene hybrid polymer. Journal of Applied Polymer Science，2011，119：47-52.

[111] Xu J F，Wang C，Lai G，et al. Synthesis and characterization of phenylacetylene-terminated poly(silyleneethynylene-4, 4'-phenyletherneethynylene)s. European Polymer Journal，2007，43(2)：668-672.

[112] Chen H，Xin H，Lu J，et al. Synthesis and properties of poly(dimethylsilylene-ethynylene-phenoxyphenoxyphenylene-ethynylene). High Performance Polymers，2017，29(5)：595-601.

[113] Xin H，Chen H，Lu J，et al. The synthesis and characterization of aheat-resistant Si-containing aryl ether arylacetylene resin. Advanced Materials Proceedings，2017，2(12)：783-788.

[114] 牛奇，唐均坤，李传，等. 新型含甲基苯基硅芳醚芳炔树脂的制备与性能. 航空材料学报，2019，39(3)：69-74.

[115] 李晓杰，陈会高，袁荞龙，等. 端乙炔基聚醚醚酰亚胺改性含硅芳炔树脂的性能. 石油化工，2015，44(9)：1115-1120.

[116] 杨建辉，周燕，汪强，等. 硅氮烷改性含硅芳炔树脂及其复合材料的性能. 宇航材料工艺，2014，44(6)：37-41.

第5章

含硅芳炔树脂合成、固化及其表征

5.1　含硅芳炔树脂的合成反应

芳基乙炔(Ar—C≡C—H)的乙炔基碳为 sp 杂化,相对富含 s 电子的碳原子核对电子云的束缚力强,使得碳氢键(≡C—H)中电子云偏向碳原子,碳-氢键极性增加,显示酸性。乙烷中碳-氢的 pK_a 为 50,乙烯中碳-氢的 pK_a 为 44,乙炔中碳-氢的 pK_a 为 25,而水的 pK_a 为 15.7。芳基乙炔的氢离解后,形成的芳基乙炔碳负离子也因碳-碳三键与芳环的电子云离域而较稳定。因此,芳基乙炔的氢易于脱去,或发生亲核取代反应,或发生偶合反应等。通过芳基二乙炔与双官能团的化合物的亲核取代或偶合反应,可制备有机-无机杂化树脂。

5.1.1　炔基金属的缩聚反应

端炔氢的弱酸性可在无机碱或金属有机碱的存在下脱质子而形成具有共轭碱行为的金属炔化物(—C≡C⁻M⁺)[1]。芳基乙炔氢可与金属钠、钾和钠氨反应生成共轭碱负离子,反应如下:

$$Ar—C≡C—H + M \xrightarrow[(M=Na,\ K)]{\triangle} Ar—C≡C—M + \frac{1}{2}H_2$$

$$Ar—C≡C—H + NaNH_2 \xrightarrow{\triangle} Ar—C≡C—Na + NH_3$$

芳基乙炔氢还可与重金属离子如 Ag⁺ 和 Cu⁺ 等反应生成不溶的芳基乙炔金属,且形成显色的化合物,这可用于鉴别乙炔基是处于化合物的端部(端基乙炔)还是处于化合物的结构内(内炔不能发生反应)。

金属炔基化合物,如炔锂、炔钠、炔铜和炔镁等可作为高活性的亲核试剂用于制备有机硅化合物。由炔基金属化合物与氯硅烷化合物制备含硅芳炔树脂的亲核取代反应如下:

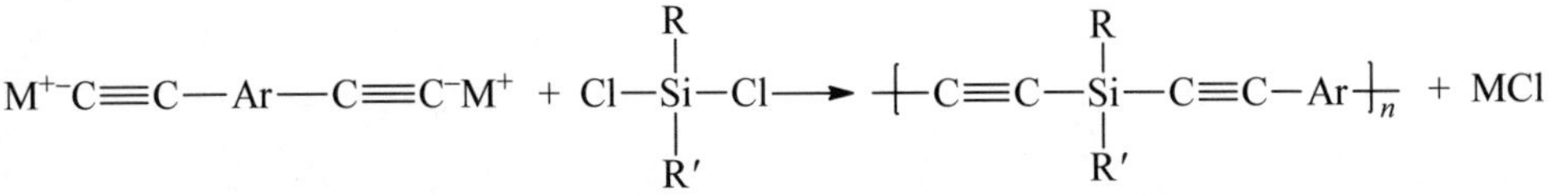

$$M^+\text{-}C\equiv C\text{-}Ar\text{-}C\equiv C\text{-}M^+ + Cl\text{-}\underset{\underset{R'}{|}}{\overset{\overset{R}{|}}{Si}}\text{-}Cl \longrightarrow \left[C\equiv C\text{-}\underset{\underset{R'}{|}}{\overset{\overset{R}{|}}{Si}}\text{-}C\equiv C\text{-}Ar\right]_n + MCl$$

在丁基锂作用下二乙炔基芳香化合物与二氯硅烷的反应如下:

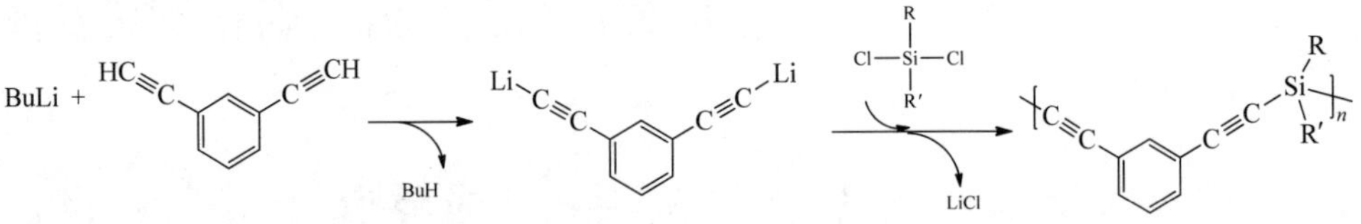

含硅芳炔树脂的热稳定性好,而其他性能可由芳基 Ar 和取代基 R 的设计来进行调整。

20 世纪 60 年代初,苏联研究人员 Korshak 等[2]在极性溶剂(四氢呋喃、乙醚和丁醚)中将对苯二乙炔与钠或钠氨反应得到苯二乙炔钠化合物,随后与二甲基二氯甲硅烷原位反应得到黄色的杂化树脂,反应如下:

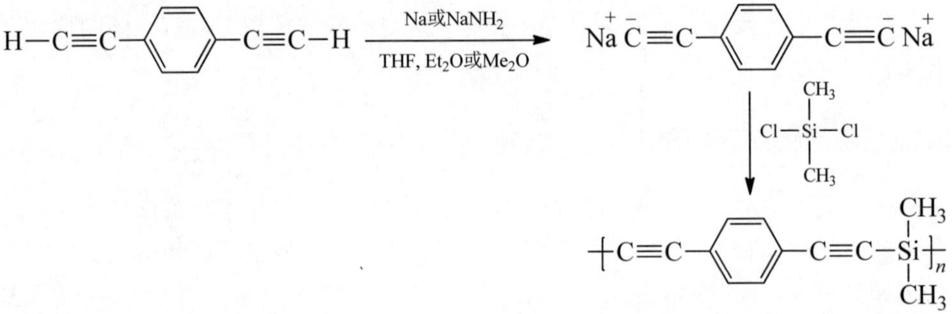

该树脂在 150~300℃发生弹性变形,但至 300℃未熔融。ⅣA 族的元素(Ge、Sn 和 Pb)的二氯代化物、$HgCl_2$、CH_3POCl_2 和 $SOCl_2$ 等与苯二乙炔钠缩聚可得到有机杂化树脂。同样,苯乙炔与钠粒在醚中反应得到苯乙炔钠,再与二甲基二氯硅烷反应合成出二-对苯基乙炔基二甲基硅烷,杂化有机物可用于制备均聚物和共聚物。主链含亚甲硅基单元和π-电子体系组成的树脂在陶瓷先驱体、光致抗蚀剂(光刻胶)和导电树脂材料上的潜在应用,已引起科研人员的广泛关注。

Shim 和 Risen[3]于 1984 年报道了炔钠或炔锂与二氯硅烷通过消除盐的反应制备了低维、淡黄色含硅芳炔树脂,金属炔盐的制备和低维含硅芳炔树脂的制备反应如下:

$$HC{\equiv}C{-}\langle\bigcirc\rangle{-}C{\equiv}CH + 2Na \xrightarrow{\text{醚}} Na^{+}\,\overset{-}{C}{\equiv}C{-}\langle\bigcirc\rangle{-}C{\equiv}\overset{-}{C}\,Na^{+} + H_2$$

$$HC{\equiv}C{-}\langle\bigcirc\rangle{-}C{\equiv}CH + 2BuLi \xrightarrow{\text{醚}} Li^{+}\,\overset{-}{C}{\equiv}C{-}\langle\bigcirc\rangle{-}C{\equiv}\overset{-}{C}\,Li^{+} + 2BuH$$

$$Na^{+}\,\overset{-}{C}{\equiv}C{-}\langle\bigcirc\rangle{-}C{\equiv}\overset{-}{C}\,Na^{+} + Cl{-}\underset{CH_3}{\overset{CH_3}{Si}}{-}Cl \xrightarrow[\text{②H}_2\text{O}]{\text{①醚}} \left(\!\!C{\equiv}C{-}\underset{CH_3}{\overset{CH_3}{Si}}{-}C{\equiv}C{-}\langle\bigcirc\rangle\!\!\right)_{\!n}$$

对苯二乙炔基二钠与二甲基二氯甲硅烷缩聚反应制备树脂的过程为：250mL 圆底烧瓶中加入对二乙炔基苯 5.04g（40mmol）和金属钠 1.84g（80mmol），再加入 50mL 脱水脱氧的醚，并导入氮气，室温下搅拌反应 48h，过滤、醚洗，得到深灰色对苯二乙炔基二钠产物。将 2g（15.50mmol）新鲜蒸馏的二甲基二氯甲硅烷注入 250mL 圆底烧瓶中，室温下搅拌 4 天后，在氮气气氛下过滤混合物，再加入 20mL 醚。将水滴入产物醚溶液中，过滤得土黄色树脂，水和醚洗后在 100℃真空下干燥产物，产率 97%。

对苯二乙炔基二锂与对二乙炔基苯反应会生成单乙炔基锂副产物，而钠与炔反应生成的对苯二乙炔基二钠为稳定的二乙炔基苯二金属盐。对苯二乙炔基二钠与二甲基二氯甲硅烷通过盐的消除反应得到线型主链的树脂，所制备的低维含硅芳炔树脂溴化后压成片的电导率低于 $1\times10^{-8}\Omega^{-1}\cdot cm^{-1}$。

Ichitani 等[4]用丁基锂与间二乙炔基苯反应合成了苯二乙炔基锂，再与苯基乙烯基二氯硅烷缩聚制备了侧乙烯基的含硅芳炔树脂，制备路径见图 5.1，具体过程为：在装有机械搅拌、冷凝管和加料漏斗的 1L 三口烧瓶中充入氩气，加入 1,3-二乙炔基苯 12.8g（101mmol）和无水四氢呋喃 500mL，用干冰/甲醇浴冷却溶液，再加入 1.6mol/L 丁基锂己烷溶液 126.25mL，滴完搅拌 1h。随后将 20.5g（101mmol）苯基乙烯基二氯硅烷溶于 30mL 四氢呋喃，并加入三口烧瓶中，在室温下反应 24h。加入饱和氯化铵水溶液结束反应，用醚萃取产物，水洗后在甲醇中沉降，过滤、真空干燥后得土黄色树脂 22g（产率 85%），其重均分子量为 6400 [凝胶渗透色谱仪（GPC）测得多分散系数（PDI）为 2.2]，树脂在氮气中 5%热失重温度（T_{d5}）为 630℃，800℃残留率为 92%，而空气中测得 T_{d5} 为 560℃，800℃残留率为 22%。该树脂主链中亚甲硅基上的侧乙烯基可进一步与 1,7-二(二甲基硅基)十二碳硼烷发生硅氢反应而将碳硼烷接入树脂侧基，或在树脂链间通过乙烯基与碳硼烷接上的硅氢基团发生硅氢反应形成键而交联。接入碳硼烷的杂化树脂分子量可超过 20000，空气中升温至 600℃都未见质量损失，800℃的陶瓷化率可达 95%。

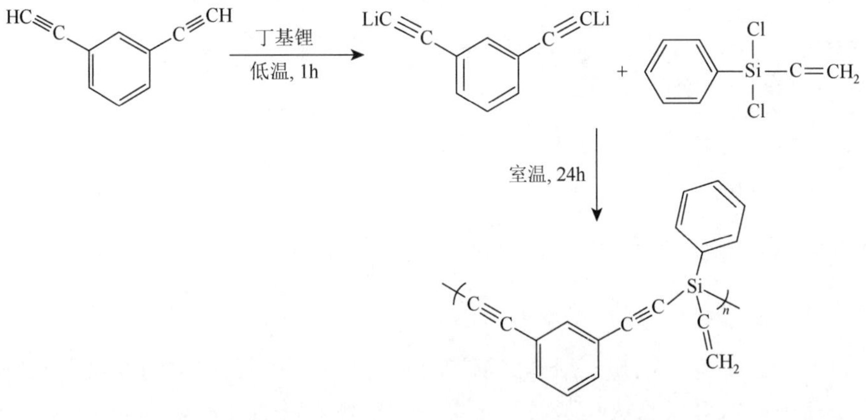

图 5.1   苯二乙炔锂与乙烯基苯基二氯硅烷的缩聚反应

5.1.2   格氏试剂的缩聚反应

20 世纪 60 年代初，Korshak 等[5]制备了格氏试剂乙基溴化镁，与乙炔反应合成出乙炔溴化镁格氏试剂，与二甲基二氯硅烷、甲基苯基二氯硅烷或二苯基二氯硅烷等缩聚得到从黄色至深褐色的、在苯中难溶的硬的树脂。但甲基苯基二氯硅烷与乙炔溴化镁缩聚得到了分子量为 2700、可溶于苯和庚烷的黑色树脂(图 5.2)。乙炔溴化镁格氏试剂与二苯基二氯硅烷缩聚得到了分子量为 1400、易溶于苯的树脂。乙炔溴化镁与二苯基二氯硅烷或甲基苯基二氯硅烷经亲核取代反应合成了二苯基二乙炔基甲硅烷或甲基苯基二乙炔基甲硅烷，在氯铂酸的作用下与甲基苯基甲硅烷发生硅氢加成反应得到脆性、暗棕色的树脂，在苯中的溶解性差。对二乙炔基苯与甲基苯基硅烷硅氢加成缩聚物的塑性变形温度为 400～600℃，合成和聚合反应见图 5.3。

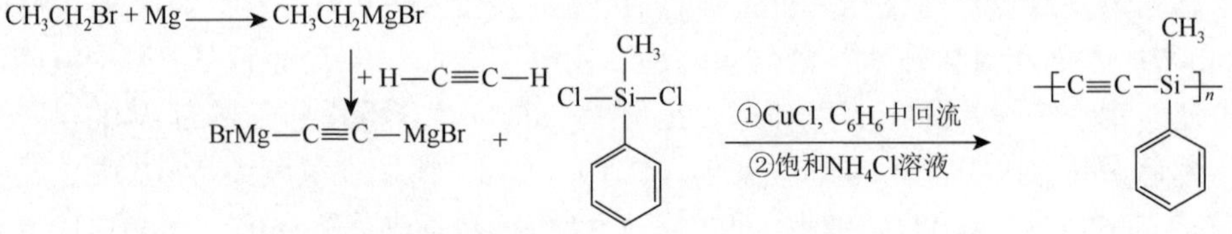

图 5.2   炔格氏试剂与氯硅烷的缩聚反应

端炔丙基化合物也可制备金属炔化合物，再与二氯硅烷缩聚，可制得树脂。格氏试剂和金属钠是两种主要金属炔化物，反应路径见图 5.4。含炔丙基的聚硅烷的热稳定性比含乙炔基的聚硅烷约低 100℃[6]。

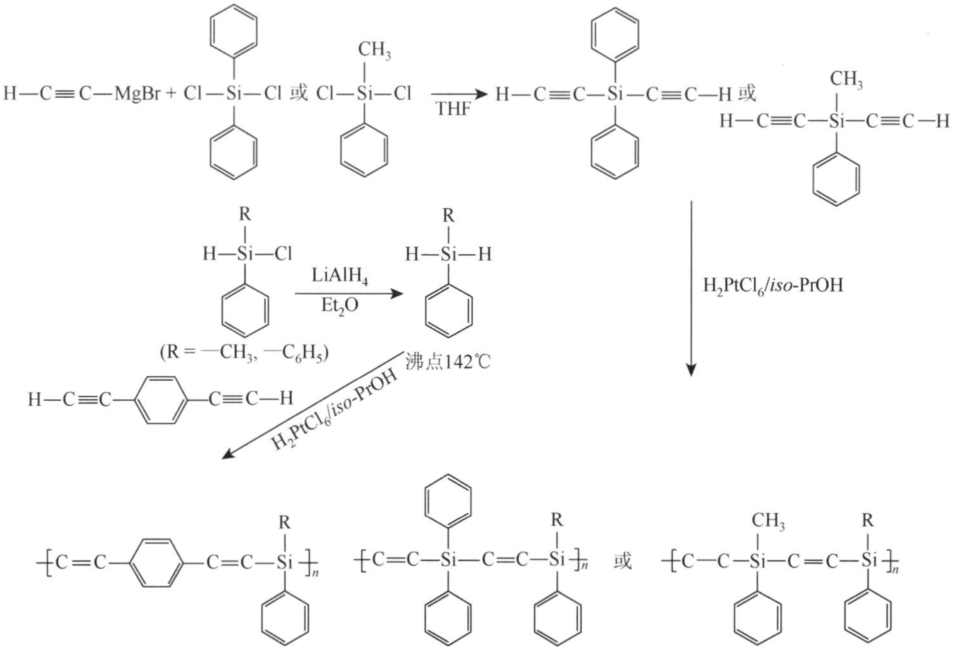

图 5.3　炔格氏试剂的硅氢加成聚合反应

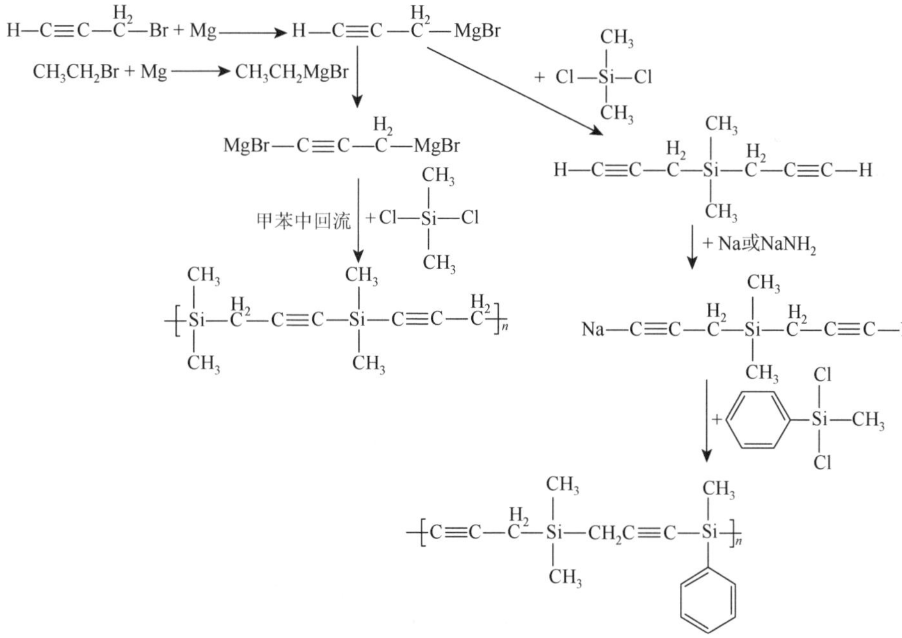

图 5.4　含炔丙基聚硅烷的两种合成途径

1997 年，日本的伊藤宏狩(Masayoshi Itoh)研究小组将格氏试剂法用于二氯甲硅烷和间二乙炔基苯的缩聚制备含硅树脂(silicon-containing polymers)-聚(亚甲硅基苯撑间二乙炔基)〔poly(silyleneethynylenephenyleneethynylene)〕，该树脂含有Si—H键和不饱和C≡C键。二氯甲硅烷与二乙炔基苯经格氏试剂法缩聚反应制备含硅芳炔树脂的路径如下[7]：

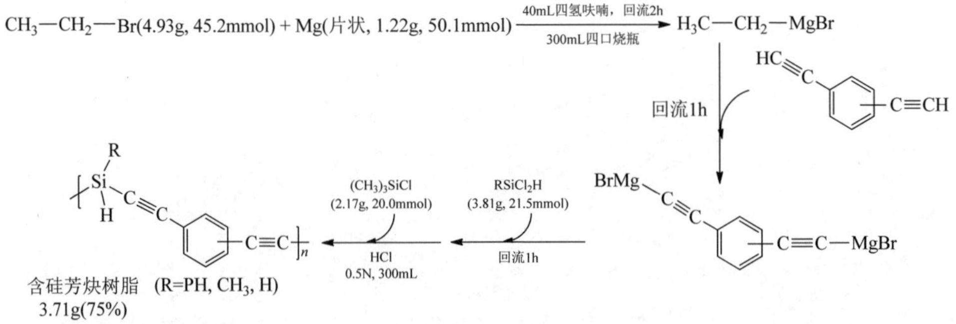

由不同组成和结构的二氯甲硅烷与二乙炔基苯经格氏试剂法制备了五种含硅芳炔树脂，其结构和性能见表5.1。其中含硅芳炔树脂 **a** 的制备过程如下所述。

1. 有机镁试剂制备

将片状金属镁 1.22g(50.1mmol)置于 300mL 四口烧瓶中，并用干燥的氮气替换烧瓶中的空气。将用氢化锂铝干燥并进行简单蒸馏所得的 THF 20mL 加入烧瓶中，再加入一小块碘，搅拌混合物以活化镁。在室温下，将溴乙烷 4.93g(45.2mmol)和 THF 溶液 20mL 逐滴加入活化的镁试剂中，滴加时间约为 20min，加热回流 2h以上，反应生成乙基溴化镁。在室温下搅拌，向反应体系中逐滴加入间二乙炔基苯 2.71g(21.5mmol)和 THF 溶液 30mL，滴加时间为 20min，加热回流并继续反应1h，生成有机镁试剂(21.5mmol)。

2. 含硅芳炔树脂的制备

在室温搅拌下，将二氯苯基硅烷 3.81g(21.5mmol)和 THF 溶液 20mL 滴入含有有机镁试剂的烧瓶中，滴加时间为 20min。有机镁试剂的白色沉淀在滴加完成前消失，溶液几乎澄清。继续加热回流反应 1h 后，向反应溶液中添加三甲基氯硅烷(Me₃SiCl)2.17g(20.0mmol)。向另一个 500mL 的反应瓶中加入 0.5mol/L 盐酸溶液 300mL，并用冰进行冷却。在 500mL 烧瓶上安装滴液漏斗，将 300mL 烧瓶中的反应溶液转移到滴液漏斗中，搅拌盐酸溶液，同时通过滴液漏斗缓慢滴加反应溶液(超过 30min)。然后将 50mL 苯添加到反应溶液中，使用分液漏斗分离出有机相，加入硫酸钠干燥，并让其静置过夜。将溶液用玻璃过滤器过滤以除去脱水剂。用蒸发器从溶液中蒸馏出溶剂，得到黏稠的油状产物。粗产物溶于 40mL THF 中，分散于甲醇中沉淀，将所得沉淀物过滤并干燥，得到目标树脂——含硅芳炔树脂 3.71g(产率 75%)。

表 5.1　含硅芳炔树脂的结构与性能

序号	单元结构	M_n	M_w/M_n	IR/cm⁻¹	¹H NMR(CDCl₃/TMS)/ppm	¹³C NMR(CDCl₃/TMS)/ppm	²⁹Si NMR(CDCl₃/TMS)/ppm	T_{d5}/°C(氮气)	Y_{r1000}/%(氩气)	T_{d5}/°C(空气)
a		3900	2.0	ν(Si—H, C≡C)2158, δ(Si—H)812	5.11 [s, (Ph)SiH], 7.3~7.9 (m, PhH)	86.6(C≡C—C₆H₄—), 107.2(C≡C—C₆H₄—), 123~136 (Ph)	−63.5 [(Ph)SiH]	894	94	573
b		5400	4.8	ν(Si—H, C≡C)2163, δ(Si—H)822	5.12 [s, (Ph)SiH], 7.5~7.8 (m, PhH)	88.0(C≡C—C₆H₄—), 107.2(C≡C—C₆H₄—), 123~135 (Ph)	−63.5 [(Ph)SiH]	577	92 (650°C)	476
c		1700	1.9	ν(Si—H, C≡C)2170, δ(Si—H)820	5.15 [s, (Ph)SiH], 7.2~7.8 (m, PhH)	90.4(C≡C—C₆H₄—), 106.3(C≡C—C₆H₄—), 125~135 (Ph)	−62.9 [(Ph)SiH]	561	88	567

续表

序号	单元结构	M_n	M_w/M_n	IR/cm^{-1}	^{1}H NMR (CDCl$_3$/TMS) /ppm	^{13}C NMR (CDCl$_3$/TMS) /ppm	^{29}Si NMR (CDCl$_3$/TMS) /ppm	T_{d5}/℃(氮气)	Y_{r1000}/%(氮气)	T_{d5}/℃(空气)
d	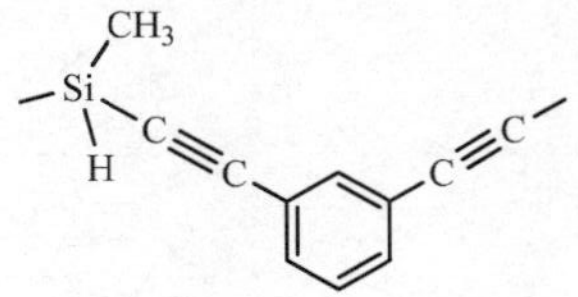	7800	2.0	ν(Si—H, C≡C) 2159, δ(Si—H) 839	0.53 (d, CH$_3$), 4.6 (q, SiH), 7.3~7.7 (m, PhH)	−2.7(CH$_3$), 88.1(C≡C—C$_6$H$_4$—), 105.9(C≡C—C$_6$H$_4$—), 123~136 (Ph)	−60.6 [(CH$_3$) SiH]	850	94	546
e	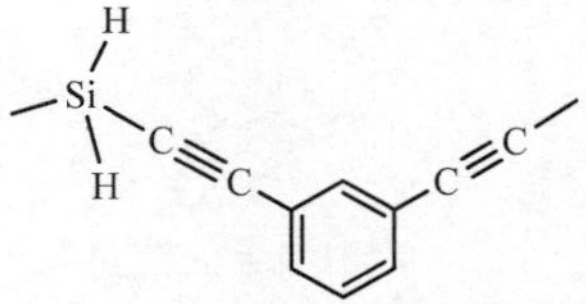	3100	3.2	ν(Si—H, C≡C) 2160, δ(Si—H) 850	4.6(s, SiH$_2$), 7.3~7.7(m, PhH)	83.8(C≡C—C$_6$H$_4$—), 107.0(C≡C—C$_6$H$_4$—), 123~136 (Ph)	−83.9 (SiH$_2$)	>1000	97	572

表 5.1 中经聚合所得的含硅芳炔树脂为黄色粉末,可溶于常见的甲苯、THF 和 N-甲基吡咯烷酮等溶剂中,除对位二乙炔基苯与二氯硅烷缩聚制备的树脂 **b** 不可熔化外,其他间位或邻位二乙炔基苯与二氯硅烷缩聚制备的树脂均可熔化。与氧化镁催化的脱氢偶合缩聚得到的含硅芳炔树脂(MSP)相比,格氏试剂法缩聚得到的五种含硅芳炔树脂都是线型链,不含支链结构,且分子量相对较高,但链端不像 MSP 树脂那样含乙炔基结构,为三甲基甲硅烷 [—Si(CH₃)₃] 封端。从表 5.1 中可以看出,五种含硅芳炔树脂都有好的热稳定性,其中树脂 **a**、**d** 和 **e** 具有更高的热稳定性,尤其是树脂 **e** 因含两个 Si—H 键而具有很高的热稳定性,氩气中 T_{d5} 达 1000℃以上,空气中的 T_{d5} 达 572℃。

Itoh 研究小组制备的含硅芳炔树脂具有高的热稳定性,这主要是因为树脂分子链结构中含有—Si—H 和—C≡C—两种反应性官能团,受热可发生硅氢加成反应而形成交联结构,见图 5.5。

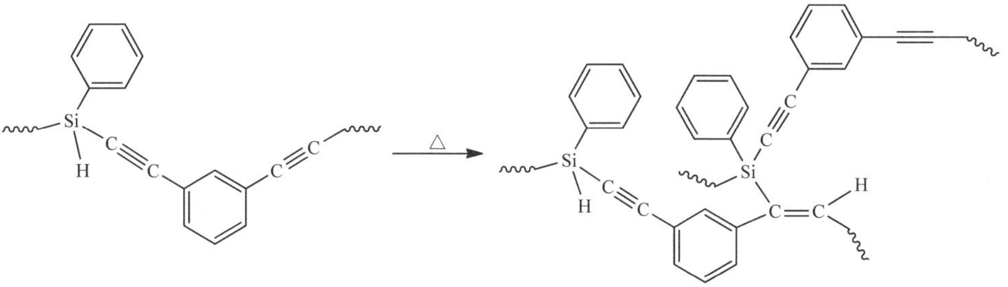

图 5.5　Si—H 和 C≡C 加成反应示意图

表 5.1 中苯基二氯甲硅烷和三种不同结构的二乙炔基苯缩聚得到三种含硅芳炔树脂的分子链构象,用分子力学优化得到图 5.6 所示的三种树脂构象。对二乙炔基苯和邻二乙炔基苯与苯基二氯甲硅烷缩聚的树脂构象为团聚状 [图 5.6(b) 和 (c)],而间二乙炔基苯与苯基二氯甲硅烷缩聚的树脂构象呈舒展的线型 [图 5.6(a)],因而树脂在进一步受热固化时,舒展的树脂 **a** 分子链间通过 Si—H 与 C≡C 的硅氢加成反应易于形成交联结构,而团状分子量构象的树脂 **b** 和树脂 **c** 不易发生链间的 Si—H 和 C≡C 的加成反应而形成交联结构,固化后树脂的热稳定性也就相对较低。

(a)　　　　　　(b)　　　(c)

图 5.6　树脂 **a**(a)、树脂 **b**(b) 和树脂 **c**(c) 的链构象

芳基乙炔树脂(PAA)具有非常高的残留率,但加工性能和力学性能差。为了

改善芳基乙炔树脂的加工性能，法国研究人员 Buvat 等[8]采用金属镁的格氏试剂法制备了名为"BLJ"的含硅芳炔树脂，这是一种易加工、高耐热和高残留率的树脂。通过选择合适的单体可以控制树脂黏度，以进一步提高 BLJ 的性能。

BLJ 树脂是二氯硅烷与间二乙炔基苯和乙炔基苯的混合单体由格氏试剂法缩聚而成的，合成该树脂的基本反应如图 5.7 所示。BLJ 树脂中的 R′ 和 R″ 可以是相同的基团，也可以是不同的基团。Buvat 等[9]公开了 R′ 和 R″ 是氢原子、1~20 个碳的烷基、2~20 个碳的烯基、2~20 个碳的炔基和 6~20 个碳的芳基，且 R′ 和 R″ 中与碳连接的氢可为卤原子、烷氧基、芳氧基、苯氧基、取代苯氧基、氨基、二取代氨基或硅烷基所代替。且 BLJ 树脂中二乙炔基苯化合物中二乙炔基可位于邻位(o-)、间位(m-)或对位(p-)。

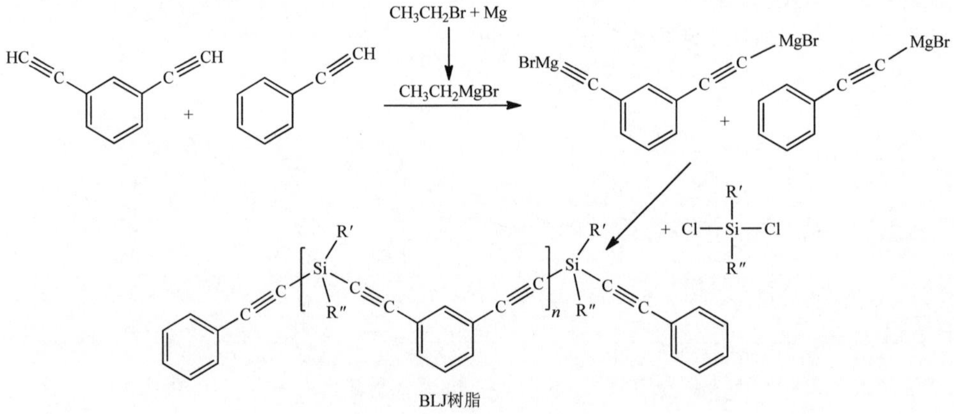

图 5.7　格氏试剂法合成 BLJ 树脂的反应

不同于 Itoh 等采用三甲基硅烷封端含硅芳炔树脂，BLJ 树脂采用苯乙炔封端，可调控 BLJ 树脂的黏度，并适用于多种成型加工技术(RTM、预浸料等)。

一种 BLJ 树脂的制备过程如下：向 1L 三口烧瓶中加入 100mL 无水 THF，加入镁粉 6.4g(263mmol)悬浮在 THF 中，通氮气，将溴乙烷 25.88g(237mmol)和 THF(100mL)的溶液滴加入三口烧瓶中，滴加结束后保持回流 1h。然后逐滴加入溶解在 100mL 无水 THF 中的 1, 3-二乙炔基苯 12.67g(100.6mmol)和苯乙炔 2.56g(25.1mmol)的混合溶液，滴完后在搅拌下回流 1h。在回流下逐滴加入溶解在 100mL 无水 THF 中的二氯二苯基硅烷 28.6g(113mmol)溶液，滴完后在搅拌下回流 1h。将 50mL 35%盐酸加入 100mL 水中，并加入上述反应溶液中水解形成树脂。将反应粗产物分为两部分，一部分是水相，另一部分是有机相。将水相更换溶剂，用 200mL 氯仿代替 THF，将树脂的氯仿溶液用 100mL 水洗涤 3 次。然后将有机相溶液通过硫酸镁使其脱水，将分离出的有机相通过蒸发除去溶剂获得树脂，再在 40Pa 下于 20℃干燥树脂，获得黄色油状树脂——BLJ 树脂（M_n = 1520，PDI 为 2.14）28.5g（产率 80%）。

m-DEB 和苯乙炔（EB）等摩尔混合后经格氏化，与苯基二氯硅烷在 4L 三口烧瓶中缩聚合成了黄色黏性油状的 BLJ 树脂。

m-DEB 和 EB 以不同摩尔比混合、格氏化，与二苯基二氯甲硅烷缩聚的含硅芳炔树脂（BLJ 树脂）的分子量及黏度见表 5.2。当炔单体中苯乙炔的摩尔含量从 0%增加到 50%时，相应 BLJ 树脂的数均分子量和重均分子量分别在 2430～880 和 4510～1470，树脂的黏度也明显下降。由于苯乙炔与二乙炔苯具有相同的反应性，与二氯硅烷反应时引入了单官能团炔基，当主链大分子中接入苯乙炔时，分子链的增长就停止了，因而抑制了主链聚合增长。用苯乙炔封端 BLJ 树脂，可调控树脂的分子量。

表 5.2　不同 *m*-DEB 和 EB 混合单体与二苯基二氯甲硅烷缩聚的树脂分子量与黏度

炔单体用量/mmol（*m*-DEB 和 EB 的摩尔比）	二苯基二氯硅烷用量/mmol	树脂产率/%	黏度/(mPa·s)	$\bar{M}_n$	$\bar{M}_w$	$\bar{M}_w / \bar{M}_n$ (PDI)
125.7(100：0)	113	—	—	2430	4510	1.86
125.7(80：20)	113	80	950(130℃) 720(140℃) 550(150℃)	1520	3260	2.14
132.93(70：30)	120	77	750(110℃) 510(120℃) 300(140℃)	1300	2300	1.77
141.25(60：40)	127	83	570(80℃) 135(110℃) 80(140℃)	1070	1900	1.78
150.66(50：50)	136	79	450(70℃) 150(90℃) 70(110℃)	880	1470	1.67

Buvat 研究小组[10]也采用二乙炔基苯化合物与单取代二卤代甲硅烷由格氏试剂法制备含 Si—H 的 BLJ 树脂，其结构如图 5.8 所示。BLJ 树脂结构中 R′可以是聚硅氧烷，BLJ 分子链限制剂可以是苯乙炔，也可以是单卤代甲硅烷。

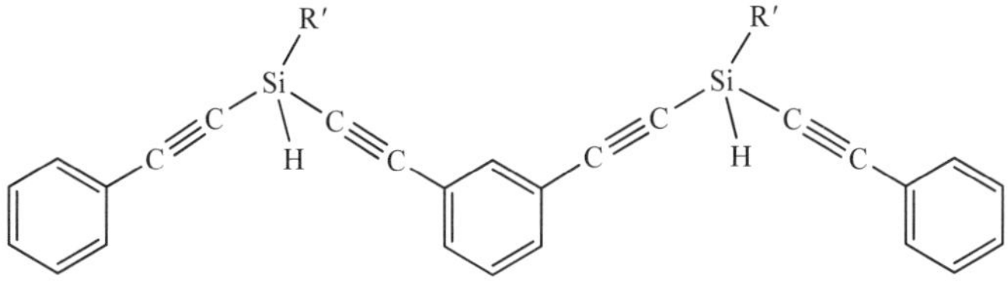

图 5.8　BLJ 树脂化学结构式

　　m-DEB 格氏试剂与二氯六甲基三硅氧烷等摩尔反应，缩聚可得黄色油状树脂（产率 80%），该树脂的合成反应见图 5.9，其数均分子量为 5500，PDI 为 2.1。摩尔分数为 20% 的苯乙炔和 *m*-DEB 格氏化后与二氯六甲基三硅氧烷缩聚反应得到数均分子量为 2150（PDI 为 2.3）的黄色油状树脂（产率 78%）。

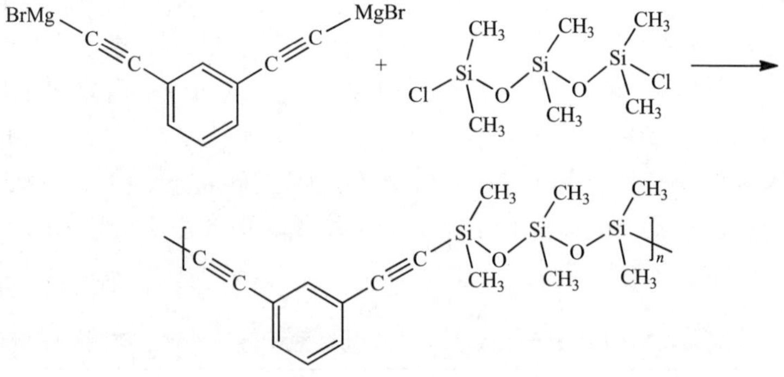

图 5.9　含硅氧烷的含硅芳炔树脂制备反应

　　在 130℃ 下用碳纤维织物浸渍 BLJ 树脂后，用 0.2MPa 压力以 10℃/min 的升温速率将温度从 130℃ 升至 250℃，在 250℃ 保温 30min 后，以 10℃/min 的速率从 250℃ 降温至 25℃，压制得到的碳纤维增强 BLJ 树脂复合材料的密度为 1.5g/cm³。

　　华东理工大学在 20 世纪 90 年代聚芳基乙炔树脂研究的基础上，于 2002 年开始研究含硅芳炔树脂的制备、结构与性能及其复合材料的性能。严浩等和 Wang 等[11, 12] 以卤代硅烷与芳基乙炔为原料，通过有机镁格氏试剂与卤代硅烷的缩聚反应，合成了新的含硅芳炔树脂（PSA），合成路径见图 5.10。具体制备过程为：在装有搅拌器、回流冷凝器、恒压漏斗和通气口的 250mL 三口烧瓶中，加入镁屑，通氮气保护，在室温下利用恒压漏斗缓慢滴加一定量的溴乙烷与 THF 的混合溶液，滴加时间约 2h，滴加完后加热回流一段时间后，冷却至室温，此时反应溶液呈灰黑色；称取 EB 4.80g 与 DEB 5.94g，EB 与 DEB 摩尔比为 1∶1，加入 THF，在冰水浴冷却下缓慢滴入反应烧瓶中，瓶中反应物逐渐由灰黑色变为白色，在约 2h 内滴加完，再加热回流 3h；冷却至室温，冰水浴冷却下往烧瓶中滴加二甲基二氯硅烷的 THF 稀释溶液，在滴加过程中反应溶液的颜色由白色变为灰绿色，滴加完后加热回流 3h，冷却至室温；在冰水浴冷却下向反应烧瓶中滴加 2.5% 稀盐酸溶液，滴加时间约 0.5h，匀速搅拌 0.5h；将溶液倒入 250mL 分液漏斗，加入甲苯萃取，用去离子水将溶液水洗至中性，分离出上层有机相，加入无水 Na₂SO₄ 干燥，过滤，减压蒸馏去除溶剂，得橙红色黏稠状树脂，产率 60%～70%。

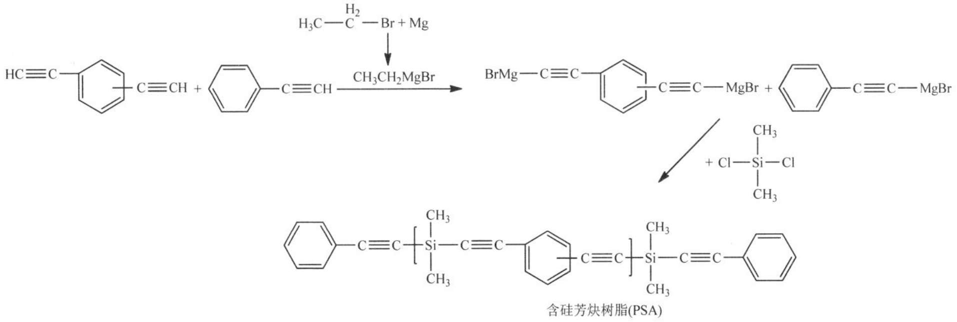

图 5.10 含硅芳炔树脂的制备路径

合成的含硅芳炔树脂 PSA 的原料配比和分子量、黏度的关系见表 5.3。随混入苯乙炔的摩尔数的增加，含硅芳炔树脂的分子量下降，树脂的黏度也显著降低，苯乙炔起到了分子量调节剂作用。该树脂可溶解在甲苯、THF、丙酮、乙酸乙酯、氯仿和二甲基甲酰胺等中。PSA 树脂的 DSC 分析表明起始热固化温度为 233℃，固化峰顶温度为 339℃，热固化后起始热分解温度可达 532℃，800℃时残留率为 83%。

表 5.3 含硅芳炔树脂 PSA 的分子量、黏度与芳基乙炔的配比关系

EB 和 DEB 的摩尔比	$\bar{M}_n$	PDI	70℃的黏度/(mPa·s)
1.0∶0.5	1110	1.38	60
1.0∶1.0	1480	1.46	350
1.0∶1.5	5230	2.41	880

Zhang 等[13, 14]合成了含端乙炔基的含硅芳炔树脂，其制备路线见图 5.11，制得红棕色固态树脂，实际产率为 85%~90%。合成的含硅芳炔树脂在 80~190℃的黏度低于 1Pa·s，190℃后产生凝胶而黏度快速上升。树脂经 170℃/2h、210℃/2h 和 250℃/4h 固化后，其氮气中 T_{d5} 为 631℃，800℃残留率(Y_{r800})为 91%，而空气中对应的 T_{d5} 和 Y_{r800} 分别为 561℃和 38%。

5.1.3 钯催化的交叉偶合反应

1975 年，日本大阪大学 Sonogashira 等对 Stephans-Castro 偶合反应进行了改进，用二氯双三苯基膦合钯/碘化亚铜-二乙胺催化剂，使得炔与碘代芳烃、溴代烯烃或溴代吡啶的取代反应易于发生，可在温和的条件下进行。这种使用钯催化剂在末端炔和芳基或乙烯基卤化物之间形成碳-碳键的反应称为交叉偶合反应，或称为 Sonogashira 偶合反应(薗头偶合反应)[15]。与使用化学当量铜催化的 Stephans-Castro 偶合反应相比，Sonogashira 交叉偶合反应用钯催化，可大大减少铜的用量。

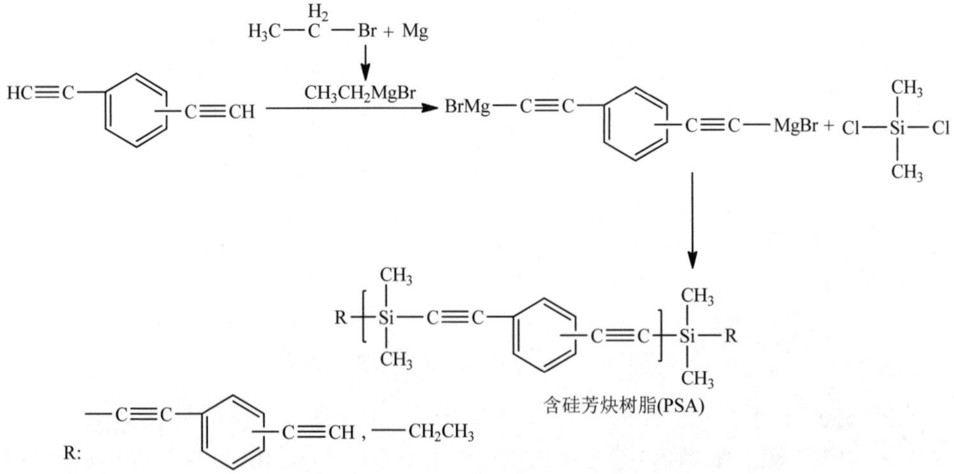

图 5.11　含端乙炔基的含硅芳炔树脂的制备路径

一般情况下，Sonogashira 偶合反应需要两种催化剂：钯(0)络合物和铜(Ⅰ)卤化物。钯催化剂有钯-膦络合物，如 Pd(PPh$_3$)$_4$ 和 Pd(PPh$_3$)$_2$Cl$_2$，也有使用双齿配体络合物 Pd(1,3-双(二苯膦)丙烷(dppp))Cl$_2$、Pd(dppp)Cl$_2$ 和 Pd(1,1'-双(二苯基膦)二茂铁(dppf))Cl$_2$ 催化剂。使用这些催化剂的缺点是需要较大量的钯(可达5%化学当量)和更大量的铜催化剂。比钯(0)更加稳定的钯(Ⅱ)经常作为预催化剂，钯(Ⅱ)在反应中会被胺、膦配体或反应物还原至钯(0)，使反应继续进行。当使用类似 Pd(PPh$_3$)$_2$Cl$_2$ 的催化剂时，三苯基膦被氧化成三苯基氧化膦而促进钯(0)的形成。铜(Ⅰ)盐如碘化亚铜，会和末端炔反应形成铜(Ⅰ)炔化物，其可作为偶合反应中的活性物质，铜(Ⅰ)盐作为反应的副催化剂，可以提高反应速率。

Sonogashira 偶合反应通常在较温和的条件下进行，反应介质必须为碱性，以中和反应中产生的卤化氢，三乙胺、二乙胺等胺类物质通常被作为溶剂使用，二甲基甲酰胺和乙醚也可作为溶剂。反应必须在隔绝空气的条件下进行，因为钯(0)络合物在空气中不稳定，且氧气的存在会促进炔二聚体的产生。

钯-铜催化机理如下。

1. 钯循环

(1)不活泼的钯(Ⅱ)催化剂在碱性条件下被还原为钯(0)化合物。

(2)活化的钯催化剂为 14 电子化合物 PdL$_2$，它可以和芳基或烯基卤化物发生氧化加成反应，生成钯(Ⅱ)络合物中间体。这一步是反应速率的决定步骤。

(3)钯(Ⅱ)络合物中间体和铜催化循环中生成的炔铜络合物，发生金属置换反应后重新生成卤化亚铜并回到铜催化循环中。

（4）氧化加成后的络合物为反式构型，在顺反异构化后才能再生成最后产物。

（5）在最后一步中，顺反异构化后的钯（Ⅱ）络合物中间体发生还原消除反应，生成偶联化产物，钯（0）催化剂重新生成。

2. 铜循环

（1）在碱的存在下，铜与炔通过 d-π 共轭形成了炔络合物，增加了末端炔质子的酸性，促进了炔铜化合物的形成。

（2）炔铜化合物继续和钯（Ⅱ）络合物中间体反应，同时得到卤化亚铜。

对二卤代芳烃与二乙炔基甲硅烷的交叉偶合反应机理进行了深入的研究，考察了卤代芳烃种类、反应物摩尔比、碘化亚铜用量、氯化钯用量和三苯基磷用量等对反应的影响。其反应机理如图 5.12 所示。

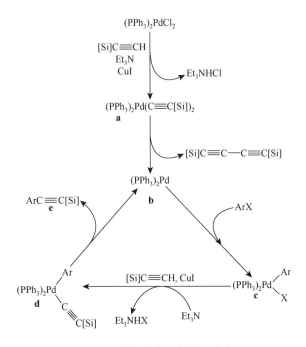

图 5.12　钯催化的交叉偶合反应机理

采用二价钯为催化剂，共催化剂是 CuI。加入 CuI 后，与炔类化合物反应生成 d-π 共轭的乙炔铜化合物，使炔类化合物更易与二（三苯基膦）二氯化钯形成二硅炔钯络合物 **a**，进而脱去 Glaser 偶合的二炔产物，还原生成零价的钯[Pd⁰]催化活性种 **b**。接着卤代芳烃氧化加成到[Pd⁰]上生成卤代芳基钯（Ⅱ）活性种 **c**；其次乙炔铜化合物与中间体 **c** 发生金属转移反应生成炔硅烷取代的炔基芳基钯（Ⅱ）络合

物 **d**；最后经还原消去反应，得到含硅芳炔产物 **e**，同时重新形成催化活性体——零价钯[Pd⁰]**b**。如此循环继续反应，得到聚合产物。助催化剂 CuI 用于形成铜乙炔化物，以促进过渡态 **c** 向 **d** 的转变。

为了提高由二乙炔基硅烷和二卤代芳烃经钯催化的交叉偶合反应制备的含硅芳炔树脂的分子量，可以采取以下手段：

(1) 以二碘代芳烃代替二溴代芳烃，因碘代芳烃 Ar—I 易发生氧化加成反应。

(2) 保证两种反应物等摩尔比或者二乙炔基甲硅烷过量。因树脂链端的卤素会为乙炔基失活，新树脂链的引发代替已有的链的增长而使树脂分子量降低，而树脂链端的乙炔基与单体乙炔基甲硅烷的活性一样，在 **c** ——→ **d** 的替换步骤，过量的二乙炔基甲硅烷基本不影响分子量。

(3) 三苯基膦可稳定具催化活性的钯(0)，能减小催化剂的使用浓度，但过量使用三苯基膦会使活性的双(三苯基膦)钯(0)转变为非活性的四(三苯基膦)钯而使树脂的分子量降低，甚至失活而不聚合。

(4) 催化剂钯与铜的最佳摩尔比为 2：3[16]，碘化铜对树脂的分子量的增加有良好的效果，但存在一最佳量，催化剂钯对树脂分子量提高的影响也有一最优值。

(5) 加入甲苯作助溶剂，增加树脂的溶解性，促进其增长。

(6) 聚合反应中生成的三乙胺盐酸盐能影响树脂的分子量的增加。

1990 年，Corriu 等[17]将钯催化的芳卤与乙炔基试剂的交叉偶合反应用于树脂的制备，芳香二卤代物与二乙炔基甲硅烷的交叉偶合反应如下：

$$\text{X—Ar—X} + \text{H—C}\!\equiv\!\text{C—Si—C}\!\equiv\!\text{C—H} \xrightarrow[\text{PPh}_3, \text{Et}_3\text{N}]{(\text{PPh}_3)_2\text{PdCl}_2, \text{Cu}_2\text{I}_2} \left[\text{C}\!\equiv\!\text{C—Si—C}\!\equiv\!\text{C—Ar}\right]_n$$

以二苯基二乙炔基硅烷(0.001mol)和芳基双溴代物(如 9, 10-二溴蒽, 0.001mol)为原料，在二(三苯基膦)氯化钯(0.001g)、碘化亚铜(2.25×10^{-5}mol)和三苯基磷(0.01g)催化下，在三乙胺(3mL)中通氮气加热回流，通过交叉偶合反应制备了主链含多种芳香结构的聚炔硅烷，即含硅芳炔树脂(图 5.13)，树脂的物性指标见表 5.4。由表 5.4 可知，芳香环二卤代化合物与二苯基二乙炔基甲硅烷偶合缩聚的含硅芳炔树脂的分子量高于芳杂环二卤代化合物与二乙炔基甲硅烷的缩聚物，其中对二溴苯与二苯基二乙炔甲硅烷偶合缩聚物的数均分子量可达 9600，而 2, 5-二碘代噻吩参与的偶合反应缩聚物的数均分子量为 2500。联苯、萘、联吡啶和噻吩二卤代物参与的交叉偶合缩聚在三乙胺溶剂中进行时，还需混入等体积的甲苯作为共溶剂以增加其溶解性。

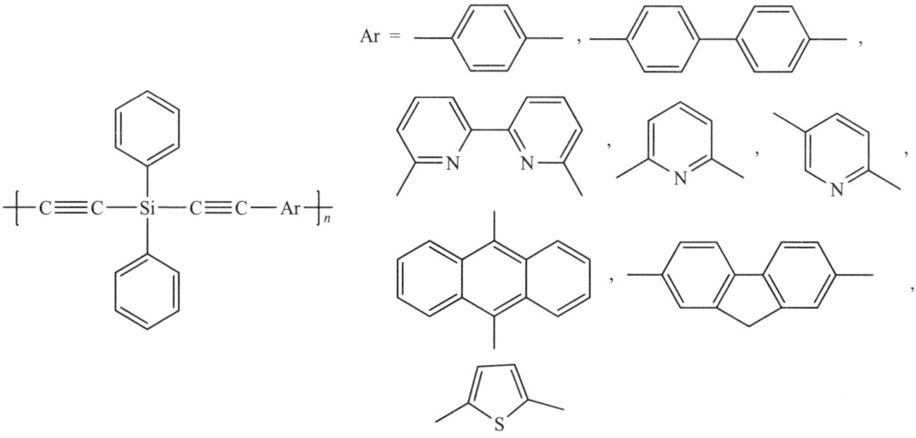

图 5.13　含多种芳香结构的含硅芳炔树脂

表 5.4　各种芳香结构的含硅芳炔树脂的物性

芳香结构（—Ar—）	外观	产率/%	$\bar{M}_n$	$\bar{M}_w$	PDI
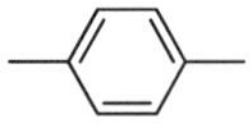	亮褐色	87	9600	35050	3.65
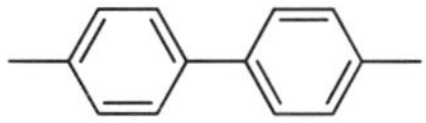	淡棕色	81	6250	8970	1.44
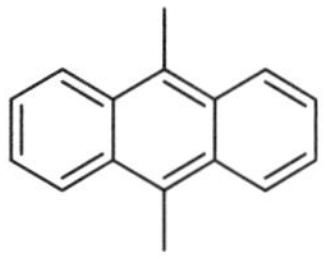	深红色	66	7480	23540	3.15
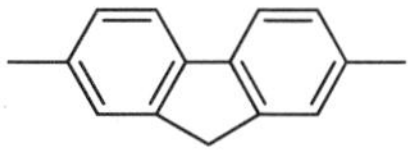	乳白色	89	4108	10960	2.67
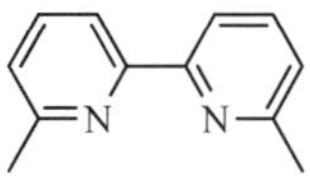	深棕色	86	3230	8070	2.50
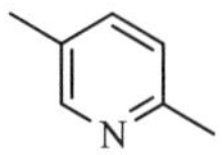	深棕色	89	2750	6190	2.25
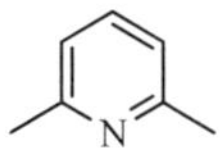	棕色	75	1900	2640	1.39
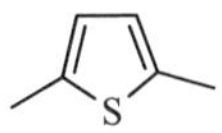	深棕色	86	2500	7920	3.17

　　1993 年，Corriu 研究小组[18]在前期研究的八种二卤代芳香化合物与二苯基二乙炔基甲硅烷交叉偶合缩聚的基础上，又增加了对六种含氮或氧的二卤代（溴代或碘代）芳香化合物（2.0mmol）与甲基正辛基二乙炔基甲硅烷（2.2mmol）在三乙胺溶剂（12mL）中（PPh₃）₂PdCl₂（$1.96×10^{-2}$mmol）与 CuI（$2.98×10^{-2}$mmol）催化的交叉偶合缩聚反应的研究，合成树脂的反应见图 5.14，其物性见表 5.5。二卤代芳香化合物与甲基正辛基二乙炔甲硅烷的交叉偶合缩聚物的产率可达 80%以上，但四氟代二碘代苯与二乙炔基甲硅烷偶合缩聚物的产率为 71%。二卤代芳香化合物芳环上取代基为吸电子基、二碘代和二溴代为对位时的二卤代芳香化合物与二乙炔基甲硅烷偶合缩聚可获得分子量高的树脂，如芴的 9-位上引入羰基时，缩聚物的重均分子量可提高 2 倍。甲硅烷中正辛基取代基的引入可提高树脂的溶解性，既可提高树脂的分子量，又可促进其成膜。

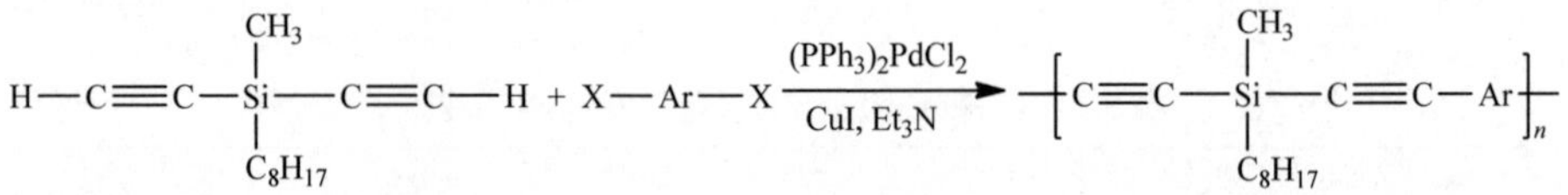

图 5.14　钯催化偶合含硅芳炔树脂的反应

表 5.5　各种二卤代芳香化合物与甲基正辛基二乙炔基甲硅烷缩聚物的物性

芳香二卤代物	外观	产率/%	$\bar{M}_w$	PDI
	黑色	89	11110	1.90
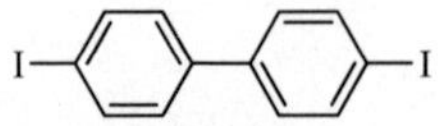	黄色	90	20030	2.09
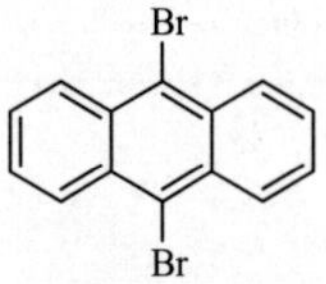	红色	88	11020	2.80
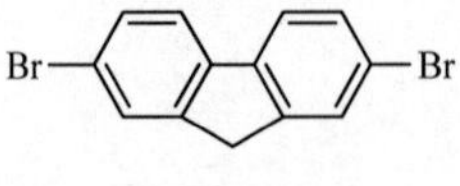	棕色	87	7880	1.83
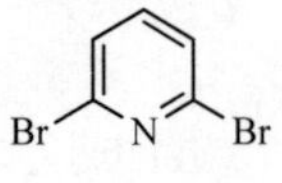	棕色	89	5520	2.19
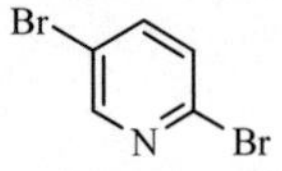	棕色	89	13850	2.14

续表

芳香二卤代物	外观	产率/%	$\bar{M}_w$	PDI
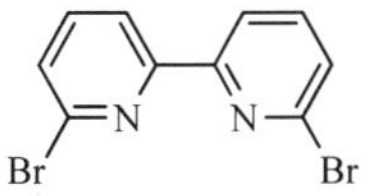	棕色	85	8030	1.56
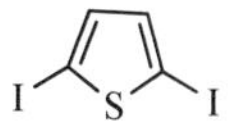	棕色	86	6360	1.68
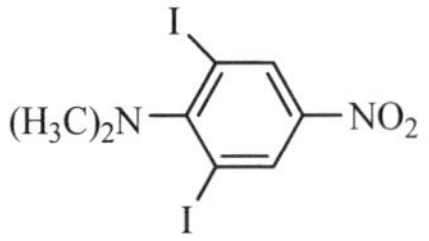	棕色	81	19350	3.95
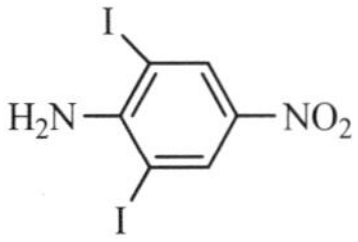	棕色	88	9520	3.73
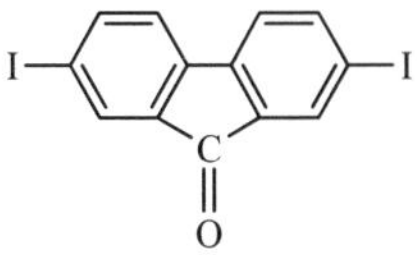	棕色	83	23760	2.74
	黑色	71	12830	3.24
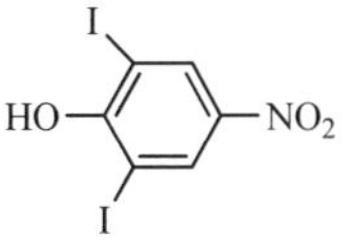	棕色	81	7230	3.32
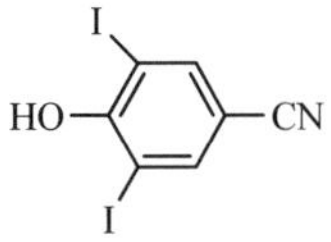	棕色	84	7890	3.31

　　Corriu 等[19]用钯催化二苯基二乙炔基甲硅烷与二溴代或二碘代芳香环(或芳杂环)的交叉偶合反应制备了主链含乙炔基、芳基和甲硅基的聚碳硅烷。对二碘苯与二苯基二乙炔基甲硅烷的钯催化交叉偶合缩聚物在 290～750℃下裂解后的黑色残留物进行 X 射线衍射分析，发现残留物是由α-SiC 和无定形炭组成。缩聚物与硼烷的硼氢化加成形成含硼的交联树脂。6,6′-二溴代联吡啶与二苯基二乙炔基甲硅烷交叉偶合缩聚物的主链中联吡啶与铜(Ⅰ)间形成络合物，得到了分子链间交联的含铜(Ⅰ)树脂。

　　对富电子的四苯基噻咯引入聚碳硅烷主链可用钯催化的交叉偶合反应来实现，1,1-二乙炔基-2,3,4,5-四苯基-1-硅-2,4-环戊二烯(噻咯)与二卤代芳环(或芳杂环)的交叉偶合聚合反应见图5.15。五羰基合铁在紫外辐照下可与噻咯形成络合物，元素分析表明约30%的四苯基噻咯与羰基铁形成络合物，且通常在位于链端及其附近的噻咯环上络合入羰基铁[20]。

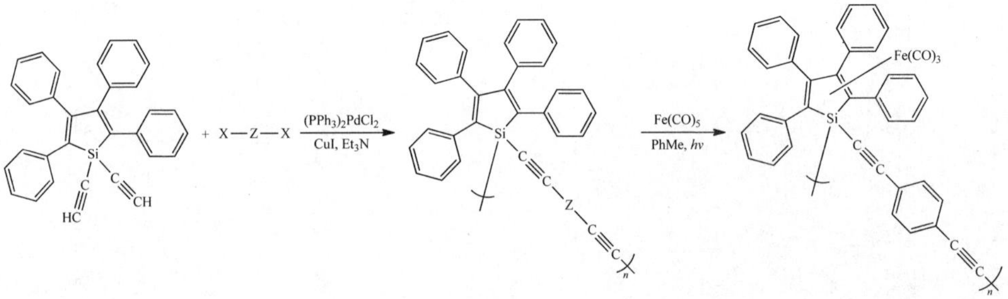

图 5.15　含噻咯芳炔树脂的合成反应

　　有机硅单元与π-电子单元构筑的交替结构是一类新的共轭树脂，可作为碳化硅的先驱体。Yuan 和 West[21]用钯催化了二乙炔基硅烷与二碘芳基化合物的偶合反应(Heck 反应，图 5.16)，缩聚而得的含硅炔树脂中硅烷的σ电子与共轭结构中的π电子会发生电子的离域，树脂具有光敏性、电导性和非线性光性能，可用作碳化硅陶瓷的先驱体。树脂膜掺杂碘后电导率可达 1.0×10^{-4}S/cm。

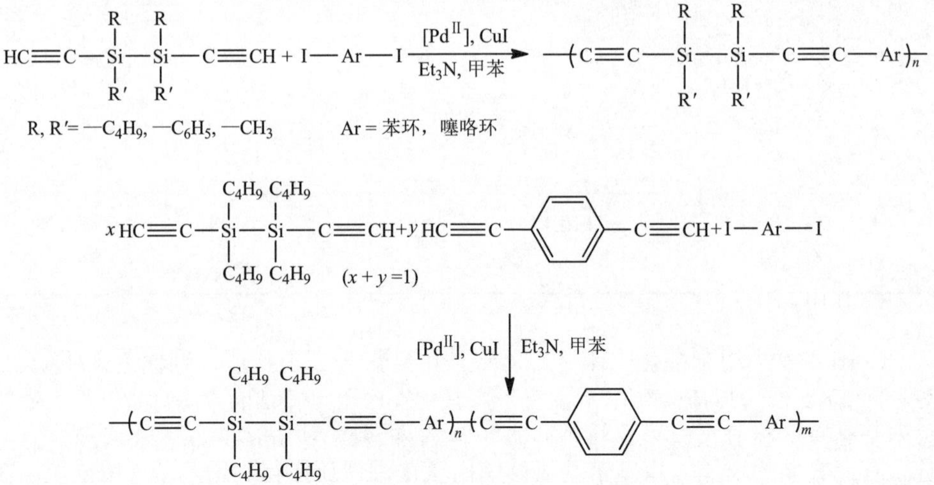

图 5.16　缩聚反应制备的含硅炔树脂

　　Kunai 研究小组[22]用钯催化二溴代噻咯与二乙炔基甲硅烷偶合缩聚制备了σ-π共轭的含硅炔树脂，制备反应如图 5.17 所示。

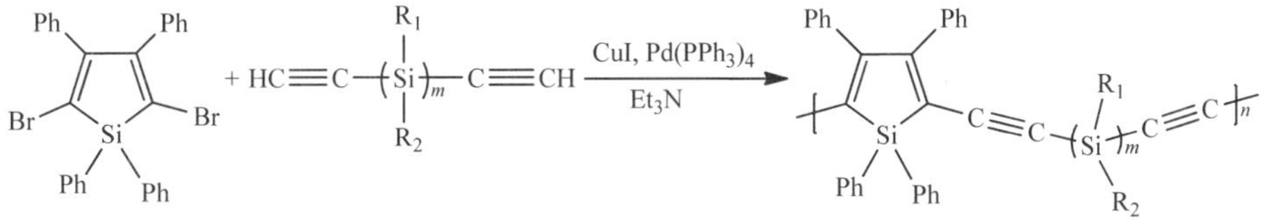

图 5.17　σ-π共轭的含硅芳炔树脂的合成反应

改变二乙炔基甲硅烷中的两个取代基 R_1 和 R_2，得到三种含硅炔树脂，其物性见表 5.6。因硅烷上取代基的不同所得的三种黄色固体树脂，可溶于常见溶剂如烃、醚和卤代烃等，但不溶于甲醇。三种含硅炔树脂的产率较低，这是由于甲醇-氯仿体系在沉降树脂中因甲醇可溶低聚物而损失所致。产物分子量的增加使得含硅炔树脂的热稳定性上升，主链上甲硅烷单元的热稳定性高于乙硅烷单元。噻咯环上的硅原子与π轨道的相互作用导致最低未占分子轨道(LUMO)较低，因而噻咯环具有独特的光学性能，如紫外吸收的显著红移和高电子输送性能。表 5.6 中显示了三种含硅炔树脂的四氢呋喃溶液有红移的紫外吸收，三种含硅炔树脂膜掺杂氯化铁后的电导率达到 10^{-3}S/cm。

表 5.6　不同含硅炔树脂的物性

不同结构树脂	m	产率/%	熔点/℃	$\bar{M}_w$ (PDI)	UV 在 THF 中λ_{max}/nm	T_{d5}/℃ (氮气中)	Y_{r1000}/% (氮气中)	电导率 /(S/cm)
$R_1 = Ph$ $R_2 = CH_3$	2	38	88~91	8000(1.6)	412	354	52	3.7×10^{-3}
$R_1 = C_6H_{13}$ $R_2 = CH_3$	2	45	78~84	12000(1.2)	415	401	59	1.9×10^{-3}
$R_1 = C_4H_9$ $R_2 = C_4H_9$	1	63	84~88	13900(2.4)	408	434	67	2.1×10^{-4}

5.1.4　脱氢偶合聚合反应

20 世纪 60 年代初，Korshak 等[5]合成了二苯基二乙炔基甲硅烷或甲基苯基二乙炔基甲硅烷，首次用氧化脱氢缩聚反应得到了含共轭三键的有机-无机杂化树脂。

甲基苯基甲硅烷、二苯基甲硅烷和对二乙炔基苯、二苯基二乙炔基甲硅烷和甲基苯基二乙炔基甲硅烷等氢化物间通过硅氢与不饱和键之间加成聚合而得到主链含有元素硅的树脂。甲基苯基氯硅烷由氢化铝锂还原得到甲基苯基甲硅烷，在异丙醇中与二苯基二乙炔基甲硅烷在氯铂酸的存在下加成聚合得深褐色、硬而脆的树脂，其分子量为 5800。在氯铂酸或过氧化苯甲酰，或无催化剂的作用下甲基苯基硅烷与对二乙炔基苯加成聚合得到硬脆、高熔点、暗棕色的树脂，在苯中难以溶解，树脂的弹性变形温度为 400～600℃。对二乙炔基苯与二苯基甲硅烷加聚物的内阻为 $2.5\times10^{13}\Omega\cdot cm$，Si 原子的 d 轨道参与成键而形成多共轭体系，使得树脂具有高的热稳定性和电性能[23]。

1990 年，Liu 和 Harrod[24]研究认为氯化亚铜(CuCl)在胺中是硅烷与炔交叉脱氢偶合的有效催化剂，氯化亚铜和胺是高选择的交叉脱氢偶合催化剂，不会发生硅氢化加成反应。在无氧条件下用该脱氢偶合反应合成了主链含乙炔单元和硅原子的新树脂，1, 3-二乙炔基苯与苯基甲硅烷和苯基甲基甲硅烷的脱氢偶合聚合得到重均分子量达 $10^4\sim10^5$ 的树脂，与苯基甲基二乙炔基甲硅烷的脱氢偶合缩聚反应很慢而只能得到低分子量的低聚物。

氯化亚铜是苯基甲硅烷和苯乙炔脱氢偶合反应的有效催化剂，胺对于氯化亚铜的催化活性是必要的，而叔胺的本性对反应速率的影响小，但温度对反应速率的影响大。首先，端炔化物与氯化亚铜反应形成铜(Ⅰ)乙炔化物［图 5.18 中式(i)］，再与硅烷发生脱氢偶合反应，生成乙炔基取代的硅烷产物和氢化铜［图 5.18 中式(ii)］，此步是脱氢偶合反应速率的决定步骤。最后，氢化铜与另一端炔化物反应再产生铜(Ⅰ)乙炔化物和释出氢，完成催化循环［图 5.18 中式(iii)］。

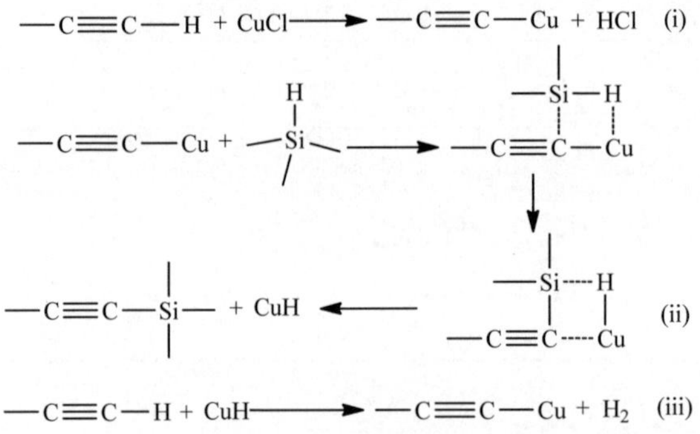

图 5.18 氯化亚铜的脱氢偶合反应

图 5.18 中反应式(ii)中经历了四中心的中间态，其间亲核性的乙炔化物将氢化硅移向氢化铜。硅原子越亲电，则该反应越易进行。硅原子上取代基的电负性之和成正比地影响 Si—H 与炔氢的脱氢偶合反应，即电负性越大，反应越易进行。随着甲硅烷上取代基电负性之和的增加，下列硅烷化合物的脱氢偶合反应速率按如下顺序排列：

$$PhMeSiH_2\approx Ph_2SiH_2 < n\text{-}C_6H_{13}SiH_3 < PhSiH_3$$

用氯化亚铜催化间二乙炔基苯与苯基甲硅烷或二苯基甲硅烷的交叉脱氢偶合反应见图 5.19。对各种硅烷的反应活性和反应机理的研究表明，催化剂氯化亚铜不同的浓度、聚合温度和聚合时间下间二乙炔基苯(m-DEB)与苯基甲硅烷的脱氢偶合反应分为两个阶段，第一阶段为单体间脱氢偶合形成一新的交叉偶合的单体，第二阶段为交叉偶合单体活性种与余下的起始单体或其他交叉偶合单体间脱氢偶合形成低聚物，直至形成高聚物。

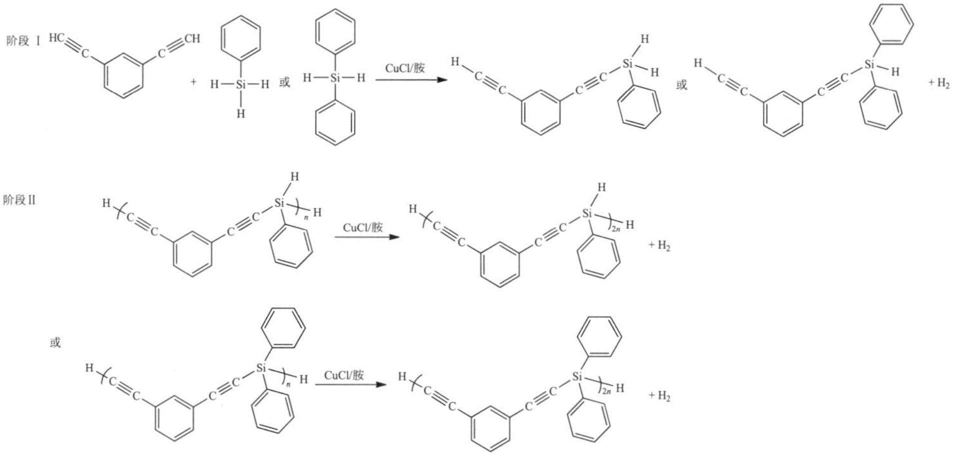

图 5.19　*m*-DEB 与甲硅烷的脱氢偶合反应

脱氢偶合缩聚产物的分子量大小与氯化亚铜和单体的摩尔比、反应温度及反应时间有关，单体与氯化亚铜的摩尔比为 13∶1、高温反应（100℃以上）才可获得高分子量的树脂。如 100℃反应 41h 得到聚合度为 4 的低聚物，而 90℃反应 20h后升温至 120℃再反应 20h，树脂的聚合度可达 30～500，树脂的重均分子量可达18000，但分子量分布呈多分散性，这与碳碳三键的支化和交联有关。增加氯化亚铜的用量，三键很可能会发生支化或交联的副反应生成不溶的树脂。

苯基甲硅烷与苯基甲基二乙炔基甲硅烷的脱氢偶合反应不易进行，氯化亚铜与单体的摩尔比为 1∶14、115℃反应 22h 也只能得到二聚体 $H_2Si(Ph)—C\equiv C—Si(PhMe)—C\equiv C—H$，130℃反应 9h 后也只能得到四聚体。当氯化亚铜用量与单体等摩尔时能得到重均分子量为 8000 的树脂，此树脂刚开始可溶于普通的有机溶剂中，但几天后即使在惰性气氛中，也会变为不溶。如氯化亚铜与单体摩尔比为 1∶2、110℃反应 18h 后得到重均分子量为 1500 的低聚物（GPC 测得）。

1994 年，Itoh 等[25]发现氧化镁或氧化钙对硅氢化合物和单取代炔的脱氢偶合反应具有选择性，在戊烷溶剂中进行苯基甲硅烷、二苯基甲硅烷、苯基甲基甲硅烷和 1-己炔或苯乙炔的脱氢偶合反应，氧化镁或氧化钙催化剂由氢氧化镁或氢氧化钙在 500℃煅烧而成。苯基甲硅烷和苯乙炔在氧化镁催化下的脱氢偶合反应见图 5.20。不同苯基甲硅烷的反应活性依次为：$Ph_2SiH_2 > PhMeSiH_2 > PhSiH_3$，反应未见硅氢反应生成的烯类副产物。苯基甲硅烷的空间位阻小，但反应转化率低，可能是副产物毒化了氧化镁表面的活性点。硅氢键(Si—H)和炔氢键(C≡C—H)在氧化镁表面碱性点的反应是该催化反应的机理,氧化镁的催化活性依赖于其比表面积和碱性的大小。

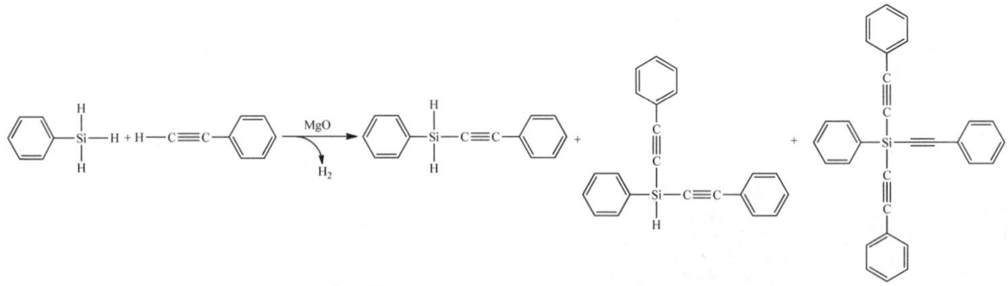

图 5.20　氧化镁催化脱氢偶合反应

氧化镁催化脱氢偶合反应机理见图 5.21。氧化镁催化剂表面的碱性点与 Si—H 和 H—C≡C 键相结合,乙炔化镁为中间态,与苯基硅烷发生脱氢后再从氧化镁表面脱出形成硅炔化合物[25]。转换数(表面上产物量与催化剂表面上 Mg—O 单元的比率,由氧化镁的表面积和 Mg—O 键长计算而得)接近 1。由于表面上所有 Mg—O 键都不参与反应,因此反应可能催化进行。高分子量树脂及其固化产物会引起氧化镁催化活性的严重下降和失效,导致催化剂中毒。

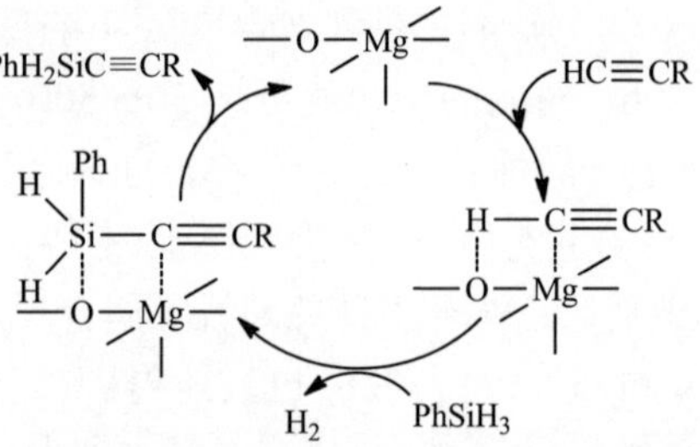

图 5.21　氧化镁表面脱氢偶合反应的机理

氢氧化镁或氢氧化钙经煅烧活化后,在苯中催化苯基甲硅烷与间二乙炔基苯的脱氢偶合缩聚,反应如下式所示:

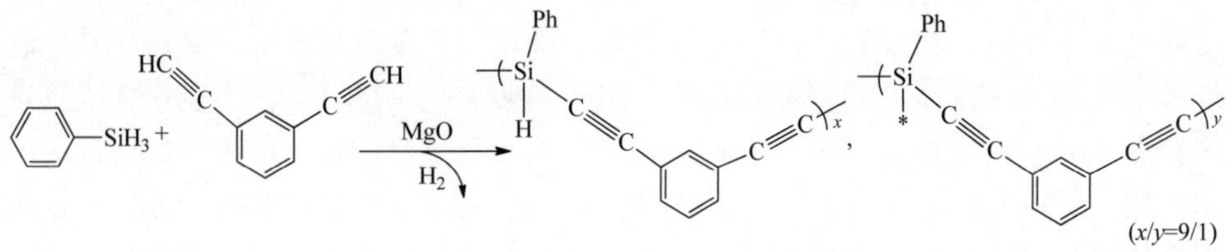

$(x/y=9/1)$

低于 300℃煅烧的氧化镁中有氢氧化镁的结构而没有催化活性，高于 350℃煅烧的氧化镁因比表面积较低而催化活性较低。随反应进行，体系中生成的不溶的交联树脂、高分子量树脂会覆盖氧化镁表面的活性点，因此氧化镁的催化活性逐渐降低。不同反应条件下氧化镁或氧化钙催化苯基甲硅烷与间二乙炔基苯的脱氢偶合聚合结果见表 5.7[26]。升高反应温度不利于含硅芳炔树脂的产率和分子量的增加，增加 2%氧化镁(3#)催化剂和采用阶梯升温反应可增加含硅芳炔树脂的产率和分子量。350℃真空煅烧 3h 的氧化镁(4#，比表面积 354m²/g)和 350℃氩气中煅烧 8h 的氧化镁(5#)采用阶梯升温反应得到高产率和高分子量的含硅芳炔树脂，高于 500℃真空煅烧 3h 的氧化镁(1#和 2#，比表面积 288m²/g)催化脱氢偶合缩聚物的产率和分子量。500℃真空煅烧 2h 的氧化镁(6#和 7#，比表面积 323m²/g)采用阶梯升温反应可得更高分子量的含硅芳炔树脂，增加 10%氧化镁用量的反应(7#)得到的含硅芳炔树脂的分子量最高。500℃真空煅烧 3h 的氧化钙(8#，比表面积 34m²/g)虽增加用量和采用阶梯升温反应，但产率和分子量也不高。增加氧化镁或氧化钙催化剂的比表面积、增加用量和采用阶梯升温反应有助于含硅芳炔树脂的产率和分子量的提高。

表 5.7　苯基甲硅烷与 m-DEB 的脱氢偶合聚合

序号	苯基硅烷 /mmol	m-DEB /mmol	催化剂用量/g	反应温度 /℃	反应时间 /h	树脂产率 /%	$\bar{M}_n$	$\bar{M}_w$	PDI
1	20	20	MgO/5.0	32	27	73(液体)	650	1120	1.7
2	20	20	MgO/5.0	80	21	38(液体)	440	570	1.3
3	20	20	MgO/5.1	32 + 80	4 + 2	88(固体)	890	2360	2.7
4	20	20	MgO/5.0	32 + 80	4 + 2	97(固体)	1350	3870	2.9
5	20	20	MgO/5.0	32 + 80	4 + 2	93(固体)	1060	3060	2.9
6	48	48	MgO/5.0	rt + 80	3 + 4	40(固体)	1810	2880	1.6
7	20	20	MgO/5.5	rt + 50 + 80	18 + 8 + 2	54(固体)	2620	5400	2.1
8	20	20	CaO/5.1	32 + 80	4 + 2	55(液体)	470	560	1.2

Itoh 研究小组将苯基甲硅烷和间二乙炔基苯通过氧化镁催化脱氢偶合缩聚而成主链含[—Si(Ph)H—C≡C—C₆H₄—C≡C—]重复单元的聚(苯基亚甲硅基苯撑-1, 3-二乙炔基)，并简称为 MSP[7]。该树脂因含 Si—H 和 C≡C 反应基团，且硅可生成热稳定的无机物 SiC 和 SiO₂，因而该含硅有机树脂具有极高的热稳定性。

氧化镁催化苯基甲硅烷与间二乙炔基苯脱氢偶合缩聚的含硅芳炔树脂 MSP制备流程见图 5.22。氧化镁催化剂易于从产物中分离，但催化聚合反应用量大，且树脂在氧化镁表面的吸附会降低树脂的产率(约有 20%的损失)。

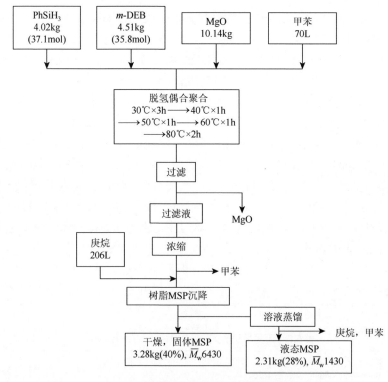

图 5.22　MSP 实验室规模制备流程图

　　Itoh 制备 MSP 的具体过程:在 150L 的不锈钢反应釜中加入氧化镁(340m²/g,氢氧化镁在真空中 400℃煅烧 7h 而得)10.14kg、苯基硅烷 4.02kg(37.1mmol)、间二乙炔基苯 4.51kg(35.8mmol)和甲苯 70L。在氮气中 28℃反应 3h、40℃反应 1h、50℃反应 1h 和 60℃反应 1h,然后在 80℃反应 2h。反应完成后,通过过滤器过滤反应溶液,分离去除剩余的氧化镁。所得到的滤液经减压蒸馏去除部分甲苯,将得到的约 16kg 浓缩树脂溶液(浓度约为 34%)分散在 206L 正庚烷中沉淀。将所得沉淀物过滤并在 55℃下干燥 24h,得到 MSP 为 3.28kg(产率 40%)。正庚烷和甲苯的滤液在 55℃下用蒸发器蒸馏 17h,得到黏稠的油状产品 2.31kg(产率 28%)。

　　苯基甲硅烷与间二乙炔基苯脱氢偶合缩聚的含硅芳炔树脂的固化温度为 150～210℃,200℃以上就会逐渐变为黑色。400℃固化 2h 后的树脂用热失重(TGA)测得氩气中 1000℃的残留率为 94%,T_{d5} 达 860℃(空气中为 567℃)。高于二苯基甲硅烷与间二乙炔基苯脱氢偶合缩聚的树脂(T_{d5} = 547℃)。树脂固化后有阻燃性,固化物的弯曲强度和弯曲模量分别为 16MPa 和 5.5GPa。在氩气中加热至 1000℃可得黑色的玻璃状树脂,用 XRD 可观察到无定形炭和 α-SiC。

　　进一步,Itoh 研究小组用氧化镁催化多种氢硅烷与二乙炔基化合物的脱氢偶合缩聚,制备了多种含 Si(H)—C≡C 单元的含硅芳炔树脂,其结构和分子量见

表 5.8[28]。反应所用 MgO 催化剂是真空下 400℃煅烧 7h 后得到的，聚合在甲苯或苯溶剂中进行，在 30℃/1h、40℃/1h、50℃/1h、60℃/1h 和 80℃/2h 下共反应 6h，所得各种结构的树脂见图 5.23，树脂的结构表征数据和热稳定性见表 5.9。

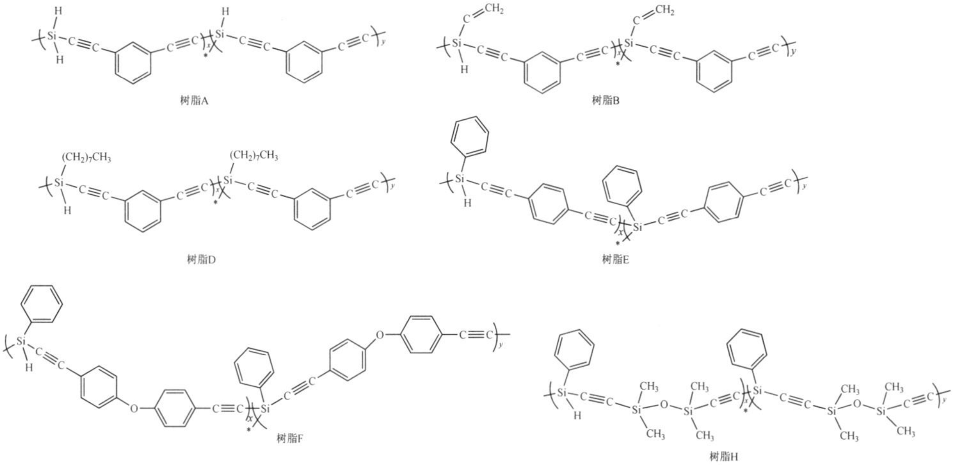

图 5.23　MgO 催化脱氢偶合缩聚树脂的结构

表 5.8　含 Si(H)—C≡C 单元的含硅树脂的制备与分子量及其分布

树脂	氢硅烷(用量/mmol)	二乙炔物(用量/mmol)	MgO/g	产率/%	外观	$\bar{M}_n$	PDI
A	SiH$_4$(15)	m-DEB(20)	3.5	32	液	600	4.2
B	H$_2$C=CHSiH$_3$(281)	m-DEB(300)	53	61	固	3050	2.0
				16	液	1180	1.9
C	PhSiH$_3$(150) 和 H$_2$C=CHSiH$_3$(138)	m-DEB(300)	53	71	固	2150	2.2
				10	液	870	2.6
D	CH$_3$(CH$_2$)$_7$—SiH$_3$(20)	m-DEB(20)	5[a]	57	液	1690	1.7
E	PhSiH$_3$(40)	p-DEB(40)	7	75	固	2760	2.0
				7	液	860	1.7
E	PhSiH$_3$(3000)	p-DEB(3000)	525	67	固	2130	2.0
				17	液	810	1.7
F	PhSiH$_3$(30)	DEPE[b](30)	8	70	固	2510	2.4
				4	液	1110	1.4
G	PhSiH$_3$(60)	DEPE(29) 和 m-DEB(30)混合	23	62	固	2490	2.3
				5	液	810	1.3
H	PhSiH$_3$(20)	TMDS[c](20)	5[d]	76	液	1070	1.6

a. MgO 在氩气中 350℃煅烧 8h；b. DEPE：二(对乙炔基苯基)醚；c. TMDS：1,3-二乙炔基-1,1,3,3-四甲基二硅氧烷；d. MgO 在氮气中 430℃煅烧 6.5h。

表 5.9 含 Si(H)—C≡C 单元的含硅树脂的结构表征数据与热性能

树脂	IR/cm⁻¹	¹H NMR (CDCl₃/TMS)/ppm	¹³C NMR (CDCl₃/TMS)/ppm	²⁹Si NMR (CDCl₃/TMS)/ppm	x/y¹⁾	T_{d5}/℃ (氩气)	Y_{r1000}/% (氩气)	T_{d5}/℃ (空气)
A	ν(≡C—H) 3300, ν(Si—H, C≡C) 2160, σ(Si—H) 850	3.08 (s, C≡C—H) 4.00 (s, SiH₃) 4.56 (s, SiH₂) 4.98 (s, SiH) 7.2~7.7 (m, PhH)	78.2, 82.4 (C≡CH) 83.6 (C≡C—C₆H₄—) 94.1 (C≡C—C₆H₄—) 122~136 (Ph)	−84.0 (SiH₃) −85.8 (SiH₂) −86.5 (SiH)	3/2	930	94	530
B	ν(Si—H, C≡C) 2156, σ(Si—H) 810	3.08 (s, C≡C—H) 4.35 (s, SiH₂) 4.76 (s, SiH) 6.1~6.3 (m, CH≡CH₂) 7.2~7.9 (m, PhH)	78.0, 82.3 (C≡CH) 86.1 (C≡C—C₆H₄—) 106.6 (C≡C—C₆H₄—) 122~136 (Ph) 129.1, 137.7 (CH≡CH₂)	−63.0[(H₂C≡CH)SiH₂] −65.9[(H₂C≡CH)SiH] −71.5[(H₂C≡CH)Si]	7/3	867	94	562
C	ν(Si—H, C≡C) 2156, σ(Si—H) 796	3.06 (s, C≡C—H) 4.35 (s, (H₂C≡CH)SiH₂) 4.71 (s, (Ph)SiH₂) 4.76 (s, (H₂C≡CH)SiH) 5.12 (s, (Ph)SiH) 6.1~6.3 (m, CH≡CH₂) 7.2~7.9 (m, PhH)	78.0, 82.3 (C≡CH) 86~88 (C≡C—C₆H₄—) 106~109 (C≡C—C₆H₄—) 122~136 (Ph) 129.1 (CH≡CH₂) 137.7 (CH≡CH₂)	−59.8[(Ph)SiH₂] −63.0[(H₂C≡CH)SiH₂] −63.5[(Ph)SiH] −65.9[(H₂C≡CH)SiH] −69.6[(Ph)Si] −71.5[(H₂C≡CH)Si]	7/2	814	94	564
D	ν(≡C—H) 3300, ν(C—H) 2959, ν(Si—H, C≡C) 2153	0.8~1.6 (m, C₈H₁₇) 3.06 (s, C≡CH) 4.09 (s, SiH₂) 4.55 (s, SiH) 7.2~7.7 (m, PhH)	9~33 (C₈H₁₇) 78.2, 82.6 (C≡CH) 87.4 (C≡C—C₆H₄—) 106.2 (C≡C—C₆H₄—) 122~136 (Ph)	−56.6[(C₈H₁₇)SiH₂] −57.8[(C₈H₁₇)SiH] −61.7[(C₈H₁₇)Si]	16/1	442	74	447
E	ν(Si—H, C≡C) 2160, σ(Si—H) 820	3.16 (s, C≡CH) 4.73 (s, SiH₂) 5.16 (s, SiH) 7.3~8.0 (m, PhH)	77.0, 83.0 (C≡CH) 88.1 (C≡C—C₆H₄—) 107.7 (C≡C—C₆H₄—) 122~136 (Ph)	−59.7[(Ph)SiH₂] −63.4[(Ph)SiH] −69.3[(Ph)Si]	21/1	866	94	574
F	ν(Si—H, C≡C) 2158, ν(C—O—C) 1244, σ(Si—H) 844	3.02 (s, C≡CH) 4.73 (s, SiH₂) 5.16 (s, SiH) 6.8~8.1 (m, PhH)	77.0, 82.9 (C≡CH) 85.3 (C≡C—C₆H₄—) 107.9 (C≡C—C₆H₄—) 118~120, 128~135 (Ph) 156~158 (Ph)	−60.0[(Ph)SiH₂] −63.8[(Ph)SiH] −69.6[(Ph)Si]	8/1	632	90	574
G	ν(Si—H, C≡C) 2158, ν(C—O—C) 1244, σ(Si—H) 844	3.02, 3.05 (s, C≡CH) 4.72, 4.73 (s, SiH₂) 5.15, 5.17 (s, SiH) 6.9~8.0 (m, PhH)	77.0, 78.2 (C≡CH) 82.4, 82.9 (C≡CH) 84~87 (C≡C—C₆H₄—) 106~109 (C≡C—C₆H₄—) 117~136, 156~158 (Ph)	−59.8[(Ph)SiH₂] −59.9[(Ph)SiH₂] −63.5, −63.6, −63.8[(Ph)SiH] −69.5, −69.6[(Ph)Si]	4/1	666	91	578
H	ν(C—H) 2963, ν(Si—H, C≡C) 2158, ν(Si—O—Si) 1060, σ(Si—H) 798	0.14~0.39 (m, CH₃) 4.60 (s, SiH) 7.3~7.7 (m, PhH)	−3~2 (CH₃) 78~118 (C≡C) 127~135 (Ph)	−17.8[Si(CH₃)₂] −61.2[(Ph)SiH] −66.5[(Ph)Si]		514	81	537

注: 1) 表示 SiH/Si 之比由 ²⁹Si NMR 测得。

由上述结果可见，氧化镁催化脱氢偶合缩聚制备的含硅树脂大多由分子量相对较高的固体和分子量相对较低的液体两部分组成，核磁共振波谱分析结果显示树脂含有支化结构，氢硅烷中如含有长链烷基，或二炔化合物为非芳烃，则所得含硅树脂的热稳定性较低，氢硅烷为苯基、甲基或乙烯基等与芳基二炔化合物所缩聚的树脂的热稳定性都较高。

气体甲硅烷与 m-DEB 脱氢偶合缩聚的树脂 **A**（图 5.23）是一种黄色的黏性液态树脂，可溶解在甲苯、THF、苯和氯仿等常用溶剂中，和苯基甲硅烷与 m-DEB 脱氢偶合缩聚的 MSP 一样可熔化、可塑，在氩气下的 T_{d5} 为 930℃，1000℃氩气氛中的残留率为 94%，陶瓷化率高。二氯甲硅烷与 m-DEB 由格氏试剂法制备的含硅树脂在结构上的不同是结构单元为—Si(H)—C≡C—的主链中不含支化结构，其树脂在氩气中的 T_{d5} 高于 1000℃，陶瓷化率达 94%，高于含硅树脂 **A**。

含硅树脂 **A** 和 MSP 溶解在加了少量水的 THF 中，在 25℃下放置，其分子量随时间的变化见图 5.24。从树脂的分子量随时间的变化中可以看到，含硅树脂 **A** 的分子量随着时间延长大幅度增加，并且产生了 m-DEB。这说明含硅树脂 **A** 的含水四氢呋喃溶液可水解，水解反应如下：

$$—Si—H + H_2O \longrightarrow —Si—OH + H_2\uparrow$$
$$2—Si—OH \longrightarrow —Si—O—Si— + H_2O$$
$$—Si—C≡C— + H_2O \longrightarrow —Si—OH + H—C≡C—$$

含硅树脂 **A** 的水解、交联和解聚似乎同时进行。但是 MSP 的分子量分布没有发生改变。不同于 MSP，含硅树脂 **A** 链中因没有苯基带来的空间位阻效应，所以 Si—C≡C 键有很强的极性，很容易水解。

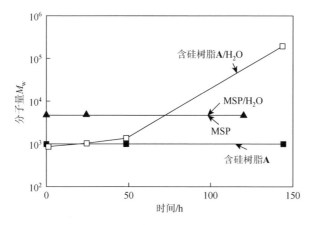

图 5.24　含硅树脂 **A** 与 MSP 在含水 THF 中分子量随时间的变化

25℃，THF 与水质量比为 18/0.2

乙烯基硅烷的反应活性和苯基硅烷相当，可高产率获得黄色固体和黏性的液态含硅树脂 B(图 5.23)。该含硅树脂与 MSP 一样，主链结构中含支化结构，除了 Si—H 和 C≡C 反应性基团以外，主链中还增加了乙烯基官能团。含硅树脂 **B** 也可溶解甲苯、THF、苯和氯仿等溶剂中，且它可溶解可模塑，具有与 MSP 一样的热稳定性。固态 ^{13}C CP/MAS NMR(交叉极化魔角旋转碳核磁共振)技术对含硅树脂 **B** 的固化进行了研究，在 200℃和 400℃下固化样品的 ^{13}C NMR 图谱中，乙烯基团的信号强度(δ 123ppm)大大降低，观察到的宽的信号峰 $\delta = 20 \sim 40$ppm 归属于亚甲基基团。含硅树脂 **B** 中分子链间的交联反应有乙烯基团(C≡C 键)和 Si—H 键之间的硅氢化加成反应，还有 C≡C 键和 Si—H 键之间的硅氢化交联反应。

由苯基甲硅烷和乙烯基甲硅烷与 *m*-DEB 共缩聚制备了含硅树脂 **C**，两种含氢甲硅烷的反应活性几乎是相同的，共聚得到一种黄色的固体和一种液态树脂。含硅树脂 **C** 在 ^{1}H NMR 和 ^{29}Si NMR 光谱中的信号与 MSP 或含硅树脂 **B** 的核磁共振谱图中的信号归属一致，但尚不清楚含硅树脂 **C** 的共聚结构是无规的，还是嵌段的。

含正辛基氢硅烷与 *m*-DEB 缩聚制备了含硅树脂 **D**(图 5.23)，因含长烷基侧链，得到了一种黄色的黏性液态树脂，可溶解可模塑，固化树脂的热稳定性相对低，这是对交联反应无贡献的长链侧基的热分解所致。

DEB 通常是由二乙烯基苯溴化后，在碱作用下经脱溴化氢反应而合成的。因此，一些溴化合物作为杂质会污染毒化氧化镁催化剂。含有 4700ppm 溴的 *p*-DEB 没有反应活性，通过重结晶作用提纯 *p*-DEB，溴的含量降低到 600ppm，使 *p*-DEB 拥有和 *m*-DEB 一样的反应活性。在氧化镁催化下 *p*-DEB 与苯基甲硅烷缩聚得到一种黄色的非晶固体和一种液态树脂。该含硅树脂 **E** 的溶解性和热性质与 MSP 相同，尽管含硅树脂 **E** 的凝胶时间(2.5min)比 MSP 的凝胶时间(3.5min)更短，且它的熔化加工温度范围比 MSP 的窄，但这都不会影响它的加工性。含硅树脂 **E** 在 400℃固化后的极限氧指数(LOI 为 40~42)和力学性能(弯曲强度为 20MPa，弯曲模量为 5GPa)与 MSP 的相近。

在前面提到的含硅树脂 **b**(表 5.1)的热稳定性比 MSP(含硅树脂 **a**)的差，含硅树脂是由苯基二氯硅烷在有机镁试剂作用下反应制备的，两者都没有分支结构。对位异构体(含硅树脂 **b**)呈块状，而含硅树脂 **a** 是线型结构，所以对位异构体比含硅树脂 **a** 更难进行分子内交联。制备含硅树脂 **E** 所用的二乙炔芳基化合物虽是 *p*-DEB(表 5.9)，与苯基甲硅烷缩聚物中有支化结构，含硅树脂 **F** 的分子链构象不同于格氏试剂法制备的、不含支化结构的含硅树脂 **b**，不会因团块状构象而影响分子链间的交联反应，因而可形成热稳定结构。

尽管 MSP 拥有优异的耐热性能，但它的力学强度是低的。由二(对乙炔基苯基)醚(DEPE)与苯基甲硅烷缩聚获得的含硅树脂 **F** 实现了将醚键引入含硅树脂的主链。DEPE 的反应活性和 DEB 的相等，主链上含有醚键的含硅树脂 **F**(表 5.9)

是一种黄色的固体和一种液态混合的含硅树脂，可溶解可模塑。含硅树脂 **F** 的热稳定性虽低于 MSP，但它的韧性得到了改善，其中在 400℃固化的样品的弯曲强度为 45MPa（MSP 的弯曲强度为 10MPa）。

将 *m*-DEB 和 DEPE 等摩尔比混合用作二乙炔化合物，与苯基甲硅烷进行共聚。两种单体的反应活性几乎相等，最后获得含固态和液态的含硅树脂 **G**（表 5.9）。该树脂主链中 Si 的各种结构由 ^{29}Si NMR 谱图可观察到大量的重复结构单元，主链上硅原子两旁包括两种二乙炔化合物单体（DEBE 和 *m*-DEB），三种含硅树脂中各种结构（图 5.25）的硅比例为：$(a^1, b^1, c^1)/(a^2, b^2, c^2)/(a^3, b^3, c^3) = 1/2/1.5$。DEPE 和 *m*-DEB 的反应活性相等，它们与苯基甲硅烷的反应似乎是随机的。

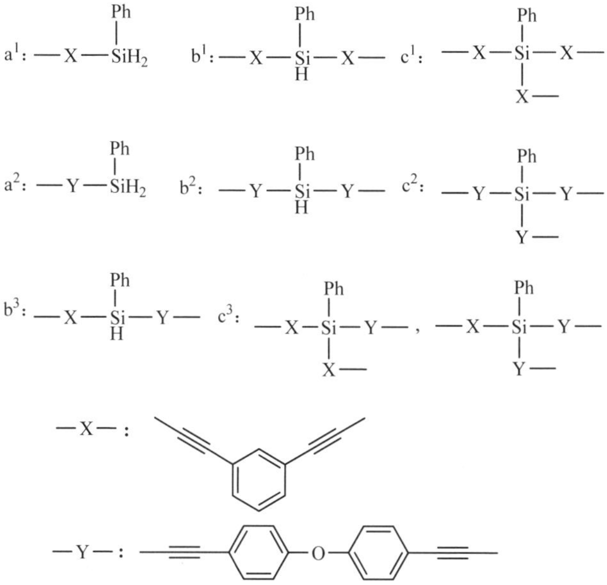

图 5.25　含硅树脂 **G** 中 Si 的各种结构

含硅树脂 **G** 的热稳定性与含硅树脂 **F** 的相当，其热稳定性取决于重复单元，包括 DEPE。用透射电子显微镜可观察到海岛结构，它的弯曲强度低（29MPa）。

由苯基甲硅烷和二乙炔基硅氧化合物（1, 3-二乙炔基-1, 1, 3, 3-四甲基二甲硅氧烷，TMDS）缩聚制备的含硅树脂 **H** 是一种黏性的液态含硅树脂（图 5.23）。苯基甲硅烷的转变率是 TMDS 的一半，该树脂的热稳定性低，交联反应的放热峰在 297℃观察到，这一交联反应温度高于其他含硅树脂（通常为 190～210℃）。硅氧烷键的引入抑制了交联反应，且在交联反应开始前似乎发生了分解反应。

Si(H)—C≡C 单元是一种有用的热固性和耐热性基团，在高分子中引入 Si(H)—C≡C 单元对分子间的交联反应和耐热性的实现是有效的。

苯基甲硅烷和乙炔基苯在金属氢化物如 LiAlH$_4$、NaAlH$_4$、LiBH$_4$ 和 LiAlH(Ot-Bu)$_3$ 的催化下可发生脱氢交叉偶合缩聚反应[28]。苯基甲硅烷与间二乙炔基苯的脱氢交叉偶合缩聚反应可得高热稳定的树脂，在氢化铝锂催化下脱氢交叉偶合缩聚反应见图 5.26，聚合反应结果见表 5.10。

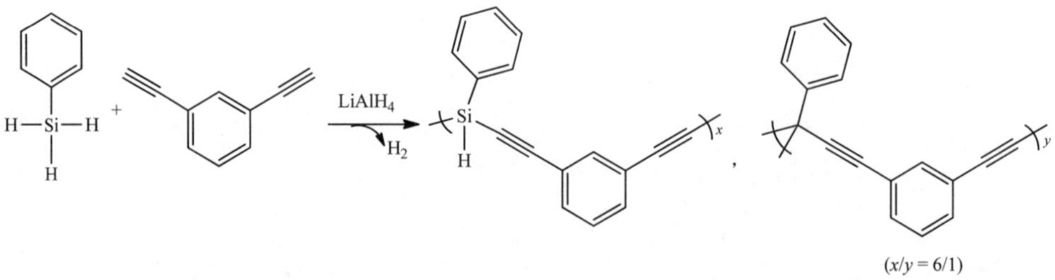

图 5.26   由 LiAlH$_4$ 催化的苯基甲硅烷与间二乙炔基苯的脱氢偶合聚合反应

表 5.10   120℃下苯基甲硅烷与间二乙炔基苯的反应结果

序号	苯基甲硅烷/mmol	m-DEB /mmol	LiAlH$_4$用量/mmol	溶剂	反应压力/(kg/cm^2)	树脂产率/%	$\bar{M}_n$	$\bar{M}_w$	PDI
1	52	53	2.7	二甘醇二甲醚	1	26	570	850	1.5
2	55	55	2.6	二甘醇二甲醚	18	36	670	1430	2.1
3	53	53	2.6	四氢呋喃	32	56	970	2880	3.0

对 LiAlH$_4$ 催化苯基甲硅烷和间二乙炔基苯两单体脱氢偶合缩聚而得的含硅芳炔树脂进行 ^{13}C NMR 和 ^{29}Si NMR 分析，结果见图 5.27。所得含硅芳炔树脂的端基结构为—Si(Ph)H$_2$ 或—C≡CH［图 5.27(a) 和图 5.27(b)］，由 ^{13}C NMR 谱图数据可知树脂的两种末端结构—Si(Ph)H$_2$ 与—C≡CH 的比例接近 1。由 ^{29}Si NMR 谱图［图 5.27(b)］可知树脂中两种结构的比例为 6/1(x/y)，支化结构比 MSP 树脂(结构中的 x/y = 9/1)的多，说明 LiAlH$_4$ 催化苯基甲硅烷和间二乙炔基苯两单体脱氢偶合缩聚产物的支化度高于 MgO 催化的脱氢偶合缩聚产物。表 5.10 中实验 3 所得树脂为黄色非晶固体，其熔化和成型温度为 100~150℃，固化温度为 150~210℃。固化后树脂的热稳定性高，氩气中 T_{d5} 为 760℃，接近 MSP 树脂固化物的 T_{d5}(860℃)。间二乙炔基苯与苯基甲硅烷经 LiAlH$_4$ 催化脱氢偶合缩聚反应得到的含硅芳炔树脂，其热稳定性略低于 MgO 催化脱氢偶合缩聚的含硅芳炔树脂 MSP，这可能还与硅氢化加成反应生成双键有关，但催化剂 LiAlH$_4$ 的用量少，低于以 MgO 作催化剂时所需的用量。

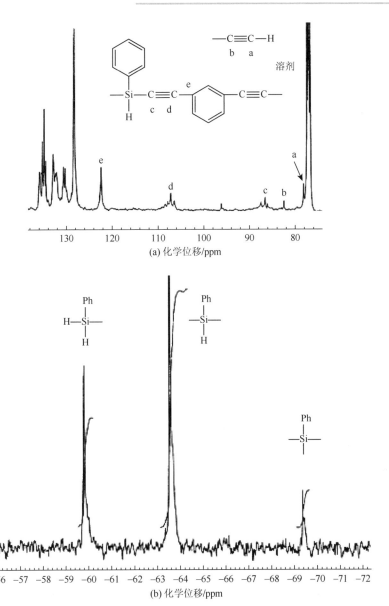

图 5.27　LiAlH$_4$ 催化脱氢偶合缩聚而得的含硅芳炔树脂的 ^{13}C NMR(a) 和 ^{29}Si NMR(b)

硅氢键(R$_3$Si—H)能为后过渡金属络合物 MLn 所活化而形成 Si—M 和 M—H 键(R$_3$Si—MLn—H)，可作为一有效的催化途径用于单取代烯烃和硅氢类化合物的脱氢偶合反应而制备烯基硅烷[29-31]。后过渡金属铂、铱和铑等络合物也可催化单取代炔与硅氢化合物的脱氢偶合反应以制备炔基硅烷，但也会产生硅氢加成副反应而生成烯基硅烷[32-34]。

LiAlH$_4$ 和 MgO 能催化硅氢化合物反应，说明 Si—H 键比 C—H 键更易极化和活化为离子态。金属氢化物可催化硅烷氢与炔氢的脱氢交叉偶合反应，首先是金属氢化物($M^{\delta+}$—$H^{\delta-}$，M = Al，B)的碱性氢与乙炔基化合物($H^{\delta+}$—$C^{\delta-}$≡C—Ph)的酸性氢偶合，再经金属酸炔阴离子($M^{\delta+}$—$C^{\delta-}$≡C—Ph)的过渡态而进行的，其反应如下：

$$M^{\delta+}—H^{\delta-} + H^{\delta+}—C^{\delta-}≡C—Ph \longrightarrow M^{\delta+}—C^{\delta-}≡C—Ph + H_2\uparrow$$

与 LiBH$_4$ 相比，LiAlH$_4$ 中的铝原子比硼原子有较低的电负性，LiAlH$_4$ 的氢碱性更强，对两个氢原子偶合的催化活性更高，其反应机理见图 5.28。

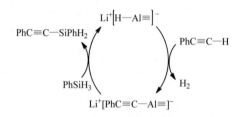

图 5.28　氢化铝锂催化脱氢偶合反应的机理

溶剂乙醚、四氢呋喃和二甘醇二甲醚(二乙二醇二甲醚)有助于炔氢和 LiAlH$_4$ 中 Li$^+$ 的极化，稳定中间态铝酸炔基阴离子[35]。二甘醇二甲醚的极性高于四氢呋喃，因而炔氢和 LiAlH$_4$ 的两个氢在二甘醇二甲醚中易于极化，可促进两个氢的偶合。

Ishikawa 和 Itoh[36]对间二乙炔基苯(乙炔基化合物，≡C—H)和苯基甲硅烷(氢硅烷，Si—H)的脱氢偶合聚合所用的催化剂继续进行了深入的研究。对烷氧化物、烷基金属和烷基酰胺等催化苯基甲硅烷和苯乙炔脱氢偶合聚合反应的研究发现，烷氧化物的催化活性远高于氧化镁和 LiAlH$_4$ 等，结果见表 5.11。可以看出，金属烷氧基化合物催化脱氢偶合聚合的催化活性远高于丁基锂、LiAlH$_4$ 和氧化镁的催化活性，二异丙氧基钡的催化活性约是 LiAlH$_4$ 的 100 倍，约是 MgO 的 4000 倍。

表 5.11　各种催化剂催化苯基甲硅烷与苯乙炔脱氢偶合反应的活性

催化活性	Ba(O-i-Pr)$_2$	LiN(SiMe$_3$)$_2$	n-BuLi	LiOEt	LiAlH$_4$	MgO
摩尔/单位催化剂	4000	600	470	310	40	1
克/单位催化剂	630	140	530	240	40	1

二(2-乙基己氧基)钡［Ba(OC$_8$H$_{17}$)$_2$］催化苯基甲硅烷和间二乙炔基苯脱氢偶合聚合反应 8h，可得到固体的含硅芳炔树脂——聚(苯基亚硅基乙炔基-1,3-苯基乙炔基)。该聚合反应见图 5.29，反应条件和聚合结果见表 5.12。二(2-乙基己氧基)钡

催化脱氢偶合树脂(表 5.12 中序号 6)中线型结构和支化结构比为 1.75/1 ($x/y = 7/4$)，支化度高于 LiAlH$_4$ 催化的脱氢偶合树脂(6/1)，远大于 MgO 催化的脱氢偶合树脂(9/1)。在二甘醇二甲醚和二甘醇单甲醚溶剂中 Ba(OC$_8$H$_{17}$)$_2$ 催化的脱氢偶合聚合反应产物的分子量高于四氢呋喃和甲苯溶剂中催化所得的树脂的分子量，且聚合产物的产率也高。在二噁烷(二氧六环)、四氢吡喃、二乙氧基乙烷和苯甲醚(茴香醚)溶剂中，Ba(OC$_8$H$_{17}$)$_2$ 不能催化脱氢偶合聚合反应。

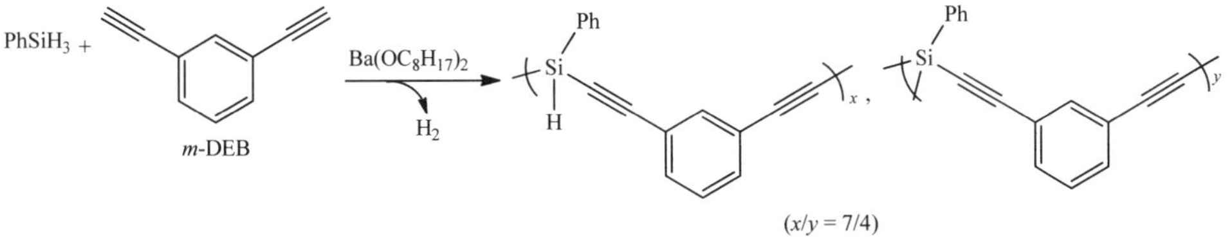

图 5.29　二(2-乙基己氧基)钡催化脱氢偶合聚合的含硅芳炔树脂

表 5.12　苯基甲硅烷和 *m*-DEB 在 Ba(OC$_8$H$_{17}$)$_2$ 催化下的脱氢偶合聚合

序号	PhSiH$_3$ /mmol	*m*-DEB /mmol	Ba(OC$_8$H$_{17}$)$_2$ /mmol	溶剂	反应温度/℃	产率/%	$\bar{M}_n$	$\bar{M}_w$	PDI
1	39	43	0.40	二甘醇二甲醚(30mL)	80	88	1320	5560	4.2
2	41	41	0.40	二甘醇单甲醚(30mL)	80	78	750	1380	1.8
3	40	42	0.41	甲苯(30mL)	80	30	370	410	1.1
4	40	42	0.20	四氢呋喃(30mL)	67	61	490	650	1.3
5	41	43	0.20	二甘醇单甲醚(30mL)	75	93	2110	21880	10.4
6	523	516	2.60	二甘醇单甲醚(375mL)	75	93	1720	12470	7.2

Ba(OC$_8$H$_{17}$)$_2$ 催化脱氢偶合聚合的聚(苯基亚甲硅基乙炔基-1,3-苯基乙炔基)的热稳定性由热失重分析仪测试，在氩气和空气气氛下的 T_{d5} 分别为 848℃和 575℃，氩气中的 T_{d5} 略低于 MgO 催化的脱氢偶合树脂(860℃)，高于 LiAlH$_4$ 催化脱氢偶合的树脂(760℃)。

Ba(OC$_8$H$_{17}$)$_2$ 催化脱氢偶合聚合的聚(苯基亚甲硅基乙炔基-1,3-苯基乙炔基)结构中的 Si—H 键在空气中易于受潮水解生成硅氧(Si—O)键，因此 Ba(OC$_8$H$_{17}$)$_2$ 催化脱氢偶合聚合的产物中，需将残留的碱性催化剂 Ba(OC$_8$H$_{17}$)$_2$ 从树脂中完全移除。阳离子交换树脂可用于移除反应后溶液中的钡酸酯化合物，可使其残留物在树脂溶液中的浓度低于 0.5ppm。

对碱性催化剂催化制备含硅芳炔树脂，Itoh 进行了深入研究。在各种固体催化剂存在下，20mmol 苯基硅烷和 20mmol 间二乙炔基苯在 40mL 苯中在 32℃下反应 4h 和 80℃反应 2h 后脱氢偶合聚合的结果见表 5.13[37]。氢氧化镁在室温下就可催化反应放出氢气,得到固体或黏稠的液体树脂。反应后期形成的具有交联结构和高分子量的树脂不溶于溶剂,并且可以覆盖在催化剂表面的活性位点上,因此催化活性随聚合反应的进行而逐渐降低。在 350℃下加热氢氧化镁获得的氧化镁对脱氢偶合聚合反应具有最高的催化活性,产率最高,分子量最高。氢氧化镁在 300℃以下煅烧,有一些氢氧化镁的 X 射线衍射谱图,显示没有催化活性。加热温度高于 350℃时,结晶度较高,氧化镁比表面积较小,催化活性较低。在真空、氩气和氮气下加热的氧化镁的活性是相同的,而在空气中煅烧的氧化镁的活性低于在真空下加热的氧化镁的活性,这可能依赖于较低的碱性和较低的比表面积。氧化镁在甲苯或苯溶剂中表现出比在二氧六环、N-甲基吡咯烷酮(NMP)和二甲醚(DME)等极性溶剂中更高的活性,因二氧六环、NMP 和 DME 会与氧化镁表面相互作用而影响氧化镁表面的活性。庚烷也因树脂在其中的溶解度低而影响氧化镁的催化活性。水的污染降低了氧化镁的催化活性,但氧气对其的催化活性没有影响。

表 5.13   金属氧化物催化的苯基甲硅烷与 *m*-DEB 脱氢偶合聚合反应

序号	催化剂	用量/g	树脂产率/%	$\bar{M}_n$	$\bar{M}_w$	PDI
1	MgO	5.1	88	890	2360	2.7
2	CaO	5.1	55	470	560	1.2
3	ZnO	5.1	0	—	—	—
4	TiO$_2$	5.0	0	—	—	—
5	MgO-SiO$_2$	4.0	6	410	450	1.1
6	MgO-TiO$_2$	4.8	22	490	630	1.3
7	MgO-NaOH	5.1	2	560	640	1.1

氧化钙和氧化镁一样是固态碱,也可催化脱氢偶合聚合反应,但树脂的产率和分子量低于氧化镁催化得到的树脂。而氧化镁的复合氧化物的催化活性低,氧化锌和氧化钛不能催化脱氢偶合聚合反应。这说明氧化镁催化苯基甲硅烷和 *m*-DEB 脱氢偶合聚合反应的活性最高。

碱性固体催化剂残留物必须在反应结束后从树脂中彻底去除。因在空气中水分存在下碱性会催化树脂中 Si—H 键的水解,形成硅氧烷(出现 Si—O 键)。用酸性水洗涤反应溶液可除去残留物,但必须伴随用有机溶剂从水中分离树脂并用吸附剂干燥树脂溶液。CuCl/胺催化下苯基硅烷和 *m*-DEB 的脱氢偶合聚合反应所得的树脂具有更宽的分子量分布,并且当树脂被催化剂胺污染时,树脂中的 Si—H 键在空气中水分存在下容易水解而形成硅氧烷键。

5.1.5　氧化偶合聚合反应

Eglinton 和 Galbraith 在 20 世纪 50 年代改进了传统的 Glaser 偶合反应，在甲醇-吡啶溶剂中用乙酸铜（Ⅱ）催化乙炔类化合物的氧化偶合，制备了含 α, γ-二炔的大环体系[38]。Hay 研究了乙炔类单体的氧化偶合聚合，发现乙炔类单体溶液在氧气或空气中、一价铜盐与胺的络合物催化下，可在室温数分钟后就发生偶合，所用吡啶既是溶剂又是配体[39]。如 250mL 吡啶中加入 2g CuCl 和 50g 苯乙炔，30℃下导入氧气泡，快速搅拌，反应开始后温度迅速上升至 40℃，40min 后可得无色针状的二苯基二乙炔(1, 4-二苯基丁二炔)。间二乙炔基苯氧化偶合得土黄色的树脂，100℃ 以上可溶于氯苯和硝基苯，成膜得透明、室温下相当稳定的、柔软的膜。对二乙炔基苯氧化偶合后得到亮黄色完全不溶的产物。端炔氧化偶合反应如下：

$$2R—C\equiv C—H + 1/2\ O_2 \longrightarrow R—C\equiv C—C\equiv C—R + H_2O$$

常见的氧化偶合催化剂有：①乙酸铜（Ⅱ）-吡啶，②CuCl-吡啶，③CuCl-N, N, N', N'-四甲基乙二胺。铜（Ⅰ）-二胺催化剂在有机溶剂中易溶，是乙炔类化合物氧化偶合的最有效的催化剂，其优点如下[40]：

(1) 反应可在很多有机溶剂中进行。

(2) 仅需催化用量的 CuCl 和二胺，产物的分离也易进行。

(3) 偶合反应能在中性条件下进行。

(4) 催化剂活性高，反应能在较低的温度下进行。

将 1g CuCl 和 1.2g 四甲基乙二胺(TMEDA)加入 135mL 丙酮中，28℃下鼓泡导入氧气，激烈搅拌 15min 后将 1-乙炔基环己醇(25g)滴入反应体系，反应温度快速升至 42℃。滴完后继续反应 20min，蒸去丙酮，加入含 1mL 浓盐酸的 20mL 水，分离出无色的固体 1, 1'-丁二炔基二环己醇，熔点为 177℃。同样地，可得苯乙炔的偶合产物(熔点 87～88℃) 和 3-羟基-3-甲基-1-丁炔的偶合产物(熔点 138℃)。芳香二炔和脂肪二炔的氧化偶合可得高分子量的线型树脂，间二乙炔基苯的氧化偶合逐步聚合反应如下：

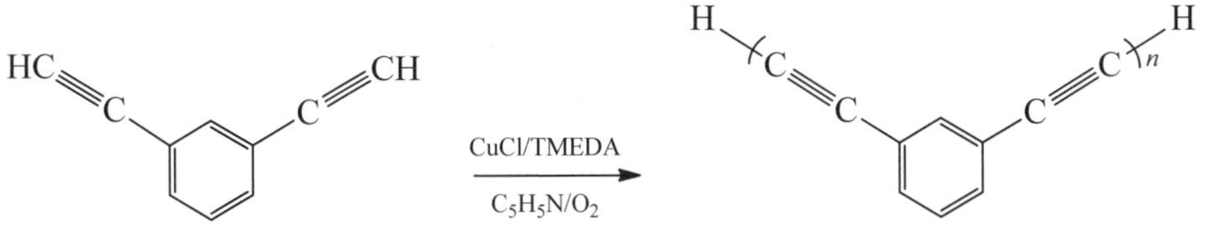

Hay 研究了二乙炔基化合物氧化偶合获得高分子量的线型树脂，并将金属有机部分结合入该树脂中[41]。将 1g 锂丝、11.3g 溴苯、4.55g 1, 4-二乙炔基苯和 4.5g

二乙基二氯硅烷加入 250mL 无水醚中，再加入 CuCl/吡啶催化体系，在快速搅拌下鼓泡入氧气，随后反应体系温度上升，反应结束后用甲醇沉降得到氧化聚合产物(图 5.30)，溶于热的四氯乙烷中，浇铸得透明、柔性膜。

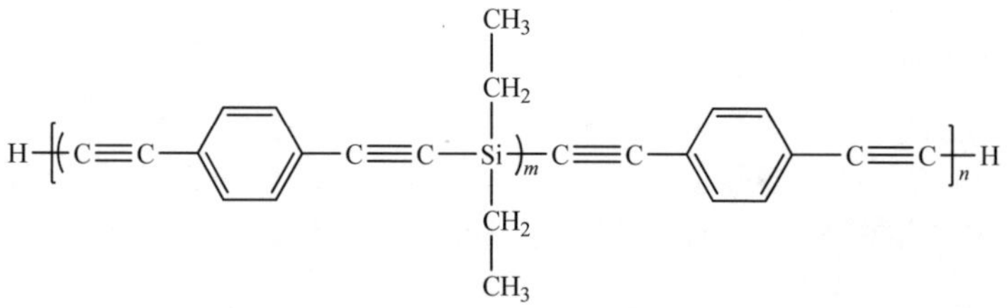

图 5.30　氧化偶合脱氢缩聚的含硅芳炔树脂

Hay 提出了由合成的含金属 M 等杂原子的二乙炔化合物通过氧化偶合制备高分子量的树脂，反应如下：

$$HC\equiv CRC\equiv C-M-C\equiv CRC\equiv CH \xrightarrow{[O]} \left[C\equiv CRC\equiv C-M-C\equiv CRC\equiv C \right]_n$$

Hay 首先将杂原子引入了树脂的主链中，如二价的汞原子、三价的砷和四价的硅。含杂原子的二炔化合物可通过 *m*-或 *p*-二乙炔基苯或烷基二炔，与格氏试剂或烷基锂或芳基锂反应制备相应的乙炔金属有机物，反应如下：

$$H-C\equiv C-R-C\equiv C-H \xrightarrow{RLi} H-C\equiv C-R-C\equiv C-Li \xrightarrow{HgX_2} H\left(C\equiv C-R-C\equiv C \right)_2 Hg$$

同样，过量的二乙炔二锂化合物与二氯甲硅烷反应制备低分子量的含硅二炔树脂(图 5.31)，再氧化偶合可得树脂。*m*-或 *p*-二乙炔基苯与二乙基二氯甲硅烷反应可得可溶的树脂。

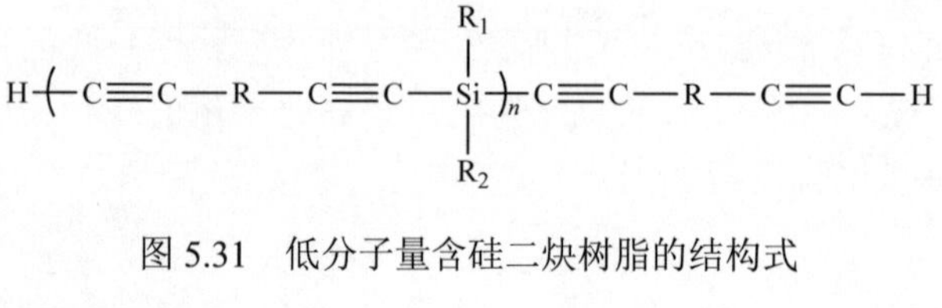

图 5.31　低分子量含硅二炔树脂的结构式

5.1.6　金属催化聚合反应

端炔的金属化制备炔基金属可由金属有机试剂如丁基锂或格氏试剂与端炔化合物反应得到，再与氯硅烷反应合成炔基硅烷。但化学计量的金属有机试剂难以大规模用于制备炔基硅烷的反应过程。锌可促进端炔(1-炔)与氯硅烷的反应而硅烷化，端炔与锌的直接金属化可产生过渡态的炔基锌活性种，可提供一种有效的、通用的和实际的制备各种炔基硅烷的途径，且反应对端炔化合物中的官能团如羧基、酯、醇和氯有宽容性。1995 年，日本相模化学研究中心 Sugita 等[42]用锌粉在乙腈中催化端炔与氯硅烷直接反应实现了端炔的硅烷化，得到了产率良好的炔基硅烷，反应见图 5.32。如苯乙炔(0.5mmol)和三甲基氯硅烷(1.0mmol)在 2mL 乙腈中用锌粉(2.0mmol)催化反应，经 120℃反应 5h 可合成出三甲基硅基苯乙炔(产率98%)。锌粉催化的反应只适合于在乙腈和醚类溶剂中进行端炔的硅基化反应。

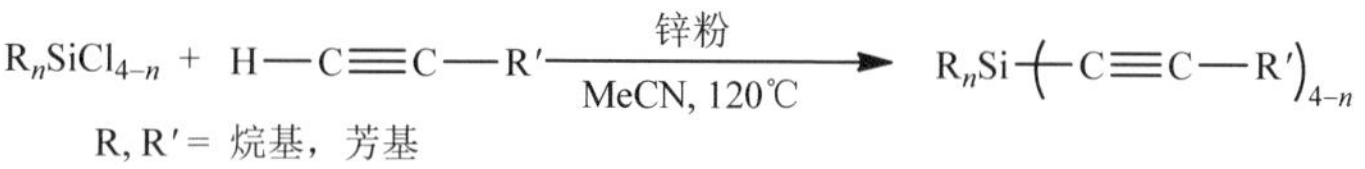

$$R_nSiCl_{4-n} + H\!-\!C\!\equiv\!C\!-\!R' \xrightarrow[\text{MeCN, }120℃]{\text{锌粉}} R_nSi\!\left(\!C\!\equiv\!C\!-\!R'\right)_{4-n}$$

$$R, R' = 烷基，芳基$$

图 5.32　锌粉存在下的端炔与氯硅烷的直接反应

锌粉催化的端炔硅基化中，氯硅烷需过量 2 倍，而锌粉需过量 4 倍，可有效获得高产率的炔基硅烷产物。1,4-二乙炔基苯与三甲基氯硅烷的二硅基化反应，1,2-二氯-1,1,2,2-四甲基乙硅烷与苯乙炔合成二苯乙炔乙硅烷的反应都需过量的锌粉促进反应的顺利进行。

锌促进的端炔甲硅烷基化反应的机理有如下 a 和 b 两种：

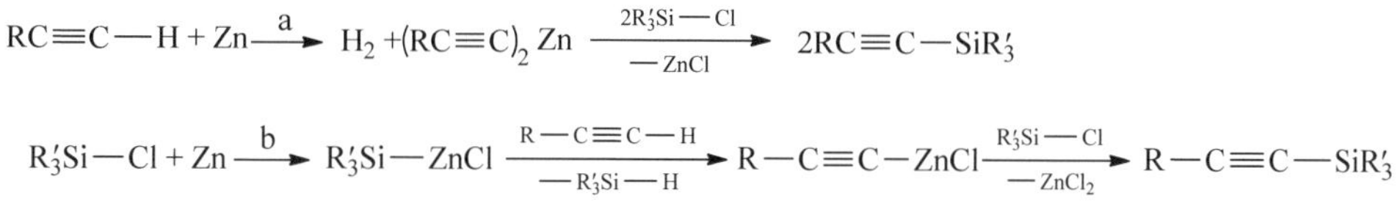

$$RC\!\equiv\!C\!-\!H + Zn \xrightarrow{a} H_2 + (RC\!\equiv\!C)_2Zn \xrightarrow[-ZnCl]{2R_3'Si\,-\,Cl} 2RC\!\equiv\!C\!-\!SiR_3'$$

$$R_3'Si\!-\!Cl + Zn \xrightarrow{b} R_3'Si\!-\!ZnCl \xrightarrow[-R_3'Si\,-\,H]{R\,-\,C\,\equiv\,C\,-\,H} R\!-\!C\!\equiv\!C\!-\!ZnCl \xrightarrow[-ZnCl_2]{R_3'Si\,-\,Cl} R\!-\!C\!\equiv\!C\!-\!SiR_3'$$

研究结果表明在氯硅烷与锌粉的反应中氯硅烷没发生变化，即形成甲硅烷基锌活性种的机理 b 不是端炔甲硅烷基化反应的机理。实验结果强烈表明，反应机理是端炔与锌发生原位金属化反应，按机理 a 形成炔基锌活性种进行甲硅烷基化反应的。

1996 年，Hatanaka 与 Sugita 等[43]利用不同的二氯硅烷与二乙炔基苯在 Zn(或Zn/Pb)存在下，以 MeCN 为溶剂共聚合得到一系列亚甲硅基二亚炔基树脂，该含硅芳炔树脂的分子量为 1000～100000，共聚合反应见图 5.33。

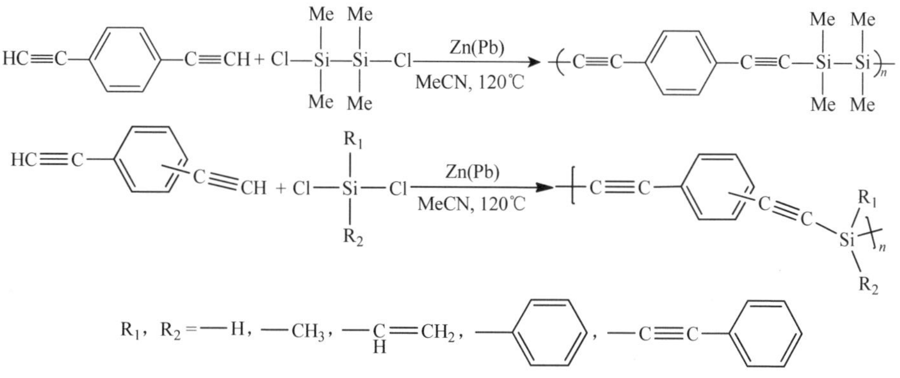

图 5.33　锌粉存在下的二氯硅烷与二炔的共聚合反应

在锌粉催化二乙炔基苯与二甲基二氯硅烷反应制备含硅芳炔树脂的基础上，姜欢等进一步开展了氯化锌催化二乙炔基苯与双(N, N-二甲氨基)二甲基硅烷制备含硅芳炔树脂的研究工作[44, 45]。在乙腈溶剂中以锌粉催化二乙炔基苯和二甲基二氯硅烷的缩聚反应合成了含硅芳炔树脂(图 5.34)。锌粉过量 200%、温度 80℃、反应 10h 制备的含硅芳炔树脂产率达 82%以上，树脂的数均分子量($\bar{M}_n$)为 1620，PDI 约为 1.26，在 40~170℃的黏度为 4~10Pa·s，加工性能良好，树脂在约 170℃可发生交联固化反应，固化树脂在 N_2 气氛下 T_{d5} 为 529℃，800℃时树脂残留率约为 85%。氯化锌也可催化二乙炔基苯与双(N, N-二甲氨基)二甲基硅烷反应，制备含硅芳炔树脂的工艺路线见图 5.35。催化制备的含硅芳炔树脂在室温下呈流动状态，加工温度为 40~180℃，固化起始温度 175℃，固化峰顶温度 245℃，树脂固化后在氮气中的 T_{d5} 为 587℃，800℃下残留率为 91.5%。

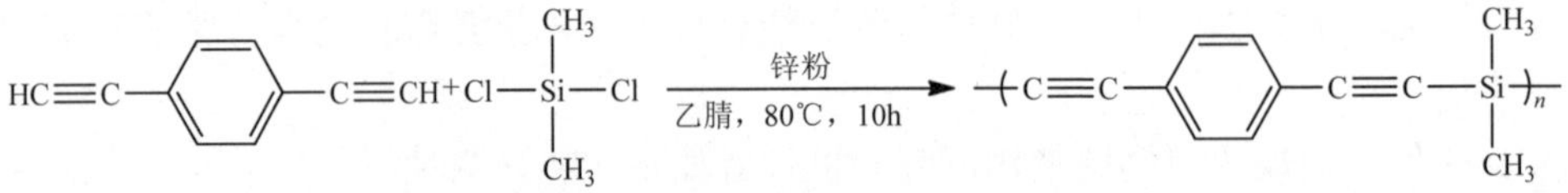

图 5.34　锌粉催化制备含硅芳炔树脂

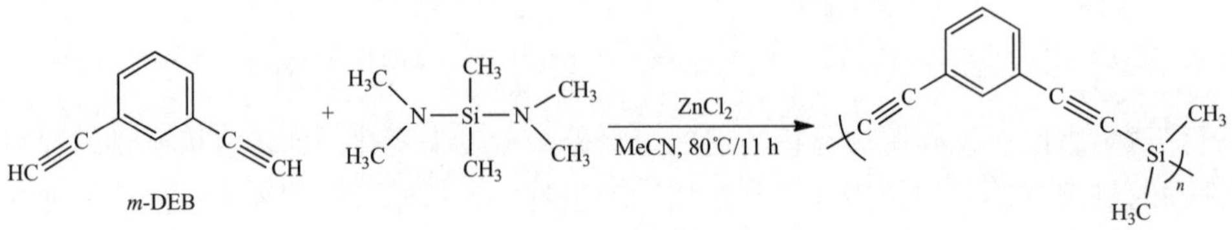

图 5.35　氯化锌催化制备含硅芳炔树脂

5.2   含硅芳炔树脂的固化反应

含硅芳炔树脂的结构单元为—C≡C—Ar—C≡C—SiR₁R₂—，分子链上有炔基或/和硅烷上的—H、—OR、—CH＝CH₂和—C≡CH 等反应性基团，加热能使这些官能团相互间发生反应，固化交联形成网络结构。研究含硅芳炔树脂的固化反应及其固化交联结构可指导含硅芳炔树脂的加工与应用，充分发挥含硅芳炔树脂的优异性能。

5.2.1   含硅芳炔树脂的热固化反应

含硅芳炔树脂的主要反应基团是乙炔基，其反应活性高，可三聚环化等。如果在硅原子上连接有可反应性基团如硅氢、乙烯基等，那么固化反应将更加复杂。

Kovar 等[46]在研究端乙炔基多苯基喹喔啉(1,4-二氮萘，图 5.36)的固化反应时，提出了乙炔基的固化反应存在三聚环化、偶合反应、Diels-Alder 反应和自由基聚合反应等。

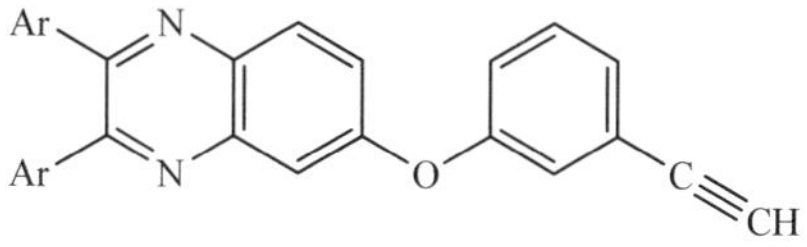

图 5.36　端乙炔基多苯基喹喔啉的分子结构式

端乙炔基热固化反应主要有三聚环化反应(形成芳环)、格拉泽偶合(Glaser coupling)反应、斯特劳斯偶合(Strauss coupling)反应、Diels-Alder 反应等。
三聚环化反应：

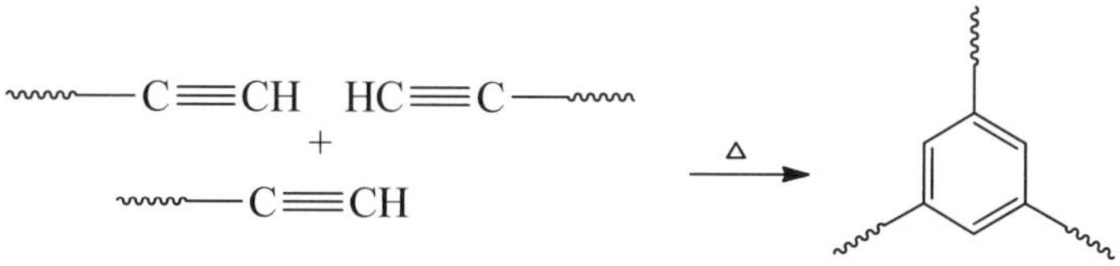

格拉泽偶合反应：

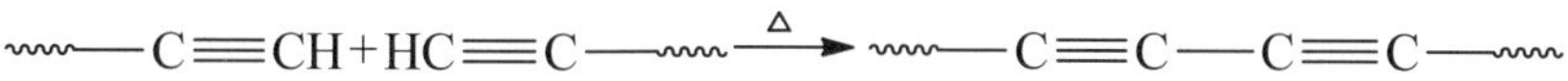

斯特劳斯偶合反应：

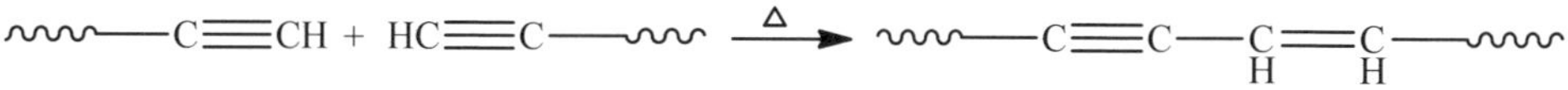

偶合产物的 Diels-Alder 反应：

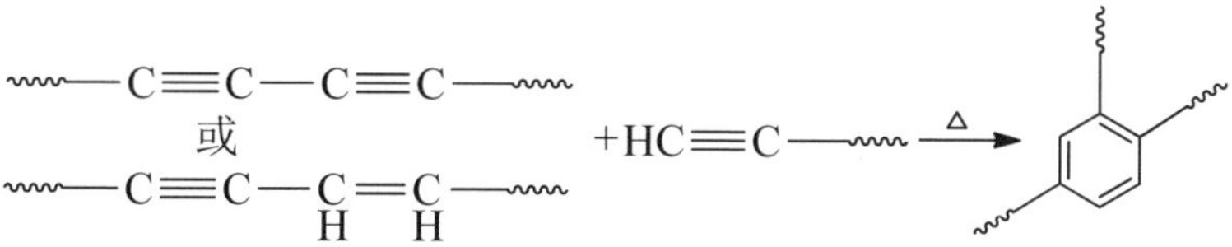

主链的 Diels-Alder 反应：

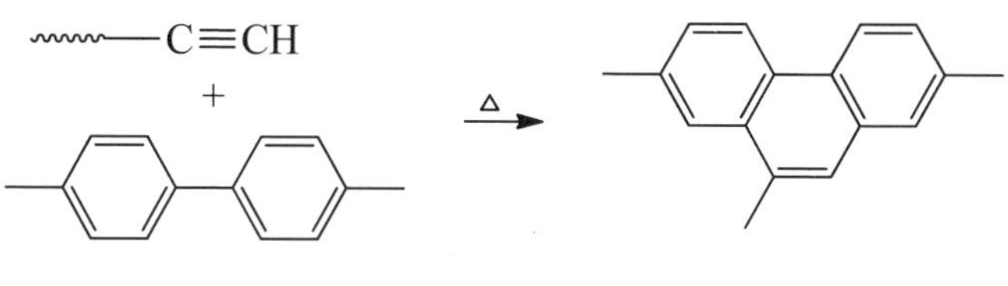

自由基聚合反应：

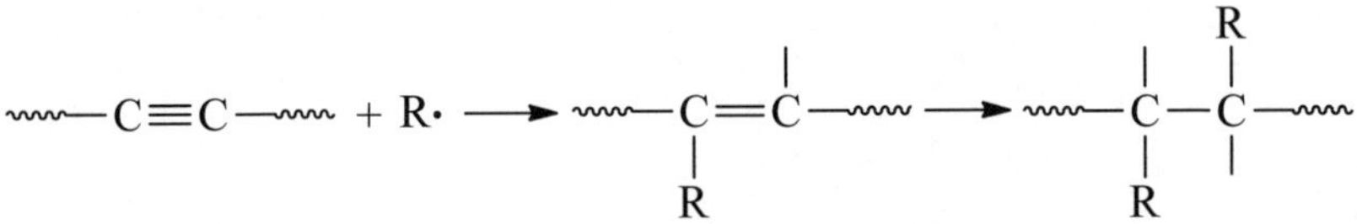

Swanson 等[47]用固态交叉极化魔角旋转碳核磁共振波谱(^{13}C CP/MAS NMR)技术研究了端乙炔聚异酰亚胺固态的固化反应，发现固化产物中有芳环结构、聚集的多环芳香结构、主链加成和桥连结构。对端乙炔基树脂的热聚合固化反应机理和固化产物结构总结于表 5.14 中。

表 5.14　端乙炔基树脂固化反应机理与产物结构

反应机理	产物结构	进一步反应或降解	产物(交联结构)
三聚环化	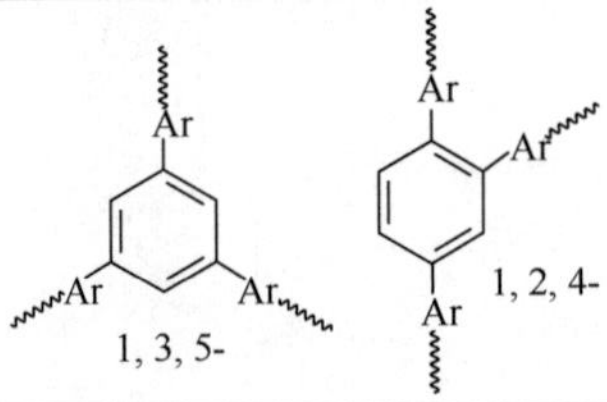	Diels-Alder 加成反应	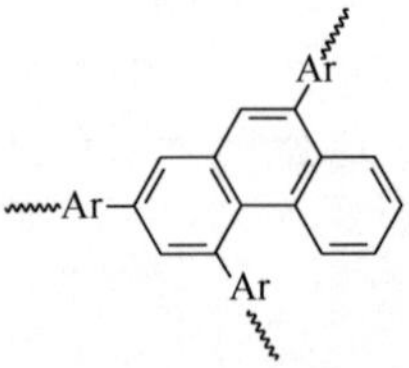
Glaser 偶合反应	～Ar—C≡C—C≡C—Ar～	重排和芳构化(Diels-Alder 加成反应)	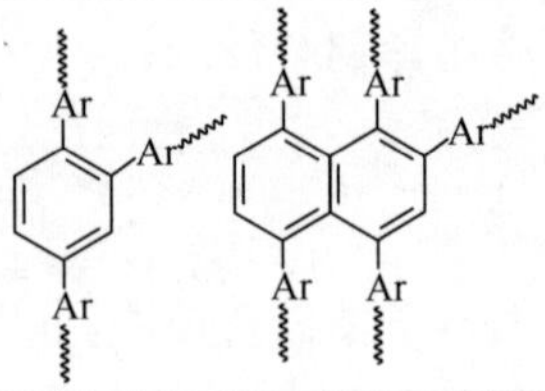
Strauss 偶合反应	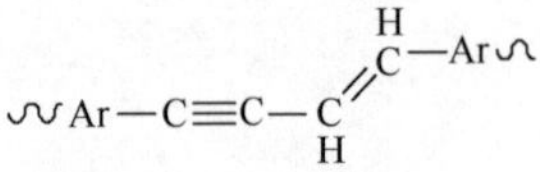	重排和芳构化(Diels-Alder 加成反应)	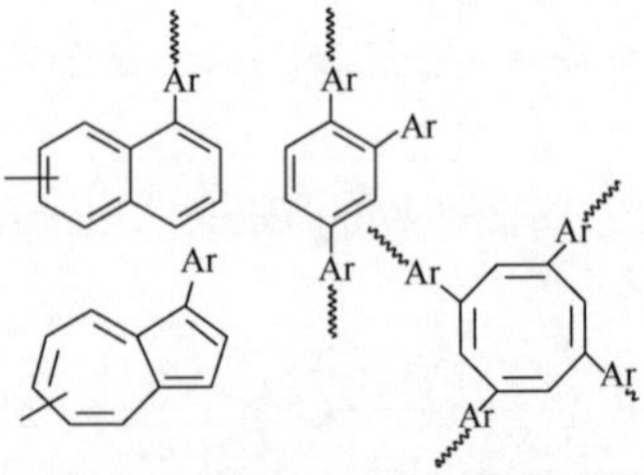
双自由基	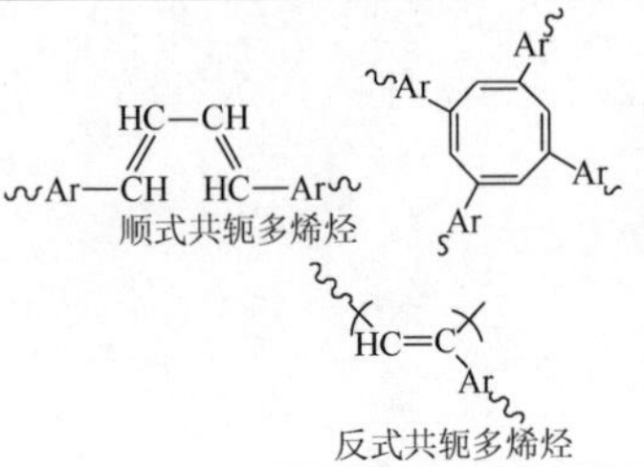	重排和芳构化(Diels-Alder 加成反应)，分子内烯-烯加成，分子间烯-炔和烯-烯加成反应	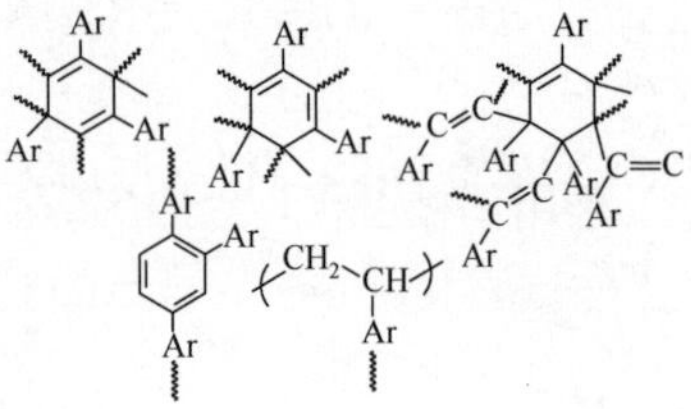

1998 年，Kuroki 等[48]用固态 ^{13}C NMR 和 ^{29}Si NMR 研究了含硅芳炔树脂 MSP 的固化机理，MSP 树脂分子链中的 Si—H 和 C≡C 的加成交联反应形成了高热稳定的结构。分子链间的交联固化反应发生在 150℃以上，有 Ph—C≡C 与 C≡C 的 Diels-Alder 反应和 Si—H 与 C≡C 的硅氢加成反应，后者反应在 300℃以上发生。

在不同温度下固化的 MSP 样品的 ^{13}C CP/MAS NMR 谱见图 5.37(a)。固化前 MSP 样品在 δ = 87.1ppm 和 107.6ppm 处的峰属于 C≡C 的碳。这些峰随着固化温度的升高而减小和加宽，在 400℃下固化则消失；与 C≡C 键合的苯碳在 δ = 122.3ppm 处的峰随着固化温度的升高而减小和加宽，并在 400℃下固化同样消失。各峰随固化温度的升高而变宽是由交叉偶合反应产物的构象分布引起的。固化后的 MSP 样品在 δ = 144ppm 处有一个新的峰，随着固化温度的升高，峰增大并加宽，该峰可归属为 C≡C 的碳和与 C≡C 键合的苯碳。

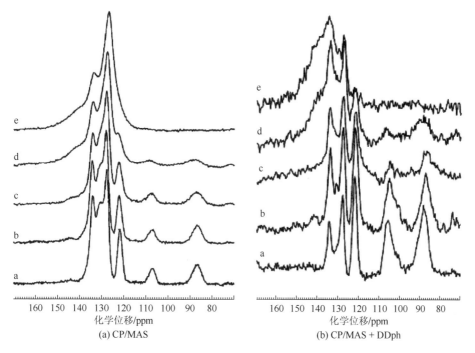

(a) CP/MAS　　　　　　　　(b) CP/MAS + DDph

图 5.37　不同温度下固化的 MSP 的 ^{13}C CP/MAS NMR

a. 固化前；b. 150℃；c. 200℃；d. 300℃；e. 400℃

采用偶极去相(dipolar dephasing，DDph)技术对不同温度下固化的 MSP 树脂进行 ^{13}C 核磁共振光谱测试，结果见图 5.37(b)。由于苯环的触发运动，与 ^{1}H 的偶极-偶极相互作用消失，从而可以观察到与 ^{1}H 直接相连的碳峰。实验中出现的信号来自与 ^{1}H 弱耦合的碳原子。这些峰分别属于 C≡C 的碳(δ = 87.1ppm 和 δ = 107.6ppm)、与 C≡C 键合的苯碳(δ = 122.3ppm)和与 Si 结合的侧基苯碳(δ = 136.3ppm)。此外，

在 $\delta=128.6$ppm 和 $\delta=134.9$ppm 处观察到侧基苯碳的峰。在 150℃下固化的 MSP 样品在 $\delta=131.8$ppm 和 $\delta=144$ppm 下显示出两个新的峰，来自未直接连着 ^{1}H 的碳，虽然在 $\delta=131.8$ppm 的峰强度没有变化，但在 $\delta=144$ppm 的峰强度随着固化温度的升高而增大和加宽。$\delta=131.8$ppm 处的峰值对应于萘环的 4a 和 8a 位置的碳，$\delta=144$ppm 处的峰值对应于 C≡C 的碳和与 C≡C 键结合的苯碳，以及联苯键连的碳。从固态 ^{13}C NMR 结果可以看出，通过固化由 C≡C 键转变为 C═C 键，且有萘环的形成。萘环是由两个 C≡C 键之间的偶联和 Diels-Alder 反应引起的，C═C 键是由 Si—H 和 C≡C 在 150~400℃的较宽温度范围内的硅氢化反应引起的。

在不同温度下固化的 MSP 样品的 ^{29}Si CP/MAS NMR 谱见图 5.38。固化前的 MSP 样品在 $\delta=-70.3$ppm、-65.0ppm 和-60.8ppm 处有三个峰，属于支化的、没直接联系质子的 Si、SiH 和端基 SiH$_2$。在 400℃下固化的 MSP 样品在 $\delta=-11.9$ppm 处有一个非常宽的峰，说明固化后的 MSP 中大部分 Si 原子没有直接附着的质子。在 150℃下固化的 MSP 样品在 $\delta=-37$ppm 处有一个新的峰值，属于直接附着质子的硅原子，来自两个 C≡C 键与硅烷之间的偶联反应形成的 Si—H。在 200℃下固化的 MSP 样品分别在 $\delta=-50$ppm 和-17ppm 处显示出两个新的峰值，$\delta=-50$ppm 处的峰来自直接连接质子的硅原子(Si—H)，$\delta=-17$ppm 处的峰来自没有直接连接质子的硅原子(参与了硅氢加成反应后的硅原子)。在 300℃下固化的 MSP 样品的光谱中，$\delta=-17$ppm 处的峰值强度增加了。在 400℃下固化的 MSP 样品则在 $\delta=-11.9$ppm 处显示出非常宽的共振峰。

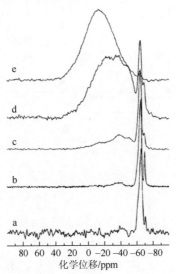

图 5.38　不同温度固化的 MSP 的 ^{29}Si CP/MAS NMR 谱

a. 固化前；b. 150℃；c. 200℃；d. 300℃；e. 400℃

从固态 ^{13}C NMR 和 ^{29}Si NMR 谱的结果来看,MSP 的热固化反应有:Ph—C≡C 和 C≡C 之间的 Diels-Alder 反应,以及 Si—H 和 C≡C 之间的硅氢化反应,固化反应如下:

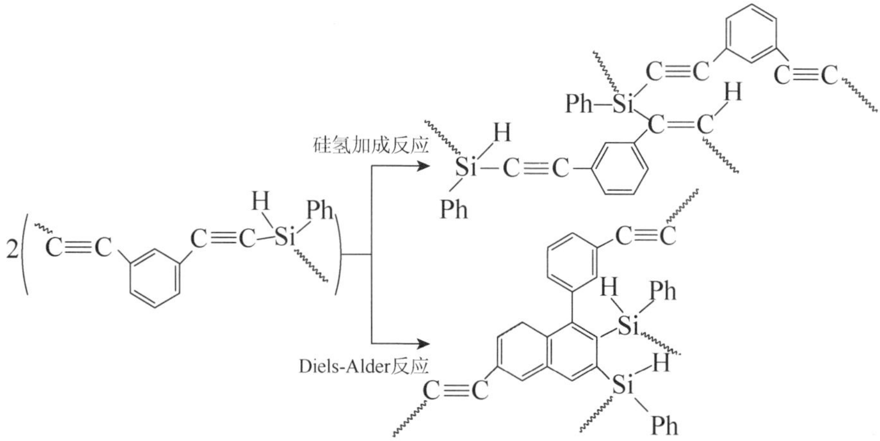

在 150℃下固化 MSP 样品的 $\delta = -37$ppm 处出现一个新的峰属于 Diels-Alder 反应形成的 Si—H。最后,在 400℃下固化的 MSP 中的每一个硅原子都会通过硅氢化反应转变成没有质子直接连接的硅原子。除此以外,固化交联反应可能还存在三聚环化、氧化偶合等反应。在没有催化剂的条件下,硅氢化反应发生在 250～300℃。由实验和密度泛函方法(DFT)计算得出,硅烷化合物的 Si—H 键能约为90kcal/mol,苯基或乙炔基取代的 Si—H 键能比非取代 Si—H(甲硅烷)键能低2kcal/mol。因为 MSP 树脂分子链中的 Si—H 邻近的两个取代基为苯基和乙炔基,所以 MSP 的 Si—H 具有较高的反应活性。用半经验 MO 法(MOPAC93/PM3)计算了乙炔化合物的轨道能级,HOMO 和 LUMO 能级之间的差异表明,与非取代的C≡C 相比,与 Si 和苯基键合的 C≡C 反应性高,说明在 MSP 中 Si—H 和 C≡C 之间发生硅氢化反应。

在 Ph—C≡C 和 C≡C 之间可发生固态的 Diels-Alder 反应[49]。MSP 树脂中发生 Diels-Alder 反应可以得到四种结构异构体:①硅的每个取代基都是同步取向的,反应的苯基在两个乙炔基之间(内);②硅的每个取代基都是同步取向的,反应的苯基不在两个乙炔基之间(外);③硅的每个取代基都是反取向的,反应的苯基在两个乙炔基之间(内);④硅的每个取代基都是反取向的,反应的苯基不在两个乙炔基之间(外)。利用 MSP 的单体单元模型,用半经验 MO 法(MOPAC93/PM3)计算了 Diels-Alder 反应得到四种异构体的活化能,分别为 58.91kcal/mol、57.97kcal/mol、71.65kcal/mol 和 69.20kcal/mol。在这四种结构异构体中,同步取向(外)②的 Diels-Alder 反应活化能最小,因此是 MSP 固化反应中 Diels-Alder 反应的最佳途径(图 5.39)。MSP 的 Diels-Alder 反应温度为 210℃。

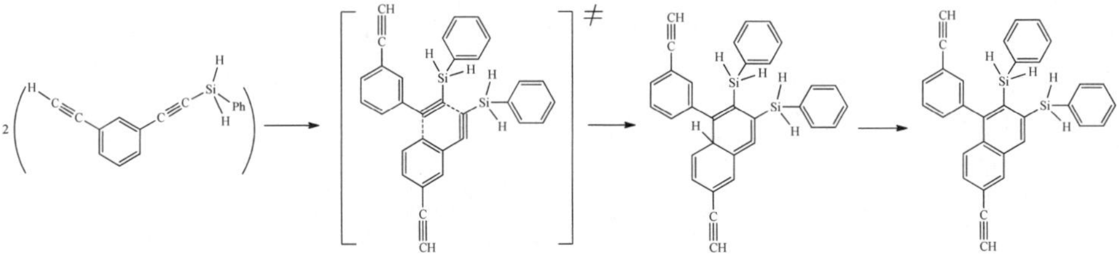

图 5.39   发生同步取向(外)的 Diels-Alder 反应示意图

Ph—C≡C 与 C≡C 发生 Diels-Alder 反应后，发生氢转移，形成萘环。由乙炔与乙炔苯的 Diels-Alder 反应模型产物计算的 MSP 氢转移反应活化能为22.6kcal/mol，小于 Diels-Alder 反应活化能(57.97kcal/mol)，说明 Ph—C≡C 与 C≡C 发生 Diels-Alder 反应后容易发生氢转移反应，形成萘环。

Kimura 等[50]用核磁共振方法研究了通过硅氢加成在侧基连上碳硼烷的硅炔树脂的热固化，提出了可能的固化机理。树脂热固化(250~500℃)时，Ph—C≡C 可与 C≡C 发生 Diels-Alder 反应形成萘环(图 5.40)，核磁共振碳谱也证实了萘环的形成。而亚甲硅基的乙烯基侧基在 250~350℃内与内炔—C≡C—发生烯-炔加成反应而热固化生成三维网络结构，见图 5.41。

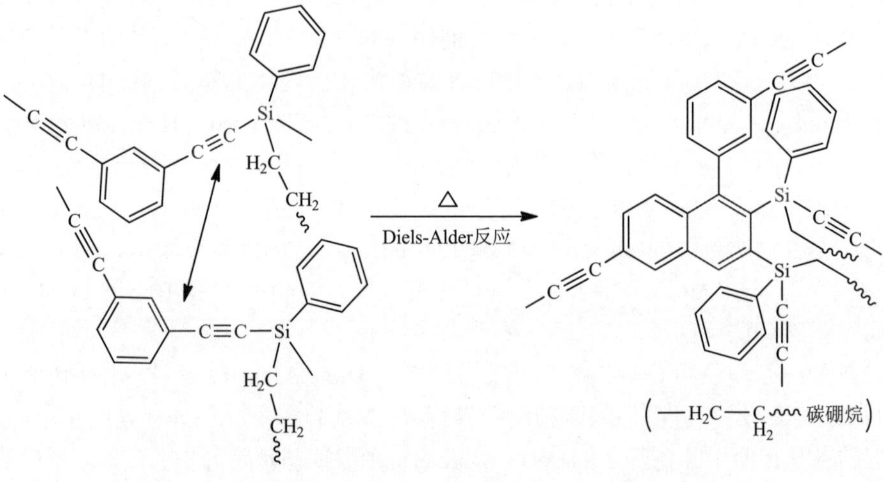

图 5.40   侧基有碳硼烷含硅芳炔树脂热固化的 Diels-Alder 反应

端乙炔在加热升温中会发生复杂的聚合反应，不同机理的反应形成不同的结构，但三聚环化形成的芳香苯环为反应的主要结构。含端乙炔基的 PSA 树脂中的端炔与内炔在热固化中发生的反应可用红外在线跟踪进行研究，非等温下(5℃/min 升温)PSA 树脂热自聚固化中原位红外跟踪谱图见图 5.42[51]。随着升温固化的进行，图中 3293cm^{-1} 处炔氢的吸收振动峰强度逐渐变小，而 2156cm^{-1} 处内炔的峰变化较小。250℃以后，3293cm⁻¹ 处端炔氢的特征峰明显减少，1708cm⁻¹ 处吸收峰加强，这是 1, 3, 5-三取代苯环的特征峰。说明端炔三聚环化形成苯环结构，以及分子链上内炔与端炔间通过 Diels-Alder 反应成芳环交联形成的新苯环结构。2965cm⁻¹ 处为 Si—CH₃ 中—CH₃ 的伸缩振动峰，1406cm⁻¹ 和 1251cm⁻¹ 处对应 Si—CH₃ 中—CH₃ 的弯曲振动峰，在热固化过程中 1406cm⁻¹ 处峰的强度不发生变化，说明 PSA 树脂在固化反应过程中 Si—CH₃ 确实不参与反应。因此以此峰为内标峰，以消除固化中因体积收缩引起的误差。

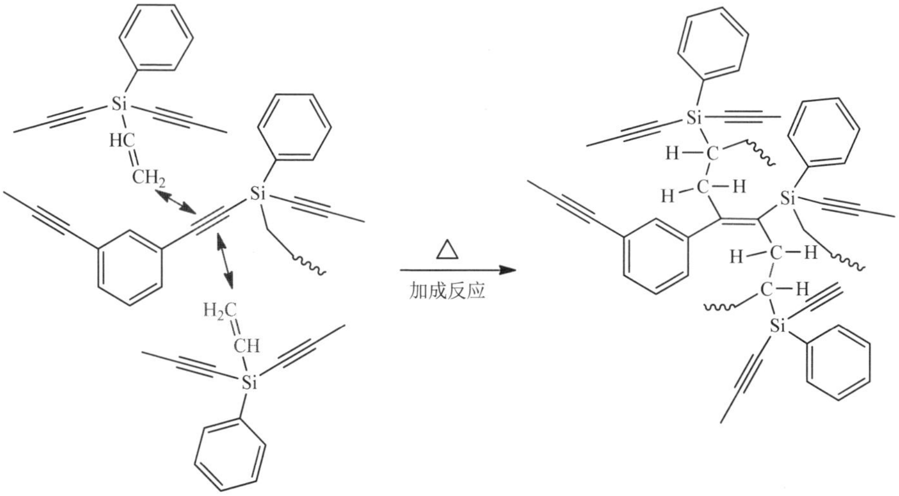

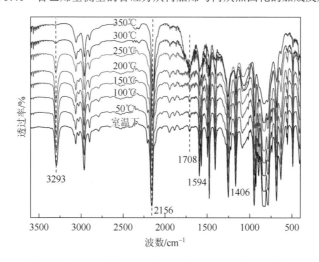

图 5.41　含乙烯基侧基的含硅芳炔树脂烯与内炔热固化的加成反应

图 5.42　PSA 树脂热自聚固化的原位红外跟踪谱图

5.2.2　含硅芳炔树脂的固化反应动力学

Ogasawara 等[52]用 DSC 研究了氧化镁催化的苯基甲硅烷和间二乙炔基苯脱氢偶合聚合而得的含硅芳炔树脂 MSP 的固化动力学,对非晶固态 MSP(S 型)和液态 MSP(L 型)分别在不同升温速率下测得树脂的放热焓, 进行数据处理后得到两种树脂的固化动力学参数, 结果见图 5.43 和表 5.15。

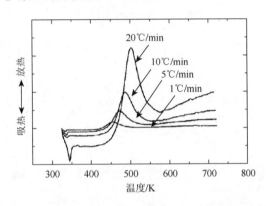

图 5.43　氩气气氛下 MSP 树脂(非晶固态)不同升温速率下的 DSC 曲线

表 5.15　MSP 树脂固化动力学参数

固化动力学参数	S 型 MSP	L 型 MSP
A/s^{-1}	2.2×10^7	3.7×10^9
$E/(kJ/mol)$	90	112
n	1.2	1.2
$Q/(J/g)$	179	365

一般情况下,在用 DSC 研究树脂的固化反应时, 随着升温速率的增加, 峰顶温度会往高温方向移动。通常用两种简单的方法 Kissinger 法和 Ozawa 法来计算树脂的表观反应活化能 E_a。Kissinger 方程表达式如下:

$$\ln\left(\frac{\beta}{T_p^2}\right) = \ln\left(\frac{AR}{E}\right) - \frac{E_a}{RT_p} \tag{5-1}$$

式中, R 为摩尔气体常数, 值为 8.314J/(mol·K); A 为指前因子; β 为线性升温速率, 单位为 K/min; T_p 为 DSC 图中的峰顶温度, 单位为 K。

这种方法是对几个不同升温速率下的 DSC 曲线进行动力学处理的方法。这种方法是假设固化反应在 DSC 峰顶温度时反应速率最大,并且在整个固化反应中反

应级数 n 不变。通过不同升温速率 β 下的不同峰顶温度，用 $\ln(\beta/T_p^2)$ 对 $1/T_p$ 作直线，拟合出直线的斜率，即 $-E_a/R$，求得反应的表观活化能 E_a。

Ozawa 方程如下：

$$\ln\beta = \left(\ln\frac{AE_a}{Rg(a)}\right) - 5.331 - 1.052\frac{E_a}{RT_p} \tag{5-2}$$

式中，$g(a)$ 为积分机理方程；β 为线性升温速率，单位为 K/min；T_p 为 DSC 图中的峰顶温度，单位为 K；E_a 为反应的活化能，单位为 kJ/mol；R 为摩尔气体常数，值为 8.314J/(mol·K)；A 为指前因子。

对比 Kissinger 方程，Ozawa 方程避开了选择反应机理函数而直接求出活化能。在固化过程中，物质在峰顶处的反应程度是一个常数，与升温速率无关。不同升温速率下的 DSC 曲线，用 $\ln\beta$ 对 $(1/T_p)$ 作图，直线斜率为 $-1.052E_a/R$。

不同升温速率下 PSA 树脂的 DSC 结果见图 5.44，分析数据见表 5.16。对于 PSA 树脂，Kissinger 法拟合的直线方程为 $Y = 25.54 - 179800X$，由直线斜率得出 PSA 的表观固化活化能 E_a 为 149.4kJ/mol；Ozawa 法拟合出直线 $Y = 39.98 - 189900X$，由直线斜率得出 PSA 的活化能 E_a 为 150.0kJ/mol。两种方法计算的 PSA 树脂固化的平均表观活化能 E_a 为 149.7kJ/mol。其中拟合曲线如图 5.45 所示。

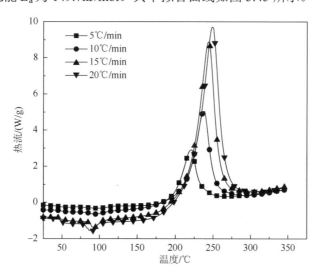

图 5.44　不同升温速率下 PSA 的 DSC 曲线

表 5.16　不同升温速率下 PSA 的 DSC 数据及处理结果

升温速率 β/(℃/min)	T_p/K	$1/T_p\times10^3$/K^{-1}	$\ln(\beta/T_p^2)$	$\ln\beta$	ΔH/(J/g)
5	495	2.020	−10.800	1.609	380.2
10	503	1.987	−10.139	2.303	455.6

续表

升温速率 $\beta/(°C/min)$	T_p/K	$1/T_p \times 10^3/K^{-1}$	$\ln(\beta/T_p^2)$	$\ln\beta$	$\Delta H/(J/g)$
15	510	1.960	−9.761	2.708	489.1
20	513	1.949	−9.485	2.996	574.2

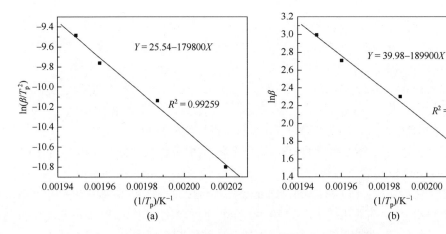

图 5.45　PSA 固化反应动力学的线性回归拟合曲线

(a) Kissinger 法；(b) Ozawa 法

5.2.3　含硅芳炔树脂的催化固化反应

1. 含硅芳炔树脂固化催化剂及其影响

1) 催化固化研究

乙炔基化合物的催化三聚环化研究始于 1940 年。过渡金属外层 d 轨道上有空轨道，可与富电子的炔键配合，进而可催化炔键的反应。过渡金属有机化合物可用于催化炔键的三聚环化反应。Bracke 用 Ti-Al 催化剂〔$TiCl_2 \cdot (AlCl_3)_{1\sim2}$〕催化二乙炔基苯和苯乙炔的共三聚得到高分子量、高支化的聚苯，溶解在通常的氯代溶剂中，具有高的热稳定性[53]。Sergeyev 等[54]研究了过渡金属催化剂〔Zieglar 催化剂 $TiCl_4/Al(i\text{-}C_4H_9)_3$〕对乙炔基化合物三聚环化的催化，报道了在甲苯或二噁烷中催化对二乙炔基苯和苯乙炔的聚合，单体比例对三聚环化共聚物-聚苯性能的影响见表 5.17。苯乙炔在共聚单体中摩尔比的增加可降低树脂的黏度、软化温度，增加溶解性。三聚环化聚合不完全，得到的低聚物应是聚合中碳碳三键(炔键)的二聚引起的(图 5.46)，炔键的存在可使可溶的低聚苯受热逐渐变为不熔不溶的状态。

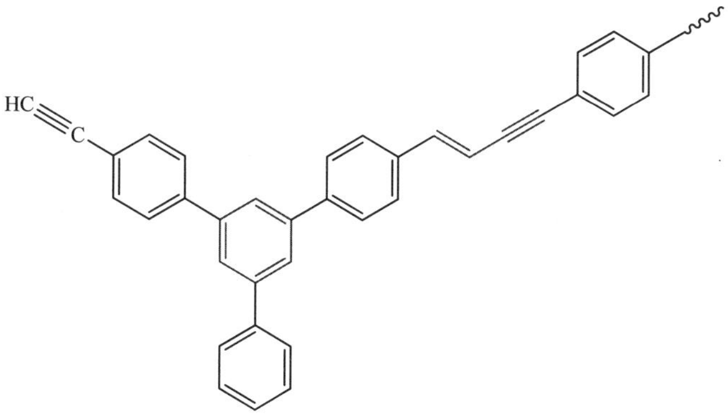

图 5.46　DEB 与 EB 三聚环化共聚低聚物的结构式

表 5.17　二乙炔基苯与苯乙炔的共聚比例对聚苯性能的影响

DEB 和 PA 的摩尔比	相对黏度	分子量	软化温度/℃	苯或氯仿中溶解性
1∶0	—	—	340~440	不溶
1∶1	—	—	310~360	不溶
1∶1.25	—	—	—	不溶
1∶1.5	0.10	1500	160~180	可溶
1∶2	—	—	125~155	可溶
1∶3	0.04	1000	100~125	可溶
1∶4	0.03	700	80~100	—

Katzman 等[55]用乙酰丙酮镍和三苯基膦复合催化剂催化二乙炔基苯与苯乙炔在丁酮中的三聚环化，得到了可溶的、易加工的芳基乙炔预聚物，改进了聚芳基乙炔树脂的韧性和延展性。Tseng 等[56]将乙酰丙酮镍(0.33g，1.28mmol)和三苯基膦(1g，3.81mmol)及丁酮(30mL)在 50mL 反应瓶中搅拌回流 2h，除去丁酮得到绿色催化剂固体，用该镍系催化剂研究了对二乙炔苯的催化聚合；制备了聚芳基乙炔预聚物，其动态 DSC 分析表明固化交联反应起始约 120℃，在 300℃左右结束反应；分步等温 DSC 研究(在 120℃、160℃、200℃、250℃和 300℃下恒温 1h)表明固化反应主要发生在 160℃、200℃和 250℃，超过 85%的乙炔基团参与了固化反应。

Douglas[57]研究了无溶剂条件下苯乙炔的催化聚合。环戊二烯基镍(半茂镍，0.01mol)在 115℃下催化苯乙炔(9.1mol)聚合 6h 得到了三聚环化物、线型低聚物和聚苯基乙炔混合物。该催化剂可与内炔化合物配位，但不能催化其聚合，也不能催化乙炔的偶合反应和四聚环化为环辛烯的反应。茂镍失去一个环戊二烯基后的半茂镍与苯乙炔配位形成催化活性种(图5.47),随后进行氧化加成反应形成乙炔基氢镍络合物中间态,接着进行苯乙炔在Ni—C键的插入反应,经若干步重复反应后,还原消除得到树脂,重新形成催化活性种。中心金属镍带上的氯取代基有利于三聚环化物的形成,降低反应温度会降低转化率,但有利于线型低聚物和聚苯基乙炔树脂的形成。

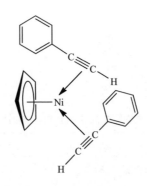

图5.47 茂镍催化剂催化苯乙炔聚合中的催化活性种

半茂镍催化苯乙炔聚合过程中,苯乙炔插入Ni—C键的第一步反应后链增长是顺-顺构型,则三聚闭环,末端碳上的氢转移至镍原子上形成{CpNiH}活性种,该活性种又可作为三聚环化反应的催化剂[58]。

2) 催化剂对含硅芳炔树脂固化反应的影响

含硅芳炔树脂PSA主链中含有不饱和的碳碳三键,能使碳碳三键发生加成反应的催化剂都可促进含硅芳炔树脂的固化反应。常见的金属有机化合物如乙酰丙酮镍(NiAA)、双(三苯基膦)二氯化钯(PdM)、乙酰丙酮钴(CoAA)、氯铂酸钾(PtM)和氯化亚铜(CuCl)等,中心金属原子有空d轨道,与富电子的碳碳三键(炔基)配合,可催化炔基的反应。自由基引发剂如过氧化二异丙苯(DCP)等也可促进含硅芳炔树脂不饱和碳碳三键的固化交联反应。将上述六种催化剂按一定质量分数与PSA树脂在溶液中混合均匀、真空旋蒸脱溶剂制备了含催化剂的PSA树脂,测定不同温度下的凝胶时间,树脂受催化剂和温度的影响见图5.48[59]。

加入了六种催化剂的PSA/催化剂树脂体系的凝胶时间相比PSA树脂有了不同程度的下降,加入0.2wt%乙酰丙酮镍的PSA树脂在170℃的凝胶时间由34.2min降为8.5min。其中,乙酰丙酮镍和双(三苯基膦)二氯化钯在各个温度下,PSA树脂的凝胶时间都是最短的,可见乙酰丙酮镍和双(三苯基膦)二氯化钯对PSA树脂的凝胶时间的影响最显著。过氧化二异丙苯作为一种自由基引发剂,对PSA树脂的催化作用也很明显。

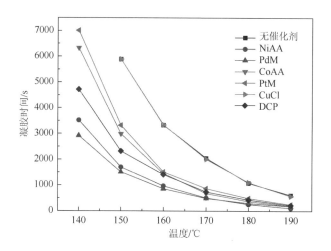

图 5.48　含 0.2wt%催化剂的 PSA/催化剂树脂体系在不同温度下的凝胶时间

乙酰丙酮钴的催化作用没有乙酰丙酮镍明显，170℃下混入 0.2wt%乙酰丙酮钴的 PSA 树脂的凝胶时间是 11.3min，比乙酰丙酮镍的 8.5min 要长。在过渡金属催化剂中，氯铂酸钾的催化效果最差，170℃下混入了 0.2wt%氯铂酸钾的 PSA 树脂的凝胶时间是 14.5min，相比乙酰丙酮镍、双(三苯基膦)二氯化钯、乙酰丙酮钴等，其催化作用明显弱。混入 0.2wt%的氯化铜于 PSA 树脂中。其凝胶时间几乎没有任何变化，对 PSA 树脂的固化没有催化作用。

不同质量分数的乙酰丙酮镍和温度对 PSA 树脂凝胶时间的影响见图 5.49。可以看出，升高温度可降低 PSA 树脂的凝胶时间，而同一温度下，增加催化剂乙酰丙酮镍的用量，也可缩短 PSA 树脂的凝胶时间。

随着催化剂含量的增加，温度升高对 PSA 树脂凝胶时间的影响逐渐减小。这是因为 PSA 树脂的固化交联主要是炔基之间的反应，催化剂 NiAA 的加入使 PSA 树脂的固化反应温度降低，且 PSA 树脂的固化反应速率加快，树脂的凝胶时间缩短。树脂在凝胶点之前，反应速率受到体系黏度和反应物浓度两方面的控制，在体系中炔基浓度不变的情况下，催化剂浓度的增加提高了反应速率，体系的黏度迅速升高，又影响了炔基间相互接触而减缓反应，从而限制了反应速率的进一步提高。因此乙酰丙酮镍在一定浓度范围内的增加会提高反应速率，而超过了这个范围，乙酰丙酮镍浓度变化对树脂体系的反应速率影响不明显。

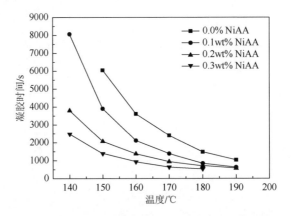

图 5.49   PSA/NiAA 树脂体系在不同温度下的凝胶时间

采用 DSC 研究催化剂对 PSA 树脂的固化过程的影响，三种后过渡金属有机物对 PSA 固化反应的影响如图 5.50 所示，分析结果见表 5.18。

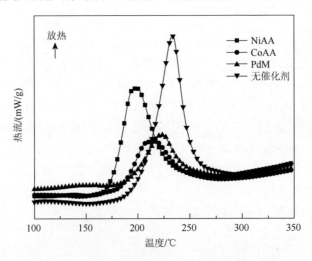

图 5.50   含不同催化剂的 PSA 树脂的 DSC 曲线

表 5.18   含不同催化剂的 PSA 树脂的 DSC 曲线分析结果

催化剂	含量/wt%	升温速率/(℃/min)	峰顶温度/℃	峰顶温度差/℃
无催化剂	0.0	10	232.8	—
PdM	0.2	10	221.5	11.3
CoAA	0.2	10	208.8	24.6
NiAA	0.2	10	196.5	36.3

在选用催化剂的质量分数为 0.2%时，乙酰丙酮镍对 PSA 树脂的催化效果最

佳，树脂固化过程的峰顶温度由 232.8℃降至 196.5℃，降幅明显大于乙酰丙酮钴，与凝胶时间分析结果相一致。双(三苯基膦)二氯化钯对树脂的催化效果不是很明显，DSC 分析曲线的峰顶温度仅仅降低了 11.3℃，催化效果比乙酰丙酮镍差，因此选用乙酰丙酮镍作为研究对象。

催化剂乙酰丙酮镍加入 PSA 中的量分别为 0.1wt%、0.2wt%、0.5wt%、1.0wt%，PSA/NiAA 树脂体系的 DSC 曲线见图 5.51，表 5.19 为相应的分析结果。PSA 树脂的 DSC 曲线的峰顶温度为 232.8℃，当加入 0.1wt%乙酰丙酮镍后峰顶温度为 221.2℃，树脂的固化峰顶温度明显降低。当 NiAA 含量增加到 0.2wt%、0.5wt% 和 1.0wt%时，DSC 峰顶温度分别为 196.5℃、188.9℃、185.6℃。随着 NiAA 含量的增加，树脂的固化温度逐渐降低，当加入 0.1wt%催化剂时，PSA 固化温度已明显下降，当催化剂含量增大到 0.2wt%时，树脂的固化温度已经大幅降低，继续增加催化剂的含量，树脂的固化温度降低幅度不大，因此 0.2wt%是比较合适的催化剂含量，这和凝胶时间的分析结果相一致。

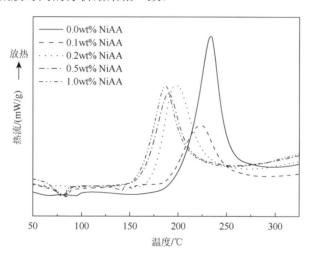

图 5.51　PSA/NiAA 树脂体系的 DSC 曲线

表 5.19　不同催化剂浓度 PSA/NiAA 固化反应特征温度

NiAA 质量分数/wt%	T_i/℃	T_p/℃	T_e/℃
0	206.4	232.8	250.6
0.1	191.3	221.2	241.0
0.2	171.8	196.5	227.0
0.5	164.7	188.9	222.6
1.0	162.5	185.6	218.0

注：T_i 为放热峰起始温度；T_p 为放热峰峰顶温度；T_e 为放热峰终止温度。

3) 催化剂对 PSA 树脂性能影响

采用旋转流变仪对 PSA 和 PSA/NiAA 树脂体系的流变特性进行研究。图 5.52 是 PSA 树脂与 PSA/NiAA 树脂的升温流变曲线，表 5.20 中列出的是具体的流变分析结果。PSA 树脂的黏度随温度的升高先下降，然后稳定在某一较低黏度，在某一较高温度下黏度骤然上升。对应树脂首先受热熔化，继续受热至一定温度发生凝胶反应，最终树脂继续固化转变成玻璃态。PSA 树脂的加工窗宽达 106℃，加工性能优良，加入了催化剂 NiAA 后的 PSA/NiAA 树脂体系，由于发生凝胶反应的温度降低，加工窗宽减小，PSA/NiAA 树脂体系在 179℃左右发生凝胶反应，与前述 DSC 热分析结果相吻合。PSA 树脂在 96℃左右熔化，而 PSA/NiAA 在 85℃就发生熔化。

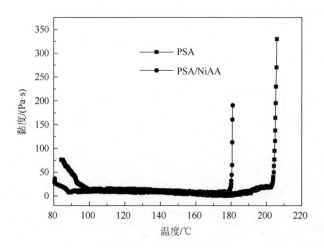

图 5.52　PSA 与 PSA/NiAA 树脂的升温流变曲线

表 5.20　PSA 和 PSA/NiAA 树脂的流变数据

样品	黏度/(Pa·s)	加工窗口/℃	加工窗宽/℃
PSA	10.5	96~202	106
PSA/NiAA	6.5	85~179	94

催化剂 NiAA 对 PSA 树脂固化物的热稳定性影响用 TGA 进行分析，结果见图 5.53，分析结果列于表 5.21。可以看出，PSA/NiAA 树脂与 PSA 树脂都表现出出色的热稳定性，在 N_2 下的 T_{d5} 可以达到 600℃以上，且在 800℃和 1000℃的残留率都较高，催化剂 NiAA 含量为 0.1wt%和 0.2wt%时，PSA/NiAA 树脂的热性能相较于 PSA 树脂几乎没有变化，NiAA 含量增加到 0.5wt%时 T_{d5} 略有下降，说明催化剂 NiAA 加快了 PSA 树脂的固化速率，对其固化物的热稳定性影响不大。

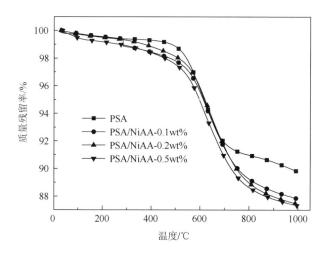

图 5.53　不同催化剂含量的 PSA/NiAA 树脂的 TGA 曲线

表 5.21　不同催化剂含量的 PSA/NiAA 树脂的 TGA 结果

NiAA 含量/wt%	T_{d5}/℃	Y_{r800}/%	Y_{r1000}/%
0.0	618	91.0	89.8
0.1	613	89.3	87.8
0.2	620	89.3	87.8
0.5	597	88.6	87.3

2. 含硅芳炔树脂催化固化反应过程

非等温下乙酰丙酮镍和三苯基膦复合催化剂催化 PSA 树脂的固化反应用红外光谱仪在线跟踪乙炔基的反应，得到的红外谱图如图 5.54 所示[51]。可以看出，150℃以后 2360cm^{-1} 处出现明显的吸收，这归于端炔发生的偶合反应生成的炔-炔和炔-烯结构，而在 PSA 热自聚固化原位红外跟踪谱图(图 5.42)中不明显，说明镍系催化剂易引起 PSA 的偶合反应。2965cm^{-1} 处为 Si—CH$_3$ 中—CH$_3$ 的伸缩振动峰，1406cm^{-1} 和 1251cm^{-1} 对应于 Si—CH$_3$ 中—CH$_3$ 弯曲振动峰。在热固化过程中 1406cm^{-1} 处峰的强度不发生变化，说明 PSA 树脂在固化反应的过程中 Si—CH$_3$ 确实不参与反应。因此以此峰为内标峰，分析其他峰的变化，以跟踪固化反应。

树脂中官能团的反应用红外在线跟踪进行研究，官能团反应的转化率可用 Beer-Lambert 定律进行估算[60]。PSA 树脂中乙炔反应的转换率(α)与其在红外谱图中官能团吸收峰的关系如下：

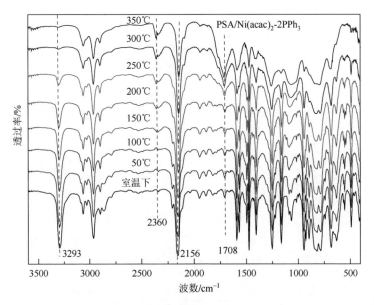

图 5.54   PSA 树脂催化固化的原位红外跟踪谱图

PSA 与催化剂摩尔比为 100：1

$$\alpha = (C_0 - C)/C_0 = \frac{A_1^0/A_2^0 - A_1/A_2}{A_1^0 - A_2^0} \tag{5-3}$$

式中，C_0 为炔氢起始浓度；C 为 t 时刻炔氢浓度；A_1^0 和 A_1 分别为 3293cm^{-1} 处炔氢起始吸收峰高和 t 时刻吸收峰高；A_2^0 和 A_2 分别为内标 1406cm^{-1} 处硅甲基起始吸收峰高和 t 时刻吸收峰高。根据式(5-3)和图 5.54 结果进行估算，程序升温(5℃/min)固化过程中炔氢的转化率随时间的变化关系见图 5.55。PSA 树脂升温 30min 之后端炔的转化率开始增大，即 180℃端炔反应速率开始加快；升温至 350℃，端炔的转化率达到 96%。而加了催化剂的 PSA 树脂，端炔反应转化率明显高于热自聚的端炔。开始升温时端炔就有较快的反应速率，升温至 115℃时，端炔转化率开始趋于平缓，再到 180℃转化率又开始提高，升温至 310℃，端炔的转化率达 98%以上，到 330℃，端炔的转化率基本达到 100%。温度的升高会导致催化剂活性的降低，而随反应的进行，分子量的增加又使分子链的活动能力下降，端炔与催化剂的接触减少，端炔转化率趋于平缓。而后一阶段端炔反应转化率与 PSA 树脂热自聚固化中端炔转化率变化一致。结果说明催化剂乙酰丙酮镍二(三苯基膦)(Ni(acac)$_2$-2PPh$_3$)能够降低 PSA 树脂的固化温度，催化 PSA 树脂的固化反应。即 PSA 催化固化中，120℃前的固化反应以催化固化为主，且该阶段的反应主要为偶合反应，而后端炔的固化反应以热自聚固化为主。

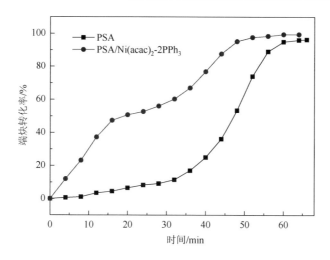

图 5.55　PSA 树脂热自聚和催化固化中端炔转化率随时间的变化

PSA 与催化剂摩尔比为 100：1

同样，对图 5.54 中 2156cm⁻¹ 处碳碳三键的吸收峰进行分析。用 Origin 软件中的 Lorentz 分峰函数对碳碳三键在波数 2200～2050cm⁻¹ 的红外吸收峰进行分峰，结果见图 5.56。2155cm⁻¹ 处为内炔中的碳碳三键吸收峰，2117cm⁻¹ 处为端炔中的碳碳三键吸收峰。可以看出，碳碳三键的吸收峰中以内炔的碳碳三键为主。结合方程(5-3)，对 PSA 和含催化剂的 PSA 进行原位红外跟踪，结果见图 5.42 和图 5.54，对图中内炔碳碳三键的含量变化进行估算，结果见图 5.57。

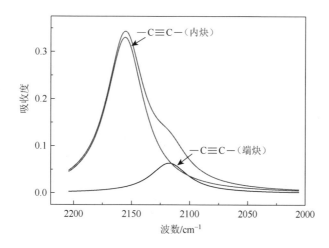

图 5.56　含催化剂的 PSA 在 40℃时碳碳三键(2200～2050cm⁻¹)的红外吸收及分峰图

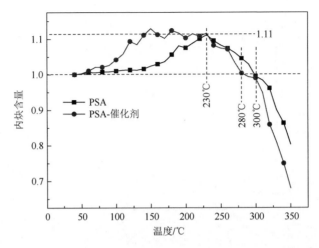

图 5.57　PSA 树脂和含催化剂 PSA 树脂内炔含量随温度的变化曲线

PSA 与催化剂摩尔比为 100∶1

图 5.57 中 PSA 树脂内炔含量随反应温度的升高而增加，230℃后内炔含量随温度的升高而下降。内炔含量的增加是由端炔发生 Glaser 偶合和 Strauss 偶合生成炔-炔和炔-烯结构所致，说明 PSA 树脂的热固化反应开始阶段发生了端炔的三聚环化、Glaser 偶合和 Strauss 偶合。PSA 树脂中加入催化剂 Ni(acac)$_2$-2PPh$_3$ 的固化反应比不加催化剂的 PSA 易于生成内炔，140℃时内炔含量就增加了 11%，之后内炔含量随温度的升高变化不大。这与催化剂的活性受温度的影响有关，温度升高导致催化活性下降。而不加催化剂的 PSA 树脂固化中内炔含量随温度的上升增加缓慢，直至 230℃才增至约 11%，说明 PSA 树脂催化固化中易于发生 Glaser 偶合和 Strauss 偶合反应而生成内炔，PSA 树脂热自聚固化和催化固化中增加的内炔含量都约为 11%。当固化温度升至 230℃时，PSA 树脂中内炔含量开始下降，这是由于内炔发生了 Diels-Alder 反应生成苯环结构，以及不饱和键的自由基聚合反应而发生交联。Kuroki 等[48]用固体核磁研究了含硅芳炔树脂(MSP)的热固化反应，在 200℃观察到炔键通过 Diels-Alder 反应而环化加成形成六元芳环结构。加催化剂的 PSA 树脂在 300℃后内炔的减少大于不加催化剂的 PSA 树脂，固化温度升至 340℃时，PSA 树脂中内炔含量仍在 70%以上，这说明加入催化剂的 PSA 树脂在固化中发生偶合反应而形成内炔，且更多的是由 Glaser 偶合所致。在进行 Diels-Alder 反应时，参与的内炔也多，因而表现为内炔含量下降快。而不加催化剂的 PSA 树脂热自聚固化中发生的偶合应更多的是 Strauss 偶合反应。

PSA 树脂经程序升温至 200℃后对端乙炔进行等温红外在线跟踪，端乙炔在 200℃的转化率随时间的变化见图 5.58。PSA 树脂中加入催化剂后，等温下端乙炔转化率明显提高，200℃恒温 60min 就可使 PSA 中端乙炔的转化率达 70%以上，而热自聚固化中 60min 时端乙炔转化率才达 49.6%，说明 PSA 树脂中加入催化剂可提高其固化速率。

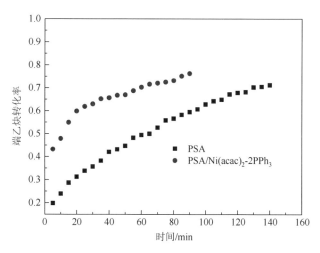

图 5.58　200℃下 PSA 树脂热自聚和催化固化过程中端乙炔转化率随时间的变化

PSA 与催化剂摩尔比为 100∶1

5.3　含硅芳炔树脂的性能表征

5.3.1　含硅芳炔树脂的波谱分析

含硅芳炔树脂主链的重复单元为—Ar—C≡C—SiR$_1$R$_2$—，主要的特征官能团有芳基、乙炔基、亚甲硅烷基及与其相连的两个取代基团 R$_1$ 和 R$_2$。硅原子 sp^3 杂化的四面体几何构型保留在主链中，形成了拉链型的主链结构。在红外谱图中，碳碳三键［ν(C≡C)］在 646cm^{-1}、618cm^{-1} 和 2100～2000cm^{-1} 内出现吸收带，乙炔氢［ν(C≡C—H)］的特征波带在 3290cm^{-1} 附近，在 557cm^{-1} 处新出现的峰归属为≡C—Si 键的伸缩振动峰。

1962 年，Korshak 等[5]由对苯基二乙炔钠与二甲基二氯硅烷缩聚，用水终止后制备的亮黄色树脂固体进行红外分析，发现该主链含乙炔键的有机杂化树脂在 2250cm^{-1} 附近的吸收带是 C≡C 的振动，而 1250cm^{-1} 附近是 Si—CH$_3$ 的对称变形振动，990cm^{-1} 处是二取代苯的伸缩振动，800cm^{-1} 处是 Si—CH$_3$ 的伸缩振动。

设定含硅芳炔树脂分子模型的聚合度为 10，其分子结构如图 5.59 所示。运用材料计算软件 Material Studio（MS）中的 Visualizer 模块，搭建含硅芳炔树脂的分子链模型，并预测红外光谱吸收峰频率。

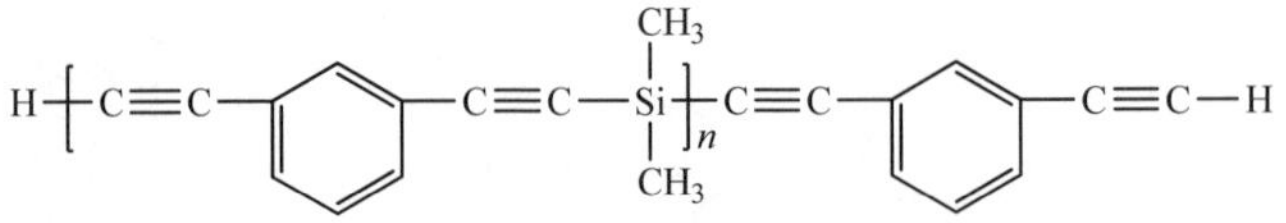

$$H{+}C{\equiv}C{-}\bigcirc{-}C{\equiv}C{-}\underset{\underset{CH_3}{|}}{\overset{\overset{CH_3}{|}}{Si}}{-}_n C{\equiv}C{-}\bigcirc{-}C{\equiv}C{-}H$$

图 5.59 含硅芳炔树脂单链结构式

为得到稳定的分子链构象，先在用于原子水平中模拟研究的凝聚态优化分子势（COMPASS）力场下采用非周期性边界条件，对初始模型进行分子力学（MM）结构优化，然后采用宏观正则系综（NVT）的分子动力学（MD）退火模拟。模拟中电荷分配方法选 COMPASS 力场自带，范德华和静电非键作用均选用 Atom Based 方法，即以体系中各个原子为圆心，截断距离（cutoff distance）为半径划定截断区域，截断距离取 9.5Å[①]，样条线宽度（spline width）取 1.00Å，缓冲宽度（buffer width）取 0.50Å。MM 优化选用 smart minimizer 方法，即先采用速降法，然后采用共轭梯度法，最后采用牛顿法，收敛标准为 0.1kcal/mol。MD 退火模拟步骤为：取温度 298K 到 598K 再回到 298K 为一个退火循环，时间步长为 1fs，每一温度下的模拟步数为 10 万步，采用 Anderson 恒温器，每次升高或降低温度间隔为 50K。每一次退火循环结束，再对结构进行 MM 优化。这样重复若干次，直至体系能量基本不再变化时可获得单链的稳定构象，即最优化单链。利用 Discover 模块，通过最优化单链分子的偶极相关函数计算红外光谱，得到一系列不连续的基团振动频率及振动强度，这些模拟的红外光谱数据与实验数据见表 5.22[61]。可以看出，通过 MM 模拟得到的含硅芳炔树脂的主要基团红外振动频率和实际红外仪测得的值相吻合，说明了单链模型搭建合理，MM 和 COMPASS 力场适用于含硅芳炔树脂体系。

表 5.22 含硅芳炔树脂红外振动频率的计算与实测值

含硅芳炔树脂的基团	模拟计算值/cm^{-1}	实测值/cm^{-1}
Si—CH$_3$	1246	1253
C≡C	2145	2156
—CH$_3$	2950	2965
≡C—H	3320	3300

张健[13]由二乙炔基苯基溴化镁格氏试剂与二氯硅烷缩聚制备的含硅芳炔树脂的红外光谱见图 5.60。含硅芳炔树脂的红外吸收特征分别为：3300cm^{-1} 处为≡C—H 伸缩振动峰，3063cm^{-1} 和 3028cm^{-1} 处为苯环 C—H 伸缩振动峰，2965cm^{-1} 和 2901cm^{-1} 处为—CH$_3$ 中 C—H 对称和反对称振动峰；C≡C 伸缩振动峰位于 2156cm^{-1}

---

① 1Å = 1×10^{-10}m。

处，与 Si—H 振动峰重叠；1600～1400cm^{-1} 为苯环的骨架振动峰；1253cm^{-1} 处为硅甲基 Si—CH$_3$ 的 Si—C 伸缩振动峰。

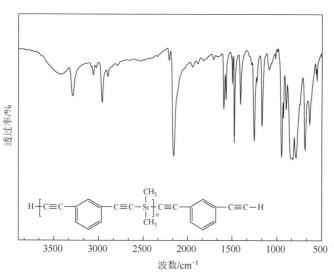

图 5.60　含硅芳炔树脂的 FTIR 图

苯乙炔全封端的含硅芳炔树脂(FEC-PSA)的红外光谱图见图 5.61[62]。图中波数 3060cm^{-1} 处对应苯环上氢的伸缩振动峰，2963cm^{-1} 处对应—CH$_3$ 的伸缩振动峰，2159cm^{-1} 处对应 C≡C 的伸缩振动峰，1593cm^{-1} 和 1475cm^{-1} 处对应苯环的骨架振动峰，波数 1253cm^{-1} 处为 Si—CH$_3$ 的 Si—C 伸缩振动峰。在 3300cm^{-1} 附近没有出现≡C—H 伸缩振动峰。

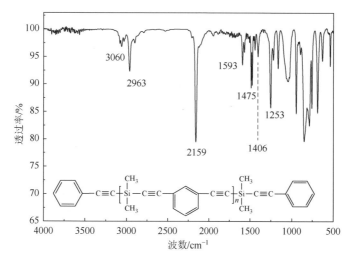

图 5.61　苯乙炔全封端 PSA 的 FTIR 图

对于多种结构和组成的含硅芳炔树脂的红外特征谱图汇总于表 5.23，表中列出了多种含硅芳炔树脂的特征基团和结构的波数[17, 27]。

表 5.23   各种结构的含硅芳炔树脂的波谱分析

含硅芳炔树脂	IR(KBr 压片)/cm^{-1}	^{1}H NMR (溶剂 CD$_3$Cl)/ppm	^{13}C NMR (溶剂 CD$_3$Cl)/ppm	^{29}Si NMR (溶剂 CD$_3$Cl)/ppm
(间位苯乙炔基-乙烯基苯基硅烷结构)	ν(C≡C) 2154	6.2~6.5(m, CH=CH$_2$) 7.2~8.0(m, Ph)	122~137(CH=CH$_2$) 122~137(Ph) 88.1(Si-C≡C) 107.1(Ph-C≡C)	-50.1(Ph-C≡C-Si-CH=CH$_2$)
(对苯-二苯基硅烷二炔结构)	ν(C≡C) 2145	6.9~7.4, 7.7~8.2(m, Ph)	36.9(CH$_2$) 90.4(Si-C≡) 108.4(Ar-C≡)	-47.96(-C≡C-Si(Ph)$_2$-C≡C-)
(联苯-二苯基硅烷二炔结构)	ν(C≡C) 2145	6.8~8.4(m, Ph)	36.9(CH$_2$) 89.1(Si-C≡) 108.9(Ar-C≡)	-47.97(-C≡C-Si(Ph)$_2$-C≡C-)
(蒽-二苯基硅烷二炔结构)	ν(C≡C) 2110	7.5~8.1, 8.4~8.8, 9.0~9.5(m, Ph)	36.9(CH$_2$) 102.2(Si-C≡) 106.1(Ar-C≡)	-47.41(-C≡C-Si(Ph)$_2$-C≡C-)
(芴-二苯基硅烷二炔结构)	ν(C≡C) 2135	3.15s(2H), 7.0~8.4(m, Ph, 16H)	36.9(CH$_2$) 88.5(Si-C≡) 109.8(Ar-C≡)	-48.09(-C≡C-Si(Ph)$_2$-C≡C-)
(联吡啶-二苯基硅烷二炔结构)	ν(C≡C) 2150	6.6~7.4(10H), 7.4~8.8(6H)	36.9(CH$_2$) 87.8(Si-C≡) 107.7(Ar-C≡)	-47.14(-C≡C-Si(Ph)$_2$-C≡C-)

含硅芳炔树脂	IR(KBr 压片)/cm^{-1}	^{1}H NMR (溶剂 CD$_3$Cl)/ppm	^{13}C NMR (溶剂 CD$_3$Cl)/ppm	^{29}Si NMR (溶剂 CD$_3$Cl)/ppm
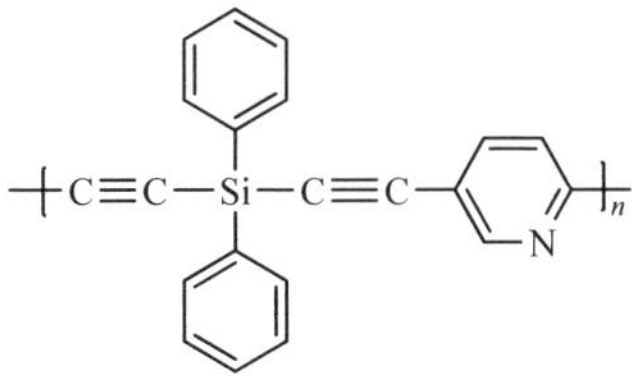 $+$C≡C—Si—C≡C—(吡啶)$_n$（二苯基硅，连吡啶）	ν(C≡C) 2155	6.7~7.4, 7.6~8.0(m, Ph)	36.9(CH$_2$) 90.1, 94.0 (Si—C≡) 105.2, 107.0 (Ar—C≡)	-47.39(—C≡C—Si(Ph)$_2$—C≡C—)
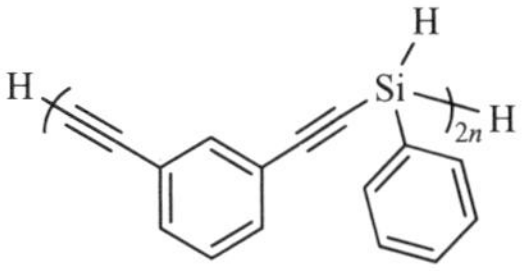 H—C≡C—(间苯)—C≡C—Si(Ph)H—$_{2n}$H	ν(Si—H) 2156, ν(Si—H) 473、492, ν(C≡C—H) 3295	4.75(Si—H) 3.1(C≡C—H)	107.2, 86.6(C≡C)	
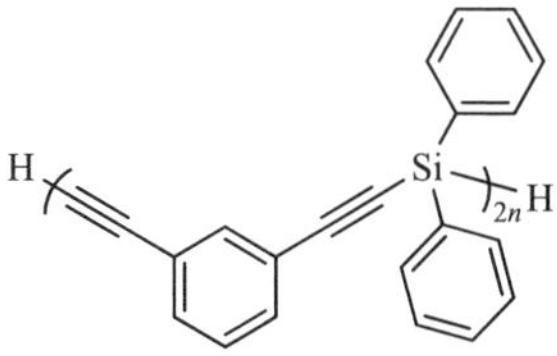 H—C≡C—(间苯)—C≡C—Si(Ph)$_2$—$_{2n}$H	ν(Si—H) 2156, ν(Si—H) 473、492, ν(C≡C—H) 3295	5.2(Si—H) 3.1(C≡C—H)	107.2, 86.6(C≡C)	
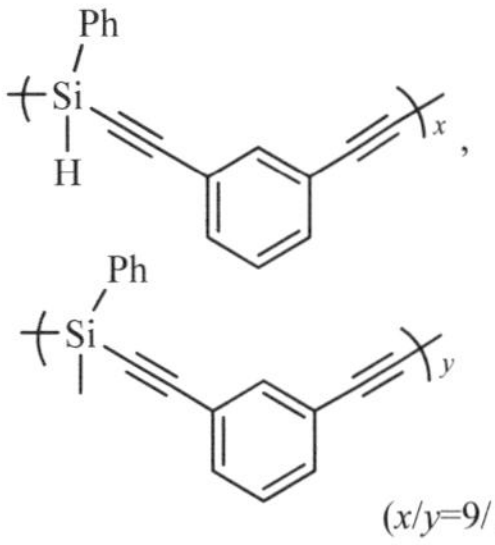 $+$Si(Ph)(H)—C≡C—(间苯)—C≡C—$_x$, $+$Si(Ph)—C≡C—(间苯)—C≡C—$_y$ (x/y=9/1)　**MSP**	ν(Si—H, C≡C) 2159, δ(Si—H) 800	3.07(s, C≡C—H) 4.71 [s, (Ph)SiH$_2$] 5.11 [s, (Ph)SiH] 7.3~7.9(m, PhH)	78.2(C≡CH) 82.4(C≡CH) 86.6(C≡C—C$_6$H$_4$—) 107.2(C≡C—C$_6$H$_4$—) 123~136(Ph)	-59.6(Ph—C≡C—Si(Ph)H$_2$) -63.6 [(Ph)C≡C)$_2$—Si(Ph)H] -69.3 [(Ph—C≡C)$_3$SiPh]

5.3.2　含硅芳炔树脂的核磁共振谱分析

在 ^{13}C NMR 谱图中甲基碳和乙炔基碳的化学位移(δ)相对于四甲基硅烷(内标)分别出现在 0.1ppm、82.3ppm 和 89.3ppm 附近，在 ^{29}Si NMR 谱图中，与乙炔基相连的硅原子单峰的化学位移出现在-36.9ppm 附近。含硅芳炔树脂各结构单元的特征峰会随组成和结构的不同而有所移动，并随新的基团和结构的出现而产生新的特征峰。

图 5.62 是含硅芳炔树脂 PSA 和全封端含硅芳炔树脂 FEC-PSA 的 ^{1}H NMR 谱图。PSA 树脂中乙炔氢(—C≡C—H)的化学位移为 3.11，苯环氢的化学位移为 7.80~

7.10ppm，硅甲基（—Si—CH₃）氢在 0.49ppm。FEC-PSA 的氢核磁谱图中化学位移为 0.47ppm 处为 Si—CH₃ 的质子峰，化学位移为 7.88～7.32ppm 处的多重峰是苯环上的质子峰。

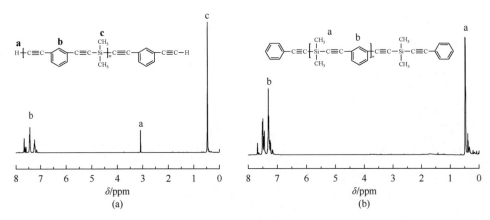

图 5.62　含硅芳炔树脂 PSA（a）和 FEC-PSA（b）的 ¹H NMR 谱图

由含硅芳炔树脂结构（图 5.59）可知，该结构由炔氢封端，每个重复单元中都有两个硅甲基。含硅芳炔树脂是由二乙炔基苯基溴化镁（炔格氏试剂）与二氯硅烷缩聚制备的，可通过调节二乙炔基苯与二氯硅烷的摩尔比进行树脂分子量的调节[63]。对于每个树脂长链，炔氢的数目为 2，硅甲基氢的数目为 6n，因此以 ¹H NMR 谱图中≡C—H 共振峰面积与 Si—CH₃ 共振峰面积比确定各树脂数均重复单元数 $\bar{n}$，进而计算出绝对数均分子量 $\bar{M}_n$。计算公式如下：

$$\bar{n} = \frac{A_M}{3 \times B_M} \tag{5-4}$$

式中，A_M 为 Si—CH₃ 共振峰面积；B_M 为≡C—H 共振峰面积。

$$\bar{M}_n = 182.3 \times \bar{n} + 126.1 \tag{5-5}$$

对于二乙炔基苯格氏试剂与二甲基二氯硅烷按一定摩尔比缩聚而成的含硅芳炔树脂，用氢核磁共振进行测试，对 ¹H NMR 谱图中苯环、乙炔和硅甲基的质子峰积分，由各峰面积结合式(5-4)计算含硅芳炔树脂的数均重复单元数，式(5-5)计算含硅芳炔树脂数均分子量。如二乙炔基苯与二甲基二氯硅烷加料摩尔比为 5∶4 所制备的含硅芳炔树脂，其氢核磁共振谱图中乙炔氢（$\delta = 3.05\text{ppm}$）的积分面积为 1.00，硅甲基氢（$\delta = 0.37\text{ppm}$）的积分面积为 17.58，可计算出数均重复单元数为 5.86，数均分子量为 1190。

在保持间二乙炔基苯与二氯硅烷摩尔比不变的条件下，引入二氯甲基硅烷（MDCS）和二甲基二氯硅烷（DMDCS）两种氯硅烷进行共缩聚反应制备共聚型含硅芳炔树脂，结构如下：

$$\text{H-C}{\equiv}\text{C} \underset{}{-}\!\!\!\!\!\!\bigcirc\!\!\!\!\!\!- \text{C}{\equiv}\text{C}-\underset{\underset{\text{CH}_3}{|}}{\overset{\overset{\text{CH}_3}{|}}{\text{Si}}}{\Big]}_n \text{C}{\equiv}\text{C}-\bigcirc-\text{C}{\equiv}\text{C}-\underset{\underset{\text{H}}{|}}{\overset{\overset{\text{CH}_3}{|}}{\text{Si}}}{\Big]}_m \text{C}{\equiv}\text{C}-\bigcirc-\text{C}{\equiv}\text{C-H}$$

改变 MDCS 和 DMDCS 的摩尔比,控制硅氢基含量。MDCS 与 DMDCS 用量如表 5.24 所示,所得的含硅芳炔树脂的 ^{1}H NMR 分析结果也列于表 5.24 中。

表 5.24　共聚含硅芳炔树脂的 ^{1}H NMR 分析特征峰面积

样品	MDCS 与 DMDCS 摩尔比	Ph—H(7.00~8.00ppm)	C≡C—H (3.05ppm)	Si—H (4.60ppm)	Si—CH$_3$ (0.37ppm)
PSA-M0	0:1	13.72	1.00	0.00	17.58
PSA-M-H1	3:7	13.72	1.00	0.73	14.04
PSA-M-H2	1:1	13.72	1.00	1.37	11.83
PSA-M-H3	7:3	13.72	1.00	1.72	11.16
PSA-M-H4	1:0	13.72	1.00	2.67	7.98

由树脂的结构式可知,树脂中各种氢的数目为:炔氢 = 2,硅氢 = m,硅甲基氢 = $3m + 6n$。利用 ^{1}H NMR 谱图中各种氢的积分面积(表 5.24)可以计算出共聚物中 n 和 m 的值,计算公式如下:

$$m = \frac{2 \times A_{\text{H}}}{B_{\text{H}}} \tag{5-6}$$

$$n = \frac{C_{\text{H}}}{3 \times B_{\text{H}}} - \frac{m}{2} \tag{5-7}$$

式中,A_{H} 为 Si—H 的共振峰面积;B_{H} 为≡C—H 的共振峰面积;C_{H} 为 Si—CH$_3$ 的共振峰面积。对不同共聚含硅芳炔树脂的共聚组成比计算结果如表 5.25 所示。表中的总的重复单元数$(m + n)$均在 5.3 左右,实际测得的 m 和 n 的比值与预期的相近。

表 5.25　不同共聚含硅芳炔树脂结构中 n 和 m 的值

样品	设计的 $m:n$	氢核磁谱图结果计算值			测定的 $m:n$
		m	n	$m+n$	
PSA-M	0:1	0.00	5.86	5.86	0.00:1.00
PSA-M-H2	1:1	2.74	2.57	5.31	1.00:0.94
PSA-H	1:0	5.32	0.00	5.32	1.00:0.00

对于多种结构和组成的含硅芳炔树脂的核磁共振谱图见表 5.23,列出了多种含硅芳炔树脂的特征基团和结构中质子、碳原子和硅原子的化学位移。

5.3.3　含硅芳炔树脂的流变性能表征

硅氢基含量不同的含硅芳炔树脂(表 5.25)的升温流变曲线如图 5.63 所示。从曲线中可以看到，从 PSA-M 到 PSA-H，树脂加工窗口下限得到了明显的拓展。PSA-H 树脂在 60℃ 可以完全熔化，说明通过共聚的方法引入硅氢侧基重复单元，破坏了树脂的有序结构，但 PSA-M-H2 树脂仍要在比较高的温度下才能完全熔化。PSA-H 树脂结构对称性较低，内部不存在结晶，又不含有高对称性的链段，所以其流动的活化能较低，在较低的温度下就能完全熔化。实验中发现即使在室温 20℃ 条件下，PSA-H 树脂也可以流动。同时，分子链活动能力增加和 Si—H 活性基团增加，Si—H 易与炔键发生加成反应，使含硅芳炔树脂分子链间发生交联反应而出现凝胶。因而含硅芳炔树脂凝胶温度也随硅氢侧基含量的增加而降低，即含硅芳炔树脂凝胶温度高低的次序为：PSA-H＜PSA-M-H2＜PSA-M。

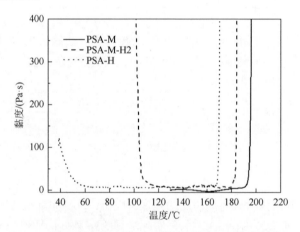

图 5.63　硅氢基含量不同的含硅芳炔树脂升温流变曲线

用苯乙炔全封端的含硅芳炔树脂 FEC-PSA(M_n 为 1650，PDI 为 1.76)与 PSA 树脂以不同质量比共混，不同的树脂在 90℃、100℃ 和 110℃ 下恒温 2h，测得树脂的黏度随时间变化的关系如图 5.64 所示[62]。可以看出随着测试温度的升高，树脂的黏度降低。温度升高，树脂分子自由能增加，分子内聚力减小，分子间的自由体积增加，流体阻力变小，黏度下降。FEC-PSA 树脂的黏度低于 PSA 树脂，将 FEC-PSA 树脂加入 PSA 树脂中，共混树脂的黏度降低，且随 FEC-PSA 含量的增加，共混树脂的黏度明显降低。当 FEC-PSA 含量为 30wt% 时，110℃ 下恒温 2h 共混 PSA 树脂(PSA/FEC-PSA30)的黏度仍低于 500mPa·s。这说明共混 PSA 树脂在 110℃ 黏度低、使用期长，可满足 RTM 成型工艺在注射时间内树脂的黏度要求。

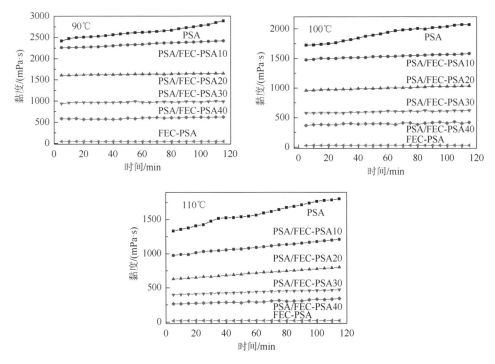

图 5.64 FEC-PSA 改性 PSA 树脂体系在不同温度的黏时特性

5.3.4 含硅芳炔树脂的介电性能表征

含硅芳炔树脂中无极性基团，吸水率低，固化后的交联网络结构呈刚性，链段运动困难，因而含硅芳炔树脂有低的介电常数和介电损耗。图 5.65 是固化含硅芳炔树脂 PSA 的介电常数随频率的变化，可以看出，含硅芳炔树脂介电常数稳定，且低于 2.8，可望应用于结构-耐热-透波一体化材料。

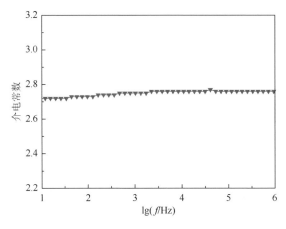

图 5.65 固化含硅芳炔树脂 PSA 的介电常数随频率的变化

5.3.5 含硅芳炔树脂的力学性能表征

含硅芳炔树脂主要由芳基乙炔和硅烷组成，分子链的极性较低，树脂固化物分子链间的相互作用较低，因而树脂固化物的强度较低。含硅芳炔树脂因交联形成网络结构，且芳环类刚性结构多，也导致树脂的脆性。含硅芳炔树脂通过共混改性或分子链中引入极性基团或引入可增加链段运动能力的基团，可提高树脂固化物的力学性能。

含硅芳炔树脂固化物的动态热机械分析(DMA)曲线见图 5.66。含硅芳炔树脂 PSA 的储能模量 E' 随温度升高在 280℃之前略有下降，这是由于树脂中的内炔没有完全参与交联，交联点间链段较长，随着温度升高会导致未交联部分链段运动。280℃之后，树脂中的内炔参与固化交联，所以储能模量 E' 开始上升。储能模量的下跌和损耗角正切值出现极大值时对应的温度即为玻璃化转变温度。从图中可以看出，固化的 PSA 树脂在 500℃以内未出现明显的主松弛损耗峰，即玻璃化转变温度没有出现，说明 PSA 树脂有优异的耐热性能。表 5.26 列出了不同结构含硅芳炔树脂的力学性能，PSA 树脂固化物的力学性能明显优于 MSP 树脂。

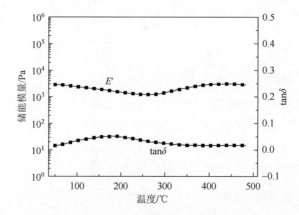

图 5.66　固化含硅芳炔树脂 PSA 的 DMA 曲线

表 5.26　固化含硅芳炔树脂力学性能数据

树脂固化物	弯曲强度/MPa	弯曲模量/GPa	冲击强度/(kJ/m²)
MSP	10.0	5.5	—
PSA	24.0	3.2	1.5

5.3.6 含硅芳炔树脂的热性能表征

含硅芳炔树脂主链上硅原子与乙炔基芳基间通过 d_π-p_π 反向键合或 σ^*-π 超共轭

进行电子离域，掺杂后可实现树脂的导电性和高的三阶非线性光学性。电子在含硅芳炔树脂分子链上的离域对树脂的热性能如导热性也会产生影响。树脂的耐热性能可以用玻璃化转变温度和热分解温度来表示，其分析表征可通过动态热机械分析和热失重分析等来实现。

20 世纪 90 年代初，日本的伊藤研究小组开始制备主链结构中含—Si(H)—C≡C—单元的含硅芳炔树脂，对不同结构的含硅芳炔树脂和性能进行了深入研究，开发了 MSP 树脂，并对其纤维增强的复合材料的性能开展了研究。固化 MSP 树脂的热失重分析(图 5.67)表明在氩气中裂解时质量损失小，T_{d5} 为 860℃，1000℃残留率为 94%。MSP 树脂的热稳定性远高于聚酰亚胺(T_{d5} = 586℃，杜邦的 Kapton)，空气中的 T_{d5}(567℃)与聚酰亚胺树脂相近。空气中 300℃以上固化的 MSP 树脂由 DMA 法测得的储能模量在 500℃时仅下降 20%。400℃和 500℃固化的 MSP 树脂的有限氧指数分别为 40～42 和 54(聚酰亚胺为 53)。MSP 树脂在空气中可长期储存，MSP 树脂在 150～500℃内的密度为 1.14g/cm³，且稳定不变，模压树脂片的外观尺寸也未观察到变化。纤维增强的 MSP 复合材料进行燃烧实验(图 5.68)，复合材料在火焰中变为红色，但不燃烧，无烟产生，火焰移除后，复合材料由红色转回原来的黑色。这主要是由于 MSP 树脂表面在高温燃烧中会陶瓷化形成 C 和 SiC，可保护内部的 MSP 树脂，因而 MSP 树脂在空气中是不会燃烧的。

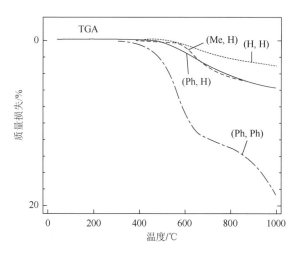

图 5.67　不同甲硅烷与间二乙炔苯缩聚的 MSP 树脂 TGA 曲线

法国的 Buvat 等对制备的含硅芳炔树脂(BLJ 树脂)进行了热性能表征，固化 BLJ 树脂在氩气下的 TGA 曲线见图 5.69。与典型的酚醛树脂和氰酸酯树脂的 TGA 相比，BLJ 树脂在 20℃至约 500℃的温度下是稳定的。在 500℃ BLJ 树脂的质量

图 5.68　纤维增强 MSP 的燃烧测试图

损失约为 5%，而耐热氰酸酯的质量损失大于 15%～20%。随着温度的升高，BLJ 树脂在 1000℃时质量损失只有 20%，树脂在 1000℃下结构已发生了改变，经热解后转变成玻璃碳，而质量损失很小，材料仍然具有整体性。

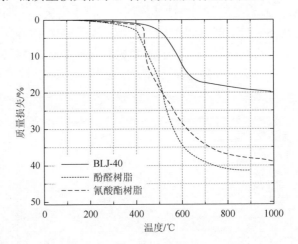

图 5.69　含 40mol%苯乙炔的 BLJ 树脂固化物的 TGA 曲线

含硅芳炔树脂 PSA 经 200℃固化并经 250℃固化后，树脂固化物的 TGA 曲线如图 5.70 所示，在氮气中 T_{d5} 高于 620℃，而 800℃残留率超过 89%。

5.3.7　含硅芳炔树脂的烧蚀性能表征

树脂及其复合材料的烧蚀性能可用热失重来表征，也可用氧-乙炔烧蚀、电弧喷射和风洞实验等来表征。

烧蚀材料的分解程度 C 通常由 n 级动力学速率方程[64, 65]表示。

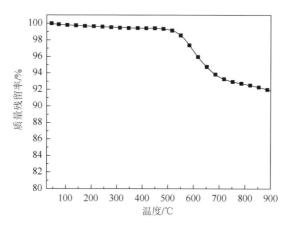

图 5.70　固化 PSA 树脂的 TGA 曲线

$$\frac{dC}{dt} = \sum_{k=1}^{N} f_k \frac{dC_k}{dt} \left(\sum_{k=1}^{N} f_k = 1 \right) \tag{5-8}$$

$$\frac{dC_k}{dt} = \int_0^t A_k \exp(-\Delta E_k / RT)(1-C)^{n_k}\, dt \tag{5-9}$$

$$C = (W_0 - W) / (W_0 - W_f) \tag{5-10}$$

式中，W 为材料的瞬时质量；W_0 为初始质量；W_f 为最终质量；A 为指前因子 (s^{-1})；n 为反应级数；T 为温度 (K)；ΔE_k 为活化能 (J/mol)；R 为摩尔气体常数 [J/(mol·K)]；下标 k 为 k 级反应。

图 5.71 显示碳纤维增强 MSP(CF/MSP) 复合材料在 120mL/min 的氩气气流中以 10℃/min 升温速率测试的热重分析结果。复合材料的碳残留率在 1000℃下为94%。分解开始温度约为 470℃，分解在 800℃完成。由 TGA 数据，活化能 E 可通过弗里德曼多重加热速率法[66]确定。通过直接拟合实验数据估计其他动力学参数 (n、A 和 f)，估计的 470℃和 800℃分解动力学参数列于表 5.27 中[67]。

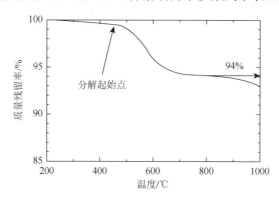

图 5.71　氩气气流中 CF/MSP 复合材料 TGA 曲线

表 5.27　分解动力学参数估计值

分解温度/℃	E/(kJ/mol)	n	A/s^{-1}	f
470	261	3.2	$2.0×10^{14}$	0.85
800	282	3.0	$7.5×10^{17}$	0.15

　　含硅芳炔树脂在惰性气氛中 800℃以上的残留率高达 85%以上，在高温下该树脂裂解可陶瓷化。张健等[13]在研究碳纤维增强的含硅芳炔树脂 PSA 复合材料的烧蚀性能时，考察了基体树脂的陶瓷化。将固化后的含硅芳炔树脂 PSA 分别在氮气氛炉中按照 5℃/min 和 10℃/min 升温至 1450℃，自然冷却，得到烧结产品，其为光滑、致密、无明显形变的黑色固体，测得其平均质量残留率分别为 80.8%和86.3%。用 XRD 研究含硅芳炔树脂烧结后的产物的结构变化，不同升温速率下含硅芳炔树脂烧结产物的 XRD 谱图见图 5.72。图中在 $2\theta = 35.6°$、$59.9°$ 和 $71.8°$ 处的三个衍射峰是 β-SiC 的特征峰，分别对应于 β-SiC 的 (1 1 1)、(2 2 0) 和 (3 1 1)晶面。这说明经过 1450℃的高温烧结，β-SiC 已经形成（JCPDS 65-0360）。$2\theta = 25.5°$ 处 β-SiC 的宽衍射峰说明体系中存在无定形炭。

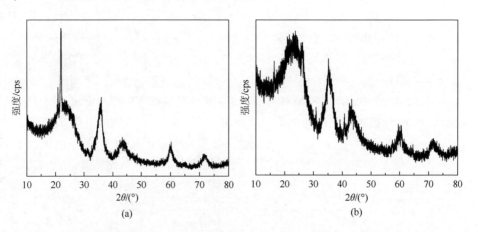

图 5.72　5℃/min (a) 和 10℃/min (b) 升温速率下含硅芳炔树脂烧结产物的 XRD 谱图

　　含硅芳炔树脂烧结体除了有碳化硅的生成外，还有二氧化硅的生成，氧元素的来源可能是氮气纯度不高、气体置换不完全，或树脂固化时的部分氧化所致。

　　对比 XRD 谱图（图 5.72）可知，快速烧结时，XRD 谱图中碳化硅的特征衍射峰比慢速烧结时弱，这可能是因为高温段时间比较短，碳化硅转化量少。选择10℃/min 的升温速率，但是延长 1450℃的保温时间，得到的烧结产物仍然是致密的黑色固体，质量残留率大于 80%。XRD 测试结果表明在 1450℃下延长保温时间，PSA 烧结体的衍射峰加强，说明烧结体中碳化硅结晶结构趋于完善。

用玻璃纤维(GF)和 CF 分别增强含硅芳炔树脂 PSA,对制备的复合材料进行氧-乙炔烧蚀性能测试,结果见表 5.28。可以看出,纤维增强 PSA 复合材料的密度低于 $1.5g/cm^3$,CF 增强的复合材料的烧蚀性能明显优于 GF 增强的复合材料,这是因为 GF 在氧-乙炔烧蚀中会熔化而影响烧蚀性能。两种复合材料烧蚀后的 XRD 谱图如图 5.73 所示。图中 2θ 为 35.58°、60.02°和 71.78°归属于 PSA 陶瓷化产生的 SiC 晶体,烧蚀后 CF/PSA 复合材料的 SiC 晶型结构强度高于烧蚀后 GF/PSA 复合材料。这说明 CF/PSA 复合材料在氧-乙炔烧蚀中易于形成更多的无机陶瓷 SiC,而具有优异热稳定的 SiC 陶瓷可提高 CF/PSA 复合材料的耐烧蚀性。2θ 为 25°、35°和 43°归属于烧蚀后形成的无定形 SiO_2 和无定形炭。

表 5.28　纤维增强 PSA 复合材料的氧-乙炔烧蚀性能

增强体	复合材料密度/(g/cm^3)	线烧蚀率/(mm/s)	质量烧蚀率/(mg/s)
玻璃纤维	1.49	0.122	31.4
碳纤维	1.26	0.040	15.3

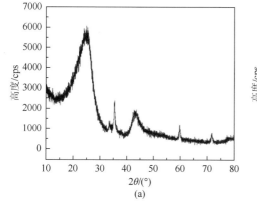
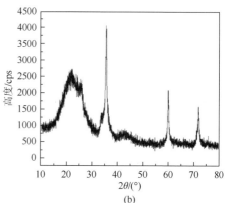

图 5.73　GF/PSA(a)和 CF/PSA(b)复合材料烧蚀后的 XRD 谱图

参 考 文 献

[1]　Viehe H G. Chemistry of Acetylenes. 1st ed. New York:Marcel Dekker,Inc.,1969:170-179,225-241.

[2]　Korshak V V,Sladkov A M,Luneva L K. Synthesis of heteroorganic polymers with acetylenic bonds in the chain. Bulletin of the Academy of Sciences of the USSR,Division of chemical science,1962,(4):728.

[3]　Shim W I,Risen M W Jr. Synthesis and spectral study of low dimensional poly-yne polymers containing phthalocyanine silicon and dimethyl silicon in the polymer backbone. Journal of Organometallic Chemistry,1984, 260:171-179.

[4]   Ichitani M, Yonezawa K, Okada K, et al. Silyl-carborane hybridized diethynylbenzene-silylene polymers. Polymer Journal, 1999, 31(11-1): 908-912.

[5]   Korshak V V, Sladkov A M, Luneva L K. Hetero-organic polymers. Bulletin of the Academy of Sciences of the USSR, Division of chemical science, 1962, (12): 2251-2253.

[6]   Luneva L K, Sladkov A M, Korshak V V. Synthesis of organosilicon and organogermanium polymers with propargyl groups in the chains. Vysokomolekulyarnye Soedineniya, Seriya B: Kratkie Soobshcheniya, 1968, 10(4): 263-266.

[7]   Itoh M, Inoue K, Iwata K, et al. New highly heat-resistant polymers containing silicon: poly (silyleneethynylene phenyleneethynylene) s. Macromolecules, 1997, 30(4): 694-701.

[8]   Buvat P, Jousse F, Delnaud L, et al. Synthesis and properties of new processable type polyarylacetylenes. In: Proceedings of 46th International SAMPE Symposium and Exhibition: A Materials and Processes Odyssey, Vol.46, Book 1; SAMPE: Long Beach, California, USA, May 6-10, 2001: 134-144.

[9]   Buvat P, Levassort C, Jousse F. Poly (ethynylene phenylene ethynylene silylene) s and method for preparation thereof: US 6703519. 2004.

[10]   Levassort C, Jousse F, Delnaud L, et al. Poly (ethynylene phenylene ethynylene silylene) s and method for preparing same: US 6872795. 2009.

[11]   严浩, 齐会民, 黄发荣. 新颖含硅芳基多炔树脂的合成与性能. 石油化工, 2004, 33(9): 880-884.

[12]   Wang F, Zhang J, Huang J, et al. Synthesis and characterization of poly (dimethylsilyleneethynylenephenyleneethynylene) terminated with phenylacetylene. Polymer Bulletin, 2006, 56: 19-26.

[13]   Zhang J, Huang J, Zhou W, et al. Fiber reinforced silicon-containing arylacetylene resin composites. Express Polymer Letters, 2007, 1(12): 831-836.

[14]   Zhang J, Huang J, Yu X, et al. Preparation and properties of modified silicon-containing arylacetylene resin with bispropargyl ether. Bulletin-Korean Chemical Socieyt, 2012, 33(11): 3706-3710.

[15]   Sonogashira K, Tohda Y, Hagihara N. A convenient synthesis of acetylenes: catalytic substitutions of acetylenic hydrogen with bromoalkenes, iodoarenes, and bromopyridines. Tetrahedron Letters, 1975, (50): 4467-4470.

[16]   Singh R, Just G. Rates and regioselectivities of the palladium-catalyzed ethynylation of substituted bromo-and dibromobenzenes. Journal of Organic Chemistry, 1989, 54(18): 4453-4457.

[17]   Corriu R J P, Douglas W E, Yang Z X. Synthesis of poly (alkynylsilanes) having various aromatic groups in the backbone. Journal of Polymer Part C: Polymer Letters, 1990, 28: 431-437.

[18]   Corriu R J P, Douglas W E, Yang Z X. The palladium-catalysed cross-coupling polymerization of diethynylmethyl (n-octyl) silane with dihaloarenes. European Polymer Journal, 1993, 29(12): 1563-1569.

[19]   Corriu R J P, Douglas W E, Yang Z, et al. Preparation of diphenylsilylene polymers containing main-chain acetylene and (hetero) aromatic groups: χ(2) non-linear optical and other properties. Journal of Organometallic Chemistry, 1993, 455: 69-76.

[20]   Corriu R J P, Douglas W E, Yang Z X. Preparation of oligomers containing tetraphenylsilole, acetylene and aromatic groups in the main chain, and incorporation of iron carbonyl. Journal of Organometallic Chemistry, 1993, 456: 35-39.

[21]   Yuan C H, West R. Organosilicon polymers with alternating σ-and π-conjugated systems. Applied Organometallic Chemistry, 1994, 8: 423-430.

[22]   Ohshita J, Mimura N, Arase H, et al. Polymeric organosilicon systems. 28. preparation and properties of novel σ-π conjugated polymers with alternating disilanylene and 2, 5-diethynylenesilole units in the backbone.

Macromolecules，1998，31（22）：7985-7987.

[23]　Luneva L K，Sladkov A M，Korshak V V. Synthesis and properties of organic polymers with silicon，germanium，and tin in their chains. Vysokomolekulyarnye Soedineniya，1965，7（3）：427-431.

[24]　Liu H Q，Harrod J F. Copper（Ⅰ）chloride catalyzed cross-dehydrocoupling reactions between silanes and ethynyl compounds. A new method for the copolymerization of silanes and alkynes. Canadian Journal of Chemistry，1990，68（7）：1100-1105.

[25]　Itoh M，Mitsuzuka M，Utsumi T，et al. Dehydrogenative coupling reactions between hydrosilanes and monosubstituted alkynes catalyzed by solid bases. Journal of Organometallic Chemistry，1994，476：C30-C31.

[26]　Itoh M，Mitsuzuka M，Utsumi T，et al. A novel synthesis and extremely high thermal stability of poly[（phenylsilylene）-ethynylene-l, 3-phenyleneethynylene]. Macromolecules，1994，27（26）：7917-7919.

[27]　Itoh M，Iwata K，Ishikawa J，et al. Various silicon-containing polymers with Si（H）-C≡C units. Journal of Polymer Science Part A：Polymer Chemistry，2001，39（15）：2658-2669.

[28]　Ishikawa J，Inoue K，Itoh M. Dehydrogenative cross-coupling reactions between phenylsilane and ethynylbenzene in the presence of metal hydrides. Journal of Organometallic Chemistry，1998，552（1-2）：303-311.

[29]　Nesmeyanov A N，Freidlina R K，Chukovskaya E C，et al. Addition，substitution，and telomerization reactions of olefins in the presence of metal carbonyls or colloidal iron. Tetrahedron，1962，17（1-2）：61-68.

[30]　Seki Y，Takeshita K，Kawamoto K，et al. Single-operation synthesis of vinylsilanes from alkenes and hydrosilanes with the aid of $Ru_3(CO)_{12}$. Journal of Organic Chemistry，1986，51（20）：3890-3895.

[31]　Doyle M P，Devora G A，Nefedov A O，et al. Addition/elimination in the rhodium（Ⅱ）perfluorobutyrate catalyzed hydrosilylation of 1-alkenes. Rhodium hydride promoted isomerization and hydrogenation. Organometallics，1992，11（2）：549-555.

[32]　Voronkov M G，Ushakova N I，Tsykhanskaya I I，et al. Dehydrocondensation of trialkylsilanes with acetylene and monosubstituted acetylenes. Journal of Organometallic Chemistry，1984，264（1-2）：39-48.

[33]　Fernandez M J，Oro L A，Manzano B R. Iridium-catalyzed hydrosilylation of hex-1-yne：the unusual formation of 1-triethylsilylhex-1-yne. Journal of Molecular Catalysis，1988，45（1）：7-15.

[34]　Jun C H，Crabtree R H. Dehydrogenative silation，isomerization and the control of *syn-vs anti*-addition in the hydrosilation of alkynes. Journal of Organometallic Chemistry，1993，447（2）：177-187.

[35]　Itoh M，Kobayashi M，Ishikawa J. Dehydrogenative coupling reactions between a monosubstituted alkyne and monosilane in the presence of lithium aluminum hydride. Organometallics，1997，16：3068-3070.

[36]　Ishikawa J，Itoh M. Dehydrogenative coupling between hydrosilanes and alkynes catalyzed by alkoxides，alkylmetals，and metalamides. Journal of Catalysis，1999，185（2）：454-461.

[37]　Itoh M. A novel synthesis of a highly heat-resistant organosilicon polymer using base catalysts. Catalysis Surveys from Japan，1999，3：61-69.

[38]　Eglinton G，Galbraith A R. Macrocyclic Acetylenic Compounds. Part Ⅰ. CycloTetradeca-1, 3-diyne and Belated Compounds. Journal of the Chemical Society，1959：889-896.

[39]　Hay A S. Oxidative coupling of acetylenes. Journal of Organic Chemistry，1960，25：1275-1276.

[40]　Hay A S. Oxidative coupling of acetylenes Ⅱ. Journal of Organic Chemistry，1962，27：3320-3321.

[41]　Hay A S. Oxidative polymerization of diethynyl compounds. Journal of Polymer Science Part A-1，1969，7：1625-1634.

[42]　Sugita H，Hatanaka Y，Hiyama T. Silylation of 1-alkynes with chlorosilanes promoted by zinc：preparation of alkynylsilanes in a single step. Tetrahedron Letters，1995，36（16）：2769-2772.

[43] Hatanaka Y，Sugita H，Hiyama T. Silylenedialkynylene polymers for heat-resistant electrically conductive materials and their manufacture：JP 08277331 A. 1996.

[44] 沈浩，蒋孝杰，周燕，等. 锌粉催化合成含硅芳炔树脂. 过程工程学报，2014，（2）：329-334.

[45] 姜欢，邓诗峰，阮湘政. 氯化锌催化合成含硅芳炔树脂. 高分子材料科学与工程，2017，（11）：18-21.

[46] Kovar R F，Ehlers G F L，Arnold F E. Thermosetting acetylene-terminated poly phenylquinoxalines. Journal of Polymer Science：Polymer Chemistry Edition，1977，15：1081-1095.

[47] Swanson S A，Fleming W W，Hofer D C. Acetylene-terminated polyimide cure studies using ^{13}C magic-angle spinning nmr on isotopically labeled samples. Macromolecules，1992，25(2)：582-588.

[48] Kuroki S，Okita K，Kakigano T，et al. Thermosetting mechanism study of poly[（phenylsilylene）ethynylene-1, 3-phenylene ethynylene] by solid-state NMR spectroscopy and computational chemistry. Macromolecules，1998，31(9)：2804-2808.

[49] Kishan K V R，Desiraju G E. Crystal engineering a solid-state diels-alder reaction. Journal of Organic Chemistry，1987，52(20)：4640-4641.

[50] Kimura H，Okita K，Ichitan M，et al. Structural study of silyl-carborane hybrid diethynylbenzene-silylene polymers by high-resolution solid-state ^{11}B，^{13}C，and ^{29}Si NMR Spectroscopy. Chemistry of Materials，2003，15：355-362.

[51] Shen Y，Yuan Q，Huang F，et al. Effect of neutral nickel catalyst on cure process of silicon-containing polyarylacetylene. Thermochimica Acta，2014，590(31)：66-72.

[52] Ogasawara T，Ishikawa T，Itoh M，et al. Carbon fiber reinforced composites with newly developed silicon containing polymer MSP. Advanced Composite Materials，2001，10(4)：319-327.

[53] Bracke W. Synthesis of soluble，branched polyphenyls. Journal of Polymer Science Part A-1，1972，10：2097-2101.

[54] Sergeyev V A，Shitikov V K，Chernomordik Y A，et al. Reactive oligomers based on the polycyclotrimerization reaction of acetylene compounds. Applied Polymer Symposium，1975，（26）：237-248.

[55] Katzman H A，Mallon J J，Barry W T. Polyaryacetylene-matrix composites for solid rocket motor components. Journal of Advanced Materials-covina，1995，26：21-27.

[56] Tseng W C，Chen Y，Chang G W. Curing conditions of polyarylacetylene prepolymers to obtain thermally resistant materials. Polymer Degradation and Stability，2009，94：2149-2156.

[57] Douglas W E. Polymerization of phenylacetylene catalyzed by cyclopentadienylnickel complexes. Applied Organometallic Chemistry，2001，15：23-26.

[58] Pasynkiewicz S，Olędzka E，Pietrzykowski A. Nickelocene catalysts for polymerization of alkynes：mechanistic aspects. Applied Organometallic Chemistry，2004，18：583-588.

[59] 刘海帆，邓诗峰，黄发荣，等. 乙酰丙酮镍催化含硅芳炔树脂的固化反应行为. 过程工程学报，2012，12(1)：86-92.

[60] Xue S，Zhang Z，Ying S. Reaction kinetics of polyurethane/polystyrene interpenetrating polymer networks by infra-red spectroscopy. Polymer，1989，30（7）：1269-1274.

[61] 张健. 含硅芳炔树脂的合成、分子模拟及性能研究. 上海：华东理工大学，2009.

[62] 杨唐俊，袁荞龙，黄发荣. 石英纤维增强含硅芳炔树脂复合材料的界面增强. 材料工程，2018，46(8)：148-155.

[63] 周围，张健，尹国光，等. 氯化含硅芳炔树脂的合成. 石油化工，2007，36(6)：618-622.

[64] Henderson J B，Wiebelt J A，Tant M R. A model for the thermal response of polymer composite materials with experimental verification. Journal of Composite Materials，1985，19(6)：579-595.

[65] Henderson J B，Wiecek T E. A mathematical model to predict the thermal response of decomposing，expanding

polymer composites. Journal of Composite Materials，1987，21(4)：373-393.

[66] Henderson J B，Tant M R，Moore G R. Determination of kinetic parameters for the thermal decomposition of phenolic ablative materials by a multiple heating rate method. Thermochmica Acta，1981，44(3)：253-264.

[67] Ogasawara T，Ishikawa T，Yamada T，et al. Thermal response and ablation characteristics of carbon fiber reinforced composite with novel silicon containing polymer MSP. Journal of Composite Materials，2002，36(2)：143-156.

第6章

含硅芳炔树脂的结构与性能

6.1 引　言

树脂的结构是决定树脂性能的主要因素，含硅芳炔树脂也不例外。研究表明含硅芳炔树脂的主链结构决定了其主要性能，而树脂的分子侧基、端基等对树脂的性能有较大的影响。本章就含硅芳炔树脂的主链结构、侧基、端基、共聚结构及共混组分对树脂性能的影响展开讨论。

6.2　含硅芳炔树脂分子结构模拟与性能预测

6.2.1　含硅芳炔树脂分子结构模拟

1. 树脂分子结构的构象模拟

树脂的分子结构直接影响树脂的性能，通过对树脂分子结构的模拟可以了解树脂的特性和固化反应性[1]。选择并确定含硅芳炔树脂分子结构模型如下：

$$H \!-\! \left[C \!\equiv\! C \!-\! \bigcirc \!-\! C \!\equiv\! C \!-\! \underset{\underset{R_2}{|}}{\overset{\overset{R_1}{|}}{Si}} \!-\! C \!\equiv\! C \!-\! \bigcirc \!-\! C \!\equiv\! C \right]_n \!\!-\! C \!\equiv\! CH$$

$$R_1, R_2 = \!-\! H, \!-\! CH_3, \!-\! Ph$$

取聚合度 n 为 10，运用 Visualizer 模块，搭建一系列不同硅侧基（—H，—CH$_3$，—Ph）结构的含硅芳炔树脂的分子链模型。实际上，树脂分子链是以稳定的构象即能量较低的构象存在。为得到稳定的构象，先在 COMPASS 力场下采用非周期性边界条件，对初始模型进行 MM 结构优化，然后采用 NVT 的 MD 退火模拟。模拟中电荷分配方法选 COMPASS 力场，范德华和静电非键作用均选用 Atom Based 方法，即以体系中各个原子为圆心、截断距离为半径划定截断区域，截断距离取 9.50Å，样条宽度取 1.00Å，缓冲宽度取 0.50Å。MM 优化选用 smart minimizer 方法，即先采用速降法，然后采用共轭梯度法，最后采用牛顿法，收敛标准为 0.1kcal/mol。MD 退火模拟步骤为：取温度 298K 到 598K 再回到 298K 为一个退火循环，时间步长为 1fs，每一温度下的模拟步数为 10 万步，采用 Anderson 恒温器，每次升高或降低温度间隔为 50K。每一次退火循环结束，再对结构进行 MM 优化。这样重复若干次，直至体系能量基本不再变化，此时可获得单链的稳定构象。

获得单链的分子稳定构象如下：

PSA-M-*p*

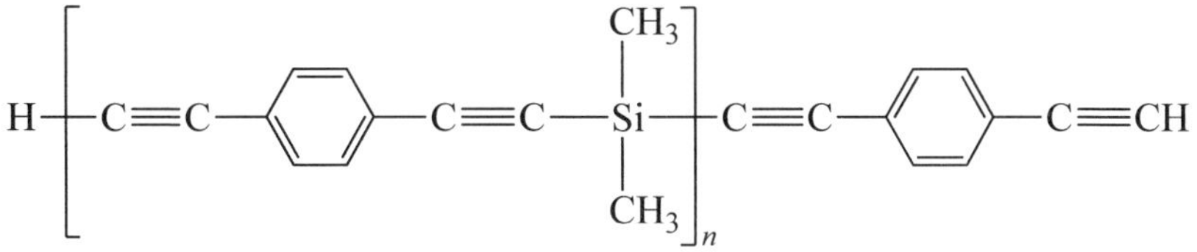

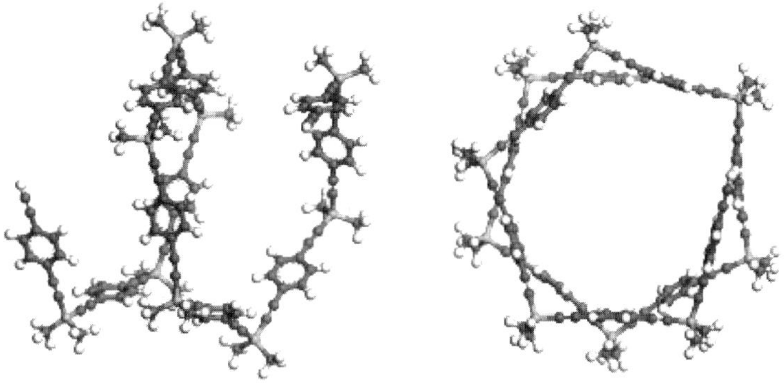

PSA-M-*m*

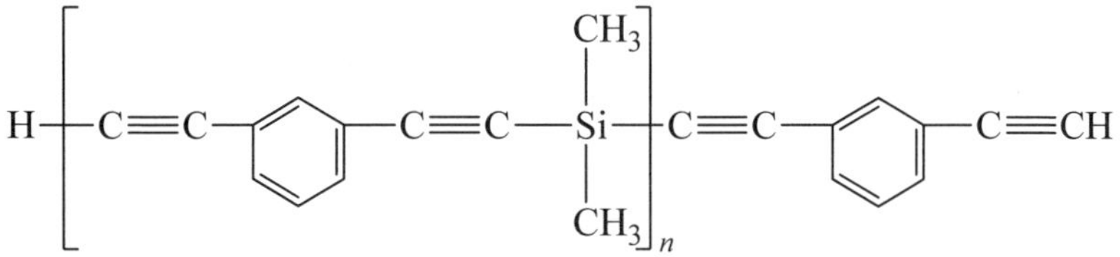

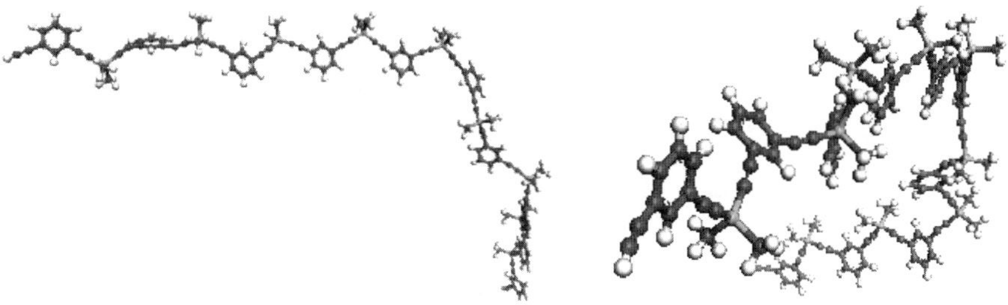

PSA-M-*mp*

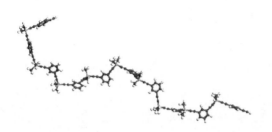

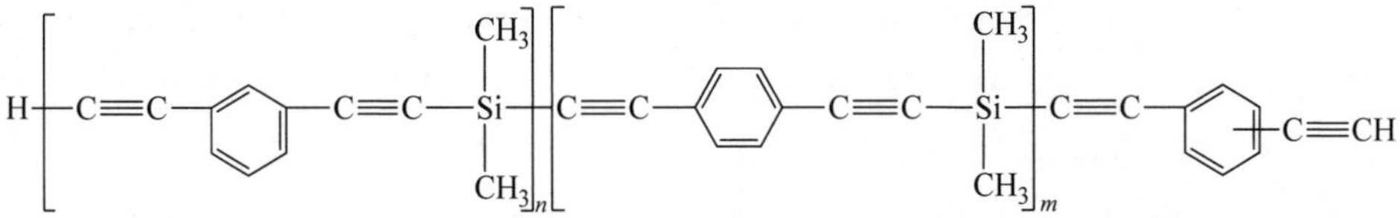

PSA-Ph

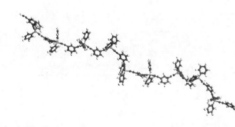
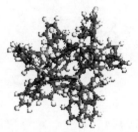

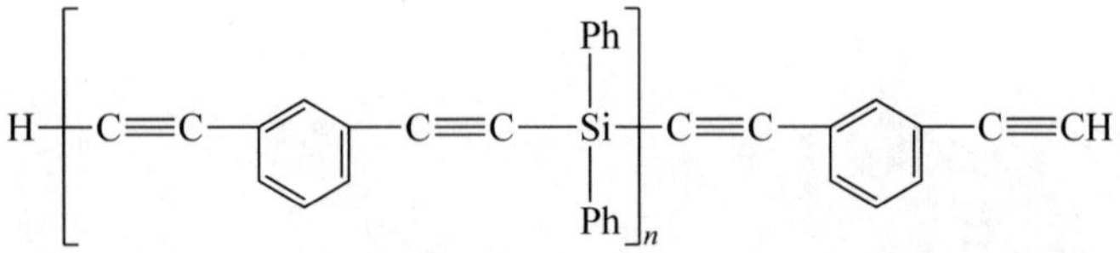

PSA-M-Ph

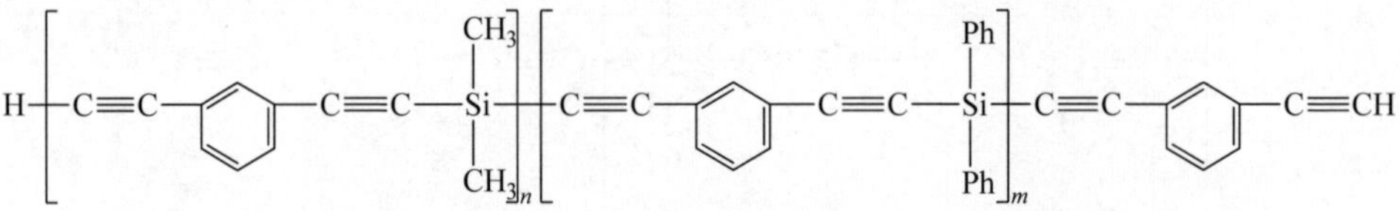

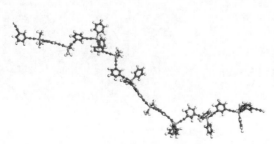

PSA-H

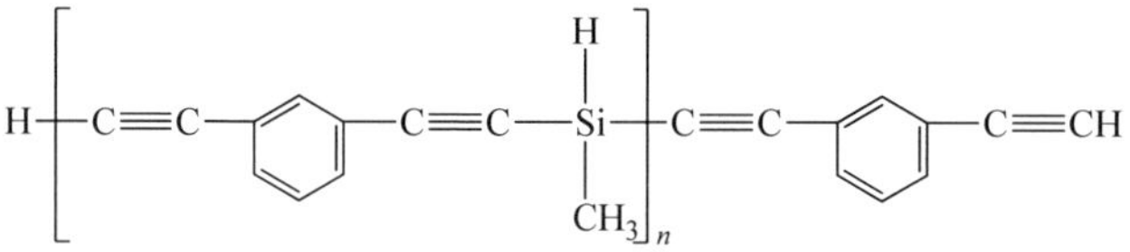

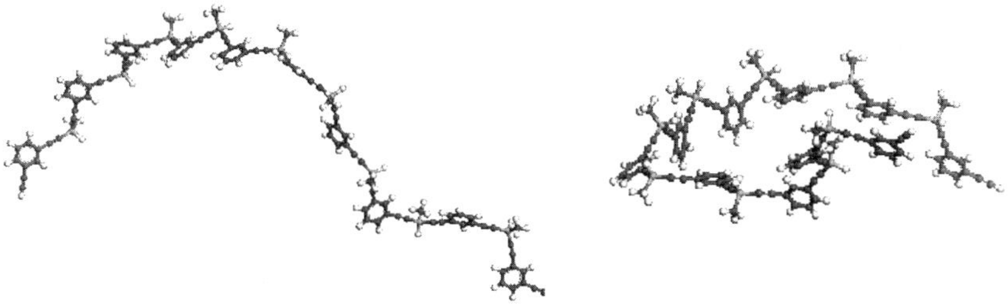

PSA-M-H

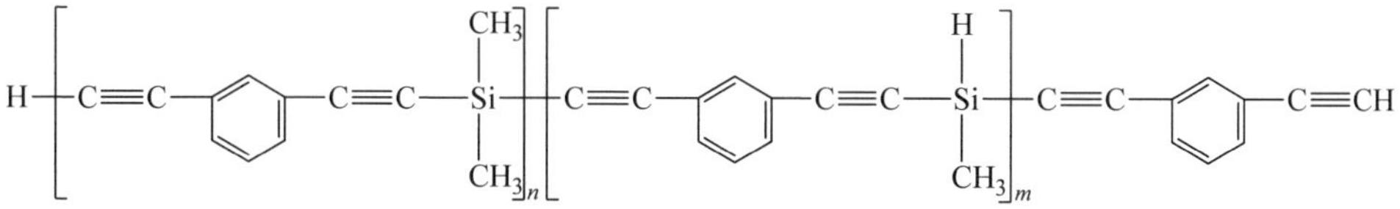

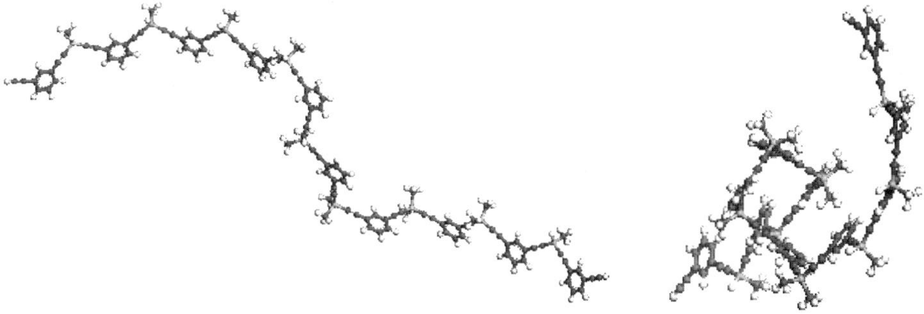

2. 树脂分子链物理参数

末端距和均方回转半径是用来表征聚合物分子链柔顺性的重要参数，末端距和均方回转半径越小，说明分子链越柔顺。利用 Materials Studio 软件分别计算了含硅芳炔树脂的末端距和均方回转半径，并列于表 6.1 中。从表中可以看出，末端距大小顺序依次为 PSA-Ph＞PSA-M-Ph＞PSA-M-m＞PSA-M-H＞PSA-M-mp＞PSA-H＞PSA-M-p，说明其中 PSA-Ph 的分子链刚性高于其他树脂分子。PSA-M-p 在空间可形成螺旋结构。从分子构象来看，PSA-M-m 分子链构象呈生长状态，有利于分子间炔基的固化反应。

表 6.1　含硅芳炔树脂末端距和均方回转半径的模拟计算结果

树脂名称	均方回转半径/Å	分子末端距/Å
PSA-M-*p*	11.39	21.01
PSA-M-*m*	24.17	78.03
PSA-M-*mp*	20.44	65.57
PSA-Ph		87.73
PSA-M-Ph		81.43
PSA-H		51.54
PSA-M-H		66.67

3. 树脂分子聚集结构模拟

聚集态结构是决定聚合物性能的重要因素，这里对无定形聚集态结构进行了模拟计算。首先，采用三维周期性边界条件，利用 Amorphous Cell 模块，将获得的最优化单链堆分别砌入指定密度的无定形单元中，即得到模拟的初始结构。对初始结构进行 MM 优化和等温等压(NPT)系综的 MD 退火模拟，以使内应力得到充分的松弛，密度得到优化以接近实际密度值，范德华和静电非键作用分别选用 Atom Based 方法和 Ewald 方法。MM 优化方法和 MD 退火模拟步骤同上所述即分子构象模拟，MD 模拟时选用 Berenden 控压法。重复若干次 MM 优化和 MD 退火模拟，直至体系能量基本不再变化，即得到 298K 的最优化密度和最优化无定形结构。

从单分子链的化学结构可以看出，其分子主链相同，但大小不同的侧基不仅会影响分子链的柔顺性，而且影响分子链的紧密堆砌程度，从而导致了宏观性质如密度的变化。在三维周期边界条件下，建立了不同树脂的无定形本体模型，得到具有立方体格子的三维周期边界的体系，在经过了完全的优化过程后，得到了最优化无定形结构，计算树脂在格子中的自由体积如表 6.2 和图 6.1 所示。结果表明 PSA-H 的自由体积相对较小，而 PSA-M-Ph 则较大。这说明前者分子链堆砌相对较规整，自由空间较小；而后者分子链上有较大的苯基侧基存在，自由体积较大。

表 6.2　不同含硅芳炔树脂的自由体积和密度

参数	PSA-M-*m*	PSA-H	PSA-M-Ph	PSA-M-H
自由体积/(Å^3/u.c)	337.8	300.1	370.6	326.8
密度/(g/cm^3)	1.130	1.145	1.124	1.136

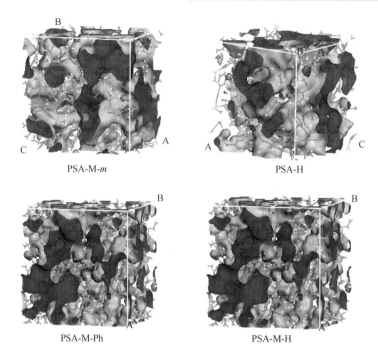

图 6.1　不同结构的含硅芳炔树脂的分子链堆积单元

6.2.2　含硅芳炔树脂分子结构的热稳定性模拟预测

借助于量子化学理论计算（南京理工大学贡雪东教授完成），对对、间位两个含硅芳炔树脂结构的分子构象和热稳定性进行了模拟研究，分子式结构如下：

(1)

$$HC \equiv C - \text{苯环} - C \equiv C - \underset{\underset{CH_3}{|}}{\overset{\overset{R}{|}}{Si}} - C \equiv C - \text{苯环} - C \equiv C - \underset{\underset{CH_3}{|}}{\overset{\overset{R}{|}}{Si}} - C \equiv C - \text{苯环} - C \equiv CH$$

(2)

$$HC \equiv C - \text{苯环} - C \equiv C - \underset{\underset{CH_3}{|}}{\overset{\overset{R}{|}}{Si}} - C \equiv C - \text{苯环} - C \equiv C - \underset{\underset{CH_3}{|}}{\overset{\overset{R}{|}}{Si}} - C \equiv C - \text{苯环} - C \equiv CH$$

$n = 1, 2, 3$

$R = H、Me、Ph$

当取代基 $R = H、Me、Ph$ 时，树脂间位结构和对位结构分别命名为 **PSA-H-*m*、PSA-M-*m*、PSA-Ph-*m*** 及 **PSA-H-*p*、PSA-M-*p*、PSA-Ph-*p***。当 $n = 1、2、3$ 时，对不同结构，如 **PSA-M-*m***，则以 **PSA-M-*m*1、PSA-M-*m*2、PSA-M-*m*3** 等表示。因

此，上述两个结构当 R = H、Me、Ph 和 $n = 1$、2、3 时，共有 PSA-H-m1、PSA-H-m2、PSA-H-m3、…、PSA-Ph-m1、PSA-Ph-m2、PSA-Ph-m3 等 18 个分子。每个分子都有诸多可能的构型，例如，对 PSA-H-m1，得到了 17 个可能的构型，对这些构型采用量子化学方法进行优化，筛选得到相对能量较低、较稳定的构型 PSA-H-m1-08，对该构型计算各键的键能（bond dissociation energy，BDE）以判断键的稳定性大小，从而可判断 PSA-H-m1 分子的稳定性的高低。对这 18 个分子都采用类似的方法进行了计算。

选用 B3LYP/3-21G 方法，对 18 个分子的构象和热稳定性进行计算。计算所得 18 个分子的稳定构象、相关键能数据列于表 6.3 中，典型的稳定构象如图 6.2 所示。

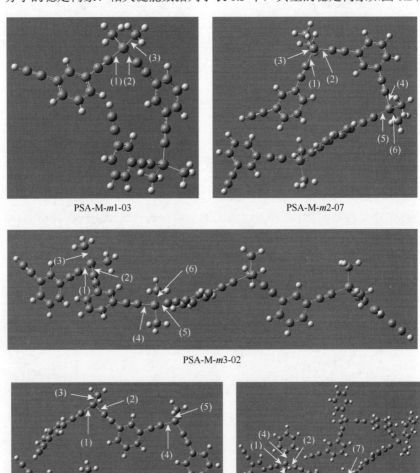

PSA-M-m1-03　　　　　　　　　　PSA-M-m2-07

PSA-M-m3-02

PSA-H-m3-05　　　　　　　　　　PSA-Ph-m3-10

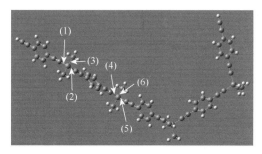

PSA-M-*p*3-04

图 6.2　预测所得 PSA-M-*m*、PSA-H-*m*3-05、PSA-Ph-*m*3-10 和 PSA-M-*p* 的稳定构型（图中数字表示键的位置）

表 6.3　B3LYP/3-21G 方法预测稳定构象的不同键的 BDE

稳定构象	Si—Ac	Si—Me	Si—Ph	Si—H	稳定构象	Si—Ac	Si—Me	Si—Ph	Si—H
PSA-H-*m*1-08	504(1) 504(2)	342(3)		352(4)	PSA-H-*p*1-20	489(1) 519(2)	337(3)		347(4)
PSA-H-*m*2-09	496(1) 499(2) 499(4)	336(3) 337(5)			PSA-H-*p*2-11	493(1) 493(2) 519(4)	335(3) 337(5)		
PSA-H-*m*3-05	506(1) 495(2) 507(4) 508(6)	338(3) 340(5) 340(7)			PSA-H-*p*3-07	494(1) 488(2) 519(4) 493(5)	337(3) 337(6)		
PSA-M-*m*1-03	513(1) 515(2)	346(3)			PSA-M-*p*1-18	505(1) 531(2)	345(3)		
PSA-M-*m*2-07	518(1) 511(2) 524(4) 524(5)	348(3) 348(6)			PSA-M-*p*2-08	505(1) 504(2) 531(4)	345(3) 345(5)		
PSA-M-*m*3-02	540(1) 518(2) 518(4) 518(5)	351(3) 351(6)			PSA-M-*p*3-04	503(1) 504(2) 530(4) 502(5)	345(3) 344(6)		
PSA-Ph-*m*1-14	526(1) 505(2)	338(3)	386(4)		PSA-Ph-*p*1-02	498(1) 524(2)	337(4)	383(3)	
PSA-Ph-*m*2-10	528(1) 509(2) 506(5) 506(6)	335(3) 340(7)	384(4) 388(8)		PSA-Ph-*p*2-07	498(1) 497(2) 524(5)	337(4) 338(7)	383(3) 381(6)	
PSA-Ph-*m*3-10	526(1) 499(2) 513(5) 506(6)	339(3) 347(7)	386(4) 385(8)		PSA-Ph-*p*3-06	498(1) 498(2) 524(5) 497(6)	337(4) 338(8)	384(3) 381(7)	

注：括号中数字表示键的位置，与图 6.2 相对应。

计算结果表示，无论是间位结构还是对位结构，Si—Me 键的 BDE 最小，其次为 Si—H，再次是 Si—Ph，Si—Ac（即 Si 与炔基 C 形成的键）较强。比较 PSA-H-*m*、PSA-M-*m* 和 PSA-Ph-*m* 的最小 BDE，R = Me 即甲基取代时最小 BDE 增大，R = Ph 即苯基取代时最小 BDE 变化不大；比较 PSA-H-*p*、PSA-M-*p* 和 PSA-Ph-*p* 的最小键能得到的结论相同，即 Si 上被甲基取代后稳定性会提高，但苯取代影响不大。

比较间位结构和对位结构对应的结果，如 PSA-H-*m*1 和 PSA-H-*p*1、PSA-Ph-*m*1 和 PSA-Ph-*p*1，对位结构各键的最小 BDE 略小于间位结构，即间位结构的稳定性略高于对位结构，但差别很小。

比较 $n = 1$、2、3 时的最小 BDE，发现结果差别很小，如 PSA-M-*m*1-03、PSA-M-*m*2-07、PSA-M-*m*3-02 的最小 BDE 分别为 346kJ/mol、348kJ/mol、351kJ/mol，说明链的长度对最小 BDE 即分子稳定性的预测结果影响不大。

6.3   含硅芳炔树脂结构对性能的影响

6.3.1   主链结构对树脂性能的影响

1. 分子量的影响

1）黏度[2]

图 6.3 是不同分子量甲基硅烷芳炔树脂的升温流变曲线（升温速率 2℃/min），表 6.4 中列出了树脂在不同温度下的黏度及加工窗宽。随着分子量的增大，树脂熔体黏度增大，树脂的加工窗口变窄。

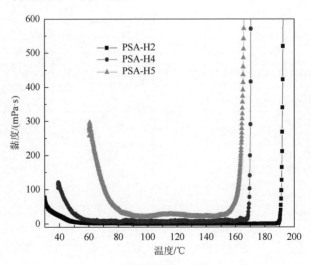

图 6.3   甲基硅烷芳炔树脂的升温流变曲线

表 6.4　PSA-H 树脂分子量对性能的影响

树脂	分子量 [1]	熔体黏度 [2]/(Pa·s)	加工窗口/℃	加工窗宽/℃
PSA-H2	518	0.1	52～192	140
PSA-H4	883	6.2	60～167	107
PSA-H5	1521	19.6	89～160	71

注：1) ^{1}H NMR 测出；2) 流变仪测出。

　　采用旋转黏度计测定了不同分子量甲基硅烷芳炔树脂黏度随温度的变化，图 6.4(a) 为黏度-温度曲线。从图中可以看出，随着温度的升高，树脂黏度减小。同一温度下，分子量增加，树脂黏度增加。以 PSA-H4 树脂为例考察甲基硅烷芳炔树脂在固定温度下黏度随时间的变化情况，如图 6.4(b) 所示。图中在 80℃下 PSA-H4 树脂的黏度随时间的延长而有所增加，但是增量并不是很大，说明树脂适用期较长。

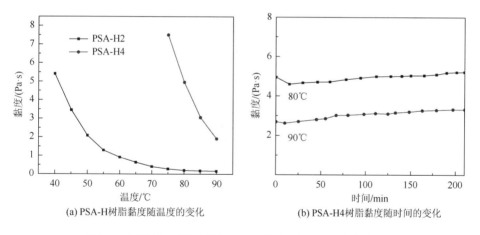

(a) PSA-H树脂黏度随温度的变化　　(b) PSA-H4树脂黏度随时间的变化

图 6.4　甲基硅烷芳炔树脂 PSA-H 黏度随温度和时间的变化

2) 固化行为

　　对不同分子量甲基硅烷芳炔树脂进行了 DSC 分析，如图 6.5 和表 6.5 所示。从图中可以看出，PSA-H 树脂在 180℃时已经有明显的放热。随着分子量的提高，固化反应放热峰向高温处移动，同时固化放热量明显减少。这说明随着分子量的提高，含硅芳炔树脂的固化反应活性略为降低。

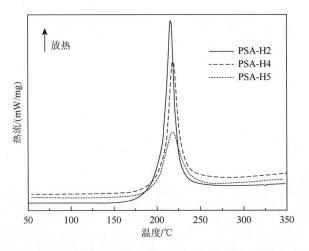

图 6.5   不同分子量甲基硅烷芳炔树脂 DSC 曲线

表 6.5   不同分子量 PSA-H 树脂 DSC 分析结果

树脂	T_i/℃	T_p/℃	T_e/℃	ΔH/(J/g)
PSA-H2	206	216	224	525
PSA-H4	207	219	228	440
PSA-H5	201	218	236	283

注：T_i 为放热峰起始温度；T_p 为放热峰峰顶温度；T_e 为放热峰终止温度。

甲基硅烷芳炔树脂在 150℃ 和 160℃ 下的凝胶时间列于表 6.6 中。随着温度的升高，凝胶时间缩短。在相同温度下树脂的凝胶时间随着分子量的提高而缩短。

表 6.6   不同分子量甲基硅烷芳炔树脂在不同温度下的凝胶时间

树脂	$\bar{M}_n$	凝胶时间/min	
		150℃	160℃
PSA-H1	—	61.2	23.2
PSA-H2	518	52.4	23.4
PSA-H3	—	48.7	18.4
PSA-H4	883	43.7	17.0
PSA-H5	1521	43.8	15.4

3）力学性能

表 6.7 为不同分子量乙烯基甲基硅烷芳炔树脂固化物的力学性能[3]。由表可见，PSA-V3 树脂弯曲强度在 25MPa 左右，弯曲模量在 2.8GPa 左右。随着分子量的提高，弯曲性能和压缩性能变化不大。

表 6.7　乙烯基甲基硅烷芳炔树脂固化物的力学性能

树脂	弯曲强度/MPa	弯曲模量/GPa	压缩强度/MPa
PSA-V3	24.7	2.8	72.5
PSA-V4	25.4	2.9	72.0
PSA-V5	26.1	2.9	83.2

4）热稳定性

图 6.6 是不同分子量甲基硅烷芳炔树脂固化物的 TGA 曲线。表 6.8 列出了其的 TGA 数据。在氮气气氛中，不同分子量的 PSA-H 树脂 T_{d5} 为 673～703℃，1000℃残留率为 90.8%～91.4%，其热稳定性随分子量的变化不大。这说明不同分子量甲基硅烷芳炔树脂具有高的热稳定性。

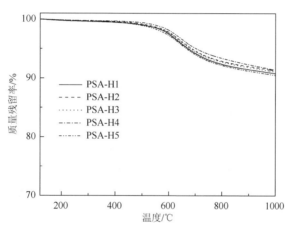

图 6.6　不同分子量甲基硅烷芳炔树脂固化物的 TGA 曲线（N_2）

表 6.8　不同分子量甲基硅烷芳炔树脂固化物的 TGA 数据（N_2）

树脂	$\bar{M}_n$	T_{d5}/℃	Y_{r800}/%
PSA-H1	—	673	92.4
PSA-H2	518	688	92.9
PSA-H3	—	682	92.7
PSA-H4	883	703	93.4
PSA-H5	1521	675	92.2

2. 芳炔链节结构的影响[4-6]

1）不同连接结构含硅芳炔树脂的物理性能

表 6.9 列出了邻位（o）、间位（m）、对位（p）结构含硅芳炔树脂在常用溶剂中的溶

解性。从表中可以看出，PSA-M-*m* 能溶于四氢呋喃、氯仿、甲苯、四氯化碳等溶剂，而 PSA-M-*p* 则除在四氢呋喃中有较好的溶解性外，在氯仿、甲苯、四氯化碳和丙酮中只能部分可溶。树脂溶解性的好坏有以下规律：PSA-M-*o*≥PSA-M-*m*≥PSA-M-*p*。

表 6.9　邻位、间位、对位结构含硅芳炔树脂在常用溶剂中的溶解性

溶剂	PSA-M-*o*	PSA-M-*m*	PSA-M-*p*
THF	+	+	+
甲苯	+	+	±
四氯化碳	+	+	±
氯仿	+	+	±
丙酮	+	±	±
DMF	+	+	+
甲醇	−	−	−
石油醚	−	−	−
乙腈	−	−	−

注：+表示可溶；−表示不溶；±表示部分可溶。

PSA-M-*o*、PSA-M-*m*、PSA-M-*m_ip_j*(i, j = 1，3，9)、PSA-M-*p* 在室温下均为固体。利用熔点仪分别测试了树脂的熔融温度。表 6.10 为各种树脂的熔融温度数据。从表中可以看出，全对位含硅芳炔树脂加热不熔，全间位含硅芳炔树脂熔融温度为 104～106℃，PSA-M-*mp* 熔融温度为 110～116℃，而邻位含硅芳炔树脂熔融温度只有 50℃，树脂的熔融温度受结构的影响很大。这种现象与芳炔的对称性和规整性有关。

表 6.10　不同连接结构的含硅芳炔树脂的熔融温度

树脂	熔融温度/℃
PSA-M-*o*	50
PSA-M-*m*	104～106
PSA-M-*mp*	110～116
PSA-M-*p*	不熔

为了解间位含硅芳炔树脂与对位含硅芳炔树脂的凝聚态结构，分别对 PSA-M-*m*、PSA-M-*m_ip_j*(i, j = 1，3)、PSA-M-*p* 进行了 XRD 分析，得到的谱图如图 6.7 所示。从图中可见，对位含硅芳炔树脂有尖锐的衍射峰，而间位含硅芳炔树脂有宽广的衍射峰；随着对位芳炔比例的提高，树脂的结晶峰逐渐增多，且出峰更为尖锐，说明对位含硅芳炔树脂是结晶性树脂，间位含硅芳炔树脂是无定形树脂。

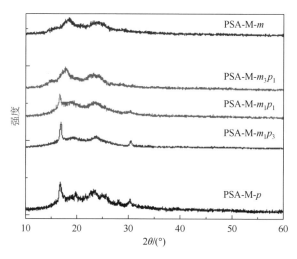

图 6.7　间、对位含硅芳炔树脂的 XRD 谱图

2) 不同连接结构含硅芳炔树脂的加工性（流变性能）

采用旋转流变仪测试了该系列树脂的升温流变曲线，升温速率 2℃/min，剪切速率为 0.1s⁻¹，结果如图 6.8 所示。从图中可以看出，树脂的黏度受两方面的共同影响：首先温度升高使分子链段的运动更容易，树脂黏度下降；其次温度升高有利于固化反应的进行，随着固化反应的缓慢进行，体系的黏度也会缓慢增加，这两者共同作用就造成了黏度随温度变化不明显的现象。从图中还可以看出，引入少量对位结构可以拓展树脂的加工窗口，但随对位结构的增加，树脂的加工窗口变窄。

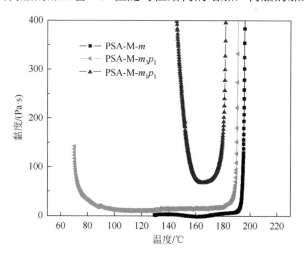

图 6.8　间对位含硅芳炔树脂黏度随温度变化

图 6.9 是邻位含硅芳炔树脂 PSA-M-o 的黏度随温度变化的曲线。可以看出，

当温度高于 50℃后，邻位含硅芳炔树脂成为低黏度的液体。随着温度的升高，黏度几乎不变，但在 156℃以后树脂的黏度突然上升，树脂发生凝胶反应；而 PSA-M-*m* 树脂在低于 170℃时具有较低的黏度，当温度高于 170℃后，树脂黏度上升，发生凝胶反应。PSA-M-*o* 树脂具有较宽的加工窗口（100℃左右）。邻位含硅芳炔树脂由于具有较高活性的邻苯二炔的结构，在加热情况下易发生 Bergman 反应和交联，因此在较低的温度下（156℃）就可发生凝胶反应。

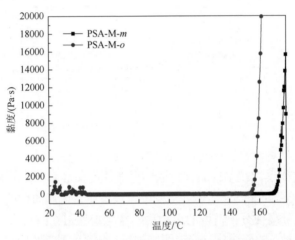

图 6.9　邻位与对位含硅芳炔树脂的流变曲线

图 6.10（a）为 PSA-M-*o* 树脂的黏度与温度的关系图，从图中可以看出 60℃时 PSA-M-*o* 树脂的黏度较高（262mPa·s），随着温度的升高，树脂黏度逐渐降低，110℃以上趋于稳定值。图 6.10（b）为在 110℃下 PSA-M-*o* 树脂的黏度与时间的关系图，从图中可以看出，随着时间的延长，树脂的黏度缓慢增大，在 5h 时树脂黏度为 98mPa·s，但仍处于较低水平，树脂具有较长的使用期。

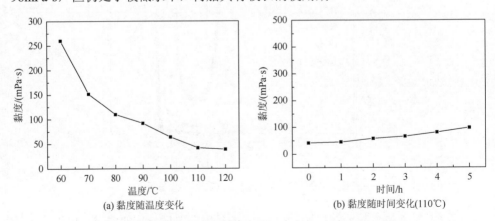

(a) 黏度随温度变化　　　　　　　　　(b) 黏度随时间变化(110℃)

图 6.10　PSA-M-*o* 树脂的黏度与温度和时间之间的关系图

3）不同连接结构含硅芳炔树脂固化特性

图 6.11 是 PSA-M-*m* 与 PSA-M-*o* 树脂的 DSC 曲线，其分析结果如表 6.11 所示。由图可知，PSA-M-*m* 与 PSA-M-*o* 具有相近的放热量，但 PSA-M-*o* 树脂的起始放热温度比 PSA-M-*m* 树脂低很多，且具有较宽的放热峰，这是因为 PSA-M-*o* 中具有活性更高的邻位炔基，更易进行交联固化。

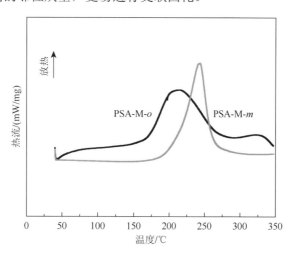

图 6.11　PSA-M-*m* 与 PSA-M-*o* 树脂的 DSC 曲线

对合成的硅烷对芳炔-硅烷间芳炔共聚树脂［PSA-M-*m*、PSA-M-m_ip_j(i, j = 1, 3)、PSA-M-*p*］进行 DSC 分析。分析结果如图 6.12 所示。从图中可以看出，硅烷对芳炔-硅烷间芳炔共聚树脂均出现一个很强的放热峰，其峰顶温度及放热量列于表 6.11 中，放热峰顶温度为 207～241℃，放热量为 395～575J/g。可见

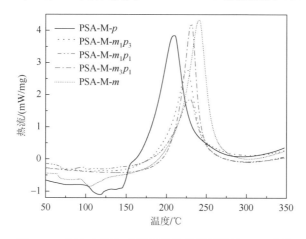

图 6.12　硅烷对芳炔-硅烷间芳炔共聚树脂的 DSC 曲线

随着间位芳炔比例的升高，树脂的峰顶温度也升高。这是由于对位含硅芳炔树脂外炔的活性比间位含硅芳炔树脂外炔的活性高。从中可以看出，随着间位结构比例的提高，树脂放热量增大。对二乙炔基苯结构单元对称性大且共轭程度高，造成对位含硅芳炔树脂内炔参与反应更难，因此对位结构比例升高，放热峰会减小。

表 6.11　硅烷对芳炔-硅烷间芳炔共聚树脂的 DSC 分析结果及凝胶时间

树脂	T_i/℃	T_p/℃	ΔH/(J/g)	凝胶时间/min（170℃）
PSA-M-p	172	207	395	—
PSA-M-m_1p_3	197	225	448	19
PSA-M-m_1p_1	196	229	476	21
PSA-M-m_3p_1	208	231	575	36
PSA-M-m	211	241	560	42
PSA-M-o	167	210	480	50

采用平板小刀法对共聚硅芳炔树脂的凝胶时间进行测试，结果如表 6.11 所示。从表中可知，共聚树脂的凝胶时间为 19～42min。PSA-M-p 由于不存在熔融温度，无法测定其凝胶时间。从表中可以看出，随着硅烷对芳炔-硅烷间芳炔共聚树脂中对位结构比例的增大，树脂的凝胶时间呈现减小的趋势，如 PSA-M-m 的凝胶时间是 42min，而 PSA-M-m_1p_3 的凝胶时间是 19min，这与对位芳炔活性有关。

4）不同连接结构含硅芳炔树脂固化物的热机械性能

图 6.13 为 PSA-M-m 与 PSA-M-o 树脂固化物的 DMA 曲线。从 PSA-M-o 固化物的 DMA 曲线可以看出，PSA-M-m 和 PSA-M-o 树脂固化物在室温至 350℃ 的温度范围内没有出现玻璃化转变，但是 PSA-M-o 树脂固化物的储能模量和损耗模量在 250℃ 以后有明显降低的趋势，这可能与 PSA-M-o 树脂在固化过程中形成萘结构，不参与

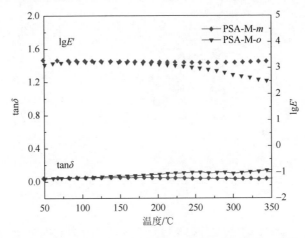

图 6.13　PSA-M-m 与 PSA-M-o 树脂固化物的 DMA 曲线

分子间的交联反应，降低了交联密度有关。树脂固化物的模量在 3.0GPa 左右。

　　5) 不同连接结构含硅芳炔树脂热稳定性

　　日本 Itoh 等制备了系列不同结构的含硅芳炔树脂，并研究了其结构与性能，这些含硅芳炔树脂的热稳定性见表 4.2[4]。在三种异构树脂中，间位连接树脂的热稳定性明显高于邻位和对位连接树脂，氩气下间位结构树脂 5%热失重温度(T_{d5})达到 894℃，1000℃残留率超过 90%，空气下 T_{d5} 达到 573℃；氩气中邻位树脂 T_{d5} 最低，只有 561℃。他们的研究表明若以二氯硅烷取代二氯苯基硅烷时，树脂在氮气中的 T_{d5} 高于 1000℃，两个活泼的硅氢均参与了交联反应。

　　图 6.14 为 PSA-M-o 树脂与 PSA-M-m 树脂固化物在氮气氛围中的 TGA 曲线，TGA 数据列于表 6.12。由图表可以看出，PSA-M-o 树脂固化物的 T_{d5} 为 437℃和 800℃的残留率为 64.90%，比 PSA-M-m 固化物低很多，主要原因可能是邻苯二炔结构的特殊性，在固化过程中易生成萘结构：

苯炔不参与分子间的交联，降低了交联密度，从而使 PSA-M-o 树脂固化物耐热性降低[7]。

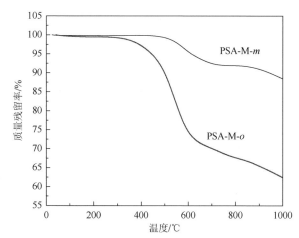

图 6.14　含硅芳炔树脂固化物的 TGA 曲线(N_2)

表 6.12   不同含硅芳炔树脂固化物的 TGA 数据（N$_2$）

树脂	T_{d5}/℃	Y_{r800}/%
PSA-M-o	437	64.90
PSA-M-m	615	91.32
PSA-M-m_3p_1	630	91.97
PSA-M-m_1p_1	637	91.44
PSA-M-m_1p_3	613	90.91
PSA-M-p	548	86.78

PSA-M-m、PSA-M-m_ip_j(i，$j=1,3$)、PSA-M-p 共聚树脂经固化工艺：150℃/2h+170℃/2h+210℃/2h+250℃/4h 固化后，测得其固化物的 TGA 数据也列于表 6.12 中。从表中可以看出，PSA-M-o 和 PSA-M-p 树脂的热稳定性明显不如其他树脂，PSA-M-m、PSA-M-m_1p_3、PSA-M-m_1p_1、PSA-M-m_3p_1 树脂显示较高的热稳定性[6]。

6) 不同连接结构含硅芳炔树脂复合材料的性能

表 6.13 为碳纤维(T300)增强 PSA-M-o 树脂复合材料(T300CF/PSA-M-o)在室温条件下的力学性能测试结果。从表中可以看出，T300CF/PSA-M-o 复合材料的力学性能略高于 T300CF/PSA-M-m，其弯曲强度为 340MPa、剪切强度为 18.9MPa。虽然 PSA-M-o 树脂交联固化反应机制不同，会形成不同结构树脂，但是由于 PSA-M-o 和 PSA-M-m 树脂均属于高度交联的树脂，因此树脂连接结构对复合材料性能影响不大。

表 6.13   碳纤维增强含硅芳炔树脂复合材料的力学性能

复合材料	弯曲强度/MPa	弯曲模量/GPa	层间剪切强度/MPa
T300CF/PSA-M-o	340±12	49.8±3.3	18.9±0.5
T300CF/PSA-M-m	290±9	42.7±1.5	18.5±0.6

图 6.15 为 CF/PSA-M-o 复合材料断面的 SEM 图。从图中可以看出，PSA-M-o 树脂紧紧包裹着碳纤维，这说明 PSA-M-o 树脂对碳纤维具有较好的黏附性，使 CF/PSA-M-o 复合材料显示较高的力学性能。

3. 芳炔结构的影响

Itoh 等利用 4,4′-二乙炔基二苯醚代替二乙炔基苯与苯基硅烷反应，制备了主链含有芳醚键的硅芳炔树脂[8]：

图 6.15　CF/PSA-M-o 复合材料断面的 SEM 图

结果表明主链含有醚键的硅芳炔树脂经 400℃固化后的弯曲强度达到 45MPa，相比由二乙炔基苯合成的 MSP 树脂弯曲强度的 10MPa 提高了 350%，在保证较高耐热性的前提下，芳醚的引入大幅度提升了树脂的力学强度。

2007 年，Wang 等[9]和 Xu 等[10]利用 4, 4′-二乙炔基二苯醚代替二乙炔基苯分别与二甲基二氯硅烷和二苯基二氯硅烷反应，制备了苯乙炔封端的聚(亚甲硅烷基乙炔-4, 4′-苯醚乙炔)：

R= —CH$_3$, —C$_6$H$_5$

结果表明当苯乙炔与 4, 4′-二乙炔基二苯醚的投料比为 1∶4 时，两种树脂的加工性能均较好，在氮气气氛中具有较高的热分解温度，二甲基硅烷树脂的 T_{d5} 为 603℃，二苯基硅烷树脂的 T_{d5} 为 625℃，1000℃时的残留率分别为 77%和 81%。

辛浩[7]合成了芳醚结构的含硅芳炔树脂，即 PSEA-M 树脂：

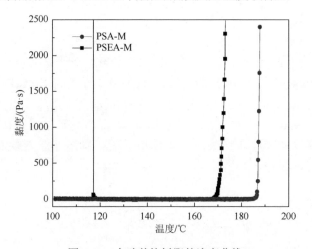

通过 GPC 测试得到了 PSEA-M 树脂的数均分子量 $\bar{M}_n$ 为 1972，重均分子量 $\bar{M}_w$ 为 2848，多分散系数为 1.44。

图 6.16 是 PSEA-M 和 PSA-M 树脂黏度与温度的关系曲线。从图中可以看出，在 120～170℃内，PSEA-M 树脂具有低的黏度；当温度升高至 170℃附近时，树脂的黏度突然上升，树脂发生凝胶反应。这说明 PSEA-M 树脂具有较宽的加工窗口；与 PSA-M 树脂相比，PSEA-M 树脂的凝胶反应温度较低。

图 6.16　含硅芳炔树脂的流变曲线

表 6.14 是 PSEA-M 与 PSA-M 树脂的凝胶时间。从表中可以看出，相比 PSA-M 树脂，PSEA-M 树脂具有较短的凝胶时间，这与 PSEA-M 树脂凝胶温度低有关。

表 6.14　PSEA-M 与 PSA-M 树脂的凝胶时间

样品	PSEA-M	PSA-M
凝胶温度 1)/℃	170 左右	185 左右
凝胶时间 2)/min(170℃)	27	53

注：1)流变仪测量；2)平板小刀测量。

图 6.17 是 PSEA-M 和 PSA-M 树脂的 DSC 曲线，其数据结果如表 6.15 所示。由 DSC 曲线可知，PSEA-M 树脂在 120℃处有一个吸热峰，这是由树脂熔融吸热

所引起的；在 249℃的放热峰是因为 PSEA-M 树脂的乙炔基发生了交联固化反应，且 PSEA-M 树脂比 PSA-M 树脂具有较低的固化放热量，这可能是苯醚结构的引入降低了树脂中乙炔基的浓度所致。

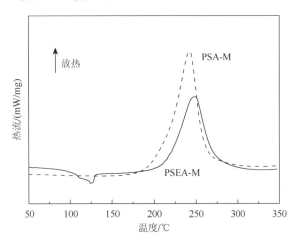

图 6.17　PSEA-M 与 PSA-M 树脂的 DSC 曲线

表 6.15　PSEA-M 与 PSA-M 树脂的 DSC 分析结果

树脂	放热峰温度/℃			$\Delta H/(J/g)$
	T_i	T_p	T_e	
PSEA-M	215	249	278	378.1
PSA-M	199	230	257	482.5

图 6.18 是 PSEA-M 与 PSA-M 树脂固化物的介电谱图。从图中可以看出，PSEA-M 树脂固化物的介电常数与 PSA-M 固化物相近，这可能与苯醚结构的对称性高有关。

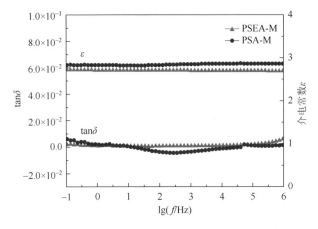

图 6.18　PSEA-M 与 PSA-M 树脂固化物的介电谱图

　　按国标 GB/T 3854—2017 测试树脂固化物的巴氏硬度，测试结果如表 6.16 所示。从表中可以看出，PSEA-M 树脂固化物比 PSA-M 树脂具有更低的巴氏硬度。这可能与 PSEA-M 树脂柔韧性高有关。

表 6.16　PSEA-M 和 PSA-M 树脂的巴氏硬度

树脂	巴氏硬度/HBa	弯曲强度/MPa	弯曲模量/GPa
PSA-M	58±2	21±2	2.3±0.4
PSEA-M	43±2	40±3	3.4±0.2

　　表 6.16 也列出了 PSEA-M 和 PSA-M 树脂固化物的弯曲性能。从表中可以看出，PSEA-M 固化物比 PSA-M 固化物具有更高的弯曲性能。相比 PSA-M，PSEA-M 树脂的弯曲强度约提高了 90%，弯曲模量约提高了 47.8%。

　　图 6.19 为 PSEA-M 树脂固化物断面的 SEM 图，从图中可以看出，PSA-M 树脂固化物断面光滑平整，这说明 PSA-M 树脂固化物的断裂方式为脆性断裂；而 PSEA-M 树脂固化物的断面上有规整的条纹状裂痕，显示韧性断裂特征，说明芳醚的引入能提高树脂的柔韧性。

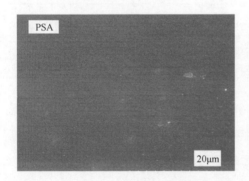
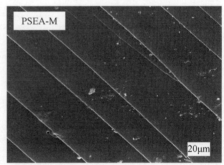

图 6.19　树脂固化物的 SEM 图

　　图 6.20 为 PSEA-M 和 PSA-M 树脂固化物的 DMA 曲线。从图中可以看出，PSEA-M 固化物与 PSA-M 固化物的 DMA 曲线相似。在 50~500℃内，PSEA-M 与 PSA-M 树脂固化物均未出现玻璃化转变。

　　图 6.21 为 PSEA-M 和 PSA-M 树脂固化物在氮气气氛中的 TGA 曲线，表 6.17 为 TGA 数据。由图表可以看出，PSEA-M 固化物的 T_{d5} 和 800℃的残留率比 PSA-M 固化物的低，这可能与树脂交联密度降低和醚键的热稳定性低有关。

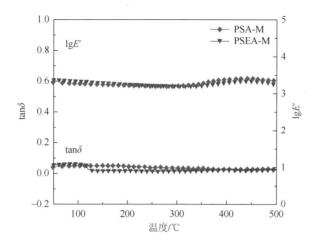

图 6.20 PSA-M 与 PSEA-M 树脂固化物的 DMA 曲线

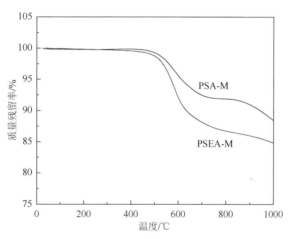

图 6.21 含硅芳醚芳炔树脂固化物的 TGA 曲线

表 6.17 含硅芳醚芳炔树脂固化物的 TGA 数据

树脂固化物	T_{d5}/℃	Y_{r800}/%
PSEA-M	568	86.70
PSA-M	608	92.13

表 6.18 为石英纤维(QF)增强 PSEA-M 和 PSA-M 树脂复合材料的力学性能的测试结果。从表中可以看出,室温时 QF/PSEA-M 复合材料的弯曲强度为 300MPa,弯曲模量为 21.3GPa,层间剪切强度为 26.5MPa,比 QF/PSA 复合材料高很多。这是因为 PSEA-M 树脂中引入了醚键,一方面提高了 PSEA-M 树脂的极性,另一方面适量降低了树脂的交联度[11-13],所以 QF/PSEA-M 复合材料的强度提高了。

表 6.18 石英纤维增强 PSEA-M 和 PSA-M 树脂复合材料的力学性能

复合材料	温度/℃	弯曲强度/MPa	弯曲模量/GPa	层间剪切强度/MPa
QF/PSEA-M	室温	300±10	21.3±0.5	26.5±2.4
	250	210±10	20.5±2.1	15.6±2.9
QF/PSA-M	室温	197±9	18.7±1.5	14.4±0.6
	250	141±8	18.5±3.1	8.7±1.1

表 6.19 为 T300 纤维布增强 PSEA-M 和 PSA-M 树脂复合材料的力学性能的测试结果。从表中可以看出,室温时 CF/PSEA-M 复合材料的力学性能比 CF/PSA-M 的高很多,其弯曲强度为 425MPa、层间剪切强度为 26.9MPa,比 CF/PSA-M 复合材料分别约提高了 46.6%和 45.4%。在 250℃和 450℃, CF/PSEA-M 复合材料的力学性能降低的百分比比 CF/PSA-M 降低百分比高,但仍保持较高的水平。

表 6.19 碳纤维增强硅芳炔树脂复合材料的力学性能

复合材料	温度/℃	弯曲强度/MPa	弯曲模量/GPa	层间剪切强度/MPa
CF/PSEA-M	室温	425±10	45.8±2.3	26.9±0.5
	250	295±12	52.6±4.6	15.1±0.4
	450	190±14	31.4±7.1	7.2±0.9
CF/PSA-M	室温	290±9	42.7±1.5	18.5±0.6
	250	225±8	41.5±3.1	12.7±1.1
	450	175±8	30.7±6.3	7.4±0.8

4. 硅烷链节单元结构的影响

Zhang 和 Gao 等[14-16]将二乙炔基苯格氏试剂与二氯硅氧烷缩合制备了含不同长度硅氧链段的硅氧烷芳炔树脂,结构如下:

他们对制备的含硅氧烷芳炔树脂进行了研究[17],考察了硅烷链节单元对树脂性能的影响。

(1)溶解性。含硅氧烷芳炔树脂的溶解性见表 6.20。由于主链上引入了硅氧烷链段，树脂在丙酮中有较好的溶解性。含硅氧烷间位芳炔树脂 PSA-O-m Ⅰ～Ⅴ在常温下具有良好的溶解性能，能溶于常用的有机溶剂。含硅氧烷对位芳炔树脂 PSA-O-p Ⅰ～Ⅴ的溶解性与含硅氧烷间位芳炔树脂类似，但其不能溶于石油醚中，这说明含硅氧烷间、对位芳炔树脂的溶解性有一定差异，与对位结构分子链更规整有关。

表 6.20　含硅氧烷芳炔树脂的溶解性

溶剂	PSA-O-m Ⅰ～Ⅴ	PSA-O-p Ⅰ～Ⅴ	溶剂	PSA-O-m Ⅰ～Ⅴ	PSA-O-p Ⅰ～Ⅴ
石油醚	+	−	THF	+	+
甲苯	+	+	DMF	+	+
丙酮	+	+	氯仿	+	+
丁酮	+	+	甲醇	−	−

注：+表示可溶；−表示不溶。

(2)树脂固化物的耐热性。图 6.22 是含硅氧烷芳炔树脂固化物的 DMA 曲线。从图中可以看出，含硅氧烷间位芳炔树脂 PSA-O-m Ⅰ～Ⅲ、Ⅴ固化物的玻璃化转变温度分别为 143℃、117℃、102℃和 76℃，含硅氧烷对位芳炔树脂 PSA-O-p Ⅰ～Ⅴ固化物的玻璃化转变温度分别为 126℃、104℃、96℃、84℃和 78℃。含硅氧烷间位芳炔树脂固化物的玻璃化转变温度略高于含硅氧烷对位芳炔树脂固化物。此外，随着硅氧链段的增长，树脂固化物的玻璃化转变温度逐渐降低，这主要与硅氧烷柔性链段和树脂的交联密度有关。

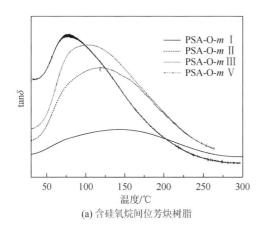

(a) 含硅氧烷间位芳炔树脂

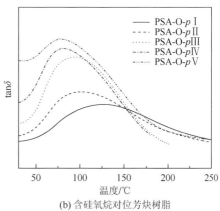

(b) 含硅氧烷对位芳炔树脂

图 6.22　含硅氧烷芳炔树脂固化物的 DMA 曲线

（3）树脂的热稳定性。图 6.23 是含硅氧烷间位芳炔树脂 PSA-O-m I ～Ⅲ、Ⅴ 固化物在不同气氛下的 TGA 曲线。图 6.24 是含硅氧烷对位芳炔树脂 PSA-O-p I ～Ⅴ 固化物在不同气氛下的 TGA 曲线。表 6.21 列出了固化树脂的 TGA 分析结果。从表中数据可见，含硅氧烷芳炔树脂固化物具有较高的热分解温度和残留率，且其稳定性在氮气气氛中比在空气中更好。此外，T_{d5} 和 1000℃ 残留率随硅氧链的增长而逐渐减小。一方面，随着硅氧烷链段的增长，树脂中炔基的浓度下降导致树脂固化物的交联密度降低，进而热稳定性相应降低；另一方面，硅氧烷链段的增长，在高温下易发生降解反应，逸出小分子，导致稳定性下降。然而，含硅氧烷芳炔树脂固化物具有较好的热氧化稳定性。随着硅氧链的增长，含硅氧烷芳炔树脂 PSA-O-m I ～Ⅲ、Ⅴ 和 PSA-O-p I ～Ⅴ 固化物在 1000℃ 时的残留率逐渐增大。这是由于在高温下树脂固化物中的硅元素与空气中的氧气发生氧化反应生成了 SiO_2。

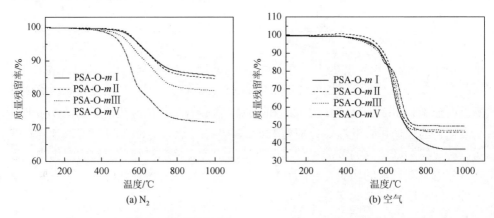

图 6.23　含硅氧烷间位芳炔树脂 PSA-O-m I ～Ⅲ、Ⅴ 固化物的 TGA 曲线

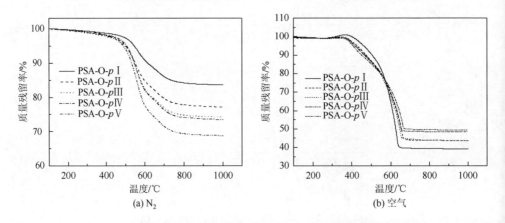

图 6.24　含硅氧烷对位芳炔树脂 PSA-O-p I ～Ⅴ 固化物的 TGA 曲线

表 6.21 含硅氧烷芳炔树脂 PSA-O-*m*Ⅰ～Ⅲ、Ⅴ和 PSA-O-*p*Ⅰ～Ⅴ固化物的 TGA 分析结果

树脂固化物	N$_2$		空气	
	T_{d5}/℃	Y_{r800}/%	T_{d5}/℃	Y_{r800}/%
PSA-O-*m*Ⅰ	602	86.9	548	39.4
PSA-O-*m*Ⅱ	550	86.0	535	46.5
PSA-O-*m*Ⅲ	553	82.2	522	47.2
PSA-O-*m*Ⅴ	505	72.6	514	49.6
PSA-O-*p*Ⅰ	546	84.2	462	39.4
PSA-O-*p*Ⅱ	502	77.8	429	43.8
PSA-O-*p*Ⅲ	497	74.8	419	43.9
PSA-O-*p*Ⅳ	495	74.1	417	48.5
PSA-O-*p*Ⅴ	489	69.4	407	49.6

比较含硅氧烷间、对位芳炔树脂的热稳定性可知，含硅氧烷间位芳炔树脂的热稳定性优于含硅氧烷对位芳炔树脂。

6.3.2 端基对树脂性能的影响

1. 加工性能

2001 年，法国 Buvat 等[18]报道了苯乙炔封端的含硅芳炔树脂（BLJ 树脂）。BLJ 树脂结构式如下：

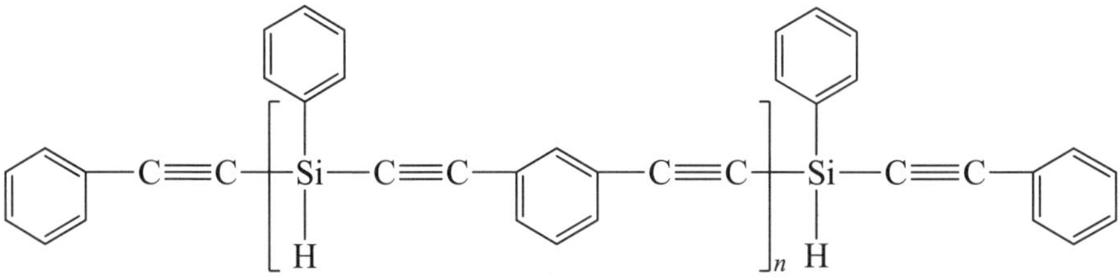

BLJ 树脂固化反应焓较低（<400J/g），固化时无小分子放出。与 MSP 树脂相比，BLJ 树脂最大的优点是它的黏度可以控制，在常温下树脂可以流动，便于浸渍纤维，可用 RTM 成型工艺加工。

表 6.22 为苯乙炔封端的二甲基硅烷芳炔树脂［PSA-M(B)树脂］的溶解性，可见树脂的溶解性良好，可溶于多种溶剂中。

表 6.22   PSA-M(B)树脂的溶解性

溶剂	PSA-M(B)	PSA-M	溶剂	PSA-M(B)	PSA-M
丙酮	+	±	四氯化碳	+	+
THF	+	+	DMF	+	+
甲苯	+	+	DMAc	+	+
氯仿	+	+	己烷	–	–
二氯甲烷	+	+	甲醇	±	–

注：+表示可溶；–表示不溶；±表示部分可溶。

图 6.25 为苯乙炔封端的乙烯基甲基硅烷芳炔树脂的 DSC 曲线。从图中可以看到，PSA-V 树脂的固化放热峰起始温度为 178℃，峰顶温度为 234℃，峰止温度 302℃，而 PSA-V(B)结构的含硅芳炔树脂的固化放热峰起始温度高达 255℃，峰顶温度为 343℃，峰止温度为 435℃，结果表明苯乙炔封端的乙烯基甲基硅烷芳炔树脂的固化温度即内炔反应温度较高。

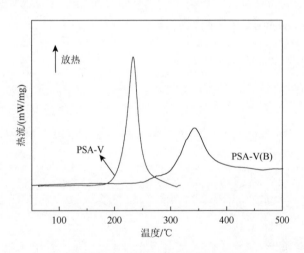

图 6.25   苯乙炔封端的乙烯基甲基硅烷芳炔树脂的 DSC 曲线

2. 热稳定性[19]

苯乙炔封端的 PSA-M(B)树脂固化物的 TGA 结果列于表 6.23 中。可见苯乙炔封端的 PSA-M(B)树脂固化物的耐热性能 T_{d5} 较低。这可能是由苯乙炔封端的 PSA-M(B)树脂固化交联不完全引起的(固化温度高)。

表 6.23　苯乙炔封端的二甲基硅烷芳炔树脂固化物的 TGA 结果

气氛	树脂固化物	T_{d5}/℃	Y_{r800}/%
N$_2$	PSA-M	648.0	91.4
	PSA-M（B）	532.0	82.9
空气	PSA-M	531.0	29.1
	PSA-M（B）	486.0	29.8

6.3.3　侧基对树脂性能的影响

1. 硅侧基对含硅芳炔树脂溶解性的影响[3]

PSA-M 树脂在室温下为固体，而 PSA-H 和 PSA-V 树脂在室温下均为黏稠的液体。经计算不同硅侧基含硅芳炔树脂 PSA-M、PSA-H 和 PSA-V 树脂的溶解度参数分别为 19.2 (J/cm^3)$^{1/2}$、20.2 (J/cm^3)$^{1/2}$ 和 20.1 (J/cm^3)$^{1/2}$，它们可溶解在溶解度参数相近的常用溶剂中。表 6.24 为不同侧基含硅芳炔树脂在不同溶剂中的溶解性，由表可见，PSA-M、PSA-H 和 PSA-V 树脂易溶解于除正己烷、甲醇、石油醚外的常用溶剂，如二氯甲烷［19.8 (J/cm^3)$^{1/2}$］、四氯化碳［17.6 (J/cm^3)$^{1/2}$］、三氯甲烷［19.85 (J/cm^3)$^{1/2}$］和四氢呋喃［19.5 (J/cm^3)$^{1/2}$］等溶剂。同时 PSA-H 树脂具有更好的溶解性，如能溶于丙酮，这可能与其溶解度参数较高有关。

表 6.24　不同硅侧基含硅芳炔树脂的溶解性

溶剂	PSA-M	PSA-H	PSA-V	溶剂	PSA-M	PSA-H	PSA-V
乙醚	±	+	±	丙酮	±	+	±
二氧六环	+	+	+	甲苯	+	+	+
THF	+	+	+	石油醚	–	–	–
三氯甲烷	+	+	+	正己烷	–	–	–
四氯化碳	+	+	+	甲醇	–	–	–
丁酮	+	+	+	DMF	+	+	+

注：+表示可溶；–表示不溶；±表示部分可溶。

2. 硅侧基对树脂加工性能的影响[2, 20]

图 6.26 是不同硅侧基含硅芳炔树脂 PSA-M、PSA-H 和 PSA-V 的升温流变曲线，剪切速率为 0.1s^{-1}，表 6.25 列出了树脂流变分析的具体数据。由表可见，不同硅侧基含硅芳炔树脂在升温过程中，黏度随着温度的升高先下降，接着保持一段较低的黏度，然后又急剧上升。从图中可以看出，PSA-M、PSA-H 和 PSA-V 树

脂均具有较宽的工艺窗口（＞100℃），且依次增宽。从图中还可以看出，PSA-M树脂因结构对称，具有较高的熔融温度。

三种含硅芳炔树脂黏度急剧上升温度点即凝胶温度与树脂的结构有关，PSA-H 树脂中含有 Si—H 和—C≡C—两种反应性基团，Si—H 与—C≡C—能在较低温度下发生硅氢加成反应，树脂的凝胶温度最低；PSA-V 树脂由于乙烯基基团参与交联反应，其凝胶温度居其次；PSA-M 树脂因侧基无反应活性而使其凝胶温度最高。

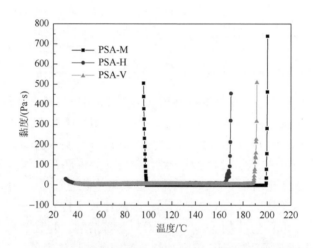

图 6.26   不同硅侧基含硅芳炔树脂的升温流变曲线

表 6.25   不同硅侧基含硅芳炔树脂的流变分析数据

树脂	凝胶温度/℃	加工窗口/℃	加工窗宽/℃
PSA-M	198	95～198	103
PSA-H	164	36～164	128
PSA-V	190	38～190	152

采用旋转式黏度计，在剪切速率 $350s^{-1}$ 下测定不同硅侧基含硅芳炔树脂在不同温度下的表观黏度，测定结果如图 6.27 所示。由图可见，PSA-H、PSA-V 和 PSA-M 树脂分别在 57℃、60℃、92℃以上时的黏度小于 1.0Pa·s。

图 6.28 是不同硅侧基结构含硅芳炔树脂的 DSC 曲线，分析结果列于表 6.26 中。可见，PSA-H 树脂放热峰温度最低，放热量最大；PSA-V 树脂的放热峰温度居其次；PSA-M 树脂的放热峰温度最高。PSA-H 树脂中含有硅氢和炔键两种反应性基团，在固化过程中，除了发生炔基聚合外，还会发生硅氢与炔基的加成反应，导致 PSA-H 树脂固化反应温度低和反应放热量大；PSA-V 中的乙烯基也可参

与交联，导致 PSA-V 固化反应温度与反应放热量居其次；PSA-M 无活性侧基，则其固化反应放热峰温度最高和反应放热量最低。

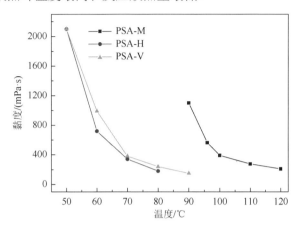

图 6.27　不同硅侧基含硅芳炔树脂的黏度随温度的变化

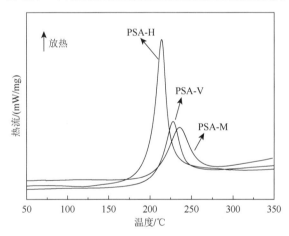

图 6.28　不同硅侧基结构含硅芳炔树脂的 DSC 曲线

表 6.26　不同硅侧基芳炔树脂的 DSC 分析结果

树脂	$T_i/℃$	$T_p/℃$	$T_e/℃$	$\Delta H/(\text{J/g})$
PSA-M	210	233	256	259
PSA-H	199	214	235	624
PSA-V	208	208	248	262

3. 硅侧基对含硅芳炔树脂固化物力学性能的影响[3]

不同硅侧基含硅芳炔树脂固化物的室温力学性能列于表 6.27 中。从表中可以看出，两种含硅芳炔树脂固化物的弯曲强度均不高，但 PSA-V 树脂的压缩强度较低，这可能与 PSA-V 树脂固化物的交联密度高有关。

表 6.27   不同硅侧基含硅芳炔树脂固化物的力学性能

树脂固化物	弯曲强度/MPa	弯曲模量/GPa	压缩强度/MPa
PSA-M	24.3	3.1	158
PSA-V	24.7	2.8	72.5

4. 硅侧基对含硅芳炔树脂固化物热稳定性的影响

图 6.29 为不同硅侧基含硅芳炔树脂固化物的 TGA 曲线，TGA 结果列于表 6.28 中。由表可知，三种树脂固化物在不同的气氛中均具有较好的热稳定性。在氮气气氛下，树脂固化物的 T_{d5} 和 800℃残留率为：PSA-H＞PSA-M≈PSA-V。在空气气氛下，树脂固化物的 T_{d5} 和 800℃残留率为 PSA-H＞PSA-V＞PSA-M，但相差不大。从固化结构来看，PSA-H 树脂固化物的交联密度最高，其 Si 含量也稍高于 PSA-M 和 PSA-V，具有最好的热稳定性和热氧化稳定性；而 PSA-M 树脂固化物的交联密度最低，其热氧化稳定性稍低。

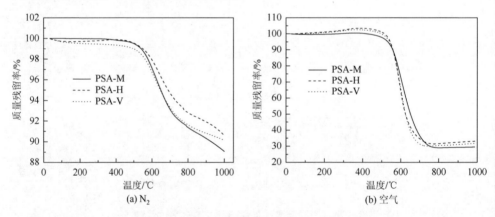

图 6.29   不同硅侧基含硅芳炔树脂固化物的 TGA 曲线

表 6.28   不同硅侧基含硅芳炔树脂固化物的 TGA 数据

树脂固化物	N$_2$		空气	
	T_{d5}/℃	Y_{r800}/%	T_{d5}/℃	Y_{r800}/%
PSA-M	648	91.4	531	29.1
PSA-H	688	92.8	544	31.6
PSA-V	646	91.6	540	30.8

6.3.4　共聚结构对树脂性能的影响

1. 二苯基硅烷与二甲基硅烷共聚芳炔树脂[21]

由二乙炔基苯和二甲基硅烷与甲基苯基硅烷合成的树脂称为二苯基硅烷芳炔-二甲基硅烷共聚芳炔树脂(PSA-M-*co*-Ph)。图 6.30 是 PSA-M-*co*-Ph 的黏度与温度关系曲线，剪切速率为 $0.1s^{-1}$。PSA-M 树脂具有明显的熔融过程(110℃左右)，这是因为侧基全为甲基时树脂的结构高度对称，树脂易结晶。PSA-Ph 树脂即侧基为苯基的树脂，其黏度在 175~184℃时迅速下降，随温度的升高，当接近炔基固化反应温度时树脂黏度又迅速上升，加工窗口非常窄。这是因为苯基侧基体积较大，提高了分子链单键内旋转的能垒，流动活化能高，PSA-Ph 树脂熔体黏度达 32Pa·s，而 PSA-M 树脂黏度为 1Pa·s。

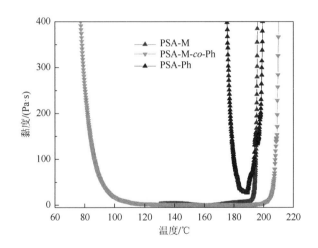

图 6.30　二苯基硅烷-二甲基硅烷共聚芳炔树脂黏度与温度关系

PSA-M-*co*-Ph 共聚树脂为黏性液体，树脂主链上具有苯基侧基和甲基侧基，破坏了树脂结构的有序性，进而阻止了树脂结晶，拓展了加工窗口的下限，加宽了树脂的加工窗口，PSA-M-*co*-Ph 树脂的加工窗口明显宽于 PSA-Ph 树脂和 PSA-M 树脂。可见通过共聚可改善树脂的加工性。

2. 二甲基硅烷与甲基硅烷共聚芳炔树脂

汪强等[22, 23]研究了嵌段共聚结构的硅芳炔树脂，甲基硅烷与二甲基硅烷共聚的含硅芳炔(PSA-M-*b*-H)树脂结构示意如下：

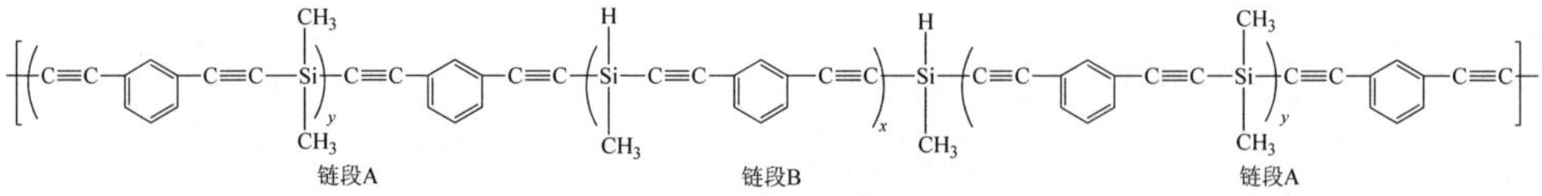

引入活泼的甲基硅烷链段后，共聚树脂的热稳定性提高，氮气中 T_{d5} 升至 641℃，1000℃残留率基本不变，为 90%。

3. 二甲基或甲基硅烷与二甲基硅氧烷共聚芳炔树脂

1) 嵌段共聚树脂

硅氧烷与硅烷芳炔嵌段共聚树脂(PSA-OⅠ-b-M)结构如下：

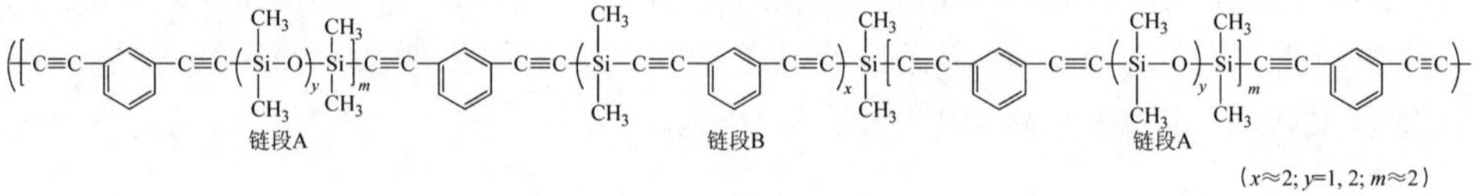

$(x≈2; y=1, 2; m≈2)$

该树脂固化后在氮气中 T_{d5} 和 1000℃残留率分别为 526℃和 79%。T300 碳纤维布增强的嵌段树脂复合材料的冲击强度达 29kJ/m²。

在含甲基硅氢基团的硅芳炔树脂中引入硅氧烷结构，其树脂(PSA-OⅠ、Ⅳ-b-H)结构示意如下：

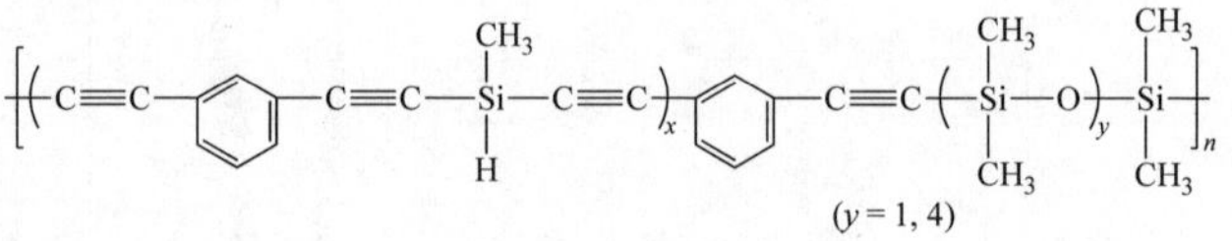

$(y = 1, 4)$

树脂固化后在氮气中的 T_{d5} 为 670℃，1000℃的残留率高于 90%，大幅提高了树脂的耐热性[23]。但硅氧链节增加至 4 个时，共聚含硅芳炔树脂固化物在氮气中的热稳定性又大幅下降，T_{d5} 为 591℃，1000℃的残留率为 86%。

2) 无规共聚树脂

图 6.31 是甲基硅烷与硅氧烷共聚芳炔树脂 PSA-H-co-O-m 在氮气气氛下从 100℃到 350℃以 10℃/min 的升温速率得到的 DSC 曲线，表 6.29 列出了其分析结果。从图 6.31 中可以看出，在 150~300℃内有宽的强放热峰。甲基硅烷与二硅氧烷共聚芳炔树脂 PSA-H-co-O-mⅠ和甲基硅烷与五硅氧烷共聚芳炔树脂 PSA-H-co-O-mⅣ的放热峰峰顶温度分别是 221.1℃和 253℃，放热量分别为 243.7J/g 和 194.2J/g。这些放热峰是由于树脂中硅氢加成反应与炔自聚交联反应而产生的。从图表中可以看出，随硅氧链段的增长，固化放热量减少，固化峰向高温处移动。这说明硅氧链增长，降低了树脂中炔基和硅氢基团的浓度，进而降低了树脂的活性。

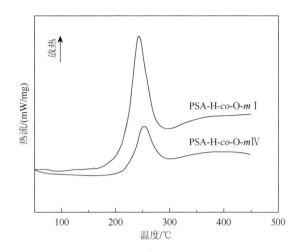

图 6.31　甲基硅烷与硅氧烷共聚芳炔树脂 PSA-H-*co*-O-*m* 固化物的 DSC 曲线（N₂）

表 6.29　甲基硅烷与硅氧烷共聚芳炔树脂 PSA-H-*co*-O-*m* 固化物的 DSC 分析结果（N₂）

树脂	固化放热峰			$\Delta H/(J/g)$
	$T_i/℃$	$T_p/℃$	$T_e/℃$	
PSA-H-*co*-O-*m* Ⅰ	221	243	271	243.7
PSA-H-*co*-O-*m* Ⅳ	182	253	282	194.2

　　图 6.32 是甲基硅烷与硅氧烷共聚芳炔树脂 PSA-H-*co*-O-*m* Ⅰ 和 PSA-H-*co*-O-*m* Ⅳ 固化物在氮气气氛下的 TGA 曲线。在氮气气氛下 PSA-H-*co*-O-*m* Ⅰ 和 PSA-H-*co*-O-*m* Ⅳ 树脂固化物的 T_{d5} 分别为 662℃和 586℃，1000℃的残留率分别为 89.5%和 84.0%。这说明甲基硅烷与硅氧烷共聚芳炔树脂固化物具有很好的热稳定

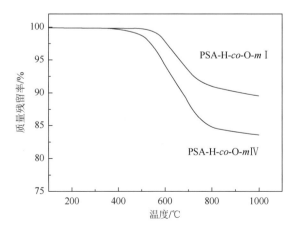

图 6.32　甲基硅烷与硅氧烷共聚芳炔树脂 PSA-H-*co*-O-*m* 固化物的 TGA 曲线（N₂）

性。PSA-H-*co*-O-*m*Ⅰ固化物的 T_{d5} 和 1000℃残留率比 PSA-H-*co*-O-*m*Ⅳ树脂固化物高，其原因有：一方面，硅氧烷链段的增长，树脂中硅氢基团和炔基的浓度下降导致树脂固化物的交联密度降低，进而导致热稳定性降低；另一方面，硅氧烷链段的增长，导致硅氧烷链段在高温下易发生降解反应，降低了树脂固化物的热稳定性。

6.3.5 共混组分对树脂性能的影响

共混组分的加入可以较大幅度地改善含硅芳炔树脂的性能，包括工艺性能和力学性能。使用的共混组分列于表 6.30 中，将这些具有活性炔基的化合物或树脂与含硅芳炔树脂共混，以改善树脂的性能。[24-28]

表 6.30　共混组分的化学结构及名称

序号	共混组分的化学结构	改性树脂	参考文献
1	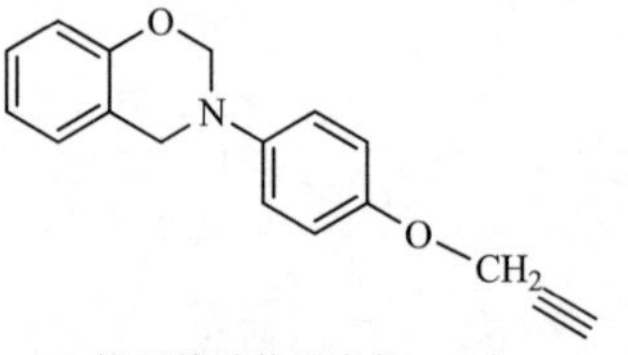 炔丙基醚苯噁嗪 (P-appe)	PSA～P-e	[24]
2	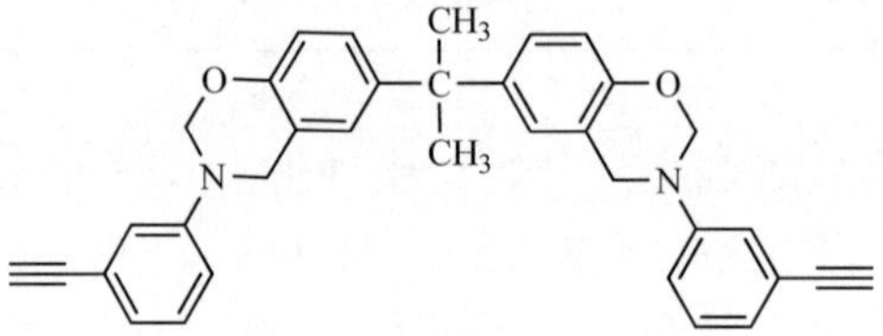 乙炔基双酚 A 苯并噁嗪 (BA-apa)	PSA～BA-a	[25]
3	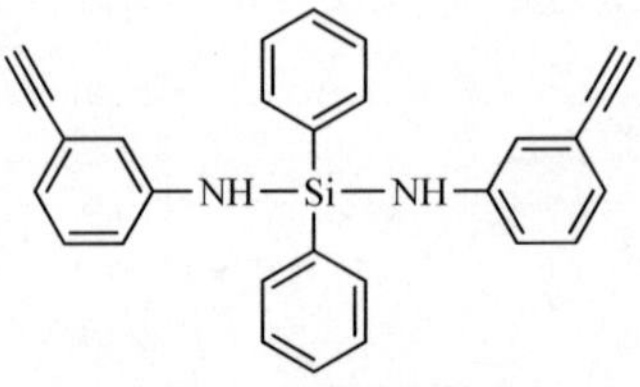 乙炔基苯二苯基硅氮烷 (SZ)	PSA～SZ	[26]
4	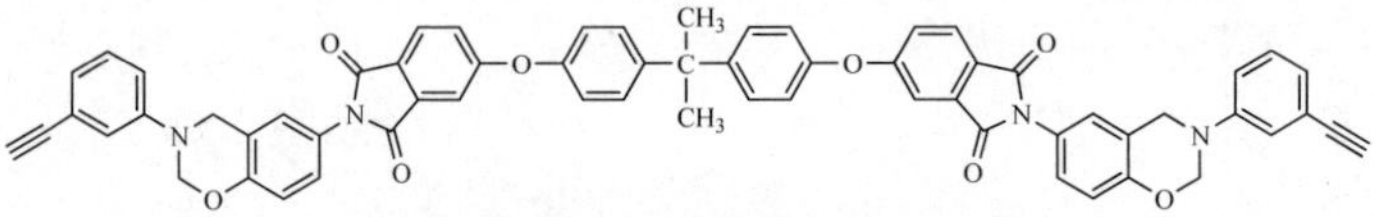 乙炔基封端醚酰亚胺苯并噁嗪 (BIBZ-apa)	PSA～BB-a	[27]
5	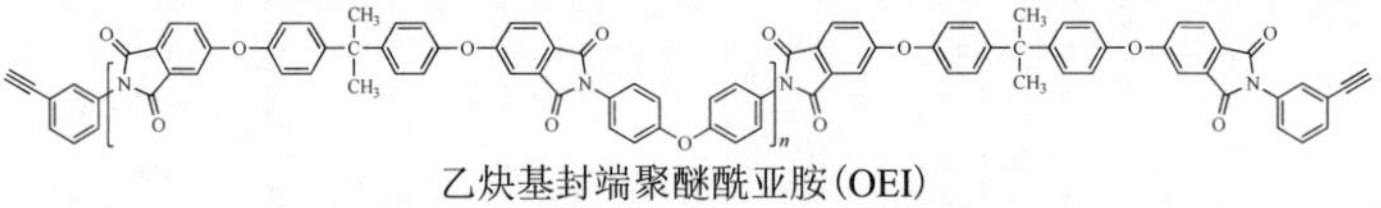 乙炔基封端聚醚酰亚胺 (OEI)	PSA～OEI	[28]

1. 共混组分对树脂性能的影响

在氮气气氛、升温速率 10℃/min 条件下，测试了不同组分改性的 PSA 树脂的 DSC 曲线，其结果列于表 6.31 中。从表中可以看出，放热峰峰顶温度 T_p 稍有变化，但变化量很小。这些结果表明改性树脂的固化特性变化不大，固化温度接近(PSA～OEI 树脂除外，其中加入催化剂)，但固化放热量有变化。

表 6.31 多种共混改性树脂的 DSC 分析结果

树脂	T_i/℃	T_p/℃	ΔH/(J/g)
PSA	216	251	531
PSA～OEI	175	207	369
PSA～BB-a	211	248	614
PSA～SZ	208	241	698
PSA～BA-a	208	238	431
PSA～P-e	225	254	—

改性树脂固化物(固化条件为 170℃/2h + 210℃/2h + 250℃/4h)的力学性能列于表 6.32 中，从表中可以看出，改性树脂的力学性能有所提高。

表 6.32 共混树脂固化物的力学性能

树脂固化物	弯曲强度/MPa	弯曲模量/GPa	压缩强度/MPa
PSA	24.3	3.12	157.5
PSA～SZ	28.3	4.01	—
PSA～BA-a	37.8	3.36	167.9
PSA～P-e	30.7	4.47	—

改性树脂固化物的 TGA 结果列于表 6.33 中。从表中可以看出，虽然改性树脂固化物的热稳定性显著降低，但改性树脂固化物仍具有较好的热稳定性，在 10℃/min 的升温速率下，改性树脂固化物的热分解温度 T_{d5} 可在 500℃以上，800℃残留率高于 79%。

表 6.33 改性树脂固化物的 TGA 结果*

树脂固化物	T_{d5}/℃	Y_{r800}/%
PSA	610	91
PSA～OEI	531	79

续表

树脂固化物	$T_{d5}/℃$	$Y_{r800}/\%$
PSA～BB-a	516	83
PSA～SZ	557	88
PSA～BA-a	560	87
PSA～P-e	511	82

*N_2，升温速率 10℃/min。

以 T300 碳纤维布为增强材料，制备了共混树脂复合材料，测定了其力学性能，典型弯曲性能和层间剪切性能列于表 6.34 中。改性树脂复合材料的力学性能均有较大幅度的提高，尤其以聚醚酰亚胺(OEI)改性的树脂复合材料最为显著，其弯曲强度达到 458MPa。T300CF/PSA～BA-a 树脂复合材料也显示较好的改性效果，弯曲强度达到 351MPa，层间剪切强度达 24.5MPa。

表 6.34　碳纤维布增强共混硅芳炔树脂复合材料的力学性能

复合材料	测试温度/℃	弯曲强度/MPa	弯曲模量/GPa	层间剪切强度/MPa
T300CF/PSA	室温	257	38.3	15.0
	400	140	32.9	9.0
T300CF/PSA～BB-a	室温	437	52.9	27.9
T300CF/PSA～OEI	室温	458	36.9	25.5
	400	182	33.5	13.6
T300CF/PSA～BA-a	室温	351	44.1	24.5
T300CF/PSA～P-e	室温	424	52.8	28.7
	500	189	47.7	10.4
QF/PSA	室温	240	18.5	16.2
QF/PSA～SZ	室温	301	23.4	23.9

2. 共混组分含量对性能的影响

1) 力学性能

乙炔基双酚 A 苯并噁嗪改性含硅芳炔树脂固化物的力学性能列于表 6.35 中。从表中可以看出，PSA～BA-a 树脂固化物的力学性能随噁嗪含量的增加而增大。

表 6.35　PSA～BA-a 树脂固化物的力学性能

树脂固化物	弯曲强度/MPa	弯曲模量/GPa	压缩强度/MPa	压缩模量/GPa
PSA	24.3±1.5	3.1±0.1	157.5±6.9	1.8±0.1
PSA～BA-a-10	26.8±0.4	3.2±0.2	162.0±1.8	1.9±0.0

续表

树脂固化物	弯曲强度/MPa	弯曲模量/GPa	压缩强度/MPa	压缩模量/GPa
PSA～BA-a-20	29.4±1.9	3.2±0.1	168.0±0.0	2.0±0.1
PSA～BA-a-30	37.8±4.3	3.4±0.1	167.9±0.1	2.0±0.1
PSA～BA-a-40	34.9±3.7	3.6±0.0	168.0±0.3	2.1±0.0

2）耐热性

表 6.36 列出了乙炔基双酚 A 苯并噁嗪（BA-apa）改性含硅芳炔树脂固化物的 DMA 分析结果。如表 6.36 所示，随着 BA-apa 含量从 20%上升至 100%，树脂固化物的玻璃化转变温度由 523℃下降到 342℃，这与树脂固化物的交联密度和交联网络分子链柔性变化有关。

表 6.36　PSA～BA-a 树脂固化物的 DMA 分析数据

树脂固化物	tanδ 峰温度/℃	树脂固化物	tanδ 峰温度/℃
PSA～BA-a-20	523	PSA～BA-a-70	400
PSA～BA-a-30	521	BA-apa	342
PSA～BA-a-50	490		

3）热稳定性

PSA～BA-a 树脂固化物在氮气和空气中的 TGA 结果列于表 6.37 中。如表所示，在 N_2 中，固化后树脂的 T_{d5} 和 800℃残留率随着 BA-apa 含量的增加而下降。当 BA-apa 含量小于 30%时，PSA～BA-a 树脂的 T_{d5} 仍高于 575℃，说明改性含硅芳炔树脂具有优良的热稳定性。在空气中，固化树脂 T_{d5} 和 800℃残留率同样随着 BA-apa 含量的增加而下降，与 N_2 下的变化规律一致。

表 6.37　PSA～BA-a 树脂固化物的 TGA 结果

树脂固化物	N_2		空气	
	T_{d5}/℃	Y_{r800}/%	T_{d5}/℃	Y_{r800}/%
PSA	631.1	90.9	561.4	37.8
PSA～BA-a-10	611.2	89.7	552.7	30.8
PSA～BA-a-30	575.7	88.5	547.3	31.1
PSA～BA-a-50	508.3	82.7	515.9	23.5

参 考 文 献

[1]　张健. 含硅芳炔树脂的合成、分子模拟以及性能研究. 上海：华东理工大学，2009.

[2]　张玲玲，高飞，周围，等. 含硅氢基团甲基芳炔树脂的合成及表征. 过程工程学报，2009，9（3）：574-579.

[3]　高金淼. 新型结构的含硅芳炔树脂的合成与性能研究. 上海：华东理工大学，2008.

[4]   Itoh M，Inoue K，Iwata K，et al. New highly heat-resistant polymers containing silicon：poly（silyleneethyny-lenephenyleneethynylene）s. Macromolecules，1997，30（4）：694-701.

[5]   周围. 含硅芳炔树脂的合成、结构与性能研究. 上海：华东理工大学，2007.

[6]   江强. 共聚硅芳炔树脂的研究. 上海：华东理工大学，2014.

[7]   辛浩. 新型含硅芳炔树脂及其复合材料研究. 上海：华东理工大学，2016.

[8]   Itoh M，Iwata K. Various silicon-containing polymers with Si（H）-C≡C units. Journal of Polymer Science Part A：Polymer Chemistry，2001，39：2658-2669.

[9]   Wang F，Xu J，Zhang J，et al. Synthesis and thermal of diphenyl ethers terminated with acetylene and phenylacetylene. Polymer International，2006，55：1063-1068.

[10] Xu J，Wang C，Shen Y. Synthesis and characterization of phenylacetylene-terminated poly（silyleneethynylene-4,4′-phenyletereneethynylene）s. European Polymer Journal，2007，43：668-672.

[11] Zhang J，Huang J，Zhou W，et al. Fiber reinforced silicon-containing arylacetylene reisn composites. Express Polymer Letter，2007，1：831-836.

[12] 汤乐旻，周燕，田鑫，等. 改性含硅芳炔树脂及其复合材料性能研究. 玻璃钢复合材料，2012，6：41-48.

[13] 杨丽，沈烨，袁荞龙，等. 含硅芳炔树脂的固化及其复合材料性能. 绝缘材料，2015，48：18-25.

[14] Zhang L，Gao F，Wang C，et al. Synthesis and characterization of poly［（methylsilylene ethynylenephenylene ethynylene）-co-（dimethylsilylene ethynylenephenyleneethynylene）］s. Chinese Journal of Polymer Science，2010，28（2）：199-207.

[15] Gao F，Zhang L，Tang L，et al. Synthesis and properties of arylacetylene resins with siloxane units. Bulletin of the Korean Chemical Society，2010，31（4）：976-980.

[16] Gao F，Zhang L，Tang L，et al. Synthesis and characterization of poly（tetramethyldisiloxane ethynylenephenylene-ethynylene）resins. Journal of Polymer Research，2011，18（2）：163-169.

[17] Gao F，Huang F，Tang L，et al. Synthesis and characterization of poly（multidimethylsiloxane-1,4-ethynylenephenylene-ethynylene）s. Polymer Journal，2011，43（2）：136-140.

[18] Buvat P，Jousse F，Delnaud L，et al. Synthesis and properties of new processable type polyarylacetylenes. Proceedings of 46th International SAMPE Symposium and Exhibition，SAMPE：California，2001：134-144.

[19] 严浩，齐会民，黄发荣. 新颖含硅芳基多炔树脂的合成与性能. 石油化工，2004，33（9）：880-884.

[20] 高金淼，齐会民，张健，等. 新型含硅芳炔树脂及其复合材料的性能. 化工新型材料，2008，36（12）：45-56.

[21] 高飞，王帆，张玲玲，等. 含硅氧烷芳炔树脂的合成与表征. 武汉理工大学学报，2009，31（21）：9-12，108.

[22] 汪强，杨建辉，袁荞龙，等. 硅烷芳炔-硅氧烷芳炔嵌段共聚物的合成与表征. 化工学报，2014，65（10）：4168-4175.

[23] 汪强，袁荞龙，黄发荣. 含硅氢芳炔嵌段共聚物的合成与性能. 热固性树脂，2014，29（6）：25-29.

[24] 张亚兵，童昉，袁荞龙，等. 含硅芳炔树脂及其共混物熔体的流变性能. 华东理工大学学报（自然科学版），2015，41（3）：321-327.

[25] Huang J，Du W，Zhang J，et al. Study on the copolymers of silicon-containing arylacetylene resin and acetylene-functional benzoxazine. Polymer Bulletin，2009，62：127-138.

[26] 杨建辉. 硅氮烷改性含硅芳炔树脂及复合材料的性能研究. 上海：华东理工大学，2014.

[27] Gao Y，Huang F，Yuan Q，et al. Synthesis of novel imide-funcionalized fluorinated benzoxazloe and properties of their thermosets. High performance polymers，2013，25（6）：677-684.

[28] 李晓杰，陈会高，袁荞龙，等. 端乙炔基聚醚酰亚胺改性含硅芳炔树脂的性能. 石油化工，2015，44（9）：1115-1120.

第7章

不同硅侧基含硅芳炔树脂的合成、结构与性能

7.1 二甲基硅芳炔树脂

7.1.1 二甲基硅芳炔树脂的合成

二甲基硅芳炔树脂合成过程如下[1]：

在装有搅拌器、回流冷凝器、恒压漏斗和通气口的 250mL 四口烧瓶中，加入镁粉 6.00g（0.247mol），通氮气保护，开动搅拌，可在冰水浴冷却下利用恒压漏斗缓慢滴加溴乙烷 21.6 g（0.198mol）与 THF 30mL 的混合溶液，滴加时间约 1.5h，滴加完毕后加热至 50℃，恒温反应 2h 后，冷却至室温，此时反应溶液呈灰黑色；在冰水浴冷却下缓慢滴入二乙炔基苯（DEB）11.46g（0.0900mol）与 THF 30mL 的溶液，滴加时间约 1.5h，滴加完后加热至 65℃左右回流约 2h，瓶中反应物逐渐由灰黑色变为白色，冷却至室温。

在水浴冷却下，采用恒压漏斗向制备好的二乙炔基苯格氏试剂中，搅拌下缓慢加入一定量的二氯二甲基硅烷（DCDMS）和 50mL THF 的混合溶液，滴加时间约为 1.0h。滴加完毕后，70℃保温 2.0h，此时反应溶液呈黄绿色。将装置改为蒸馏装置，在 75～88℃下蒸馏回收 THF，回收的 THF 占总投入量的 65%～70%。

蒸馏完毕，冷却至 50℃左右，加入 50mL 甲苯。在冰水浴冷却和搅拌下向反应烧瓶中滴加 5.0%稀盐酸溶液，随后将溶液转移至 250mL 分液漏斗中，静置分液；分离出上层有机相，用去离子水水洗至中性，加入无水 Na_2SO_4 干燥，过滤，减压蒸馏去除溶剂，趁热倒出，得到红棕色固态树脂，产率为 85%～90%。反应示意如下：

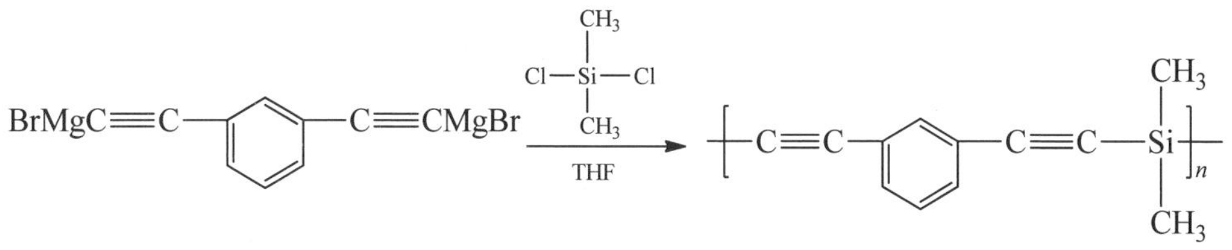

在实验过程中，通过改变二氯二甲基硅烷的用量即改变其与二乙炔基苯的摩尔比(表 7.1)，可制备不同分子量的二甲基硅芳炔树脂。

表 7.1   二甲基硅芳炔树脂合成主要原料配方

树脂	M_{DEB}/g	n_{DEB}/mol	M_{DMDCS}/g	n_{DMDCS}/mol	摩尔比[DEB]/[DCDMS]
PSA-M1	11.46	0.0900	7.75	0.0600	3:2
PSA-M2	11.46	0.0900	8.71	0.0675	4:3
PSA-M3	11.46	0.0900	9.29	0.0720	5:4
PSA-M4	11.46	0.0900	9.68	0.0750	6:5
PSA-M5	11.46	0.0900	10.16	0.0788	8:7
PSA-M6	11.46	0.0900	10.45	0.0810	10:9

7.1.2   二甲基硅芳炔树脂的结构表征

采用 FTIR 和 ^{1}H NMR 分析技术对不同分子量二甲基硅芳炔树脂进行了结构表征[1]，其分析结果分别如图 7.1 和图 7.2 所示。从图 7.1 中可以看出，在 3300cm^{-1} 处有≡C—H 伸缩振动峰，3063cm^{-1} 和 3028cm^{-1} 处出现苯环 C—H 伸缩振动峰，2965cm^{-1} 和 2901cm^{-1} 处有—CH$_3$ 中的 C—H 对称和反对称振动峰；C≡C 伸缩振动峰位于 2156cm^{-1} 处；1400~1600cm^{-1} 处为苯环的骨架振动峰；1253cm^{-1} 处为硅甲基 Si—CH$_3$ 伸缩振动峰。若树脂以外炔封端，树脂的分子量越大，则外炔含量越少，因此外炔含量的多少反映了树脂分子量的大小。从图中可以看出从 PSA-M1 到 PSA-M6，3300cm^{-1} 处≡C—H 伸缩振动峰相对于 2965cm^{-1} 峰明显减弱，说明树脂的分子量逐步增大。

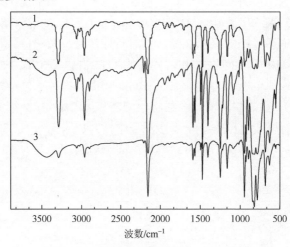

图 7.1   二甲基硅芳炔树脂的 FTIR 谱图

1. PSA-M1 树脂；2. PSA-M3 树脂；3. PSA-M6 树脂

从图 7.2 中可以看出化学位移 7～8ppm 之间三组峰是苯环氢的共振峰；≡C—H 共振峰的化学位移在 3.05ppm 处；Si—CH₃ 的化学位移在 0.37ppm 处。从 PSA-M1 到 PSA-M6，≡C—H 共振峰强度逐步减弱，表明端炔氢含量减少，分子量逐步增大。树脂 ^{1}H NMR 谱图中各共振峰面积列于表 7.2 中，由核磁共振图谱的峰面积可计算树脂的聚合度和分子量。采用 ^{1}H NMR 谱图中≡C—H 共振峰面积与甲基峰面积或 Ph—H 共振峰面积比确定各树脂数均重复单元数 $\bar{n}$ 和绝对数均分子量 $\bar{M}_n$，结果列于表 7.2 中。从表中可以看出，树脂分子量随投料比的变化而变化，随 DEB 用量的降低，树脂的分子量增大。

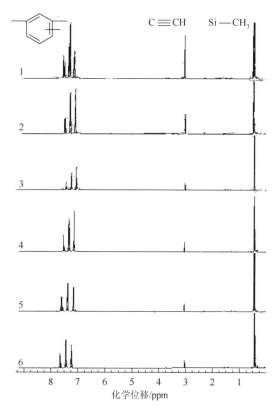

图 7.2　二甲基硅芳炔树脂的 ^{1}H NMR 谱图

1. PSA-M1；2. PSA-M2；3. PSA-M3；4. PSA-M4；5. PSA-M5；6. PSA-M6

表 7.2　二甲基硅芳炔树脂的 ^{1}H NMR 谱图中共振峰相对强度及计算分子量

树脂	摩尔比[DEB]： [DCDMS]	Ph—H 面积 (δ7.00～8.00ppm)	C≡C—H 面积 (δ3.05ppm)	Si—CH₃ 面积 (δ0.37ppm)	数均重复 单元数	数均分子量 $\bar{M}_n$
PSA-M1	3：2	8.58	1.00	9.89	3.29	725
PSA-M2	4：3	9.86	1.00	11.79	3.93	842

续表

树脂	摩尔比[DEB]:[DCDMS]	Ph-H 面积(δ7.00～8.00ppm)	C≡C—H 面积(δ3.05ppm)	Si—CH$_3$ 面积(δ0.37ppm)	数均重复单元数	数均分子量 $\bar{M}_n$
PSA-M3	5:4	13.72	1.00	17.58	5.86	1190
PSA-M4	6:5	20.43	1.00	27.60	9.20	1800
PSA-M5	8:7	23.88	1.00	32.71	10.9	2130
PSA-M6	10:9	25.47	1.00	35.15	11.7	2260

7.1.3　二甲基硅芳炔树脂的性能

1. 树脂的流变特性[1]

不同分子量二甲基硅芳炔树脂在常温下均为固体。通过升温流变行为分析（图 7.3）可知，PSA-M1 树脂在 70℃左右熔化成低黏度的熔融体。随着分子量的增加，分子链流动的活化能增加，因此从图中可以看到 PSA-M3 和 PSA-M5 树脂分别可以在 105℃和 120℃左右熔融。由此可见，低分子量的树脂具有较宽的加工窗口。

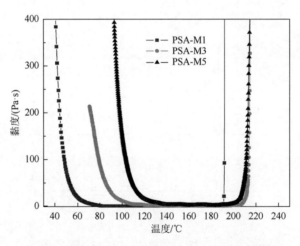

图 7.3　不同分子量二甲基硅芳炔树脂升温流变曲线

树脂熔融后，PSA-M1 树脂黏度在 0.1Pa·s 左右，PSA-M3 和 PSA-M5 树脂的黏度分别在 1Pa·s 和 3Pa·s 左右，在升温过程中树脂黏度没有明显降低，这归因于两方面的作用：首先温度升高，树脂黏度下降；其次温度升高，有利于树脂的聚合反应，随着聚合反应的缓慢进行，体系黏度也会缓慢增加。二者共同作用使树脂黏度随温度升高的变化不明显。从图中也可以看到，PSA-M1 树脂在 190℃左右黏度骤然上升，而 PSA-M3 和 PSA-M5 树脂在 200℃以上黏度骤然上升，这说明树脂出现了凝胶现象。

由以上分析可知，随着分子量的增加，树脂的加工温度和黏度都有所提高；然而这些树脂均显示大于 80℃的加工窗口，具备 RTM 成型工艺的条件。

2. 二甲基硅芳炔树脂的固化特性

对不同分子量二甲基硅芳炔树脂进行了 DSC 分析[1]，结果如图 7.4 和表 7.3 所示。从图中可以看出，在 170℃时 PSA-M1 树脂已经有明显的放热，而其他树脂放热还不明显。从 DSC 分析结果表明随着分子量的增加，固化反应放热峰向高温处移动，从 232℃移动到 250℃左右；同时固化放热量明显减少，这与二甲基硅芳炔树脂内炔量增加有关。二甲基硅芳炔树脂分子链中含有外炔和内炔，在固化过程中，由于内炔反应位阻大，其固化反应需要更高的活化能，所以内炔不易反应，需在更高的温度下（＞300℃）才能反应。

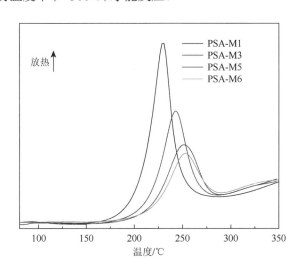

图 7.4 不同分子量二甲基硅芳炔树脂 DSC 曲线

表 7.3 不同分子量二甲基硅芳炔树脂 DSC 分析结果

树脂	T_i/℃	T_p/℃	T_e/℃	ΔH/(J/g)
PSA-M1	208.8	232.4	246.7	467.0
PSA-M3	215.5	242.7	265.2	261.6
PSA-M5	216.8	250.6	277.8	167.8
PSA-M6	215.3	248.2	275.1	117.6

7.1.4   二甲基硅芳炔树脂固化物的性能

研究表明二甲基硅芳炔树脂在 170℃下可以发生凝胶反应，选定固化起始温度为170℃；此外实验发现如果直接将树脂升温至210℃，会导致固化放热难以控制，易发生暴聚，因此为了保证固化过程的平稳进行，选定在170℃停留2h；然后选择 210℃、250℃（和 275℃）进行固化。确定二甲基硅芳炔树脂的固化工艺：170℃/2h＋210℃/2h＋250℃/4h（＋275℃/2h）（括号表示可选）。树脂固化后，形成表面光亮、棕黑色致密的树脂固化物。

1. 树脂固化物的力学性能

PSA-M1 树脂固化物的力学性能如表 7.4 所示，其弯曲强度达到 22.6MPa，250℃下弯曲强度保持率达到 77.0%。

表 7.4   二甲基硅芳炔树脂固化物弯曲性能

测试条件	弯曲强度/MPa	弯曲模量/GPa
室温	22.6	3.09
250℃	17.4	2.44

2. 树脂固化物的热稳定性

表 7.5 是不同分子量二甲基硅芳炔树脂在 N_2 下的 TGA 结果。从表中可以看出，随着分子量的增加，二甲基硅芳炔树脂固化物的热稳定性有先升高后降低趋势，但波动不大，这可能与树脂的交联程度有关。高者 T_{d5} 可达 697.6℃，800℃树脂的残留率高达 93.0%。

表 7.5   不同分子量二甲基硅芳炔树脂固化物 TGA 结果

树脂	摩尔比[DEB]∶[DCDMS]	T_{d5}/℃	Y_{r800}/%
PSA-M1	3∶2	680.2	91.7
PSA-M3	5∶4	697.6	93.0
PSA-M4	6∶5	693.6	92.8
PSA-M5	8∶7	682.7	91.7

7.1.5   二甲基硅芳炔树脂复合材料的性能

以平纹碳纤维布（T300/3K-200P）为增强材料，制备了 PSA-M1 树脂含量为

30%的复合材料(T300CF/PSA-M1)，其力学性能如表 7.6 所示。T300CF/PSA-M1 复合材料在室温下的弯曲强度达 275MPa，250℃下弯曲强度还有所提高。

表 7.6　二甲基硅芳炔树脂的复合材料弯曲性能

温度/℃	弯曲强度/MPa	弯曲模量/GPa
室温	275	59.8
250	315	70.4

图 7.5 为 T300CF/PSA-M1 复合材料弯曲实验断面 SEM 图，图中显示复合材料的断面高低不平、纤维拔出少且纤维表面黏附树脂，纤维和基体界面处模糊且连续，这说明树脂和碳纤维的黏结性良好。

 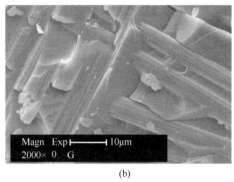

(a)　　　　　　　　　　　　　　　　　(b)

图 7.5　T300CF/PSA-M1 复合材料断面 SEM 图

(a)纵向断面；(b)横向断面

7.2　甲基硅芳炔树脂

7.2.1　甲基硅芳炔树脂的合成

甲基硅芳炔树脂的合成过程如下[2]：

在装有搅拌器、回流冷凝器、恒压漏斗和通气口的 250mL 四口烧瓶中，加入镁粉 3.45g(0.144mol)，通氮气保护，利用恒压漏斗在室温下缓慢滴加溴乙烷 13.6g(0.125mol) 与 THF 30mL 的混合溶液，滴加时间约 1.5h，滴加完毕后加热至 50℃，反应 2h 后，冷却至室温，反应溶液呈灰黑色；再加入 DEB 7.56g(0.06mol) 和 THF 30mL 混合溶液，在冰水浴冷却下缓慢滴入反应烧瓶中，滴加时间约 1.5h，滴加完后加热至 65℃回流约 2h，在此期间烧瓶中反应物逐渐由灰黑色变为白色，冷却至室温；冰水浴冷却下继续往烧瓶中滴加二氯甲基硅烷(DCMS) 5.18g(0.045mol)

的 THF 30mL 溶液，滴加时间约 1h，在滴加过程中反应溶液颜色由白色变为灰绿色，滴加完后加热至 40℃、70℃各反应 1h，冷却至室温。将装置改为蒸馏装置，在 75℃下蒸馏以除去反应体系中的 THF。在冰水浴冷却下向反应烧瓶中加入乙酸 7.2g（0.12mol）和甲苯 50mL 的混合溶液，滴加时间约 0.5h，搅拌充分后，再滴加 2.0%稀盐酸溶液，滴加时间约 0.5h。将溶液倒入 500mL 分液漏斗，加入甲苯萃取，用去离子水将溶液水洗至中性，分离出上层有机相，加入无水 Na_2SO_4 干燥，过滤，减压蒸馏以除去溶剂，得橙红色黏稠状树脂 PSA-H3。按表 7.7 中不同量的 DCMS 投料，可制得不同分子量的甲基硅芳炔树脂 PSA-Hi（i = 1, 2, 3, 4, 5）。合成反应如下：

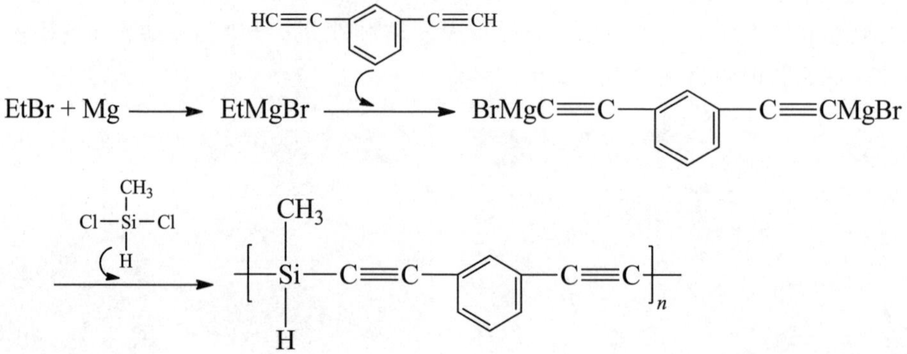

合成的不同分子量的树脂多为橙色黏稠状树脂，分子量越小，颜色越深，合成产率为 84%～90%。

表 7.7　甲基硅芳炔树脂合成的主要原料配方

树脂	摩尔比[DEB]∶[DCMS]	n_{DEB}/mol	n_{DCMS}/mol	产率/%	颜色
PSA-H1	2∶1	0.06	0.03	86	棕色
PSA-H2	3∶2	0.06	0.04	85	橙色
PSA-H3	4∶3	0.06	0.045	84	橙色
PSA-H4	5∶4	0.06	0.048	90	橙色
PSA-H5	10∶9	0.06	0.054	84	黄色

7.2.2　甲基硅芳炔树脂的结构表征

以不同摩尔比的 m-二乙炔基苯与二氯甲基硅烷合成甲基硅芳炔树脂，树脂结构通过 ^{1}H NMR、FTIR 和 GPC 进行表征[2]，PSA-H3 树脂的分析表征谱图分别如图 7.6～图 7.8 所示。

如图 7.6 所示，Si—CH_3 中 CH_3 的化学位移在 0.52ppm 处（a）；—C≡CH 中 C—H 的化学位移在 3.05ppm 处（b）；Si—H 的化学位移在 4.60ppm 处（c）；化学位移

7.26ppm、7.48ppm、7.69ppm 处的峰是苯基上的质子峰(d)。化学位移在 1.60ppm 左右的小尖峰为氘代氯仿溶剂中 H_2O 的吸收峰。根据—CH_3 或—Si—H 与 C≡C—H 峰的积分面积可计算树脂的分子量，结果列于表 7.8 中。

表 7.8　甲基硅芳炔树脂的分子量及其分布

树脂	摩尔比[DEB]:[DCMS]	设计 $\bar{M}_n$	$\bar{M}_n$ (^{1}H NMR)	$\bar{M}_n$ (GPC)	$\bar{M}_w$ (GPC)	PDI
PSA-H2	3:2	462	518	463	1093	2.36
PSA-H4	5:4	798	883	840	1182	1.41
PSA-H5	10:9	1638	1521	1239	2701	2.18

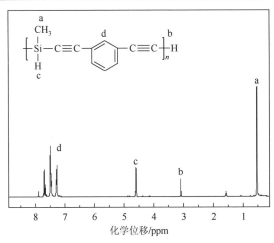

图 7.6　甲基硅芳炔树脂 PSA-H3 的 ^{1}H NMR 谱图

图 7.7 是甲基硅芳炔树脂的 FTIR 谱图，如图所示，在 3295cm^{-1} 处强而尖的吸收峰为炔氢的非对称伸缩振动，3063cm^{-1} 和 3025cm^{-1} 处为苯环 C—H 伸缩振动峰，2970cm^{-1} 处是—CH_3 的非对称伸缩振动峰，2158cm^{-1} 处吸收峰是—C≡C—伸缩振动特征峰，并与 Si—H 振动峰重叠，1594cm^{-1}、1474cm^{-1} 处的吸收峰是苯环 C═C 骨架振动的吸收峰，1254cm^{-1} 处的吸收峰为 Si—CH_3 对称变形振动的特征吸收峰，796cm^{-1} 处是苯环上间位取代的特征峰。^{1}H NMR 和 FTIR 谱图分析表明所得树脂与设计合成的结构相符。

图 7.8 为不同配比合成的 PSA-H 树脂的 GPC 分析结果，具体数据列于表 7.8 中。从表中可看出，GPC 测得的分子量与 ^{1}H NMR 分析计算得到的分子量和设计分子量基本一致。随二乙炔基苯所占比例的减少，合成树脂的分子量增加。从图中可以看出，当分子量较小时(PSA-H2 树脂)，GPC 谱图出现分峰，说明树脂中存在两个级分。以上结果表明，改变反应物摩尔比可以有效控制甲基硅芳炔树脂的分子量，可制备不同分子量的甲基硅芳炔树脂。

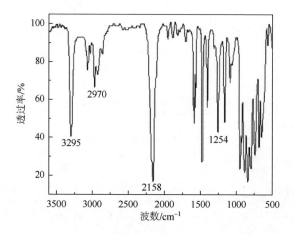

图 7.7 甲基硅芳炔树脂 PSA-H3 的 FTIR 谱图

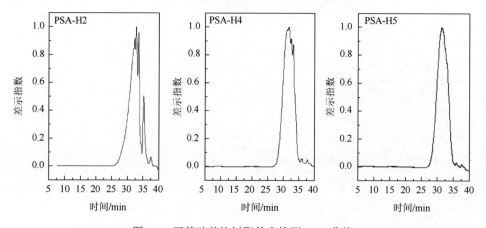

图 7.8 甲基硅芳炔树脂的多检测 GPC 曲线

7.2.3 甲基硅芳炔树脂的性能表征

1. 树脂的溶解性

树脂的溶解性实验结果列于表 7.9。不同分子量的树脂在溶解度参数(SP)为 $16.8 \sim 24.8 (\mathrm{J/cm^3})^{1/2}$ 的溶剂中有良好的溶解性,如 THF、氯仿、DMF;低分子量的甲基硅芳炔树脂 PSA-H2 在环己烷中可以溶解,但是随着分子量的增加,溶解性逐渐变差,PSA-H5 树脂在环己烷中不溶解。

表 7.9 甲基硅芳炔树脂的溶解性

树脂	环己烷	苯	甲苯	氯仿	THF	丙酮	DMF	乙醇
$\mathrm{SP}/(\mathrm{J/cm^3})^{1/2}$	16.8	18.7	18.2	19.0	19.0	20.1	24.8	26.0
PSA-H2	+	+	+	+	+	+	+	−

树脂	环己烷	苯	甲苯	氯仿	THF	丙酮	DMF	乙醇
PSA-H4	±	+	+	+	+	+	+	−
PSA-H5	−	+	+	+	+	+	+	−

注：−表示不溶；＋表示可溶；±表示部分可溶。

2. 树脂的黏度

1) 黏度随分子量的变化

表 7.10 列出了不同分子量的甲基硅芳炔树脂在不同温度下的黏度。同一温度下，随分子量的增加，树脂的黏度增加。在室温下，PSA-H1、PSA-H2 树脂是可流动的液体，PSA-H3、PSA-H4 树脂流动性较差，PSA-H5 树脂为固态。

表 7.10　甲基硅芳炔树脂的黏度

温度/℃	黏度/(Pa·s)		
	PSA-H2	PSA-H4	PSA-H5
60	2.02	10.5	261
80	0.75	6.84	41.4
100	0.29	5.59	20.5

2) 黏度随温度的变化

图 7.9 为甲基硅芳炔树脂的黏度随温度的变化曲线。从图中可以看出，随着温度的升高，树脂黏度减小。PSA-H2 树脂在 40℃时的黏度为 5.4Pa·s，随着温度的升高，黏度逐渐减小，至 90℃时，黏度仅为 0.16Pa·s。PSA-H4 树脂的变化趋势与 PSA-H2 树脂类似。

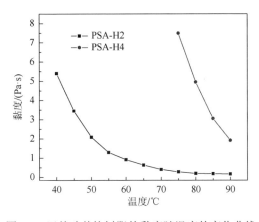

图 7.9　甲基硅芳炔树脂的黏度随温度的变化曲线

　　为了确定树脂的可加工性,用流变仪测试了树脂的流变性能,如图 7.10 所示,分析结果列于表 7.11。结果显示树脂的加工窗口(黏度最低处的平台宽度)随分子量的升高而变窄,但 PSA-H5 树脂的加工窗口仍然较宽(大于 70℃),说明甲基硅芳炔树脂具备较好的加工特性。

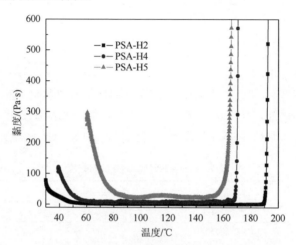

图 7.10　甲基硅芳炔树脂的黏度与温度关系曲线

表 7.11　甲基硅芳炔树脂的流变分析结果

树脂	熔体黏度/(Pa·s)	加工窗口/℃	加工窗宽/℃
PSA-H2	0.09	52~192	140
PSA-H4	6.21	60~167	107
PSA-H5	19.6	89~160	71

3)黏度随时间的变化

　　甲基硅芳炔树脂 PSA-H4 在固定温度下黏度随时间的变化情况如图 7.11 所示。在 80℃下 PSA-H5 树脂的黏度随时间的延长而有所增加,但是增加幅度并不是很大。树脂的初始黏度为 4.95Pa·s,3.5h 后黏度变为 5.22Pa·s,增加了 0.27Pa·s;90℃下树脂黏度变化的情况与 80℃的相似,黏度从 2.68Pa·s 增加到 3.32Pa·s,3.5h 内共增加了 0.64Pa·s,说明树脂具有良好的稳定性,适用期较长。

3. 甲基硅芳炔树脂固化行为

　　甲基硅芳炔树脂的 DSC 曲线如图 7.12 所示,分析结果列于表 7.12。从表中可以看出,随树脂分子量的增加,树脂的放热峰略向高温方向移动,但不明显,其反应放热量下降。这种现象是由多种因素造成的,树脂分子量的增加导致 Si—H 基团的含量增加,而易反应端炔含量下降,同时分子链运动难度提升。

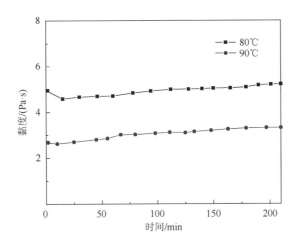

图 7.11 不同温度下甲基硅芳炔树脂黏度随时间的变化

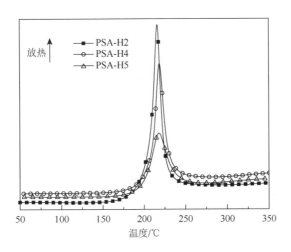

图 7.12 不同分子量的甲基硅芳炔树脂的 DSC 曲线

表 **7.12** 不同分子量的甲基硅芳炔树脂的 **DSC** 分析结果

树脂	$T_i/℃$	$T_p/℃$	$T_e/℃$	$\Delta H/(J/g)$
PSA-H2	205.9	216.2	224.4	525.2
PSA-H4	206.8	218.6	227.9	439.6
PSA-H5	200.9	218.2	235.6	282.9

　　表 7.13 列出了树脂的凝胶时间，从表中可以看出，随分子量的增加，树脂的凝胶时间缩短，且树脂凝胶时间随温度升高迅速缩短，这与活性基团 Si—H 含量的增加有关。

表7.13　甲基硅芳炔树脂在不同温度下的凝胶时间

树脂	凝胶时间/min(150℃)	凝胶时间/min(160℃)
PSA-H1	61.2	23.1
PSA-H2	52.0	23.3
PSA-H3	48.7	18.4
PSA-H4	43.7	17.0
PSA-H5	43.8	15.3

4. 甲基硅芳炔树脂固化物的性能

1)力学性能

甲基硅芳炔树脂固化物的弯曲强度高者可达到 34.7MPa，弯曲模量较高，达
5.53GPa，具备良好的力学性能。

2)介电性能

材料介电性能是指其在电场作用下，表现出对静电的储存和损耗的性质，通
常用介电常数和介电损耗来表示。PSA-H2 和 PSA-H5 树脂固化物的介电常数频率
谱和介电损耗频率谱如图 7.13 所示。由图可见，不同分子量的 PSA-H 树脂固化
物的介电常数随着频率的增加基本保持不变，在 0～10⁶Hz 内介电常数在 2.57 左
右，且树脂固化物的介电常数随分子量的变化不明显，介电损耗稳定在 0.001 附
近。因此分子量对树脂的介电性能的影响不明显。

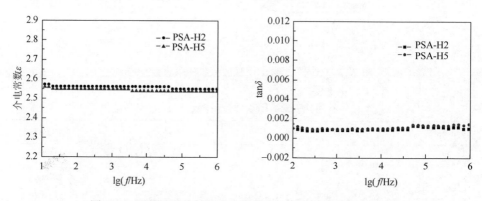

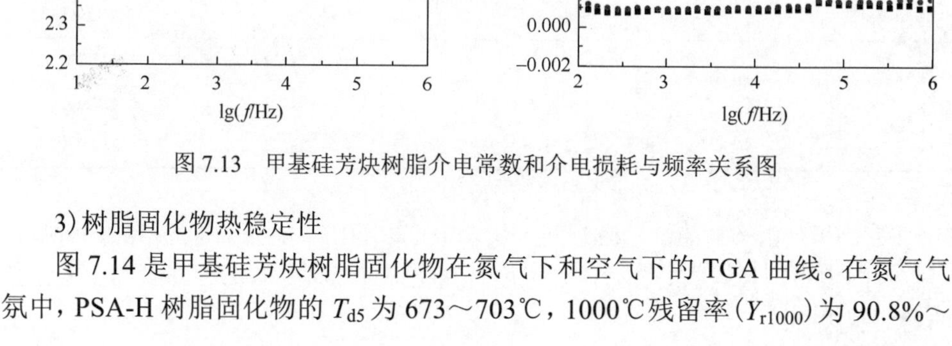

图 7.13　甲基硅芳炔树脂介电常数和介电损耗与频率关系图

3)树脂固化物热稳定性

图 7.14 是甲基硅芳炔树脂固化物在氮气下和空气下的 TGA 曲线。在氮气气
氛中，PSA-H 树脂固化物的 T_{d5} 为 673～703℃，1000℃残留率(Y_{r1000})为 90.8%～

91.4%，且 T_{d5} 和残留率随分子量变化不明显。树脂具有良好的热稳定性。在空气气氛下 PSA-H 树脂固化物的 T_{d5} 为 549～578℃，1000℃残留率为 23.9%～31.2%。

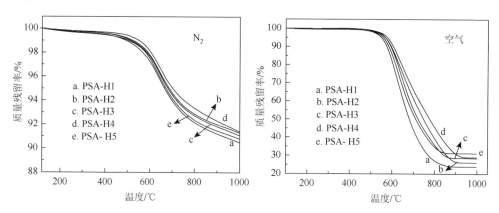

图 7.14　甲基硅芳炔树脂固化物在氮气和空气下的 TGA 曲线（10℃/min）

表 7.14 列出了 PSA-H 树脂固化物在氮气和空气下的 TGA 数据。从表中可以看出，随着分子量的增大，PSA-H 树脂在 1000℃残留率逐渐增大。这可能是由树脂中的硅含量增加引起的。随着分子量的增加，树脂结构中硅含量逐渐增加，从 PSA-H2 到 PSA-H5，硅含量由 9.52%增加到 15.4%。在空气中若树脂固化物中的硅元素全部转化成 SiO_2，则残留率为 20.4%～33.0%，这与实验结果吻合。

表 7.14　PSA-H 树脂固化物的 TGA 数据

树脂固化物	氮气		空气	
	T_{d5}/℃	Y_{r1000}/%	T_{d5}/℃	Y_{r1000}/%
PSA-H1	673	90.8	549	23.9
PSA-H2	688	91.3	566	26.1
PSA-H3	682	91.1	568	28.5
PSA-H4	703	91.4	578	29.0
PSA-H5	675	90.9	557	31.2

5. 碳纤维增强 PSA-H 树脂复合材料的力学性能

利用 PSA-H 树脂制备 T300CF/PSA-H 树脂复合材料，树脂含量为 30%～35%，复合材料的力学性能列于表 7.15。从表中可以看出，T300CF/PSA-H 树脂复合材料具有较高的力学性能。

表 7.15　T300 T300CF/PSA-H 树脂复合材料的弯曲性能

复合材料	树脂含量/%	弯曲强度/MPa	弯曲模量/GPa
T300CF/PSA-H2	31.8	169.2±3.7	35.9±3.1
T300CF/PSA-H4	34.2	155.2±6.1	34.7±3.8

7.3　甲基乙烯基硅芳炔树脂

7.3.1　甲基乙烯基硅芳炔树脂的合成

甲基乙烯基硅芳炔树脂的合成过程如下[3]：

用氮气置换四口烧瓶中的空气，并在氮气保护下在 250mL 四口烧瓶中加入镁粉 5g(210mmol) 和 THF 30mL，在恒压漏斗中加入溴乙烷 21.3g(200mmol)，室温搅拌下滴加部分溴乙烷，引发成功后，继续滴加溴乙烷，在约 1h 内滴完后，升温至 50℃保温反应 2h，冷却至室温，反应溶液呈灰黑色；在恒压漏斗中加入 DEB 11.3g(90mmol) 的 THF 溶液，常温下缓慢滴入反应瓶中，瓶中反应物由灰黑色逐渐变为白色，约 1h 滴加完毕，在 70℃保温回流反应 1.5h 后，冷却至室温；继续往四口烧瓶中滴加二氯甲基乙烯基硅烷（DCMVS）的 THF 溶液，滴加过程中反应液由白色变为灰绿色，滴完后在 70℃保温回流反应 2h。蒸除 THF 溶剂，加入甲苯 50mL，然后在冰水浴冷却和搅拌下缓慢滴加 1%稀盐酸溶液 120mL，将反应产物转移到分液漏斗中，静置分层，分离出有机相，并用去离子水洗至中性，减压蒸馏除去溶剂，得到红褐色黏稠液体树脂产物（PSA-V），产率为 90%。反应方程如下：

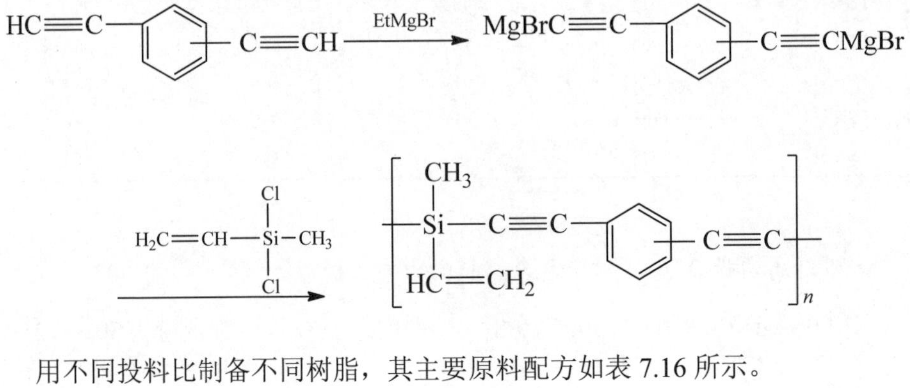

用不同投料比制备不同树脂，其主要原料配方如表 7.16 所示。

表 7.16　甲基乙烯基硅芳炔树脂合成的主要原料配方

树脂	摩尔比[DEB]/[DCMVS]
PSA-V1	2∶1
PSA-V2	3∶2
PSA-V3	4∶3
PSA-V4	5∶4
PSA-V5	6∶5

7.3.2　甲基乙烯基硅芳炔树脂的结构表征

甲基乙烯基硅芳炔树脂的 ^{1}H NMR 谱图如图 7.15 所示[3]。从图中可以看出，化学位移 0.5ppm 附近振动峰是硅甲基(Si—CH$_3$)上的质子峰，化学位移 3.0ppm 处是炔氢(—C≡CH)上的质子峰，化学位移 6.0ppm 处为硅乙烯基(Si—CH=CH$_2$)上的质子峰，化学位移在 7.2ppm、7.4ppm、7.6ppm 处是苯环上的质子峰。

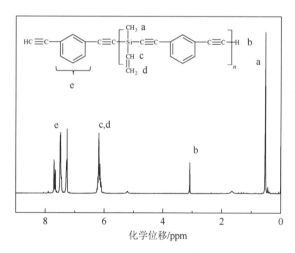

图 7.15　甲基乙烯基硅芳炔树脂 ^{1}H NMR 谱图

甲基乙烯基硅芳炔树脂的 FTIR 谱图如图 7.16 所示[3]。从图中可以看出，2155cm^{-1} 处特征吸收峰是 C≡C 伸缩振动，3296cm^{-1} 强而尖的吸收峰为炔氢的非对称伸缩振动，2970cm^{-1} 处是—CH$_3$ 的非对称伸缩振动，1594cm^{-1}、1474cm^{-1}、1407cm^{-1} 处的吸收峰是苯环 C=C 骨架振动的吸收峰，1253cm^{-1} 处的吸收峰为 Si—CH$_3$ 基对称变形振动的特征吸收峰，796cm^{-1} 处是苯环上间位取代的特征峰。

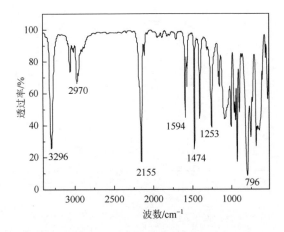

图 7.16   甲基乙烯基硅芳炔树脂的 FTIR 谱图

表 7.17 列出了甲基乙烯基硅芳炔树脂的分子量，测出的分子量与设计的分子量相近。从表中可以看出，随 DCMVS 量的增加，树脂分子量提高。

表 7.17   甲基乙烯基硅芳炔树脂分子量

树脂	摩尔比[DEB]/[DCMVS]	设计 $\bar{M}_n$	$\bar{M}_n$ (^{1}H NMR)	$\bar{M}_n$ (GPC)	$\bar{M}_w$ (GPC)	PDI
PSA-V1	2∶1	319	376	—	—	—
PSA-V2	3∶2	503	642	—	—	—
PSA-V3	4∶3	697	983	—	—	—
PSA-V4	5∶4	891	1200	838	1274	1.52
PSA-V5	6∶5	1095	1324	904	1672	1.85

7.3.3   甲基乙烯基硅芳炔树脂的性能

1. 甲基乙烯基硅芳炔树脂溶解性

甲基乙烯基硅芳炔树脂在许多常见的溶剂中都具有良好的溶解性，如表 7.18 所示，可以看出树脂在 THF、丙酮、甲苯等溶剂中均可溶解。

表 7.18   甲基乙烯基硅芳炔树脂溶解性

树脂	THF	甲苯	三氯甲烷	丙酮	丁酮	DMF	环己烷
溶度参数/ (J/cm^3)$^{1/2}$	20.2	18.3	19.0	20.3	19.0	24.9	16.9
PSA-V3	+	+	+	+	+	+	+
PSA-V4	+	±	+	±	±	+	±
PSA-V5	+	±	+	±	±	+	−

注：+表示可溶；±表示部分可溶；−表示不溶。

2. 甲基乙烯基硅芳炔树脂的黏度

1）黏度随温度的变化

甲基乙烯基硅芳炔树脂黏度随温度的变化如图 7.17 所示，树脂的黏度随温度的升高而延长，而随分子量的增加而延长。当树脂熔融后，随温度的升高，树脂熔融体黏度变化不大，且以恒定的黏度保持一定的时间，最后黏度迅速延长，树脂发生凝胶反应，开始形成交联网络结构。从图中可以看出，甲基乙烯基硅芳炔树脂具有较宽的加工窗口，加工窗口随分子量的增加而变窄，如 PSA-V2 树脂加工窗口大于 160℃，PSA-V4 达 160℃，PSA-V5 约 80℃。

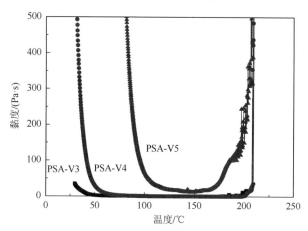

图 7.17　甲基乙烯基硅芳炔树脂黏度随温度的变化

2）黏度随时间的变化

以 PSA-V4 树脂为代表考察甲基乙烯基硅芳炔树脂在固定温度下的流变性能。在 80℃、90℃下 PSA-V4 树脂的黏度随时间的变化如图 7.18 所示，测试时间为 4h。从图中可以看出，80℃下 PSA-V4 树脂的黏度随时间的延长而增加，但变化不明显。最初，树脂的黏度为 1.12Pa·s，165 min 后黏度为 1.13Pa·s，4h 后黏度变为 1.15Pa·s，黏度共增加了 30mPa·s；在 90℃下，树脂黏度随时间的变化基本上与 80℃下的情况类似，树脂初始黏度为 0.59Pa·s，4h 后黏度变为 0.65Pa·s，增加了 60mPa·s。这说明树脂具有良好的工艺稳定性，适用期较长。

3. 甲基乙烯基硅芳炔树脂的热固化行为

在相同的升温速率下（10℃/min），分别测定了不同分子量的甲基乙烯基硅芳炔树脂的 DSC 曲线，如图 7.19 所示，其结果列于表 7.19 中。同时测定了不同升温速率下的 DSC 曲线，并通过 Kissinger 和 Ozawa 方法处理固化反应动力学，获取反应动力学参数，其表观反应活化能为 110.7kJ/mol。

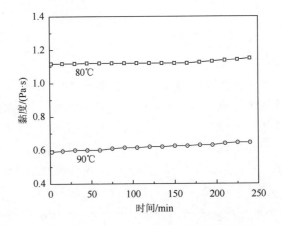

图 7.18   甲基乙烯基硅芳炔树脂 PSA-V4 黏度随时间的变化

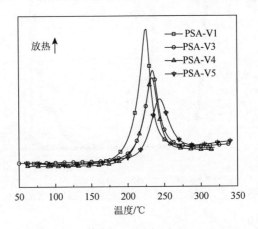

图 7.19   甲基乙烯基硅芳炔树脂的 DSC 曲线

表 7.19   甲基乙烯基硅芳炔树脂 DSC 结果

树脂	$T_i/℃$	$T_p/℃$	$T_e/℃$	$\Delta H/(J/g)$
PSA-V1	170.3	225.1	235.9	523.1
PSA-V3	174.5	234.2	248.9	395.7
PSA-V4	178.0	233.4	248.0	368.3
PSA-V5	191.0	243.7	266.4	309.0

　　使用铁板小刀法测定树脂的凝胶时间,结果列于表 7.20 中。表中数据表明树脂的凝胶时间随分子量的增加而缩短,随温度的升高,凝胶时间快速缩短。这与树脂中活性乙烯基有关。

表 7.20　甲基乙烯基硅芳炔树脂在不同温度下的凝胶时间

树脂	凝胶时间/min		
	160℃	170℃	180℃
PSA-V3	63.5	42.3	14.1
PSA-V4	50.6	31.8	0.2
PSA-V5	0.5	0.3	0.1

4. 甲基乙烯基硅芳炔树脂固化物的性能

1) 力学性能

表 7.21 列出了甲基乙烯基硅芳炔树脂固化物在室温下的弯曲性能,可以看出,树脂弯曲强度在 25MPa 左右,弯曲模量在 2.8GPa 左右。随着分子量的增加,弯曲强度和弯曲模量稍有增加,但变化不大。

表 7.21　甲基乙烯基硅芳炔树脂固化物的弯曲性能

树脂固化物	弯曲强度/MPa	弯曲模量/GPa
PSA-V3	24.7	2.78
PSA-V4	25.4	2.85
PSA-V5	26.1	2.92

甲基乙烯基硅芳炔树脂固化物在室温下的压缩强度列于表 7.22,可见甲基乙烯基硅芳炔树脂固化物的压缩强度较高。

表 7.22　甲基乙烯基硅芳炔树脂固化物的压缩性能

树脂	压缩强度/MPa	压缩模量/GPa
PSA-V3	72.5	9.39
PSA-V4	72.0	8.20
PSA-V5	83.2	9.28

2) 介电性能

甲基乙烯基硅芳炔树脂固化物的介电性能随测试频率的变化如图 7.20 所示。随着频率的增加,树脂介电常数和介电损耗波动不大,可以认为甲基乙烯基硅芳炔树脂在 $0\sim10^6$Hz 内有较稳定的介电性能。

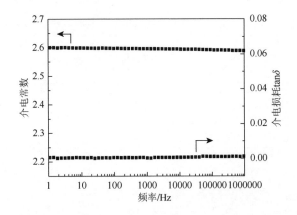

图 7.20　甲基乙烯基硅芳炔树脂 PSA-V5 固化物的介电性能随频率的变化(25℃)

3) 吸水性

甲基乙烯基硅芳炔树脂固化物的吸水率随时间的变化如图 7.21 所示,可以看出甲基乙烯基硅芳炔树脂固化物的吸水率随时间的延长而提高,12h 后树脂固化物的吸水率达到或接近平衡值(饱和状态),约 0.90wt%,48h 后树脂吸水率为 0.94wt%,树脂具有低的吸水率,相比聚酰亚胺、酚醛树脂、环氧树脂吸水率(4wt%~6wt%)要小得多。

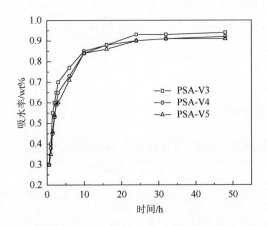

图 7.21　甲基乙烯基硅芳炔树脂固化物的吸水率随时间的变化

4) 热稳定性

甲基乙烯基硅芳炔树脂固化物在氮气及空气气氛中的热失重分析结果列于表 7.23,数据表明甲基乙烯基硅芳炔树脂固化物具备高的热稳定性,氮气中 T_{d5} 高于 550℃,空气中 T_{d5} 也高于 500℃。

表 7.23　甲基乙烯基硅芳炔树脂固化物在不同气氛下热失重分析结果

树脂	氮气		空气	
	T_{d5}/℃	Y_{r800}/%	T_{d5}/℃	Y_{r800}/%
PSA-V1	550.3	86.9	506.1	20.1
PSA-V2	622.0	91.0	510.6	21.1
PSA-V3	613.0	89.1	523.1	24.0
PSA-V4	719.4	92.3	525.2	23.2
PSA-V5	671.4	91.9	612.4	22.1

7.3.4　玻璃纤维增强甲基乙烯基硅芳炔树脂复合材料的力学性能

由甲基乙烯基硅芳炔树脂与高强度玻璃纤维 GF 复合制得复合材料，在室温下测试复合材料的弯曲性能，结果如表 7.24 所示，复合材料显示出良好的力学性能。

表 7.24　玻璃纤维/甲基乙烯基硅芳炔树脂复合材料(GF/PSA-V1)的弯曲性能

复合材料	弯曲强度/MPa	弯曲模量/GPa
GF/PSA-V3	78.61	16.8
GF/PSA-V4	104.2	23.3
GF/PSA-V5	157.6	21.1

参 考 文 献

[1]　周围. 含硅芳炔树脂的合成、结构与性能研究. 上海：华东理工大学，2007.

[2]　张玲玲. 含硅氢基团的芳炔树脂的合成与性能研究. 上海：华东理工大学，2009.

[3]　高金淼. 新型结构的含硅芳炔树脂的合成与性能研究. 上海：华东理工大学，2008.

第8章

含硅氧烷芳炔树脂的合成、结构与性能

8.1　含硅氧烷芳炔树脂的合成

早在 1973 年，美国的 Parnell 和 Macaione[1]就报道了含硅氧烷芳炔树脂的研究，他们制得了低分子量丁二炔和二硅氧烷交替的聚合物，其结构如下：

1992 年，日本的 Suzuki 和 Mita[2]等制备了一系列主链上含有硅乙炔基和硅氧烷交替的聚合物，聚合物的数均分子量 $\bar{M}_n$ 为 5800～23000；全部侧基为苯基的聚合物的玻璃化转变温度为 155～174℃，空气和氮气中的 T_{d10} 都在 500℃以上。

1994 年，美国 Henderson 和 Keller 等[3]首次研究了丁二炔基二锂与 1, 7-对（氯四甲基二硅氧烷基)-间碳硼烷的缩聚反应，合成了主链上含有丁二炔、二硅氧烷和碳硼烷的聚合物。之后，Keller 课题组[4-12]展开了一系列硅氧烷丁二炔聚合物的研究工作，研制的聚合物显示出优良的热稳定性。

含硅氧烷芳炔树脂（PSA-O）的研究出现在 20 世纪 90 年代，日本研究者申请了一系列涉及含硅氧烷芳炔树脂的发明专利[13-17]。到了 21 世纪初，法国 Corriu 等和 Levassort 等相继展开了含硅氧烷芳炔树脂的研究开发工作[18-21]。华东理工大学先进树脂复合材料研究室也相继在含硅氧烷芳炔树脂方面开展了一系列工作[22-24]。

含硅氧烷(多硅氧烷)间(对)位芳炔树脂的合成过程如下：

$$m = 1, 2, 3, 4, 5$$

在装有恒压漏斗、球形冷凝管和搅拌棒的 500mL 四口圆底烧瓶中，加入镁粉 6.00g(0.25mol)，通氮气保护，开动搅拌，然后加入四氢呋喃 100mL，在室温下滴加溴乙烷 23.98g(0.22mol)与四氢呋喃 100mL 的混合溶液，滴加时间约 1h，滴加完后加热回流(45℃)约 1h；在冰水浴冷却下缓慢滴加 m-乙炔基苯或 p-二乙炔基苯 13.86g(0.11mol)与四氢呋喃 100mL 的混合溶液，滴加时间约 1h，滴加完后加热回流(65℃)约 1h，制得 m(p)-二乙炔基苯格氏试剂；在冰水浴冷却下将 1,5-二氯六甲基三硅氧烷 19.39g(0.07mol)与四氢呋喃 100mL 的混合溶液缓慢滴加到 m-二乙炔基苯或 p-二乙炔基苯格氏试剂中，滴加时间约 1h，滴加完后加热(75℃)约 3h；在以上反应体系中加入甲苯 100mL 和冰醋酸 2.0g。蒸馏除去部分四氢呋喃后，在冰水浴冷却下加入 2%盐酸溶液和去离子水。倒入分液漏斗静置分液，并用去离子水清洗至 pH 为 7 左右。分离得到有机相，加入无水 Na_2SO_4 进行干燥，再抽滤、旋蒸除甲苯，得到深褐色黏稠液体树脂 25.03g，产率为 91%。

用不同的二氯硅氧烷可合成系列含硅氧烷芳炔树脂，具体单体用量和合成的树脂命名等情况列于表 8.1。含硅氧烷间位(m-)芳炔树脂以 PSA-O-mi 来命名，i = Ⅰ、Ⅱ、Ⅲ、Ⅳ；含硅氧烷对位(p-)芳炔树脂以 PSA-O-pi 来命名，i = Ⅰ、Ⅱ、Ⅲ、Ⅳ、Ⅴ。

表 8.1 含硅氧烷芳炔树脂的合成情况

树脂	1,n-二氯多硅氧烷	投料量/(mol，g)	产率/%	颜色
PSA-O-mⅠ	1,3-二氯四甲基二硅氧烷	0.07，14.21	93	深褐色黏稠液体
PSA-O-mⅡ	1,5-二氯六甲基三硅氧烷	0.07，19.39	91	深褐色黏稠液体
PSA-O-mⅢ	1,7-二氯八甲基四硅氧烷	0.07，24.57	92	橙红色黏稠液体
PSA-O-mⅣ	1,11-二氯十二甲基六硅氧烷	0.07，34.93	90	橙色液体
PSA-O-pⅠ	1,3-二氯四甲基二硅氧烷	0.07，14.21	93	深褐色固体
PSA-O-pⅡ	1,5-二氯六甲基三硅氧烷	0.07，19.39	91	深褐色黏稠液体

树脂	1, n-二氯多硅氧烷	投料量/(mol，g)	产率/%	颜色
PSA-O-pIII	1, 7-二氯八甲基四硅氧烷	0.07，24.57	92	橙红色黏稠液体
PSA-O-pIV	1, 9-二氯十甲基五硅氧烷	0.07，29.75	90	深褐色黏稠液体
PSA-O-pV	1, 11-二氯十二甲基六硅氧烷	0.07，34.93	90	深褐色黏稠液体

树脂固化物的制备过程：称取一定量的含硅氧烷芳炔树脂，在烘箱中，用逐步升温的方法对含硅氧烷芳炔树脂进行固化。固化工艺为：150℃/2h + 170℃/2h + 210℃/2h + 250℃/2h + 300℃/2h。最后得到黑色坚硬的含硅氧烷芳炔树脂固化物 PSA-O-m I$_c$～IV$_c$ 和 PSA-O-p I$_c$～V$_c$（下标 c 表示固化的树脂）。

固化物烧结物的制备过程：将含硅氧烷芳炔树脂固化物放入刚玉坩埚中，在高温马弗炉中通氩气，进行烧结。烧结工艺为：400℃/2h + 600℃/2h + 800℃/2h + 1000℃/2h + 1200℃/2h + 1450℃/6h，升温速率 2℃/min。最后得到黑色光亮的陶瓷 PSA-O-m I$_{cc}$～IV$_{cc}$ 和 PSA-O-p I$_{cc}$～V$_{cc}$（下标 cc 表示固化物的烧结产物）。

8.2　含硅氧烷芳炔树脂的结构表征

8.2.1　红外光谱分析

以含硅氧烷(二硅氧烷)间位芳炔树脂为例，说明红外光谱分析情况。图 8.1 为含硅氧烷(二硅氧烷)间位芳炔树脂 PSA-O-m I 的红外光谱图。如图所示，3297cm^{-1}、2156cm^{-1} 和 625cm^{-1} 处的吸收峰分别为乙炔基上的 ≡C—H 伸缩振动、C≡C 伸缩振动、≡C—H 弯曲振动吸收峰；Si—CH$_3$ 的尖锐的强吸收峰出现在 1257cm^{-1}

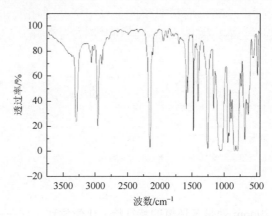

图 8.1　含硅氧烷芳炔树脂(PSA-O-m I)的红外光谱图

处；—CH$_3$ 伸缩振动出现在 2961cm^{-1} 处；苯环上的 C—H 振动吸收峰出现在 3070cm^{-1} 处；1592cm^{-1} 处为苯环—C≡C—振动吸收峰；在 1058cm^{-1} 处出现的强吸收峰归属为≡Si—O—Si≡的特征吸收峰。系列树脂的红外分析结果列于表 8.2 中。

表 8.2　硅氧烷芳炔树脂的红外光谱分析结果

树脂	红外吸收峰的归属/cm^{-1}
PSA-O-*m* I	3297(s, $\nu_{\equiv C-H}$)；3070[w, $\nu_{=C-H}$(苯环)]；2961(s, ν_{-CH_3})；2156(s, $\nu_{C\equiv C}$)；1592[m, $\nu_{-C=C-}$(苯环)]；1257(s, δ_{Si-C})；1058(vs, $\nu_{Si-O-Si}$)；625(s, $\delta_{\equiv C-H}$)
PSA-O-*m* II	3303(s, $\nu_{\equiv C-H}$)；3070[w, $\nu_{=C-H}$(苯环)]；2961(s, ν_{-CH_3})；2156(s, $\nu_{C\equiv C}$)；1592[m, $\nu_{-C=C-}$(苯环)]；1258(s, δ_{Si-C})；1056(vs, $\nu_{Si-O-Si}$)；625(s, $\delta_{\equiv C-H}$)
PSA-O-*m*III	3299(s, $\nu_{\equiv C-H}$)；3070[w, $\nu_{=C-H}$(苯环)]；2961(s, ν_{-CH_3})；2156(s, $\nu_{C\equiv C}$)；1592[m, $\nu_{-C=C-}$(苯环)]；1257(s, δ_{Si-C})；1089(vs, $\nu_{Si-O-Si}$)；625(s, $\delta_{\equiv C-H}$)
PSA-O-*m*IV	3297(s, $\nu_{\equiv C-H}$)；3070[w, $\nu_{=C-H}$(苯环)]；2961(s, ν_{-CH_3})；2156(s, $\nu_{C\equiv C}$)；1592[m, $\nu_{-C=C-}$(苯环)]；1257(s, δ_{Si-C})；1060(vs, $\nu_{Si-O-Si}$)；625(s, $\delta_{\equiv C-H}$)
PSA-O-*p* I	3294(s, $\nu_{\equiv C-H}$)；3078[w, $\nu_{=C-H}$(苯环)]；2961(s, ν_{-CH_3})；2160(s, $\nu_{C\equiv C}$)；1496[m, $\nu_{-C=C-}$(苯环)]；1257(s, δ_{Si-C})；1060(vs, $\nu_{Si-O-Si}$)；619(s, $\delta_{\equiv C-H}$)
PSA-O-*p* II	3299(s, $\nu_{\equiv C-H}$)；3070[w, $\nu_{=C-H}$(苯环)]；2961(s, ν_{-CH_3})；2156(s, $\nu_{C\equiv C}$)；1496[m, $\nu_{-C=C-}$(苯环)]；1258(s, δ_{Si-C})；1056(vs, $\nu_{Si-O-Si}$)；625(s, $\delta_{\equiv C-H}$)
PSA-O-*p*III	3299(s, $\nu_{\equiv C-H}$)；3070[w, $\nu_{=C-H}$(苯环)]；2962(s, ν_{-CH_3})；2161(s, $\nu_{C\equiv C}$)；1498[m, $\nu_{-C=C-}$(苯环)]；1259(s, δ_{Si-C})；1031-1089(vs, $\nu_{Si-O-Si}$)；617(s, $\delta_{\equiv C-H}$)
PSA-O-*p*IV	3301(s, $\nu_{\equiv C-H}$)；3078[w, $\nu_{=C-H}$(苯环)]；2962(s, ν_{-CH_3})；2161(s, $\nu_{C\equiv C}$)；1497[m, $\nu_{-C=C-}$(苯环)]；1258(s, δ_{Si-C})；1036-1089(vs, $\nu_{Si-O-Si}$)；617(s, $\delta_{\equiv C-H}$)
PSA-O-*p* V	3303(s, $\nu_{\equiv C-H}$)；3078[w, $\nu_{=C-H}$(苯环)]；2963(s, ν_{-CH_3})；2162(s, $\nu_{C\equiv C}$)；1496[m, $\nu_{-C=C-}$(苯环)]；1260(s, δ_{Si-C})；1035-1080(vs, $\nu_{Si-O-Si}$)；617(s, $\delta_{\equiv C-H}$)

8.2.2　^{1}H NMR 分析

图 8.2 为含二硅氧烷间位芳炔树脂 PSA-O-*m* I 的 ^{1}H NMR 谱图。可见，在化学位移 7.58～7.20ppm 内是苯环氢的特征峰，化学位移 3.07ppm 处是炔氢的特征峰，化学位移 0.38ppm 处是与 Si—O 基团直接相连的甲基氢(—SiCH$_3$)的特征峰。

图 8.3 为含二硅氧烷对位芳炔树脂 PSA-O-*p* I 的 ^{1}H NMR 谱图。从图中可以看出，在化学位移 7.29ppm 处是苯环氢的特征峰，化学位移 3.16ppm 处是炔氢的特征峰，化学位移 0.38ppm 处是与 Si—O 基团直接相连的甲基氢(—SiCH$_3$)的特征峰。

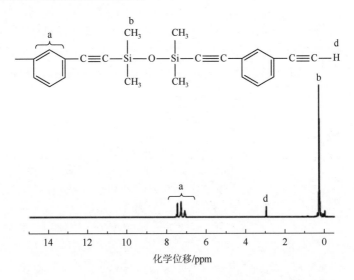

图 8.2 含二硅氧烷间位芳炔树脂 PSA-O-*m* I 的 ¹H NMR 谱图

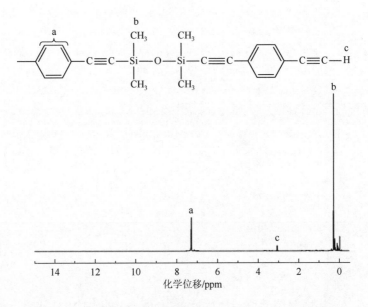

图 8.3 含二硅氧烷对位芳炔树脂 PSA-O-*p* I 的 ¹H NMR 谱图

图 8.4 为含二硅氧烷对位芳炔树脂 PSA-O-*p* I 的 ¹³C NMR 谱图。从图中可以看出，在化学位移 132.46ppm 和 123.71ppm 处是苯环碳 A 和 B 的特征峰，化学位移 104.23ppm 和 96.16ppm 处分别是内炔碳 C 和 D 的特征峰，化学位移 83.78ppm 和 79.88ppm 处分别是端炔碳 F 和 G 的特征峰，化学位移 2.82ppm 处是与 Si—O 基团直接相连的硅甲基碳 E 的特征峰。

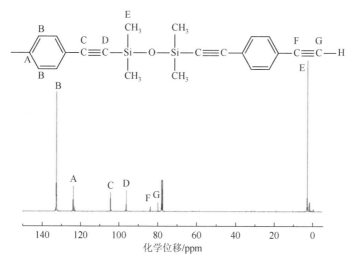

图 8.4　含二硅氧烷对位芳炔树脂 PSA-O-p I 的 ^{13}C NMR 谱图

其他含硅氧烷芳炔树脂的 NMR 分析结果列于表 8.3。

表 8.3　含硅氧烷芳炔树脂的 NMR 分析结果

树脂	共振峰的归属/ppm	
	^{1}H NMR	^{13}C NMR
PSA-O-m I	7.58～7.20(m, Ph—H)；3.07(m, ≡C—H)；0.38(s, Si—CH₃)	
PSA-O-m II	7.58～7.20(m, Ph—H)；3.01(m, ≡C—H)；0.38～0.16(s, Si—CH₃)	
PSA-O-mIII	7.60～7.40(m, Ph—H)；3.09(m, ≡C—H)；0.37～0.07(s, Si—CH₃)	
PSA-O-mIV	7.58～7.20(m, Ph—H)；3.07(m, ≡C—H)；0.38～0.07(s, Si—CH₃)	
PSA-O-p I	7.29(m, Ph—H)；3.16(w, ≡C—H)；0.38(s, Si—CH₃)	132.46, 123.71 [s, —C≡C—(苯环)]；104.23, 96.16(m, —C≡C—)；83.78, 79.88(w, —C≡C—H)；2.82(s, Si—C)
PSA-O-p II	7.29(m, Ph—H)；3.07(w, ≡C—H)；0.38～0.17(s, Si—CH₃)	132.45, 123.75 [s, —C≡C—(苯环)]；103.95, 96.35(m, —C≡C—)；83.82, 79.81(w, —C≡C—H)；2.86, 1.74(s, Si—C)
PSA-O-pIII	7.29(m, Ph—H)；3.09(w, ≡C—H)；0.38～0.08(s, Si—CH₃)	132.41, 123.71 [s, —C≡C—(苯环)]；104.24, 96.38(m, —C≡C—)；83.81, 79.80(w, —C≡C—H)；2.85, 1.74(vs, Si—C)
PSA-O-pIV	7.39(m, Ph—H)；3.19(w, ≡C—H)；0.40～0.35(s, Si—CH₃)	132.44, 123.73 [s, —C≡C—(苯环)]；104.25, 96.38(m, —C≡C—)；83.82, 79.80(w, —C≡C—H)；2.85, 1.74(vs, Si—C)
PSA-O-p V	7.29(m, Ph—H)；3.03(w, ≡C—H)；0.24～0.18(s, Si—CH₃)	132.62, 123.78 [s, —C≡C—(苯环)]；103.86, 96.39(m, —C≡C—)；83.83, 79.81(w, —C≡C—H)；2.86, 1.75(vs, Si—C)

8.2.3   GPC 分析

通过 GPC 分别测定了含硅氧烷间位芳炔树脂 PSA-O-*m*Ⅰ～Ⅳ和含硅氧烷对位芳炔树脂 PSA-O-*p*Ⅰ～Ⅴ的分子量，前者树脂的数均分子量为 747～1630，后者树脂的数均分子量为 1398～2077，数据如表 8.4 所示。

表 8.4   含硅氧烷芳炔树脂 PSA-O-*m*Ⅰ～Ⅳ和 PSA-O-*p*Ⅰ～Ⅴ的分子量

树脂	$\bar{M}_n^{1)}$	$\bar{M}_n^{2)}$	$\bar{M}_n^{3)}$	$\bar{M}_w^{3)}$	PDI$^{3)}$
PSA-O-*m*Ⅰ	786	892	747	1574	2.11
PSA-O-*m*Ⅱ	894	1116	915	1609	1.76
PSA-O-*m*Ⅲ	1494	1618	1375	2469	1.80
PSA-O-*m*Ⅳ	1782	1780	1630	2673	1.64
PSA-O-*p*Ⅰ	786	1083	1398	2713	1.94
PSA-O-*p*Ⅱ	894	1257	1431	2954	2.06
PSA-O-*p*Ⅲ	1494	1670	1860	4315	2.32
PSA-O-*p*Ⅳ	1642	1841	1970	4787	2.43
PSA-O-*p*Ⅴ	1782	1959	2077	5275	2.54

注：1)通过单体配方计算；2)通过 H^1 NMR 分析确定；3)通过 GPC 测定。

8.3   含硅氧烷芳炔树脂的性能

8.3.1   含硅氧烷芳炔树脂的溶解性

含硅氧烷间(对)位芳炔树脂 PSA-O-*m*Ⅰ～Ⅳ和 PSA-O-*p*Ⅰ～Ⅴ在常温下具有良好的溶解性能，如表 8.5 所示，且两类树脂的溶解性区别不大，能溶于一般的有机溶剂，如苯、甲苯、氯仿、THF、丙酮、丁酮及 DMF，但含硅氧烷对位芳炔树脂 PSA-O-*p*Ⅰ～Ⅳ在室温下不溶解于石油醚和甲醇，而含硅氧烷间位芳炔树脂 PSA-O-*m*Ⅰ～Ⅳ不溶解于甲醇。良好的溶解性与主链上引入了硅氧烷链段有关，二者的区别与树脂结构的对称性有关。

表 8.5   含硅氧烷芳炔树脂 PSA-O-*m*Ⅰ～Ⅳ和 PSA-O-*p*Ⅰ～Ⅴ的溶解性

溶剂	PSA-O-*m*Ⅰ (PSA-O-*p*Ⅰ)	PSA-O-*m*Ⅱ (PSA-O-*p*Ⅱ)	PSA-O-*m*Ⅲ (PSA-O-*p*Ⅲ)	(PSA-O-*p*Ⅳ)	PSA-O-*m*Ⅳ (PSA-O-*p*Ⅴ)
石油醚	+ (–)	+ (–)	+ (–)	(–)	+ (–)
苯	+ (+)	+ (+)	+ (+)	(+)	+ (+)
甲苯	+ (+)	+ (+)	+ (+)	(+)	+ (+)

溶剂	PSA-O-*m* I (PSA-O-*p* I)	PSA-O-*m* II (PSA-O-*p* II)	PSA-O-*m*III (PSA-O-*p*III)	(PSA-O-*p*IV)	PSA-O-*m*IV (PSA-O-*p* V)
三氯甲烷	+ (+)	+ (+)	+ (+)	(+)	+ (+)
THF	+ (+)	+ (+)	+ (+)	(+)	+ (+)
丙酮	+ (+)	+ (+)	+ (+)	(+)	+ (+)
丁酮	+ (+)	+ (+)	+ (+)	(+)	+ (+)
DMF	+ (+)	+ (+)	+ (+)	(+)	+ (+)
甲醇	– (–)	– (–)	– (–)	(–)	– (–)

注：+表示可溶；–表示不溶；（ ）表示对位芳炔树脂。

8.3.2　含硅氧烷芳炔树脂的热固化行为

图 8.5 是含硅氧烷间位芳炔树脂 PSA-O-*m* I～IV 在氮气气氛下从 100℃到 350℃ 以 10℃/min 的升温速率得到的 DSC 曲线，其分析结果列于表 8.6。结果表明含硅氧烷间位芳炔树脂 PSA-O-*m* I～IV 具有相似的热固化行为。从图和表中可以看出，在 150～300℃内有宽的强放热峰，随着硅氧链段的增长，固化峰向高温方向移动，峰宽增加，且固化放热量减少。硅氧链增长降低了树脂中炔基的浓度，进而降低了树脂的活性。另外，在高于 300℃出现放热现象，这是由未反应的内炔进一步交联反应而产生的。

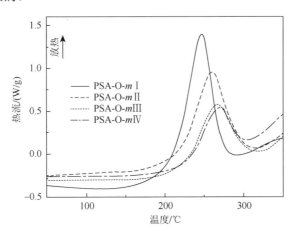

图 8.5　含硅氧烷间位芳炔树脂 PSA-O-*m* I～IV 的 DSC 曲线

图 8.6 是含硅氧烷对位芳炔树脂 PSA-O-*p* I～V 在氮气气氛下从 100℃到 350℃ 以 10℃/min 的升温速率得到的 DSC 曲线，PSA-O-*p* I～V 的 DSC 分析结果也列于表 8.6。结果表明含硅氧烷对位芳炔树脂 PSA-O-*p* I～V 具有相似的热固化行为。从图中可以看出，在 150～300℃内有宽的强放热峰；随着硅氧链段的增长，

固化峰向高温方向移动，峰宽增加，固化放热量减少。该变化规律与含硅氧烷间位芳炔树脂相似。

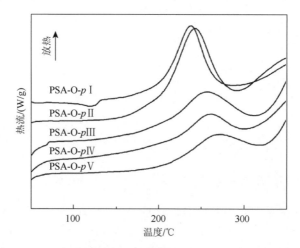

图 8.6　含硅氧烷对位芳炔树脂 PSA-O-*p* Ⅰ～Ⅴ 的 DSC 曲线

表 8.6　含硅氧烷芳炔树脂的 DSC 分析结果

树脂	$T_i/℃$	$T_p/℃$	$T_e/℃$	$\Delta H/(J/g)$
PSA-O-*m*Ⅰ	216	250	285	367.3
PSA-O-*m*Ⅱ	221	261	288	225.1
PSA-O-*m*Ⅲ	225	267	299	176.9
PSA-O-*m*Ⅳ	229	270	301	142.3
PSA-O-*p*Ⅰ	150	238	280	220.0
PSA-O-*p*Ⅱ	155	242	285	199.6
PSA-O-*p*Ⅲ	190	257	310	113.2
PSA-O-*p*Ⅳ	225	260	299	85.1
PSA-O-*p*Ⅴ	260	271	325	64.9

8.3.3　含硅氧烷芳炔树脂固化物的动态力学性能

图 8.7 是含硅氧烷间位芳炔树脂固化物 PSA-O-*m* Ⅰ$_c$～Ⅳ$_c$ 的 DMA 曲线。从图中可以看出，含硅氧烷间位芳炔树脂固化物 PSA-O-*m* Ⅰ$_c$～Ⅳ$_c$ 具有较低的玻璃化转变温度，分别为 143℃、117℃、102℃和 76℃。随着硅氧链段的增长，树脂固化物的玻璃化转变温度逐渐降低。这可能是由柔性硅氧链段增长且交联密度降低所导致的。这与 Keller 等报道的硅氧链段的长短直接影响树脂固化物交联密度相一致。

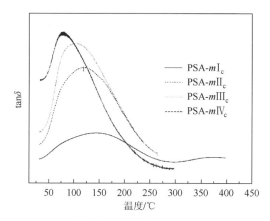

图 8.7　含硅氧烷间位芳炔树脂固化物 PSA-O-*m* I$_c$～Ⅳ$_c$ 的 DMA 曲线

图 8.8 是含硅氧烷对位芳炔树脂固化物 PSA-O-*p* I$_c$～V$_c$ 的 DMA 曲线。从图中可以看出，含硅氧烷对位芳炔树脂固化物 PSA-O-*p* I$_c$～V$_c$ 具有较低的玻璃化转变温度，分别为 126℃、104℃、96℃、84℃和 78℃。随着硅氧链段的增长，树脂固化物的玻璃化转变温度逐渐降低，与含硅氧烷间位芳炔树脂的变化规律一致。

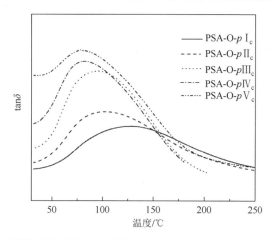

图 8.8　含硅氧烷对位芳炔树脂固化物 PSA-O-*p* I$_c$～V$_c$ 的 DMA 曲线

8.3.4　含硅氧烷芳炔树脂固化物的介电性能

图 8.9 为含硅氧烷间位芳炔树脂固化物 PSA-O-*m* I$_c$～Ⅳ$_c$ 的介电常数与频率关系图。含硅氧烷间位芳炔树脂固化物 PSA-O-*m* I$_c$～Ⅳ$_c$ 的介电常数随着频率的提高变化不大。在 1MHz 和 25℃下含硅氧烷间位芳炔树脂固化物 PSA-O-*m* I$_c$～Ⅳ$_c$ 的介电常数在 2.52～3.13 之间。随着硅氧烷链段的增长，含硅氧烷间位芳炔树脂固化物 PSA-O-*m* I$_c$～Ⅳ$_c$ 的介电常数依次减小，即介电常数受二甲基硅氧烷链段长度的影响较大。

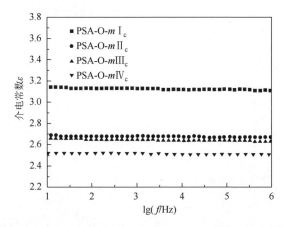

图 8.9　含硅氧烷间位芳炔树脂固化物 PSA-O-*m* I$_c$～Ⅳ$_c$ 的介电常数–频率关系图

8.3.5　含硅氧烷芳炔树脂固化物的热稳定性和热氧化稳定性

图 8.10 为含硅氧烷间位芳炔树脂固化物 PSA-O-*m* I$_c$～Ⅳ$_c$ 在氮气和空气下的 TGA 曲线。表 8.7 列出了含硅氧烷间位芳炔树脂固化物 PSA-O-*m* I$_c$～Ⅳ$_c$ 的 TGA 数据。从表中可以看出，在氮气气氛中含硅氧烷间位芳炔树脂固化物 PSA-O-*m* I$_c$～Ⅳ$_c$ 具有好的热稳定性。好的耐热性能源自树脂的高度交联结构。由表可以看出，T_{d5} 和 1000℃残留率随硅氧链的增长而逐渐减小。一方面，随着硅氧烷链段的增长，树脂中的炔基含量下降导致树脂固化物的交联密度降低，进而热稳定性相应降低；另一方面，硅氧烷链段的增长，导致硅氧烷链段在高温下易发生降解反应，降低了树脂固化物的热稳定性。从表中也可以看出，含硅氧烷间位芳炔树脂固化物 PSA-O-*m* I$_c$～Ⅳ$_c$ 具有优异的热氧化稳定性。在空气气氛下，系列含硅氧烷间位芳炔树脂固化物 PSA-O-*m* I$_c$～Ⅳ$_c$ 的 T_{d5} 为 514～548℃，1000℃

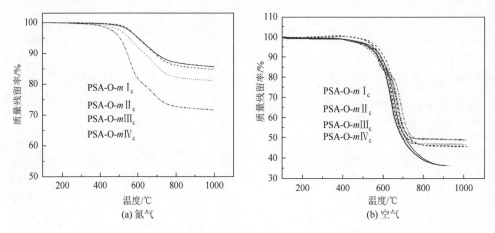

图 8.10　含硅氧烷间位芳炔树脂固化物 PSA-O-*m* I$_c$～Ⅳ$_c$ 在氮气和空气下的 TGA 曲线

残留率为 36.0%～49.0%。从表中可以看出，随着硅氧链的增长，含硅氧烷间位芳炔树脂固化物 PSA-O-m I_c～IV_c 在 1000℃残留率逐渐增大。这是在高温下树脂固化物中的硅元素与空气中的氧气发生氧化反应生成了 SiO_2 导致的。随着分子量的增加，树脂结构中硅含量逐渐增大，若体系中的硅元素全部转化成 SiO_2，则残留率为 37.6%～55.4%，这与实验结果比较吻合。

表 8.7 含硅氧烷芳炔树脂固化物的 TGA 数据

固化树脂	氮气		空气	
	T_{d5}/℃	Y_{r1000}/%	T_{d5}/℃	Y_{r1000}/%
PSA-O-m I_c	602	86.0	548	36.0
PSA-O-m II_c	550	85.0	535	45.0
PSA-O-mIII_c	553	81.0	522	47.0
PSA-O-mIV_c	505	72.0	514	49.0
PSA-O-p I_c	546	83.2	462	39.2
PSA-O-p II_c	502	76.7	429	43.7
PSA-O-pIII_c	497	74.3	419	43.9
PSA-O-pIV_c	495	72.9	417	48.3
PSA-O-p V_c	489	68.8	407	49.3

图 8.11(a)和图 8.11(b)分别是含硅氧烷对位芳炔树脂固化物 PSA-O-p I_c～V_c 在氮气和空气下的 TGA 曲线。表 8.7 也列出了含硅氧烷对位芳炔树脂固化物 PSA-O-p I_c～V_c 的 TGA 数据。从表中可以看出，在氮气气氛中含硅氧烷对位芳炔树脂固化物 PSA-O-p I_c～V_c 比在空气下具有更好的热稳定性，但在空气中显示优良的热氧化稳定性。在氮气气氛下，含硅氧烷对位芳炔树脂固化物 PSA-O-p I_c～V_c 的 T_{d5} 高于 480℃，1000℃的残留率高于 68%；在空气气氛下，含硅氧烷对位芳炔树脂固化物 PSA-O-p I_c～V_c 的 T_{d5} 为 407～462℃，1000℃残留率为 39.2%～49.3%。好的热稳定性源自高度交联结构。从表中可以看出，随硅氧链的增长，树脂固化物在氮气和空气中的 T_{d5} 均下降，在氮气中 1000℃残留率下降，在空气中 1000℃残留率却上升。随着硅氧烷链段的增长，一方面，树脂中的炔基含量下降导致树脂固化物的交联密度降低，加上硅氧烷链段在高温下易发生降解反应，进而使分解温度相应降低；另一方面，树脂的 Si 含量会增加，在氧气中氧化生成的 SiO_2 含量增加，故出现了在空气中 1000℃残留率上升的现象。

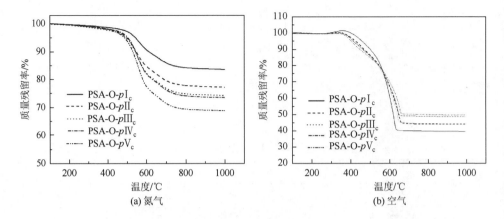

图 8.11   含硅氧烷对位芳炔树脂固化物 PSA-O-p I$_c$～V$_c$ 的 TGA 曲线

8.3.6   含硅氧烷芳炔树脂固化物的高温烧结产物特性

1. 含硅氧烷间位芳炔树脂固化物的高温烧结产物特性

1) 含硅氧烷间位芳炔树脂固化物烧结产物成分分析

图 8.12 是含硅氧烷间位芳炔树脂固化物 PSA-O-m I$_{cc}$～Ⅳ$_{cc}$ 在氩气气氛下 1450℃下烧结得到的产物的 X 射线衍射谱图。各衍射峰分别被确定是由无定形炭、β-SiC 和 SiO$_2$ 产生的。在 2θ 角为 21.86°处的衍射峰是碳的特征峰,在 2θ 角为 35.54°、60.42°和 71.8°处的衍射峰是由 β-SiC 产生而出现的,2θ 角为 43.60°处是由 SiO$_2$ 产生的特征峰。综上所述,烧结得到的产物是由无定形炭、β-SiC 和 SiO$_2$ 共同组成的陶瓷化产物。

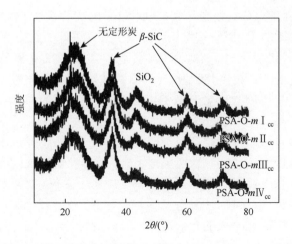

图 8.12   含硅氧烷间位芳炔树脂固化物烧结产物 PSA-O-m I$_{cc}$～Ⅳ$_{cc}$ 的 X 射线衍射谱图

图 8.13 显示了含硅氧烷间位芳炔树脂固化物烧结产物 PSA-O-m I$_{cc}$~Ⅳ$_{cc}$ 的红外谱图。从图中可以看到主要有两个吸收峰：在 1100cm^{-1} 处产生的 Si—O—Si 特征峰，在大约 800cm^{-1} 处产生 Si—C 的特征峰(纯晶体 SiC 在 850cm^{-1} 处)。这说明 SiC 和 SiO$_2$ 组分存在于烧结产物中，这与 X 射线衍射分析一致。

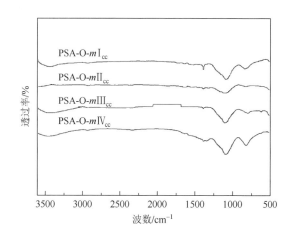

图 8.13　含硅氧烷间位芳炔树脂固化物烧结产物 PSA-O-m I$_{cc}$~Ⅳ$_{cc}$ 的红外图谱

2) 含硅氧烷间位芳炔树脂固化物烧结产物的热氧化稳定性

图 8.14 是含硅氧烷间位芳炔树脂固化物烧结产物 PSA-O-m I$_{cc}$~Ⅳ$_{cc}$ 在空气下的 TGA 曲线。表 8.8 列出了含硅氧烷间位芳炔树脂固化物烧结产物 PSA-O-m I$_{cc}$~Ⅳ$_{cc}$ 的 TGA 数据。从表中可以看出，含硅氧烷间位芳炔树脂固化物烧结产物 PSA-O-m I$_{cc}$~Ⅳ$_{cc}$ 具有很好的热氧化稳定性，PSA-O-m I$_{cc}$~Ⅳ$_{cc}$ 的 T_{d5} 高于 800℃，1000℃残留率高于 83%。优异的热氧化稳定性来自烧结产物中 β-SiC 和 SiO$_2$ 组分。

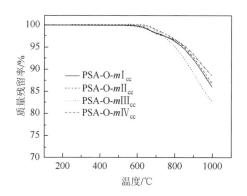

图 8.14　含硅氧烷间位芳炔树脂固化物烧结产物 PSA-O-m I$_{cc}$~Ⅳ$_{cc}$ 在空气中的 TGA 曲线

表 8.8　含硅氧烷芳炔树脂固化物烧结产物在空气中的 TGA 数据

固化树脂烧结产物	T_{d5}/℃	Y_{r1000}/%
PSA-O-m I$_{cc}$	842	86.0
PSA-O-m II$_{cc}$	852	87.0
PSA-O-mIII$_{cc}$	804	83.0
PSA-O-mIV$_{cc}$	861	89.0
PSA-O-p I$_{cc}$	616	47.5
PSA-O-p II$_{cc}$	635	55.6
PSA-O-pIII$_{cc}$	708	58.0
PSA-O-pIV$_{cc}$	773	61.3
PSA-O-p V$_{cc}$	785	64.3

2. 含硅氧烷对位芳炔树脂固化物的高温烧结产物特性

图 8.15 为含硅氧烷对位芳炔树脂固化物烧结产物 PSA-O-p I$_{cc}$～V$_{cc}$ 在空气下的 TGA 曲线。表 8.8 列出了含硅氧烷对位芳炔树脂固化物烧结产物 PSA-O-p I$_{cc}$～V$_{cc}$ 的 TGA 数据。从表中可以看出，含硅氧烷对位芳炔树脂固化物烧结产物 PSA-O-p I$_{cc}$～V$_{cc}$ 具有较好的热氧化稳定性，其 T_{d5} 高于 616℃，1000℃的残留率高于 47.5%，但其热氧化稳定性不及含硅氧烷间位芳炔树脂固化物的烧结产物。

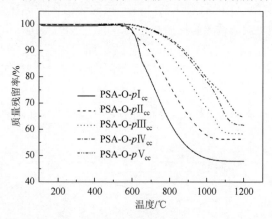

图 8.15　含硅氧烷对位芳炔树脂固化物烧结产物 PSA-O-p I$_{cc}$～V$_{cc}$ 在空气中的 TGA 曲线

参 考 文 献

[1] Parnell D R，Macaione D P. Oxidative coupling as a potential route to polymers of group IV acetylenes. Journal of Polymer Science Part A：Polymer Chemistry，1973，11：1107-1110.

[2] Suzuki T，Mita I. Synthesis and properties of silythynylene-siloxane alternating copolymers. European Polymer Journal，1992，28(11)：1373-1376.

[3] Henderson L J，Keller T M. Synthesis and characterization of poly(carborane-siloxane-acetylene). Macromolecules，

1994，27：1660-1661.

[4]　Son D Y，Keller T M. Synthesis and characterization of linear siloxane-diacetylene polymers. Macromolecules，1995，28：399-400.

[5]　Sundar R A，Keller T M. Synthesis and characterization of linear boron-silicon-diacetylene copolymers. Macromolecules，1996，29：3647-3650.

[6]　Sundar R A，Keller T M. Linear diacetylene polymers containing bis(dimethylsily)phenyl and/or bis(tetramethyldisiloxane)carborane residues：their synthesis，characterization and thermal and oxidative properties. Journal of Polymer Science Part A：Polymer Chemistry，1997，35：2387-2394.

[7]　Houser E J，Keller T M. Linear ferrocenylene-siloxyl-diacetylene polymers and their conversion to ceramics with high thermal and oxidative stabilities. Macromolecules，1998，31：4038-4040.

[8]　Beckham H W，Keller T M. Diacetylene-terminated diacetylene-containing polysiloxanes. Journal of the Chemical Society，Chemical Communications，2002，12：3363-3365.

[9]　Homrighusen C L，Keller T M. High-temperature elastomers from silarylene-siloxane-diacetylene linear polymers. Journal of Polymer Science Part A：Polymer Chemistry，2002，40：88-94.

[10]　Homrighusen C L，Keller T M. Synthesis of hydroxy-terminated，oligomeric poly(silarylene disiloxane)s via rhodium-catalyzed dehydrogenative coupling and their use in the aminosilane-disilanol polymerization reaction. Journal of Polymer Science Part A：Polymer Chemistry，2002，40：1334-1341.

[11]　Kolel V M K，Keller T M. The effects of concentration dilution of cross-linkable diacetylenes on the plasticity of poly(m-carborane-disiloxane-diadcetylene)s. Journal of Materials Chemistry，2003，13：1652-1656.

[12]　Kolel V M K，Beckham H W，Keller T M. Dependence of thermal properties on the copolymer sequence in diacetylene-containing polycarboranylenesiloxanes. Chemistry of Materials，2004，16：3162-3167.

[13]　Inoe K，Iwata K，Ishikawa J. Manufacture of heat-and fire-resistant siloxanes having acetylene bonds：JP 08333458. 1996.

[14]　Yamaguchi B，Fujisaka T，Okada K. Light-sensitive，heat-and fire-resistant silicon compounds and manufacture thereof：JP 08151447. 1996.

[15]　Sugimoto T，Fujisaka T，Okada H. Acetylene linkage-containing silicon polymers，their manufacture，and cured products of the polymers：JP 09241383. 1997.

[16]　Sugimoto T，Fujisaka T，Okada H. Polyacetylene-silicone resin hardened materials：JP 09278894. 1997.

[17]　Okada K，Sugimoto T，Ichitani M. Silicon-containing polymers having side chains with functional groups，their production method，and their crosslinked products：JP 10273534. 1998.

[18]　Boury B，Corriu R J P，Muramatsu H. Organisation and reactivity of silicon-based hybrid materials with various cross-linking levels. New Journal of Chemistry，2002，26：981-988.

[19]　Levassort C，Jousse F，Delnaud L，et al. Poly(ethynylene phenylene ethynylene polysiloxene(silylene))and methods for preparing same：US 6872795B2. 2005.

[20]　Levassort C，Jousse F，Delnaud L，et al. Poly(ethynylene phenylene ethnylene polysiloxene(silylene)s)and method for preparing same：US 0024163 A1. 2004.

[21]　Levassort C，Jousse F，Delnaud L，et al. Poly(ethynylene phenylene ethnylene silylene)comprising an inert spacer and methods for Preparing same：US 6919403B2. 2005.

[22]　高飞. 含硅醚芳炔树脂的合成与性能研究. 上海：华东理工大学，2006.

[23]　张玲玲. 含硅氢基团的芳炔树脂的合成与性能研究. 上海：华东理工大学，2009.

[24]　高飞. 含硅氧烷芳炔树脂的研究. 上海：华东理工大学，2010.

第9章

含 POSS 芳炔树脂的合成及其结构与性能

9.1 含 POSS 芳炔树脂的合成

9.1.1 主链含八甲基 POSS 芳炔树脂的合成

在水浴冷却下，通过恒压漏斗向制备好的二乙炔基苯格氏试剂中，缓慢加入一定量的二氟代八甲基笼形倍半硅氧烷和 100mL THF 的混合溶液，滴加时间约为 1.0h。滴加完毕后，70℃保温 24.0h，此时反应溶液呈深褐色。将装置改为蒸馏装置，在 75～88℃下蒸出反应体系中的 THF（占总投入量的 65%～70%），蒸馏完毕，冷却至 50℃左右，加入 100mL 甲苯。在冰水浴冷却下向反应烧瓶中滴加 5.0%稀盐酸溶液，将溶液转移至 250mL 分液漏斗中，静置分液；用去离子水将溶液水洗至中性，分离出上层有机相，加入无水 Na_2SO_4 干燥，过滤，减压蒸馏除去溶剂，得到红棕色固态树脂（MPD 树脂），产率为 85%～90%[1]。反应示意图如下：

MPD

9.1.2　含八(二甲基硅氧基)POSS 芳炔树脂和含八(二甲基硅氧基)POSS 硅烷芳炔树脂的合成

将装有搅拌器、冷凝管和导气管的 100mL 三口烧瓶抽排三次除水除氧，通氮气保护。将 2.00g 八(二甲基硅氧)倍半硅氧烷($Q_8M_8^H$)和 1.98g 二乙炔基苯(DEB)加入烧瓶中，再加入 25mL 无水甲苯，室温搅拌 15min。随后滴入 7 滴铂(0)-1,3-二乙烯-1,1,3,3-四甲基二硅氧烷结合物［Pt(dvs)］催化剂，升温至 85℃反应 7h。反应完毕后，加入 5mg 三苯基膦并室温搅拌 1h，过滤后减压蒸除溶剂，得到 PD50树脂[2]。其他 PD 树脂采用类似的方法合成，具体配方列于表 9.1。含二甲基硅氧基 POSS 芳炔树脂(PD 树脂)的合成反应如下：

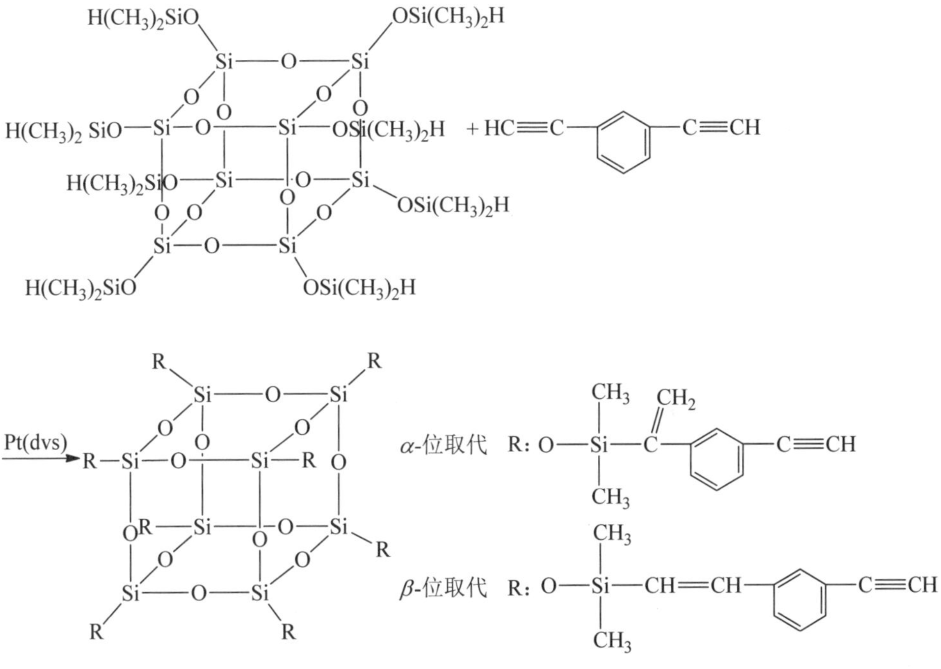

表 9.1　不同配方的 PD 和 PS 树脂

树脂	$Q_8M_8^H$/wt%	$n_{POSS}:n_{DEB}$(或 $n_{POSS}:n_{PSA-M}$)	Pt(dvs)/μL
PD29	28.8	1.0∶20.0	适量
PD34	33.6	1.0∶16.0	适量
PD40	40.2	1.0∶12.0	适量
PD50	50.3	1.0∶8.3	适量
PS2.5	2.5	1.0∶64.5	6.25

续表

树脂	$Q_8M_8^H$ /wt%	n_{POSS} ∶ n_{DEB} (或 n_{POSS} ∶ $n_{PSA\text{-}M}$)	Pt(dvs)/μL
PS5	5.0	1.0∶31.4	12.5
PS10	10.0	1.0∶14.9	25.0
PS15	15.0	1.0∶9.4	37.5

用PSA-M替代上述DEB合成含二甲基硅氧基POSS硅烷芳炔树脂(PS树脂)，具体配方见表9.1。PS树脂的合成反应示意如下：

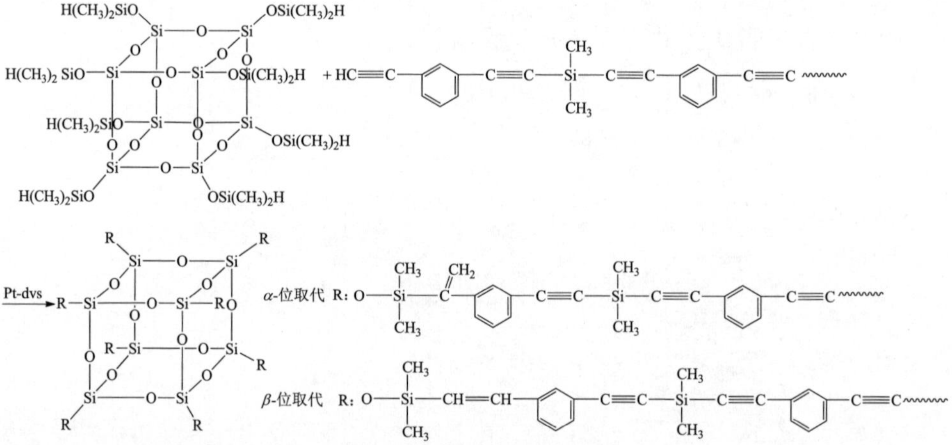

在空气气氛中，用逐步升温的方法对PD和PS树脂进行固化，制得PD和PS树脂固化物，PD树脂固化工艺为120℃/1h + 140℃/2h + 160℃/2h + 180℃/2h + 210℃/2h + 250℃/4h。PS树脂的固化工艺为130℃/1h + 150℃/2h + 170℃/2h +210℃/2h + 250℃/4h。

9.1.3　多炔基POSS改性含硅芳炔树脂的制备

通过溶液混合制备不同结构多炔基 POSS 改性含硅芳炔树脂，各种多炔基POSS单体如下：

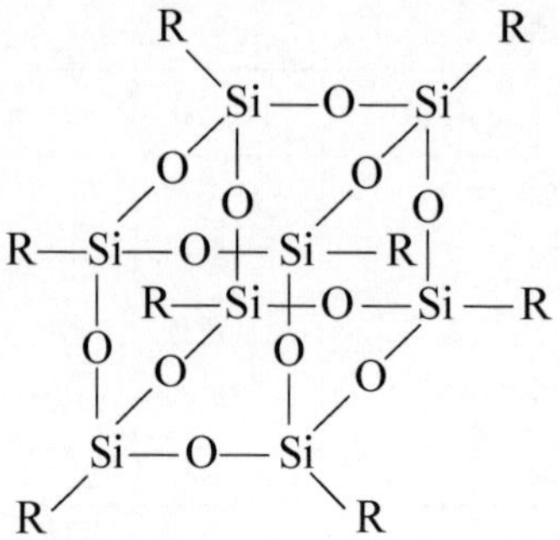

R = —O—Si(CH_3)$_2$C≡CH　八(乙炔基二甲基硅氧烷基)POSS(OEMS)

R = —$CH_2CH_2CH_2$—S—CH_2C≡CH　八(炔丙基硫醚丙基)POSS(OPPSP)

R = —$(CH_2)_3$—S—$(CH_2)_{10}$—C(=O)—O$(CH_2)_2$C≡CH

八(十一烷酸丁炔醇酯硫醚丙基)POSS(POSS-LA)

1. 多炔基 POSS 改性含硅芳炔树脂的制备[3]

将 OEMS、OPPSP 和 POSS-LA 分别按比例与 PSA-M 树脂溶于 THF 中,在常温下搅拌 1h 后,除去溶剂,可分别得到 OEMS、OPPSP 及 POSS-LA 改性含硅芳炔树脂,分别命名为 OEMS-[PSA-M]、OPPSP-[PSA-M]和 POSS-LA-[PSA-M],其配方列于表 9.2。

表 9.2　多炔基 POSS 改性含硅芳炔树脂的配方

树脂	POSS 含量/wt%		摩尔比[POSS]：[PSA-M]	POSS 摩尔分数/%
	OEMS/OPPSP/POSS-LA	PSA-M		
OEMS-[PSA-M]-1	1	99	1：203	0.49
OEMS-[PSA-M]-3	3	97	1：67	1.47
OEMS-[PSA-M]-5	5	95	1：39	2.50
OEMS-[PSA-M]-10	10	90	1：18	5.26
OPPSP-[PSA-M]-5	5	95	1：49	2.00
OPPSP-[PSA-M]-10	10	90	1：23	4.17
OPPSP-[PSA-M]-15	15	85	1：15	6.25
OPPSP-[PSA-M]-20	20	80	1：10	9.09
POSS-LA-[PSA-M]-5	5	95	1：105	0.94
POSS-LA-[PSA-M]-10	10	90	1：50	1.96
POSS-LA-[PSA-M]-15	15	85	1：31	3.12
POSS-LA-[PSA-M]-20	20	80	1：22	4.35

2. 多炔基 POSS 改性含硅芳炔树脂固化物的制备

OEMS-[PSA-M]、OPPSP-[PSA-M]和 POSS-LA-[PSA-M]树脂通过如下固化工艺:150℃/2h + 170℃/2h + 210℃/2h + 250℃/4h 进行固化,制得固化物。

9.2　含 POSS 芳炔树脂的结构表征

9.2.1　主链含八甲基 POSS 芳炔树脂的结构表征

采用 FTIR、^{1}H NMR、GPC、^{29}Si NMR 和 XRD 对不同分子量的主链含八甲基 POSS 芳炔树脂进行了结构表征[1]。

图 9.1 为不同分子量主链含八甲基 POSS 芳炔树脂的 FIIR 谱图。由图可知,3301.9cm^{-1} 为≡C—H 的伸缩振动吸收峰;2160.6cm^{-1} 与 2110.1cm^{-1} 分别为 C≡C 的内炔、外炔的伸缩振动吸收峰;2971.8cm^{-1} 和 1409.5cm^{-1} 分别为甲基 CH$_3$ 伸缩振动和面外摇摆振动吸收峰;1592.9～1407.1cm^{-1} 为苯环骨架振动吸收峰;1109.1cm^{-1}

为 POSS 的特征峰，即 Si—O—Si 键的伸缩振动吸收峰；1000~800cm⁻¹ 区域内有苯环 C—H 的面外弯曲振动吸收峰，也有 Si—F 的伸缩振动吸收峰。

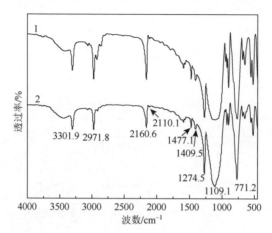

图 9.1　MPD 树脂的 FTIR 谱图

1. MPD-1 树脂；2. MPD-2 树脂

　　图 9.2 为不同分子量主链含八甲基 POSS 芳炔树脂的 ¹H NMR 谱图。由图 9.2 可知，化学位移 7~8ppm 处是苯环氢的共振峰；化学位移 3.05ppm 处为 ≡C—H 共振峰；化学位移 0~1ppm 处为 Si—CH₃ 的共振峰。从 MPD-1 树脂到 MPD-2 树脂，≡C—H 共振峰强度减弱，表明端炔氢含量减少，说明分子量增大。通过 ¹H NMR 谱图共振峰面积可计算树脂的分子量，结果如表 9.3 所示。

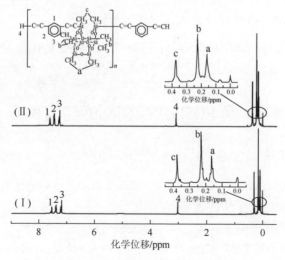

图 9.2　MDP 树脂的 ¹H NMR 谱图

Ⅰ. MPD-1 树脂；Ⅱ. MPD-2 树脂

表 9.3　MPD 树脂的分子量测试结果

树脂	摩尔比[DEB]：[*diexo*-(CH₃)₈Si₈O₁₁F₂]	¹H NMR 分析				GPC	
		Ph—H (δ7.00～8.00ppm)	C≡C—H (δ3.05ppm)	Si—CH₃ (δ0～0.5ppm)	$\bar{M}_n$	$\bar{M}_n$	PDI
MPD-1	2：1	4.24	1.00	15.64	977.5	3376	1.04
MPD-2	3：2	5.88	1.00	24.24	1429	4669	1.31

表 9.3 列出了树脂的 GPC 分析结果。实验中发现，GPC 测得的数均分子量远大于计算得到的数均分子量，可能与 GPC 测试标样(用聚苯乙烯)有关。

图 9.3 为 MPD-2 树脂的 ²⁹Si NMR 谱图。由图可知，MPD-2 树脂的 ²⁹Si NMR 谱图出现了三个尖锐的共振峰，化学位移分别为–64.67ppm(a)、–64.40ppm(b)和 –49.67ppm(c)，分别为三种不同位置的硅原子的共振峰，图中标明了各峰的归属。a、b 和 c 处共振峰的积分面积比为 2：4：2，与树脂结构相符。

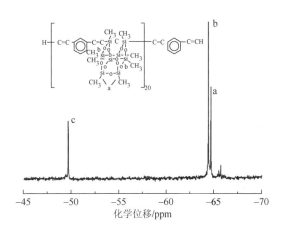

图 9.3　MPD-2 树脂的 ²⁹Si NMR 谱图

图 9.4 为 MPD-2 树脂的 XRD 谱图。由图可知，在 2θ = 10.6°、21.7°和 24.4° 出现了三个衍射峰，分别对应的晶面间距 d 为 8.31Å、4.41Å 和 3.69Å，其中 8.31Å 为 POSS 晶体的特征峰。这说明 POSS 与二乙炔基苯相连后，并没有失去本身的结晶特性，制备的主链含八甲基 POSS 芳炔树脂仍具有结晶性。

9.2.2　含八(二甲基硅氧基)POSS 芳炔树脂的结构表征

图 9.5(a)为 Q₈M₈ᴴ、DEB 和 PD29 树脂的 FTIR 谱图。从 PD29 树脂的 FTIR 谱图可见，3298cm⁻¹ 处为≡C—H 的伸缩振动峰(DEB 3295cm⁻¹)，3060cm⁻¹ 处

为≡C—H 的伸缩振动峰，2961cm⁻¹ 处为—CH₃ 的伸缩振动峰，1400～1600cm⁻¹
处为苯环的骨架振动峰；1256cm⁻¹ 处是 Si—CH₃ 的伸缩振动峰，2144cm⁻¹ 处没有
Si—H 的伸缩振动峰，说明 Q₈Mₕ₈ 中的 Si—H 已和 DEB 中的≡CH 反应完全。与
Q₈Mₕ₈ 的 FTIR 谱图相比，笼形 Si—O—Si 的不对称伸缩振动吸收峰从 1098cm⁻¹
移至 1089cm⁻¹ 处，说明笼形结构的 POSS 已接入 PD29 树脂中。

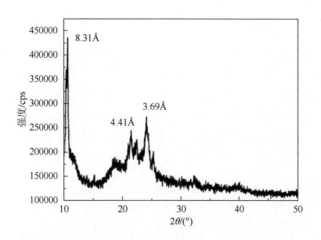

图 9.4　MPD-2 树脂的 XRD 谱图

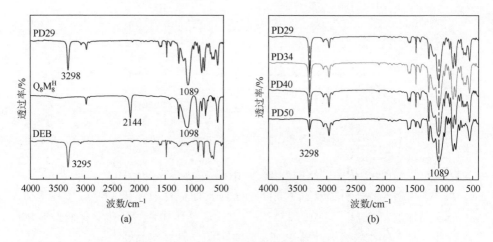

图 9.5　Q₈Mₕ₈、DEB 和 PD 树脂的 FTIR 谱图

从图 9.5(b)中可以看出不同配比 PD 树脂的 FTIR 谱图基本一致，3298cm⁻¹
处为≡C—H 的伸缩振动峰，3060cm⁻¹ 处为=C—H 的伸缩振动峰，2961cm⁻¹
处为—CH₃ 的伸缩振动峰，1400～1600cm⁻¹ 为苯环的骨架振动峰；1256cm⁻¹

处是 Si—CH$_3$ 的伸缩振动峰，1089cm^{-1} 处为笼形 Si—O—Si 的不对称伸缩振动吸收峰。此外，随着 Q$_8$M$_8^H$ 含量的增加，3298cm^{-1} 处≡C—H 的伸缩振动峰显著减弱，说明树脂中的外炔含量显著减少。

图 9.6(a) 为 Q$_8$M$_8^H$、DEB 和 PD 树脂的 ^{1}H NMR 谱图。如 PD29 树脂的 ^{1}H NMR 谱图所示，—OSi(CH$_3$)$_2$—中 C—H 的化学位移在 0.26ppm 处（图中 a），C≡CH 中 C—H 的化学位移在 3.09ppm 处（图中 b），化学位移在 7.2～7.7ppm 内为苯环上的氢共振峰（图中 e）。Si—H 和炔基发生硅氢加成反应一般生成两种异构体结构，分别是 α 位加成产物—Si—C≡CH$_2$ 和 β 位加成产物 Si—CH=CH—，其 C—H 的化学位移在 5.4～6.7ppm（图中 c + d）。与 Q$_8$M$_8^H$ 的 ^{1}H NMR 谱图相比，4.73ppm 处 POSS 笼外接的二甲基硅氧中 Si—H 的信号峰消失，说明 Q$_8$M$_8^H$ 和 DEB 树脂的硅氢加成反应已趋完全，PD 树脂中没有残留 Si—H 基团。四种配比的 PD 树脂的 ^{1}H NMR 谱图相类似，其局部放大谱图显示化学位移在 5.4～6.0ppm 对应于 α 位加成产物—Si—C≡CH$_2$（图中 c），6.1～6.7ppm 对应于 β 位加成产物 Si—CH=CH—（图中 d）。可见，随着 Q$_8$M$_8^H$ 含量的增加，二者的信号峰逐渐增强，说明接入树脂的 POSS 含量逐渐增加。对 PD29、PD34、PD40 和 PD50 树脂来说，根据积分面积比计算可得两种异构体的比例 (α/β) 分别是 58/42、62/38、63/37 和 59/41[2]。

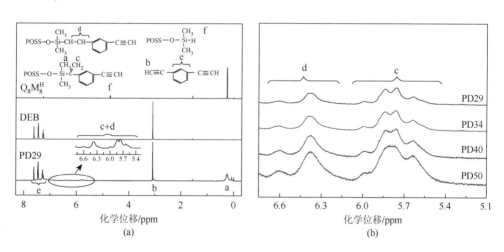

图 9.6　Q$_8$M$_8^H$、DEB 和 PD 树脂的 ^{1}H NMR 谱图

四种配比的 PD 树脂的 ^{29}Si NMR 谱图见图 9.7。其中化学位移 0.93ppm 处对应于 α 位加成产物—Si—C≡CH$_2$（图中 a），1.78ppm 处对应于 β 位加成产物 Si—CH=CH—（图中 b），-109.0ppm 处对应于笼形骨架的 Si—O—Si。

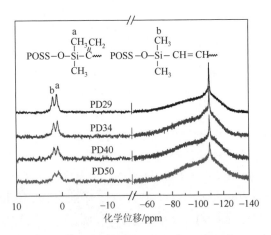

图 9.7 不同配比 PD 树脂的 ^{29}Si NMR 谱图

9.2.3 含八(二甲基硅氧基)POSS 硅烷芳炔树脂的结构表征

1. FTIR 分析[2]

图 9.8(a)为 $Q_8M_8^H$、PSA-M 和 PS 树脂的 FTIR 谱图。由 PS15 树脂的 FTIR 谱图可见，3291cm^{-1} 处为 ≡CH 的伸缩振动峰，3061cm^{-1} 处为苯环 C—H 的伸缩振动峰，2961cm^{-1} 处为—CH$_3$ 的伸缩振动峰，1400~1600cm^{-1} 为苯环的骨架振动峰，1254cm^{-1} 处是 Si—CH$_3$ 的伸缩振动峰。与 $Q_8M_8^H$ 的 FTIR 谱图相比，笼形 Si—O—Si 的不对称伸缩振动吸收峰从 1098cm^{-1} 移至 1088cm^{-1} 处，说明笼形结构的 POSS 已经接入树脂中。由于 2154cm^{-1} 处的—C≡C—的伸缩振动峰与 2144cm^{-1} 处 Si—H 的伸缩振动峰位置很接近，峰重叠，无法判断 $Q_8M_8^H$ 中的 Si—H 是否已

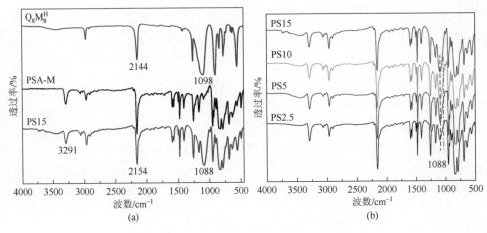

图 9.8 $Q_8M_8^H$、PSA-M 和 PS 树脂的 FTIR 谱图

经反应完全，应通过 ^{1}H NMR 分析做进一步的确认。不同配比 PS 树脂的 FTIR 谱图 [图 9.8(b)] 表明，随着 $Q_8M_8^H$ 含量的增加，1088cm^{-1} 处笼形 Si—O—Si 的不对称伸缩振动吸收峰显著增强。

2. NMR 分析

图 9.9(a) 为 $Q_8M_8^H$、PSA-M 和 PS15 树脂的 ^{1}H NMR 谱图。如 PS15 树脂的 ^{1}H NMR 谱图所示，—OSi(CH$_3$)$_2$— 中 C—H 的化学位移在 0.26ppm 处（图中 a），C≡C—Si(CH$_3$)$_2$—C≡C 中 C—H 的化学位移在 0.46ppm 处（图中 b），C≡CH 中 C—H 的化学位移在 3.09ppm 处（图中 c），化学位移在 7.2～7.7ppm 内为苯环上的质子峰（图中 f）。一般来说，Si—H 和炔基发生硅氢加成反应会生成两种异构体结构[4-6]，分别是 α 位加成产物—Si—C≡CH$_2$ 和 β 位加成产物 Si—CH≡CH—，其 C—H 的化学位移在 5.4～6.7ppm（图中 d+e）。与 $Q_8M_8^H$ 和 PSA-M 树脂的 ^{1}H NMR 谱图相比，4.73ppm 处 POSS 笼外接的二甲基硅氧中 Si—H 的信号峰消失，3.09ppm 处≡CH 的信号峰显著减弱，说明 $Q_8M_8^H$ 和 PSA-M 树脂的硅氢化加成反应已趋完全。

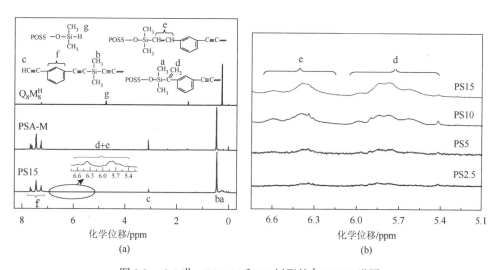

图 9.9　$Q_8M_8^H$、PSA-M 和 PS 树脂的 ^{1}H NMR 谱图

不同配比 PS 树脂的 ^{1}H NMR 局部放大谱图显示化学位移在 5.4～6.0ppm 处对应于 α 位加成产物—Si—C≡CH$_2$ [图 9.9(b) 中 d]，6.1～6.7ppm 对应于 β 位加成产物 Si—CH≡CH— [图 9.9(b) 中 e]。可见，随着 $Q_8M_8^H$ 含量的增加，二者的信号峰逐渐增强，说明接入树脂的 POSS 含量逐渐增加。对 PS2.5、PS5、PS10 和 PS15 树脂来说，根据积分面积比计算可得两种异构体的比例 (α/β) 分别是 59/41、58/42、60/40 和 56/44。

图9.10为PSA-M和PS15树脂的 ¹³C NMR谱图。如图所示，外炔—C≡CH中碳原子的化学位移在83.2ppm和78.7ppm处（图中b和a），苯环上的碳原子对应的化学位移在123～137ppm（图中c），内炔—Si—C≡C—Ph—中碳原子的化学位移在105.4ppm和92.0ppm处（图中d和e），由外炔和Si—H通过硅氢加成反应生成的—Si—C≡CH₂中的两个碳原子的化学位移为144.7ppm和127.1ppm（图中g和f），由外炔和Si—H通过硅氢加成反应生成的Si—CH≡CH—中的两个碳原子的化学位移为138.6ppm和130.8ppm（图中i和h）。计算PSA-M和PS15中苯环和内炔的积分面积比，二者积分比一致，说明内炔未参与硅氢加成反应中。和外炔相比，内炔的反应活性低，且存在POSS笼的空间位阻效应，因此Si—H更容易与外炔进行反应。

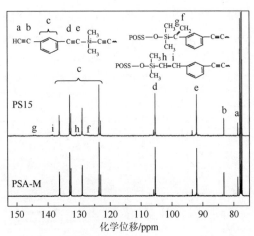

图9.10　PSA-M和PS15树脂的 ¹³C NMR谱图

9.2.4　多炔基POSS改性含硅芳炔树脂的表征

POSS在树脂中的分散情况与POSS的分子结构有关，通过TEM来观察POSS在PSA树脂中的分散情况，如图9.11所示。当OEMS含量为3%时，能够看到有直径30nm左右的圆形颗粒均匀分散在树脂中；当OEMS含量提高到5%时，圆形颗粒的尺寸增加到约100nm。进一步增加OEMS含量至10%时，则能够观察到颗粒的另一种分布形貌［图9.11(c)］，除了少量均匀分散的小颗粒之外，还有明显的无规团聚体。由于POSS是纳米结构的无机物，因此在树脂中容易发生团聚，导致相分离[7-9]。TEM图说明当OEMS含量较低时，其可以在树脂中较好地分散，而当其含量增加时，则会发生团聚。

通过SEM观察OPPSP-[PSA-M]-10树脂薄膜，如图9.12所示，可以看到有白色球状颗粒分散于其中［图9.12(a)］，将其放大至一万倍，得到图9.12(b)。对图9.12(a)中所选的两个区域进行EDS分析，曲线Ⅰ所对应的区域Ⅰ中含有S和

O 元素，而曲线 II 对应的基体区域 II 中 S 和 O 元素的峰强度较弱。通过 S 元素的强弱，可以判断圆形区域 I 内是否富含 OPPSP，而在其他树脂基体中分散的 OPPSP 较少。

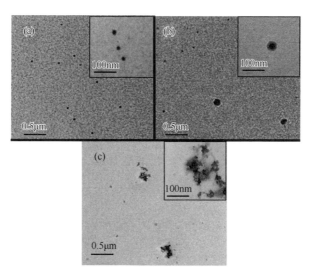

图 9.11　OEMS-[PSA-M]-3（a）、OEMS-[PSA-M]-5（b）及 OEMS-[PSA-M]-10（c）树脂的 TEM 图

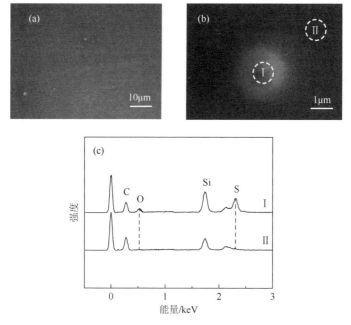

图 9.12　OPPSP-[PSA-M]-10 树脂薄膜 SEM 图和 EDS 分析

I、II 为 EDS 测试区域

图 9.13 为通过 SEM 观察到的 POSS-LA-[PSA-M]-20 树脂薄膜。在图中可以看到有白色颗粒均匀地分散于其中，直径在 1~2μm，推测为 POSS-LA 在树脂中的团聚体。可见，OEMS、OPPSP 及 POSS-LA 三种 POSS 易在树脂中形成团聚体。

图 9.13　POSS-LA-[PSA-M]-20 树脂薄膜 SEM 图

9.3　含 POSS 芳炔树脂的性能

9.3.1　主链含八甲基 POSS 芳炔树脂的性能

1. 主链含八甲基 POSS 芳炔树脂的流变性能

图 9.14 为不同分子量主链含八甲基 POSS 芳炔（MPD）树脂的升温流变曲线。MPD-1 和 MPD-2 在常温下为固体，140℃下两树脂完全熔融。由图可知，MPD-1 在 140~190℃内黏度保持在 1~3Pa·s，MPD-2 在 140~200℃内黏度保持在 600~

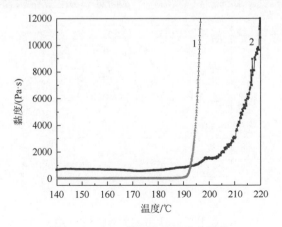

图 9.14　MPD 树脂的升温流变曲线

1. MPD-1 树脂；2. MPD-2 树脂

700Pa·s。这说明随着分子量的增加，树脂的黏度增加明显，且黏度突然上升的温度也提高了。

2. 主链含八甲基 POSS 芳炔树脂的热性能

图 9.15 为不同分子量 MPD 树脂的 DSC 曲线，表 9.4 为树脂 DSC 分析结果。结果表明 MPD-1 和 MPD-2 树脂均有熔点，MPD-2 树脂的固化峰的起始温度、峰顶温度和终止温度均比 MPD-1 树脂高，而固化放热量明显减少。以上结果都说明分子量的增加降低了主链含八甲基 POSS 芳炔树脂的固化反应活性。

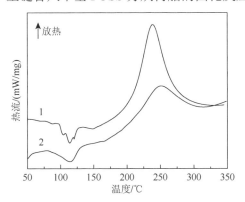

图 9.15　MPD 树脂的 DSC 曲线

1. MPD-1 树脂；2. MPD-2 树脂

表 9.4　MPD 树脂的 DSC 分析结果

树脂	熔点/℃	T_i/℃	T_p/℃	T_e/℃	ΔH/(J/g)
MPD-1	113.9	211.1	238.6	268.3	211.8
MPD-2	118.9	222.6	251.3	293.1	71.0

3. 主链含八甲基 POSS 芳炔树脂的固化跟踪

图 9.16 为主链含八甲基 POSS 芳炔树脂(MPD-2)的红外固化跟踪，分别在各固化阶段取样，进行红外表征。由图可知，3297.0cm^{-1} 处为≡C—H 的伸缩振动吸收峰，2156.3cm^{-1} 处为 C≡C 的内炔的伸缩振动吸收峰，1117.5cm^{-1} 处强峰为 POSS 的特征吸收峰，即 Si—O—Si 键的伸缩振动吸收峰。通过对比可知，≡C—H 的伸缩振动吸收峰随着固化程序的进行即温度逐渐升高而逐渐消失，经 190℃/2h 后，≡C—H 的伸缩振动吸收峰消失，说明外炔固化反应趋于完全；2156.3cm^{-1} 处为 C≡C 的内炔的伸缩振动吸收峰，随着固化程序的进行，逐渐变小，在 300℃/3h 后内炔伸缩振动吸收峰消失，说明此时内炔固化反应趋于完全。

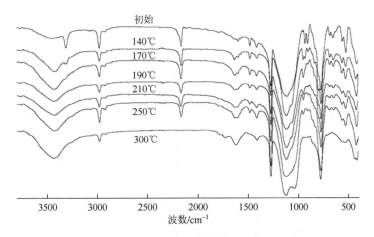

图 9.16　不同固化阶段 MPD-2 树脂的红外光谱图

以上分析综合说明,主链含八甲基 POSS 芳炔树脂通过固化程序:130℃/0.5h + 140℃/0.5h + 170℃/2h + 190℃/2h + 210℃/2h + 250℃/2h + 300℃/3h,可以得到固化完全的产物,且 POSS 结构仍保留在固化物中。

4. 主链含八甲基 POSS 芳炔树脂固化物的热稳定性

对不同分子量的树脂在固化完全后,分别在空气和氮气气氛下进行 TGA 分析,结果如图 9.17 和表 9.5 所示。由图表可知,随分子量的增加,固化树脂的热稳定性变差;不同气氛下,MPD-1 固化物的 800℃残留率与 MPD-2 固化物相差不多;MPD-1 固化物在不同气氛(氮气和空气)下的 T_{d5} 相差较大,为 130℃左右,而 MPD-2 固化物在不同气氛下的 T_{d5} 相差不大,仅为 20℃左右;不同分子量固化物在氮气下 T_{d5} 均在 500℃以上,说明 MPD-1 和 MPD-2 固化物均有良好耐热性。

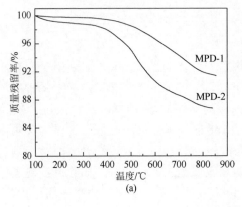

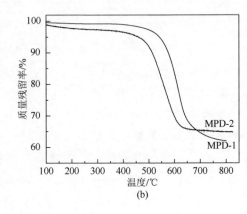

图 9.17　MPD 树脂固化物的 TGA 曲线

(a)氮气;(b)空气

表 9.5　MPD 树脂固化物的 TGA 分析数据

树脂	$T_{d5}/℃$		$Y_{r800}/\%$	
	氮气	空气	氮气	空气
MPD-1	670	541	91.9	62.0
MPD-2	503	479	87.1	64.9

9.3.2　含八(二甲基硅氧基)POSS 芳炔树脂的性能

1. PD 树脂的溶解性

PD 树脂的溶解性见表 9.6。从表中可以看出，除了不能溶于醇类外，PD 树脂在其余溶剂中均有良好的溶解性。

表 9.6　PD 树脂的溶解性

溶剂	PD29	PD34	PD40	PD50
正己烷	+	+	+	+
石油醚	+	+	+	+
四氯化碳	+	+	+	+
甲苯	+	+	+	+
氯仿	+	+	+	+
二氯甲烷	+	+	+	+
乙醚	+	+	+	+
乙酸乙酯	+	+	+	+
THF	+	+	+	+
丙酮	+	+	+	+
DMF	+	+	+	±
乙醇	−	−	−	−
甲醇	−	−	−	−

注：+表示可溶，±表示部分可溶，−表示不溶。

2. PD 树脂的流变行为

图 9.18 为不同配比 PD 树脂的升温流变曲线。表 9.7 给出了流变分析数据。从图中可以看到，随着温度的升高，树脂的黏度先稳定在某一较低黏度范围，再在某一较高温度下黏度骤然增大，说明树脂在此温度下发生交联反应而出现凝胶，导致树脂黏度迅速增大。从表中可知，随着 $Q_8M_8^H$ 含量的增加，PD 树脂的凝胶温

度下降,熔体黏度显著增大。随着 $Q_8M_8^H$ 含量的增加,通过硅氢加成反应生成的烯键含量逐渐增加,烯键的交联反应温度较低,因此 PD 树脂的凝胶温度逐渐降低。此外,由于 POSS 的空间位阻效应,引入树脂后会导致分子链运动困难,使树脂熔体黏度随 POSS 含量的增加而增大。

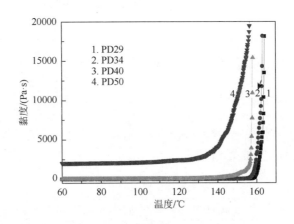

图 9.18　不同配比 PD 树脂的升温流变曲线

表 9.7　不同配比 PD 树脂的流变分析数据

树脂	凝胶温度/℃	熔融树脂的黏度/(Pa·s)
PD29	164	3.0
PD34	163	6.5
PD40	158	12.3
PD50	156	2170

3. PD 树脂的固化行为

图 9.19 为不同配比 PD 树脂的 DSC 曲线,表 9.8 列出了其 DSC 分析结果。从图表中可见,在固化过程中,PD 树脂有两个固化放热峰,第一个固化放热峰的峰顶温度在 202℃左右,第二个固化放热峰的峰顶温度在 244℃左右,总放热量在 300J/g 左右。此外,随着 $Q_8M_8^H$ 含量的增加,树脂的起始固化温度和固化放热量显著降低。作者推测,第一个固化放热峰对应于烯键和一部分炔键固化交联反应时所产生的热量,由于树脂中笼形 Si—O—Si 的空间位阻效应,阻碍了树脂中炔键的固化交联完全;当温度继续升高至 240℃以上时,出现第二个放热峰,剩余炔键再进一步固化交联。

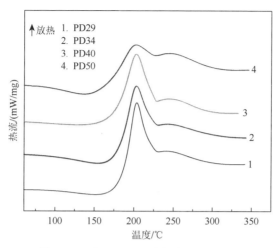

图 9.19　不同配比 PD 树脂的 DSC 曲线

表 9.8　不同配比 PD 树脂的 DSC 分析结果

树脂	T_i/℃	T_{p1}/℃	T_{p2}/℃	T_e/℃	ΔH/(J/g)
PD29	184.8	203.4	241.2	283.3	325.4
PD34	182.4	202.7	242.2	282.1	316.9
PD40	177.7	202.3	244.8	285.5	289.6
PD50	167.6	201.7	245.2	289.2	282.0

4. 树脂固化物的结构与性能表征

1) 树脂固化物的红外光谱分析

图 9.20 为 PD29 树脂固化前后的 FTIR 谱图。可见，树脂固化后，3298cm⁻¹

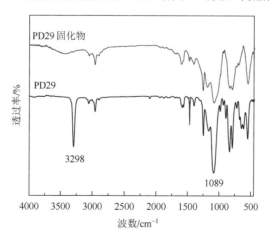

图 9.20　PD29 树脂固化前后的 FTIR 谱图

的≡CH 的伸缩振动峰已经完全消失，1089cm^{-1} 处笼形 Si—O—Si 的不对称伸缩振动吸收峰变化不明显，说明笼形 Si—O—Si 结构在固化后保持完整。

2）树脂固化物 XRD 分析

将 PD29 和 PD50 树脂固化物碾碎后进行 XRD 测试，其谱图如图 9.21 所示。可见，两种配比树脂固化物的 XRD 图谱基本一致，在 7.1°、17.5°和 24.2°处的峰对应于 POSS 的特征衍射峰，由于 PD50 树脂固化物的 POSS 含量更高，其衍射峰更尖锐。

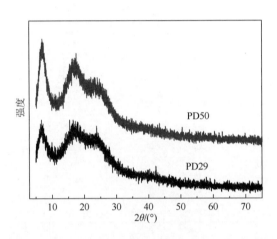

图 9.21   PD29 和 PD50 树脂固化物的 XRD 谱图

3）树脂固化物的形貌

通过 SEM 观察 PD29 和 PD50 树脂固化物的剖面形貌，如图 9.22 所示。可见树脂固化物的断面形貌，固化物均为致密的均相材料，这说明通过硅氢加成反应，POSS 均匀分散在树脂中，并在固化交联过程中也不会发生团聚现象。

图 9.22   PD29 和 PD50 树脂固化物的剖面 SEM 图

(a) PD29；(b) PD50

5. PD 树脂固化物的热稳定性

图 9.23 为氮气气氛下 DEB 和不同配比 PD 树脂固化物的 TGA 曲线，其 TGA
数据列于表 9.9。可见，PD 树脂固化物的 T_{d5} 和 800℃残留率均高于 DEB 固化物，
且随 $Q_8M_8^H$ 含量的增加，PD 树脂固化物的 T_{d5} 呈先升高后降低的趋势，而 800℃
残留率变化不大。作者认为，加入 $Q_8M_8^H$ 后，一方面 Si—O 键的键能大于 C—O
键和 C—C 键，在高温下的 Si—O 键的热稳定性较好；另一方面笼形结构的 POSS
在树脂中充当无机骨架组分，可阻止树脂的热分解，两方面综合因素提高了树脂
的耐热性能。其中，PD34 树脂固化物具有最优的热稳定性，T_{d5} 为 629.5℃，比
DEB 树脂固化物高出约 80℃。但当 $Q_8M_8^H$ 含量过多时，因笼形结构的体积较大反
而会降低树脂的交联密度，导致树脂的 T_{d5} 降低。

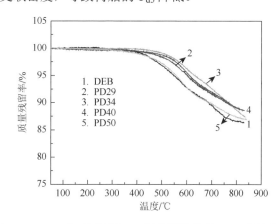

图 9.23　DEB 和不同配比 PD 树脂固化物的 TGA 曲线（N_2）

表 9.9　DEB 和 PD 树脂固化物的 TGA 数据

树脂	氮气		空气	
	T_{d5}/℃	Y_{r800}/%	T_{d5}/℃	Y_{r800}/%
DEB	548.1	86.6	443.2	1.0
PD29	601.7	89.0	524.5	36.5
PD34	629.5	88.7	534.1	39.5
PD40	610.0	89.1	526.8	43.3
PD50	556.8	87.3	516.0	54.8

图 9.24 为空气气氛下 DEB 和不同配比 PD 树脂固化物的 TGA 曲线，其 TGA
数据列于表 9.9。可见，PD 树脂固化物的 T_{d5} 和 800℃残留率均显著高于 DEB 固
化物，且随 $Q_8M_8^H$ 含量的增加，PD 树脂固化物的 T_{d5} 的变化趋势和氮气气氛下一

样，先升高后降低，而 800℃残留率依次提高。在高温下，POSS 可能会在树脂表面形成氧化硅的保护膜，阻止树脂进一步分解[10-12]。因此随着 $Q_8M_8^H$ 含量的增加，PD 树脂的 T_{d5} 显著升高。但当 $Q_8M_8^H$ 含量过多时，因笼形结构的体积较大导致树脂交联密度降低，反而降低了树脂的 T_{d5}。其中 PD34 树脂固化物具有最优异的耐热氧化性能，T_{d5} 为 534.1℃，高出 DEB 树脂固化物约 90℃。

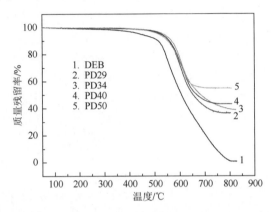

图 9.24　DEB 和不同配比 PD 树脂固化物的 TGA 曲线（空气）

　　从表 9.9 中可以看出，DEB 固化物的 800℃残留率仅为 1%，说明 DEB 固化物的耐热氧化性能很差，树脂在 800℃下基本氧化分解。而 PD 树脂固化物 800℃残留率在 36.5%以上，这是由于 PD 树脂中有 POSS 组分，在高温下发生降解时，一方面，POSS 可在树脂表面形成氧化硅的保护膜，阻止树脂进一步分解；另一方面，POSS 吸收空气中的氧转化成 SiO_2 而残留在树脂中，因此 PD 树脂的 800℃残留率随着 $Q_8M_8^H$ 含量的增加而显著提高。

9.3.3　含八（二甲基硅氧基）POSS 硅烷芳炔树脂的性能

1. PS 树脂的溶解性

　　PS15 树脂的溶解性见表 9.10。从表中可以看出，树脂除了不能溶于醇类、石油醚和正己烷外，在其余溶剂中均有良好的溶解性。

表 9.10　PS15 树脂的溶解性

溶剂	溶解性	溶剂	溶解性
正己烷	−	乙酸乙酯	+
石油醚	−	THF	+
四氯化碳	+	二氧六环	+
甲苯	+	丙酮	±

续表

溶剂	溶解性	溶剂	溶解性
氯仿	+	乙醇	–
二氯甲烷	+	甲醇	–
乙醚	±	DMF	+

注：+表示可溶，±表示部分可溶，–表示不溶。

2. PS 树脂的流变行为

图 9.25 为 PSA-M 和不同配比 PS 树脂的升温流变曲线。表 9.11 给出了流变分析数据。从图中可以看到，随着温度的升高，树脂的黏度先下降，熔融成流体后，黏度稳定在某一较低黏度范围，再升高温度，黏度骤然上升，说明树脂在此温度下发生交联反应而出现凝胶，导致树脂黏度迅速增大。由图表可知，随着 $Q_8M_8^H$ 含量的增加，PS 树脂的熔融温度升高，凝胶温度降低，加工窗口变窄，且黏度增大。随着 $Q_8M_8^H$ 含量的增加，由于 POSS 的刚性和空间位阻效应，树脂分子链热运动困难，树脂的熔融温度和熔体黏度提高。此外，随着 $Q_8M_8^H$ 含量的增加，通过硅氢加成反应生成的烯键含量逐渐增加，烯键的交联反应温度较低，因此 PS 树脂的凝胶温度逐渐降低。

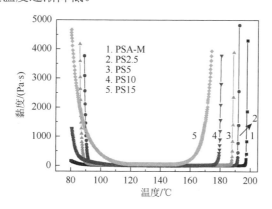

图 9.25　PSA-M 和不同配比 PS 树脂的升温流变曲线

表 9.11　PSA-M 和不同配比 PS 树脂的流变分析结果

树脂	加工窗口/℃	加工窗宽/℃	熔融树脂黏度/(Pa·s)
PSA-M	88～198	110	3.9
PS2.5	93～192	99	4.3
PS5	93～188	95	5.1
PS10	100～180	80	10.3
PS15	115～172	57	42.2

3. PS 树脂的固化行为

1) 树脂的凝胶时间

图 9.26 为 170℃下 $Q_8M_8^H$ 含量与 PS 树脂凝胶时间的关系图。从图中可见，随着 $Q_8M_8^H$ 含量的增加，PS 树脂的凝胶时间以较快的速度缩短。PSA-M 树脂在 170℃下的凝胶时间为 45min，当 $Q_8M_8^H$ 含量达到 15% 时，树脂的凝胶时间只有 13min。随着 $Q_8M_8^H$ 含量的增加，树脂中的固化交联点增多，烯键含量增加，因此，树脂的凝胶时间显著缩短。

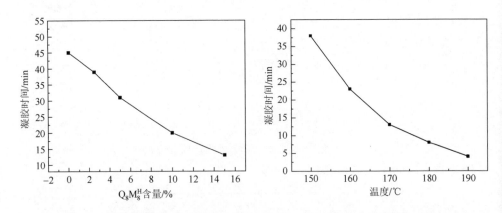

图 9.26　PS 树脂凝胶时间与 $Q_8M_8^H$ 含量（170℃）和 PS-15 树脂凝胶时间与温度的关系

从图中可以看出，随着温度的升高，PS15 树脂的凝胶时间也迅速缩短，当温度为 190℃时，树脂的凝胶时间只有 4min。凝胶时间是考察树脂固化工艺的一个重要指标，树脂的凝胶时间过长或过短均不利于后续复合材料的制备。可选择 160℃作为复合材料的起始压制温度，在这一温度条件下，树脂具有较好的反应活性和适宜的凝胶时间。

2) 树脂的固化热效应

图 9.27 为不同配比 PS 树脂的 DSC 曲线，表 9.12 列出了其 DSC 分析结果。从中可见，在 50~100℃内，PSA-M 树脂、PS2.5 树脂和 PS5 树脂均有一个明显的熔融峰，而 PS10 树脂和 PS15 树脂在这一温度范围内没有熔融峰。PSA-M 树脂的分子结构规整，是一种结晶性固体树脂，具有熔融峰。随着 $Q_8M_8^H$ 含量在树脂体系中的增加，树脂的规整性和结晶性逐渐降低至完全破坏，因此在 DSC 曲线上表现为没有出现熔融峰。

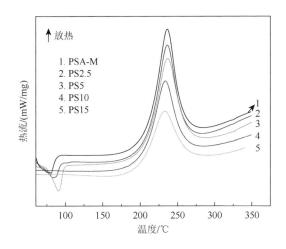

图 9.27　PSA-M 和不同配比 PS 树脂的 DSC 曲线

表 9.12　PSA-M 和不同配比 PS 树脂的 DSC 分析结果

树脂	$T_i/℃$	$T_p/℃$	$T_e/℃$	$\Delta H/(J/g)$
PSA-M	210.6	236.2	256.4	301.3
PS2.5	210.5	235.9	256.2	277.3
PS5	210.8	236.2	258.4	263.0
PS10	205.1	233.1	256.3	222.6
PS15	200.7	232.3	259.0	169.9

在室温～260℃内，不同配比的 PS 树脂均只有一个固化放热峰，对应于—CH=CH—、—C=CH$_2$ 和—C≡CH 等基团发生交联反应时所产生的热量。在 260℃以上，曲线有上升趋势，对应于树脂中内炔—C≡C—基团的固化反应，说明内炔在更高温度下才能发生反应。随着 $Q_8M_8^H$ 含量的增加，树脂的起始固化温度和固化峰顶温度略有下降，固化放热量显著降低，这是由前期硅氢加成反应消耗了部分外炔基团等因素导致的。

3）树脂的固化工艺

图 9.28 为 PS15 树脂在不同升温速率下的 DSC 曲线。表 9.13 列出了其 DSC 分析结果。由图表可知，树脂在升温过程中发生固化反应，在 185～272℃内出现放热峰，生成交联产物。从图中可以看出，随着升温速率的提高，固化放热峰向高温方向移动。这是因为在较低的升温速率下，树脂具有足够的时间发生固化反应；而在较快的升温速率下，固化反应不能及时跟上，呈现滞后现象，所以固化放热峰向高温方向移动。

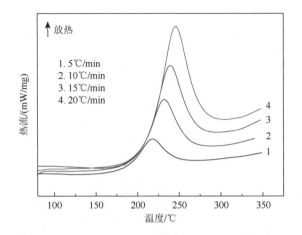

图 9.28　PS15 树脂在不同升温速率下的 DSC 曲线

表 9.13　PS15 树脂的 DSC 分析结果

$\beta/(℃/min)$	$T_i/℃$	$T_p/℃$	$T_e/℃$	$\Delta H/(J/g)$
5	185.0	217.9	244.6	146.6
10	200.7	232.3	259.0	169.9
15	207.2	239.7	267.5	176.9
20	213.4	246.3	272.3	186.8

　　根据不同升温速率下的固化反应放热峰的起始温度、峰顶温度、终止温度，绘出特征温度 T 和升温速率 β 的 T-β 关系图，再外推到 $\beta = 0$，可得到三个温度，即凝胶温度 $T_{gel} = 178.7℃$、固化温度 $T_{cure} = 210.9℃$、后处理温度 $T_{postcure} = 238.0℃$，即 PS 树脂固化工艺可采用：170℃/2h + 210℃/2h + 250℃/4h。综合考虑，确定不同配比 PS 树脂的固化程序为 150℃/2h + 170℃/2h + 210℃/2h + 250℃/4h。

4. PS 树脂固化物的性能

1) 介电性能

　　图 9.29 给出了不同频率下 PS 树脂固化物的介电性能。从图中可以看出，随着 $Q_8M_8^H$ 含量的增加，树脂固化物的介电常数显著降低，而介电损耗基本在 0.001～0.002。PSA-M、PS2.5、PS5、PS10 和 PS15 树脂固化物在 1MHz 下的介电常数分别为 2.91、2.86、2.80、2.77 和 2.73，说明引入 POSS 结构能有效提高树脂的介电性能。这归因于无机 POSS 内核自身优异的介电性能和纳米空穴结构[13, 14]。

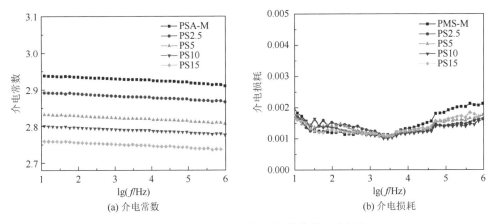

图 9.29　不同频率下 PS 树脂固化物的介电性能

2) 热稳定性

图 9.30 为氮气下 PSA-M 和不同配比 PS 树脂固化物的 TGA 曲线，TGA 数据列于表 9.14。总体来说，在氮气气氛下，PS 树脂固化物表现出较好的耐热性，起始分解温度(T_{d5})超过 600℃。随着 $Q_8M_8^H$ 含量的增加，T_{d5} 呈下降趋势，但降幅不大，800℃残留率基本不变。含硅芳炔树脂的固化反应为炔键的交联反应，POSS 通过硅氢加成反应引入 PSA-M 树脂后，消耗了部分炔键，而产生了烯键，导致交联结构不同；同时 POSS 结构分解温度不超过 560℃(PD50 树脂)。因此，PS 树脂固化物的耐热性有所降低。

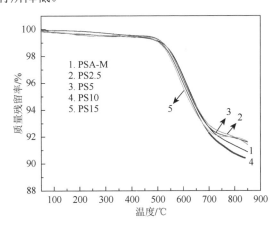

图 9.30　PSA-M 和不同配比 PS 树脂固化物的 TGA 曲线(N_2)

表 9.14　PSA-M 和不同配比 PS 树脂固化物的 TGA 数据

树脂	氮气		空气	
	T_{d5}/℃	Y_{r800}/%	T_{d5}/℃	Y_{r800}/%
PSA-M	634	91.3	511	27.0

树脂	氮气		空气	
	$T_{d5}/℃$	$Y_{r800}/\%$	$T_{d5}/℃$	$Y_{r800}/\%$
PS2.5	630	91.9	511	29.7
PS5	632	92.0	514	31.2
PS10	623	90.7	517	33.6
PS15	615	92.0	518	36.5

图 9.31 为空气下不同配比 PS 树脂固化物的 TGA 曲线,TGA 数据列于表 9.14。随着 $Q_8M_8^H$ 含量的增加,PS 树脂固化物的 T_{d5} 略有升高,800℃残留率明显升高。此外,在 300～500℃内 PS 树脂均明显增重,这是由树脂在空气下的热氧化引起的。有文献报道,在高温下,POSS 会在树脂表面形成氧化硅的保护膜,阻止树脂进一步分解[10-12]。由于含硅芳炔树脂中已含有一定量的硅,因此随着 $Q_8M_8^H$ 含量的增加,PS 树脂的 T_{d5} 比 PSA-M 树脂略高。此外,随着 PS 树脂中 $Q_8M_8^H$ 含量的增加,无机的 POSS 含量增加,在高温下有机物分解,POSS 吸收空气中的氧转化成 SiO_2,并残留在体系中,因此树脂的 800℃残留率显著升高。

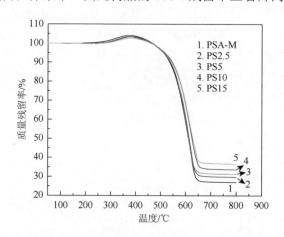

图 9.31   PSA-M 和不同配比 PS 树脂固化物的 TGA 曲线(空气)

9.3.4 多炔基 POSS 改性含硅芳炔树脂的性能

1. 多炔基 POSS 改性含硅芳炔树脂的固化行为

1)OEMS-[PSA-M]树脂

OEMS-[PSA-M]树脂的 DSC 曲线如图 9.32 所示,放热峰对应的起始固化温度、峰顶温度及固化放热量均列于表 9.15。PSA-M 树脂的 T_p 为 238.4℃,OEMS 的固

化温度 T_p 为 279.1℃[3]，OEMS-[PSA-M]树脂 T_p 介于两者之间，单一的固化放热峰说明 OEMS 与 PSA-M 可以同时发生共聚交联反应。

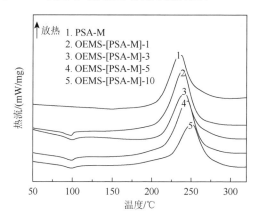

图 9.32　OEMS-[PSA-M]和 PSA-M 树脂的 DSC 曲线

表 9.15　多炔基 POSS 改性含硅芳炔树脂的 DSC 分析结果

树脂	T_i/℃	T_p/℃	$\Delta H/$(J/g)
PSA-M	212.1	238.4	472.9
OEMS-[PSA-M]-1	213.3	241.0	411.3
OEMS-[PSA-M]-3	214.2	242.1	395.4
OEMS-[PSA-M]-5	216.0	244.2	358.7
OEMS-[PSA-M]-10	220.2	251.7	329.6
OPPSP-[PSA-M]-5	208.4	243.9	365.7
OPPSP-[PSA-M]-10	214.2	244.6	309.7
OPPSP-[PSA-M]-15	208.1	241.6	356.6
OPPSP-[PSA-M]-20	211.3	246.7	343.6
POSS-LA-[PSA-M]-5	214.4	238.5	480.4
POSS-LA-[PSA-M]-10	218.2	237.4	476.5
POSS-LA-[PSA-M]-15	219.5	241.3	463.0
POSS-LA-[PSA-M]-20	222.2	245.7	441.9

2）OPPSP-[PSA-M]树脂

图 9.33 为 OPPSP-[PSA-M]和 PSA-M 树脂的 DSC 曲线，其分析数据列于表 9.15。加入 OPPSP 之后，树脂在 100℃左右出现了明显的熔融吸热峰，说明 OPPSP 的加入提高了树脂的结晶性。所有树脂均在 210℃左右开始出现固化放热峰，起始温度较为接近。随着 OPPSP 添加比例的增加，树脂的峰顶温度由 238.4℃升高至 246.7℃，增加幅度较小；树脂的固化放热量随着 OPPSP 含量的增加逐渐减小。

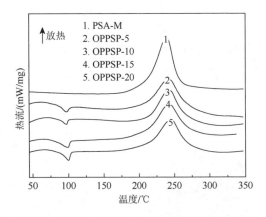

图 9.33　OPPSP-[PSA-M]和 PSA-M 树脂的 DSC 曲线

3）POSS-LA-[PSA-M]树脂

图 9.34 为 POSS-LA-[PSA-M]和 PSA-M 树脂的 DSC 曲线，其分析数据列于表 9.15。随着 POSS-LA 添加量的增加，树脂的固化起始温度及峰顶温度略微往高温方向偏移，其中 T_i 由 212.1℃增加至 222.2℃，T_p 由 238.4℃增加至 245.7℃，增加幅度较小；树脂的固化放热量随着 POSS-LA 含量的增加而逐渐减小。

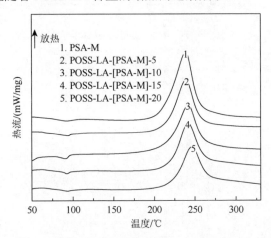

图 9.34　POSS-LA-[PSA-M]和 PSA-M 树脂的 DSC 曲线

2. 多炔基 POSS 改性含硅芳炔树脂固化物的介电性能

图 9.35 为 10Hz～1MHz 内多炔基 POSS 改性含硅芳炔树脂固化物的介电常数。可以看出随着频率的变化，所有固化物的介电常数变化均较小，这是典型的非极性聚合物的特征。PSA-M 树脂固化物的介电常数为 2.81～2.85。从图 9.35（a）可以看出，加入 OEMS 之后，OEMS-[PSA-M]固化物的介电常数较 PSA-M 有明显的降低，表现出较好的介电性能。随 OEMS 含量增加，OEMS-[PSA-M]固化物

的介电常数先降低后升高，OEMS-[PSA-M]-3 介电常数最低。

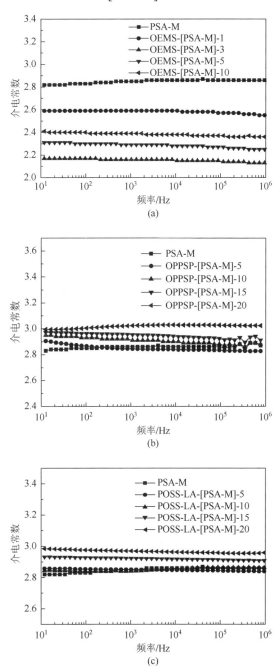

图 9.35　多炔基 POSS 改性含硅芳炔树脂固化物的介电常数随频率的变化

(a) OEMS-[PSA-M]；(b) OPPSP-[PSA-M]；(c) POSS-LA-[PSA-M]

POSS 改性聚合物介电常数的降低有多方面的原因。根据文献报道[15-17]，其中最主要的原因是自由体积的增加，而这主要是由 POSS 笼体及其外部所接基团分别占有的自由体积共同作用引起的。Ke 等[18]的研究表明，相对于所增加的总自由体积而言，POSS 所占的比例相当低，因此外部所接基团的立体位阻才是自由体积增加的主要原因，并且直接导致了介电常数的降低。由 TEM 分析得知当 OEMS 添加量增加时，有无规团聚体形成。与均匀分散的形态相比，这种聚集态使得 POSS 外部的自由体积有所减小，因此介电常数随之增加。

图 9.35（b）为 OPPSP-[PSA-M]固化物的介电常数。加入 OPPSP 之后，树脂固化物的介电常数较 PSA-M 略有上升，且随着 POSS 含量的增加，树脂固化物的介电常数逐渐变大。

图 9.35（c）为 POSS-LA-[PSA-M]固化物的介电常数，其中 POSS-LA-[PSA-M]-20 的介电常数最高，可达到 2.98~2.96。随着 POSS-LA 含量的增加，改性固化物的介电常数增加。由于 POSS-LA 与 OPPSP 带有相似的柔性链，且都会在树脂中团聚，因此二者的介电常数的变化趋势相近。

3. 多炔基 POSS 改性含硅芳炔树脂固化物的力学性能

OPPSP-[PSA-M]和 POSS-LA-[PSA-M]树脂固化物（固化物）的弯曲性能测试结果见图 9.36。PSA-M 树脂固化物的弯曲强度为 20.5MPa，仅加入 5% OPPSP，树脂的弯曲强度就较 PSA-M 有所提高。随着 OPPSP 含量的增加，其弯曲强度呈现先增大后减小的趋势。当加入 10% OPPSP 时，其弯曲强度达到最大，为 37MPa，较 PSA-M 树脂固化物提高了 80.5%。加入 5% POSS-LA 之后树脂固化物的弯曲强度也较 PSA 有所提高。随着 POSS-LA 含量的增加，其弯曲强度同样呈现先增大后减小的趋势。当加入 15% POSS-LA 时，其弯曲强度达到最大，为 39MPa，较 PSA-M 树脂固化物提高了 90.2%。

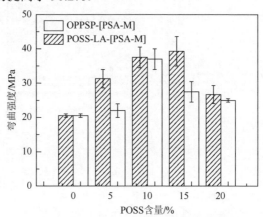

图 9.36 　POSS 含量对含硅芳炔树脂固化物弯曲强度的影响

与 OPPSP 相比，POSS-LA 带有更长的柔性侧基，因此具有更大的分子量，这意味着制备相同质量比的改性树脂时，POSS-LA 所占的摩尔比更小。加入质量分数为 10% 的 OPPSP（摩尔分数为 4.17%）能够使 PSA 固化物的弯曲强度提高 80.5%，而当加入质量分数为 15% 的 POSS-LA（摩尔分数为 3.12%）时则能够提高 90.2% 的强度。这说明加入更少摩尔量的 POSS-LA 就能够达到比 OPPSP 改性更好的增强效果，而这可以归因于 POSS-LA 所带的烷基链比 OPPSP 更长[19, 20]。

图 9.37 为不同 POSS 配比改性固化物的冲击断裂能，冲击断裂能的大小反映了树脂的韧性。随着 OPPSP 含量的增加，树脂固化物所需要的冲击断裂能呈现先增大后减小的趋势，与弯曲强度变化趋势类似。在加入 10% OPPSP 后其断裂冲击能达到最大，为 2.72kJ/m^2（PSA-M 树脂冲击断裂能为 1.42kJ/m^2），比 PSA-M 树脂固化物提高了 91.5%，这说明 OPPSP 的加入不仅对树脂固化物起到了增强的作用，还能够有效地提高其韧性。同样地，随着带有更长柔性链段的 POSS-LA 含量的增加，树脂固化物的冲击断裂能也逐渐增大。仅加入 5% POSS-LA，树脂固化物的冲击断裂能就达到 2.34kJ/m^2，比 PSA-M 树脂固化物提高了 64.8%。在加入 15% POSS-LA 之后，冲击断裂能可达 2.67kJ/m^2，比 PSA-M 树脂固化物提高了 88.0%。

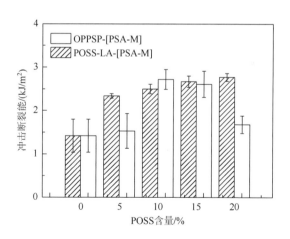

图 9.37　POSS 含量对树脂固化物冲击断裂能的影响

经计算，在 OPPSP、POSS-LA 中炔基含量分别为 14.8% 和 9.6%，均高于 PSA-M 中的 8.6%，因此理想情况下改性树脂固化物的交联密度相对于 PSA-M 固化物有所提高。由于 OPPSP 及 POSS-LA 结构中都带有柔性链段，在发生变形的过程中分子链段更容易发生滑移，因此改性树脂的韧性得到了提升。

两种体系中改性效果较好的配比分别为 OPPSP-[PSA-M]-10 及 POSS-LA-[PSA-M]-20，其炔基含量分别为 8.86%与 8.64%，因此这两种改性树脂体系有着近似的交联度。而 OPPSP-[PSA-M]-10 的冲击断裂能为 POSS-LA-[PSA-M]-20 的 98.2%，这说明 POSS-LA 中更长的烷基链具有更强的柔顺性，对树脂增韧更有利。

图 9.38 为不同配比的 OPPSP-[PSA-M]树脂固化物在冲击性能测试后的断面形貌图。图 9.38(a)为 PSA-M 固化物的冲击断裂断面，断面处存在较为规整的断裂纹路，呈脆性断裂形貌。而加入 OPPSP 之后，其固化物的断裂面呈现更为复杂的形貌。图 9.38(d)为 OPPSP-[PSA-M]-15 固化物的冲击断裂面，出现了羽毛状的断裂纹路且有韧窝，这种断裂纹路的分岔意味着在裂纹增长过程中需要吸收更多的能量，这是材料韧性断裂的标志。有文献报道[21, 22]POSS 在树脂基体中良好的分散有助于提高其机械性能。

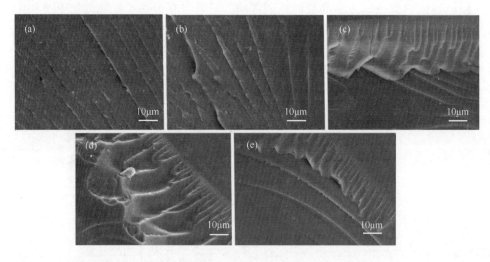

图 9.38　OPPSP-[PSA-M]树脂固化物的冲击断裂面

(a)PSA-M；(b)OPPSP-[PSA-M]-5；(c)OPPSP-[PSA-M]-10；(d)OPPSP-[PSA-M]-15；(e)OPPSP-[PSA-M]-20

图 9.39 为 POSS-LA-[PSA-M]树脂固化物经过冲击测试之后的断面形貌。图 9.39(a)为 PSA-M 树脂的冲击断裂面，断裂面处存在较为规整的断裂纹路，是典型的脆性断裂形貌。与图 9.39(a)相比，图 9.39(b)~图 9.39(e)中的断面形貌出现了显著变化，整个断裂表面凹凸不平，且随 POSS-LA 含量的增加，断裂纹路变细，凹面深度增加。这意味着 POSS-LA 的加入使得固化物在断裂前发生了更大的塑性变形，表示出韧性特征。这说明 POSS-LA 的加入对 PSA-M 树脂起到了很好的增韧作用[23, 24]。

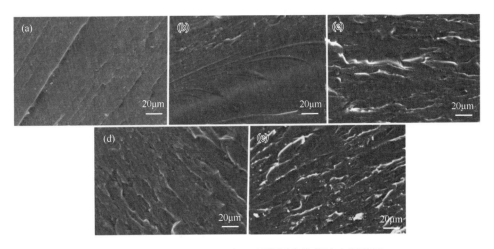

图 9.39　POSS-LA-[PSA-M]树脂固化物的冲击断裂面

(a) PSA-M；(b) POSS-LA-[PSA-M]-5；(c) POSS-LA-[PSA-M]-10；(d) POSS-LA-[PSA-M]-15；
(e) POSS-LA-[PSA-M]-20

4. 多炔基 POSS 改性含硅芳炔树脂固化物的热性能

图 9.40(a) 和图 9.40(b) 分别为 OPPSP-[PSA-M]和 POSS-LA-[PSA-M]树脂固化物(固化物)的动态储能模量 E' 随温度的变化，可以看出 E' 随着温度的升高，在 280℃之前略有下降，之后又开始上升，但在 400℃内未出现玻璃化转变。其中 OPPSP-[PSA-M]-10 的 E' 最大，POSS-LA-[PSA-M]-15 的 E' 较小，与弯曲强度及冲击断裂能的变化趋势类似。

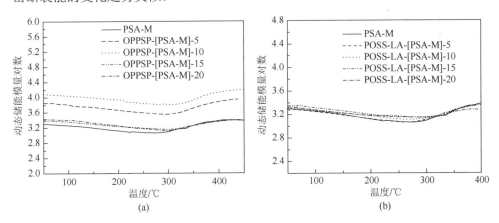

图 9.40　OPPSP-[PSA-M](a) 及 POSS-LA-[PSA-M](b) 树脂固化物的 DMA 曲线

PSA-M 及 OEMS-[PSA-M]树脂固化物在氮气中的 TGA 曲线及相关分析数据分别如图 9.41 及表 9.16 所示。由图表可知，虽然 POSS 改性含硅芳炔树脂的热性能有所降低，但仍能保持较高的水平。

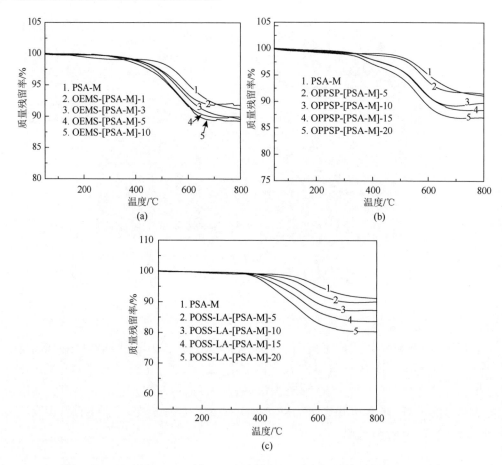

图 9.41　OEMS-[PSA-M]（a）、OPPSP-[PSA-M]（b）和 POSS-LA-[PSA-M]（c）
树脂固化物的 TGA 曲线

表 9.16　OEMS-[PSA-M]、OPPSP-[PSA-M]和 POSS-LA-[PSA-M]树脂固化物在
氮气下的 TGA 数据

树脂	T_{d5}/℃	Y_{r800}/%
PSA-M	601	91.0
OEMS-[PSA-M]-1	565	91.8
OEMS-[PSA-M]-3	553	89.5
OEMS-[PSA-M]-5	531	89.9
OEMS-[PSA-M]-10	526	89.2
OPPSP-[PSA-M]-5	578	91.5
OPPSP-[PSA-M]-10	528	89.8
OPPSP-[PSA-M]-15	526	88.4
OPPSP-[PSA-M]-20	516	88.0

续表

树脂	$T_{d5}/\text{℃}$	$Y_{r800}/\%$
POSS-LA-[PSA-M]-5	555	90.0
POSS-LA-[PSA-M]-10	507	87.2
POSS-LA-[PSA-M]-15	468	83.7
POSS-LA-[PSA-M]-20	436	80.4

9.4　含 POSS 芳炔树脂复合材料的性能

9.4.1　主链含八甲基 POSS 芳炔树脂复合材料的性能

1. 石英纤维/MPD 树脂复合材料的力学性能

表 9.17 为主链含八甲基 POSS 芳炔树脂复合材料的弯曲性能。由表可知，复合材料在常温下的弯曲强度均大于 190MPa，300℃弯曲强度均大于 100MPa，力学保持率大于 60%，说明 MPD 树脂的石英纤维复合材料具有优良的耐高温力学性能。

表 9.17　石英纤维/MPD 树脂复合材料的弯曲性能

树脂	温度/℃	弯曲强度/MPa	弯曲强度保持率/%	弯曲模量/GPa	弯曲模量保持率/%
MPD-1	25	201.9±15.7	—	7.87±1.05	—
	300	121.5±10.1	60.2	6.12±0.82	77.8
MPD-2	25	194.9±5.5	—	10.7±0.76	—
	300	142.0±6.7	72.9	9.10±0.55	85.0

2. 石英纤维/MPD 树脂复合材料的介电性能

表 9.18 为石英纤维/MPD 树脂复合材料在常温 17.95MHz 下的介电性能。由表可知，石英纤维/MPD 树脂复合材料的介电常数均小于 3.5，介电损耗正切值为 10^{-3} 数量级，表明该树脂复合材料有良好的介电性能。

表 9.18　石英纤维/MPD 树脂复合材料的介电性能

树脂	介电常数	$\tan\delta/\times 10^{-3}$
MPD-1	2.91	5.62
MPD-2	3.31	7.28

9.4.2 含八(二甲基硅氧基)POSS 芳炔树脂复合材料的性能

1. PD 树脂复合材料的力学性能

1)不同纤维增强复合材料的力学性能

表 9.19 列出了不同纤维增强 PD29 树脂复合材料在室温下的力学性能。由表可见，两种纤维增强 PD29 树脂复合材料都具有较好的力学性能。

表 9.19　不同纤维增强 PD29 树脂复合材料的力学性能

纤维	弯曲强度/MPa	弯曲模量/GPa
高强度玻璃纤维	273.6±3.5	21.2±1.6
石英纤维	193.7±4.8	19.2±3.5

2)复合材料的室温和高温力学性能

表 9.20 列出了石英纤维/PD29 树脂复合材料在不同温度下(放置 10min 后)测试的力学性能。从表中可见，随着测试温度的升高，复合材料的力学性能逐渐下降，但总体来说，复合材料具有优异的高温力学性能，500℃下的弯曲强度可达 106MPa 左右。

表 9.20　石英纤维/PD29 树脂复合材料在不同条件下测得的弯曲性能

处理条件	测试温度/℃	弯曲强度/MPa	弯曲强度保持率/%	弯曲模量/GPa	弯曲模量保持率/%
未处理	室温	185±4	—	19.8±0.4	—
	500	106±6	57.3	17.1±0.3	86.4
	550	68.3±6	36.9	12.3±1.4	62.1

2. PD 树脂复合材料的介电性能

1)复合材料的常温介电性能

表 9.21 列出了不同纤维增强 PD29 树脂复合材料在常温下的介电性能。由表可见，石英纤维/PD29 树脂复合材料具有更好的介电性能。

表 9.21　不同纤维增强 PD29 树脂复合材料的介电性能(7.95MHz)

纤维	介电常数 ε	介电损耗 $\tan\delta/(\times 10^{-3})$
高强度玻璃纤维	4.01	4.52
石英纤维	3.23	2.79

　　将石英纤维/PD29 树脂复合材料放在马弗炉中，经 400℃或 500℃处理 10min 后，冷却至室温测试复合材料的介电性能，列于表 9.22 中。可见，复合材料经马弗炉高温处理后，介电性能基本不变，说明石英纤维/PD29 树脂复合材料具有优异的介电性能。

表 9.22　石英纤维/PD29 树脂复合材料的介电性能（7.95MHz）

复合材料	室温		400℃/10min		500℃/10min		550℃/10min	
	介电常数 ε	介电损耗 $\tan\delta/(\times 10^{-3})$	介电常数 ε	介电损耗 $\tan\delta/(\times 10^{-3})$	介电常数 ε	介电损耗 $\tan\delta/(\times 10^{-3})$	介电常数 ε	介电损耗 $\tan\delta/(\times 10^{-3})$
QF/PD29	3.23	2.79	3.28	2.85	3.20	1.97	3.15	2.41

　　2）复合材料的宽温宽频介电性能
　　图 9.42 为 QF/PD29 树脂复合材料在不同温度下的介电常数和介电损耗。由图可知，在 7GHz、13GHz、19GHz 下，室温～550℃下，复合材料的介电常数随温度的上升有小幅度上升，在 3.3～3.5 范围内，介电常数的变化为 2.7%；而介电损耗随温度的上升略有下降，数值在 1×10^{-3}～5×10^{-3}。这说明石英纤维/PD29 树脂复合材料具有优异的宽温宽频介电性能。

9.4.3　含八（二甲基硅氧基）POSS 硅烷芳炔树脂复合材料的性能

　　表 9.23 列出了石英纤维增强 PSA-M 树脂和 PS15 树脂复合材料在常温下的力学和介电性能。由表可见，与 PSA-M 树脂复合材料相比，PS15 树脂复合材料的弯曲强度和弯曲模量都有所提高，且常温弯曲强度提高幅度较大，PS15 复合材料的常温介电性能也略有提高。这说明 $Q_8M_8^H$ 的引入提高了 PSA-M 树脂复合材料的力学性能和介电性能。

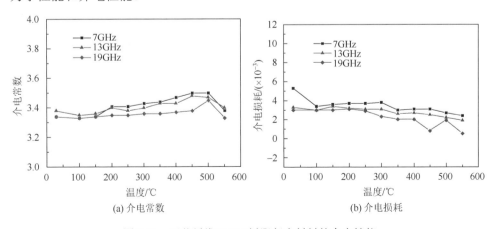

(a) 介电常数　　　　　　　　　　(b) 介电损耗

图 9.42　石英纤维/PD29 树脂复合材料的介电性能

表 9.23 石英纤维增强 PSA-M 树脂和 PS15 树脂复合材料的力学和介电性能

树脂	弯曲强度/MPa	弯曲模量/GPa	介电常数 ε	介电损耗 $\tan\delta$/($\times10^{-3}$)
PSA-M	203.5±15.1	17.9±1.0	3.20	3.01
PS15	237.3±21.1	18.5±1.2	3.16	1.88

9.4.4 多炔基 POSS 改性含硅芳炔树脂复合材料的性能

1. 多炔基 POSS 改性含硅芳炔树脂复合材料的力学性能

1) OPPSP-[PSA-M]复合材料

将 OPPSP-[PSA-M]树脂与 T300 碳纤维布制成 T300CF/OPPSP-[PSA-M]复合材料，其力学性能如图 9.43 所示。与 T300CF/PSA-M 复合材料相比，加入 10% OPPSP 时，弯曲强度达到最大的 260MPa，相比 T300CF/PSA-M 的 210MPa，约提高了 23.8%；加入 OPPSP 之后，复合材料的层间性能也有所提高。在加入 5% OPPSP 时层间剪切强度达到最大，为 17.3MPa，相比 T300CF/PSA-M 复合材料的 12.7MPa，约提高了 36.2%。

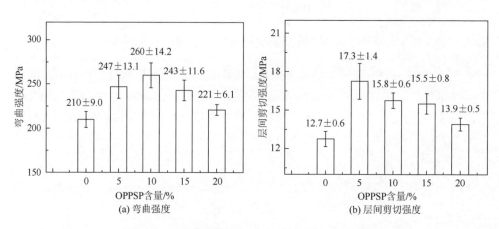

图 9.43 T300CF/OPPSP-PSA 复合材料力学性能

2) POSS-LA-[PSA-M]复合材料

将 POSS-LA-[PSA-M]树脂与 T300 碳纤维布制成 T300CF/POSS-LA-[PSA-M]复合材料，其弯曲强度如图 9.44 所示。与 T300CF/PSA-M 复合材料相比，加入 POSS-LA 的量越多，复合材料的弯曲强度提高得就越大。在加入 20% POSS-LA 时，弯曲强度达到最大，为 263MPa，比 T300CF/PSA-M 复合材料约提高了 25.2%；加入 POSS-LA，复合材料层间剪切强度提高。在加入 10% POSS-LA 时，层间剪切强度达到 15.7MPa，约提高了 23%。

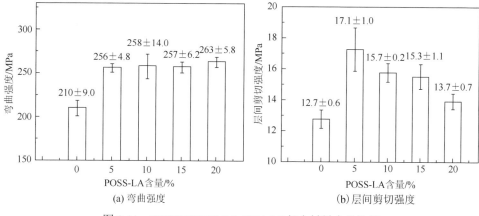

图 9.44　T300CF/POSS-LA-[PSA-M]复合材料力学性能

2. 多炔基 POSS 改性含硅芳炔树脂复合材料界面

图 9.45 为 POSS 改性 PSA-M 树脂复合材料断面的 SEM 图。在图 9.45(a)中，碳纤维近乎裸露，较少的树脂黏连，反映了树脂和纤维之间较弱的结合力；而在图 9.45(b)和(c)中，碳纤维表面包裹了较多的树脂，相对于 T300CF/PSA-M 来说，OPPSP-[PSA-M]-10 和 POSS-LA-[PSA-M]-20 与碳纤维之间的黏结性能有所提高。这也能用于解释 POSS 改性树脂复合材料力学性能提高的现象。

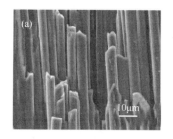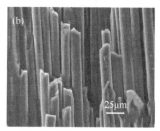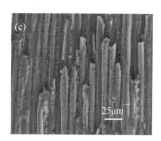

图 9.45　T300CF/PSA-M(a)、T300CF/OPPSP-[PSA-M]-10(b) 和 T300CF/POSS-LA-[PSA-M]-20 (c)复合材料断面的 SEM 图

参 考 文 献

[1]　Li Q，Zhou Y，Hang X，et al. Synthesis and characterization of a novel arylacetylene oligomer containing POSS units in main chains. European Polymer Journal，2008，44(8)：2538-2544.

[2]　周燕. 含笼形倍半硅氧烷芳炔树脂的研究. 上海：华东理工大学，2014.

[3]　步晓君. 新型笼形倍半硅氧烷(POSS)及其改性的含硅芳炔树脂研究. 上海：华东理工大学，2016.

[4]　Alan S，Richard M L. Silsesquioxanes as synthetic platforms. Thermally curable and photocurable inorganic/organic hybrids. Macromolecules，1996，29：2327-2330.

[5]　Mui S S，Adrian U J Y，Alan S. Methacrylate and epoxy functionalized nanocomposites based on silsesquioxane cores for use in dental applications. European Polymer Journal，2007，43：315-327.

[6]   Su X Y，Guang S Y，Li C W，et al. Molecular hybrid optical limiting materials from polyhedral oligomer silsequioxane: preparation and relationship between molecular structure and properties. Macromolecules，2010，43: 2840-2845.

[7]   Frank K L，Exley S E，Thornell T L，et al. Investigation of pre-reaction and cure temperature on multiscale dispersion in POSS-epoxy nanocomposites. Polymer，2012，53: 4643-4651.

[8]   Zhang D，Liu Y，Shi Y，et al. Effect of polyhedral oligomeric silsesquioxane (POSS) on crystallization behaviors of POSS/polydimethylsiloxane rubber nanocomposites. RSC Advances，2014，4: 6275-6283.

[9]   Teo J K H，Toh C L，Lu X. Catalytic and reinforcing effects of polyhedral oligomeric silsesquioxane (POSS)-imidazolium modified clay in an anhydride-cured epoxy. Polymer，2011，52: 1975-1982.

[10]   Phillips S H，Gonzalez R I，Chafe P，et al. Remarkable AO resistance of POSS inorganic/organic polymers. International SAMPE Symposium and Exhibition (Proceedings)，2000: 45 (II): 1921-1932.

[11]   Zheng L，Rajeswari M K，Richard J F，et al. Synthesis and thermal properties of hybrid copolymers of syndiotactic polystyrene and polyhedral oligomeric silsesquioxane. Journal of Polymer Science Part A: Polymer Chemistry，2002，40 (7): 885-891.

[12]   House E J，Keller T M. Linear ferrocenylene-siloxyl-diacetylene polymers and their conversion to ceramics with high thermal and oxidative stabilities. Macromolecules，1998，31: 4038-4040.

[13]   Ye Y S，Chen W Y，Wan Y Z. Synthesis and properties of low-dielectric-constant polyimides with introduced reactive fluorine polyhedral oligomeric silsesquioxanes. Journal of Polymer Science Part A: Polymer Chemistry，2006，44: 5391-5402.

[14]   Wang Y Z，Chen W Y，Yan C C，et al. Novel epoxy nanocomposite of low D_k introduced fluorine-containing POSS structure. Journal of Polymer Science Part B: Polymer Physics，2007，45: 502-510.

[15]   Leu C M，Reddy G M，Wei K H，et al. Synthesis and dielectric properties of polyimide-chain-end tethered polyhedral oligomeric silsesquioxane nanocomposites. Chemistry of Materials，2003，15: 2261-2265.

[16]   Leu C M，Chang Y T，Wei K H. Synthesis and dielectric properties of polyimide-tethered polyhedral (POSS) nanocomposites via POSS-diamine. Macromolecules，2003，36: 9122-9127.

[17]   Chen W Y，Wang Y Z，Kuo S W，et al. Thermal and dielectric properties and curing kinetics of nanomaterials formed from POSS-epoxy and meta-phenylenediamine. Polymer，2004，45: 6897-6908.

[18]   Ke F，Zhang C，Guang S，et al. POSS core star-shape molecular hybrid materials: effect of the chain length and POSS content on dielectric properties. Journal of Applied Polymer Science，2013，127: 2628-2634.

[19]   Yang Y，Chen G，Liew K M. Preparation and analysis of a flexible curing agent for epoxy resin. Journal of Applied Polymer Science，2009，114: 2706-2710.

[20]   Zhang B，Zhang H，You Y，et al. Application of a series of novel chain-extended ureas as latent-curing agents and toughening modifiers for epoxy resin. Journal of Applied Polymer Science，1997，69: 339-347.

[21]   Soto M S，Illescas S，Milliman H，et al. Morphology and thermomechanical properties of melt-mixed polyoxymethylene/polyhedral oligomeric silsesquioxane nanocomposites. Macromolecular Materials and Engineering，2010，295: 846-858.

[22]   Niu M，Li T，Xu R，et al. Synthesis of PS-g-POSS hybrid graft copolymer by click coupling via "graft onto" strategy. Journal of Applied Polymer Science，2013，129: 1833-1844.

[23]   Choi J，Harcup J，Yee A F，et al. Organic/inorganic hybrid composites from cubic silsesquioxanes. Journal of the American Chemical Society，2001，123: 11420-11430.

[24]   Chandramohan A，Alagar M. Preparation and characterization of cyclohexyl moiety toughened POSS-reinforced epoxy nanocomposites. International Journal of Polymer Analysis and Characterization，2013，18: 73-81.

第10章

碳硼烷化硅芳炔树脂的合成、结构与性能

10.1 碳硼烷化硅芳炔树脂的合成

10.1.1 碳硼烷化硅烷芳炔树脂的合成

碳硼烷化硅烷芳炔 (CB-PSA) 合成过程如下[1]：

氮气保护下，在装有搅拌器、冷凝管和温度计的 100mL 三口烧瓶中加入干燥的甲苯 20mL、CH_3CN 5mL、PSA-M 1.0g、十硼烷 $(B_{10}H_{14})$ 0.3g （$[B_{10}H_{14}]/[PSA-M]$ = 30wt%），在室温下搅拌 2.0h。然后加热反应溶液至 85℃，反应 36.0h。反应结束后，向体系中加入甲苯 20mL、甲醇 10mL、丙酮 6mL、浓 HCl 2mL 和 H_2O 3mL，静置过夜，再在 65℃下回流 15.0h。冷却反应产物，水洗至中性，分离出有机相，加入无水 Na_2SO_4 干燥过夜。过滤，减压蒸馏除去溶剂，得到红棕色固体产物 CB-PSA-M-30 1.12g，产率 86%。反应过程如下：

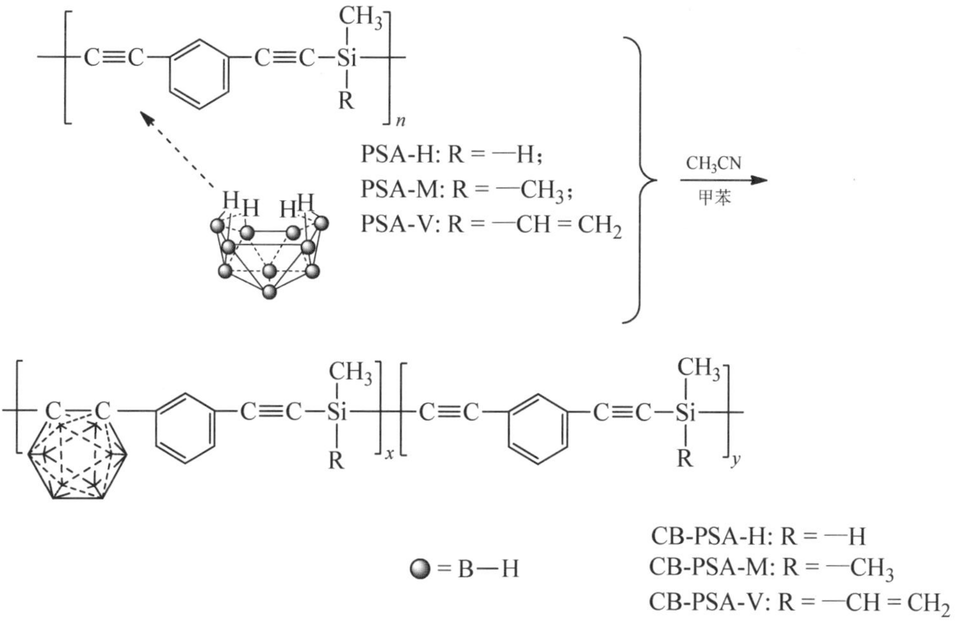

PSA-H: R = —H;
PSA-M: R = —CH₃;
PSA-V: R = —CH=CH₂

$\dfrac{CH_3CN}{甲苯}$

CB-PSA-H: R = —H
CB-PSA-M: R = —CH₃
CB-PSA-V: R = —CH=CH₂

● = B—H

改变 $B_{10}H_{14}$ 和 PSA-M 的配比，按照以上步骤合成了一系列不同碳硼烷含量的二甲基型碳硼烷化硅芳炔树脂，即 CB-PSA-M-10、CB-PSA-M-20、CB-PSA-M-30 和 CB-PSA-M-40（其[$B_{10}H_{14}$]/[PSA-M]分别为 10wt%、20wt%、30wt%和40wt%）。

以[$B_{10}H_{14}$]/[PSA]比例为 10wt%，按照以上步骤合成了其他两种不同硅烷结构的碳硼烷化硅芳炔树脂，即甲基硅烷型碳硼烷化硅芳炔树脂(CB-PSA-H-10)和甲基乙烯基硅烷型碳硼烷化硅芳炔树脂(CB-PSA-V-10)。

10.1.2 碳硼烷化硅氧烷芳炔树脂的合成

碳硼烷化硅氧烷芳炔树脂(CB-PSA-O)的合成原料配比如表 10.1 所示，在乙腈的作用下，将十硼烷与硅氧烷芳炔(PSA-O，$\bar{M}_n = 726$，$\bar{M}_w = 755$)按不同的比例进行偶合反应，制备出一系列碳硼烷化硅氧烷芳炔树脂(CB-PSA-O-10、CB-PSA-O-20、CB-PSA-O-30 和 CB-PSA-O-40，统称 CB-PSA-O 树脂)。在乙腈的催化作用下，十硼烷可以与 PSA-O 分子链段上不同位置的炔基发生偶合反应，即可在主链不同位置上引入碳硼烷单元。如果十硼烷与 PSA-O 端炔(—C≡CH)偶合，则可获得分子链端的碳硼烷单元；如果十硼烷与内炔(—C≡C—)偶合，则可获得分子链段内部的碳硼烷单元。CB-PSA-O 树脂的合成过程及结构如下：

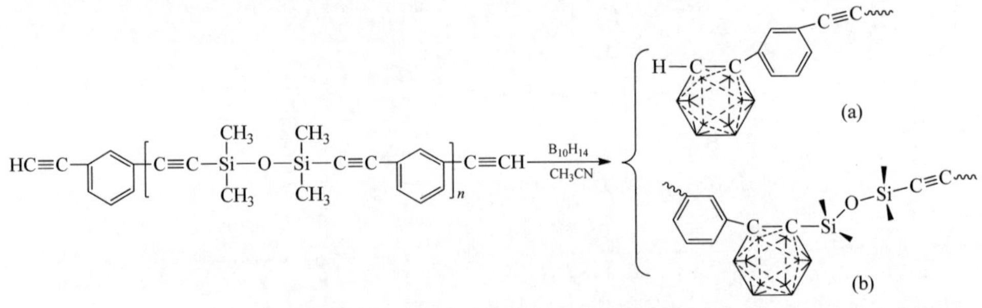

表 10.1   CB-PSA-O 树脂合成原料配比

树脂	[$B_{10}H_{14}$]/[PSA-O]	
	摩尔比	质量比/wt%
CB-PSA-O-10	0.6	10
CB-PSA-O-20	1.2	20
CB-PSA-O-30	1.8	30
CB-PSA-O-40	2.4	40

CB-PSA-O-10 的具体合成过程[2]：在氮气保护下，在 500mL 烧瓶中加入干燥

的甲苯 250mL、PSA-O 10g、十硼烷 1g、乙腈 15mL，在室温下搅拌 2h，在此过程中逐渐产生气体。然后加热反应溶液至 85℃，反应 48h。反应结束后加入甲苯60mL、甲醇 60mL、丙酮 50mL、浓盐酸 20mL 及去离子水 30mL，静置过夜。随后将体系升温至 65℃回流反应 12h，冷却反应溶液，水洗，分离，用无水硫酸钠干燥有机相，减压蒸馏除去溶剂，得到 9.4g 棕褐色黏稠液态产物 CB-PSA-O-10，产率为 85.7%。

CB-PSA-O-20、CB-PSA-O-30 及 CB-PSA-O-40 在合成过程中除了投料比与CB-PSA-O-10 不同以外，其他过程与 CB-PSA-O-10 相同。

10.1.3　碳硼烷化硅芳炔树脂复合材料的制备

将 CB-PSA 或 CB-PSA-O 树脂溶于 THF 溶剂，配成 35%左右的浓度，用 T300碳纤维布浸渍制成预浸料，用模压的方法制成碳纤维复合材料，模压工艺如下：170℃/2h + 210℃/2h + 250℃/2h（ + 300℃/2h）。

10.2　碳硼烷化硅芳炔树脂的结构表征

10.2.1　碳硼烷化硅烷芳炔树脂的结构表征

1. FTIR 分析

1）不同碳硼烷含量的硅烷芳炔树脂的 FTIR 分析

图 10.1 为 PSA-M、CB-PSA-M-10、CB-PSA-M-20 和 CB-PSA-M-30 树脂的FTIR 谱图。从图中可以看出，$3290cm^{-1}$ 处的吸收峰为 ≡C—H 的伸缩振动，$3061cm^{-1}$ 处为苯环的 C—H 伸缩振动峰，$2963cm^{-1}$ 处是 Si—CH$_3$ 结构中 C—H 的伸缩振动峰，$2156cm^{-1}$ 处特征吸收峰是 C≡C 伸缩振动，$1592cm^{-1}$、$1474cm^{-1}$ 处的吸收峰归属于苯环骨架振动，$1254cm^{-1}$ 处的吸收峰为 Si—CH$_3$ 中 Si—C 的对称变形振动的特征吸收峰。在 CB-PSA-M-10、CB-PSA-M-20 和 CB-PSA-M-30 树脂中，$2568cm^{-1}$ 处的吸收峰归属于 B—H 伸缩振动，可以推断出产物中含有碳硼烷结构。以 $2963cm^{-1}$ 处吸收峰为基准峰，从 B—H 吸收峰的强度可以看出，在CB-PSA-M-10、CB-PSA-M-20 和 CB-PSA-M-30 树脂中碳硼烷含量依次增加。从图中还可以发现在 $3290cm^{-1}$ 处≡C—H 的伸缩振动峰强度随着[B$_{10}$H$_{14}$]/[PSA-M]比例的增加依次减弱，但是位于 $2156cm^{-1}$ 处 C≡C 的振动峰强度没有明显变化，因此可以说明 B$_{10}$H$_{14}$ 与 PSA-M 的端外炔 C≡CH 反应相对容易，而不易与内炔Ph—C≡C—Si 发生反应，这可能与内炔的空间位阻较大有关。

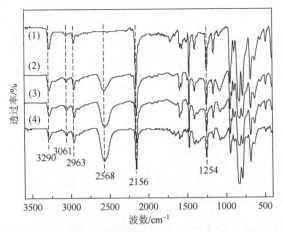

图 10.1 PSA-M(1)、CB-PSA-M-10(2)、CB-PSA-M-20(3)和 CB-PSA-M-30
(4)树脂的 FTIR 谱图

2)不同硅烷结构的碳硼烷化硅烷芳炔树脂的 FTIR 分析

图 10.2 为 CB-PSA-H-10、CB-PSA-M-10 和 CB-PSA-V-10 树脂的 FTIR 谱图，其中以 2964cm⁻¹ 处的吸收峰为基准峰(CB-PSA-M-10 树脂中硅烷结构含有两个 Si—CH₃，将其 2964cm⁻¹ 处的吸收峰的峰面积定义为 CB-PSA-H-10 和 CB-PSA-V-10 树脂的两倍)。从图中可以看出，2568cm⁻¹ 处的吸收峰归属于 B—H 伸缩振动，可以推断出产物中含有碳硼烷结构，且从 B—H 吸收峰的强度可以看出，三种树脂的碳硼烷含量比较接近。3291cm⁻¹ 和 2154cm⁻¹ 处强的吸收峰表明 CB-PSA-H-10、CB-PSA-M-10 和 CB-PSA-V-10 树脂中存在较多的端外炔和内炔，这些炔键能够在高温作用下固化交联。

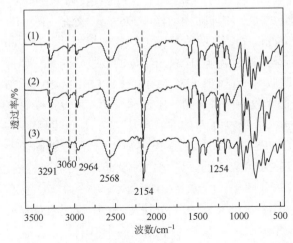

图 10.2 CB-PSA-H-10(1)、CB-PSA-M-10(2)和 CB-PSA-V-10(3)树脂的 FTIR 谱图

2. ^{1}H NMR 分析

1）不同碳硼烷含量的硅烷芳炔树脂的 ^{1}H NMR 分析

图 10.3 是 PSA-M、CB-PSA-M-10、CB-PSA-M-20 和 CB-PSA-M-30 的 ^{1}H NMR 谱图。如图所示，C≡CH 中 C—H 的化学位移在 3.07ppm 处（图 10.3 中 a）；C≡C—Si(CH$_3$)$_2$—C≡C 中—CH$_3$ 的化学位移在 0.46ppm 处（图 10.3 中 b）；CB$_{10}$H$_{10}$C—Si(CH$_3$)$_2$—中—CH$_3$ 的化学位移在 0.07ppm 处（图 10.3 中 c）；CB$_{10}$H$_{10}$CH 中 C—H 的化学位移在 3.97ppm 处（图 10.3 中 d）；化学位移在 7.2～7.7ppm 内是苯环上的质子峰（图 10.3 中 e）；CB$_{10}$H$_{10}$C 中 B—H 的化学位移在 0.7～3.2ppm 处（图 10.3 中 f）。从谱图中可以看出，合成的 CB-PSA-M 在 4.0ppm 左右出现了碳硼烷结构的 C—H 峰，在 0.7～3.2ppm 区域出现了很宽的 B—H 峰，说明 CB-PSA-M 主链上存在碳硼烷结构。随着[B$_{10}$H$_{14}$]/[PSA-M]投料比的增加，C—H(CB$_{10}$H$_{10}$CH) 和 B—H 峰逐渐增大，说明聚合物中碳硼烷含量逐渐增加。

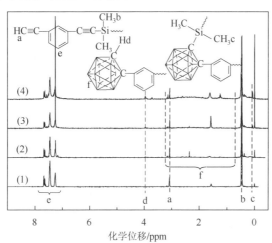

图 10.3　PSA-M(1)、CB-PSA-M-10(2)、CB-PSA-M-20(3) 和 CB-PSA-M-30 (4)树脂的 ^{1}H NMR 谱图

2）不同硅烷结构的碳硼烷化硅烷芳炔树脂的 ^{1}H NMR 分析

图 10.4 是 CB-PSA-H-10、CB-PSA-M-10 和 CB-PSA-V-10 树脂的 ^{1}H NMR 谱图。如图所示，CB-PSA-H-10 和 CB-PSA-V-10 树脂中分别保留了原树脂 PSA-H 和 PSA-V 的 Si—H［图 10.4 中谱(1)中 4.58ppm 处］和—CH≡CH$_2$（图 10.4 中谱(3)中 6.12～6.22ppm 处）结构。从以上分析结果中可以看出，三种碳硼烷化硅烷芳炔聚合物在 4.0ppm 左右均出现了碳硼烷的 C—H 峰，在 0.7～3.3ppm 区域出现 B—H 峰，说明 CB-PSA-H-10、CB-PSA-M-10 和 CB-PSA-V-10 树脂主链上存在碳硼烷结构。

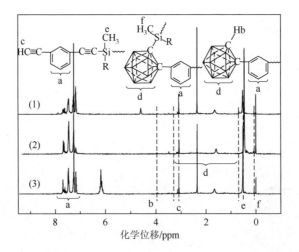

图 10.4　CB-PSA-H-10(1)、CB-PSA-M-10(2)和 CB-PSA-V-10(3)树脂的 ^{1}H NMR 谱图

3. ^{29}Si NMR 分析

图 10.5 是 PSA-M、CB-PSA-M-20 和 CB-PSA-M-30 树脂的 ^{29}Si NMR 谱图。从图中可以看出，PSA-M 树脂中—C≡C—Si(CH$_3$)$_2$—C≡C—的化学位移在 –39.0ppm 处(图中 a)，而 CB-PSA-M 树脂除了在–39.0ppm 有一强共振峰外，在 –38.8ppm 处还有一较弱的共振峰(图 10.5 中 b)，归属于—Si(CH$_3$)$_2$—C≡C—Ph—CB$_{10}$H$_{10}$CH 结构中的硅原子。而 CB-PSA-M 树脂中可能存在的结构—CB$_{10}$H$_{10}$C—Si(CH$_3$)$_2$—CB$_{10}$H$_{10}$C—在谱图中并没有显现，说明这种结构较少(反应位阻大)。

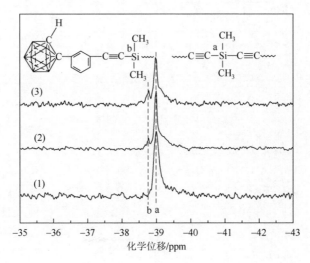

图 10.5　PSA-M(1)、CB-PSA-M-20(2)和 CB-PSA-M-30(3)树脂的 ^{29}Si NMR 谱图

4. ^{13}C NMR 分析

1)不同碳硼烷含量的硅烷芳炔树脂的 ^{13}C NMR 分析

图 10.6 是 PSA-M、CB-PSA-M-10、CB-PSA-M-20 和 CB-PSA-M-30 树脂的定量 ^{13}C NMR 谱图。如图所示，端外炔—C≡CH 中碳原子的化学位移在 83.2ppm 和 78.7ppm 处(图 10.6 中 b 和 a)；苯环上的碳原子对应的化学位移在 123～137ppm 区域(图 10.6 中 c)；内炔—Si—C≡C—Ph—中碳原子的化学位移在 105.4ppm 和 92.0ppm 处(图 10.6 中 d 和 e)；—C≡C—Si(CH$_3$)$_2$—C≡C—中硅甲基碳原子的化学位移在 1.0ppm 处(图 10.6 中 f)，而—Si(CH$_3$)$_2$—CB$_{10}$H$_{10}$C—Ph—中硅甲基碳在 2.8ppm 处；由端外炔生成的碳硼烷基团(—CB$_{10}$H$_{10}$CH)中的两个碳原子的化学位移为 76.1ppm 和 60.5ppm(图 10.6 中 h 和 g)，由内炔生成的碳硼烷基团(—Ph—CB$_{10}$H$_{10}$C—Si—)为 82.8ppm 和 79.6ppm。从图中可以发现，CB-PSA-M-10、CB-PSA-M-20 和 CB-PSA-M-30 树脂中碳硼烷基团碳原子的共振峰强度依次增加。

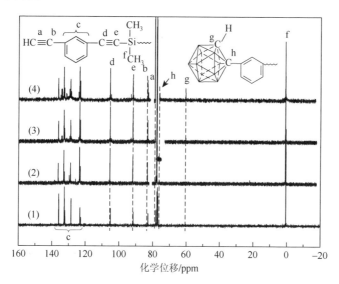

图 10.6　PSA-M(1)、CB-PSA-M-10(2)、CB-PSA-M-20(3) 和 CB-PSA-M-30
(4)树脂的 ^{13}C NMR 谱图

根据 CB-PSA-M 中—Ph—CB$_{10}$H$_{10}$CH、—Ph—CB$_{10}$H$_{10}$C—Si—和—Si—CH$_3$ 的积分面积与 PSA-M 的重复单元数可以计算出参与反应的—C≡CH 比例、—Ph—C≡C—Si—比例及树脂中的硼含量等，具体计算结果列于表 10.2。从表中数据可以发现，随着[B$_{10}$H$_{14}$]/[PSA-M]投料比的增加，相应的树脂 CB-PSA-M-10、CB-PSA-M-20 和 CB-PSA-M-30 树脂中炔基(包括端外炔和内炔)的反应程度提高，其碳硼烷含量及硼含量也依次增加。

表 10.2　CB-PSA-M 树脂的 ^{13}C NMR 分析结果

	CB-PSA-M-10	CB-PSA-M-20	CB-PSA-M-30
—C≡CH 转化率/%	13.9	24.0	47.2
—Ph—C≡C—Si—转化率/%	1.5	1.7	2.9
硼含量/wt%	5.6	8.9	14.3

2) 不同硅烷结构的碳硼烷化硅烷芳炔树脂的 ^{13}C NMR 分析

图 10.7 是 CB-PSA-H-10、CB-PSA-M-10 和 CB-PSA-V-10 树脂的 ^{13}C NMR 谱图。如图所示，CB-PSA-H-10、CB-PSA-M-10 和 CB-PSA-V-10 树脂的—C≡C—Si(CH₃)R—C≡C—结构中硅甲基碳原子的化学位移分别在–2.7ppm、1.0ppm 和 –0.2ppm 处（图中 f），而—Si(CH₃)R—CB₁₀H₁₀C—Ph—中硅甲基碳原子分别在 1.2ppm、2.8ppm 和 2.0ppm 处；由内炔生成的碳硼烷基团（—Ph—CB₁₀H₁₀C—Si—）中的两个碳原子的化学位移在 82.8ppm 和 79.5ppm 左右（图 10.7 中 g 和 h），由端外炔生成的碳硼烷基团（—CB₁₀H₁₀CH）为 76.0ppm 和 60.5ppm（图 10.7 中 i 和 j）。从图中可以发现，CB-PSA-H-10、CB-PSA-M-10 和 CB-PSA-V-10 树脂中均存在两种碳硼烷基团，一种是由 B₁₀H₁₄ 和端外炔反应合成的，另一种是由 B₁₀H₁₄ 和内炔反应合成的。

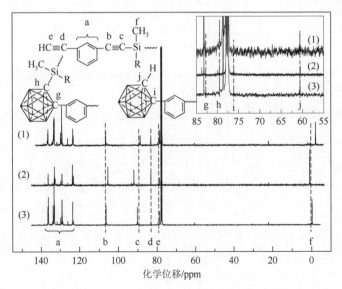

图 10.7　CB-PSA-H-10（1）、CB-PSA-M-10（2）和 CB-PSA-V-10（3）树脂的 ^{13}C NMR 谱图

5. GPC 分析

PSA-M 及 CB-PSA-M 树脂的 GPC 测试结果列于表 10.3。从表中可以看出，随着碳硼烷含量的增加，CB-PSA-M 的分子量也呈规律性增加，但是碳硼烷引入后，合成的 CB-PSA-M 的多分散系数比 PSA-M 大。

表 10.3　PSA-M 和 CB-PSA-M 树脂的分子量及其分布（GPC 测量）

树脂	$\bar{M}_n$	$\bar{M}_w$	PDI
PSA-M	851	1443	1.70
CB-PSA-M-10	947	2038	2.15
CB-PSA-M-20	1147	3216	2.80
CB-PSA-M-30	1287	1971	1.53

综合以上 FTIR 和 NMR 谱图分析，可以证实碳硼烷已经成功引入 PSA-M 主链中，合成的 CB-PSA-M 树脂与设计的结构相符。由于空间位阻关系，$B_{10}H_{14}$ 容易与 PSA-M 的端外炔发生偶合反应，而不易与内炔发生偶合反应。

10.2.2　碳硼烷化硅氧烷芳炔树脂的结构表征

1. 碳硼烷化硅氧烷芳炔树脂的红外光谱分析

图 10.8 为按照不同摩尔比（$[B_{10}H_{14}]/[PSA\text{-}O]$）制得的 CB-PSA-O 树脂的红外光谱图，以 2962cm^{-1} 处—CH$_3$ 的伸缩振动峰为基准峰，对各红外光谱图进行校准。2156cm^{-1}、2590cm^{-1} 和 3297cm^{-1} 处的吸收峰分别归属于—C≡C—、碳硼烷单元的—B—H 及≡C—H 的伸缩振动。与 PSA-O 相比，CB-PSA-O 树脂在 2590cm^{-1} 处出现了碳硼烷中 B—H 的伸缩振动峰，表明十硼烷与 PSA-O 发生偶合反应成功生成了碳硼烷结构。随着十硼烷与 PSA-O 的摩尔比从 0.6 增加到 2.4，B—H 的伸缩振动峰逐渐增强，而—C≡C—与≡C—H 的伸缩振动峰逐渐减弱。随着十硼烷的添加量增大，更多的端炔、内炔与十硼烷发生反应，并生成了碳硼烷。端炔与十硼烷反应使得≡C—H 的伸缩振动峰减弱，端炔、内炔共同与十硼烷反应使得—C≡C—的伸缩振动峰减弱。基于此，即可通过—C≡C—与≡C—H 伸缩振动峰的积分面积变化分别计算出参与反应的总炔转化率 C_t [式（10-1）] 及端炔转化率 C_a [式（10-2）]。进而根据 PSA-O 树脂的重复单元数间接计算出平均每个 CB-PSA-O 分子链上引入的碳硼烷单元的比例 D [式（10-3）] 及内炔转化率 C_i [式（10-4）]。

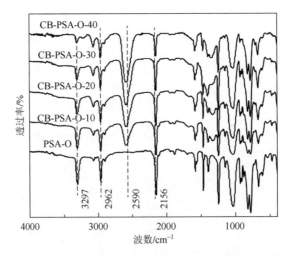

图 10.8　不同摩尔比制得的碳硼烷化硅氧烷芳炔树脂红外光谱图

$$C_t = \frac{S_{b1} - S_{b0}}{S_{b0}} \tag{10-1}$$

$$C_a = \frac{S_{a1} - S_{a0}}{S_{a0}} \tag{10-2}$$

$$D = C_t(2n+2) \tag{10-3}$$

$$C_i = \frac{C_t(n+1) - C_a}{n} \tag{10-4}$$

式中，S_{b1} 为 CB-PSA-O 树脂 2156cm^{-1} 处—C≡C—振动峰的积分面积；S_{b0} 为 PSA-O 树脂 2156cm^{-1} 处—C≡C—振动峰的积分面积；S_{a1} 为 CB-PSA-O 树脂在 3297cm^{-1} 处≡C—H 振动峰的积分面积；S_{a0} 为 PSA-O 树脂在 3297cm^{-1} 处≡C—H 振动峰的积分面积；n 为 PSA-O 树脂重复单元数。

　　根据红外光谱图计算得出的炔基转化率及平均每个 CB-PSA-O 分子链上的碳硼烷单元数列于表 10.4 中。十硼烷与 PSA-O 的摩尔比为 0.6 制备时 CB-PSA-O-10 的端炔与内炔转化率相近，都约为 13%。随着十硼烷与 PSA-O 的摩尔比逐渐增大到 2.4 时，端炔转化率明显高于内炔转化率，约为内炔转化率的 2.5 倍。这是因为随着十硼烷添加量的增加，链段上形成的碳硼烷数增多，分子运动的空间位阻增大，因而偶合反应更倾向发生于位阻效应较小的端炔。尽管如此，增大十硼烷的投料比，参与反应的端炔与外炔的比例都有所增大，且平均每个 CB-PSA-O 分子链上的碳硼烷单元数也逐渐增多。当[B$_{10}$H$_{14}$]/[PSA-O]约为 2.4 时，可以在原 PSA-O 链段上成功生成 2~3 个邻位碳硼烷。这表明柔性—Si—O—Si—链段的引入，使得通过增大十硼烷的投料比，即可有效地增加分子链上生成的碳硼烷单元数。

表 10.4　通过不同方法计算得出的平均每个 CB-PSA-O 分子链上的碳硼烷单元的数量

树脂	转化率[1]/%			平均每个分子链上的碳硼烷单元数 $D^{1)}$	转化率[2]/%			平均每个分子链上的碳硼烷单元数 $D^{2)}$
	端炔转化率 C_a/%	内炔转化率 C_i/%	总炔转化率 C_t/%		端炔转化率 C_a/%	内炔转化率 C_i/%	总炔转化率 C_t/%	
CB-PSA-O-10	12.5	13.3	13.0	0.8	16.0	15.0	15.3	0.9
CB-PSA-O-20	32.1	19.5	23.7	1.4	39.0	18.0	25.5	1.5
CB-PSA-O-30	52.2	23.7	33.2	2.0	55.2	21.8	32.9	2.0
CB-PSA-O-40	72.7	30.3	44.4	2.7	73.7	30.0	44.5	2.7

注：1)根据 FTIR 光谱分析计算；2)根据 ^{1}H NMR 分析计算。

2. 碳硼烷化硅氧烷芳炔树脂的 NMR 分析

图 10.9 为 PSA-O 与 CB-PSA-O 树脂的 ^{1}H NMR 谱图。如图所示，0.32ppm 处为与炔基相连接的 Si—CH$_3$ 中氢质子的共振峰，0.09ppm 则为与碳硼烷相连接的 Si—CH$_3$ 中氢质子的共振峰。3.05ppm 处为端炔≡C—H 中氢质子的共振峰，3.90ppm 处为分子链端碳硼烷中氢质子 C—H 的共振峰。0.80～3.50ppm 处为碳硼烷中的氢质子 B—H 的共振峰。7～8ppm 的出峰则归属于不同化学环境的苯环上的氢质子 C—H 的共振峰。从 PSA-O 至 CB-PSA-O-40，随着十硼烷投料比的增大，3.05ppm 处的峰强逐渐减弱，3.90ppm 处的峰强逐渐增强，证实了端炔逐渐转变为端基碳硼烷；0.32ppm 处的峰强逐渐减弱，0.09ppm 处的峰强逐渐增强，则说明参与反应的内炔逐渐增多；0.80～3.50ppm 中 B—H 的共振峰则反映了 PSA-O 中的炔基已转变成碳硼烷。根据 CB-PSA-O 的 ^{1}H NMR 谱图中 3.05ppm 处端炔≡C—H 与 3.90ppm 处 C—H 的积分面积比值即可计算出 PSA-O 中端炔

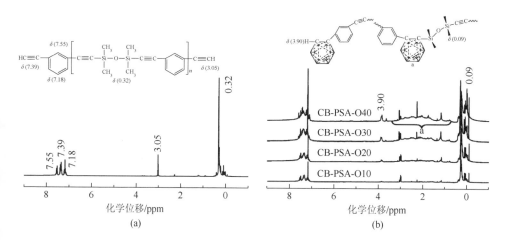

图 10.9　PSA-O(a) 和 CB-PSA-O(b) 树脂的 ^{1}H NMR 谱图

与十硼烷反应的比例 C_a；根据 3.90ppm 处 C—H 与 0.80～3.50ppm 处 B—H 的积分面积比值，即可计算出 CB-PSA-O 树脂中端基碳硼烷与总碳硼烷的比值 r。由此，再根据 PSA-O 树脂重复单元数即可依次计算出分子中碳硼烷单元的比例 D ［式(10-5)］、总炔转化率 C_t ［式(10-3)］及内炔转化率 C_i ［式(10-4)］。

$$D = \frac{2C_a}{r} \tag{10-5}$$

计算结果列于表 10.4。由表中结果可以看出，根据 ^{1}H NMR 谱图分析计算的端炔和内炔转化率及分子链上生成的碳硼烷单元数与根据 FTIR 光谱分析计算的结果基本一致。

PSA-O 与 CB-PSA-O 树脂的 ^{13}C NMR 谱图见图 10.10。如图所示，在 PSA-O 的 ^{13}C NMR 图谱中，2.16ppm 外是与炔基相连接的 Si—CH$_3$ 中碳原子的核磁共振峰，76.60～77.50ppm 对应于氘代氯仿中碳原子共振的三重峰，77.99ppm 与 82.60ppm 则分别对应端炔—C≡CH 上两种不同化学环境的碳原子的共振峰。而内炔—C≡C—中碳原子的共振峰则在 94.07ppm 与 103.05ppm 处。122～136ppm 的出峰是苯环骨架上的碳原子的核磁共振峰。与 PSA-O 相比，引入碳硼烷后的改性树脂增多了五处共振峰，即 1.09ppm 处与碳硼烷直接相连接的 Si—CH$_3$ 碳原子的核磁共振峰；59.96ppm 和 78.88ppm 端基碳硼烷上两种不同化学环境的碳原子共振峰；75.50ppm 与 82.14ppm 分子链段内部碳硼烷上的两个碳原子共振峰（76.60～77.50ppm 为氘代氯仿溶剂中碳原子共振的三重峰）。这些都说明在 CB-PSA-O 树脂中成功引入了邻位碳硼烷。122～136ppm 处苯环骨架碳原子的共

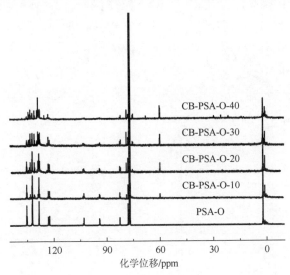

图 10.10　PSA-O 和 CB-PSA-O 树脂的 ^{13}C NMR 谱图

振峰复杂化是由于碳硼烷的引入使得苯环的化学环境发生变化，从而使得苯环骨架碳原子的共振峰的化学位移发生了偏移。

PSA-O 与 CB-PSA-O 树脂的 ^{29}Si NMR 谱图见图 10.11。如图所示，PSA-O 树脂中 Si 的化学环境单一，因而只在–16.38ppm 处出现一个信号峰。当有碳硼烷引入后，在–18.68ppm 处出现了新的信号峰，这是与碳硼烷直接相连接的 Si—CH$_3$ 中 Si 的信号峰。碳硼烷的吸电子能力比炔基弱，使得 Si 原子附近的电子云密度增大，屏蔽作用增强，因此 Si 核磁共振吸收峰向高场移动，化学位移降低。

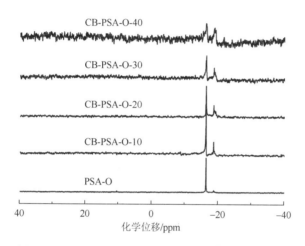

图 10.11　PSA-O 与 CB-PSA-O 树脂的 ^{29}Si NMR 谱图

10.3　碳硼烷化硅芳炔树脂的性能

10.3.1　碳硼烷化硅烷芳炔树脂的性能

1. 碳硼烷化硅烷芳炔树脂的物理性能[1]

1）溶解性

碳硼烷化硅烷芳炔树脂 CB-PSA-M-10、CB-PSA-M-20 和 CB-PSA-M-30 的溶解性如表 10.5 所示。从表中可以看出，PSA-M、CB-PSA-M-10、CB-PSA-M-20 和 CB-PSA-M-30 在普通有机溶剂中均具有良好的溶解性，其中碳硼烷化硅烷芳炔树脂的溶解性略优于 PSA-M。CB-PSA-M-10 与 PSA-M 的溶解性类似，但是随着树脂中碳硼烷含量的增加，CB-PSA-M-20 和 CB-PSA-M-30 在乙醚和丙酮中能够完全溶解，而 PSA-M 和 CB-PSA-M-10 仅部分可溶。这可能是由于碳硼烷结构引入主链后，树脂分子链排列的规整性变差，溶剂容易进入分子链之间；且碳硼烷为极性基团，碳硼烷的引入能提高 PSA-M 分子链的极性，因此 CB-PSA-M 在极性溶剂中有比较好的溶解性。

表 10.5　PSA-M 和 CB-PSA-M 树脂的溶解性

溶剂	PSA-M	CB-PSA-M-10	CB-PSA-M-20	CB-PSA-M-30
石油醚	−	−	−	−
正己烷	−	−	−	−
四氯化碳	+	+	+	+
二氯甲烷	+	+	+	+
氯仿	+	+	+	+
甲苯	+	+	+	+
乙醚	±	±	+	+
苯	+	+	+	+
THF	+	+	+	+
二氧六环	+	+	+	+
丁酮	+	+	+	+
丙酮	±	±	+	+
DMF	+	+	+	+
甲醇	−	−	−	−

注：−表示不溶；+表示可溶；±表示部分可溶。

2) 熔融温度

PSA-M 和 CB-PSA-M 的熔融温度见表 10.6。从表中数据可以看出，CB-PSA-M-10 熔融温度比 PSA-M 的低，这可能是由于 PSA-M 中当少量碳硼烷引入后破坏了分子链的规整性，结晶性能变差，熔融温度就相应降低。但是 CB-PSA-M-20 和 CB-PSA-M-30 的熔融温度逐渐升高，这可能是因为碳硼烷呈笼型，分子量及空间位阻较大，其含量的增加会导致分子链运动困难，使熔融温度上升，且熔融时树脂黏度也大，不易流动。

表 10.6　PSA-M 和 CB-PSA-M 的熔融温度

树脂	PSA-M	CB-PSA-M-10	CB-PSA-M-20	CB-PSA-M-30
熔融温度/℃	82~91	55~66	96~116	112~136

3) 玻璃化转变温度

PSA-M 和 CB-PSA-M-30 树脂在−50～150℃内的 DSC 曲线如图 10.12 所示(升温速率为 10℃/min)。从 PSA-M 和 CB-PSA-M-30 的 DSC 曲线上可以看到明显的玻璃化转变温度,分别位于 50℃和 57℃。由于主链上大分子碳硼烷基团的引入,分子链的运动能力下降,因此 CB-PSA-M-30 的玻璃化转变温度明显升高。在 PSA-M 的 DSC 曲线上还出现了一个 118℃的吸热峰,这应该为 PSA-M 结晶的熔化峰,而 CB-PSA-M-30 并没有此吸热峰,因此可以说明 PSA-M 为部分结晶的固体,而 CB-PSA-M-30 为无定形固体,碳硼烷的引入破坏了 PSA-M 分子链的规整性。

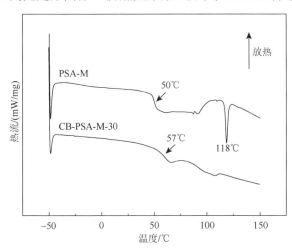

图 10.12　PSA-M 和 CB-PSA-M-30 的 DSC 曲线

4) 结晶性

图 10.13 为 PSA-M 和 CB-PSA-M-30 树脂的 XRD 曲线。从图中可以看出,PSA-M 树脂在 $2\theta = 10°\sim40°$内出现很宽的非晶弥散峰,但是在 $2\theta = 18.4°$和 $23.8°$的位置存在比较尖锐的结晶峰,相应的晶面距 d 分别为 4.81Å 和 3.74Å。因此说明 PSA-M 树脂具有一定的结晶能力,为部分结晶物质。而经过碳硼烷化的 CB-PSA-M-30 树脂,在 $2\theta = 10°\sim35°$内只存在一个弥散峰,其 $2\theta = 18.1°$,$d = 4.89Å$。说明 CB-PSA-M-30 为非晶态物质,PSA-M 分子链的规整性受到破坏,这与 DSC 分析结果是一致的。

5) 碳硼烷化硅烷芳炔树脂的流变行为

树脂的化学流变特性是成型加工的重要工艺参数。图 10.14 为 CB-PSA-H-10、CB-PSA-M-10 和 CB-PSA-V-10 树脂在 30～200℃内的动态黏度曲线。从图中可以看出,树脂在加热过程中,黏度首先快速下降,其原因是黏稠状树脂受热后逐步熔融变为熔体;然后树脂熔体在一个温度区间内保持在较小的黏度;最后随着温度的升高,树脂化学交联反应发生,树脂黏度迅速上升。CB-PSA-H-10、CB-PSA-

M-10 和 CB-PSA-V-10 树脂的黏度-温度曲线的一些特征数据列于表 10.7。

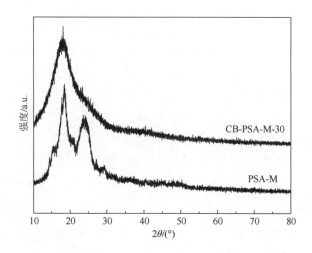

图 10.13   PSA-M 和 CB-PSA-M-30 树脂的 XRD 谱图

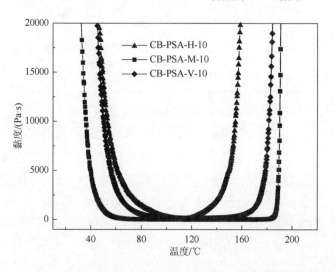

图 10.14   CB-PSA-H-10、CB-PSA-M-10 和 CB-PSA-V-10 树脂的黏度与温度关系

从图 10.14 和表 10.7 中可以发现，CB-PSA-H-10 和 CB-PSA-V-10 熔体的最小黏度值要大于 CB-PSA-M-10 树脂。熔体的最小黏度值大小顺序为 CB-PSA-V-10＞CB-PSA-H-10＞CB-PSA-M-10，而对应的加工窗口大小规律为 CB-PSA-M-10＞CB-PSA-V-10＞CB-PSA-H-10。因此，在三种树脂中，CB-PSA-M-10 具有最好的加工性能，其熔体黏度在 85～165℃保持在 20Pa·s 以下，最小黏度为 7.8Pa·s。CB-PSA-H-10 的凝胶温度低于 160℃，这主要是由于 CB-PSA-H 主链中含有硅氢和炔键两种反应性基团，在固化过程中，除了发生炔聚合反应外，还会发生硅氢

与炔键的加成聚合反应[3]，因此树脂的凝胶温度降低了。

表 10.7　聚合物的流变分析结果

树脂	$T^{1)}$/℃	$\Delta T^{2)}$/℃	$\eta_{min}{}^{3)}$/(Pa·s)
CB-PSA-H-10	72～143	71	48
CB-PSA-M-10	44～188	144	8
CB-PSA-V-10	62～175	113	79

注：1)黏度低于 2500Pa·s 的温度范围；2)加工窗宽；3)最小树脂黏度。

2. 碳硼烷化硅烷芳炔树脂的固化行为

1)凝胶时间

表 10.8 是 CB-PSA-H-10、CB-PSA-V-10、CB-PSA-M-10、CB-PSA-M-20 和 CB-PSA-M-30 在 170℃下的凝胶时间。从 CB-PSA-M-10、CB-PSA-M-20 和 CB-PSA-M-30 的数据可以看出，随着碳硼烷含量的增加，CB-PSA-M 的凝胶时间缩短，CB-PSA-M-20 和 CB-PSA-M-30 的凝胶时间均为 1min 左右，且树脂黏度很大，熔融后不易流动。而 CB-PSA-M-10 熔融后的黏度比较小，170℃时的凝胶时间超过 8min，160℃时超过 16min。比较不同硅烷结构的碳硼烷化硅烷芳炔树脂 CB-PSA-H-10、CB-PSA-V-10 和 CB-PSA-M-10 在 170℃下的凝胶时间发现，CB-PSA-V-10 与 CB-PSA-M-10 的凝胶时间比较接近，而 CB-PSA-H-10 的凝胶时间最短，仅为 2.3min，这应该与其固化时发生硅氢加成反应有关。

表 10.8　CB-PSA 在 170℃下的凝胶时间

树脂	CB-PSA-H-10	CB-PSA-V-10	CB-PSA-M-10	CB-PSA-M-20	CB-PSA-M-30
凝胶时间/min	2.3	6.5	8.7	约 1	约 1

2)DSC 分析

a. 不同碳硼烷含量的碳硼烷化硅烷芳炔树脂的 DSC 分析

PSA-M 和 CB-PSA-M 的 DSC 曲线如图 10.15 所示，具体的分析结果列于表 10.9。由图可以看出，PSA-M 在 118℃左右出现一个熔融峰，而 CB-PSA-M 均没有出现此吸热峰，说明 CB-PSA-M 为非晶态聚合物。从图中还可以发现，固化放热峰的峰顶温度随着碳硼烷含量的增加而逐渐降低，从 PSA-M 的 231℃到 CB-PSA-M-30 的 214℃，这与碳硼烷有关。

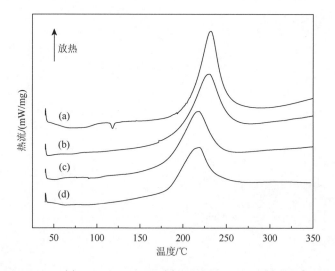

图 10.15　PSA-M(a)、CB-PSA-M-10(b)、CB-PSA-M-20(c)和 CB-PSA-M-30
(d)树脂的 DSC 曲线

表 10.9　PSA-M 和 CB-PSA-M 树脂的 DSC 分析结果

树脂	放热峰温度/℃			$\Delta H/(\mathrm{J/g})$
	T_i	T_p	T_e	
PSA-M	208	231	249	349
CB-PSA-M-10	197	228	252	336
CB-PSA-M-20	181	216	241	311
CB-PSA-M-30	181	214	237	282

　　从表 10.9 中的数据可以看出，PSA-M、CB-PSA-M-10、CB-PSA-M-20 和
CB-PSA-M-30 固化放热量逐渐减小。这应该是由于碳硼烷含量的增加，碳硼烷化
硅芳炔树脂中炔键的含量逐渐降低，因此固化放热量也不断减小。

　　b. 不同硅烷结构的碳硼烷化硅烷芳炔树脂的 DSC 分析

　　图 10.16 是不同硅烷结构的碳硼烷化硅烷芳炔树脂 CB-PSA-H-10、CB-PSA-
M-10 和 CB-PSA-V-10 的 DSC 分析曲线，具体的分析结果列于表 10.10。由图可
以看出，CB-PSA-H-10、CB-PSA-M-10 和 CB-PSA-V-10 中 C≡C、Si—H 和 Si—
CH=CH₂ 基团之间的交联固化反应发生在 190～260℃。CB-PSA-H-10、CB-PSA-M-10
和 CB-PSA-V-10 的固化反应仅存在一个放热峰，其峰顶温度分别为 212℃、228℃和
233℃。CB-PSA-H-10 的峰顶温度小于 CB-PSA-M-10 和 CB-PSA-V-10 的，这是由
于 CB-PSA-H-10 在固化过程中存在硅氢加成反应[4]，它的反应活性较高，能够在
较低温度下进行固化交联。从图中发现这些树脂的固化放热峰较宽，这有利于材
料的加工成型。

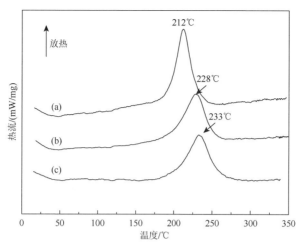

图 10.16 CB-PSA-H-10(a)、CB-PSA-M-10(b)和 CB-PSA-V-10(c)树脂的 DSC 曲线

表 10.10 **CB-PSA-H-10、CB-PSA-M-10 和 CB-PSA-V-10 树脂的 DSC 分析结果**

树脂	放热峰温度/℃		
	T_i	T_p	T_e
CB-PSA-H-10	194	212	230
CB-PSA-M-10	198	228	251
CB-PSA-V-10	203	233	258

3. 碳硼烷化硅烷芳炔树脂固化物的性能[1]

1)碳硼烷化硅烷芳炔树脂固化物的结构分析

图 10.17 是 CB-PSA-M-30 树脂和 CB-PSA-M-30 树脂固化物的红外光谱图,其

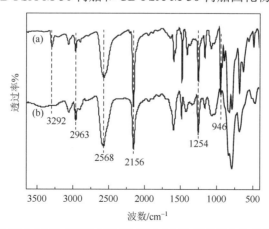

图 10.17 CB-PSA-M-30 树脂(a)和 CB-PSA-M-30 树脂固化物(250℃固化)(b)
的红外光谱图

中 2963cm^{-1} 处为 Si—CH$_3$ 的吸收峰，3292cm^{-1} 和 946cm^{-1} 处的吸收峰分别对应≡C—H 的伸缩和变形振动。固化至 250℃后，CB-PSA-M-30 树脂固化物在 3292cm^{-1} 和 946cm^{-1} 处的吸收峰完全消失，说明端外炔 C≡CH 参与了固化交联反应，并在 250℃时反应完全。而固化后 2156cm^{-1}(C≡C)处的吸收峰强度稍有减小，主要对应于内炔—C≡C—的贡献，说明在固化过程中仅有少量的内炔参与了固化反应。同时发现固化前后 CB-PSA-M-30 中 B—H 位于 2568cm^{-1} 处的吸收峰强度几乎不变，这说明在固化过程中碳硼烷结构能够保持稳定。

2) 碳硼烷化硅烷芳炔树脂固化物的耐热性能

a. CB-PSA-M 树脂固化物在氮气下的热稳定性

(1) 不同碳硼烷含量的碳硼烷化硅烷芳炔树脂的热稳定性

图 10.18 为 PSA-M 和 CB-PSA-M 固化物在氮气下的 TGA 曲线，具体的分析结果列于表 10.11。从图中曲线和表中数据可以发现，CB-PSA-M 在氮气中具有优异的热稳定性。但是随着碳硼烷含量的增加，CB-PSA-M 在氮气中的 T_{d5} 逐渐下降，从 PSA-M 的 636℃降低至 CB-PSA-M-30 的 552℃，而 800℃下的残留率基本保持不变，均在 90%左右。这说明 CB-PSA-M 保留了 PSA-M 在惰性气氛下优异的热稳定性。

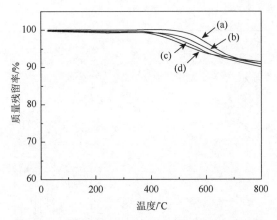

图 10.18　PSA-M(a)、CB-PSA-M-10(b)、CB-PSA-M-20(c) 和 CB-PSA-M-30
(d) 树脂固化物 TGA 曲线(N$_2$)

表 10.11　PSA-M 和 CB-PSA-M 树脂固化物的 TGA 分析结果

树脂	氮气		空气	
	T_{d5}/℃	Y_{r800}/%	T_{d5}/℃	Y_{r800}/%
PSA-M	636	90.0	562	37.8
CB-PSA-M-10	605	90.8	616	91.2
CB-PSA-M-20	574	90.1	678	93.6
CB-PSA-M-30	552	91.5	>800	95.8

CB-PSA-M 树脂固化物在氮气中的 T_{d5} 随着碳硼烷含量的增加而逐渐降低，这可能与碳硼烷连接结构的稳定性有关。

为了验证这一推断，作者将 CB-PSA-M-30 树脂固化物在管式炉中氮气气氛下以 10℃/min 的升温速率分别加热至 300℃、400℃、500℃和 600℃，并在每个设定温度下保温 1h，然后自然降温冷却至室温。对不同温度下热处理得到的产物进行红外光谱分析，结果如图 10.19 所示。

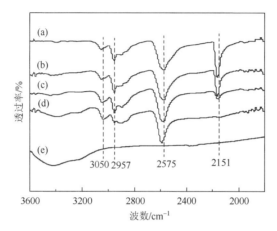

图 10.19　CB-PSA-M-30 树脂固化物经不同温度热处理后的红外光谱图

(a) 树脂固化物；(b) 300℃；(c) 400℃；(d) 500℃；(e) 600℃

从图 10.19 中可以看出，CB-PSA-M-30 树脂固化物在 500℃下热处理 1h 时，位于 2151cm^{-1} 处—C≡C—的伸缩振动吸收峰基本消失，说明树脂固化物中绝大部分内炔已经参与固化交联反应。CB-PSA-M-30 树脂固化物经过 500℃热处理后位于 2575cm^{-1} 处碳硼烷的 B—H 吸收峰仍然存在，说明碳硼烷基团能够在 500℃之前保持稳定。但是经过 600℃处理后 B—H 吸收峰消失，表明碳硼烷结构在 500～600℃发生分解，低于 PSA-M 树脂固化物的 T_{d5}(636℃)。因此，CB-PSA-M 树脂固化物在氮气中的热稳定性随着碳硼烷含量的增加而逐渐降低。

(2) 不同硅烷结构的碳硼烷化硅烷芳炔树脂的热稳定性

图 10.20 为 CB-PSA-H-10、CB-PSA-M-10 和 CB-PSA-V-10 树脂固化物在氮气下的 TGA 曲线，具体的分析结果列于表 10.12。图表中的数据显示，CB-PSA-H-10、CB-PSA-M-10 和 CB-PSA-V-10 树脂固化物在氮气中均保留了含硅芳炔树脂优异的热稳定性。树脂固化物的 T_{d5} 在 600℃左右。其中 CB-PSA-H-10 的 T_{d5} 最高，达到 647℃，这与固化时存在硅氢加成反应有关，硅氢加成反应有助于提高树脂固化物的交联密度，增加其热稳定性。CB-PSA-H-10、CB-PSA-M-10 和 CB-PSA-V-10 树脂固化物在 800℃下的残留率 Y_{r800} 均在 90% 以上。

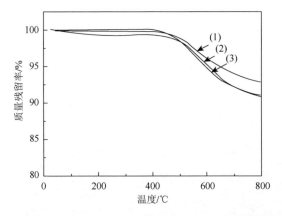

图 10.20　CB-PSA-H-10(1)、CB-PSA-M-10(2) 和 CB-PSA-V-10(3) 树脂固化物的 TGA 曲线(N₂)

表 10.12　CB-PSA-H-10、CB-PSA-M-10 和 CB-PSA-V-10 树脂固化物的 TGA 分析结果

树脂	氮气		空气	
	T_{d5}/℃	Y_{r800}/%	T_{d5}/℃	Y_{r800}/%
CB-PSA-H-10	647	92.8	619	91.2
CB-PSA-M-10	605	90.8	605	91.0
CB-PSA-V-10	594	91.1	587	89.0

b. CB-PSA-M 树脂固化物在空气下的热稳定性

(1)不同碳硼烷含量的碳硼烷化硅烷芳炔树脂的热氧化稳定性

图 10.21 为 PSA-M 和 CB-PSA-M 树脂固化物在空气下的 TGA 曲线,TGA 分析结果列于表 10.11。从图和表中可以看出,与 PSA-M 相比,CB-PSA-M 树脂具有优异的热氧化稳定性,碳硼烷引入后空气气氛中 T_{d5} 和 800℃下的残留率 Y_{r800} 急剧

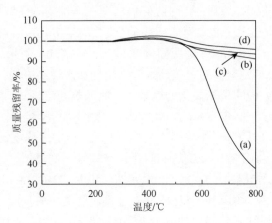

图 10.21　PSA-M(a)、CB-PSA-M-10(b)、CB-PSA-M-20(c) 和 CB-PSA-M-30
(d)树脂固化物在空气下的 TGA 曲线

上升,其中 T_{d5} 从 PSA-M 的 562℃提高到 CB-PSA-M-30 的 800℃以上,Y_{r800} 从 PSA-M 的 37.8%提高到 CB-PSA-M-30 的 95.8%;且随着碳硼烷含量的增加,CB-PSA-M 的热氧化性能也相应提高。因此,CB-PSA-M 在空气中具有优良的抗氧化能力,且只要加入少量的碳硼烷(如 CB-PSA-M-10),就能达到比较好的效果。

从 TGA 曲线中可以发现,所有 CB-PSA-M 固化物样品在 300~600℃内均有不同程度的增重,增量在 1%~2%,且 CB-PSA-M-10、CB-PSA-M-20 和 CB-PSA-M-30 随着碳硼烷含量的增加在 800℃下的残留率只是稍有提高,因此可以说明 CB-PSA-M 最终残留率的提高并非完全由碳硼烷的氧化增重引起的。

对 CB-PSA-M-10 树脂固化物经空气下 TGA 测试后得到的残留物进行红外光谱分析,其结果见图 10.22。从图中可以看出,CB-PSA-M-10 树脂固化物[图 10.22(a)]的主要结构基团如 Si—CH₃(2962cm⁻¹ 和 1251cm⁻¹)、B—H(2571cm⁻¹) 和 C≡C(2155cm⁻¹)等经过 800℃空气下氧化裂解后[图 10.22(b)]已经完全消失,说明在升温的过程中有机树脂的固化物转变为无机的裂解产物。图 10.22(b)中 1066cm⁻¹、798cm⁻¹ 和 453cm⁻¹ 处的红外吸收峰分别对应 SiO₂ 中 Si—O—Si 的反对称伸缩振动峰、对称伸缩振动峰和变形弯曲振动峰[5, 6];而 1300~1500cm⁻¹ 和 1180cm⁻¹ 处的吸收峰分别对应 B—O 伸缩振动和 B—OH 的变形振动[7]。3435cm⁻¹ 和 3240cm⁻¹ 处的吸收峰是由—OH 的伸缩振动引起的。因此可以判断裂解产物中含有 SiO₂ 和 B₂O₃。作者还使用元素分析测试了氧化裂解产物中 C 和 H 元素的含量,结果发现,产物中含有 30.0%的 C 和 0.2%的 H,说明体系中还存在大量的碳。这部分碳被硼硅玻璃保护层覆盖,阻止氧气进入材料内部,发生进一步的氧化。

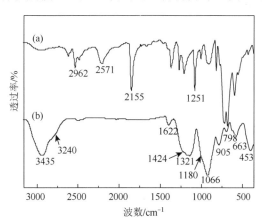

图 10.22　CB-PSA-M-10 树脂固化物(a)和固化物经空气中 TGA 测试后残留物
(b)的红外光谱图

(2)不同硅烷结构的碳硼烷化硅烷芳炔树脂的热氧化稳定性

图 10.23 为 CB-PSA-H-10、CB-PSA-M-10 和 CB-PSA-V-10 树脂固化物在空

气下的 TGA 曲线，TGA 分析结果列于表 10.12。从图和表中可以看出，所有测试样品在 400℃ 左右均有不同程度的增重（1.0%～2.5%），CB-PSA-H-10、CB-PSA-M-10 和 CB-PSA-V-10 树脂固化物具有优异的热氧化稳定性，T_{d5} 在 600℃ 左右，Y_{r800} 约为 90%。CB-PSA-H-10 具有最好的热氧化稳定性，这可能也是由于硅氢加成反应引起的交联密度的提高。

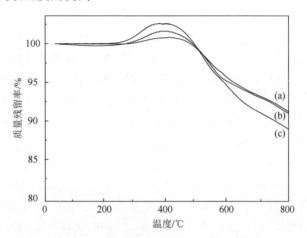

图 10.23　CB-PSA-H-10（a）、CB-PSA-M-10（b）和 CB-PSA-V-10（c）树脂固化物的 TGA 曲线（空气）

c. CB-PSA-M 树脂固化物的热氧老化

（1）树脂固化物热氧老化失重

为了研究热氧老化作用对树脂基体的影响，作者对 PSA-M 和 CB-PSA-M-20 树脂固化物在空气中进行了热氧老化实验。图 10.24 为树脂固化物试样在老化过程中经不同时间老化后的质量变化情况。从图中可以看出，CB-PSA-M-20 树脂的

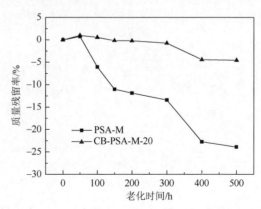

图 10.24　PSA-M 和 CB-PSA-M-20 树脂固化物在 300℃ 老化过程中的质量变化

老化性能明显优于 PSA-M 树脂。在前 300h 的老化阶段，CB-PSA-M-20 树脂的质量变化很小，经过 500h 老化后，失重仅为 4.56%。而 PSA-M 树脂从 50h 之后质量急剧下降，500h 老化后的失重达到 23.92%。

(2) 热氧老化分析

图 10.25 为 PSA-M 和 CB-PSA-M-20 树脂固化物在 300℃空气气氛下老化不同时间的 FTIR 谱图，其主要官能团的归属见表 10.13。从图 10.25(a)中可以看出，PSA-M 树脂固化物结构中主要含有苯环(3060cm^{-1} 和 1600cm^{-1})、硅烷(2965cm^{-1} 和 1260cm^{-1})和内炔(2152cm^{-1})。除了以上结构外，CB-PSA-M-20 树脂固化物含有碳硼烷中的 B—H 结构(2590cm^{-1})[图 10.25(b)]。PSA-M 为热固性树脂，可以通过端外炔和内炔交联，经过 300℃固化以后，端外炔全部参与交联反应，而大部分内炔残留在交联结构中，这部分内炔容易在高温空气下发生氧化反应。

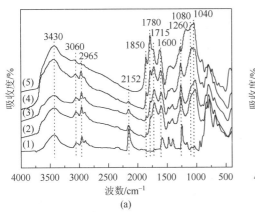
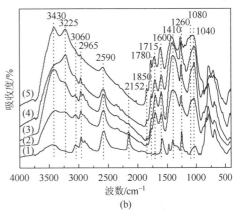

(a)　　　　　　　　　　　　　(b)

图 10.25　PSA-M(a)和 CB-PSA-M-20(b)树脂固化物在 300℃老化过程中的 FTIR 谱图

时间：(1) 0h；(2) 50h；(3) 100h；(4) 300h；(5) 500h

表 10.13　PSA-M 和 CB-PSA-M-20 树脂固化物在老化过程中 FTIR 谱中官能团归属

波数/cm^{-1}	基团归属	波数/cm^{-1}	基团归属
3430	水，—OH	1850、1780	酐，C=O
3225[*]	硼酸，—OH	1715	羰基，C=O
3060、1600	苯环	1410[*]	氧化硼，B—O
2965、1260	硅烷，—Si—CH$_3$	1080	醚，C—O—C
2590[*]	碳硼烷，B—H	1040	硅氧烷，Si—O—Si
2152	炔基，—C≡C—		

*在老化试样 CB-PSA-M-20 中发现。

随着老化的进行，由于交联反应和氧化作用，图 10.25(a) 中内炔含量 (2152cm^{-1}) 不断减少，尤其在前 50h，大部分内炔已经消失。同时 PSA-M 和 CB-PSA-M-20 中均出现了羰基结构，其中位于 1715cm^{-1} 处的可能为酮、醛和/或羧酸基团，而 1780cm^{-1} 和 1850cm^{-1} 处可能为酸酐中的羰基基团。从图中还可以看出，位于 1715cm^{-1} 的羰基结构在老化 50h～500h 过程中强度基本保持不变，而 1780cm^{-1} 和 1850cm^{-1} 处的酸酐基团在此过程中强度逐渐增大。由此可以推断出，大部分内炔在老化初始阶段(50h)已经氧化成羧酸结构，而随着老化时间的延长，羧酸可能逐渐反应生成酸酐结构。这种变化在 PSA-M 结构中尤为明显，在老化阶段末期(500h)，1780cm^{-1} 的出峰强度大于 1715cm^{-1}，而在 CB-PSA-M-20 中 1780cm^{-1} 的峰强仍小于 1715cm^{-1}，这说明 PSA-M 的氧化程度大于 CB-PSA-M-20 试样。

从图 10.25 中还能够发现，在老化过程中树脂固化物化学结构中另一明显的基团变化为 1040cm^{-1} 和 1080cm^{-1} 处峰的出现，这两个峰分别归属于 Si—O—Si 和 C—O—C 结构[8]。Si—O—Si 的形成可能是由于 Si—CH$_3$ 的氧化，随着 Si—CH$_3$ 的消耗，其出峰强度(2965cm^{-1} 和 1260cm^{-1})明显减弱。

以上涉及的基团及其变化在 PSA-M 和 CB-PSA-M-20 的不同老化阶段均能被发现。比较图 10.25(a) 和图 10.25(b) 可以看出，图 10.25(a) 与图 10.25(b) 最主要的差异就是 3225cm^{-1}、2590cm^{-1} 和 1410cm^{-1} 处峰的存在。其中 2590cm^{-1} 处为碳硼烷中 B—H 的弯曲振动峰，在老化过程中强度不断减小，3225cm^{-1} 和 1410cm^{-1} 分别为硼酸中 B—O—H 和氧化硼中 B—O 的振动吸收峰[9]。由此可以看出随着老化的进行，碳硼烷基团不断吸收侵入基体的氧气生成氧化硼，而氧化硼极易吸水，部分氧化硼在测试过程中可能会吸收空气中的湿气生成硼酸[10]。碳硼烷吸收氧气生成氧化硼使基体增重，抵消了 PSA-M 树脂结构的氧化失重，因此 CB-PSA-M-20 的老化失重远小于 PSA-M。

虽然老化过程中产生的氧化硼为无定形结构，但是氧化硼吸湿而生成的硼酸为晶体，硼酸的生成可通过 XRD 测试证实。图 10.26 为两种树脂固化物 PSA-M 和 CB-PSA-M-20 在空气中 300℃下经过 500h 老化后的 XRD 谱图。从图中可以看出，两种树脂固化物老化后在 $2\theta = 24°$ 左右均出现了无定形炭的衍射宽峰，说明老化树脂整体为无定形物质，而 CB-PSA-M-20 在 $2\theta = 14.7$ 和 28.0° 处出现了两个尖锐的衍射特征峰，分别对应硼酸晶体的 (010) 和 (002) 的晶面，表明老化产物中有硼酸存在。这也间接地说明 CB-PSA-M-20 树脂在经过高温长时间老化的过程中，主链上的碳硼烷结构逐渐氧化生成氧化硼，这也是 CB-PSA-M-20 老化失重远小于 PSA-M 的主要原因。

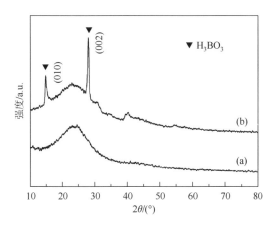

图 10.26　PSA-M（a）和 CB-PSA-M-20（b）树脂固化物经过 300℃下 500h 老化后的
XRD 谱图

10.3.2　碳硼烷化硅氧烷芳炔树脂的性能

1. 碳硼烷化硅氧烷芳炔树脂的溶解性[2]

在室温下，CB-PSA-O-10 树脂为深棕色黏稠的液体，CB-PSA-O-20 树脂为固体，CB-PSA-O-30 与 CB-PSA-O-40 树脂则是粉末状固体。CB-PSA-O-30 树脂的熔融温度为 69～76℃，CB-PSA-O-40 树脂的熔融温度为 85～93℃，CB-PSA-M-20树脂在常温下为红棕色固体，熔融温度为 95～103℃。PSA-O、CB-PSA-O 与CB-PSA- M-20 树脂在有机溶剂中的溶解性列于表 10.14。

表 10.14　PSA-O、CB-PSA-O 与 CB-PSA-M-20 树脂在有机溶剂中的溶解性

溶剂	PSA-O	CB-PSA-O-10	CB-PSA-O-20	CB-PSA-O-30	CB-PSA-O-40	CB-PSA-M-20
石油醚	±	±	−	−	−	−
正己烷	±	±	−	−	−	−
甲苯	+	+	+	±	±	+
四氯化碳	+	+	±	±	±	+
二氯甲烷	+	+	+	+	+	+
氯仿	+	+	+	+	±	+
正丁醚	+	±	±	+	±	±
乙醚	+	+	±	±	±	+
THF	+	+	+	+	+	+
乙酸乙酯	+	+	+	+	+	+

续表

溶剂	PSA-O	CB-PSA-O-10	CB-PSA-O-20	CB-PSA-O-30	CB-PSA-O-40	CB-PSA-M-20
丁酮	+	+	+	+	+	+
丙酮	+	+	+	+	+	+
乙醇	±	+	+	+	+	−
甲醇	−	±	±	±	+	−
DMF	+	+	+	+	+	+
二甲基亚砜	+	+	+	+	+	+

注：−表示不溶；+表示可溶；±表示部分可溶。

由表 10.14 可以看出，PSA-O 与 CB-PSA-O 树脂可溶于非极性溶剂石油醚、正己烷等溶剂中，易溶于四氯化碳、正丁醚、甲苯、乙醚、二氯甲烷、THF、乙醇、丙酮、DMF 等溶剂中，且可溶解于乙醇、甲醇中。随着碳硼烷含量的增大，CB-PSA-O 树脂更易溶解于极性溶剂中。

2. 碳硼烷化硅氧烷芳炔树脂的流变性能

图 10.27 为 PSA-O、CB-PSA-O 及 CB-PSA-M-20 树脂的旋转流变曲线。图 10.27(a) 为 PSA-O 与 CB-PSA-O 树脂的流变曲线。PSA-O 与 CB-PSA-O-10 在常温下即为液体，因而加工窗口比其他 CB-PSA-O 树脂都要宽。CB-PSA-O-20、CB-PSA-O-30 和 CB-PSA-O-40 在常温下都是固体，因而在常温下黏度较大，加工窗口相对较小。将 CB-PSA-O-20、CB-PSA-O-30 和 CB-PSA-O-40 进行比较发现，碳硼烷的含量越高，树脂达到较小黏度需要的温度越高，且在较低温度下就开始发生交联固化反应，树脂的加工窗口变小。在 CB-PSA-O 树脂中，CB-PSA-O-40 的加工性能最差，在 140℃下黏度依然很大，且在 140～150℃就开始发生交联反应，加工性能不如其他 CB-PSA-O 树脂。但是，即便如此，CB-PSA-O 树脂的加工性能要远远好于 CB-PSA-M-20 树脂。表 10.15 列出了 PSA-O、CB-PSA-O 与 CB-PSA-M-20 树脂的旋转流变曲线所示树脂的最小黏度值，与 CB-PSA-M-20 相比，CB-PSA-O 树脂的黏度要小得多，可以在熔融态自然流动，便于树脂的加工成型；而 CB-PSA-M-20 则需要在加热熔融后迅速加压才会形成致密的树脂固化物，这对于树脂的加工成型是不利的。柔性—Si—O—Si—链段的引入使得树脂的可加工能力明显提升，这对于树脂的应用具有重要的意义。

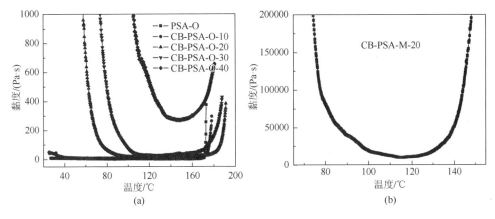

图 10.27　PSA-O、CB-PSA-O 及 CB-PSA-M-20 树脂的流变曲线

表 10.15　PSA-O、CB-PSA-O 与 CB-PSA-M-20 树脂的最小黏度

树脂	PSA-O	CB-PSA-O-10	CB-PSA-O-20	CB-PSA-O-30	CB-PSA-O-40	CB-PSA-M-20
最小黏度/(Pa·s)	1	3	15	30	300	9980

3. 碳硼烷化硅氧烷芳炔树脂的固化特性[2]

1) 凝胶时间

将 PSA-O、CB-PSA-O 与 CB-PSA-M-20 树脂分别放置在 150℃恒温加热台上测试其凝胶时间，测试结果列于表 10.16。如表所示，引入碳硼烷之后，CB-PSA-O 树脂在 150℃的凝胶时间变短，且碳硼烷含量越大，CB-PSA-O 树脂的凝胶时间越短。这说明在 150℃下，碳硼烷的引入加快了改性硅氧烷芳炔树脂的固化交联过程。参比样 CB-PSA-M-20 树脂在 150℃下难以熔融，无法测出凝胶时间。这也就说明 CB-PSA-M-20 树脂的成型加工能力不好，不如 CB-PSA-O 树脂。柔性—Si—O—Si—链段的引入使得树脂更易熔融，同时又具有较适宜的固化时间，有利于树脂的加工成型。

表 10.16　PSA-O、CB-PSA-O 与 CB-PSA-M-20 树脂在 150℃的凝胶时间

树脂	凝胶时间/min	树脂	凝胶时间/min
PSA-O	22.5	CB-PSA-O-30	7.8
CB-PSA-O-10	20.4	CB-PSA-O-40	4.7
CB-PSA-O-20	12.3	CB-PSA-M-20	难以熔融

2) DSC 分析

树脂的 DSC 测试结果如图 10.28 所示。在 PSA-O 的 DSC 曲线上具有两个放

热峰：一个强的放热峰峰温约为 238℃ 和一个较弱的放热峰峰温约为 332℃；而在 CB-PSA-O 树脂的 DSC 曲线上出现一个互相叠加的宽放热峰，在 120～320℃ 内，尤其是在 160℃ 左右就出现了一个放热峰，这说明 CB-PSA-O 树脂的交联固化可以在较低的温度下进行，这与凝胶时间的测试结果是一致的。无论是固化放热峰温度降低，还是凝胶时间变短，都说明 CB-PSA-O 树脂的交联固化比 PSA-O 树脂更容易。根据 DSC 测试结果，初步确定树脂的固化工艺为：140℃/2h＋170℃/2h＋200℃/2h＋220℃/2h＋250℃/4h＋300℃/4h。

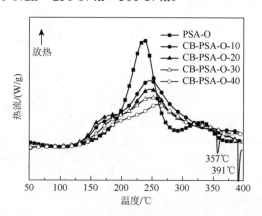

图 10.28   PSA-O 和 CB-PSA-O 树脂在氮气中的 DSC 曲线

为了揭示 CB-PSA-O 树脂与 PSA-O 树脂的交联固化可以在较低的温度下进行的原因，用红外光谱表征了 PSA-O 与 CB-PSA-O-20 树脂在 N_2 下的固化过程，结果列于图 10.29，以 $1049cm^{-1}$ 处—Si—O—Si—的伸缩振动峰为基准峰，将谱图进行校准。由图 10.29（a）可看出，200℃ 固化后，$3299cm^{-1}$ 端炔≡C—H 的伸缩振动峰减弱，这说明部分端炔参与了交联固化反应。经过 250℃ 固化后，端炔≡C—H 的伸缩振动峰已经很弱，并且 $2156cm^{-1}$ 炔键—C≡C—的伸缩振动峰也明显减弱。300℃ 固化完成后，$3299cm^{-1}$ 出峰完全消失，而 $2156cm^{-1}$ 炔键—C≡C—的伸缩振动峰并没有完全消失。这说明 PSA-O 固化到 300℃ 时，所有的端炔与部分内炔参与了交联固化反应，要使内炔完全交联，需要更高的固化温度。这也就解释了 PSA-O 树脂 DSC 曲线中的两个放热峰，第一个放热峰是所有端炔与部分内炔的固化放热峰，第二个放热峰则是余下内炔的固化放热峰。图 10.29（b）为 CB-PSA-O-20 经过不同温度固化后的红外光谱图。由图可看出，$2570cm^{-1}$ 碳硼烷结构中 B—H 的伸缩振动峰，在整个固化的过程中，并没有明显光变化，这说明碳硼烷并没有参与到树脂的固化反应中。随着固化温度的升高，基团振动峰的变化趋势与 PSA-O 树脂是相似的，都是端炔≡C—H 的伸缩振动峰减弱直至消失，炔键—C≡C—的伸缩振动峰明显减弱。但是，CB-PSA-O-20 端炔≡C—H 的伸缩振动峰在 250℃

就已经基本消失，这比 PSA-O 的 300℃要低，这就证实了 CB-PSA-O 树脂的固化可以在较低的温度下进行。

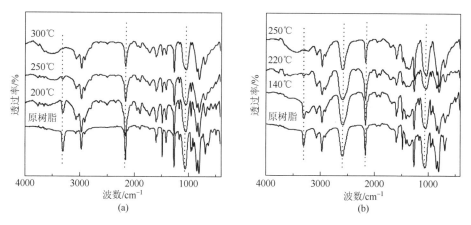

图 10.29　PSA-O(a)与 CB-PSA-O-20(b)树脂在不同固化阶段的红外光谱图

4. 碳硼烷化硅氧烷芳炔树脂的热稳定性及热氧化稳定性

PSA-O 与 CB-PSA-O 树脂固化物在氮气与空气下的 TGA 分析结果如图 10.30 和表 10.17 所示。从表中数据可以看到，在氮气气氛下，CB-PSA-O 树脂固化物的 T_{d5} 低于 PSA-O 树脂，并且随着碳硼烷含量的升高，树脂的 T_{d5} 逐渐降低，而 1000℃ 树脂的残留率随着碳硼烷含量的增大而逐渐升高。测得 CB-PSA-M-20 树脂固化物的 T_{d5} 为 534℃，1000℃的残留率为 89.2%，可见柔性—Si—O—Si—链段与碳硼烷的引入都使得含硅芳炔树脂的热稳定性下降。在空气中，CB-PSA-O 树脂固化

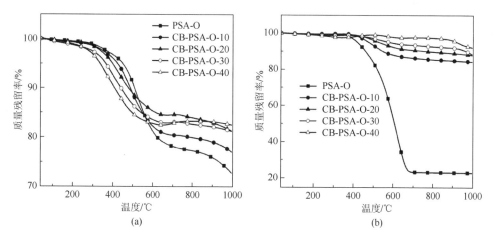

图 10.30　PSA-O 与 CB-PSA-O 树脂固化物在氮气(a)及空气(b)下的 TGA 曲线(10℃/min)

物展现出比 PSA-O 树脂固化物更优异的热氧化稳定性。随着碳硼烷含量的增加，树脂在空气中的 T_{d5} 与 1000℃下的残留率都逐渐升高。即使当链段中碳硼烷的平均数量小于 1（CB-PSA-O-10），在空气中 T_{d5} 也比 PSA-O 树脂提高了 55℃，1000℃下的残留率提高到 84.3%。这可能是柔性—Si—O—Si—链段的引入提高了树脂硅元素的含量，易形成 SiO_2，再加上碳硼烷的作用所致。

表 10.17　PSA-O、CB-PSA-O 及 CB-PSA-M-20 树脂固化物在 N_2 及空气下的 TGA 结果

树脂	氮气		空气	
	$T_{d5}/℃$	$Y_{r1000}/\%$	$T_{d5}/℃$	$Y_{r1000}/\%$
PSA-O	446	72.6	420	22.7
CB-PSA-O-10	421	77.0	475	84.3
CB-PSA-O-20	395	81.3	526	88.2
CB-PSA-O-30	362	81.3	584	88.2
CB-PSA-O-40	331	82.6	922	92.4
CB-PSA-M-20	534	89.2	555	78.7

为了揭示树脂热稳定性降低的原因，对 CB-PSA-O-40 与 CB-PSA-M-20 树脂固化物分别在 400℃与 600℃下进行了裂解气质联用分析，分析结果列于表 10.18。如表所示，CB-PSA-O-40 树脂固化物在 400℃裂解时产生的挥发性产物主要为苯基碳硼烷及含硅化合物，这些化合物的产生主要是由于固化物中的 Si—C 键的断裂，说明在 CB-PSA-O 树脂固化物中 Si—C 键容易断裂。而 CB-PSA-M-20 树脂固化物即使在 600℃下裂解，也没有检测出含有碳硼烷单元的小分子挥发物，其热裂解产生的挥发性组分主要有甲烷、苯、甲苯、乙苯、二甲苯、甲基乙基苯及其同分异构体、萘和甲基萘等，其中甲烷占挥发性组分的 48.88%，芳香族挥发分占 40.76%。这可能和硅易和氧结合有关。

表 10.18　CB-PSA-O-40 与 CB-PSA-M-20 裂解产物的组成

400℃下 CB-PSA-O-40 固化物分解产物		600℃下 CB-PSA-M-20 固化物分解产物	
挥发产物	含量/%	挥发产物	含量/%
—Si—	14.3	CH_4	48.88
—Si—O—Si—	7.9	⬡	8.87

400℃下 CB-PSA-O-40 固化物分解产物		600℃下 CB-PSA-M-20 固化物分解产物	
挥发产物	含量/%	挥发产物	含量/%
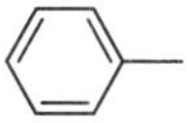	16.7	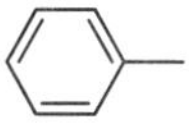	15.58
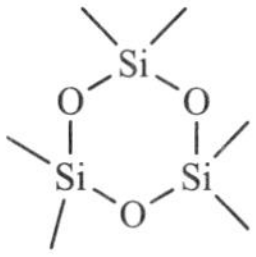	15.6	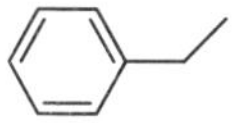 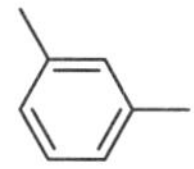 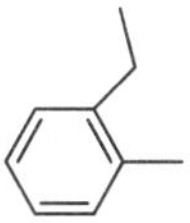	12.50
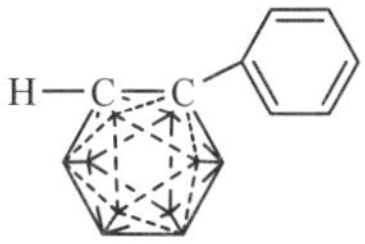 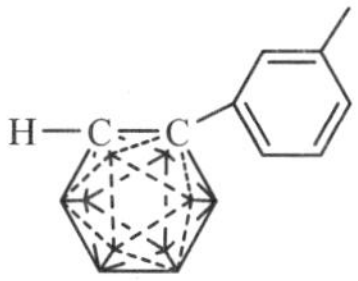 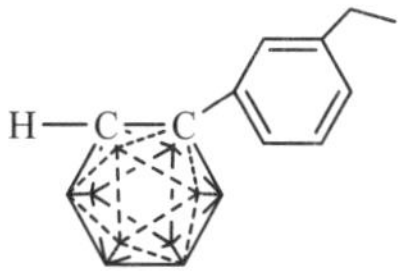 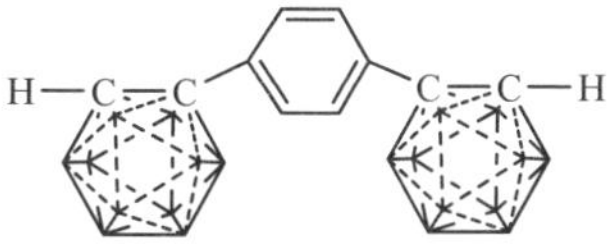	42.0	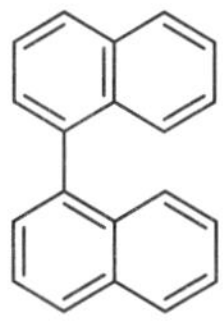	3.81

10.4　碳硼烷化硅芳炔树脂复合材料的性能

10.4.1　碳硼烷化硅烷芳炔树脂复合材料的性能

1. 碳纤维增强碳硼烷化硅烷芳炔树脂复合材料的弯曲性能[1]

图 10.31 为 T300CF/PSA-M 和 T300CF/CB-PSA-M-20 复合材料板的弯曲强度和弯曲模量随等温（300℃）老化时间的变化。从图中可以看出，初始的 T300CF/CB-PSA- M-20 复合材料的弯曲强度达到 220MPa，相对于 T300CF/PSA-M 复合材料提高了大约 10%。在整个老化实验过程中，复合材料的弯曲强度与弯曲

模量随老化时间的延长而逐渐降低。

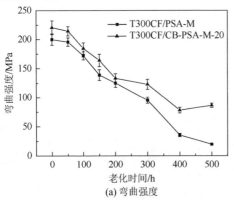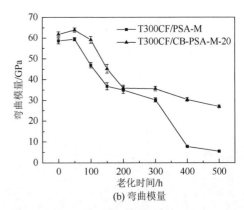

图 10.31　T300CF/PSA-M 和 T300CF/CB-PSA-M-20 复合材料的弯曲性能随 300℃老化时间的变化

从图 10.31 中可以发现，在前 50h 的老化中，两种复合材料的弯曲强度和模量没有明显变化。但是在老化时间从 50h 延长至 200h 的过程中，两种复合材料的弯曲强度和弯曲模量均急剧下降。在 200～500h，T300CF/PSA-M 复合材料的弯曲强度和模量的下降趋势和 200h 之前类似，而 T300CF/CB-PSA-M-20 复合材料弯曲性能的下降幅度较小。经过 500h 老化后，T300CF/CB-PSA-M-20 复合材料弯曲强度为 86.6MPa，甚至略高于 400h 老化后的强度（78.4MPa），而 T300CF/PSA-M 复合材料弯曲强度仅为 20.0MPa。对于弯曲模量来说，从 200h 老化至 500h，T300CF/CB-PSA-M-20 复合材料弯曲模量从 35.9GPa 减少至 27.0GPa，但是 T300CF/PSA-M 复合材料从 35.0GPa 快速下降至 5.5GPa。

T300CF/PSA-M 和 T300CF/CB-PSA-M-20 复合材料试样经过 300℃不同老化时间后，测得其弯曲载荷-挠度曲线如图 10.32 所示。从图中的一系列载荷-挠度曲线中可以发现，两种复合材料的力学特性随着老化时间的延长而变化。

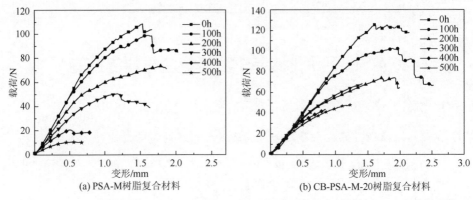

图 10.32　T300CF/PSA-M（a）和 T300CF/CB-PSA-M-20（b）复合材料经 300℃老化的弯曲
载荷与挠度关系

经过不同时间的老化后，复合材料的力学特性会发生如下变化：①弹性模量降低；②弯曲强度下降；③断裂行为改变。显然 T300CF/PSA-M 和 T300CF/ CB-PSA-M-20 复合材料在 100h 内的弯曲行为变化相似，但有区别，T300CF/ CB-PSA-M-20 复合材料的韧性明显优于 T300CF/PSA-M 复合材料(曲线下面积大)，其复合材料的强度也高于 PSA-M 复合材料。材料破坏行为也不同，T300CF/ CB-PSA-M-20 复合材料在 100～300h 内老化比较快，在 300～500h 内较慢。而 T300CF/PSA-M 复合材料在 100～500h 内老化都比较快。

从以上分析结果能够看出，在 PSA-M 树脂结构中引入碳硼烷可以提高其碳纤维复合材料的弯曲强度和模量。在 300℃下空气气氛中老化 500h 的过程中，含碳硼烷的 T300CF/CB-PSA-M-20 复合材料的弯曲性能优于 T300CF/PSA-M 复合材料，尤其在老化的后期更加明显。

2. 碳纤维增强碳硼烷化硅烷芳炔树脂复合材料的剪切强度

图 10.33 为 T300CF/PSA-M 和 T300CF/CB-PSA-M-20 复合材料试样的层间剪切强度随等温老化时间的变化。初始 T300CF/PSA-M 和 T300CF/CB-PSA-M-20 复合材料的层间剪切强度分别为 9.91MPa 和 13.74MPa，T300CF/CB-PSA-M-20 相对于 T300CF/PSA-M 复合材料提高了将近 40%。从整个老化实验的数据比较发现，T300CF/CB-PSA-M-20 复合材料的层间剪切强度在各个老化时间点下均较 T300CF/PSA-M 复合材料有不同程度的提高。在 50～150h，两种复合材料的层间剪切强度的差异不显著，基本保持在同一水平。而在 150h 之后，T300CF/CB-PSA-M-20 复合材料的剪切强度的下降速率明显低于 T300CF/PSA-M 复合材料，经过 500h 老化后，T300CF/CB-PSA-M-20 复合材料的剪切强度仍有 5.14MPa，而 T300CF/PSA-M 复合材料仅为 1.20MPa。从剪切强度的变化趋势能够看出，碳硼烷能够明显地提高 T300CF/PSA-M 复合材料的耐热氧老化性能。

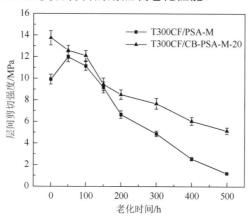

图 10.33　T300CF/PSA-M 和 T300CF/CB-PSA-M-20 复合材料层间剪切强度随 300℃老化时间的变化

3. 碳纤维增强碳硼烷化硅烷芳炔树脂复合材料的断面微观形貌

通过 SEM 来观察初始复合材料试样和 300℃下 500h 老化后试样的断面微观形貌，老化前后 T300CF/PSA-M 复合材料和 T300CF/CB-PSA-M-20 复合材料试样的断面形貌如图 10.34 所示。从图 10.34（A）中可以看出，老化前 T300CF/PSA-M 复合材料中的碳纤维整体排列致密，纤维表面树脂覆盖较多，纤维之间依靠的树脂紧紧黏结在一起，而且碳纤维的层间致密，不存在明显的空隙和缺陷；从图 10.34（A）中能够发现，经过 500h 老化后，T300CF/PSA-M 复合材料中的纤维整体排列松散不致密，纤维表面树脂覆盖少，纤维之间的黏结较差，而且能明显看到纤维周围及层间存在很大的空隙。这说明 500h 老化后 T300CF/PSA-M 复合材料纤维-基体的界面已经基本被破坏。

老化前试样

在300℃下老化500h后试样

(A) T300CF/PSA-M复合材料

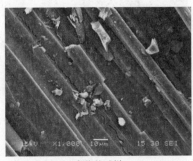
老化前试样

在300℃下老化500h后试样

(B) T300CF/CB-PSA-M-20复合材料

图 10.34　T300CF/PSA-M 和 T300CF/CB-PSA-M-20 复合材料断面 SEM 图

老化前 T300CF/CB-PSA-M-20 复合材料试样和 300℃下老化 500h 后试样的断面微观形貌见图 10.34（B），从两个 SEM 图中可以观察到热氧老化过程对 T300CF/CB-PSA-M-20 复合材料纤维-基体界面黏结的影响。从图 10.34（B）中可以看出，老化前 T300CF/CB-PSA-M-20 复合材料的断面碳纤维排列紧密，纤维-

基体界面黏结较好：500h 老化后复合材料碳纤维的断面比较光滑，但纤维-基体界面黏结变差，有裂纹和空隙，碳纤维之间结合松散，这些现象都说明老化后 T300CF/CB-PSA-M-20 复合材料纤维-基体的界面强度明显下降。

以上实验结果说明 T300CF/CB-PSA-M-20 复合材料在 300℃下经过 500h 老化后力学性能有明显下降，但是材料的性能要远远高于相同老化条件下的 T300CF/PSA-M 复合材料。这可能是由于 CB-PSA-M-20 树脂中碳硼烷起到抗氧化作用，经过 500h 老化后，树脂结构中部分碳硼烷氧化生成 B_2O_3，虽然 B_2O_3 并不能在 300℃下熔融填充到材料内部的空隙中，起到内部黏结或包覆作用，但生成的 B_2O_3 能够保护树脂或减少树脂降解，使复合材料的性能能够缓慢下降。

10.4.2　碳硼烷化硅氧烷芳炔树脂复合材料的性能

1. 碳硼烷化硅氧烷芳炔树脂复合材料的室温及高温力学性能[2]

分别使用 CB-PSA-O-20 和 CB-PSA-M-20 树脂作为复合材料树脂基体，T300 碳纤维作为增强纤维，制备 T300CF/CB-PSA-O-20 和 T300CF/CB-PSA-M-20 复合材料，测得的室温及高温力学性能列于表 10.19。如表所示，T300CF/CB-PSA-O-20 复合材料在室温下的弯曲强度为 398.0MPa，弯曲模量为 41.7GPa，层间剪切强度为 26.2MPa；当温度升高至 350℃及 400℃时，测得的弯曲强度、弯曲模量及层间剪切强度都下降，且温度越高，相应的力学性能数值越低。与 T300CF/CB-PSA-M-20 相比，在室温下 T300CF/CB-PSA-O-20 复合材料弯曲强度、弯曲模量及层间剪切强度都较高，尤其是弯曲强度为 T300CF/CB-PSA-M-20 复合材料的 140%，这直接说明柔性—Si—O—Si—链段的引入有效地提升了树脂复合材料的力学性能。在 350℃时，T300CF/CB-PSA-O-20 复合材料的力学性能仍然比 T300CF/CB-PSA-M-20 复合材料的力学性能高；当温度继续升高到 400℃时，T300CF/CB-PSA-O-20 与 T300CF/CB-PSA-M-20 复合材料的力学性能水平相当。

表 10.19　T300CF/CB-PSA-O-20 和 T300CF/CB-PSA-M-20 复合材料的力学性能

复合材料	温度/℃	弯曲强度/MPa	弯曲模量/GPa	层间剪切强度/MPa
T300CF/CB-PSA-O-20	室温	398.0±12.0	41.7±1.2	26.2±0.8
	350	226.5±8.9	35.1±1.6	16.1±0.9
	400	178.0±8.0	33.1±1.4	12.7±1.1
T300CF/CB-PSA-M-20	室温	282.0±14.2	37.9±2.0	23.8±0.9
	350	188.7±12.3	36.6±1.0	15.6±0.8
	400	174.0±2.0	31.0±1.4	12.9±1.1

如表 10.19 所示,当温度升高至 350℃与 400℃时,T300CF/CB-PSA-O-20 复合材料比 T300CF/CB-PSA-M-20 复合材料力学性能的保持率低,这与树脂的热稳定性有密切的联系。在 N_2 气氛下,CB-PSA-O-20 树脂固化物的 T_{d5} 仅为 395℃,而 CB-PSA-M-20 树脂固化物的 T_{d5} 达到了 534℃。测试温度 400℃已经达到了 CB-PSA-O-20 树脂的 T_{d5},固然 T300CF/CB-PSA-O-20 复合材料性能不会很高。

2. 碳硼烷化硅氧烷芳炔树脂复合材料的耐热性

图 10.35(a)和图 10.35(b)分别为 T300CF/CB-PSA-O-20 与 T300CF/CB-PSA-M-20 复合材料的 DMA 曲线。如图所示,无论是 T300CF/CB-PSA-O-20 还是 T300CF/CB-PSA-M-20 复合材料,在室温~400℃内其动态储能模量(E')、损耗模量(E'')及力学损耗($\tan\delta$)随着温度的上升都基本保持不变,这就说明 T300CF/CB-PSA-O-20 与 T300CF/CB-PSA-M-20 复合材料的玻璃化转变温度超过了 400℃,复合材料显示出优异的耐热性。

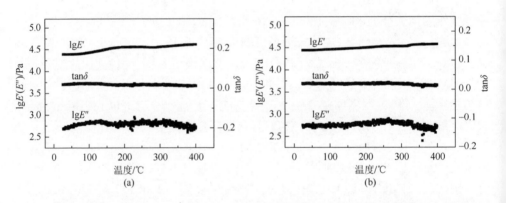

图 10.35   T300CF/CB-PSA-O-20(a)与 T300CF/CB-PSA-M-20(b)复合材料的 DMA 曲线

3. 碳硼烷化硅氧烷芳炔树脂复合材料的微观形貌

通过 SEM 观察 T300CF/CB-PSA-O-20 及 T300CF/CB-PSA-M-20 复合材料的断面形貌,如图 10.36 所示。从图 10.36(a)所示,在 T300CF/CB-PSA-M-20 复合材料中能明显看到树脂分布不均,而在 T300CF/CB-PSA-O-20 复合材料中[图 10.36(c)]树脂分布均匀;纤维与树脂结合紧密。这主要是因为 CB-PSA-M-20 树脂的黏度较大,流动性较差,在复合材料成型加工的过程中,树脂流动渗透不足。这种树脂分布不均匀将会成为复合材料的缺陷,在材料受到外部压力的过程中,容易在此处形成应力集中,从而使复合材料遭到破坏,从而影响复合材料的力学性能。图 10.36(b)与图 10.36(d)为剖面放大 1000 倍的 SEM 图,从图中可以看出,在 T300CF/CB-PSA-O-20 复合材料中,CB-PSA-O-20 树脂能很好地黏附于纤维表面，这说明 CB-PSA-O-20 树脂对 T300 碳纤维的黏结性要优于 CB-PSA-M-20 树脂。综上所述 CB-PSA-O-20 树脂复合材料力学性能优于 CB-PSA-M-20 树脂复合材料。

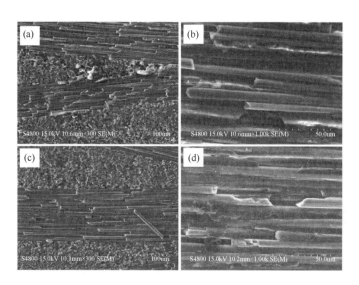

图 10.36　T300CF/CB-PSA-O-20 和 T300CF/CB-PSA-M-20 复合材料的断面 SEM 图

(a, b) T300CF/CB-PSA-M-20；(c, d) T300CF/CB-PSA-O-20

4. 碳硼烷化硅氧烷芳炔树脂复合材料的热氧老化性能

如前所述，CB-PSA-O-20 与 CB-PSA-M-20 两种树脂的 T_{d5} 均超过了 390℃，且它们各自的复合材料在 350℃ 与 400℃时的力学性能保持率较高。因此，对 T300CF/CB-PSA-O-20 与 T300CF/CB-PSA-M-20 复合材料在 300℃ 下进行长时间的热氧老化测试，研究复合材料的弯曲强度、弯曲模量及层间剪切强度等性能的变化。

1) 碳纤维增强复合材料的弯曲性能

T300CF/CB-PSA-O-20 和 T300CF/CB-PSA-M-20 复合材料的弯曲强度及弯曲模量在等温热氧老化过程中的变化如图 10.37 所示。可见随着复合材料在 300℃ 下老化时间的延长，T300CF/CB-PSA-O-20 与 T300CF/CB-PSA-M-20 复合材料弯曲强度和模量降低，二者性能变化趋势基本一致。在老化 48h 后，T300CF/CB-PSA-O-20 与 T300CF/CB-PSA-M-20 复合材料的弯曲强度都明显下降，降低了大约 38%（表 10.20）；随着老化时间的延长，弯曲强度的下降幅度逐渐变缓。当在 300℃ 下热氧老化 624h（26 天）时，T300CF/CB-PSA-O-20 和 T300CF/CB-PSA-M-20 复合材料弯曲强度保持率仅为 13.5% 和 9.1%。

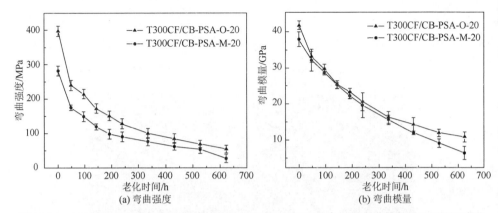

图 10.37 T300CF/CB-PSA-O-20 和 T300CF/CB-PSA-M-20 复合材料弯曲性能随 300℃下老化时间的变化

表 10.20 经 300℃不同老化时间后 T300CF/CB-PSA-O-20 和 T300CF/CB-PSA-M-20 复合材料弯曲性能的保持率(%)

性能	复合材料	48 h	96 h	144h	192h	240h	336h	432h	528h	624h
弯曲强度保持率	T300CF/CB-PSA-O-20	60.4	53.8	43.4	38.0	32.0	25.0	21.1	17.2	13.5
	T300CF/CB-PSA-M-20	62.0	53.0	42.2	34.7	31.9	26.8	21.8	18.7	9.1
弯曲模量保持率	T300CF/CB-PSA-O-20	79.1	71.0	60.9	55.9	49.4	39.1	34.3	28.8	25.9
	T300CF/CB-PSA-M-20	84.7	75.7	66.8	58.6	51.7	41.2	31.4	24.0	16.9

2) 碳纤维增强复合材料的层间剪切强度

T300CF/CB-PSA-O-20 与 T300CF/CB-PSA-M-20 复合材料的层间剪切强度在等温热氧老化过程中的性能变化如图 10.38 与表 10.21 所示。如图表所示,随着热氧老化时间的延长,T300CF/CB-PSA-O-20 与 T300CF/CB-PSA-M-20 复合材料的层间剪切强度都减小,并且减小趋势基本一致。

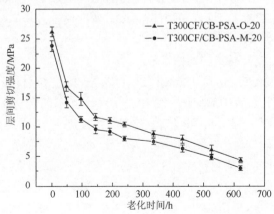

图 10.38 T300CF/CB-PSA-O-20 与 T300CF/CB-PSA-M-20 复合材料层间剪切强度随 300℃老化时间的变化

表 10.21 经 300℃不同时间老化后 T300CF/CB-PSA-O-20 和 T300CF/CB-PSA-M-20 复合材料层间剪切强度的保持率(%)

复合材料	48h	96h	144h	192h	240h	336h	432h	528h	624h
T300CF/CB-PSA-O-20	64.5	56.5	44.7	42.4	39.7	33.6	30.2	23.3	16.4
T300CF/CB-PSA-M-20	59.7	47.5	40.3	38.7	33.6	31.5	26.5	20.2	12.6

3)碳纤维增强复合材料的质量变化

图 10.39 为 T300CF/CB-PSA-O-20 和 T300CF/CB-PSA-M-20 复合材料在 300℃下等温老化时质量的变化。如图所示,当 T300CF/CB-PSA-O-20 与 T300CF/CB-PSA-M-20 复合材料在 300℃下热氧老化 48h 时,皆出现了明显的增重效果,当老化时间继续延长时,复合材料的质量逐渐降低。随着热氧老化的进行,碳纤维本身质量的变化是很小的,可忽略不计。也就是说,T300CF/CB-PSA-O-20 与 T300CF/CB-PSA-M-20 复合材料的增重与失重都是树脂本身质量变化引起的。增重是树脂氧化引起的,B 与 Si 元素和氧反应生成氧化物而增重;失重则是由树脂热分解或氧化分解造成的。经过初始 48h 的热氧老化后,复合材料明显的增重直接说明树脂已经氧化,有氧化物生成,树脂经氧化分解后在复合材料中引入了无机物与气孔的缺陷,因而热氧老化 48h 时,复合材料的力学性能下降明显。后期随着基体树脂的进一步分解,复合材料的力学性能进一步降低。

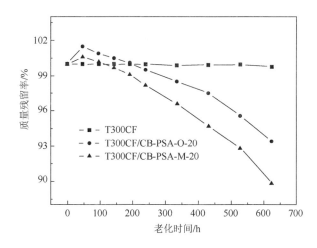

图 10.39 T300CF/CB-PSA-O-20 和 T300CF/CB-PSA-M-20 复合材料质量随 300℃等温老化时间的变化

4)碳纤维增强复合材料的断面微观形貌

T300CF/CB-PSA-O-20 复合材料在 300℃下经过不同时间热氧老化后的断面微观形貌如图 10.40 所示。从图中可以看出,当 T300CF/CB-PSA-O-20 复合材料在 300℃ 下经过热氧老化 48h 及 96h 后［图 10.40(a) 与图 10.40(b)］，纤维仍然被树脂基体包覆着，没有明显的缺陷。不过，老化 96h 的样品中纤维与树脂界面处存在较为细小的微裂纹。当老化时间达到 240h 之后［图 10.40(c)］，由于树脂热氧化分解导致的纤维之间的坑洞已经很明显。而当老化时间延长至 624h 之后，复合材料中的树脂基体已经所剩无几，纤维复合材料已经发毛散开，如图 10.40(d) 所示，纤维之间树脂已大幅减少。

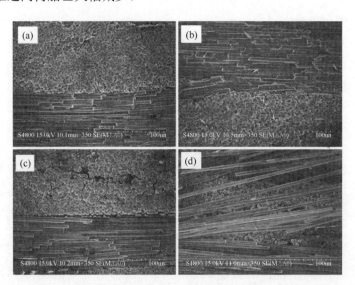

图 10.40 T300CF/CB-PSA-O-20 复合材料在 300℃ 下经过不同热氧老化时间后的断面 SEM 图

(a) 48h；(b) 96h；(c) 240h；(d) 624h

参 考 文 献

[1] 王灿峰. 碳硼烷化含硅芳炔树脂及其复合材料和陶瓷化材料的研究. 上海：华东理工大学，2012.

[2] 姜云. 抗氧化含碳硼烷硅(氧)烷芳炔树脂的合成与性能研究. 上海：华东理工大学，2015.

[3] Kuroki S，Okita K. Thermosetting mechanism study of poly[(phenylsilylene)ethynylene-1,3-phenyleneethynylene] by solid-state NMR spectroscopy and computational chemistry. Macromolecules，1998，31：2804-2808.

[4] Zhang L，Gao F，Wang C，et al. Synthesis and characterization of poly[(methylsilyleneethynylenephenyleneethynylene)-co-(dimethylsilyleneethynylene phenyleneethynylene)]s. Chinese Journal of Polymer Science，2010，28：199-207.

[5] Das G，Ferraioli L，Bettotti P，et al. Si-nanocrystals/SiO$_2$ thin films obtained by pyrolysis of sol-gel precursors. Thin Solid Films，2008，516：6804-6807.

[6] Francisco M S P，Gushikem Y. Synthesis and characterization of SiO$_2$-Nb$_2$O$_5$ systems prepared by the sol-gel method：structural stability studies. Journal of Materials Chemistry，2002，12：2552-2558.

[7] Sorarù G D，Dallabona N，Gervais C，et al. Organically modified SiO$_2$-B$_2$O$_3$ gels displaying a high content of borosiloxane (≡B-O-Si≡) bonds. Chemistry of Materials，1999，11：910-919.

[8] Khodzhaeva V L，Zaikin V G，Khotimskii V S. Thermal oxidation of poly(1-trimethylsilylprop-1-yne) studied by IR spectroscopy. Russian Chemical Bulletin，2003，52：1333-1339.

[9] Buc D，Bello I，Caplovicova M，et al. Analysis of magnetron sputtered boron oxide films. Thin Solid Films，2007，515：8723-8727.

[10] Putkonen M，Niinistö L. Atomic layer deposition of B_2O_3 thin films at room temperature. Thin Solid Films，2006，514：145-149.

第 11 章

含硅芳醚芳炔树脂的合成与性能

11.1 含硅芳醚芳炔树脂的合成

11.1.1 含硅芳醚芳炔树脂的合成过程

含硅芳醚芳炔树脂（PSEA）的合成如下[1-3]：

$$HC \equiv C - \left(\text{C}_6\text{H}_4 \right)_m - O - \text{C}_6\text{H}_4 - C \equiv CH \xrightarrow{CH_3CH_2MgBr} BrMgC \equiv C - \left(\text{C}_6\text{H}_4 \right)_m - O - \text{C}_6\text{H}_4 - C \equiv CMgBr$$

$$\xrightarrow[\begin{array}{c} Cl - \overset{\overset{\displaystyle CH_3}{|}}{\underset{\underset{\displaystyle R}{|}}{Si}} - Cl \end{array}]{} G \left[C \equiv C - \left(\text{C}_6\text{H}_4 \right)_m - O - \text{C}_6\text{H}_4 - C \equiv C - \overset{\overset{\displaystyle CH_3}{|}}{\underset{\underset{\displaystyle R}{|}}{Si}} \right]_n R_1$$

$m = 1, 2, 3, \cdots, n = 1, 2, 3, \cdots;\ R = -CH_3,\ -C_6H_5;$

$R_1 = -C \equiv C - \left(C_6H_4 - O \right)_m C_6H_5 - C \equiv CH_3, -CH_3$

$G = -H,\ -Si(-CH_3)_3,\ -CH_2CH_3$

$R = -CH_3,\ m = 1,\ n = 2,\ PSEA\text{-}M12$

$m = 2,\ n = 1,\ PSEA\text{-}M21$

$m = 2,\ n = 2,\ PSEA\text{-}M22$

$m = 3,\ n = 1,\ PSEA\text{-}M31$

$m = 3,\ n = 2,\ PSEA\text{-}M32$

$R = -C_6H_5,\ m = 2,\ n = 2,\ PSEA\text{-}P22$

$m = 3,\ n = 2,\ PSEA\text{-}P32$

以 PSEA-M22 树脂为例详细说明其合成步骤：向装有搅拌器、恒压漏斗、温度计和球形冷凝管的 500mL 四口烧瓶内加 5.18g（0.216mol）镁粉和 60mL THF，用冰水浴将反应体系温度降到 20℃左右。然后通过恒压漏斗将 19.60g（0.180mol）溴乙烷和 10mL THF 的溶液慢慢滴入反应烧瓶内，加完后在 40℃下保温反应 1h，制得灰黑色的乙基格氏试剂。随后用冰水浴将反应体系冷却至 20℃左右，再通过恒压漏斗将 27.90g(0.090mol)1,4-二(4′-乙炔苯氧基)苯和 180mL THF 的混合液慢慢加入。加料完毕后,将体系升至回流温度,回流反应 1.5h。然后将体系用冰水浴冷却至 20℃左右,再缓慢滴入 7.75g(0.060mol)二氯二甲基硅烷(用 10mL THF 稀释),加料完毕后将反应体系温度升至回流温度,回流反应 1.5h,得到黄绿色溶液。蒸馏出约三分之二的 THF 后,倒入 250mL 甲苯。利用冰水浴将体系冷却至 20℃左右,滴加 10.80g(0.180mol)冰醋酸,再向烧瓶中滴加 50mL 20%盐酸溶液。把溶液倒入 1000mL 分液漏斗内,然后加入去离子水进行水洗并分液,水洗至溶液显中性后取出上层有机溶液,加入适量无水 Na_2SO_4 干燥,静置过夜。过滤,蒸馏,除去溶剂得到产物,将所得产物在 80℃真空下干燥 4h,即得到二甲基硅苯醚芳炔树脂,即 PSEA-M22 树脂,产率 90%左右。其他树脂以类似的方式合成,这里不再赘述,树脂合成配比及产率见表 11.1。

表 11.1　含硅芳醚芳炔树脂合成的主要原料配方与产率

树脂	芳醚二炔	二氯硅烷	投料比[二炔]∶[二氯硅烷]	产率/%
PSEA-M12	二乙炔基二苯醚	二氯二甲基硅烷	约 1.5	92
PSEA-M22	二(乙炔基苯氧基)苯	二氯二甲基硅烷	约 1.5	90
PSEA-M21	二(乙炔基苯氧基)苯	二氯二甲基硅烷	约 2.0	90
PSEA-M32	二(乙炔基苯氧基)二苯醚	二氯二甲基硅烷	约 1.5	90
PSEA-M31	二(乙炔基苯氧基)二苯醚	二氯二甲基硅烷	约 2.0	90
PSEA-P32	二(乙炔基苯氧基)苯	二氯甲基苯基硅烷	约 1.5	95
PSEA-P22	二(乙炔基苯氧基)苯	二氯甲基苯基硅烷	约 2.0	95

11.1.2　含硅芳醚芳炔树脂固化物的制备

首先将模具抛光,在模具表面均匀喷涂脱模剂;随后将模具置于 150～160℃真空烘箱中预热 2h。再将 PSEA 树脂倒入模具中,待树脂熔融后,真空下保持约 2h,以除去空气和溶剂,至 3s 内不出现气泡,然后转移至高温烘箱内固化。固化工艺为:180℃/2h + 220℃/2h + 260℃/4h。固化结束后脱模,取出树脂固化物,打磨修整至测试标准尺寸。

11.1.3　含硅芳醚芳炔树脂复合材料的制备

复合材料板的制备过程如下:称取一定量树脂溶于四氢呋喃,配制成固含量约为 30%的树脂溶液。将预先裁剪好的 15.0cm×10.0cm 的 12 层 T300 碳纤维布浸透树脂溶液,待溶剂挥发后制得预浸料。整齐叠放预浸料,随后将其放入真空箱中 70℃抽真空 4h,除去溶剂。最后在平板硫化机上模压成型,制成复合材料板,成型工艺:180℃/2h + 220℃/4h + 260℃/4h。

11.2   含硅芳醚芳炔树脂的结构表征

11.2.1   二甲基硅芳醚芳炔树脂的结构

1. ^{1}H NMR 分析

图 11.1 为 PSEA-M12、PSEA-M22、PSEA-M32 的 ^{1}H NMR 谱图及其局部放大图。从图中可以看出三种 PSEA-M 树脂因结构相似,其核磁谱图出峰位置也相近。在 PSEA-M12 的核磁谱图中,化学位移 3.06ppm(a)处为≡C—H 质子峰,化学位移 0.49ppm(b)处为 Si—CH$_3$ 的质子峰,化学位移 6.95~7.50ppm(c, d)处的多重峰为苯环上各质子对应的质子峰;≡C—H 质子峰与 Si—CH$_3$ 质子峰的峰面积积分比为 1.00:6.02,与理论比值 1.00:6.00 相近。

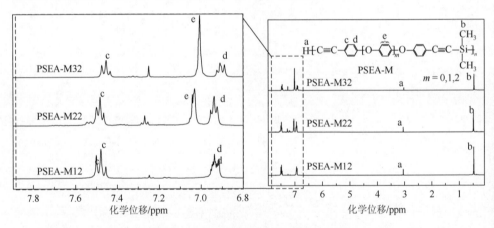

图 11.1   PSEA-M 树脂的 ^{1}H NMR 谱图

在 PSEA-M22 的核磁谱图中,化学位移 3.05ppm(a)处为≡C—H 质子峰,化学位移 0.48ppm(b)处为 Si—CH$_3$ 的质子峰,化学位移 6.90~7.50ppm(c, d, e)处的多重峰为苯环上各质子对应的质子峰;≡C—H 质子峰与 Si—CH$_3$ 质子峰的峰面积积分比为 1.00:6.01,与理论比值 1.00:6.00 相近。

在 PSEA-M32 的核磁谱图中,化学位移 3.03ppm(a)处为≡C—H 的质子峰,化学位移 0.48ppm(b)处为 Si—CH$_3$ 的质子峰,化学位移 6.90~7.50ppm(c, d, e)处的多重峰为苯环上各质子对应的质子峰;≡C—H 质子峰与 Si—CH$_3$ 质子峰的峰面积积分比为 1.00:5.98,与理论比值 1.00:6.00 相近。

从上述三种 PSEA-M 树脂的核磁谱图的局部放大图中也可以发现, PSEA-M12 树脂在 7.00~7.05ppm 处没有出峰, PSEA-M22 与 PSEA-M32 树脂在此处都有出峰。这是因为 PSEA-M12 树脂重复单元中只有一个芳醚键, 而 PSEA-M22 树脂和 PSEA-M32 树脂重复单元中分别含有两个和三个芳醚键, 两边与氧连接的苯环氢化学位移和一边与氧连接一边与炔基连接的苯环氢化学位移不同, 前者处在 7.00~7.05ppm 处。同时可以发现, 芳醚数目越多, 在 7.00~7.05ppm 处的质子峰的出峰越强。上述结果都说明合成了相应的 PSEA-M 树脂。

2. FTIR 光谱分析

图 11.2 为 PSEA-M12、PSEA-M22、PSEA-M32 树脂的 FTIR 谱图, 因 PSEA-M 树脂所含特征官能团一样, 故出峰位置基本一致。其中, $3280cm^{-1}$ 处是端炔氢的非对称伸缩振动峰; $3040cm^{-1}$ 附近是苯氢的伸缩振动峰; $2960cm^{-1}$ 附近是—CH_3 的伸缩振动峰; $2155cm^{-1}$ 处强而尖的峰是炔基—C≡C—的伸缩振动峰; $1599cm^{-1}$ 和 $1498cm^{-1}$ 附近是苯环 C=C 骨架振动的吸收峰; $1226cm^{-1}$ 处为 Si-CH_3 对称变形振动的吸收峰, $1087cm^{-1}$ 处是—C—O—的特征吸收峰, $1011cm^{-1}$ 处是—C—O—C—的特征吸收峰。从图中可以看出 PSEA-M 树脂在 $3280cm^{-1}$ 处端炔氢伸缩振动峰和 $2960cm^{-1}$ 处的—CH_3 伸缩振动峰的出峰强度随着树脂分子链重复单元中芳醚键数目的增多而减小, 这是由分子中基团所占比例降低所致。上述实验结果均说明成功合成了 PSEA-M 树脂。

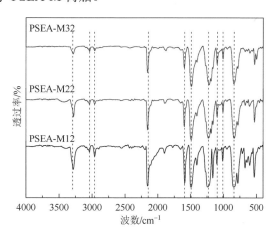

图 11.2　PSEA-M 树脂的 FTIR 谱图

3. GPC 分析

表 11.2 列出了 PSEA-M12、PSEA-M22、PSEA-M32 等树脂的 GPC 测试结果, 从表中可以看出, 随着树脂的分子主链中所含芳醚键的增多, 树脂的数均

分子量、重均分子量及多分散系数均有所提高。这与单体的分子量增加有关，所合成的树脂重复单元数相同，分子量也就越大。同时，通过树脂的氢核磁谱图可以计算出相应的树脂分子量。可以看出，两种方法测定的树脂分子量差距较大，这是因为 GPC 测试过程以聚苯乙烯作为内标，而树脂的结构与聚苯乙烯差异较大。

表 11.2　PSEA-M 树脂的 GPC 测试结果

树脂	计算值[1]	$\bar{M}_n$	$\bar{M}_w$	PDI
PSEA-M12	767	1716	2690	1.56
PSEA-M22	1043	2198	3653	1.66
PSEA-M32	1318	2856	5267	1.84
PSEA-M21	676	2500	3512	1.40
PSEA-M31	860	2815	3980	1.41

注：1) 基于 ^{1}H NMR 分析。

11.2.2　甲基苯基硅芳醚芳炔树脂的结构表征

1. ^{1}H NMR 分析

图 11.3 为 PSEA-P22、PSEA-P32 树脂的 ^{1}H NMR 谱图及其局部放大图。由图可以看出两种 PSEA-P 树脂因结构相似，其核磁谱图出峰位置也相近。在 PSEA-P22 树脂的核磁谱图中，化学位移 3.02ppm(a) 处为 ≡C—H 质子峰，化学位移 0.69ppm(b) 处为 Si—CH₃ 的质子峰，化学位移 6.88～7.47ppm(c，d，e) 处的多重峰为分子主链苯环上各质子对应的质子峰，化学位移 7.49～7.83ppm(f，g，h) 处为侧基苯环上各

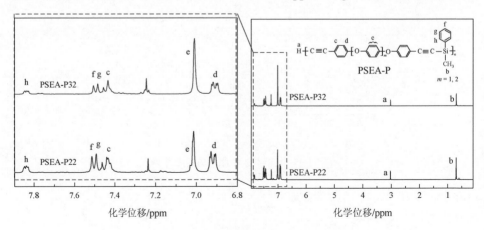

图 11.3　PSEA-P 树脂的 ^{1}H NMR 谱图

质子对应的质子峰。≡C—H 质子峰与 Si—CH₃ 质子峰的峰面积积分比为 1.00∶3.10，与理论比值 1.00∶3.00 基本相符。

在 PSEA-P32 树脂的核磁谱图中，化学位移 3.01ppm（a）处为≡C—H 质子峰，化学位移 0.68ppm（b）处为 Si—CH₃ 的质子峰，化学位移 6.86～7.45ppm（c，d，e）处的多重峰为分子主链苯环上各质子对应的质子峰，化学位移 7.48～7.82ppm（f，g，h）处为侧基苯环上各质子对应的质子峰，≡C—H 质子峰与 Si—CH₃ 质子峰的峰面积积分比为 1.00∶2.86，与理论比值 1.00∶3.00 接近。

上述结果说明合成了相应的 PSEA-P 树脂。

2. FTIR 光谱分析

图 11.4 为 PSEA-P22、PSEA-P32 树脂的 FTIR 谱图，因两种 PSEA-P 树脂所含特征官能团种类一样，故出峰位置基本一致，其中，3280cm⁻¹ 处是端炔氢的非对称伸缩振动峰；3040cm⁻¹ 附近是苯氢伸缩振动峰；2960cm⁻¹ 处是侧基上—CH₃的伸缩振动峰；2155cm⁻¹ 处强而尖的峰是炔基—C≡C—的伸缩振动峰；1599cm⁻¹ 和 1498cm⁻¹ 附近是苯环 C═C 骨架振动的吸收峰；1226cm⁻¹ 处为 Si—CH₃ 对称变形振动的吸收峰，1186cm⁻¹ 处是 Si—Ph 的特征吸收峰，1087cm⁻¹ 处是—C—O—的特征吸收峰，1011cm⁻¹ 处是—C—O—C—的特征吸收峰；847cm⁻¹ 处为苯环上对位取代的特征峰。

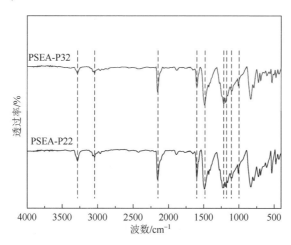

图 11.4　PSEA-P 树脂的 FTIR 谱图

从图中可以看出 PSEA-P32 树脂在 3280cm⁻¹ 处端炔氢伸缩振动峰的出峰强度小于 PSEA-P22 树脂在此处的出峰强度，这是因为 PSEA-P32 分子链重复单元中芳醚键数目更多，端炔氢在分子中所占的比例更小，则基团的响应也就更小。

3. GPC 分析

表 11.3 为 PSEA-P22、PSEA-P32 树脂的 GPC 测试结果，通过两种 PSEA-P 树脂的氢核磁谱图可以计算相应的分子量，也列于表中。从表中可以看出，NMR 和 GPC 分析测试获得的树脂分子量相差较大，这是因为 GPC 测试过程以聚苯乙烯作为内标，而 PSEA-P 树脂的结构与聚苯乙烯差异较大。

表 11.3　PSEA-P 树脂的 GPC 测试结果

树脂	计算值 [1)	$\bar{M}_n$	$\bar{M}_w$	PDI
PSEA-P22	1167	2560	3933	1.54
PSEA-P32	1443	3652	6267	1.72

注：1) 基于 ^{1}H NMR 分析。

11.3　含硅芳醚芳炔树脂的性能

11.3.1　二甲基硅芳醚芳炔树脂的性能

1. 树脂熔融温度

使用熔点仪测定 PSEA-M12、PSEA-M22、PSEA-M32 树脂的熔融温度，详细结果见表 11.4。从表中可以看出，PSEA-M12、PSEA-M22、PSEA-M32 树脂的熔程均较宽且熔融温度依次降低。三种树脂均为部分结晶聚合物，随着温度的升高，非晶部分首先熔融，随着温度的进一步升高，结晶部分开始逐渐熔化，且结晶度越高，完全熔化时的温度越高。PSEA-M12、PSEA-M22、PSEA-M32 分子重复单元中柔性的芳醚键数目依次增加，分子主链的柔顺性依次增加，树脂的熔融熵 ΔS_m 增大。依赖结晶树脂熔点的热力学计算公式为 $T_m = \Delta H_m / \Delta S_m$，熔融熵 ΔS_m 的增大将会降低树脂熔点。另外，随着分子重复单元中芳醚键数目的增多，树脂分子量增加，增加了熔体黏度，限制了链段向晶核的扩散和排列，会降低结晶度。综合上述两方面，树脂分子链重复单元中芳醚键数目越多，树脂的熔融温度越低。

表 11.4　PSEA-M 树脂的熔融温度

树脂	PSEA-M12	PSEA-M22	PSEA-M32
熔融温度/℃	约 110	约 90	约 85

2. 树脂的流变行为

对 PSEA-M 树脂进行了旋转流变仪测试，获得了树脂的黏度-温度曲线，如图 11.5 所示。从图中可以发现，三种树脂的黏度随着温度的升高均呈现出先快速下降，之后在一定温度范围内保持平稳，超过一定温度后，树脂黏度又快速上升的趋势。此外还发现 PSEA-M12、PSEA-M22、PSEA-M32 树脂低黏度区域的加工窗口宽度依次增加。PSEA-M12 加工窗口为 150～162℃，PSEA-M22 加工窗口为 147～170℃，PSEA-M32 加工窗口为 145～175℃。

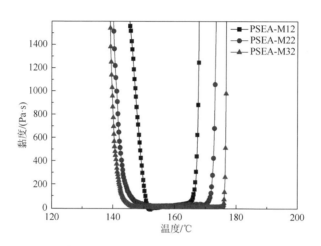

图 11.5　PSEA-M 树脂的黏度-温度曲线

首先，三种树脂的黏度随着温度的上升出现快速下降。这是因为随着温度的升高，树脂开始熔融，黏度开始下降。可以看到 PSEA-M12、PSEA-M22、PSEA-M32 黏度开始下降时的温度依次降低，这说明三种树脂的熔融温度依次下降。然后，在一定的温度范围内，树脂处于熔融状态，熔融体的黏度处于一个较低的水平。这段区间内树脂黏度较低，适合加工成型，是树脂的加工窗口。当温度进一步升高，树脂黏度快速上升，此时树脂将发生凝胶反应。

从图 11.5 中可以发现 PSEA-M12、PSEA-M22、PSEA-M32 树脂黏度上升时的温度依次升高，说明三种树脂开始发生固化交联反应的温度依次升高。这与树脂中炔基总量的降低有关。此外，分子量的增加限制了分子链段的运动，增加了端炔基之间发生固化交联反应的难度。

总之，PSEA-M12、PSEA-M22、PSEA-M32 树脂熔融温度依次下降，发生固化交联反应的温度依次升高，因而三种树脂的加工窗口宽度依次增加。

3. 树脂的固化行为

1）树脂凝胶时间

为了测定树脂在一定温度下发生固化交联反应的快慢，测定了 PSEA-M12、

PSEA-M22、PSEA-M32 三种树脂在 180℃下的凝胶时间，详细结果列于表 11.5 中。从表中可以发现 PSEA-M12、PSEA-M22、PSEA-M32 树脂在 180℃下的凝胶时间依次延长。这是因为随着树脂分子链重复单元中芳醚键数目的增多，炔基含量下降，分子链长增加，熔体黏度也有所增加，炔基之间发生固化交联反应的难度增大，因此，固化交联反应速度依次减慢。

表 11.5　PSEA-M 在 180℃下的凝胶时间

树脂	PSEA-M12	PSEA-M22	PSEA-M32
凝胶时间/min	24	30	40

2) 树脂的固化反应温度

PSEA-M12、PSEA-M22、PSEA-M32 树脂的 DSC 曲线如图 11.6 所示，具体分析结果如表 11.6 所示。从图中可以看出 PSEA-M12、PSEA-M22、PSEA-M32 树脂分别在 115～175℃、95～150℃、80～155℃内出现了相对较宽的熔融吸热峰，且均存在多个吸热峰，这说明树脂是结晶的，且是多晶的。

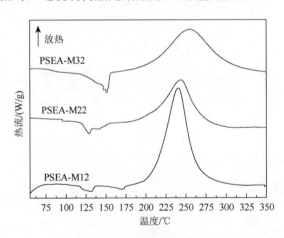

图 11.6　PSEA-M 树脂的 DSC 曲线

从图 11.6 和表 11.6 中可以发现 PSEA-M12、PSEA-M22、PSEA-M32 在室温～350℃均有一个固化放热峰，且起始固化温度及固化峰顶值温度依次升高。这是因为随着树脂分子链重复单元中芳醚键数目的增多，树脂分子量增加，这在一定程度上限制了炔基的活动，同时炔基在分子链中所占比例下降，因此炔基发生固化反应的难度增加。此外，随着芳醚键数目的增多，树脂的放热出现减小的趋势。

表 11.6 PSEA-M 树脂的 DSC 分析结果

树脂	$T_i/℃$	$T_p/℃$	$T_e/℃$	$\Delta H/(J/g)$
PSEA-M12	206	240	273	443
PSEA-M22	211	244	275	339
PSEA-M32	216	255	293	313

4. 树脂固化物的力学性能

表 11.7 为 PSEA-M22、PSEA-M32 树脂固化物和相同投料比的 PSA 树脂固化物的力学性能。由表可以发现,PSEA-M 树脂相比分子主链中不含芳醚键的 PSA-M 树脂,固化物的弯曲强度有了大幅度的提高。PSEA-M22 树脂固化物弯曲强度达到 48.5MPa,比 PSA 树脂约提高 110.9%。PSEA-M32 树脂固化物弯曲强度达到 65.6MPa,比 PSA 树脂约提高 185.2%。因为 PSEA-M 树脂中引入了柔性和极性都较强的芳醚键,增加了分子链的柔顺性,且增强了分子链间的相互作用力;同时分子量的增大,降低了树脂固化后的交联密度,所以 PSEA-M 树脂固化物的弯曲强度得到提升。同时还发现,PSEA-M 树脂固化物的弯曲模量较 PSA 树脂有所降低,这是 PSEA-M 树脂的分子链柔性比 PSA 树脂大的缘故。

表 11.7 PSEA-M 树脂固化物的弯曲性能

树脂固化物	弯曲强度/MPa	弯曲模量/GPa
PSA-M	23.0±1.0	3.0±0.3
PSEA-M22	48.5±3.0	2.4±0.2
PSEA-M32	65.6±1.0	2.5±0.3

5. 树脂固化物的热机械性能

图 11.7 为 PSEA-M22、PSEA-M32 树脂固化物的 DMA 曲线。从图中可以看出 PSEA-M22 和 PSEA-M32 树脂固化物的储能模量随着温度的升高均有先下降后上升的趋势。这是因为随着温度的升高,树脂分子链局部运动,产生相应的次级松弛,从而储能模量出现一定程度的下降。当温度进一步升高后,分子链中的内炔进一步固化交联,使得储能模量开始上升。同时也可以发现 PSEA-M32 储能模量的变化和损耗正切 $\tan\delta$ 的波动均大于 PSEA-M22。这是因为 PSEA-M32 分子链中芳醚键数目较多,分子链柔性较大,交联密度较小,结构单元更加容易运动,次级松弛也就更加明显。

从图中可以看出 PSEA-M22 和 PSEA-M32 树脂固化物的损耗正切 $\tan\delta$ 在 50～450℃内没有出峰,说明两种树脂在 50～450℃内不存在玻璃化转变。

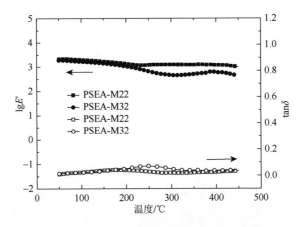

图 11.7   PSEA-M 树脂固化物的 DMA 曲线

为了验证储能模量和损耗正切的波动，作者将 PSEA-M22 和 PSEA-M32 树脂固化物在 300℃下进行了 4h 后固化处理，考察了树脂固化程度影响。图 11.8 为 PSEA-M22 和 PSEA-M32 树脂固化物经 300℃后固化处理之后的 DMA 曲线。从图中可以发现，PSEA-M22 与 PSEA-M32 树脂固化物的储能模量随着温度的升高仍然出现下降的趋势，但相比未固化处理试样，储能模量和损耗正切的波动变化明显减弱，这是因为后固化使树脂交联度提高，在一定程度上限制了分子链的次级松弛。

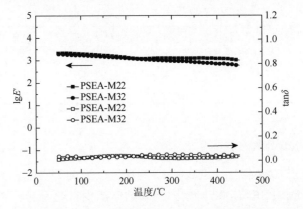

图 11.8   PSEA-M 树脂固化物(300℃后固化处理)的 DMA 曲线

6. 树脂固化物热稳定性

PSEA-M12、PSEA-M22、PSEA-M32 树脂固化物的 TGA 曲线(N_2)如图 11.9 所示，相应数据如表 11.8 所示。由图 11.9 和表 11.8 可以发现，PSEA-M 树脂在氮气中 T_{d5} 均在 536℃以上，800℃残留率高于 76%，表现出优异的耐热性能。随着树脂分子链重复单元中芳醚键数目的增多，树脂的耐热性有下降的趋势。这可能与树脂固化后的交联密度下降有关。

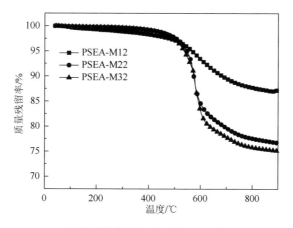

图 11.9　PSEA-M 树脂固化物在氮气下的 TGA 曲线（10℃/min，N_2）

表 11.8　PSEA-M 树脂固化物的 TGA 数据

树脂固化物	T_{d5}/℃	Y_{r800}/%
PSEA-M12	567	87
PSEA-M22	546	78
PSEA-M32	536	76

11.3.2　不同分子量二甲基硅芳醚芳炔树脂的性能

1. 树脂的溶解性

不同分子量树脂的溶解性如表 11.9 所示，该树脂具有良好的溶解性，能溶于
THF、甲苯、氯仿、环己酮等常见溶剂。

表 11.9　二甲基硅芳醚芳炔树脂的溶解性

溶剂	PSEA-M21	PSEA-M22	PSEA-M31	PSEA-M32
THF	+	+	+	+
乙醚	−	−	−	−
丙酮	±	±	±	±
环己酮	+	+	+	+
丁酮	±	±	±	±
甲基-2-吡咯烷酮	+	+	+	+
DMF	+	+	+	+

续表

溶剂	PSEA-M21	PSEA-M22	PSEA-M31	PSEA-M32
二甲基乙酰胺	+	+	+	+
二甲基亚砜	+	+	+	+
氯仿	+	+	+	+
乙酸乙酯	±	±	±	±
甲苯	+	+	+	+
石油醚	−	−	−	−

注：−表示不溶；+表示可溶；±表示部分可溶。

2. 树脂的结晶性

图 11.10 为 PSEA-M21、PSEA-M22、PSEA-M31 和 PSEA-M32 树脂的 XRD 图。从图 11.10 可以看出，PSEA-M 树脂在 $2\theta = 10\sim40°$ 内出现宽的非晶弥散峰，在 $2\theta = 19.3°$、$21.4°$、$22.9°$ 和 $28.7°$ 位置存在四个比较尖锐的结晶峰，相应的晶面距 d 分别为 4.59Å、4.16Å、3.90Å 和 3.16Å，说明 PSEA-M 为部分结晶树脂；但 PSEA-M21 和 PSEA-M31 树脂的结晶峰分别比 PSEA-M22 和 PSEA-M32 树脂强，说明分子量小的树脂易结晶。

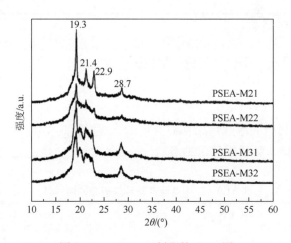

图 11.10　PSEA-M 树脂的 XRD 图

3. 树脂熔融温度

PSEA-M 树脂的熔融温度见表 11.10。从表中可以看出，PSEA-M21 熔融温度比 PSEA-M22 低，与 PSEA-M31 树脂相比，PSEA-M32 树脂的熔融温度要高，树脂熔点的热力学定义式是 $T_m = \Delta H_m/\Delta S_m$，分子链的柔顺性越大，结晶树脂的熔融

熵 ΔS_m 越大，树脂熔融温度降低。另外，随树脂分子链的增长，树脂分子运动难度升高，ΔS_m 减少，熔融温度又升高。因此 PSEA-M22 和 PSEA-M32 的熔融温度相差不大。随分子量的增大，分子链运动困难，树脂在熔融态时黏度较大，不易流动，熔融温度升高。PSEA-M22 的熔融温度高于 PSEA-M21。

表 11.10　PSEA-M 树脂的熔融温度

树脂	PSEA-M21	PSEA-M22	PSEA-M31	PSEA-M32
熔融温度/℃	124～131	147～152	122～135	149～154

4. 树脂的流变行为

树脂的流变特性是成型加工时的一个重要工艺参数。图 11.11 为 PSEA-M21、PSEA-M22、PSEA-M31 和 PSEA-M32 树脂在 110～180℃ 内熔体的黏度-温度曲线。从图中可以看出，随着温度的升高，树脂的黏度均呈现先快速下降，然后在一定温度范围内维持在较低水平，最后随温度的继续升高，树脂黏度又迅速上升。其原因是在开始加热时固态树脂受热熔融后变为熔融体，黏度下降；树脂处于熔融体状态时黏度最低，且在一定温度范围内保持这种低黏度状态；温度继续升高时，树脂开始交联反应，产生凝胶，因此黏度急剧上升。

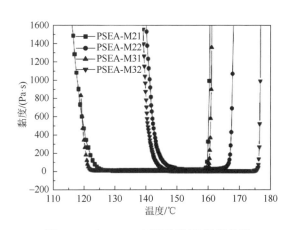

图 11.11　PSEA-M 树脂的黏度-温度曲线

从图中还可以得出，PSEA-M21 树脂的熔融温度低于 PSEA-M22 树脂，而凝胶温度也相对较低，这与树脂分子量有关。PSEA-M32 树脂相比 PSEA-M22 树脂的熔融温度低，而凝胶温度高，加工窗口相对较大，这可能与 PSEA-M22 树脂的反应活性高有关。

5. 树脂的固化行为

1）凝胶时间

表 11.11 是 PSEA-M21、PSEA-M22、PSEA-M31 和 PSEA-M32 树脂在 180℃下的凝胶时间。从表中可以看出，树脂分子量越大，凝胶时间越长，PSEA-M32 树脂的凝胶时间相比 PSEA-M22 树脂也较长，这是由于随分子量的增大，炔氢的反应活性降低，固化交联反应更难发生。

表 11.11　PSEA-M 在 180℃下的凝胶时间

树脂	PSEA-M21	PSEA-M22	PSEA-M31	PSEA-M32
凝胶时间/min	28	36	33	43

2）DSC 分析

PSEA-M 树脂的 DSC 曲线如图 11.12 所示，其具体分析结果列于表 11.12。由图可以看出四种树脂均出现较宽的熔融峰，且每种树脂均有两个吸热峰，说明这些树脂均有一定的结晶性，这与 XRD 分析结果相符。从图中还可以发现，PSEA-M31 相比 PSEA-M21，以及 PSEA-M32 相比 PSEA-M22 的固化放热峰的峰顶温度较高，这是因为随着分子量的增大，端炔的含量相对降低，交联反应活性也相对降低，固化峰向高温方向移动。从表中数据可以看出，PSEA-M31 相比 PSEA-M21，以及 PSEA-M32 相比 PSEA-M22 的固化放热量减小。这是因为随着结构单元分子量的增大，端炔的含量相对减少，而内炔需要更高的固化温度，所以相应的固化放热量减小。

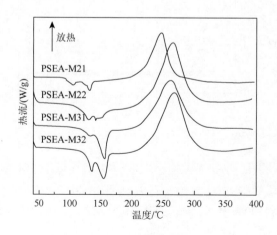

图 11.12　PSEA-M 树脂的 DSC 曲线

表 11.12　PSEA-M 树脂的 DSC 分析结果

树脂	$T_i/℃$	$T_p/℃$	$T_e/℃$	$\Delta H/(J/g)$
PSEA-M21	211	246	269	513
PSEA-M22	218	257	287	363
PSEA-M31	213	256	291	369
PSEA-M32	221	264	295	320

6. 树脂固化物的力学性能

PSEA-M22 和相同投料比 PSA-M 树脂固化物的弯曲性能与冲击性能列于表 11.13。由表中数据可以看出 PSEA-M22 树脂的弯曲强度为 55.0MPa，弯曲模量为 2.6GPa，冲击强度达到 10.5kJ/m^2。相比 PSA-M 树脂，PSEA-M22 树脂的弯曲强度约提高了 139%，冲击强度约提高了 258%，力学强度有了大幅度的提升。这主要是由 PSEA-M22 树脂中柔性和极性的醚键的引入所致。

表 11.13　PSA-M 和 PSEA-M22 树脂固化物的力学性能

树脂	弯曲强度/MPa	弯曲模量/GPa	冲击强度/(kJ/m^2)
PSA-M	23.0±1.0	3.00±0.30	2.93±0.14
PSEA-M22	55.0±2.0	2.60±0.10	10.5±0.16

7. 树脂固化物的热稳定性

PSEA-M 树脂固化物在氮气和空气中的 TGA 曲线如图 11.13 所示，表 11.14

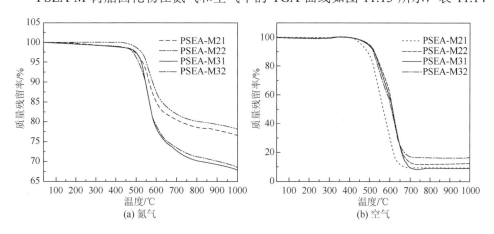

图 11.13　PSEA-M 树脂固化物在不同气氛下的 TGA 曲线

列出了树脂相应的 TGA 数据。由图可知，PSEA-M22 树脂相比 PSEA-M21 树脂具有较高的热稳定性，氮气中 T_{d5} 分别为 549℃和 532℃；在 800℃的残留率分别为 80.2%和 76.9%，前者较高，这是因为 PSEA-M22 的硅元素含量相比 PSEA-M21 高。PSEA-M32 相比 PSEA-M31 树脂具有较高的 T_{d5}，前者为 524℃，后者为 516℃。这说明随着苯醚结构单元在树脂分子量中所占比例的增大，树脂耐热性减小，但仍都具有较高的耐热性。从表中可以看出 PSEA-M 固化物在空气中也均具有较高的 T_{d5}，说明 PSEA-M 树脂在空气中也仍具有较好的热稳定性。

表 11.14   PSEA-M 树脂固化物的 TGA 数据

树脂	氮气		空气	
	T_{d5}/℃	Y_{r800}/%	T_{d5}/℃	Y_{r800}/%
PSEA-M21	532	76.9	463	10.6
PSEA-M22	549	80.2	502	12.8
PSEA-M31	516	70.2	492	8.9
PSEA-M32	524	71.1	494	16.4

11.3.3   甲基苯基硅芳醚芳炔树脂的性能

1. 树脂的熔融温度[2]

使用熔点仪测定了 PSEA-P22、PSEA-P32 树脂的熔融温度，并分别与分子链中含相同芳醚键数目的 PSEA-M 树脂的熔融温度进行了对比，详细结果见表 11.15。从表中可以看出，PSEA-P22 树脂熔融温度为 80～90℃，完全熔融时的温度比 PSEA-M22 完全熔融的温度约低 65℃，且熔程要比 PSEA-M22 树脂更窄。PSEA-P32 树脂熔融温度为 75～88℃，完全熔融时的温度比 PSEA-M32 树脂完全熔融的温度约低 59℃，熔程也比 PSEA-M32 窄。PSEA-P 树脂引入了不对称的甲基和苯基，降低了树脂分子链的空间对称性，减弱了树脂分子间的相互作用力，进而降低了树脂的熔融温度。随着树脂分子链重复单元中芳醚键数目的增多，PSEA-P 树脂的熔融温度有下降的趋势。

表 11.15   PSEA-P 树脂的熔融温度

树脂	PSEA-P22	PSEA-P32
熔融温度/℃	80～90	75～88

2. 树脂的流变行为[5]

对 PSEA-P22、PSEA-P32 树脂采用旋转流变仪测试,获得了树脂的黏度-温度曲线,结果如图 11.14 所示。可以发现 PSEA-P22、PSEA-P32 树脂的黏度随着温度的升高均呈现出先快速下降,之后在一定温度范围内保持平稳,超过一定温度后,树脂黏度又快速上升的趋势。PSEA-P22 加工窗口为 110~177℃,PSEA-P32 加工窗口为 110~180℃。

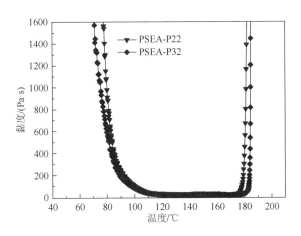

图 11.14　PSEA-P 树脂的黏度-温度曲线

3. 树脂的固化行为

1)树脂凝胶时间

测定 PSEA-P22、PSEA-P32 树脂在 180℃下的凝胶时间,结果列于表 11.16 中。从表中可知 PSEA-P 树脂在 180℃下的凝胶时间比较长,可适应复合材料的加工。

表 11.16　PSEA-P 树脂在 180℃下的凝胶时间

树脂	PSEA-P22	PSEA-P32
凝胶时间/min	38	52

2)固化反应温度

PSEA-P22、PSEA-P32 树脂的 DSC 曲线如图 11.15 所示,具体分析结果如表 11.17 所示。从图中可以看出,PSEA-P22 和 PSEA-P32 树脂分别在 78~100℃和 100~125℃有很弱的熔融吸热峰;PSEA-P22、PSEA-P32 树脂在室温~350℃均有一个固化放热峰,峰顶温度为 250℃左右,放热量不高。

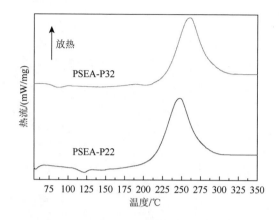

图 11.15　PSEA-P 树脂的 DSC 曲线

表 11.17　PSEA-P 树脂的 DSC 分析结果

树脂	$T_i/℃$	$T_p/℃$	$T_e/℃$	$\Delta H/(J/g)$
PSEA-P22	213	247	279	353
PSEA-P32	216	259	296	346

4. 树脂固化物的力学性能[5]

表 11.18 为 PSEA-P22、PSEA-P32 树脂固化物的力学性能。由表可以看出，PSEA-P22 树脂固化物弯曲强度达到 54.3MPa，PSEA-P32 树脂固化物弯曲强度达到 77.9MPa，展现出较高的力学性能。

表 11.18　PSEA-P 树脂固化物的力学性能

树脂固化物	弯曲强度/MPa	弯曲模量/GPa
PSEA-P22	54.3±2.5	2.6±0.3
PSEA-P32	77.9±2.3	2.9±0.2

5. 树脂固化物动态热机械性能

图 11.16 为 PSEA-P22、PSEA-P32 树脂固化物的 DMA 曲线。从图中可以看出 PSEA-P22 和 PSEA-P32 树脂固化物的储能模量随着温度的升高略有下降；PSEA-P32 树脂固化物储能模量的下降幅度比 PSEA-P22 大，这与树脂芳醚链段的长短有关。

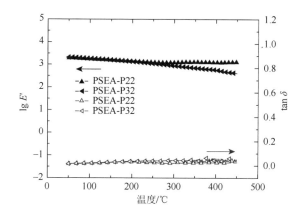

图 11.16　PSEA-P 树脂固化物的 DMA 曲线

6. 树脂固化物热稳定性

PSEA-P22、PSEA-P32 树脂固化物的 TGA 曲线(N₂) 如图 11.17 所示，相应数据如表 11.19 所示。可以看出氮气中 PSEA-P22 树脂固化物热分解温度 T_{d5} 和 800℃残留率分别为 531℃和 76%，PSEA-P32 树脂固化物热分解温度 T_{d5} 和 800℃残留率分别为 525℃和 71%，PSEA-P 树脂具有良好的耐热性能。

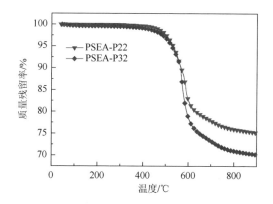

图 11.17　PSEA-P 树脂固化物的 TGA 曲线

表 11.19　PSEA-P 树脂固化物的 TGA 数据

树脂固化物	$T_{d5}/℃$	$Y_{r800}/\%$
PSEA-P22	531	76
PSEA-P32	525	71

11.4　含硅芳醚芳炔树脂复合材料的性能

11.4.1　二甲基硅芳醚芳炔树脂复合材料的性能

1. 不同芳醚结构的二甲基硅芳醚芳炔树脂复合材料性能

表 11.20 为 T300CF/PSEA-M 和 T300CF/PSA-M 复合材料的力学性能。从表中可以发现，T300CF/PSEA-M 复合材料力学性能优于 T300CF/PSA-M 复合材料，T300CF/PSEA-M32 复合材料弯曲强度和层间剪切强度分别可达 595.1MPa 和 36.5MPa，比 T300CF/PSEA-M12 复合材料的弯曲强度和层间剪切强度约分别提高 58.9%和 81.6%，比 T300CF/PSA-M 复合材料弯曲强度和层间剪切强度约分别高 111.4%和 121.2%。产生上述现象的原因是芳醚键引入树脂分子链后，可以增强分子链的极性，增强树脂和纤维的结合力，使得复合材料的力学性能提高；且芳醚键数目越多，树脂与纤维之间的结合力越强，复合材料的力学性能就越好。

表 11.20　T300CF/PSEA-M 和 T300CF/PSA-M 复合材料的力学性能

树脂	弯曲强度/MPa	弯曲模量/GPa	层间剪切强度/MPa
T300CF/PSA-M	281.5±13.6	36.8±1.4	16.5±0.5
T300CF/PSEA-M12	374.4±28.7	42.5±0.4	20.1±1.3
T300CF/PSEA-M22	420.4±27.2	43.0±1.9	26.7±0.5
T300CF/PSEA-M32	595.1±16.3	52.2±2.3	36.5±2.1

图 11.18 为 T300CF/PSEA-M 树脂复合材料断面 SEM 图，从图中可以看出，T300CF/PSEA-M 复合材料中纤维间黏附着大量的树脂，树脂对纤维的包覆程度均较好，这说明 PSEA-M 树脂与碳纤维的黏结性能优良。

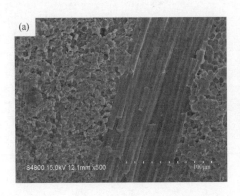

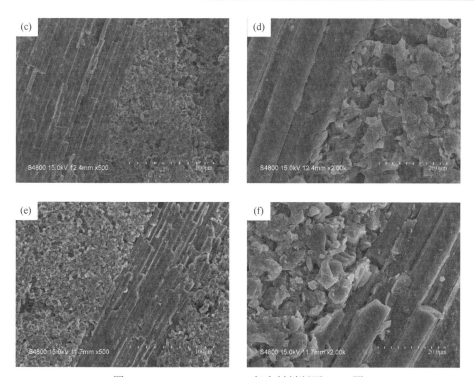

图 11.18　T300CF/PSEA-M 复合材料断面 SEM 图

(a, b) T300CF/PSEA-M12（×500, ×2000）；(c, d) T300CF/PSEA-M22
（×500, ×2000）；(e, f) T300CF/PSEA-M32（×500, ×2000）

图 11.19 为 T300CF/PSEA-M 复合材料的 DMA 曲线，从图中可以看出三种 T300CF/PSEA-M 复合材料随着温度的升高，储能模量的变化小，且在室温～450℃，T300CF/PSEA-M 复合材料的损耗正切 tanδ 均没有出现损耗峰，说明 T300CF/PSEA-M 复合材料在 50～450℃未发生玻璃化转变。

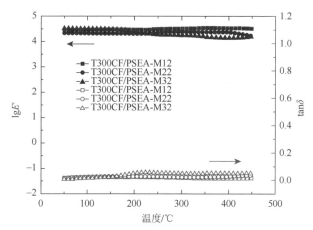

图 11.19　T300CF/PSEA-M 复合材料的 DMA 曲线

2. 不同分子量二甲基硅芳醚芳炔树脂复合材料性能

1）T300CF/PSEA-M 树脂复合材料的力学性能

T300CF/PSEA-M 和 T300CF/PSA-M 复合材料的力学性能列于表 11.21。从表中可以看出，T300CF/PSEA-M21 复合材料与 T300CF/PSA-M 复合材料相比，其力学性能均有大幅度的提升。室温时，T300CF/PSEA-M22 复合材料的弯曲强度和层间剪切强度分别为 573.8MPa 与 29.3MPa，相比 T300CF/PSA-M 复合材料的弯曲强度和层间剪切强度分别约提高了 104% 和 77.6%；450 ℃ 时，T300CF/PSEA-M22 的弯曲强度和层间剪切强度分别为 252.8MPa 与 12.3MPa。不难看出，T300CF/PSEA-M22 复合材料的室温、高温力学性能均高于 PSEA-M21 复合材料，即随树脂分子量的升高，复合材料的性能也有较大幅度的提高。

表 11.21　T300CF/PSEA-M 和 T300CF/PSA-M 复合材料的室温、高温力学性能

测试条件	复合材料	弯曲强度/MPa	弯曲模量/GPa	层间剪切强度/MPa
室温	T300CF/PSA-M	281.5±13.6	36.8±1.4	16.5±0.5
	T300CF/PSEA-M21	497.4±23.7	46.6±1.1	25.8±1.2
	T300CF/PSEA-M22	573.8±22.7	54.4±0.8	29.3±0.4
250℃	T300CF/PSA-M	250.0±4.1	47.7±2.0	11.5±0.1
	T300CF/PSEA-M21	341.0±8.6	39.6±1.1	20.2±0.5
	T300CF/PSEA-M22	366.0±12.8	39.5±1.9	21.1±0.4
450℃	T300CF/PSA-M	154.3±6.5	32.3±1.0	8.5±0.3
	T300CF/PSEA-M21	200.0±6.9	24.5±0.6	11.1±0.3
	T300CF/PSEA-M22	252.8±10.8	26.7±1.2	12.3±0.2

利用 SEM 观察 T300CF/PSEA-M 和 PSA-M 复合材料的微观形貌，结果如图 11.20 所示，由图 11.20(a) 与图 11.20(c) 可以看出，在 T300 碳纤维表面黏结有部分 PSA-M 树脂，PSA 树脂包埋碳纤维的程度较小，说明 PSA 树脂与碳纤维的黏结性能较差；由图 11.20(b) 与图 11.20(d) 可以看出，在 T300 碳纤维表面黏结有大量的 PSEA-M22 树脂，PSEA-M22 树脂在碳纤维表面基本为覆盖状态，树脂包埋纤维的程度大，说明树脂与碳纤维的黏结性能很好。由图 11.20(e) 可以看出，T300CF/PSA-M 失效断面很少有树脂黏结在碳纤维表面，这说明在应力作用下，T300CF/PSA-M 界面容易脱胶，树脂将应力传递给增强体的有效性不高，导致复合材料易失效，力学强度较低。由图 11.20(f) 可以看出，T300CF/PSEA-M22 失效断面仍有大量的树脂包埋和填充在碳纤维间，这说明在应力作用下，T300CF/

PSEA-M22 复合材料不容易脱胶，树脂能够将应力有效地传递给增强体，使得复合材料失效时拥有较强的力学强度，这可能是 PSEA-M22 树脂中极性醚键的引入，增强了树脂与碳纤维的黏结性能，使得 PSEA-M22 树脂能够将应力有效地传递给碳纤维，从而使复合材料的力学性能有了较大幅度的提高。

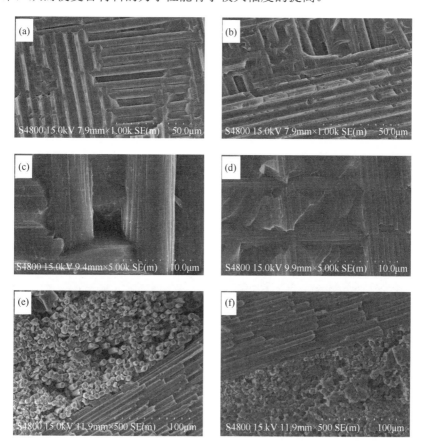

图 11.20   T300CF/PSA-M 和 T300CF/PSEA-M 复合材料的剖面和断面 SEM 图

(a, c) T300CF/PSA-M 剖面 (×1000, ×5000)；(e) T300CF/PSA-M 断面 (×500)；(b, d) T300CF/PSEA-M22 剖面 (×1000, ×5000)；(f) T300CF/PSEA-M22 断面 (×500)

2) QF/PSEA-M 树脂复合材料的力学性能

不同配比的 PSEA-M 树脂和 PSA-M 树脂的石英纤维布增强复合材料的力学性能列于表 11.22。从表中可以看出，QF/PSEA-M22 复合材料相比 QF/PSA-M 复合材料力学性能均有一定程度的提升。室温时，QF/PSEA-M22 的弯曲强度和层间剪切强度分别为 351.0MPa 与 30.6MPa，相比 QF/PSA-M 复合材料的弯曲强度和层间剪切强度分别提高了 42.1%和 60.2%；450℃时，QF/PSEA-M22 复合材料的弯曲强度和层间剪切强度分别为 181.8MPa 与 12.5MPa，相比 QF/PSA-M 分

别提高了 12.9%和 21.4%。QF/PSEA-M21 复合材料的弯曲强度和层间剪切强度比
QF/PSEA-M22 复合材料要低，说明含硅芳炔树脂分子主链引入柔性和极性的醚键
后，其石英纤维增强复合材料的力学性能得到了一定程度的提升。

表 11.22   QF/PSEA-M 和 QF/PSA-M 复合材料的室温和 450℃高温力学性能

测试温度/℃	树脂	弯曲强度/MPa	弯曲模量/GPa	层间剪切强度/MPa
	QF/PSA-M	247.0±13.0	20.2±0.9	19.1±0.7
室温	QF/PSEA-M21	309.0±9.0	21.0±1.6	27.3±1.4
	QF/PSEA-M22	351.0±17.0	21.6±0.4	30.6±0.7
	PSA-M	161.0±8.0	19.5±1.4	10.3±0.6
450	PSEA-M21	169.5±9.5	15.9±1.2	11.2±0.8
	PSEA-M22	181.8±7.1	18.2±1.0	12.5±0.4

11.4.2   甲基苯基硅芳醚芳炔树脂复合材料的性能

1. 力学性能[2]

表 11.23 为 T300CF/PSEA-P 复合材料的力学性能。从表中可以发现，T300CF/
PSEA-P 复合材料的力学性能优异。T300CF/PSEA-P32 复合材料弯曲强度和层间
剪切强度分别为 766.1MPa 和 43.9MPa。

表 11.23   T300CF/PSEA-P 复合材料的力学性能

树脂	弯曲强度/MPa	弯曲模量/GPa	层间剪切强度/MPa
PSEA-P22	518.0±54.8	51.4±4.9	30.8±2.7
PSEA-P32	766.1±62.4	58.3±2.8	43.9±3.6

对甲基苯基硅芳醚芳炔树脂复合材料进行 SEM 观察，图 11.21 为 T300CF/
PSEA-P 树脂复合材料的 SEM 图，从图中可以看出，PSEA-P 树脂与碳纤维之间
也有很好的黏结，两种 T300CF/PSEA-P 树脂复合材料的断面上，碳纤维间黏结大
量的树脂，树脂对纤维的包覆程度高，这说明 PSEA-P 树脂与碳纤维的黏结性能
优良。

2. 耐热性能[5]

图 11.22 为 T300CF/PSEA-P 复合材料的 DMA 曲线，从图中可以看出
T300CF/PSEA-P 复合材料随着温度的升高，储能模量出现先下降后上升的趋势，

这与树脂的次级松弛有关。从图中也可以发现，在室温～450℃，两种 T300CF/PSEA-P 复合材料的损耗正切 tanδ 均没有出现强损耗峰,说明两种 T300CF/PSEA-P 复合材料均未出现玻璃化转变。

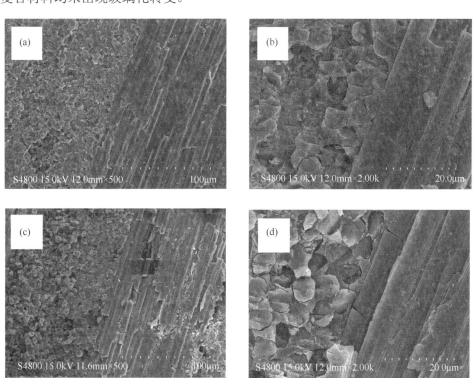

图 11.21　T300CF/PSEA-P 复合材料断面 SEM 图

(a, b) T300CF/PSEA-P22 (×500, ×2000)；　(c, d) T300CF/PSEA-P32 (×500, ×2000)

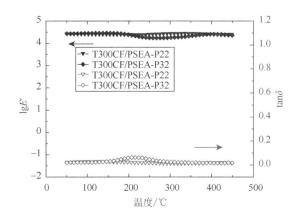

图 11.22　T300CF/PSEA-P 复合材料的 DMA 曲线

参 考 文 献

[1] 陈会高.主链含苯醚结构硅芳炔树脂及其复合材料研究. 上海：华东理工大学，2016.

[2] 牛奇.含硅芳醚芳炔树脂及其复合材料的制备和性能研究. 上海：华东理工大学，2019.

[3] Xin H，Chen H，Lu J，et al. The synthesis and characterization of a heat-resistant Si-containing aryl ether arylacetylene resin. Advanced Materials Proceedings，2017，2(12)：783-788.

[4] Chen H，Xin H，Lu J，et al. Synthesis and properties of poly(dimethylsilyene-ethynylenephenoxy phenoxyphenylene-ethynylene). High Performance Polymers，2017，29(5)：595-601.

[5] 牛奇，唐均坤，李传，等. 新型含甲基苯基硅芳醚芳炔树脂的制备与性能. 航空材料学报，2019，39(3)：69-74.

第12章

共聚硅芳炔树脂的合成与性能

12.1 共聚硅芳炔树脂的合成

共聚硅芳炔树脂的结构组成见表 12.1，其合成途径如下[1-3]：

$$\text{HC}\equiv\text{C}-\text{C}_6\text{H}_4-\text{C}\equiv\text{CH} \xrightarrow{\text{EtMgBr}} \text{BrMgC}\equiv\text{C}-\text{C}_6\text{H}_4-\text{C}\equiv\text{CMgBr}$$

表 12.1 共聚硅芳炔树脂的结构组成

树脂	i	R_1	R_2	R′	R″
PSA-M-*co*-O I	1	—CH$_3$	—CH$_3$		
PSA-M-*b*-O I	1	—CH$_3$	—CH$_3$		
PSA-M-*co*-O II	2	—CH$_3$	—CH$_3$		

续表

树脂	i	R_1	R_2	R'	R''
PSA-H-*co*-O Ⅰ	1	—CH$_3$	—H		
PSA-V-*co*-O Ⅰ	1	—CH$_3$	—CH=CH$_2$		
PSA-Ph-*co*-O Ⅰ	1	—CH$_3$	—Ph		
PSA-Ph2-*co*-O Ⅰ	1	—Ph	—Ph		
PSA-H-*co*-OⅣ	4	—CH$_3$	—H		
PSA-M-*b*-H	0	—CH$_3$	—CH$_3$	—CH$_3$	—H

注：结构参数与上述分子结构相对应。

12.1.1 无规共聚硅芳炔树脂的合成

1. 硅烷间/对(m/p)芳炔共聚树脂的合成

在水浴冷却下，通过恒压漏斗向制备好的二乙炔基苯格氏试剂中，缓慢加入 5.16g(0.04mol) 二氯二甲基硅烷和 40mL 四氢呋喃的混合溶液，滴加时间约为 1.0h。滴加完毕后，70℃保温 2.0h，此时反应溶液呈黄绿色。将装置改为蒸馏装置，在 80℃蒸馏回收四氢呋喃，经过 0.5~1.0h 蒸馏，回收的四氢呋喃占总投入量的 70%~80%。蒸馏完毕，冷却至 40℃左右，加入 100mL 甲苯，再加 2.4g 乙酸进行终止，加入 0.02mol 稀盐酸，搅拌约 0.5h，用去离子水将溶液洗至中性，分离出有机相，加入无水 Na$_2$SO$_4$ 干燥，过滤，减压蒸馏去除溶剂，最终得到红棕色固态树脂，实际产率为 85%~90%。

在实验过程中，通过改变间二乙炔基苯与对二乙炔基苯的用量，制备硅烷对芳炔-硅烷间芳炔共聚树脂，间二乙炔基苯与对二乙炔基苯用量如表 12.2 所示。

表 12.2 间二乙炔基苯与对二乙炔基苯用量

树脂	$n_{m\text{-DEB}}$/mol	$n_{p\text{-DEB}}$/mol	$n_{m\text{-DEB}}$/g	$n_{p\text{-DEB}}$/g
PSA-M-*m*	0.060	0	7.560	0
PSA-M-*m*$_9$*p*$_1$	0.054	0.006	6.804	0.756
PSA-M-*m*$_3$*p*$_1$	0.045	0.015	5.670	1.890
PSA-M-*m*$_1$*p*$_1$	0.030	0.030	3.780	3.780
PSA-M-*m*$_1$*p*$_3$	0.015	0.045	1.890	5.670
PSA-M-*m*$_1$*p*$_9$	0.006	0.054	0.756	6.804
PSA-M-*p*	0	0.060	0	7.560

将全部采用间二乙炔基苯合成得到的含硅芳炔树脂记为 PSA-M-*m*；将采用

间、对二乙炔基苯(m-DEB：p-DEB = 9：1)合成得到的硅烷对芳炔-硅烷间芳炔共聚树脂记为 PSA-M-m_9p_1；将采用间、对二乙炔基苯(m-DEB：p-DEB = 3：1)合成得到的硅烷对芳炔-硅烷间芳炔共聚树脂记为 PSA-M-m_3p_1；将采用间、对二乙炔基苯(m-DEB：p-DEB = 1：1)合成得到的硅烷对芳炔-硅烷间芳炔共聚树脂记为 PSA-M-m_1p_1；将采用间、对二乙炔基苯(m-DEB：p-DEB = 1：3)合成得到的硅烷对芳炔-硅烷间芳炔共聚树脂记为 PSA-M-m_1p_3；将采用间、对二乙炔基苯(m-DEB：p-DEB = 1：9)合成得到的硅烷对芳炔-硅烷间芳炔共聚树脂记为 PSA-M-m_1p_9；将全部采用对二乙炔基苯合成得到的含硅芳炔树脂记为 PSA-M-p。

2. 硅烷与二硅氧烷共聚芳炔树脂的合成

在冰水浴冷却下将二氯硅烷(0.03mol)与四氢呋喃 15mL 的混合溶液缓慢滴加到间二乙炔基苯格氏试剂(0.06mol)中，滴加时间约 30min，滴加完后加热(75℃)约 1h；冷却至室温后，继续向四口烧瓶中缓慢滴加二氯四甲基二硅氧烷 4.87g(0.024mol)和四氢呋喃 15mL 的混合溶液，70℃保温回流 2h，此时反应溶液呈灰绿色。将装置改为蒸馏装置，蒸除溶剂四氢呋喃。冷却至室温后，在冰水浴冷却下，加入乙酸 3.60g(0.06mol)和甲苯 50mL 的混合溶液，搅拌充分后，再缓慢滴加 2%稀盐酸溶液；将溶液转移到 500mL 分液漏斗中，分离水相，取有机相，用去离子水洗至中性，分离出上层有机相，加入无水 Na$_2$SO$_4$ 干燥。过滤，减压蒸馏除去溶剂，得到橙(红)色胶状固体产物，产率为 73%～86%。

加入不同的二氯硅烷，如二氯甲基硅烷 3.45g(0.03mol)或二氯二甲基硅烷 3.87g(0.03mol)或二氯甲基乙烯基硅烷 4.23g(0.03mol)或二氯甲基苯基硅烷 5.73g(0.03mol)或二氯二苯基硅烷 3.45g(0.03mol)，可制得不同结构的共聚树脂。将二氯甲基硅烷、二氯二甲基硅烷、二氯甲基乙烯基硅烷、二氯甲基苯基硅烷、二氯二苯基硅烷与二氯四甲基二硅氧烷共聚的含硅芳炔树脂依次命名为 PSA-H-co-OⅠ、PSA-M-co-OⅠ、PSA-V-co-OⅠ、PSA-Ph-co-OⅠ、PSA-Ph2-co-OⅠ。

3. 甲基硅烷与多硅氧烷共聚芳炔树脂的合成

1) 甲基硅烷与二硅氧烷共聚芳炔树脂的合成

以甲基硅烷与二硅氧烷共聚芳炔树脂 PSA-H-co-OⅠiii为例，介绍甲基硅烷与二硅氧烷共聚芳炔树脂 PSA-H-co-OⅠ的合成方法。

在冰水浴条件下，向制备好的间二乙炔基苯格氏试剂 0.053mol 中滴加二氯甲基硅烷(DCMS)2.76g(0.024mol)和四氢呋喃 20mL 的混合溶液，滴完后在 40℃和 70℃各保温 1h。冷却至室温后，继续向四口烧瓶中缓慢滴加二氯四甲基二硅氧烷(DCTMDS)4.87g(0.024mol)和四氢呋喃 20mL 的混合溶液，70℃保温回流 2h，此时反应溶液呈灰绿色。将装置改为蒸馏装置，蒸除溶剂四氢呋喃。冷却至室温后，在冰水浴冷却下，加入乙酸 3.60g(0.06mol) 和甲苯 50mL 的混合溶液，搅拌充分后，再缓慢滴加 2%稀盐酸溶液；滴加完后将溶液转移到 500mL 分液漏斗中，静置后分离出水相，取有机相用去离子水洗至中性，分离出上层有机相，加入无水 Na$_2$SO$_4$ 干燥。过滤，减压蒸馏出溶剂得到产物。产物为橙红色黏稠液体，产率为 86%。

实验过程中，通过调节 DCMS 和 DCTMDS 的摩尔比制备系列含硅氢基团的二硅氧烷芳炔树脂 PSA-H-*co*-O I i~v，二者的用量如表 12.3 所示。合成产率为 84%~89%。

表 12.3   合成 PSA-H-*co*-O I 树脂的 DCMS 和 DCTMDS 的用量

树脂	DCMS/mol	DCTMDS/mol
PSA-H-*co*-O I i	0.00	0.048
PSA-H-*co*-O I ii	0.012	0.036
PSA-H-*co*-O I iii	0.024	0.024
PSA-H-*co*-O I iv	0.036	0.012
PSA-H-*co*-O I v	0.048	0.00

2) 甲基硅烷与五硅氧烷共聚芳炔树脂的合成

以甲基硅烷与五硅氧烷共聚芳炔树脂 PSA-H-*co*-OIViii 为例，介绍甲基硅烷与五硅氧烷共聚芳炔树脂的合成方法。在冰水浴条件下，向制备好的间二乙炔基苯格氏试剂 0.053mol 中滴加 DCMS 2.76g(0.024mol) 和四氢呋喃 20mL 的混合溶液，滴完后在 40℃和 70℃各保温 1h。冷却至室温后，继续向四口烧瓶中缓慢滴加 1,9-二氯十甲基五硅氧烷(DCDMPS) 4.87g(0.024mol) 和四氢呋喃 20mL 的混合溶液，70℃保温回流 2h，此时反应溶液呈灰绿色。将装置改为蒸馏装置，蒸除溶剂四氢呋喃。冷却至室温后，在冰水浴冷却下，加入乙酸 3.60g(0.06mol) 和甲苯 50mL 的混合溶液，搅拌充分后，再缓慢滴加 2%稀盐酸溶液；将溶液转移到 500mL 分液漏斗中，静置后分离水相，取有机相用去离子水洗至中性，分离出上层有机相，加入无水 Na$_2$SO$_4$ 干燥。过滤，减压蒸馏出溶剂得到产物。产物为橙红色黏稠液体，产率为 86%。

通过调节 DCMS 和 DCDMPS 的摩尔比制备系列含硅氢基团的五硅氧烷芳炔树脂 PSA-H-*co*-OIVi~v，二者的用量如表 12.4 所示，合成产率为 84%~89%。

表 12.4   合成 PSA-H-*co*-OIV树脂的 DCMS 和 DCDMPS 的用量

树脂	DCMS/mmol	DCDMPS/mmol
PSA-H-*co*-OIVi	0.00	45.00
PSA-H-*co*-OIVii	11.30	33.80

续表

树脂	DCMS/mmol	DCDMPS/mmol
PSA-H-*co*-OIViii	22.50	22.50
PSA-H-*co*-OIViv	33.80	11.30
PSA-H-*co*-OIVv	45.00	0.00

12.1.2　嵌段共聚硅芳炔树脂的合成

1. 硅烷芳炔-硅氧烷芳炔嵌段共聚树脂的合成

1)硅烷芳炔-二硅氧烷芳炔嵌段共聚树脂(PSA-M-*b*-OⅠ)的合成

反应装置为带有搅拌器、冷凝管、恒压漏斗和热电偶(温度计)的四口烧瓶，在加热条件下抽排反应装置，反复三遍，以除尽装置内的水分和空气，最后通氮气保护，以备使用。合成反应将在两套装置中同时进行。

装置 1：在 500mL 四口烧瓶中加入镁粉 6.00g(0.25mol)和四氢呋喃 40mL，搅拌均匀，在氮气气氛下，滴加溴乙烷 25.92g(0.24mol)与四氢呋喃 50mL 的混合溶液，当溶液颜色由无色变为灰色，同时体系温度持续上升，即可认为格氏反应已经引发，此时停止滴加溴乙烷，同时用冰水浴冷却反应体系。当体系温度降低至 15℃以下时，缓慢滴加剩余的溴乙烷溶液，过程中反应溶液的温度保持在 15～28℃。滴加完毕后，将体系升至 45℃并保温 1h。在冰水浴冷却下滴加间二乙炔基苯 15.12g(0.12mol)与四氢呋喃 50mL 的混合溶液，滴加完后加热回流(67℃)1h，冷却后得到二乙炔基苯格氏试剂。在冰水浴下向其中滴加 1,3-二氯四甲基二硅氧烷 16.24g(0.08mol)与四氢呋喃 50mL 的混合溶液，滴加完后加热回流(67℃)2h，得到大单体格氏试剂 P_1[4]。

装置 2：在 250mL 四口烧瓶中加入镁粉 2.16g(0.09mol)和四氢呋喃 40mL，搅拌均匀，在氮气气氛下，滴加溴乙烷 8.64g(0.08mol)与四氢呋喃 50mL 的混合溶液，当溶液颜色由无色变为灰色，同时体系温度持续上升，即可认为格氏反应已经引发，此时停止滴加溴乙烷，同时用冰水浴冷却反应体系。当体系温度降低至 15℃后，缓慢滴加剩余的溴乙烷溶液，过程中反应溶液温度保持在 15～28℃。滴加完毕后，将体系保温(45℃)1h。在冰水浴冷却下滴加间二乙炔基苯 5.04g(0.04mol)与四氢呋喃 50mL 的混合溶液，滴加完后加热回流(67℃)1h，得到二乙炔基苯格氏试剂。在冰水浴冷却下向其中滴加二氯二甲基硅烷 7.74g(0.06mol)与四氢呋喃 50mL 的混合溶液，滴加完后加热回流(67℃)2h。得到大单体氯硅烷 P_2。

将 P_2 缓慢滴加到装置 P_1 的反应体系中，滴完后加热回流(67℃)约 2h。将装置改为蒸馏装置，蒸除四氢呋喃，并冷却至室温后，在冰水浴冷却下，加入乙酸3g 和甲苯 100mL 的混合溶液，滴加 2%稀盐酸溶液 72mL，分离、水洗后，加入无水硫酸钠干燥。过滤，减压蒸出溶剂，得到红黑色的黏稠液体，即嵌段共聚树脂 PSA-M-b-OI，产率约为 91%。

2) 硅烷芳炔-三硅氧烷芳炔嵌段共聚树脂(PSA-M-b-OⅡ)的合成

反应装置为带有搅拌器、冷凝管、恒压漏斗和热电偶的四口烧瓶，在加热条件下抽排装置，反复三遍，以除尽装置内的水分和空气，最后通氮气保护，以备使用。合成反应将在两套装置中同时进行。

装置 1：在 500mL 四口烧瓶中加入镁粉 6.00g(0.25mol)和四氢呋喃 40mL，搅拌均匀，在氮气气氛下，滴加溴乙烷 25.92g(0.24mol)与四氢呋喃 50mL 的混合溶液，当溶液颜色由无色变为灰色，同时体系温度持续上升，即可认为格氏反应已经引发，此时停止滴加溴乙烷，同时用冰水浴冷却反应体系。当体系温度降低至15℃后，缓慢滴加剩余的溴乙烷溶液，过程中反应溶液温度保持在 15~28℃。滴加完毕后，将体系保温(45℃)1h。在冰水浴冷却下滴加间二乙炔基苯15.12g(0.12mol)与四氢呋喃 50mL 的混合溶液，滴加完后加热回流(67℃)1h，冷却后得到二乙炔基苯格氏试剂。在冰水浴冷却下向其中滴加 1,5-二氯六甲基三硅氧烷 22.16g(0.08mol)与四氢呋喃 50mL 的混合溶液,滴加完后加热回流(67℃)2h，得到大单体格氏试剂 Q_1[4]。

装置 2：在 250mL 四口烧瓶中加入镁粉 2.16g(0.09mol)和四氢呋喃 40mL，搅拌均匀，在氮气气氛下，滴加溴乙烷 8.64g(0.08mol)与四氢呋喃 50mL 的混合溶液，当溶液颜色由无色变为灰色，同时体系温度持续上升，即可认为格氏反应已经引发，此时停止滴加溴乙烷，同时用冰水浴冷却反应体系。当体系温度降低至15℃后，缓慢滴加剩余的溴乙烷溶液，过程中反应溶液温度保持在 15~28℃。滴加完毕后，将体系保温(45℃)1h。在冰水浴下滴加间二乙炔基苯 5.04g(0.04mol)与四氢呋喃 50mL 的混合溶液，滴加完后加热回流(67℃)1h，得到二乙炔基苯格氏试剂。在冰水浴冷却下向其中滴加二氯二甲基硅烷 7.74g(0.06mol)与四氢呋喃50mL 的混合溶液，滴加完后加热回流(67℃)2h，得到大单体氯硅烷 Q_2。

将 Q_2 缓慢滴加到装置 Q_1 的反应体系中，滴完后加热回流(67℃)约 2h。将装置改为蒸馏装置，蒸除四氢呋喃，并冷却至室温后，在冰水浴冷却下，加入乙酸3g 和甲苯 100mL 的混合溶液，滴加 2%稀盐酸溶液 72mL，分离出有机相，用去离子水洗至中性，加入无水硫酸钠干燥。过滤，减压蒸出溶剂，得到红黑色的黏稠液体即嵌段共聚树脂 PSA-M-b-OⅡ，产率约为 91%。

2. 硅氢芳炔-硅烷芳炔嵌段共聚树脂(PSA-M-b-H)的合成

反应装置为带有搅拌器、冷凝管、恒压漏斗和热电偶的四口烧瓶，在加热条件下抽排装置，反复三次，以除尽装置内的水分和空气，最后通氮气保护，以备使用。合成反应将在两套装置中同时进行。

装置 1：在四口烧瓶中加入镁粉 6.00g(0.25mol)和四氢呋喃 40mL，室温下滴加溴乙烷 25.92g(0.24mol)与四氢呋喃 40mL 的混合溶液，滴加完保温(45℃)1h；在冰水浴冷却下滴加二乙炔基苯 15.12g(0.12mol)与四氢呋喃 40mL 的混合溶液，滴完加热回流(67℃)1h，在冰水浴冷却下向其中滴加二氯二甲基硅烷 10.32g(0.08mol)和四氢呋喃 40mL 的混合溶液，滴加后在 70℃下保温 2h，得到大单体格氏试剂 R_1。

装置 2：在四口烧瓶中加入镁粉 2.16g(0.09mol)和四氢呋喃 40mL，室温下滴加溴乙烷 8.64g(0.08mol)与四氢呋喃 40mL 的混合溶液，滴加完保温(45℃)1h；在冰水浴冷却下滴加二乙炔基苯 5.04g(0.04mol)与四氢呋喃 40mL 的混合溶液，滴完加热回流(67℃)1h，在冰水浴冷却下向其中滴加二氯甲基硅烷 6.90g(0.06mol)和四氢呋喃 40mL 的混合溶液，滴加后在 70℃下保温 2h。冷却至室温，得到大单体氯硅烷 R_2。

将产物 R_2 缓慢加到 R_1 反应体系中。滴完后加热(至 67℃)回流约 2h。将装置改为蒸馏装置，蒸除四氢呋喃。冷却至室温后，加入乙酸 3g 和甲苯 100mL 的混合溶液，搅拌充分后，缓慢滴加 2%稀盐酸溶液 72mL，将溶液转移到分液漏斗中，用去离子水洗至中性，分离出上层有机相，加入无水硫酸钠干燥。过滤，减压蒸馏出溶剂，得到嵌段共聚硅芳炔树脂 PSA-M-*b*-H，共得到树脂 27.14g。产率达 96%。

12.1.3　共聚硅芳炔树脂的固化

在称量瓶中称取硅芳炔共聚树脂 1.00g，用逐步升温的方法对树脂进行固化，经过固化工艺：150℃/2h + 170℃/2h + 210℃/2h + 250℃/4h + 300℃/2h，最后得到致密的棕黑色光亮固化物。

12.2　共聚硅芳炔树脂的结构表征

12.2.1　无规共聚硅芳炔树脂的结构

1. 硅烷对芳炔-硅烷间芳炔共聚树脂的结构表征[1-3]

图 12.1 为硅烷对芳炔-硅烷间芳炔共聚树脂的 ^{1}H NMR 谱图。从图中可见，化学位移 7.68～7.26ppm 之间是苯环氢的特征峰(d)，全对位结构的含硅芳炔树脂由于苯环氢处于相同的化学环境下，在此区域只出一个峰(7.26ppm 的峰为氯仿的特征峰)；间位结构的含硅芳炔树脂由于存在三种不同化学环境下的苯环氢，在此区域有三个不同的峰，并且三个峰比例为 1∶2∶1；PSA-M-m_9p_1、

PSA-M-m_3p_1、PSA-M-m_1p_1、PSA-M-m_1p_3、PSA-M-m_1p_9的苯环氢出峰位置与设计结构的理论出峰位置一致，并且树脂中间位与对位对应的苯环氢的比例与设计结构基本吻合。化学位移 0.46ppm 处的峰是—Si—CH$_3$的特征峰(c)。化学位移 3.07ppm 处的峰(b)为与间位苯环相连端炔氢的特征峰，化学位移 3.17ppm 处的峰(a)为与对位苯环相连端炔氢的特征峰。表 12.5 为硅烷对芳炔-硅烷间芳炔共聚树脂的 ^{1}H NMR 分析结果。从表中可以发现，硅烷对芳炔-硅烷间芳炔共聚树脂中两类端炔氢的比例与理论基本一致。

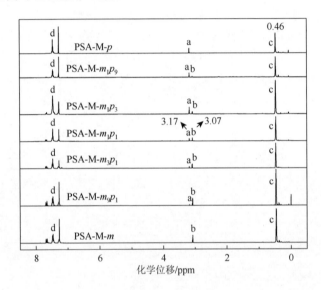

图 12.1　硅烷对芳炔-硅烷间芳炔共聚树脂的 ^{1}H NMR 谱图

表 12.5　硅烷对芳炔-硅烷间芳炔共聚树脂的 ^{1}H NMR 分析结果

树脂	氢的位置	化学位移/ppm	氢的积分面积(实测)	氢的积分面积(理论计算)
PSA-M-m	—C≡CH(b)	3.07	1	1
	CH$_3$—Si—CH$_3$	0.46	6.4	6
PSA-M-m_9p_1	—C≡CH(b)	3.07	9.8	9
	—C≡CH(a)	3.17	1	1
	CH$_3$—Si—CH$_3$	0.46	72	60
PSA-M-m_3p_1	—C≡CH(b)	3.07	3.3	3
	—C≡CH(a)	3.17	1	1
	CH$_3$—Si—CH$_3$	0.46	28	24
PSA-M-m_1p_1	—C≡CH(b)	3.07	1	1
	—C≡CH(a)	3.17	1.1	1
	CH$_3$—Si—CH$_3$	0.46	13	12

续表

树脂	氢的位置	化学位移/ppm	氢的积分面积(实测)	氢的积分面积(理论计算)
PSA-M-m_1p_3	—C≡CH(b)	3.07	1	1
	—C≡CH(a)	3.17	2.8	3
	CH₃—Si—CH₃	0.46	23.8	24
PSA-M-m_1p_9	—C≡CH(b)	3.07	1	1
	—C≡CH(a)	3.17	8.9	9
	CH₃—Si—CH₃	0.46	65	60
PSA-M-p	—C≡CH(a)	3.17	1	1
	CH₃—Si—CH₃	0.46	6.5	6

树脂的 ^{1}H NMR 谱图中各共振峰面积数据和计算结果如表 12.6 所示。从表中可以看出，各硅烷对芳炔-硅烷间芳炔共聚树脂的数均分子量相近，维持在 502～531，与实验设计的理论结构相符。

表 12.6　不同树脂的 ^{1}H NMR 谱图中各共振峰相对强度及其分子量

树脂	摩尔比 [m-DEB]∶[p-DEB]	C≡C—H (3.07 和 3.17)	Si—CH₃ (0.46)	重复单元数	$\bar{M}_n$
PSA-M-m	1∶0	1.00	6.40	2.13	514
PSA-M-m_9p_1	9∶1	1.00	6.67	2.22	531
PSA-M-m_3p_1	3∶1	1.00	6.51	2.17	522
PSA-M-m_1p_1	1∶1	1.00	6.19	2.06	502
PSA-M-m_1p_3	1∶3	1.00	6.26	2.09	506
PSA-M-m_1p_9	3∶1	1.00	6.57	2.19	525
PSA-M-p	0∶1	1.00	6.50	2.17	521

为了解间位含硅芳炔树脂与对位含硅芳炔树脂的凝聚态结构，分别对 PSA-M-mp 树脂进行了 XRD 分析，得到谱图如图 12.2 所示。从图中可见，随着对位芳炔比例的提高，树脂的结晶峰逐渐增多，且衍射峰更为尖锐，说明对位含硅芳炔树脂的结晶性要强于间位含硅芳炔树脂。

2. 不同硅烷与二硅氧烷共聚芳炔树脂的结构表征

1) 不同硅烷与二硅氧烷共聚芳炔树脂的 ^{1}H NMR 表征

图 12.3 为甲基硅烷与二硅氧烷共聚芳炔树脂(PSA-H-co-O I)的 ^{1}H NMR 谱图。从图可见，化学位移 7.69～7.22ppm 内的峰是苯环氢的特征峰，化学位移 4.60ppm 处是硅氢的特征峰，化学位移 3.08ppm 处是炔氢的特征峰，化学位移 0.53ppm 处是与 Si—H 基团直接相连的甲基氢(—SiCH₃)的特征峰，化学位移 0.38ppm 处是与

Si—O 基团直接相连的甲基氢(—SiCH₃)的特征峰。

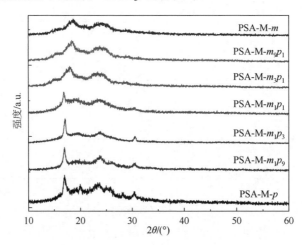

图 12.2　间对位含硅芳炔共聚树脂的 XRD 谱图

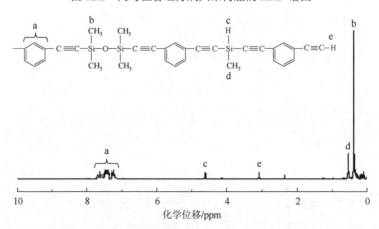

图 12.3　甲基硅烷与二硅氧烷共聚芳炔树脂的 ¹H NMR 谱图

图 12.4 为甲基乙烯基硅烷与含二硅氧烷共聚芳炔树脂(PSA-V-co-OⅠ)的 ¹H NMR 谱图。从图中可以看出,化学位移 7.85～7.18 ppm 内的共振峰是苯环氢的特征峰,化学位移 6.19～6.14ppm 内是乙烯基氢的特征峰,化学位移 3.08ppm 处是炔氢的特征峰,化学位移 0.53ppm 处是与乙烯基 Si 直接相连的甲基氢(—SiCH₃)的特征峰,化学位移 0.38ppm 处是与 Si—O 基团直接相连的甲基氢(—SiCH₃)的特征峰。

图 12.5 为二甲基硅烷与二硅氧烷共聚芳炔树脂(PSA-M-co-OⅠ)的 ¹H NMR 谱图,可见,化学位移 7.68～7.23ppm 内的多重峰是苯环氢的特征峰,化学位移 3.08ppm 处的共振峰是炔氢的特征峰,化学位移 0.46ppm 处是与 Si—C 基团直接

相连的甲基氢(—SiCH₃)的特征峰，化学位移 0.37ppm 处是与 Si—O 基团直接相连的甲基氢(—SiCH₃)的特征峰。

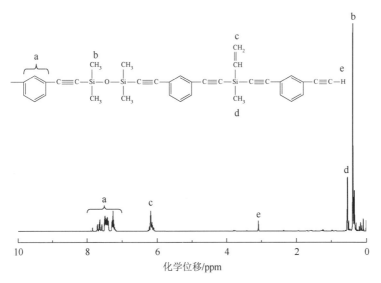

图 12.4　甲基乙烯基硅烷与二硅氧烷共聚芳炔树脂的 ¹H NMR 谱图

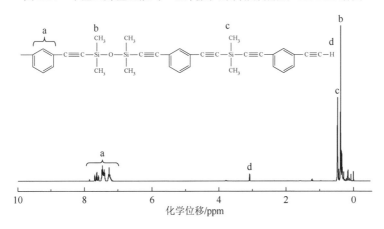

图 12.5　二甲基硅烷与二硅氧烷共聚芳炔树脂的 ¹H NMR 谱图

图 12.6 是甲基苯基硅烷与二硅氧烷共聚芳炔树脂(PSA-Ph-*co*-OⅠ)的 ¹H NMR 谱图。由图可见，化学位移 7.81～7.25ppm 内的共振峰是苯环氢的特征峰，化学位移 3.08ppm 处是炔氢的特征峰，化学位移 0.69ppm 处是与 Si—Ph 基团直接相连的甲基氢(—SiCH₃)的特征峰，化学位移 0.37ppm 处是与 Si—O 基团直接相连的甲基氢(—SiCH₃)的特征峰。

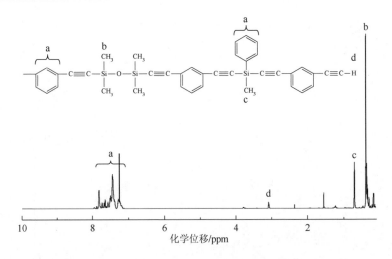

图 12.6 甲基苯基硅烷与二硅氧烷共聚芳炔树脂的 ¹H NMR 谱图

图 12.7 是二苯基硅烷与二硅氧烷共聚芳炔树脂(PSA-Ph2-*co*-O I)的 ¹H NMR 谱图。由图可见，化学位移 7.75～7.14ppm 内的共振峰(多重峰)是苯环氢的特征峰，化学位移 4.60ppm 处是硅氢的特征峰，化学位移 3.00ppm 处是炔氢的特征峰，化学位移 0.30ppm 处是与 Si—O 基团直接相连的甲基氢(—SiCH₃)的特征峰。

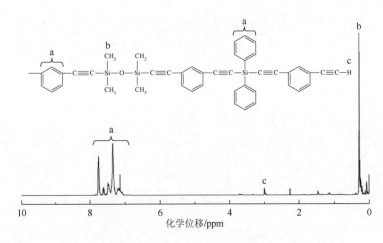

图 12.7 二苯基硅烷与二硅氧烷共聚芳炔树脂的 ¹H NMR 谱图

2)不同硅烷与二硅氧烷共聚芳炔树脂 GPC 分析

不同硅烷与二硅氧烷共聚芳炔树脂的分子量通过 GPC 来测定，测得树脂的数均分子量在 1162～1583 之间，表 12.7 中列出了系列树脂的分子量。

表 12.7　硅烷与二硅氧烷共聚芳炔树脂的 GPC 测定结果

树脂	$\bar{M}_n$	$\bar{M}_w$	PDI
PSA-H-*co*-O I	1162	1736	1.49
PSA-V-*co*-O I	1496	1988	1.33
PSA-M-*co*-O I	1437	2198	1.53
PSA-Ph-*co*-O I	1267	2283	1.80
PSA-Ph2-*co*-O I	1583	2396	1.51

3. 甲基硅烷与不同硅氧烷共聚芳炔树脂的结构表征

1) 甲基硅烷与二硅氧烷共聚芳炔树脂的表征

如前所述,通过调节二氯甲基硅烷与 1, 3-二氯四甲基二硅氧烷投料的摩尔比,可合成不同甲基硅烷与二硅氧烷共聚芳炔树脂 PSA-H-*co*-O I i～v。图 12.8 是甲基硅烷与二硅氧烷共聚芳炔树脂的 FTIR 谱图(以 PSA-H-*co*-O I iii 为例)。从图中可以看出,在 3295cm^{-1} 处强而尖的吸收峰为外炔氢的非对称伸缩振动,3069cm^{-1} 和 3067cm^{-1} 处为苯环 C—H 伸缩振动峰,2962cm^{-1} 和 2895cm^{-1} 处为—CH$_3$ 中 C—H 对称和反对称振动峰。C≡C 伸缩振动峰位于 2157cm^{-1} 处,并与 Si—H 振动峰重叠。1400～1600cm^{-1} 处为苯环 C≡C 骨架振动的吸收峰;1256cm^{-1} 处为硅甲基 Si—CH$_3$ 对称变形振动的特征吸收峰;1050cm^{-1} 处为 Si—O 伸缩振动峰。

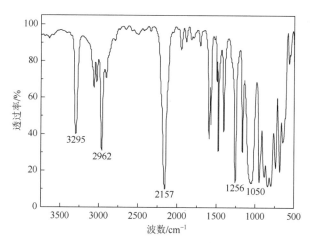

图 12.8　甲基硅烷与二硅氧烷共聚芳炔树脂 PSA-H-*co*-O I iii 的 FTIR 谱图

图 12.9 是甲基硅烷与二硅氧烷共聚芳炔树脂 PSA-H-*co*-O I i～v 的 ^{1}H NMR

谱图。从图中可以看出，CH_3—Si—CH_3 中—CH_3 的化学位移在 0.40ppm 处(d)；H—Si—CH_3 中—CH_3 的化学位移在 0.55ppm 处(c)；C≡CH 中 C—H 的化学位移在 3.09ppm 处(e)；Si—H 的化学位移在 4.62ppm 处(b)。图中由上而下，随着硅氢基团含量的增加，c 处 Si—CH_3 的共振峰出现并逐渐增强，b 处 Si—H 的共振峰出现并增强。

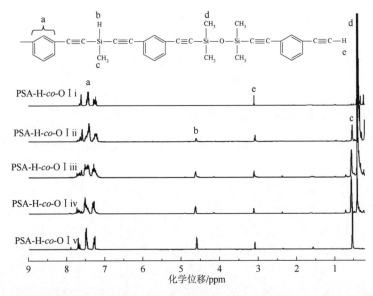

图 12.9　甲基硅烷与二硅氧烷共聚芳炔树脂 PSA-H-*co*-OⅠi~v 的 ¹H NMR 谱图

通过 GPC 测定分子量，结果如表 12.8 所示。从表中可看出，各树脂的理论分子量与 GPC 测得的数均分子量(1162~1713)有一定的差距，分子量多分散系数在 1.49~2.54 之间。

表 12.8　甲基硅烷与二硅氧烷共聚芳炔树脂 PSA-H-*co*-OⅠi~v 的分子量

树脂	计算分子量	$\bar{M}_n$ (GPC)	$\bar{M}_w$ (GPC)	PDI
PSA-H-*co*-OⅠi	2430	1563	3215	2.06
PSA-H-*co*-OⅠii	2232	1162	1736	1.49
PSA-H-*co*-OⅠiii	2034	1713	4364	2.55
PSA-H-*co*-OⅠiv	1836	1184	2617	2.21
PSA-H-*co*-OⅠv	1638	1239	2701	2.18

2) 甲基硅烷与五硅氧烷共聚芳炔树脂的表征

图 12.10 是系列甲基硅烷与五硅氧烷共聚芳炔树脂 PSA-H-*co*-OⅣi~v 的 FTIR 谱图。从图中可以看出，3295cm⁻¹ 处强而尖的吸收峰为炔氢的非对称伸缩振动，

3069cm^{-1} 和 3067cm^{-1} 处为苯环 C—H 伸缩振动峰，2962cm^{-1} 和 2895cm^{-1} 处为
—CH$_3$ 中 C—H 对称和反对称振动峰，C≡C 伸缩振动峰位于 2157cm^{-1} 处，并与
Si—H 振动峰重叠。1400～1600cm^{-1} 处为苯环 C=C 骨架振动的吸收峰；1256cm^{-1}
处为硅甲基 Si—CH$_3$ 对称变形振动的特征吸收峰；1100～1000cm^{-1} 处为 Si—O 伸
缩振动峰。由图可以看出，自上而下，随着甲基硅烷共聚组分含量的增加，2962cm^{-1}
和 2895cm^{-1} 处的—CH$_3$ 中 C—H 对称和反对称振动峰、1256cm^{-1} 处的硅甲基
Si—CH$_3$ 对称变形振动的特征吸收峰和 1100～1000cm^{-1} 内的 Si—O 伸缩振动峰逐
渐减弱，而在 2156cm^{-1} 处的 Si—H 振动吸收峰逐渐增强。

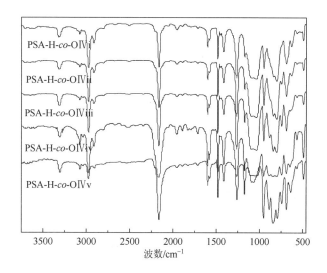

图 12.10　甲基硅烷与五硅氧烷共聚芳炔树脂 PSA-H-*co*-OIV i～v 的 FTIR 谱图

图 12.11 是甲基硅烷与五硅氧烷共聚芳炔树脂 PSA-H-*co*-OIV i～v 的 ^{1}H
NMR 谱图。从图中可以看出，O—Si(CH$_3$)$_2$ 中—CH$_3$ 的化学位移在 0.12～0.42ppm；
H—Si—CH$_3$ 中—CH$_3$ 的化学位移在 0.56ppm 处；C≡CH 中 C—H 的化学位移在
3.10ppm 处；Si—H 的化学位移在 4.60ppm 处。由图可以看出，自上而下，随着
硅氢共聚组分含量的增加，C 处—CH$_3$ 共振峰和 B 处 Si—H 共振峰出现并逐渐
增强。

12.2.2　嵌段共聚硅芳炔树脂的结构

1. 硅烷芳炔-硅氧烷芳炔嵌段共聚树脂的结构表征

1) 硅烷芳炔-二硅氧烷芳炔嵌段共聚树脂的结构表征

图 12.12 是硅烷芳炔-二硅氧烷芳炔嵌段共聚树脂 PSA-M-*b*-O I 的 FTIR 谱图。

3296cm⁻¹ 处是炔氢的非对称伸缩振动峰；2962cm⁻¹ 处是—CH₃ 的非对称伸缩振动峰；2157cm⁻¹ 处强而尖的峰是—C≡C—的伸缩振动峰；1592cm⁻¹ 和 1497cm⁻¹ 处是苯环 C═C 骨架振动的吸收峰；1257cm⁻¹ 处为 Si—CH₃ 对称变形振动的吸收峰；1045cm⁻¹ 处出现的强吸收峰为 Si—O—Si 的特征吸收峰；794cm⁻¹ 处是苯环上间位取代的特征峰。由此可见，合成树脂与设计树脂的结构相符。

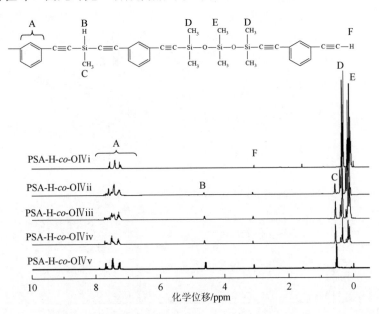

图 12.11　甲基硅烷与五硅氧烷共聚芳炔树脂 PSA-H-*co*-OⅣi～v 的 ¹H NMR 谱图

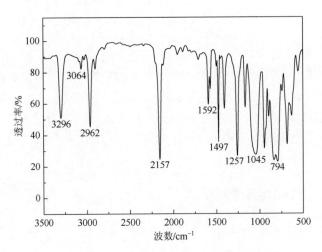

图 12.12　硅烷芳炔-二硅氧烷芳炔嵌段共聚树脂的 FTIR 谱图

图 12.13 是 PSA-M-*b*-O I 的 ^{1}H NMR 谱图。从图中可见，化学位移 7.70～7.26ppm 处多重峰是苯环氢的特征峰，化学位移 0.46ppm 处的峰（c 处）是 Si—CH$_3$ 的特征峰，化学位移 0.37ppm 的峰（b 处）是 O—Si(CH$_3$)$_2$—C≡的特征峰，化学位移位于 3.07ppm 的峰（a 处）为端炔氢的特征峰。各个位置峰的积分面积比与设计结构的理论值基本一致。

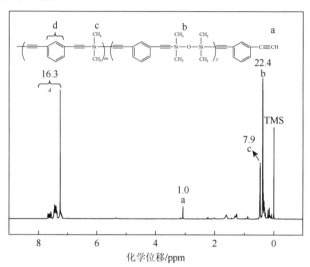

图 12.13　硅烷芳炔-二硅氧烷芳炔嵌段共聚树脂的 ^{1}H NMR 谱图

通过 GPC 测试 PSA-M-*b*-O I 分子量及其分布，测得 PSA-M-*b*-O I 树脂的数均分子量 $\bar{M}_n$ 为 3116，重均分子量 $\bar{M}_w$ 为 6284，分子量多分散系数为 2.02。

2）硅烷芳炔-三硅氧烷芳炔嵌段共聚树脂的结构表征

图 12.14 是硅烷芳炔-三硅氧烷芳炔嵌段共聚树脂 PSA-M-*b*-O II 的 FTIR 谱图。

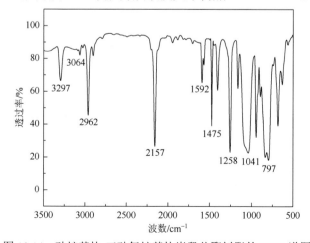

图 12.14　硅烷芳炔-三硅氧烷芳炔嵌段共聚树脂的 FTIR 谱图

3297cm^{-1} 处是炔氢的非对称伸缩振动峰；2962cm^{-1} 处是—CH$_3$ 的非对称伸缩振动峰；2157cm^{-1} 处强而尖的峰是—C≡C—的伸缩振动峰；1592cm^{-1} 和 1475cm^{-1} 处是苯环 C=C 骨架振动的吸收峰；1258cm^{-1} 处为 Si—CH$_3$ 对称变形振动的吸收峰；1041cm^{-1} 处出现的强吸收峰为 Si—O—Si 的特征吸收峰；797cm^{-1} 处是苯环上间位取代的特征峰。

图 12.15 是 PSA-M-b-OⅡ 的 ^{1}H NMR 图。从图中可见，化学位移 7.70～7.26ppm 内的峰是苯环氢的特征峰，化学位移 0.46ppm 的峰是 Si—CH$_3$ 的特征峰，化学位移 0.37ppm 处的峰是 O—Si(CH$_3$)$_2$—C≡的特征峰，化学位移 0.20ppm 处的峰是 O—Si(CH$_3$)$_2$—O—的特征峰，化学位移 3.07ppm 处的峰为端炔氢的特征峰。各个位置峰的积分面积与设计结构的理论值基本一致。

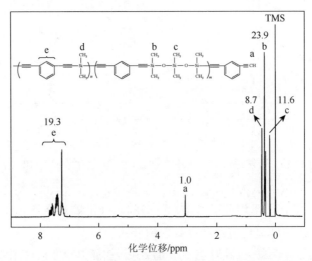

图 12.15　硅烷芳炔-三硅氧烷芳炔嵌段共聚树脂的 ^{1}H NMR 谱图

TMS 表示四甲基硅烷

通过 GPC 测定 PSA-M-b-OⅡ 的分子量及其分布，结果显示 PSA-M-b-OⅡ 树脂的数均分子量 $\bar{M}_n$ 为 2613，重均分子量 $\bar{M}_w$ 为 4662，分子量多分散系数为 1.78。通过模型化合物分子量分析与测定，证实成功合成了三嵌段结构 ABA 型的树脂。

2. 甲基硅烷芳炔-二甲基硅烷芳炔嵌段共聚树脂 PSA-M-b-H 的结构表征

1）^{1}H NMR 分析

将反应得到的大单体格氏试剂 P$_1$ 终止，得到 PSA-M 树脂；将大单体氯硅烷 P$_2$ 用苯乙炔封端，得到苯乙炔封端的 PSA-H。分别对合成得到的树脂(PSA-M，PSA-H，PSA-M-b-H)进行核磁共振分析，得到的 ^{1}H NMR 谱图如图 12.16 所示，分析结果列于表 12.9。

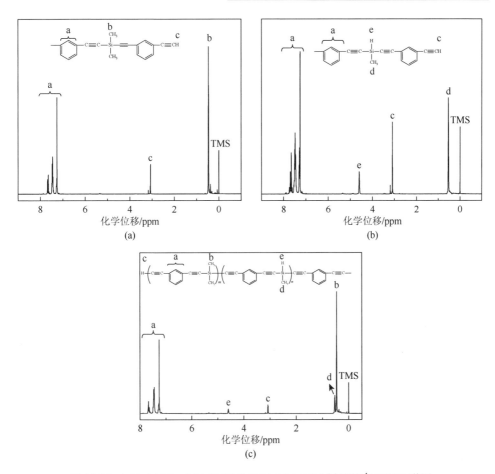

图 12.16　PSA-M(a)、PSA-H(b) 和 PSA-M-*b*-H(c) 树脂的 ¹H NMR 谱图

表 12.9　共聚硅芳炔树脂 ¹H NMR 分析结果

树脂	氢的位置	化学位移/ppm	氢的积分面积(实测)	氢的积分面积(计算)
PSA-M	CH₃—Si—CH₃	0.46	6.4	6
	—C≡CH	3.07	1	1
PSA-H	H—Si—CH₃	0.54	3.3	3
	—Si—H	4.60	1	1
	—C≡CH	3.07	1	1
PSA-M-*b*-H	CH₃—Si—CH₃	0.46	12.2	12
	H—Si—CH₃	0.54	3.8	4.5
	—Si—H	4.60	1.4	1.5
	—C≡CH	3.07	1	1

图 12.16(a)为 PSA-M 树脂的 ^{1}H NMR 谱图。从图中可见，化学位移 7.68～7.26ppm 内的是苯环氢的特征峰，化学位移 0.46ppm 处是 CH$_3$—Si—CH$_3$ 的特征峰，化学位移 3.07ppm 处为端炔氢的特征峰。从表中可见，各个特征峰的积分面积与理论值基本吻合。图 12.16(b)为含 Si—H 芳炔树脂 PSA-H 的 ^{1}H NMR 谱图。从图中可见，化学位移 7.7～7.26ppm 内是苯环氢的特征峰，化学位移 0.54ppm 处是 H—Si—CH$_3$ 的特征峰，化学位移 3.07ppm 处为炔氢的特征峰，化学位移 4.60ppm 处为 Si—H 的特征峰。从表中可见，各个特征峰的积分面积与理论值基本吻合。图 12.16(c)为 PSA-M-*b*-H 的 ^{1}H NMR 谱图。从图中可见，化学位移 7.68～7.26ppm 内是苯环氢的特征峰，化学位移 0.54ppm 处是 H—Si—CH$_3$ 特征峰，化学位移 0.46ppm 处是 CH$_3$—Si—CH$_3$ 中 C—H 的特征峰，化学位移 3.07ppm 处为炔氢的特征峰，化学位移 4.60ppm 处的为 Si—H 的特征峰。从表中可见，各个特征峰的积分面积与理论值基本吻合。

2)GPC 分析

用 GPC 分析测定 PSA-M、PSA-H 和 PSA-M-*b*-H 树脂的分子量及其分布。图 12.17 为 PSA-M、PSA-H 和 PSA-M-*b*-H 树脂的 GPC 曲线。

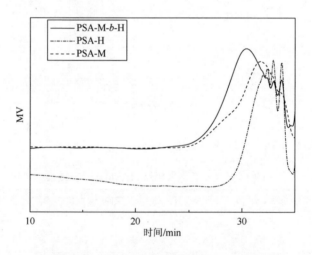

图 12.17   嵌段共聚硅芳炔树脂的 GPC 曲线

通过 GPC 测试得到 PSA-M 的 $\bar{M}_n$ 为 1828，$\bar{M}_w$ 为 2063，分子量多分散系数为 1.13；PSA-H 的 $\bar{M}_n$ 为 410，$\bar{M}_w$ 为 823，分子量多分散系数为 2.01；PSA-M-*b*-H 的 $\bar{M}_n$ 为 4025，$\bar{M}_w$ 为 6796，分子量多分散系数为 1.69。嵌段共聚树脂的分子量有明显的增大，且分子量大小与设计的三嵌段结构 ABA 相近。

12.3　共聚硅芳炔树脂的性能

12.3.1　无规共聚硅芳炔树脂的性能

1. 硅烷对芳炔-硅烷间芳炔共聚树脂的性能[1-3]

1) 硅烷对芳炔-硅烷间芳炔共聚树脂的溶解性

硅烷对芳炔-硅烷间芳炔共聚树脂在常用溶剂中的溶解性如表 12.10 所示。从表中可以看出，总体上，硅烷对芳炔-硅烷间芳炔共聚树脂具有较好的溶解性，能溶于多种常见的溶剂。随着树脂中对位结构含量的增大，含硅芳炔树脂的溶解性有所下降。PSA-M-m 能溶于四氢呋喃、氯仿、甲苯、四氯化碳等溶剂，而 PSA-M-p 则只在四氢呋喃中有较好的溶解性，在氯仿、甲苯、四氯化碳中只能微溶。

表 12.10　硅烷对芳炔-硅烷间芳炔共聚树脂在常用溶剂中的溶解性

溶剂	PSA-M-m	PSA-M-m_9p_1	PSA-M-m_3p_1	PSA-M-m_1p_1	PSA-M-m_1p_3	PSA-M-m_1p_9	PSA-M-p
THF	+	+	+	+	+	+	+
甲苯	+	+	+	+	+	±	±
四氯化碳	+	+	+	+	+	±	±
氯仿	+	+	+	+	+	±	±
丙酮	±	±	±	±	±	±	±
DMF	±	±	±	±	±	±	±
甲醇	−	−	−	−	−	−	−
石油醚	−	−	−	−	−	−	−
乙腈	−	−	−	−	−	−	−

注：+表示可溶；−表示不溶；±表示部分可溶。

2) 硅烷对芳炔-硅烷间芳炔共聚树脂的熔融温度

硅烷对芳炔-硅烷间芳炔共聚树脂在室温均为固体。利用熔点仪分别测试树脂的熔融温度，如表 12.11 所示。从表中可以看出，全对位含硅芳炔树脂加热不熔。全对位结构的 PSA-M-p 的分子链具有很强的对称性和规整性，导致树脂具有较强的结晶性，随温度的升高，树脂还没有熔化就开始固化交联。全间位含硅芳炔树脂熔融温度在 104～106℃，这是因为全间位含硅芳炔也具备一定的规整性和对称性，导致其熔融温度较高。硅烷对芳炔-硅烷间芳炔共聚树脂中对位结构越多，树脂的规整性就越好，导致树脂有较高的熔融温度，PSA-M-m_1p_9 测不出明显的熔融温度，PSA-M-m_1p_3 熔融温度在 110～116℃。另外，间对位混合的含硅芳炔树脂（PSA-M-m，PSA-M-m_9p_1，PSA-M-m_3p_1，PSA-M-m_1p_1）由于分子链中混杂着间二乙炔基苯与对二乙炔基苯结构，树脂规整性较差，其结晶性较差，从而导致树脂熔融温度比较低。

表 12.11　硅烷对芳炔-硅烷间芳炔共聚树脂（PSA-M-*mp*）熔融温度、凝胶时间
（170℃）和 DSC 分析结果

树脂	熔融温度/℃	凝胶时间/min	T_i/℃	T_p/℃	ΔH/(J/g)
PSA-M-*m*	104～106	42	172	207	395
PSA-M-*m*₉*p*₁	84～86	38	182	209	413
PSA-M-*m*₃*p*₁	83-85	36	197	225	448
PSA-M-*m*₁*p*₁	81～84	21	196	229	476
PSA-M-*m*₁*p*₃	110～116	19	208	231	575
PSA-M-*m*₁*p*₉	不熔	—	206	240	568
PSA-M-*p*	不熔	—	211	241	560

3）硅烷对芳炔-硅烷间芳炔共聚树脂的固化

a. 硅烷对芳炔-硅烷间芳炔共聚树脂的凝胶时间

凝胶时间是考察热固性树脂性能的一个重要指标。采用平板小刀法对含硅芳炔树脂的凝胶时间进行测试，结果列于表 12.11。从表中可知，在 170℃下，硅烷对芳炔-硅烷间芳炔共聚树脂的凝胶时间在 19～42min。

b. 硅烷对芳炔-硅烷间芳炔共聚树脂的固化反应

对合成得到的 PSA-M-*mp* 进行 DSC 分析，分析数据列于表 12.11。峰顶温度介于 207～241℃，放热量介于 395～575J/g。随着间位含硅芳炔比例的提高，树脂的峰顶温度也升高，树脂放热量增大。

4）硅烷对芳炔-硅烷间芳炔共聚树脂的热稳定性

通过树脂的 DSC 曲线初步确定了树脂的固化工艺：150℃/2h＋170℃/2h＋210℃/2h＋250℃/4h，对获得的 PSA-M-*mp* 树脂固化物进行了 TGA 测试。图 12.18 是 PSA-M-*mp* 固化物在氮气和空气气氛下的 TGA 曲线，TGA 数据列于表 12.12 中。从图表中可以看出，各种 PSA-M-*mp* 树脂固化物的 TGA 曲线类似，PSA-M-*p* 与 PSA-M-*m*₁*p*₉ 固化物的热稳定性能相比其他共聚树脂明显差。在氮气中 PSA-M-*m*₉*p*₁ 的 T_{d5} 和 800℃的残留率最高。PSA-M-*mp* 结构中硅原子的 3d 轨道为空轨道，其 s 电子离域后与苯环、炔键形成 s-sp 共轭体系，其 s-sp 共轭特性增强了主链上炔键的稳定性；而对位结构产生的共轭效应明显强于间位结构，因此全对位结构含硅芳炔的内炔稳定性最高，造成其内炔交联固化不完善，导致其热性能最差。从图表中还可以看出，在空气中树脂在 200℃左右均有明显增重，这是由于树脂

中不饱和键的氧化。PSA-M-*mp* 的 TGA 曲线形状基本类似，差别不大。随着对位结构比例的增大，硅烷对芳炔-硅烷间芳炔共聚树脂的抗热氧化稳定性下降。

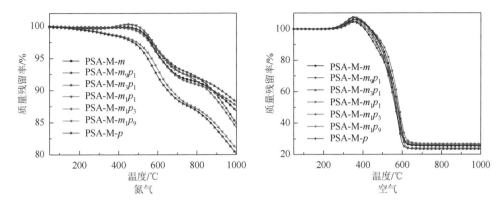

图 12.18　PSA-M-*mp* 树脂固化物在氮气和空气下的 TGA 曲线

表 12.12　**PSA-M-*mp* 树脂固化物的 TGA 数据**

树脂固化物	T_{d5}/℃		Y_{r800}/%		Y_{r1000}/%	
	氮气	空气	氮气	空气	氮气	空气
PSA-M-*m*	615	467	91.32	25.42	86.76	25.33
PSA-M-*m₉p₁*	640	454	92.05	26.15	84.78	26.09
PSA-M-*m₃p₁*	630	462	91.97	25.77	88.15	25.70
PSA-M-*m₁p₁*	637	464	91.44	26.87	84.19	26.67
PSA-M-*m₁p₃*	613	473	90.91	26.83	87.59	26.73
PSA-M-*m₁p₉*	569	445	87.17	24.01	81.11	24.00
PSA-M-*p*	548	435	86.78	23.33	80.05	23.35

2. 不同硅烷与二硅氧烷共聚芳炔树脂的性能

1）不同硅烷与二硅氧烷共聚芳炔树脂的溶解性

不同硅烷与二硅氧烷共聚芳炔树脂在常温下具有良好的溶解性能，能溶于一般的有机溶剂，如表 12.13 所示，可溶于苯、甲苯、氯仿、THF、丙酮、丁酮及 DMF 等。然而该类树脂在室温下不溶解于甲醇。

表 12.13   不同硅烷与二硅氧烷共聚芳炔树脂的溶解性

溶剂	PSA-H-co-OⅠ	PSA-V-co-OⅠ	PSA-M-co-OⅠ	PSA-Ph-co-OⅠ	PSA-Ph2-co-OⅠ
石油醚	+	+	+	+	+
苯	+	+	+	+	+
甲苯	+	+	+	+	+
氯仿	+	+	+	+	+
THF	+	+	+	+	+
丙酮	+	+	+	+	+
丁酮	+	+	+	+	+
DMF	+	+	+	+	+
甲醇	−	−	−	−	−

注：+表示可溶；−表示不溶。

2) 不同硅烷与二硅氧烷共聚芳炔树脂的玻璃化转变温度

图 12.19 是不同硅烷与二硅氧烷共聚芳炔树脂在氮气气氛下在−100～150℃以 20℃/min 的升温速率得到的 DSC 曲线。从图中可以看出，共聚芳炔树脂的玻璃化转变温度很低，PSA-H-co-OⅠ、PSA-V-co-OⅠ、PSA-M-co-OⅠ、PSA-Ph-co-OⅠ 和 PSA-Ph2-co-OⅠ 树脂的玻璃化转变温度依次为：−9.2℃、−9.4℃、−3.9℃、−4.7℃ 和−7.2℃。随着侧基的增大，共聚芳炔树脂的玻璃化转变温度依次升高。

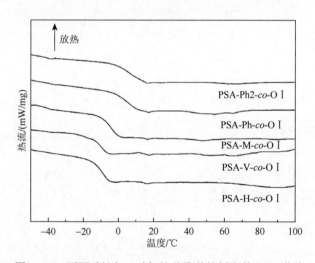

图 12.19   不同硅烷与二硅氧烷共聚芳炔树脂的 DSC 曲线

3) 不同硅烷与二硅氧烷共聚芳炔树脂的流变性能

图 12.20 是不同硅烷与二硅氧烷共聚芳炔树脂的升温流变曲线(测试条件：升温速率为 2℃/min；剪切速率为 0.01s^{-1})。表 12.14 中列出了树脂的加工窗口。从

图中可以看到，共聚树脂的黏度先下降，然后稳定在某一较低黏度，随着温度的升高，在某一较高温度下黏度骤然上升。对应树脂先熔融，后发生凝胶反应。从图中可以看出，不同硅烷与二硅氧烷共聚芳炔树脂熔融体黏度有区别，随着硅烷侧基的增大，共聚芳炔树脂的黏度逐渐升高。从图中还可以看出，PSA-H-*co*-OⅠ树脂的凝胶温度是最低的，其次是 PSA-V-*co*-OⅠ树脂，这说明 Si—H 与乙烯基参与了树脂的固化反应，提高了树脂的固化反应活性。此外，随着硅烷侧基的增大，树脂(PSA-M-*co*-OⅠ、PSA-Ph-*co*-OⅠ、PSA-Ph2-*co*-OⅠ)凝胶温度依次升高。这是由于硅烷侧基的增大对固化反应有阻碍作用。各树脂的加工窗口比较大。

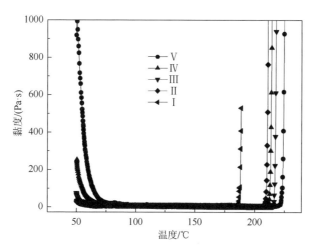

图 12.20　不同硅烷与二硅氧烷共聚芳炔树脂的黏度与温度关系

Ⅰ. PSA-H-*co*-OⅠ；Ⅱ. PSA-V-*co*-OⅠ；Ⅲ. PSA-M-*co*-OⅠ；Ⅳ. PSA-Ph-*co*-OⅠ；Ⅴ. PSA-Ph2-*co*-OⅠ

表 12.14　不同硅烷与二硅氧烷共聚芳炔树脂的流变分析结果

树脂	加工窗口/℃	加工窗宽/℃
PSA-H-*co*-OⅠ	80~162	82
PSA-V-*co*-OⅠ	61~204	143
PSA-M-*co*-OⅠ	62~214	152
PSA-Ph-*co*-OⅠ	73~209	136
PSA-Ph2-*co*-OⅠ	81~216	135

4)不同硅烷与二硅氧烷共聚芳炔树脂的热固化行为

图 12.21 为不同硅烷与二硅氧烷共聚芳炔树脂的 DSC 曲线。表 12.15 为 DSC 分析数据。从图表可以看出，树脂 PSA-H-*co*-OⅠ和 PSA-V-*co*-OⅠ的放热起始温

度较低,二者仅出现一个固化反应放热峰。这是由于树脂 PSA-H-*co*-O I 和 PSA-V-*co*-O I 中含有的 Si—H、乙烯基参与了固化反应,反应活性高。而共聚芳炔树脂 PSA-M-*co*-O I、PSA-Ph-*co*-O I、PSA-Ph2-*co*-O I 则出现两个固化反应放热峰,第一个放热峰是由树脂中内炔和外炔的交联反应而产生的;第二个放热峰是由树脂中内炔的交联反应而产生的。随着硅烷侧基的增大,芳炔树脂 PSA-M-*co*-O I、PSA-Ph-*co*-O I、PSA-Ph2-*co*-O I 的固化反应放热峰向高温移动。这可能与硅烷侧基的增大降低了共聚芳炔树脂的固化反应活性有关。

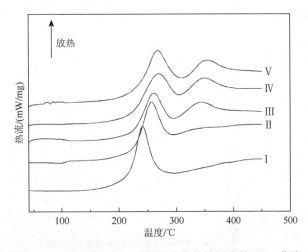

图 12.21　不同硅烷与二硅氧烷共聚芳炔树脂的 DSC 曲线

I. PSA-H-*co*-O I;Ⅱ. PSA-V-*co*-O I;Ⅲ. PSA-M-*co*-O I;Ⅳ. PSA-Ph-*co*-O I;Ⅴ. PSA-Ph2-*co*-O I

表 12.15　不同硅烷与二硅氧烷共聚芳炔树脂的 DSC 分析数据

树脂	放热峰 1				放热峰 2			
	T_i/℃	T_p/℃	T_e/℃	ΔH/(J/g)	T_i/℃	T_p/℃	T_e/℃	ΔH/(J/g)
PSA-H-*co*-O I	160	241.2	300	170.2	—	—	—	—
PSA-V-*co*-O I	195	256.8	300	131.4	—	—	—	—
PSA-M-*co*-O I	200	261.0	300	107.1	300	344.1	420	67.43
PSA-Ph-*co*-O I	205	270.0	305	124.1	305	348.3	425	71.28
PSA-Ph2-*co*-O I	205	267.9	305	134.7	305	354.0	425	67.38

5)不同硅烷与二硅氧烷共聚芳炔树脂固化物的热稳定性

图 12.22 为不同硅烷与二硅氧烷共聚芳炔树脂 PSA-H-*co*-O I、PSA-V-*co*-O I、PSA-M-*co*-O I、PSA-Ph-*co*-O I 和 PSA-Ph2-*co*-O I 固化物在氮气下的 TGA 曲线。结果表明在氮气气氛下共聚芳炔树脂固化物具有好的热稳定性。PSA-H-*co*-O I、PSA-V-*co*-O I、PSA-M-*co*-O I、PSA-Ph-*co*-O I 和 PSA-Ph2-*co*-O I 树脂固化物在

氮气下 T_{d5} 分别为 662℃、637℃、619℃、612℃和 582℃，800℃的残留率分别为 91%、90%、89%、88% 和 87%。可以看出，具有反应性侧基共聚芳炔树脂 PSA-H-*co*-OⅠ、PSA-V-*co*-OⅠ固化物的热稳定性较高，这是由于侧基参与反应交联，提高了树脂固化物的交联密度；随着侧基的增大，PSA-M-*co*-OⅠ、PSA-Ph-*co*-OⅠ和 PSA-Ph2-*co*-OⅠ树脂固化物热稳定性依次降低，一方面可能是因侧基的增大降低了树脂的反应活性，而使树脂固化物的交联密度降低；另一方面可能是侧基不稳定，易受热断裂。

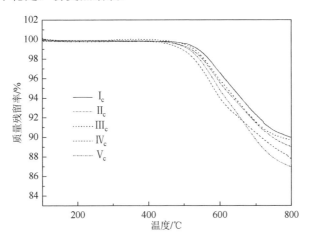

图 12.22　不同硅烷与二硅氧烷共聚芳炔树脂固化物在氮气下的 TGA 曲线

Ⅰc. PSA-H-*co*-OⅠ；Ⅱc. PSA-V-*co*-OⅠ；Ⅲc. PSA-M-*co*-OⅠ；Ⅳc. PSA-Ph-*co*-OⅠ；Ⅴc. PSA-Ph2-*co*-OⅠ

3. 甲基硅烷与二硅氧烷共聚芳炔树脂的性能

1）甲基硅烷与二硅氧烷共聚芳炔树脂的溶解性

甲基硅烷与二硅氧烷共聚芳炔树脂 PSA-H-*co*-OⅠ i~v 在常温下具有良好的溶解性能，能溶于一般的有机溶剂。树脂的溶解性能如表 12.16 所示。甲基硅烷与二硅氧烷共聚芳炔树脂 PSA-H-*co*-OⅠ i 和 PSA-H-*co*-OⅠ ii 在石油醚中的溶解性较好，但是随着甲基硅烷共聚组分含量的增加，树脂在石油醚中的溶解性变差。

表 12.16　甲基硅烷与二硅氧烷共聚芳炔树脂 PSA-H-*co*-OⅠ i~v 的溶解性能

树脂	石油醚	苯	甲苯	氯仿	THF	丙酮	丁酮	DMF	甲醇
PSA-H-*co*-OⅠ i	+	+	+	+	+	+	+	+	–
PSA-H-*co*-OⅠ ii	+	+	+	+	+	+	+	+	–
PSA-H-*co*-OⅠ iii	±	+	+	+	+	+	+	+	–
PSA-H-*co*-OⅠ iv	–	+	+	+	+	+	+	+	–
PSA-H-*co*-OⅠ v	–	+	+	+	+	+	+	+	–

注：+表示可溶；±表示部分可溶；–表示不溶。

2)甲基硅烷与二硅氧烷共聚芳炔树脂的热固化行为

图 12.23 是系列共聚芳炔树脂 PSA-H-*co*-O I i〜v 的 DSC 曲线。表 12.17 列出了 DSC 分析数据。从图表中可以看出，随着甲基硅烷含量的增加，共聚芳炔树脂 PSA-H-*co*-O I i〜v 的放热峰向低温处移动(温度位移达 47.6℃)，放热量逐渐增大，由 PSA-H-*co*-O I i 的 69.4J/g 增加到 PSA-H-*co*-O I v 的 301.1J/g。这说明硅氢基团会提高树脂的反应活性，因此在树脂固化过程中，硅氢与炔键可在较低的温度下进行加成反应。当体系中不存在硅氢基团时，其 DSC 曲线存在两个放热峰，但是随着硅氢基团含量的增加，高温处放热峰逐渐减小甚至消失。可推断共聚芳炔树脂 PSA-H-*co*-O I ii〜v 的峰 1 处为硅氢加成反应与外炔自聚交联反应的共同放热峰，峰 2 处为树脂内炔交联反应产生的放热峰，这也说明了硅氢基团可与内炔发生加成反应。

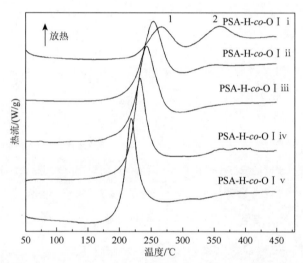

图 12.23　甲基硅烷与二硅氧烷共聚芳炔树脂 PSA-H-*co*-O I i〜v 的 DSC 曲线

表 12.17　甲基硅烷与二硅氧烷共聚芳炔树脂 PSA-H-*co*-O I i〜v 的 DSC 分析数据

树脂	T_i/℃	T_p/℃	T_e/℃	ΔH/(J/g)
PSA-H-*co*-O I i	234.8	267.2	292.8	69.4
PSA-H-*co*-O I ii	225.5	254.3	278.4	219.1
PSA-H-*co*-O I iii	221.1	243.8	271.7	243.7
PSA-H-*co*-O I iv	216.8	233.3	249.8	301.1
PSA-H-*co*-O I v	204.9	219.6	235.3	282.9

3)甲基硅烷与二硅氧烷共聚芳炔树脂固化物的热稳定性

图 12.24 是甲基硅烷与二硅氧烷共聚芳炔树脂 PSA-H-*co*-O I i〜v 固化物在氮气气氛下的 TGA 曲线。表 12.18 列出了树脂固化物的 TGA 数据。从表中可以看出，甲

基硅烷与二硅氧烷共聚芳炔树脂 PSA-H-*co*-OⅠi～v 固化物具有良好的热稳定性。在氮气气氛下，共聚芳炔树脂固化物的 T_{d5} 大于 606℃，1000℃残留率高于 85.6%。随着硅氢基团含量的增加，高温残留率 Y_{r1000} 和 T_{d5} 都有所增加，T_{d5} 由 606℃提高到 675℃，1000℃残留率由 85.6%提高到 90.9%。这是由于硅氢基团与炔键发生加成反应，提高了树脂固化物的交联密度，从而提高了树脂固化物的热稳定性。

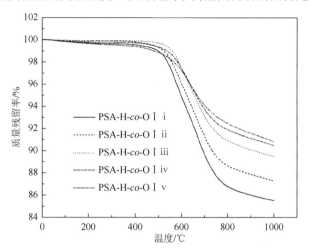

图 12.24　甲基硅烷与二硅氧烷共聚芳炔树脂 PSA-H-*co*-OⅠi～v 固化物的 TGA 曲线

表 12.18　甲基硅烷与二硅氧烷共聚芳炔树脂 **PSA-H-*co*-OⅠi～v 固化物的 TGA 数据（N₂）**

树脂	T_{d5}/℃	Y_r/%	
		800℃	1000℃
PSA-H-*co*-OⅠi	606	88.18	85.6
PSA-H-*co*-OⅠii	630	88.77	87.4
PSA-H-*co*-OⅠiii	662	91.01	89.5
PSA-H-*co*-OⅠiv	670	91.98	90.5
PSA-H-*co*-OⅠv	675	92.54	90.9

4. 甲基硅烷与五硅氧烷共聚芳炔树脂的性能

1) 甲基硅烷与五硅氧烷共聚芳炔树脂的溶解性

甲基硅烷与五硅氧烷共聚芳炔树脂 PSA-H-*co*-OⅣi～v 在常温下具有良好的溶解性，能溶于一般的有机溶剂。树脂的溶解性如表 12.19 所示。甲基硅烷与五硅氧烷共聚芳炔树脂 PSA-H-*co*-OⅣi 和 PSA-H-*co*-OⅣii 在石油醚中的溶解性较好，但是随着甲基硅烷共聚组分含量的增加，树脂在石油醚中的溶解性变差。

表 12.19   甲基硅烷与五硅氧烷共聚芳炔树脂 PSA-H-*co*-OⅣi～v 的溶解性

树脂	石油醚	苯	甲苯	氯仿	THF	丙酮	丁酮	DMF	甲醇
PSA-H-*co*-OⅣi	+	+	+	+	+	+	+	+	–
PSA-H-*co*-OⅣii	+	+	+	+	+	+	+	+	–
PSA-H-*co*-OⅣiii	±	+	+	+	+	+	+	+	–
PSA-H-*co*-OⅣiv	–	+	+	+	+	+	+	+	–
PSA-H-*co*-OⅣv	–	+	+	+	+	+	+	+	–

注：+表示可溶；±表示部分可溶；–表示不溶。

2) 甲基硅烷与五硅氧烷共聚芳炔树脂的流变行为

图 12.25 是甲基硅烷与五硅氧烷共聚芳炔树脂 PSA-H-*co*-OⅣi～v 的升温流变曲线。从图中可以看出，共聚芳炔树脂的黏度先下降，然后稳定在某一较低黏度，随着温度的升高，在某一较高温度下黏度骤然上升。对应树脂先熔融，后发生凝胶反应。从图中可以看出，随着五硅氧烷组分含量的增加，树脂加工窗口下限明显拓宽。这可能是由于五硅氧烷链段具有较好的柔性，破坏了树脂的结晶性，共聚芳炔树脂的流动活化能较低，在较低的温度下就能完全融化流动。另外，甲基硅烷与五硅氧烷共聚芳炔树脂 PSA-H-*co*-OⅣi～v 的凝胶温度分别为 164℃、178℃、198℃、218℃和252℃。可见，随着甲基硅烷组分含量的增加，甲基硅烷与五硅氧烷共聚芳炔树脂 PSA-H-*co*-OⅣi～v 的凝胶温度逐渐降低，从252℃下降到 164℃，可见甲基硅烷的引入可以降低树脂的加工温度。这也说明 Si—H 与炔键发生加成反应，提高了树脂的固化反应活性。

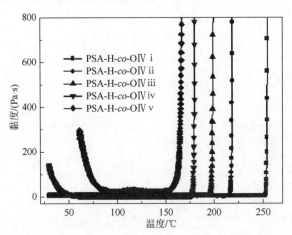

图 12.25   甲基硅烷与五硅氧烷共聚芳炔树脂 PSA-H-*co*-OⅣi～v 的升温流变曲线

3) 甲基硅烷与五硅氧烷共聚芳炔树脂的热固化行为

图 12.26 是甲基硅烷与五硅氧烷共聚芳炔树脂 PSA-H-*co*-OⅣi～v 的 DSC 曲线。

表 12.20 列出了 DSC 分析数据。从图表中可以看出共聚芳炔树脂 PSA-H-*co*-OⅣi 和 PSA-H-*co*-OⅣii 出现了两个固化反应放热峰。其中，PSA-H-*co*-OⅣi 树脂的第一个放热峰是由树脂中内炔和外炔的交联反应而产生的；第二个放热峰是由树脂中内炔的交联反应而产生的。PSA-H-*co*-OⅣii 树脂的第一个放热峰是由树脂中硅氢加成反应与炔自聚交联反应而产生的；第二个放热峰是由树脂中内炔的交联反应而产生的。PSA-H-*co*-OⅣiii～v 树脂出现一个固化反应放热峰，这是由树脂 PSA-H-*co*-OⅣiii～v 中硅氢加成反应与炔自聚交联反应而产生的。从表中可以看出，随着硅氢基团含量的增加，甲基硅烷与五硅氧烷共聚芳炔树脂 PSA-H-*co*-OⅣ 放热峰向低温处移动(位移高达 80℃)，放热量逐渐增大。这说明树脂中硅氢与炔基可在较低温度下反应。

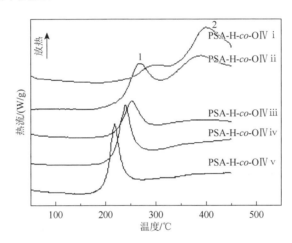

图 12.26　甲基硅烷与五硅氧烷共聚芳炔树脂 PSA-H-*co*-OⅣi～v 的 DSC 曲线

表 **12.20**　甲基硅烷与五硅氧烷共聚芳炔树脂 **PSA-H-*co*-OⅣi～v** 的 **DSC** 分析数据

树脂	放热峰 1				放热峰 2			
	T_i/℃	T_p/℃	T_e/℃	ΔH/(J/g)	T_i/℃	T_p/℃	T_e/℃	ΔH/(J/g)
PSA-H-*co*-OⅣi	249	300	328	95.5	328	400	—	—
PSA-H-*co*-OⅣii	212	269	308	139.1	308	389	—	—
PSA-H-*co*-OⅣiii	182	253	282	194.2	—	—	—	—
PSA-H-*co*-OⅣiv	176	240	274	214.2	—	—	—	—
PSA-H-*co*-OⅣv	160	220	235	282.9	—	—	—	—

4) 甲基硅烷与五硅氧烷共聚芳炔树脂固化物的热稳定性

图 12.27 是甲基硅烷与五硅氧烷共聚芳炔树脂 PSA-H-*co*-OⅣi～v 固化物在氮

气气氛下的 TGA 曲线。表 12.21 列出了 TGA 数据。从表中可以看出，树脂固化物在氮气中的 T_{d5} 在 507～675℃；1000℃的残留率在 59%～91%。随着硅氢基团含量的增加，甲基硅烷与五硅氧烷共聚芳炔树脂固化物在 1000℃的残留率从 59% 增加到 91%；引入 25%的硅氢基团，就可以使树脂固化物的 T_{d5} 从 507℃提高到 546℃。可以看出，引入硅氢基团可以大幅度提高树脂固化物的热稳定性。

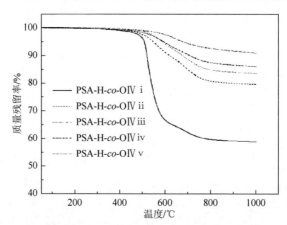

图 12.27　甲基硅烷与五硅氧烷共聚芳炔树脂 PSA-H-*co*-OⅣi～v 固化物的 TGA 曲线（N₂）

表 12.21　甲基硅烷与五硅氧烷共聚芳炔树脂 PSA-H-*co*-OⅣi～v 固化物的 TGA 数据

树脂	T_{d5}/℃		Y_{r1000}/%	
	氮气	空气	氮气	空气
PSA-H-*co*-OⅣi	507	491	59	49
PSA-H-*co*-OⅣii	546	558	80	55
PSA-H-*co*-OⅣiii	586	564	84	52
PSA-H-*co*-OⅣiv	591	572	86	45
PSA-H-*co*-OⅣv	675	554	91	31

5）甲基硅烷与五硅氧烷共聚芳炔树脂 PSA-H-*co*-OⅣi～v 固化物的热氧化稳定性

图 12.28 是甲基硅烷与五硅氧烷共聚芳炔树脂 PSA-H-*co*-OⅣi～v 固化物在空气气氛下的 TGA 曲线。从图中可以看出，树脂 PSA-H-*co*-OⅣi～v 固化物在空气中的 T_{d5} 为 491～572℃；1000℃的残留率 Y_{r1000} 为 31%～55%。随着硅氢基团含量的增加，树脂固化物在 1000℃的残留率从 55%减少到 31%。可以看出，五硅氧烷含量的增加可以提高树脂固化物的残留率。这可能是因为硅氧烷基团在氧气气氛下可生成二氧化硅。

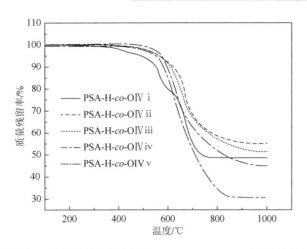

图 12.28　甲基硅烷与五硅氧烷共聚芳炔树脂 PSA-H-*co*-OⅣi～v 固化物的 TGA 曲线(空气)

12.3.2　嵌段共聚硅芳炔树脂的性能

1. 硅烷芳炔-硅氧烷芳炔嵌段共聚树脂的性能

1) 溶解性

硅烷芳炔-硅氧烷芳炔嵌段树脂在室温下在不同溶剂中的溶解性见表 12.22。从表中可看出，在室温下，这类树脂能很好地溶解在大多数常用溶剂中，如苯、甲苯、四氢呋喃、氯仿等，但不溶于甲醇与石油醚。可以看出，硅烷芳炔-硅氧烷芳炔嵌段共聚树脂具备良好的工艺性，这给树脂的应用带来了方便。

表 12.22　硅烷芳炔-硅氧烷芳炔嵌段树脂的溶解性

溶剂	PSA-M	PSA-M-*b*-OⅠ	PSA-M-*b*-OⅡ
石油醚	−	−	−
苯	+	+	+
甲苯	+	+	+
THF	+	+	+
丙酮	±	+	+
氯仿	+	+	+
DMF	±	±	±
甲醇	−	−	−
DMSO	±	±	±

注：+表示可溶；±表示部分可溶；−表示不溶。

2) 流变性能

图 12.29 是硅烷芳炔-硅氧烷芳炔嵌段共聚树脂的黏度与温度关系曲线，从图

中可以看出，PSA-M 在室温下为固体，而 PSA-M-*b*-OⅠ、PSA-M-*b*-OⅡ在室温下为液体，随温度的升高，黏度维持在较低值，最后黏度突然上升，树脂发生凝胶反应。说明硅氧烷链段的引入降低了树脂的有序程度，在室温下即为液体，树脂的加工窗口得以拓宽。从图中还可以看出，PSA-M、PSA-M-*b*-OⅠ、PSA-M-*b*-OⅡ的凝胶温度逐渐升高，即树脂的加工上限温度依次升高。硅烷芳炔-硅氧烷芳炔嵌段共聚树脂呈现出较宽的加工窗口，这可能是由于硅氧烷链段的引入减少了树脂的炔基含量，降低了树脂的固化活性，从而使树脂的凝胶温度升高。

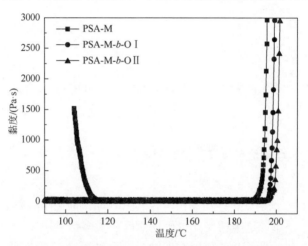

图 12.29   硅烷芳炔-硅氧烷芳炔嵌段共聚树脂的流变曲线

3) 硅烷芳炔-硅氧烷芳炔嵌段共聚树脂的固化

图 12.30 是 PSA-M、PSA-M-*b*-OⅠ、PSA-M-*b*-OⅡ的 DSC 曲线，其分析结果汇总于表 12.23 中。从图中可以看出，树脂均有两个放热峰，第一个峰出现在

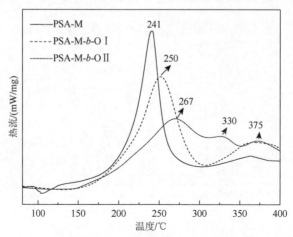

图 12.30   硅烷芳炔-硅氧烷芳炔嵌段共聚树脂的 DSC 曲线

170～300℃，第二个峰出现在 300～400℃。250℃左右的峰为外炔固化放热峰，350℃左右的峰为未反应的内炔固化的放热峰。可以看出，由于硅氧烷链段的引入，树脂的固化放热峰向高温移动。且随着树脂中硅氧烷链段的增长，树脂固化放热峰宽增加，固化放热量减少。这是因为随着硅氧烷链段的增长，树脂中炔基的浓度降低了，使树脂的活性降低。另外，PSA-M-*b*-OⅡ在 350℃附近出现了两个内炔峰，可能是由树脂中包含两种不同化学环境的内炔—Ph—C≡C—Si—C≡C—和—Ph—C≡C—Si—O—Si—O—Si—反应所引起的。

表 12.23 硅烷芳炔-硅氧烷芳炔嵌段共聚树脂的 DSC 分析结果

树脂	放热峰 1		放热峰 2	放热峰 3	$\Delta H/(J/g)$
	$T_{i1}/℃$	$T_{p1}/℃$	$T_{p2}/℃$	$T_{p3}/℃$	
PSA-M	211	241	365	—	560
PSA-M-*b*-OⅠ	204	250	370	—	475
PSA-M-*b*-OⅡ	185	267	330	375	436

从 PSA-M-*b*-OⅡDSC 曲线可以发现嵌段树脂出现三个放热峰，为了进一步验证各个放热峰对应的反应结构，采用 FTIR 谱跟踪树脂的固化过程。图 12.31 为 PSA-M-*b*-OⅡ固化到不同温度后(280℃、330℃、400℃)得到的 FTIR 谱图，其分析数据列于表 12.24 中。从图表中可见，2156cm^{-1} 处的吸收峰为 C≡C 的伸缩振动吸收峰；Si—CH$_3$ 的尖锐的强吸收峰出现在 1259cm^{-1} 处；—CH$_3$ 的伸

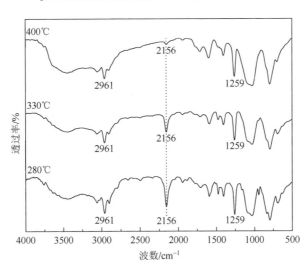

图 12.31 硅烷芳炔-三硅氧烷芳炔嵌段共聚树脂固化物的 FTIR 谱图

缩振动出现在 2961cm^{-1} 处；在 1056cm^{-1} 出现的强吸收峰归属为—Si—O—Si—的特征峰。随着固化温度的升高，C≡C 的伸缩振动吸收峰面积逐渐减小。280℃固化后，外炔 C≡C—H 在 3297cm^{-1} 的吸收峰消失，即外炔反应完全；330℃后 C≡C 的吸收峰进一步减小，表明炔基—Ph—C≡C—Si—C≡C—反应趋于完全；400℃后 C≡C 的吸收峰基本消失，说明炔基—Ph—C≡C—Si—O—Si—O—Si—反应趋于完全。

表 12.24   硅烷芳炔-三硅氧烷芳炔嵌段共聚树脂 FTIR 分析结果

树脂	C≡C 峰面积(2156cm^{-1})	Si—CH$_3$ 峰面积(2961cm^{-1})
PSA-M-b-OⅡ-280	2931	1985
PSA-M-b-OⅡ-330	1550	1985
PSA-M-b-OⅡ-400	235	1985

4) 硅烷芳炔-硅氧烷芳炔嵌段共聚树脂固化物的硬度

按国标 GB/T 3854—2017 测试树脂固化物的巴柯尔硬度，取样条 26.5mm×8.4mm×2.6mm 测试，结果列于表 12.25。由表可以看出，相比于含硅芳炔 PSA-M，硅烷芳炔-硅氧烷芳炔嵌段共聚树脂固化物的巴氏硬度有所下降，且硅氧烷链段越长，共聚树脂硬度越低，说明韧性也越好。这是因为硅氧烷链段有较好的柔韧性，将其引入主链刚性的含硅芳炔树脂中，可以明显提高树脂的韧性。

表 12.25   硅烷芳炔-硅氧烷芳炔嵌段共聚树脂固化物的巴氏硬度

树脂	巴氏硬度/HBa
PSA-M	58±2
PSA-M-b-OⅠ	43±1
PSA-M-b-OⅡ	28±2

5) 硅烷芳炔-硅氧烷芳炔嵌段共聚树脂碳纤维增强复合材料的力学性能

通过模压制备了碳纤维/硅烷芳炔-硅氧烷芳炔嵌段共聚树脂复合材料，按国标 GB/T 1843—2008 制备样条，并测试复合材料的抗冲击强度，结果列于表 12.26。从表中可以看出，相比含硅芳炔树脂 PSA-M，硅烷芳炔-硅氧烷芳炔嵌段共聚树脂复合材料的冲击强度有所提高，硅氧烷链段越长，复合材料的冲击强度越高，韧性也越好。硅氧烷链段有较好的柔韧性，将其引入刚性的含硅芳炔树脂主键中，可以明显提高树脂的韧性。

表 **12.26**　碳纤维/硅烷芳炔-硅氧烷芳炔嵌段树脂复合材料的冲击强度

树脂	冲击强度/(kJ/m^2)
PSA-M	28.55±0.79
PSA-M-*b*-O I	29.14±0.14
PSA-M-*b*-O II	30.92±0.44

采用 S-4800 场发射扫描电子显微镜对硅烷芳炔-硅氧烷芳炔嵌段共聚树脂进行断面形貌分析，得到图 12.32。可以看出，含硅芳炔树脂固化物的断面光滑平整，

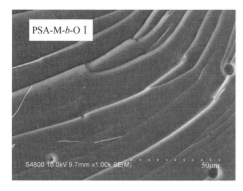

图 12.32　硅烷芳炔-硅氧烷芳炔嵌段共聚树脂固化物的断面 SEM 图

这说明含硅芳炔树脂固化物的断裂方式为脆性断裂。硅烷芳炔-硅氧烷芳炔嵌段共聚树脂固化物的断面图上发现有许多条纹状裂痕，且随着硅氧烷链段的增长，断面条纹状裂痕增多，这说明硅烷芳炔-硅氧烷芳炔嵌段共聚树脂固化物呈现韧性断裂迹象，且硅氧烷链段越长，条纹宽度越小，共聚树脂韧性越好。

6) 硅烷芳炔-硅氧烷芳炔嵌段共聚树脂固化物热稳定性

图 12.33 是硅烷芳炔-硅氧烷芳炔树脂（PSA-M，PSA-M-*b*-O I，PSA-M-*b*-O II）固化物在氮气和空气气氛下的 TGA 曲线，表 12.27 列出了其 TGA 数据。从图表

中可以看出,在氮气气氛下,PSA-M 固化物的 T_{d5} 和 1000℃的残留率最大,随着树脂中硅氧烷链段长度的增加,树脂固化物的 T_{d5} 与 1000℃残留率逐渐减小。一方面,随着硅氧烷链段的引入,树脂中炔基的浓度降低,导致树脂固化交联密度降低,另一方面,随着硅氧烷链段的增长,硅氧烷链段在高温下易发生降解,导致 PSA-M-b-O Ⅰ树脂固化物和 PSA-M-b-O Ⅱ树脂固化物的热稳定性较 PSA-M 树脂固化物有所下降。从图表中可以看出,在空气气氛下,硅烷芳炔-硅氧烷芳炔嵌段共聚树脂具有优异的热氧化稳定性,PSA-M、PSA-M-b-O Ⅰ、PSA-M-b-O Ⅱ树脂固化物在 1000℃的残留率逐渐增大,从 25.3%增至 41.6%,且硅氧烷链段越长,树脂固化物的残留率越大。这可能是由于高温下树脂固化物中的硅元素与空气中的氧发生氧化反应生成 SiO_2。

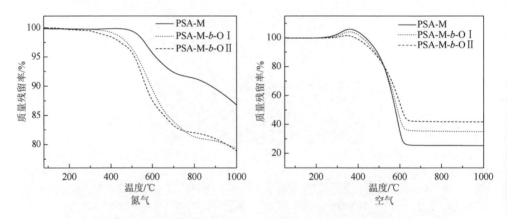

图 12.33   硅烷芳炔-硅氧烷芳炔嵌段树脂固化物在氮气和空气下的 TGA 曲线

表 12.27   硅烷芳炔-硅氧烷芳炔嵌段共聚树脂固化物的 TGA 数据

树脂	氮气		空气	
	T_{d5}/℃	Y_{r1000}/%	T_{d5}/℃	Y_{r1000}/%
PSA-M	615	86.8	467	25.3
PSA-M-b-O Ⅰ	526	79.3	454	35.0
PSA-M-b-O Ⅱ	513	78.9	439	41.6

2. 甲基硅烷芳炔-二甲基硅烷芳炔嵌段共聚树脂的性能

1) 溶解性能

甲基硅烷芳炔-二甲基硅烷芳炔嵌段共聚树脂在室温下在不同溶剂中的溶解性见表 12.28。从表中可看出,在室温下,这类树脂能很好地溶解在大多数常用的溶剂中,如甲苯、四氢呋喃、氯仿及丙酮等,但不溶于甲醇与石油醚。

表 12.28　嵌段共聚硅芳炔树脂的溶解性

溶剂	PSA-M	PSA-H	PSA-M-*b*-H
石油醚	-	-	-
苯	+	+	+
甲苯	+	+	+
THF	+	+	+
丙酮	±	+	+
氯仿	+	+	+
甲醇	-	-	-
DMSO	±	±	±

注: +表示可溶; -表示不溶; ±表示部分可溶。

2) 甲基硅烷芳炔-二甲基硅烷芳炔嵌段共聚树脂的固化行为

a. 凝胶时间

含硅芳炔树脂 PSA-M、PSA-H、PSA-M-*b*-H 的凝胶时间的测定结果列于表 12.29。由表可知,PSA-M 的凝胶时间最长,达 42min,PSA-H 的凝胶时间最短,为 17min。PSA-M-*b*-H 的凝胶时间介于二者之间,为 27min。这是由于硅氢基团与炔键可以在较低的温度下发生加成反应。

表 12.29　甲基硅烷芳炔-二甲基硅烷芳炔嵌断共聚树脂的凝胶时间(170℃)

树脂	凝胶时间/min
PSA-M	42
PSA-H	17
PSA-M-*b*-H	27

b. 固化反应温度

对合成得到的含硅芳炔树脂 PSA-M、PSA-H、PSA-M-*b*-H 进行 DSC 分析,得到如图 12.34 所示的 DSC 曲线,具体数据列于表 12.30 中。从树脂的 DSC 曲线中看出,PSA-H 树脂的放热起始温度与峰顶温度均最小,PSA-M 树脂较高,PSA-M-*b*-H 与 PSA-M 相近。这可能是由于硅氢基团活泼,易于参与树脂的固化反应。

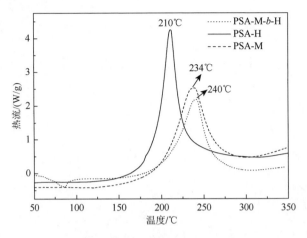

图 12.34   含硅芳炔树脂的 DSC 曲线

表 12.30   甲基硅烷芳炔-二甲基硅烷芳炔嵌段共聚树脂的 DSC 分析数据

树脂	$T_i/℃$	$T_p/℃$	$\Delta H/(\text{J/g})$
PSA-M	206	240	568
PSA-H	193	210	614
PSA-M-b-H	200	234	455

3) 甲基硅烷芳炔-二甲基硅烷芳炔嵌段共聚树脂固化物的热稳定性

图 12.35 是含硅芳炔树脂 PSA-M、PSA-H 和 PSA-M-b-H 固化物在氮气气氛下的 TGA 曲线,其数据列于表 12.31 中。从图表中可以看出,PSA-H 树脂固化物的 T_{d5} 和 800℃的残留率最高,PSA-M 树脂固化物的 T_{d5} 和 800℃的残留率最低,

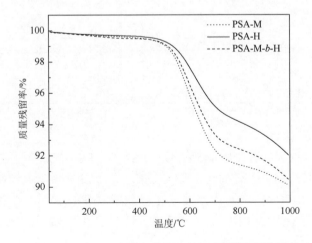

图 12.35   甲基硅烷芳炔-二甲基硅烷硅芳炔嵌段共聚树脂固化物的 TGA 曲线

PSA-M-*b*-H 树脂固化物的 T_{d5} 和 800℃的残留率介于二者之间。硅氢基团可参与固化反应，树脂中硅氢基团含量越多，树脂固化物的交联密度就越大。PSA-H 树脂固化物具有高的交联密度，导致其热稳定性高于 PSA-M 树脂，而嵌段共聚树脂 PSA-M-*b*-H 也含有一部分硅氢基团，故其固化物的热稳定性介于二者之间。

表 12.31　含硅芳炔树脂固化物的 TGA 数据

树脂	T_{d5}/℃	Y_{r800}/%	Y_{r1000}/%
PSA-M	620	91.4	90.2
PSA-H	710	94.1	91.9
PSA-M-*b*-H	641	92.4	90.4

参 考 文 献

[1] 高飞. 含硅氧烷芳炔树脂的研究. 上海：华东理工大学，2010.

[2] 汪强. 共聚硅芳炔树脂的研究. 上海：华东理工大学，2014.

[3] 张玲玲. 含硅氢基团的芳炔树脂的合成与性能研究. 上海：华东理工大学，2009.

[4] Itoh M，Inoue K，Iwata K，et al. New highly heat-resistant polymers containing silicon：poly(silyleneethynylene phenyleneethynylene)s. Macromolecules，1997，30：694-701.

第13章

共混硅芳炔树脂的制备与性能

13.1 端乙炔基苯并噁嗪改性含硅芳炔树脂及其复合材料的制备与性能

13.1.1 端乙炔基苯并噁嗪改性含硅芳炔树脂及其复合材料的制备

1. 端乙炔基苯并噁嗪(BA-apa)的合成[1, 2]

在配有搅拌器、温度计和冷凝管的 100mL 三口烧瓶中，分别加入化学计量的双酚 A 22.8g(0.1mol)、多聚甲醛 12.0g(0.4mol)、3-氨基苯乙炔 23.4g(0.2mol)，在搅拌下加热到 90～110℃，反应 20～40min。反应结束后，将产物溶于甲苯(或氯仿或乙醚)中，用 3mol/L 氢氧化钠溶液洗涤三次，然后再用去离子水洗至中性，分离有机层，加入无水硫酸钠干燥，最后蒸除溶剂得深红色黏稠产物 BA-apa，产率 75%。其反应路线如下：

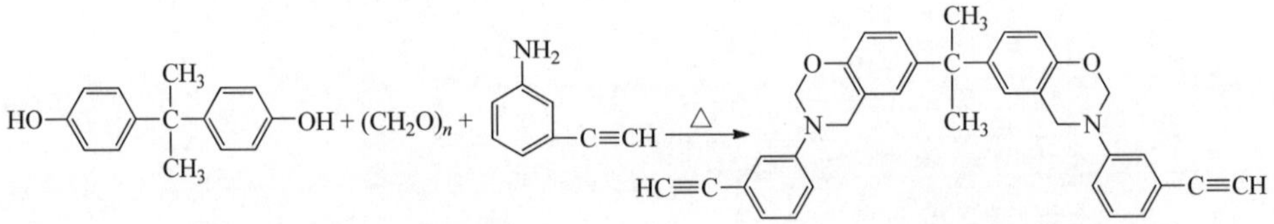

结构分析：FTIR(KBr, cm^{-1})：3283(≡C—H)，2103(C≡C)，1495(1, 2, 4-三取代苯环)，1232(C—O—C)，1162(C—N—C)，950(苯并噁嗪环)；^{1}H NMR(CDCl$_3$，ppm，δ)：1.57(s，CH$_3$)，3.03(s，≡C—H)，4.54(s，C—CH$_2$—N—)，5.28(s，N—CH$_2$—O—)，6.65～7.23(m，Ar)。

2. 端乙炔基苯并噁嗪改性含硅芳炔树脂(PSA～BA-a)的制备[1, 2]

将质量比[BA-apa]：[PSA]为 1：9、2：8、3：7、4：6、5：5 和 7：3 的 BA-apa 和 PSA 树脂分别加入配有搅拌器、氮气导入管和冷凝器的三口烧瓶中，开动搅拌并升温到 110℃，待反应物完全熔融均相后停止加热，获得红棕色黏稠状树脂，统称 PSA～BA-a 树脂，按上述投料比依次命名为 PSA～BA-a-10、PSA～BA-a-20、PSA～BA-a-30、PSA～BA-a-40、PSA～BA-a-50 和 PSA～BA-a-70。

3. PSA～BA-a 树脂固化物的制备

将 PSA～BA-a 树脂在 130℃下熔融，倒入 130℃预热的模具中，置于真空干燥箱中 130℃脱泡 1h 左右，然后移至高温干燥箱中升温固化，固化工艺为：150℃/2h + 170℃/2h + 210℃/2h + 250℃/4h。之后冷却至室温脱模，取出试样，修边打磨，制得弯曲性能测试试样。

4. PSA～BA-a 树脂复合材料的制备[1, 2]

石英纤维布增强复合材料：裁剪 11cm×11cm 的石英纤维布 18 层，称重，按质量比(树脂：纤维 = 37：63)称取 PSA～BA-a 树脂，溶于 THF 中，完全溶解后，浸渍纤维布，待 THF 挥发后，制得预浸料，置于真空烘箱中在 70℃下进一步干燥 30min，然后在平板压机上压制成型。石英纤维布增强复合材料成型工艺条件为 170℃/2h + 210℃/2h + 250℃/4h，成型压力 1.5MPa。

T300 碳纤维布增强复合材料：T300 碳纤维布增强复合材料制备方法同上，所用碳纤维布为 12 层，成型工艺条件为 170℃/2h + 210℃/2h + 250℃/4h，成型压力 1.5MPa。

T700 单向碳纤维增强复合材料：称取 PSA～BA-a 树脂溶于四氢呋喃中，配制成固含量为 28%的溶液，通过排纱机将 T700 碳纤维经树脂溶液浸渍后缠绕在滚筒上，在室温下待溶剂挥发后(挥发分<3%)，制得预浸料。将单向预浸料裁剪成长×宽为 25cm×15cm 的小块，0°铺叠 12 层，将叠好的预浸料在真空烘箱中 70℃干燥 1h 后，放入模具中，在平板压机上压制成型，在 170℃保温保压 2h 后，再升温后处理，后处理工艺条件为 210℃/2h + 250℃/4h + 300℃/2h，成型压力为 1.5MPa。

13.1.2　端乙炔基苯并噁嗪改性含硅芳炔树脂及其复合材料的性能

1. PSA～BA-a 树脂的黏流特性及凝胶时间

对于树脂 RTM 成型，若树脂黏度大，则其流动性差，对纤维的浸润性差，且流体中所夹带的气泡在树脂固化过程中难以排除，制品空隙率高，质量受影响；若树脂黏度太小，虽流动性、浸润性都好，但成型时易产生流胶现象，发生湍流，制品质量也受影响。一般树脂黏度在 0.5Pa·s 左右为宜，有利于树脂在模腔内快速浸润纤维，并充满模腔。

测定不同 PSA～BA-a 树脂的黏温(树脂在 90～130℃下的黏度)及黏时特性(树脂在 110℃下黏度随时间的变化，5h)、不同温度下的凝胶时间[1]，列于表 13.1～表 13.3 中。

表 13.1   PSA～BA-a 树脂的黏温特性

树脂	黏度/(mPa·s)				
	90℃	100℃	110℃	120℃	130℃
PSA	1300	640	330	220	150
PSA～BA-a-10	1100	560	320	230	170
PSA～BA-a-20	1300	680	380	250	180
PSA～BA-a-30	1600	760	420	270	200
PSA～BA-a-40	2000	900	470	290	210

表 13.2   PSA～BA-a 树脂的黏时特性

树脂	110℃下的黏度/(mPa·s)					
	0h	1h	2h	3h	4h	5h
PSA	330	350	360	380	400	430
PSA～BA-a-10	360	400	460	490	540	560
PSA～BA-a-20	400	450	520	570	650	700
PSA～BA-a-30	410	470	540	630	710	760
PSA～BA-a-40	470	570	660	730	850	980

表 13.3   PSA～BA-a 树脂的凝胶时间

树脂	凝胶时间/min				
	160℃	170℃	180℃	190℃	200℃
PSA	65	44	23	13	6
PSA～BA-a-10	65	43	24	13	6
PSA～BA-a-20	60	37	21	10	5.5
PSA～BA-a-30	50	32	18	10	5
PSA～BA-a-40	42	29	16	10	5

从表中可以看出，PSA～BA-a 树脂的黏度随着温度的升高而逐渐降低，在110℃的黏度随着时间的延长而逐渐升高，凝胶时间随着温度的升高而缩短。对于不同配比的 PSA～BA-a 树脂，从表 13.1 中看出，随着 BA-apa 含量的增加，同一温度下树脂的黏度逐渐升高，且在 110℃以下这种趋势更为显著，主要是由于 BA-apa 的熔体黏度高。此外，从表 13.2 中可以看出，不同配比的 PSA～BA-a 树脂，其在 110℃下的黏度随时间的延长明显增大，这主要是由活性基团逐渐发生聚合反应所致，表明 PSA～BA-a 树脂具有较高的反应活性。从表 13.3 中可看出，随着 BA-apa 含量的增加，同一温度下树脂的凝胶时间逐渐缩短，说明树脂反应活性提高。

2. PSA～BA-a 树脂的固化行为

利用 DSC 来考察 PSA～BA-a 树脂的固化行为,DSC 分析结果如图 13.1 所示,具体数据列于表 13.4。从固化反应曲线可以看出,PSA 树脂的放热起始温度 T_i 约为 220℃, 峰顶温度 T_p 为 241℃, 终止温度 T_e 为 256℃, 放热量为 394J/g。不同配比 PSA～BA-a 树脂的固化放热峰为一单峰,表明炔基聚合和苯并噁嗪基团的开环聚合反应发生在同一温度范围。PSA～BA-a 树脂随着 BA-apa 含量的增加, 放热峰峰顶温度 T_p、终止温度 T_e 均有向低温方向移动的趋势,但变化量很小。

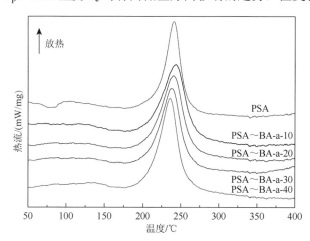

图 13.1　不同配比 PSA～BA-a 树脂的 DSC 曲线

表 13.4　不同配比 PSA～BA-a 树脂的 DSC 分析结果

树脂	$T_i/℃$	$T_p/℃$	$T_e/℃$	$\Delta H/(J/g)$
PSA	220	241	256	394
PSA～BA-a-10	208	244	266	449
PSA～BA-a-20	209	240	263	460
PSA～BA-a-30	208	238	259	431
PSA～BA-a-40	209	236	255	475

3. PSA～BA-a 树脂的固化反应动力学

用 DSC 分析研究反应动力学一般是以方程(13-1)为基础:

$$\frac{d\alpha}{dt} = f(\alpha, T) \tag{13-1}$$

式中，$d\alpha/dt$ 为反应速率；α 为反应程度（$0<\alpha<1$）；T 为反应温度（K）；t 为反应时间。如果不考虑反应可逆、熔融、扩散控制等因素的影响，方程（13-1）可表示为

$$\frac{d\alpha}{dt} = A(1-\alpha)^n \exp(-E_a / RT) \tag{13-2}$$

式中，A 为指前因子；n 为表观反应级数；E_a 为表观反应活化能。由此可推导出多种计算表观反应活化能 E_a 和反应级数 n 的方法，其中最常用且最简单的方法是Kissinger法[3]和Ozawa法[4]。作者采用这两种方法处理PSA-M～BA-a-30和PSA-M树脂的固化反应动力学。

在等速升温的情况下，令 $\beta = dT / dt$，方程（13-2）可简化为

$$\frac{d\alpha}{dT} = \frac{A}{\beta}(1-\alpha)^n \exp(-E_a / RT) \tag{13-3}$$

Kissinger 对上述方程（13-3）进行微分处理后得

$$\frac{d[\ln(\beta / T_p^2)]}{d(1 / T_p)} = -E_a / R \tag{13-4}$$

式中，T_p 为 DSC 曲线中的峰顶温度；β 为升温速率。Kissinger 方法是基于多个升温速率的 DSC 曲线进行动力学处理的方法。它假设固化反应的最大速率发生在固化反应放热峰的峰顶温度，并且反应级数 n 在固化过程中保持不变，通过方程（13-4）来计算表观反应活化能 E_a。利用一系列不同升温速率的 DSC 曲线，对 $\ln(\beta / T_p^2) - (1 / T_p)$ 作图，拟合逼近直线，其斜率即为 $-E_a/R$ 值。

Ozawa 将方程（13-3）分离变量后得

$$\frac{d\alpha}{(1-\alpha)^n} = \frac{A}{\beta} \exp(-E_a / RT)dT \tag{13-5}$$

对式（13-5）两边同时积分得

$$\int_0^\alpha \frac{d\alpha}{(1-\alpha)^n} = \frac{A}{\beta} \int_{T_0}^T \exp(-E_a / RT)dT \tag{13-6}$$

式（13-6）经过一系列运算后得

$$\frac{d\ln\beta}{d(1 / T_p)} = -1.052\left(\frac{E_a}{R}\right) \tag{13-7}$$

式中，T_p 为 DSC 图中放热峰峰顶温度。Ozawa 法避开了反应机理函数的选择而直接求出值。对于同一个固化体系而言，DSC 曲线峰顶处的反应程度与升温速率无关，是一个常数。利用一系列不同升温速率的 DSC 图，对 $\ln\beta$ 与 $(1 / T_p)$ 作图，拟合出直线的斜率即为 $-1.052E_a/R$ 值。

根据 Kissinger 方程：

$$\ln(\beta / T_p^2) = \ln(AR / E_a) - E_a / RT_p \qquad (13\text{-}8)$$

变换得

$$A = E_a \beta \exp(-E_a / RT_p) / RT_P^2 \qquad (13\text{-}9)$$

对 β 与 $RT_p^2 / [E_a \exp[E_a / RT_p]$ 作图，拟合出直线的斜率即为 A 值。

表观反应级数的确定。根据 Crane 方程[5]：

$$\frac{\mathrm{d}\ln\beta}{\mathrm{d}(1 / T_p)} = -\frac{E_a}{nR} \qquad (13\text{-}10)$$

对 $\ln\beta$ 与 $(1 / T_p)$ 作图，拟合出直线的斜率即为 $-E_a/nR$ 值。

图 13.2 为 PSA～BA-a-30 和 PSA 树脂在不同升温速率下的 DSC 曲线，升温速率分别为 5℃/min、10℃/min、15℃/min、20℃/min 和 25℃/min，其 DSC 分析结果列于表 13.5。随着动态 DSC 中升温速率的增加，固化放热峰的起始温度、峰顶温度和终止温度均升高。这说明固化反应不仅是一个热力学过程，同时也是一个动力学过程。只要树脂有足够的时间进行反应，在较低温度下即可发生固化反应。当升温速率过快时，树脂来不及反应，出峰温度升高。

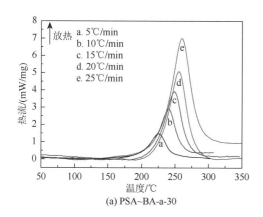
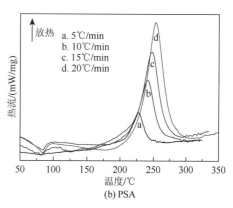

图 13.2 不同升温速率下 PSA～BA-a-30 和 PSA 树脂的 DSC 曲线

表 13.5 **PSA～BA-a-30 和 PSA 树脂的 DSC 分析结果**

$\beta/(℃/min)$	PSA～BA-a-30			PSA		
	$T_i/℃$	$T_p/℃$	$T_e/℃$	$T_i/℃$	$T_p/℃$	$T_e/℃$
5	201.3	225.3	243.1	210.8	227.9	242.3
10	215.1	239.9	259.5	221.0	241.0	258.3
15	221.0	248.6	269.1	223.4	247.5	266.0
20	227.0	255.3	277.7	228.6	252.9	273.3
25	230.1	260.0	284.0	—	—	—

以 $\ln(\beta/T_p^2)$、$\ln\beta$ 分别对 $1/T_p$ 作图，得到如图 13.3 所示直线，根据斜率分别求出该固化反应的表观活化能 E_a、A 和 n，计算结果列于表 13.6。如表 13.6 所示，树脂的固化反应近似为一级反应。

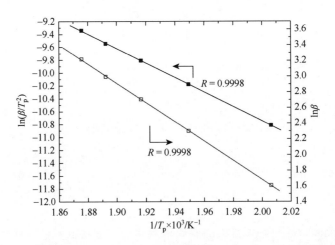

图 13.3　PSA～BA-a-30 树脂固化反应的 $\ln(\beta/T_p^2)$-$(1/T_p)$和 $\ln\beta$-$(1/T_p)$图

表 13.6　PSA～BA-a-30 和 PSA 树脂固化反应的动力学参数

方法	树脂	E_a/(kJ/mol)	A/min^{-1}	n
Kissinger 法	PSA～BA-a-30	93.6	1.44×10^9	0.92
	PSA	114.6	1.81×10^{11}	0.93
Ozawa 法	PSA～BA-a-30	97.1	—	—

根据以上分析，得出 PSA～BA-a-30 和 PSA 树脂的固化反应动力学方程分别为

$$\frac{d\alpha}{dt}=1.44\times10^9(1-\alpha)^{0.92}\exp\left(-\frac{93.6\times10^3}{RT}\right) \tag{13-11}$$

$$\frac{d\alpha}{dt}=1.81\times10^{11}(1-\alpha)^{0.93}\exp\left(-\frac{113.4\times10^3}{RT}\right) \tag{13-12}$$

以放热峰起始温度 T_i、峰顶温度 T_p、终止温度 T_e 对升温速率 β 作图，如图 13.4 所示。由拟合直线外推至升温速率为 $\beta=0$ 时，可获得直线的截距 T_{i0}、T_{p0} 和 T_{e0} 值。PSA～BA-a-30 和 PSA 树脂的 T_{i0}、T_{p0} 和 T_{e0} 值分别为 198℃、220℃、237℃ 和 207℃、222℃、235℃。这说明树脂可以在 200℃左右发生固化反应。

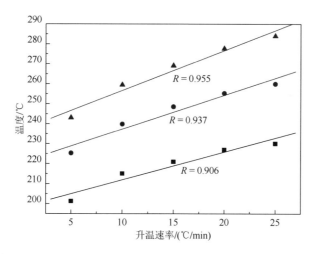

图 13.4　PSA～BA-a-30 树脂固化反应的放热峰温度与升温速率图

4. PSA～BA-a 树脂的储存性能

1）PSA～BA-a 树脂的 FTIR 光谱分析

图 13.5 为不同储存时间的 PSA～BA-a-30 树脂的 FTIR 图，$3291cm^{-1}$ 处为 ≡C—H 的伸缩振动吸收峰，$3100～3000cm^{-1}$ 处为苯环上不饱和 C—H 伸缩振动吸收峰，$2965cm^{-1}$ 处为—CH_3 的伸缩振动吸收峰，$2156cm^{-1}$ 处为 C≡C 的伸缩振动吸收峰，$1600～1400cm^{-1}$ 处为芳环的骨架伸缩振动吸收峰，$1251cm^{-1}$ 处为 Si—CH_3 键的伸缩振动吸收峰。由 FTIR 谱图可看出，经 6 个月储存后 PSA～BA-a-30 树脂的 FTIR 谱图基本不变，说明树脂的分子结构变化不大。

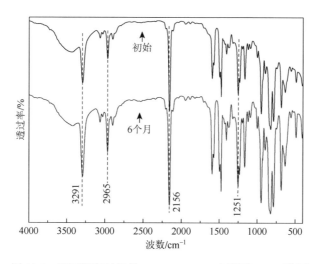

图 13.5　不同储存时间的 PSA～BA-a-30 树脂的 FTIR 谱图

2) PSA～BA-a 树脂的 DSC 分析

利用 DSC 来考察初始、储存 4 个月及储存 6 个月的 PSA～BA-a-30 树脂的固化行为,分析结果如图 13.6,其数据列于表 13.7。可以看出,在不同储存期下 PSA～BA-a-30 树脂的 DSC 曲线的放热峰起始温度 T_i、峰顶温度 T_p 及终止温度 T_e 的变化都很小,可以认为经 6 个月储存后 PSA～BA-a-30 树脂的性能基本不变。

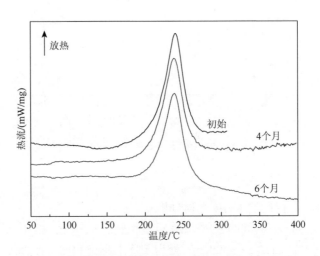

图 13.6　不同储存时间 PSA～BA-a-30 树脂的 DSC 曲线

表 13.7　不同储存时间 PSA～BA-a-30 树脂的 DSC 数据

储存时间/月	$T_i/\mathrm{℃}$	$T_p/\mathrm{℃}$	$T_e/\mathrm{℃}$	$\Delta H/(\mathrm{J/g})$
0	215	240	260	523
4	210	238	259	501
6	211	239	259	474

3) PSA～BA-a 树脂的黏流特性及凝胶时间

作者测定了不同储存时间下 PSA～BA-a-30 树脂的黏温(树脂在 90～130℃的黏度)、黏时特性(110℃,5h)及不同温度下的凝胶时间,分别列于表 13.8～表 13.10。可以看出 PSA～BA-a-30 树脂的黏温特性随着储存时间的延长变化不大,110～130℃下黏度变化很小;PSA～BA-a-30 树脂的凝胶时间有所缩短,但变化很小。说明树脂的加工特性变化不大。

表 13.8　不同储存时间 PSA～BA-a-30 树脂的黏温特性

储存时间/月	树脂黏度/(mPa·s)				
	90℃	100℃	110℃	120℃	130℃
0	1150	750	400	250	170
1	1300	700	375	235	155
2	1400	760	400	250	170
4	1900	1100	510	320	210
6	2500	1200	560	330	215

表 13.9　不同储存时间 PSA～BA-a-30 树脂的黏时特性

储存时间/月	110℃下黏度/(mPa·s)					
	0h	1h	2h	3h	4h	5h
0	460	490	550	620	700	770
1	440	500	580	640	710	800
2	460	520	590	645	700	795
4	530	580	640	710	770	830
6	580	620	680	750	800	850

表 13.10　不同储存时间 PSA～BA-a-30 树脂的凝胶时间

储存时间/月	凝胶时间/min				
	160℃	170℃	180℃	190℃	200℃
0	65.0	36.7	24.8	14.5	6.6
2	62.0	33.2	23.6	12.5	6.0
4	59.0	30.3	21.6	11.5	5.5
6	59.0	30.0	21.5	11.5	5.5

5. PSA～BA-a 树脂固化物的力学性能

不同配比的 PSA～BA-a 树脂固化物的力学性能列于表 13.11。可以看出，随 BA-apa 的加入，PSA～BA-a 树脂固化物的力学性能显著提高，弯曲强度从 PSA 的 24MPa 提高到 39MPa，约提高了 63%。BA-apa 的加入使树脂的极性增加，增大了分子链之间的相互作用力，从而提高了树脂的力学性能。

表 13.11   不同配比 PSA-BA-a 树脂固化物的力学性能

样品	弯曲强度/MPa	弯曲模量/GPa
PSA	24±2	3.1±0.1
PSA～BA-a-10	27±1	3.2±0.2
PSA～BA-a-20	29±2	3.3±0.1
PSA～BA-a-30	39±4	3.4±0.1
PSA～BA-a-40	35±3	3.6±0.1

6. PSA～BA-a 树脂固化物的玻璃化转变温度

图 13.7 为 BA-apa 添加量不同的 PSA～BA-a 树脂固化物的 DMA 曲线，DMA 分析结果列于表 13.12。当 BA-apa 的添加量为 20% 和 30% 时，在 50～500℃内，固化后 PSA～BA-a 树脂的储能模量没有明显下降，同时可以观察到在 300～425℃内储能模量出现小幅上升，这是由于在高温条件下，树脂中残余的内炔基团会进一步发生聚合反应[6]。随着 BA-apa 添加量的进一步提高，PSA～BA-a 树脂储能模量开始下降的温度降低。

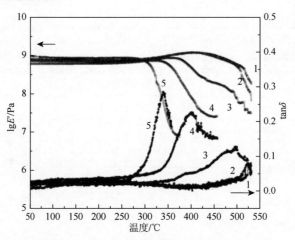

图 13.7   PSA～BA-a 树脂固化物的 DMA 曲线

1. PSA～BA-a-20；2. PSA～BA-a-30；3. PSA～BA-a-50；4. PSA～BA-a-70；5. BA-apa

表 13.12   固化 PSA～BA-a 树脂的 DMA 分析结果

树脂	tanδ 峰温/℃	tanδ 峰高
PSA～BA-a-20	523	0.05
PSA～BA-a-30	521	0.08

续表

树脂	tanδ 峰温/℃	tanδ 峰高
PSA～BA-a-50	490	0.12
PSA～BA-a-70	400	0.22
PSA～BA-a-100	342	0.28

如表 13.12 所示，随着 BA-apa 添加量从 20%上升至 100%，固化 PSA～BA-a 树脂的玻璃化转变温度由 523℃下降到 342℃，且观察到损耗峰(tanδ)的高度也发生了变化。损耗峰的高度直接反映了材料的交联密度，损耗峰高度的下降预示着分子链段运动能力的减弱。因此损耗峰的高度的变化可说明交联密度大小。随着 BA-apa 添加量的不断增加，PSA～BA-a 树脂损耗峰高度升高，说明树脂的交联密度呈现下降趋势，即苯并噁嗪树脂的引入降低了改性树脂的交联密度。但是苯并噁嗪树脂分子内和分子间的氢键限制了交联网络的链段运动，使其具有较高的玻璃化转变温度[7]。

7. PSA～BA-a 树脂固化物的热稳定性

不同配比 PSA～BA-a 树脂固化物在氮气气氛下的 TGA 曲线见图 13.8，其 5%和 10%失重温度(T_{d5} 和 T_{d10})及 800℃和 1000℃残留率(Y_{r800} 和 Y_{r1000})列于表 13.13。不同配比 PSA～BA-a 树脂固化物的 T_{d5} 都达到了 500℃以上，800℃残留率都达到 80%以上，这说明 PSA～BA-a 树脂固化物的热解温度和残留率都很高。PSA/BA-apa-30 树脂固化物的 T_{d5} 高达 560℃，800℃残留率高达 87%。

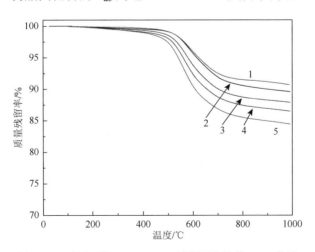

图 13.8　不同配比 PSA～BA-a 树脂固化物的 TGA 曲线

1. PSA；2. PSA～BA-a-10；3. PSA～BA-a-20；4. PSA～BA-a-30；5. PSA～BA-a-40

表 13.13　不同配比 PSA～BA-a 树脂固化物的 TGA 分析结果

树脂	T_{d5}/℃	T_{d10}/℃	Y_{r800}/%	Y_{r1000}/%
PSA	624	—	92	91
PSA～BA-a-10	615	901	91	90
PSA～BA-a-20	579	703	89	88
PSA～BA-a-30	560	656	87	86
PSA～BA-a-40	541	608	86	84

8. PSA～BA-a 树脂固化物的高温烧结性能

选择树脂固化物的高温烧结条件分别是 1200℃/2h、1450℃/2h 和 1450℃/12h。利用 XRD 对高温烧结后的 PSA～BA-a-30 树脂进行分析，图 13.9 是 PSA～BA-a-30 烧结产物的 XRD 谱图。

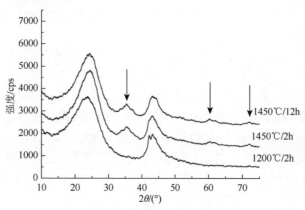

图 13.9　PSA～BA-a-30 树脂固化物烧结产物的 XRD 谱图

如图 13.9 所示，PSA～BA-a-30 经过高温 1200℃/2h 烧结后，主要的产物为无定形炭，并没有观察到 SiC 晶体的存在。随着烧结温度的升高，经过 1450℃/2h 和 1450℃/12h 烧结后，发现在 35.58°、60.02°和 71.78°出现了新的衍射峰，这些峰归属于 SiC 晶体，说明在烧结过程中有 SiC 晶体生成。

9. PSA～BA-a 树脂复合材料的力学性能

以石英纤维布、T300 碳纤维布和 T700 单向碳纤维为增强材料，制备了不同纤维增强 PSA～BA-a 树脂复合材料，其弯曲性能和层间剪切性能列于表 13.14。其中，石英纤维布和 T700 单向碳纤维增强复合材料的成型工艺为：170℃/2h＋210℃/2h＋250℃/4h＋300℃/2h；T300 碳纤维布增强复合材料的成型工艺为：170℃/2h＋210℃/2h＋250℃/4h。可以看出，与 PSA 相比，PSA～BA-a 树脂复合材料的弯曲强度及层间剪切强度显著提高。对于石英纤维布增强 PSA～

BA-a-30 树脂复合材料而言，其弯曲强度由 PSA 的 140MPa 提高到 271MPa，约提高了 94%；层间剪切强度达到 17.5MPa。

表 13.14　不同增强材料增强树脂复合材料力学性能

增强材料	树脂	弯曲强度/MPa	弯曲模量/GPa	层间剪切强度/MPa
石英纤维布	PSA	140±8	10.1±0.6	—
	PSA～BA-a-30	271±14	19.4±2.8	17.5±1.5
T300 碳纤维布	PSA	285±12	37.8±1.9	18.5±0.6
	PSA～BA-a-30	351±18	44.1±3.3	24.5±1.1
T700 单向碳纤维	PSA	1685±100	136.0±4.0	55.6±6.2
	PSA～BA-a-30	1786±119	133.3±9.4	66.9±2.5

对于 T300 碳纤维布增强 PSA～BA-a-30 树脂复合材料而言，其弯曲强度由 PSA 的 285MPa 提高到 351MPa，约提高了 23%；层间剪切强度由 PSA 的 18.5MPa 提高至 24.5MPa，约提高了 32%。

T700 单向碳纤维增强 PSA～BA-a-30 树脂复合材料具有较好的力学性能，其弯曲强度达到 1786MPa，层间剪切强度由 PSA 的 55.6MPa 提高至 66.9MPa，约提高了 20%。

T700 单向碳纤维增强 PSA～BA-a-30 树脂复合材料的高温力学性能见表 13.15，可以看出 400℃下具有高的弯曲强度保持率，达到 70%。

表 13.15　T700 单向碳纤维增强复合材料力学性能

T700CF/PSA～BA-a-30	弯曲强度/MPa	弯曲模量/GPa	弯曲强度保持率/%
室温	1680±130	129±2.7	—
400℃	1180±56	129±1.2	70

注：由航天材料及工艺研究所测试。

13.2　端炔丙氧基苯并噁嗪改性含硅芳炔树脂的制备与性能

13.2.1　端炔丙氧基苯并噁嗪改性含硅芳炔树脂的制备

1. 端炔丙氧基苯并噁嗪制备

4-炔丙氧苯基-3, 4-二氢-2H-1, 3-苯并噁嗪（P-ae）和双（4-炔丙氧苯基-3, 4-二氢-2H-1, 3-苯并噁嗪基）异丙烷（B-ae）采用溶液法合成，其合成途径如下：

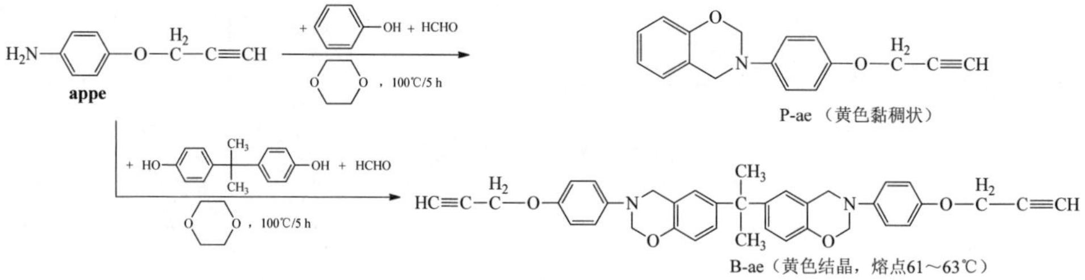

P-ae（黄色黏稠状）

B-ae（黄色结晶，熔点61～63℃）

其中对氨基苯基炔丙基醚(appe)有两种合成途径，一种是硝基还原路径Ⅰ[8]，另一种是氨基保护、还原路径Ⅱ，即

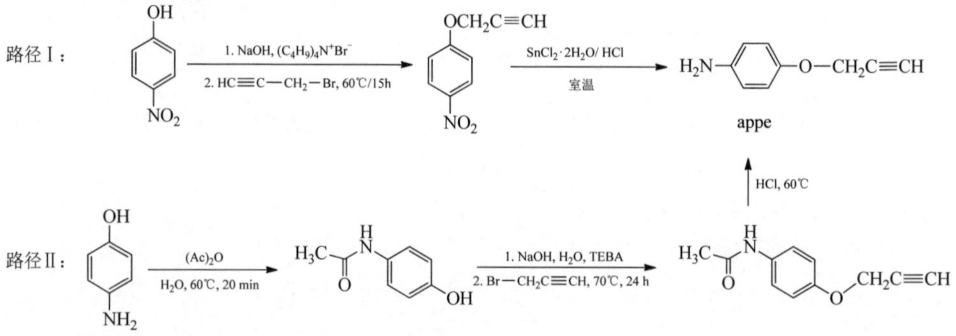

路径Ⅰ：

路径Ⅱ：

以下介绍合成 appe 的路径Ⅱ，具体过程如下。

氨基保护：在带有机械搅拌、冷凝管、温度计的 1L 四口烧瓶中，加入 0.8mol 4-氨基苯酚和 240mL 蒸馏水，搅拌溶解升温。取 1mol 乙酸酐缓慢滴加入烧瓶中，升温至 80℃，反应 30min。反应结束后，将产物冷却结晶，抽滤得到粗产品。再将粗产品加入 1L 烧瓶中，加入 800mL 蒸馏水加热升温至 100℃。待全部溶解后，加入 10g 活性炭，搅拌 5min 后加入 8g Na_2SO_4 后，趁热过滤，得到滤液。将滤液冷却结晶，抽滤得到粉红色的对乙酰氨基酚。

炔丙基氧化：称取 60.4g 对乙酰氨基酚于 1L 带机械搅拌、冷凝管、温度计和恒压滴液漏斗的四口烧瓶中，加入 0.8mol/L NaOH 溶液，搅拌升温至 60℃恒温，加入一定量苄基三乙基氯化铵(TEBA)。再将 49.96g 的 3-溴丙炔溶解在 200mL 甲苯溶液中，缓慢滴加于烧瓶中。滴完后 70℃恒温搅拌反应 24h，停止反应，冷却结晶，抽滤得固体产物，将固体产物溶于 400mL 1,4-二氧六环中，待溶解完后加入蒸馏水，直至不再产生沉淀为止。抽滤得到固体产物，用蒸馏水洗涤，干燥得对乙酰氨基苯基炔丙基醚。

氨基脱保护：取 28.35g 对乙酰氨基苯基炔丙基醚于 1L 烧瓶中，加入过量 3mol/L 盐酸溶液，搅拌加热至 70℃，反应 4h 后，倒出，加入一定量的 Na_2CO_3 溶液使其略显碱性。用二氯甲烷萃取溶液，收集有机层，加入一定量的无水 Na_2SO_4

干燥后抽滤，取滤液旋蒸，得到产物 appe。appe 的 ^{1}H NMR 谱图如图 13.10 所示，$\delta = 2.48$ppm 为炔氢的特征吸收峰，氨基上的氢所对应的化学位移出现在 c 处（$\delta = 3.43$ppm），d 处 $\delta = 4.57$ppm 对应的是炔丙基上亚甲基的化学位移，$\delta = 7.0 \sim$ 6.5ppm 处多重峰为苯环上的氢的特征吸收峰。

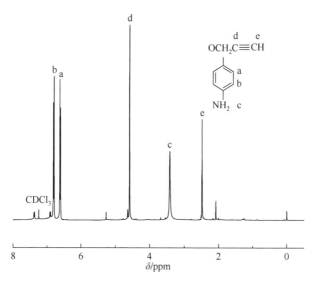

图 13.10　appe 的 ^{1}H NMR 谱图

　　以 appe 为胺源，向带有机械搅拌、冷凝管和温度计的 1L 四口烧瓶中加入 0.8mol appe、1.6mol 多聚甲醛和 0.8mol 苯酚，或加入 0.8mol 双酚 A、1.6mol appe 和 3.2mol 多聚甲醛，在 100℃下搅拌反应一定时间，冷却至室温。加入一定量的无水乙醚溶解，用 1mol/L 氢氧化钠溶液洗三次，再用蒸馏水洗三次，用无水硫酸钠干燥后，用苯酚作为酚类的反应的过滤液经减压蒸馏得到黄色黏稠状的含炔丙氧基苯并噁嗪 P-ae，产率 73.5%；用双酚 A 为酚类的反应物滤液经旋转蒸发除去溶剂，真空干燥得到含炔丙氧基双苯并噁嗪 B-ae，产率 80.6%[9]。

　　P-ae 和 B-ae 的 FTIR 和 ^{1}H NMR 谱图如图 13.11 所示。图 13.11（a）中 3285cm^{-1} 处为炔氢的吸收峰，2920cm^{-1} 处为甲基的伸缩振动峰，2120cm^{-1} 处归属碳碳三键的吸收峰，1510cm^{-1} 处是苯环的特征吸收峰，亚甲基的特征峰出现在 1336cm^{-1} 处，与噁嗪环相连的苯环的特征吸收峰出现在 948cm^{-1} 处，噁嗪环上 C—O—C 的对称和反对称伸缩振动吸收峰分别出现在 1024cm^{-1} 和 1286cm^{-1} 处。图 13.11（b）中噁嗪环上 Ar—CH$_2$—N 和 O—CH$_2$—N— 的特征质子共振峰分别出现在 $\delta = 4.51$ppm 和 $\delta = 5.26$ppm 处。$\delta = 1.54$ppm、$\delta = 2.50$ppm 和 $\delta = 4.62$ppm 分别属于—CH$_3$、—C≡CH 和 O—CH$_2$—处的特征质子共振峰。苯环上的特征质子共振峰出现在 $\delta = 6.6 \sim 7.0$ppm。

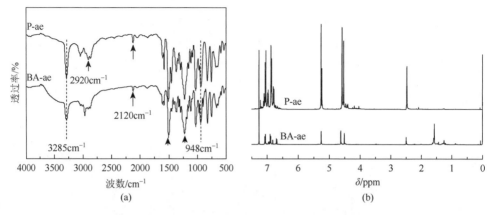

图 13.11   P-ae 和 B-ae 的 FTIR (a) 和 ^{1}H NMR (b) 谱图

2. 端炔丙氧基苯并噁嗪改性含硅芳炔树脂的制备

将 PSA 分别与两种含炔丙氧基的苯并噁嗪 P-ae 和 B-ae 按一定质量比混合，经熔融共混或溶液共混制得改性树脂 PSA～P-ae 和 PSA～B-ae。如端炔丙氧基苯并噁嗪(P-ae 或 B-ae)混入的质量分数为 m，改性树脂记为 PSA～P-ae-m 或 PSA～B-ae-m。

13.2.2   端炔丙氧基苯并噁嗪改性含硅芳炔树脂的性能[10]

1. P-ae 和 B-ae 改性 PSA 树脂的流变性能

30wt%两种含炔丙氧基苯并噁嗪分别改性 PSA 树脂，两种共混改性 PSA 树脂的黏温特性关系如图 13.12 所示。两种改性 PSA 树脂的黏度随温度的变化相近。30wt% P-ae 改性的 PSA 树脂在 59℃时的黏度为 47Pa·s，在 87～221℃内，随着温度的升高，树脂黏度在 0.17～1.89Pa·s，229℃时黏度又上升为 38Pa·s，说明该改性 PSA 树脂的加工窗口宽。30wt% B-ae 改性的 PSA 树脂在 85℃时的黏度为 46Pa·s，在 128～160℃，树脂的黏度维持在 0.80～1.89Pa·s，226℃时交联反应的发生使得树脂体系黏度又上升为 61Pa·s。单官能团苯并噁嗪 P-ae 比双酚 A 型苯并噁嗪 B-ae 的分子量小，室温下前者为黏流态，后者为固体。因而 PSA～P-ae 共混树脂的加工性能略优于 PSA～B-ae 树脂。

选用 P-ae 改性 PSA 树脂，张亚兵等[11]深入研究了改性 PSA 树脂的流变特性。图 13.13 是 PSA 和 P-ae 及其 P-ae 改性 PSA 共混树脂的黏度-温度流变曲线。P-ae、PSA 和 P-ae 改性 PSA 树脂在 70～80℃内树脂的黏度快速下降，80℃之后的一段温度区间内树脂黏度变化不大，这是树脂的加工温度区间。180℃后，PSA 树脂的黏度急剧上升，表明树脂发生交联固化反应。P-ae 的黏度突变的温度高于 200℃，说明 P-ae 在较高温度下发生固化交联，其加工温度窗口较宽。用 P-ae 共混改性

PSA，改性 PSA 树脂的加工窗口随 P-ae 加入质量分数的增加也相应变宽。说明 P-ae 改性 PSA 树脂可改善 PSA 的加工工艺性。

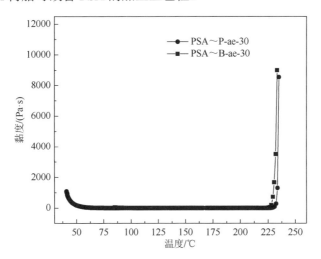

图 13.12　P-ae 和 B-ae 改性 PSA 树脂的黏温曲线

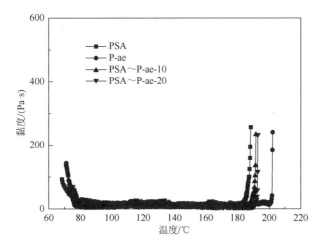

图 13.13　PSA 及其共混树脂的黏温图

用旋转黏度仪进一步测定 PSA、P-ae 及其改性 PSA 树脂在 90~130℃时黏度随温度的变化，结果见图 13.14。在此温度区间内树脂的黏度随着温度的升高呈现非线性降低。温度升高，聚合物分子内聚力减小，大分子间的自由体积增加和膨胀，大分子流动阻力变小，黏度下降；而随着 PSA 中 P-ae 含量的增加，树脂黏度下降。这是由于 P-ae 减弱了 PSA 分子的相互作用。由此可见，P-ae 能降低 PSA 树脂的黏度，增加 PSA 树脂成型加工的适用性。

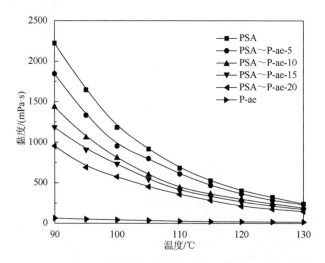

图 13.14　PSA、P-ae 及其改性树脂 PSA～P-ae 黏度随温度的变化图

　　PSA 及其改性树脂熔体黏度随温度的变化呈现类指数形式的下降，用阿伦尼乌斯方程来描述 PSA～P-ae 树脂黏度与温度的关系：

$$\eta = A \times \exp(E_\eta/RT) \tag{13-13}$$

式中，η 为熔体黏度；A 为指前因子；E_η 为黏流活化能；R 为摩尔气体常数；T 为热力学温度。由 $\ln\eta$ 对 $1/T$ 作图进行线性拟合，由直线斜率和截距可分别计算得到 E_η 和 A，相关参数列于表 13.16。PSA 的黏流活化能随 P-ae 含量的增加而下降，说明大分子之间相互作用力减小，树脂表现为黏度下降，流动性提高。

表 13.16　由阿伦尼乌斯方程拟合图 13.14 曲线的结果

树脂	$A/(\times 10^7 mPa\cdot s)$	$E_\eta/(kJ/mol)$
PSA	3.90	67.23
PSA～P-ae-5	8.41	64.89
PSA～P-ae-10	16.12	62.24
PSA～P-ae-15	35.05	59.79
PSA～P-ae-20	72.08	55.85

2. P-ae 和 B-ae 改性 PSA 树脂的固化特性

　　PSA 及其 P-ae 改性 PSA 树脂在 160℃、170℃、180℃和 190℃下的凝胶时间见表 13.17。加入 P-ae 后树脂的凝胶时间延长。PSA 及其 P-ae 改性树脂体系的凝胶时间则随温度的升高而缩短，树脂的交联固化速度加快。

表 13.17　PSA～P-ae 树脂在不同温度下的凝胶时间

树脂	t/min			
	160℃	170℃	180℃	190℃
PSA	69	43	29	18
PSA～P-ae-5	74	47	30	19
PSA～P-ae-10	82	53	33	22
PSA～P-ae-15	86	56	34	23
PSA～P-ae-20	92	61	38	24

　　树脂在一定温度下的凝胶是一个黏度上升的过程，在凝胶化开始的初期，黏度缓慢上升，当交联反应到一定程度时，黏度急剧上升。一定温度下树脂黏度变化的转折点为树脂的凝胶点。PSA 和 PSA～P-ae-10 在 160℃、170℃、180℃和 190℃下的等温流变曲线如图 13.15 所示。从图中可以看出，在较高温度条件下，黏度上升的速率较快，黏度出现急剧上升需要的时间较短；加入 P-ae 后，PSA 在 160℃时的黏度上升速率变慢，黏度出现急剧上升的时间延长，170℃以后改性PSA（PSA～P-ae-10）和 PSA 的凝胶时间接近，说明高温下 P-ae 对改性 PSA 树脂的凝胶时间影响不大。

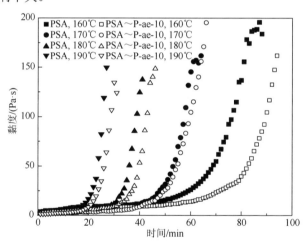

图 13.15　PSA 和 PSA～P-ae-10 在不同温度下的黏时曲线

　　用 DSC 考察 PSA、PSA～P-ae-10、PSA～P-ae-30 和 P-ae 树脂的固化放热情况，如图 13.16 所示，将树脂的固化温度和固化放热量列于表 13.18 中。从 DSC结果看出，PSA 和 P-ae 的固化温度相近。P-ae 的放热量高于 PSA，且放热集中。当 P-ae 加入 PSA 后，改性树脂的固化温度向高温方向移动，且放热焓（ΔH）逐渐增加。

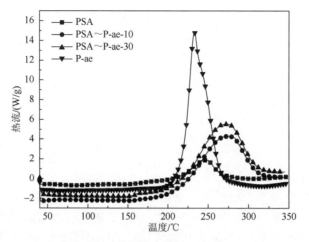

图 13.16   PSA、改性 PSA 和 P-ae 树脂的 DSC 图

表 13.18   PSA、改性 PSA 和 P-ae 树脂的 DSC 分析结果

树脂	T_i/℃	T_p/℃	T_e/℃	ΔH/(J/g)
PSA	210	246	269	528
PSA~P-ae-10	211	266	291	543
PSA~P-ae-30	220	260	295	785
P-ae	219	233	263	957

3. P-ae 和 B-ae 改性 PSA 树脂固化物的性能

P-ae 和 B-ae 改性 PSA 树脂固化物的热稳定性和力学性能见表 13.19。P-ae 改性 PSA 树脂的热稳定性要高于 B-ae 改性的 PSA 树脂。氮气中 P-ae 改性 PSA 的 T_{d5} 高于 540℃，800℃残留率高于 80%。B-ae 改性的 PSA 树脂固化物的弯曲性能高于 P-ae 改性的 PSA，B-ae 改性 PSA 树脂固化物在室温下的弯曲强度为 43.48MPa，弯曲模量为 4113MPa。

表 13.19   端炔丙氧基苯并噁嗪改性 PSA 树脂固化物的力学性能和热性能

树脂	氮气		空气		弯曲强度/MPa	弯曲模量/MPa
	T_{d5}/℃	Y_{r800}/%	T_{d5}/℃	Y_{r800}/%		
PSA~P-ae-30	580	81.1	550	22.5	32.62±2.52	4249±39
PSA~B-ae-30	546	80.4	535	19.9	43.48±1.12	4113±179

4. P-ae 和 B-ae 改性 PSA 树脂复合材料性能

T700 单向碳纤维经 30wt%的 P-ae 和 B-ae 改性 PSA 树脂的四氢呋喃溶液后均匀排布在滚筒上，晾干后取下，真空烘干制成预浸料，经热模压成型的 T700CF/

PSA 树脂复合材料的力学性能见表 13.20。T700CF/PSA～P-ae-30 复合材料的弯曲强度高于 T700CF/PSA～B-ae-30 复合材料，二者弯曲模量相近，T700CF/PSA～P-ae-30 复合材料的层间剪切强度和冲击强度分别为 71.0MPa 和 144.6kJ/m²。

表 13.20　端炔丙氧基苯并噁嗪改性 PSA 复合材料的力学性能

复合材料	弯曲强度/MPa	弯曲模量/GPa	层间剪切强度/MPa	冲击强度/(kJ/m²)
T700CF/PSA～P-ae-30	1850±71.7	132.2±6.5	71.0±5.9	144.6±5.4
T700CF/PSA～B-ae-30	1711±98.8	134.1±3.4	74.8±5.8	148.9±8.6

不同含量的 P-ae 改性 PSA 树脂经 T700CF 增强的复合材料力学性能见表 13.21。可以看出，PSA 经 P-ae 改性后，复合材料的力学性能随 PSA 中 P-ae 含量的增加而上升。P-ae 可以改性 PSA 树脂，使其力学性能提高。

表 13.21　T700CF/PSA 和 T700CF/PSA～P-ae 复合材料力学性能

复合	弯曲强度/MPa	弯曲模量/GPa	层间剪切强度/MPa	冲击强度/(kJ/m²)
T700CF/PSA	1427.4±112.4	148.2±2.8	67.4±2.0	123.4±14.1
T700CF/PSA～P-ae-5	1594.8±219.9	158.2±6.2	75.8±1.7	139.0±1.7
T700CF/PSA～P-ae-10	1681.9±58.2	157.8±1.8	77.6±2.5	133.1±9.3
T700CF/PSA～P-ae-20	1780.4±66.3	165.3±1.8	77.6±1.3	132.2±28.7

T300CF/PSA 和 T300CF/PSA～P-ae-10 复合材料的室温和 500℃力学性能见表 13.22。T300CF/PSA 复合材料在常温下弯曲强度为 290.4MPa，而改性 PSA 树脂的室温弯曲强度和层间剪切强度都比 PSA 树脂要高，T300CF/PSA～P-ae-10 复合材料的弯曲强度达到了 382.7MPa，约提高了 31.8%。500℃时 T300CF/PSA 复合材料的弯曲强度保持率为 49%，而改性 PSA 树脂的保持率约为 39%。这主要是因为加入苯并噁嗪使得树脂本身的耐热性能降低。

表 13.22　T300 碳纤维布增强苯并噁嗪改性 PSA 树脂复合材料的室温和高温力学性能

复合材料	测试条件	弯曲强度/MPa	弯曲模量/GPa	层间剪切强度/MPa
T300CF/PSA	室温	290.4±8.37	42.13±2.56	20.13±0.95
T300CF/PSA～P-ae-10		382.7±9.48	45.05±3.78	23.78±0.89
T300CF/PSA	500℃	142.3±9.69	33.21±7.61	9.36±1.95
T300CF/PSA～P-ae-10		148.5±6.78	24.10±8.96	10.26±0.75

13.3　双酚 A 二炔丙基醚改性的含硅芳炔树脂及其复合材料的制备与性能

13.3.1　双酚 A 二炔丙基醚改性含硅芳炔树脂及其复合材料的制备[1]

1. 双酚 A 二炔丙基醚的合成

在配有搅拌器、温度计和冷凝管的 500mL 四口烧瓶中，分别加入双酚 A 45.66g(0.20mol)、相转移剂四丁基溴化铵 9.66g(0.03mol) 及 20%氢氧化钠溶液 200mL，然后在 20min 内缓慢地滴加 3-氯丙炔 34.27g(0.46mol)，滴加完毕后，升温至 50℃回流反应 5h。反应结束后，抽滤得到粗产物，先用 200mL 去离子水洗涤两次，除去 NaCl、NaOH，然后再用 50mL 异丙醇洗涤两次，得到白色固体产物双酚 A 二炔丙基醚(DPBPA)，产物熔点为 82～83℃(文献值为 83℃[12])，产率为 97%。合成反应如下：

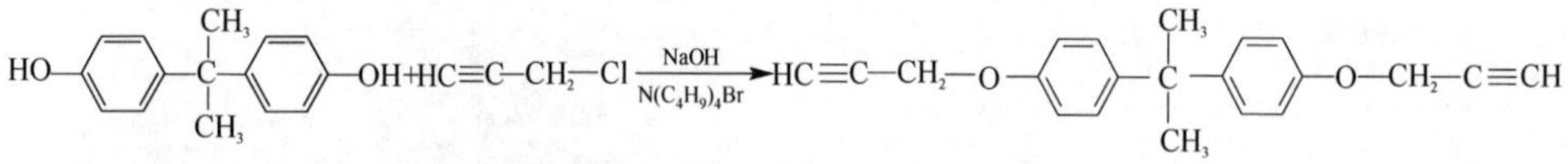

^{1}H NMR 分析 δ(CDCl$_3$, ppm)：1.65(s, CH$_3$)，2.51(s, ≡C—H)，4.67(s, CH$_2$)，6.90(d, O—Ar—H)，7.10(d, C—Ar—H)。

2. 双酚 A 二炔丙基醚改性含硅芳炔树脂的制备

将质量比分别为 1∶9、2∶8、3∶7、4∶6、5∶5 的 DPBPA 和 PSA 树脂加入配有搅拌器、氮气导入管和冷凝器的三口烧瓶中，开动搅拌并升温到 110℃，待反应物完全熔融均相后停止加热，获得红棕色黏稠状双酚 A 二炔丙基醚改性含硅芳炔树脂(PSA～DPB)，分别命名为 PSA～DPB-10、PSA～DPB-20、PSA～DPB-30、PSA～DPB-40 和 PSA～DPB-50。

3. PSA～DPB 树脂固化物(固化物)的制备

将 PSA～DPB 树脂在 130℃下熔融，倒入 130℃预热的试样模具中，置于真空干燥箱 130℃脱泡 1h 左右，然后移至高温干燥箱中升温固化，固化工艺为：150℃/2h + 170℃/2h + 210℃/2h + 250℃/4h，随后冷却至室温脱模，取出固化样品，打磨处理，制得测试(弯曲)样条。

4. PSA~DPB 树脂复合材料的制备

裁剪 11cm×11cm 的石英纤维布 18 层,称重,按质量比(树脂:纤维＝37:63)石英纤维布增强复合材料:称取 PSA~DPB 树脂(PSA/DPB-30),溶于 THF 中,树脂完全溶解后,浸渍纤维布制得预浸料,待 THF 挥发后,再置于真空烘箱中在 70℃下进一步干燥 30min,然后在平板压机上压制成型。石英纤维布增强复合材料制备工艺条件为 170℃/2h＋210℃/2h＋250℃/4h(＋300℃/2h),成型压力为 1.5MPa。

T300 碳纤维布增强复合材料:T300 碳纤维布增强复合材料的制备方法同上,碳纤维布为 12 层。

13.3.2 双酚 A 二炔丙基醚改性含硅芳炔树脂及其复合材料的性能

1. PSA~DPB 树脂的黏流特性及凝胶时间[1]

通过旋转黏度计测定了不同配比 PSA~DPB 树脂的黏温(树脂在 90~130℃下的黏度)及黏时特性(树脂在 110℃下黏度随时间的变化,5h)和不同温度下的凝胶时间,列于表 13.23~表 13.25 中。

表 13.23 PSA~DPB 树脂的黏温特性

树脂	黏度/(mPa·s)				
	90℃	100℃	110℃	120℃	130℃
PSA	1300	640	330	220	150
PSA~DPB-10	700	350	220	150	110
PSA~DPB-20	330	200	130	90	70
PSA~DPB-30	200	125	85	65	45
PSA~DPB-40	130	80	60	40	30

表 13.24 PSA~DPB 树脂的黏时特性

树脂	110℃下黏度/(mPa·s)					
	0h	1h	2h	3h	4h	5h
PSA	330	350	360	380	400	430
PSA~DPB-10	210	215	225	225	225	230
PSA~DPB-20	120	120	125	130	130	130
PSA~DPB-30	90	90	90	95	95	100
PSA~DPB-40	60	60	60	60	65	65

表 13.25　PSA～DPB 树脂的凝胶时间

树脂	凝胶时间/min				
	170℃	180℃	190℃	200℃	210℃
PSA	44	23	13	6	3
PSA～DPB-10	67	34	19	13	7
PSA～DPB-20	89	49	28	17	9
PSA～DPB-30	115	59	33	23	13
PSA～DPB-40	131	73	45	26	14

可以看出，PSA～DPB 树脂的黏度随着温度的升高而逐渐降低，在 110℃的黏度随着时间的延长而逐渐增大，凝胶时间随着温度的升高而缩短。对于不同配比的 PSA～DPB 树脂，随着 DPBPA 含量的增加，同一温度下的黏度显著降低。此外，从表 13.24 中可以看出，不同配比的 PSA～DPB 树脂在 110℃下的黏度随时间的延长变化甚微，表明 PSA～DPB 树脂具有较好的稳定性。表 13.25 也显示，PSA～DPB 随着温度的升高，凝胶时间缩短，在同一温度下，随着 DPBPA 含量的增加，树脂凝胶时间延长。

2. PSA～DPB 树脂的固化行为

图 13.17 为不同配比 PSA～DPB 树脂的 DSC 曲线，其分析结果列于表 13.26。结果表明 PSA～DPB 树脂的放热峰明显比 PSA 树脂的宽，且随着 DPBPA 含量的增加，放热峰起始温度 T_i、峰顶温度 T_p、终止温度 T_e 均向高温方向移动，但变化量很小，树脂放热量也逐渐增大。PSA-DPB 树脂的固化反应较多。双酚 A 二炔丙基醚化合物在热固化时，首先经 Claisen 重排反应生成 2H-色烯（2H-1-苯并吡喃），然后进一步固化成交联结构[13-16]：

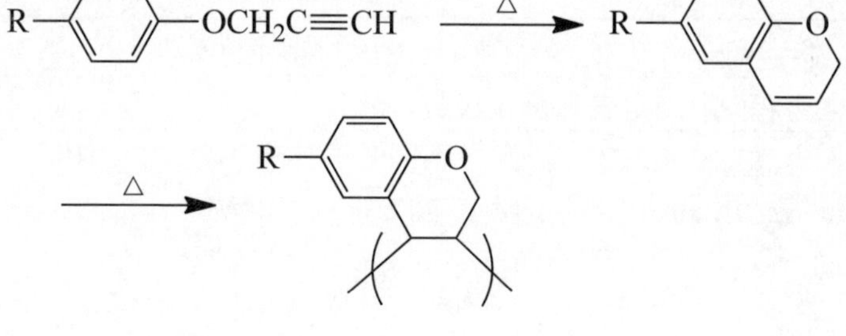

同时，炔丙基也会与乙炔基反应，随着 DPBPA 含量的增加，外炔总量增加，反应热增大。

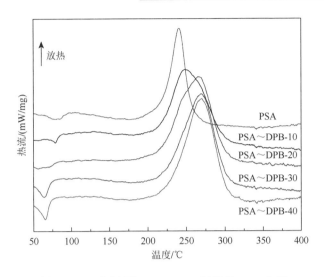

图 13.17　不同配比 PSA～DPB 树脂的 DSC 曲线

表 13.26　不同配比 PSA～DPB 树脂的 DSC 分析结果

树脂	$T_i/℃$	$T_p/℃$	$T_e/℃$	$\Delta H/(J/g)$
PSA	220	241	256	394
PSA～DPB-10	219	249	298	556
PSA～DPB-20	219	265	299	684
PSA～DPB-30	223	269	300	675
PSA～DPB-40	230	270	301	735

3. PSA～DPB 树脂的固化反应动力学

用 DSC 分析反应动力学,最常用且最简单的方法是 Kissinger 法[3]和 Ozawa 法[4]。作者采用这两种方法对 PSA～DPB-30 树脂的固化反应动力学进行研究,同时根据 Crane 方程[5],确定表观反应级数。

图 13.18 为 PSA～DPB-30 树脂在不同升温速率下的 DSC 曲线,升温速率 β 分别为 5℃/min、10℃/min、15℃/min 和 20℃/min,其 DSC 分析结果列于表 13.27。

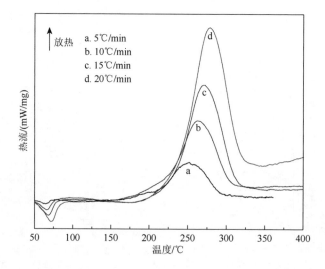

图 13.18　不同升温速率下 PSA～DPB-30 树脂的 DSC 曲线

表 13.27　PSA～DPB-30 树脂的 DSC 分析结果

$\beta/(\text{℃/min})$	$T_i/\text{℃}$	$T_p/\text{℃}$	$T_e/\text{℃}$
5	215.5	252.2	289.7
10	225.1	262.7	303.0
15	233.3	271.3	310.4
20	238.6	278.3	315.5

经线性拟合并计算得到 PSA～DPB-30 树脂固化反应的表观活化能 $E_a=$ 120.2kJ/mol，表观反应级数 0.93（近似为一级反应），其固化反应动力学方程为

$$\frac{\text{d}\alpha}{\text{d}t}=1.70\times10^{11}(1-\alpha)^{0.93}\exp\left(-\frac{118.9\times10^3}{RT}\right) \tag{13-14}$$

用放热峰起始温度 T_i、峰顶温度 T_p、终止温度 T_e 对升温速率 β 作图，外推到升温速率 β 为 0 时，得到 T_{i0}、T_{p0} 和 T_{e0} 对应的温度分别为 209℃、244℃和 283℃，即表明 PSA～DPB 树脂在 200℃左右可发生固化反应。

4. PSA～DPB 树脂的储存性能

1）PSA～DPB 树脂的 FTIR 分析

图 13.19 为不同储存时间 PSA～DPB-30 树脂的 FTIR 谱图，3284cm^{-1} 处为≡C—H 的伸缩振动吸收峰，3100～3000cm^{-1} 处为苯环上 C—H 伸缩振动吸收峰，2967cm^{-1} 处为—CH$_3$ 的伸缩振动吸收峰，2153cm^{-1} 处为 C≡C 的伸缩

振动吸收峰，$1600\sim1400\text{cm}^{-1}$ 处为芳环的骨架伸缩振动吸收峰，1252cm^{-1} 处为 Si—CH$_3$ 的伸缩振动吸收峰。由 FTIR 谱图看出，经 6 个月储存后的 PSA～DPB-30 树脂的结构基本不变。

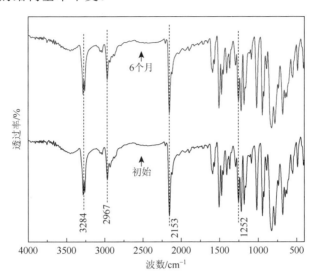

图 13.19　不同储存时间 PSA～DPB-30 树脂的 FTIR 谱图

2) PSA～DPB 树脂的 DSC 分析

利用 DSC 考察初始、储存 4 个月及储存 6 个月的 PSA～DPB-30 树脂的固化行为，见图 13.20，结果列于表 13.28。可以看出，不同储存时间 PSA～DPB-30

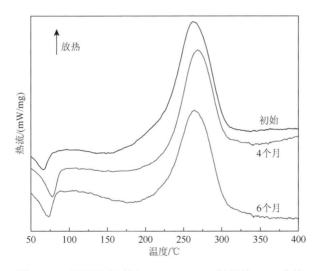

图 13.20　不同储存时间 PSA～DPB-30 树脂的 DSC 曲线

树脂的 DSC 曲线的放热峰起始温度 T_i、峰顶温度 T_p 及终止温度 T_e 的变化都很小，可以认为经 6 个月储存后，PSA～DPB-30 树脂的性能基本不变。

表 13.28　不同储存时间 PSA～DPB-30 树脂的 DSC 分析结果

储存时间/月	T_i/℃	T_p/℃	T_e/℃	ΔH/(J/g)
0	225	263	303	678
4	232	268	302	602
6	226	264	303	650

3) PSA～DPB 树脂的黏流特性及凝胶时间

测定不同储存时间下 PSA～DPB-30 树脂的黏温、黏时特性和不同温度下的凝胶时间，结果列于表 13.29～表 13.31。可以看出 PSA～DPB-30 树脂的黏温和黏时特性及凝胶时间随着储存时间的延长，变化很小，在 5 个月储存期内，性能稳定。

表 13.29　不同储存时间 PSA～DPB-30 树脂的黏温特性

储存时间/月	黏度/(mPa·s)				
	90℃	100℃	110℃	120℃	130℃
0	310	180	130	110	90
1	380	220	190	100	70
2	360	210	165	110	80
5	440	250	170	120	90

表 13.30　不同储存时间 PSA～DPB-30 树脂的黏时特性

储存时间/月	110℃下黏度/(mPa·s)					
	0h	1h	2h	3h	4h	5h
0	130	130	140	140	150	160
1	150	145	150	160	165	170
2	145	150	150	160	160	170
5	170	170	170	175	175	180

表 13.31　不同储存时间 PSA～DPB-30 树脂的凝胶时间

储存时间/月	凝胶时间/min			
	170℃	180℃	190℃	200℃
0	67	46	35	21
1	74	52	39	22
2	72	51	37	21
5	108	68	42	25

5. PSA～DPB 树脂固化物的力学性能

不同配比 PSA～DPB 树脂固化物的力学性能列于表 13.32。可以看出，DPBPA 加入后，PSA～DPB 树脂固化物的力学性能显著提高，随着 DPBPA 加入量的增加，力学性能逐渐提高，PSA～DPB-40 树脂固化物的弯曲强度提高到 34MPa，相比 PSA 树脂约提高了 42%。含极性基团的 DPBPA 与 PSA 树脂共聚后，使分子链极性增加，增大了分子链之间的相互作用力，因此改性后树脂固化物的力学性能提高。

表 13.32　不同配比 PSA～DPB 树脂固化物的力学性能

树脂	弯曲强度/MPa	弯曲模量/GPa
PSA	24±2	3.1±0.1
PSA～DPB-10	21±1	3.0±0.2
PSA～DPB-20	25±2	3.1±0.1
PSA～DPB-30	31±3	3.2±0.2
PSA～DPB-40	34±1	3.1±0.2

6. PSA～DPB 树脂固化物的玻璃化转变温度

使用 DMA 分析手段对 PSA～DPB 树脂固化物的玻璃化转变温度进行表征。如图 13.21 所示，PSA～DPB 树脂的储能模量在 400℃之前没有明显下降，但 PSA～DPB-30 和 PSA～DPB-50 树脂分别在约 410℃和 450℃出现储能模量下降。PSA～DPB-50 的玻璃化转变温度出现在 487℃tanδ 峰，PSA～DPB-30 在 50～500℃的温度范围内没有出现 tanδ 峰。DMA 分析结果说明 PSA～DPB 树脂具有优良的耐热性。

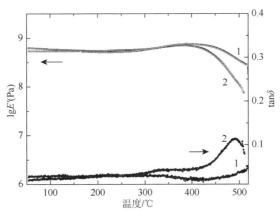

图 13.21　改性含硅芳炔树脂的 DSC 曲线

1. PSA～DPB-30；2. PSA～DPB-50

7. PSA～DPB 树脂固化物的热稳定性

不同配比 PSA～DPB 树脂固化物在氮气气氛下的 TGA 曲线见图 13.22，5% 和 10%失重温度（T_{d5} 和 T_{d10}）及 800℃和 1000℃残留率（Y_{r800} 和 Y_{r1000}）列于表 13.33。不同配比 PSA～DPB 树脂固化物的 T_{d5} 都达到 500℃以上，800℃残留率都达到 80% 以上，这说明 PSA～DPB 树脂固化物具备高的热稳定性。

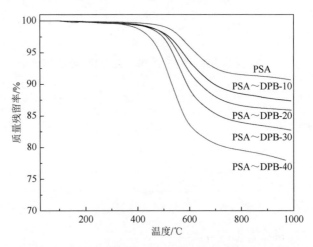

图 13.22　不同配比 PSA～DPB 树脂固化物的 TGA 曲线

表 13.33　不同配比 PSA～DPB 树脂固化物的 TGA 分析结果

树脂	T_{d5}/℃	T_{d10}/℃	Y_{r800}/%	Y_{r1000}/%
PSA	624	—	92	91
PSA～DPB-10	575	696	89	87
PSA～DPB-20	555	641	87	86
PSA～DPB-30	535	590	84	83
PSA～DPB-40	506	552	80	78

8. PSA～DPB 树脂复合材料的力学性能

作者分别以石英纤维布和 T300 碳纤维布为增强材料，制备了不同纤维增强 PSA～DPB 树脂复合材料，其力学性能列于表 13.34 和表 13.35。由表 13.34 可以看出，与 QF/PSA 相比，QF/PSA～DPB-30 复合材料的弯曲强度及层间剪切强度显著提高，弯曲强度由 PSA 的 140MPa 提高到 214MPa，约提高了 53%，层间剪切强度达到 14.5MPa。

表 13.34　石英纤维布增强树脂复合材料力学性能

复合材料	弯曲强度/MPa	弯曲模量/GPa	层间剪切强度/MPa
QF/PSA	140±8	10.1±0.6	—
QF/PSA～DPB-30	214±8	22.0±3.8	14.5±0.9

表 13.35　T300 碳纤维布增强树脂复合材料力学性能

复合材料	温度/℃	弯曲强度/MPa	弯曲模量/GPa
T300CF/PSA	室温	292	59.4
	300	286	53.5
T300CF/PSA～DPB-30	室温	407	59.3
	300	371	54.7
T300CF/PSA～DPB-50	室温	485	57.6
	300	409	50.2

　　如表 13.35 所示,T300CF/PSA～DPB 复合材料在室温下具有优良的力学性能,与 T300CF/PSA 相比, 当 DPBPA 添加量为 30%时, 复合材料的力学性能大幅度提高, 室温下弯曲强度由 292MPa 提高到了 407MPa, 提高幅度达到 39%左右。300℃的弯曲强度数据显示下降幅度不大,T300CF/PSA～DPB-30 材料的弯曲强度保持率为 91.2%。这说明 T300CF/PSA～DPB 复合材料具有优良的耐高温性能。

　　用 SEM 考察 T300CF/PSA 和 T300CF/PSA～DPB 复合材料的界面结合情况,如图 13.23 所示。PSA 与纤维的黏性较差,纤维表面光滑,而 T300CF/PSA～DPB-30 复合材料表面黏附较多的树脂,这很好地说明 DPBPA 改性的含硅芳炔树脂与纤维的黏结性显著改善,从而提高了复合材料的力学性能。

(a) T300CF/PSA

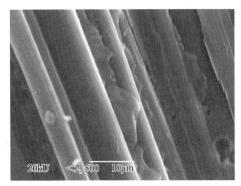

(b) T300CF/PSA～DPB-30

图 13.23　T300 碳纤维布增强含硅芳炔树脂复合材料的断面 SEM 图

13.4 端乙炔基聚醚酰亚胺改性含硅芳炔树脂的制备与性能

13.4.1 端乙炔基聚醚酰亚胺改性含硅芳炔树脂及其复合材料的制备

1. 端乙炔基聚醚酰亚胺的合成[17, 18]

端乙炔基聚醚酰亚胺(OEI-apa)通过双酚 A 芳香酸酐与间胺基苯乙炔在二甲基乙酰胺(DMAc)中反应来制备：首先二元酸酐、间胺基苯乙炔(apa)和二元胺在 DMAc 中生成酰胺酸，然后在乙酸酐作用下脱水环化生成乙炔基封端的聚醚酰亚胺，合成路线如下：

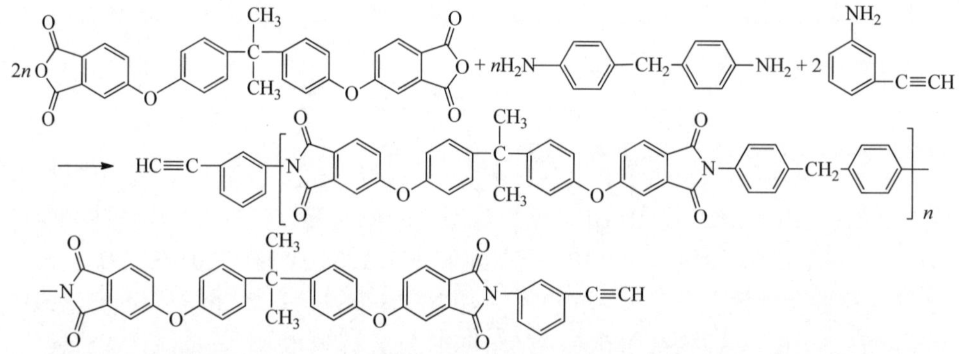

通过改变双酚 A 二醚二酐(BPADA)和 4, 4-二氨基二苯甲烷(DDM)的投料比，合成不同分子量端乙炔基聚醚酰亚胺树脂，表 13.36 列出了端乙炔基聚醚酰亚胺的合成原料配比，将端乙炔基聚醚酰亚胺简称为 OEI-apa-i，当 i = 0, 1, 2, 3 时，分别命名为 OEI-apa-1、OEI-apa-2、OEI-apa-3 和 OEI-apa-4。

表 13.36 端乙炔基聚醚酰亚胺的合成配比及分子量*

树脂	摩尔比[BPADA]∶[DDM]∶[apa]	$\bar{M}_n$	$\bar{M}_w$	PDI
OEI-apa-1	1∶0∶2	1992	2005	1.01
OEI-apa-2	2∶1∶2	9498	14970	1.58
OEI-apa-3	3∶2∶2	15260	25580	1.68
OEI-apa-4	4∶3∶2	17090	28870	1.69
OEI-apa-5	5∶4∶2	28140	41370	1.47

*分子量通过 GPC 测定。

OEI-apa 典型合成工艺过程如下(以 OEI-apa-5 为例)：在配有搅拌装置、温度计和冷凝管的 500mL 四口烧瓶中，加入 DDM4.7g(24.0mmol)及 50.0mL DMAc,

室温搅拌至 DDM 完全溶解，在冰水浴冷却下，缓慢加入 BPADA15.6g(30.0mmol)，继续搅拌 0.5h，之后缓慢加入 apa 1.5g(13.2mmol)，继续搅拌 2h 后即可形成黏稠的深棕色聚酰胺酸溶液。室温下在聚酰胺酸溶液中加入 10.0mL 乙酸酐和 5.0mL 吡啶的混合溶液，室温搅拌 1h 后，升温至 100℃反应 3h，反应结束后冷却至室温。将反应液倒入甲醇中沉淀出粗产物，经甲醇和热的去离子水各洗涤两次后，在 100℃真空烘箱中干燥 4h，得到端乙炔基聚醚酰亚胺 OEI-apa-5，产率为 85%。其他树脂 OEI-apa-1、OEI-apa-2、OEI-apa-3 和 OEI-apa-4 按表 13.36 配比以相同的合成工艺过程合成。通过 GPC 测定了不同 OEI-apa 的分子量及其分布，如表 13.36 所示。

2. 端乙炔基聚醚酰亚胺改性含硅芳炔树脂的制备

使用 OEI-apa 来改性含硅芳炔树脂 PSA，制备端乙炔基聚醚酰亚胺改性含硅芳炔树脂(PSA～OEI-a)。用 OEI-apa-1、OEI-apa-2、OEI-apa-3 和 OEI-apa-4 分别与 PSA 树脂混合反应，分别制备 PSA～OEI-a-1、PSA～OEI-a-2、PSA～OEI-a-3 和 PSA～OEI-a-4 树脂，具体制备过程如下：在配有搅拌装置、温度计和冷凝管的 1000mL 四口烧瓶中，加入 DMF(或者 DMAc)300mL，然后按质量配比([PSA]/[OEI-apa-i] = 70/30)加入 PSA 树脂 42g、OEI-apa-i(i = 1, 2, 3, 4)树脂 18g 和乙酰丙酮镍 0.6g，在 80℃油浴加热下溶解成透明溶液，加热到 100℃预聚 6h。预聚完成后，去除溶剂，分别得到改性树脂 PSA～OEI-a-i(i = 1, 2, 3, 4)。

3. 端乙炔基聚醚酰亚胺改性含硅芳炔树脂复合材料的制备

1)T300 碳纤维布增强 PSA～OEI-a 树脂复合材料的制备

复合材料的制备过程如下：称取一定量的改性树脂 PSA～OEI-a-i(i = 1, 2, 3, 4)，加入四氢呋喃溶解，配制成固含量为 33%的树脂溶液；将预先裁剪好的 15.0cm×25.0cm 的 12 层 T300 碳纤维布浸透树脂溶液，待溶剂挥发后，得到碳纤维布预浸料；随后将整齐叠放的预浸料放入真空烘箱中 70℃抽真空 4h，除去溶剂；最后在平板硫化机上模压成型，制得复合材料，成型工艺如下：140℃/2h/6MPa + 180℃/2h/6MPa + 220℃/4h/6MPa(表压)。制得的复合材料分别命名为 T300CF/PSA～OEI-a-1、T300CF/PSA～OEI-a-2、T300CF/PSA～OEI-a-3 和 T300CF/ PSA～OEI-a-4。

2)T700 单向碳纤维增强 PSA～OEI-a 树脂复合材料的制备

复合材料的制备过程如下：称取一定量的 PSA～OEI-a-i 树脂(i = 1, 2, 3, 4)，加入四氢呋喃溶解，配制成固含量为 35%的树脂溶液。将树脂溶液倒入排纱机的料槽中，设置排纱机参数，使纤维经过树脂料槽浸透树脂溶液后均匀地缠绕在辊筒上，待溶剂挥发后，得到预浸料。将预浸料裁剪成 24.8mm×15.0mm 大小共 12 块，整齐铺叠 12 层，然后将预浸料放置于真空烘箱中，抽真空除去溶剂。再将预浸料放入预热好的模具中，按成型工艺：140℃/2h/6MPa + 180℃/2h/6MPa + 220℃/4h/6MPa 在平板硫化机上模压成型，制得复合材料。将单向 T700 碳纤维增强的不同树脂复合材料分别记为 T700CF/PSA～OEI-a-1、T700CF/PSA～OEI-a-2、T700CF/PSA～OEI-a-3 和 T700CF/PSA～OEI-a-4。

13.4.2　端乙炔基聚醚酰亚胺改性含硅芳炔树脂的性能

1. PSA～OEI-a 树脂的流变特性[17]

采用旋转流变仪对改性树脂 PSA～OEI-a-i(i = 1, 2, 3, 4)的流变特性进行了分析测试。图 13.24 是改性树脂体系的升温流变曲线，从图中可以看出树脂 PSA～OEI-a-1、PSA～OEI-a-2、PSA～OEI-a-3 和 PSA～OEI-a-4 的加工窗口明显比 PSA 树脂窄，改性树脂在 150℃左右就发生交联反应，而 PSA 树脂在 180℃才发生交联反应，这是因为在预聚过程中加入了乙酰丙酮镍，其可以催化炔基聚合反应。通过对比可以发现 PSA～OEI-a-1 树脂最先发生凝胶反应，这可能是因为 OEI-a-1 为小分子结构，炔基活性大，在升温过程中更容易发生交联固化。从图中可以看出，PSA～OEI-a-2、PSA～OEI-a-3 和 PSA～OEI-a-4 三种树脂的凝胶起始温度(即黏度急剧上升的温度)差别不大。

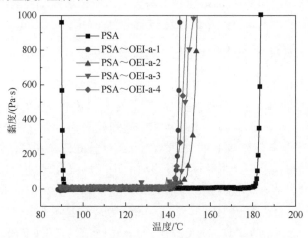

图 13.24　PSA 和 PSA～OEI-a 树脂黏度和温度的关系

2. PSA～OEI-a 树脂的固化特性[17]

图 13.25 是 PSA 和 PSA～OEI-a 树脂的 DSC 曲线，DSC 的分析结果列于表 13.37 中。从图中可以明显看出，该类改性树脂在升温过程中都出现一个放热峰，对应于炔基的交联固化反应放热。对比改性树脂 PSA～OEI-a-1、PSA～OEI-a-2、PSA～OEI-a-3

和 PSA～OEI-a-4 可以发现，由于改性树脂在预聚过程加入乙酰丙酮镍，树脂固化峰向低温方向移动，这是催化剂催化炔基固化反应的结果。变化趋势与流变测试结果一致。从表 13.37 数据中可以发现，随着聚醚酰亚胺分子量的增加，树脂的放热量逐渐变小，且放热峰的峰顶温度也向高温方向移动，这与树脂中炔基的浓度降低有关。

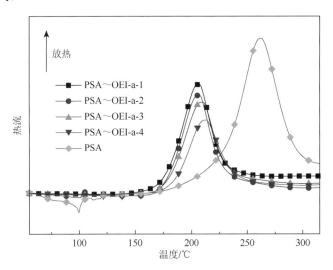

图 13.25　PSA 和 PSA～OEI-a 树脂的 DSC 曲线

表 13.37　PSA 和 PSA～OEI-a 树脂的 DSC 分析结果

树脂	$T_i/℃$	$T_p/℃$	$\Delta H/(J/g)$
PSA	216	251	531
PSA～OEI-a-1	168	201	398
PSA～OEI-a-2	175	207	369
PSA～OEI-a-3	172	209	360
PSA～OEI-a-4	181	212	342

3. PSA～OEI-a 树脂固化物的热稳定性[17]

图 13.26 为 PSA 和 PSA～OEI-a 树脂固化物的 TGA 曲线，其结果列于表 13.38 中。由图表可知，不同分子量的聚醚酰亚胺改性含硅芳炔树脂固化物的 T_{d5} 均在 500℃以上，具有很好的耐热性能。随着聚醚酰亚胺分子量的增大，改性树脂的热稳定性没有表现出很大的差异，例如，PSA～OEI-a-2、PSA～OEI-a-3 和 PSA～

OEI-a-4 的 T_{d5} 在 528℃～531℃，从图中还可以发现 PSA～OEI-a-1 树脂的 800℃ 残留率相对较高，为 80.3%，这是因为 OEI-apa-2、OEI-apa-3 和 OEI-apa-4 中引入了相对不稳定的 4,4′-二氨基二苯甲烷结构，导致树脂的残留率较低。从图 13.26 中的放大图可以看出，PSA～OEI-a-2、PSA～OEI-a-3 和 PSA～OEI-a-4 树脂固化物的分解温度依次降低，这是因为 OEI-apa 分子量的增大使炔基浓度降低，导致树脂的固化交联度下降。虽然 4 种改性树脂相对于含硅芳炔树脂的 T_{d5} 有所降低，但是都在 500℃ 以上，因此 PSA～OEI-a 树脂是一种高性能的树脂基体。

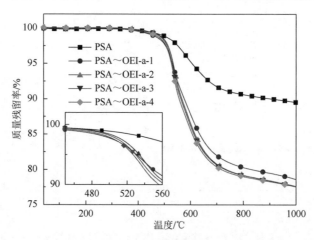

图 13.26　PSA 和 PSA～OEI-a 树脂固化物在氮气中的 TGA 曲线

表 13.38　PSA 和 PSA～OEI-a 树脂固化物的 TGA 结果

树脂	$T_{d5}/℃$	$Y_{r800}/\%$
PSA	610	90.6
PSA～OEI-a-1	530	80.3
PSA～OEI-a-2	531	78.8
PSA～OEI-a-3	529	78.8
PSA～OEI-a-4	528	79.0

4. 碳纤维增强 PSA～OEI-a 树脂复合材料的性能[17, 18]

1) T300CF/PSA～OEI-a 复合材料的力学性能

表 13.39 是 T300CF/PSA 和 T300CF/PSA～OEI-a 复合材料的室温和高温力学性能，从表中数据可以看出 T300CF/PSA～OEI-a 的室温弯曲强度和层间剪切强度

都比 T300CF/PSA 高出很多，但通过改性树脂间的比较可知，T300CF/PSA～OEI-a 的复合材料的弯曲强度和层间剪切强度差别不大。T300CF/PSA～OEI-a 复合材料在 400℃下的高温力学性能也比 T300CF/PSA 复合材料的性能好，这说明通过在含硅芳炔树脂中引入聚醚酰亚胺这种极性结构有利于树脂和纤维的黏结性，可以大幅度改善复合材料的力学性能。

表 13.39　T300CF/PSA 和 T300CF/PSA～OEI-a 树脂复合材料的室温和高温力学性能

测试温度	复合材料	弯曲强度/MPa	弯曲模量/GPa	层间剪切强度/MPa
室温	T300CF/PSA	256.5±9.8	38.3±4.6	15.0±2.3
	T300CF/PSA～OEI-a-1	408.7±11.5	40.6±3.6	25.4±3.6
	T300CF/PSA～OEI-a-2	458.3±37.6	36.9±4.7	25.5±5.4
	T300CF/PSA～OEI-a-3	449.0±28.5	35.8±3.3	26.3±6.2
	T300CF/PSA～OEI-a-4	479.2±16.5	37.8±8.7	27.6±4.3
400℃	T300CF/PSA	140.3±6.4	32.9±1.5	9.0±1.5
	T300CF/PSA～OEI-a-1	177.3±3.5	41.0±3.2	12.2±0.8
	T300CF/PSA～OEI-a-2	182.0±6.9	33.5±4.9	13.6±2.3
	T300CF/PSA～OEI-a-3	190.0±8.1	38.6±7.7	15.1±1.8
	T300CF/PSA～OEI-a-4	197.7±6.3	40.7±2.5	15.6±2.1

2）T700CF/PSA～OEI-a 复合材料力学性能

表 13.40 是 T700CF/PSA 和 T700CF/PSA～OEI-a 复合材料的室温和高温力学性能，与 T300 碳纤维布增强树脂复合材料结果相似，T700CF/PSA～OEI-a 复合材料的室温弯曲强度和层间剪切强度都比 T700CF/PSA 复合材料高很多，但通过改性树脂比较可知，T700CF/PSA～OEI-a 复合材料的弯曲强度和层间剪切强度差别不是很大。T700CF/PSA～OEI-a 复合材料在 400℃下的高温力学性能也比 T700CF/PSA 复合材料的性能好。

表 13.40　T700CF/PSA 和 T700CF/PSA～OEI-a 复合材料的室温和高温力学性能

测试温度	复合材料	弯曲强度/MPa	弯曲模量/GPa	层间剪切强度/MPa
室温	T700CF/PSA	1489±78	128±3	58±4
	T700CF/PSA～OEI-a-1	1597±54	124±5	75±4
	T700CF/PSA～OEI-a-2	1784±123	131±5	69±8
	T700CF/PSA～OEI-a-3	1636±83	125±8	70±5
	T700CF/PSA～OEI-a-4	1654±87	123±7	65±7
400℃	T700CF/PSA	1040±35	126±4	40±3
	T700CF/PSA～OEI-a-1	1147±22	125±5	49±4
	T700CF/PSA～OEI-a-2	1342±74	133±4	56±6
	T700CF/PSA～OEI-a-3	1238±21	128±4	54±3
	T700CF/PSA～OEI-a-4	1250±10	124±6	54±2

13.5   硅氮烷改性含硅芳炔树脂及其复合材料的制备与性能

13.5.1   硅氮烷改性含硅芳炔树脂及其复合材料的制备

1. 二(3-乙炔基苯胺)-二苯基硅烷的合成[19]

在氮气保护下,向装有搅拌器、回流冷凝器和温度计的 250mL 四口烧瓶中加入三乙胺 7.58g(0.075mol) 与间氨基苯乙炔 5.85g(0.050mol) 的 30mL 甲苯溶液,将其冷却至−10℃±2℃,再将 30mL 甲苯和二苯基二氯硅烷 6.33g(0.025mol) 的混合溶液通过 50mL 恒压漏斗缓慢滴加到烧瓶中,滴加完毕后反应 1h,随后升温并控制在 80℃±2℃反应 20h,反应结束后,抽滤,将滤液水洗 4~5 次,并用无水 Na_2SO_4 除水,蒸馏除去溶剂,加入 15mL CCl_4 与石油醚的混合溶剂($V:V=1:1$),沉淀出白色固体,过滤、干燥,得到产物二(3-乙炔基苯胺)-二苯基硅烷(SZ),产率约为 70%。SZ 的合成反应如下:

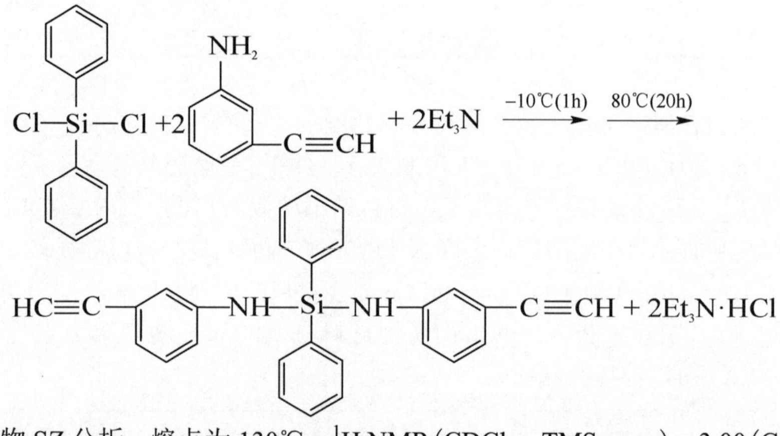

产物 SZ 分析:熔点为 130℃,^1H NMR(CDCl$_3$, TMS, ppm):3.00(C≡CH),4.21(N—H),6.85、7.00、7.38、7.68(Ph—H);^{29}Si NMR(CDCl$_3$, TMS, ppm):−30.2;FTIR(KBr, cm^{-1}):3372(N—H),3290(C≡CH),2103(C≡C),956(Si—N),785(Si—C)。

2. 硅氮烷改性含硅芳炔树脂(PSA~SZ)的制备

将 PSA 树脂与 SZ 按不同配比加入装有搅拌器、温度计和回流冷凝管的四口烧瓶中,通氮气保护,缓慢升温至 135℃后开动搅拌,待树脂混合物完全熔融后继续搅拌 0.5h,制得红棕色硅氮烷改性含硅芳炔树脂(PSA~SZ)。PSA~SZ 树脂的配比如表 13.41 所示。

表 13.41　PSA～SZ 树脂的原料配比

树脂	SZ/wt%	PSA/wt%	树脂相容性
PSA	0	100	—
PSA～SZ-10	10	90	均相
PSA～SZ-20	20	80	均相
PSA～SZ-30	30	70	均相
PSA～SZ-40	40	60	均相

3. PSA～SZ 树脂固化物的制备

事先将模具均匀涂上硅脂以方便脱模。将树脂放入烘箱熔融后，浇满模具，之后置于 130℃真空烘箱内真空脱泡 0.5h，然后转移至高温烘箱内固化，固化工艺为：150℃/2h + 170℃/2h + 210℃/2h + 250℃/4h。固化结束后脱模，取样，打磨至测试样条尺寸。

4. PSA～SZ 树脂复合材料的制备

按照 120mm×120mm 尺寸裁剪石英纤维平纹布 18 层，称重。按胶含量为 35%称取树脂溶于四氢呋喃中，待树脂溶解后，浸渍石英纤维布，制得预浸料，待溶剂自然挥发接近完全时，叠放整齐，转移至 70℃真空烘箱内抽真空 1h，然后在平板压机上压制成型。复合材料板的压制工艺条件为 170℃/2h + 210℃/2h + 250℃/4h，成型压力为 1.5MPa，复合材料的含胶量为 30wt%～32wt%。

13.5.2　硅氮烷改性含硅芳炔树脂及其复合材料的性能

1. PSA～SZ 树脂的工艺性能

图 13.27 为 PSA 和 PSA～SZ 树脂的流变曲线。SZ 化学活性低，其加入使得 PSA～SZ 树脂的凝胶向高温方向移动，但其凝胶起始温度基本稳定在 185～195℃，即 PSA～SZ 树脂可在低于 200℃下发生交联反应。

图 13.28 为 PSA 和 PSA～SZ 树脂在 170℃下的凝胶时间随 SZ 含量的变化。随着 SZ 含量的增加，PSA～SZ 树脂的凝胶时间逐渐延长。尽管 SZ 与 PSA 树脂分子中含有两个外炔基团，但 SZ 在 170℃下放置 4h 后才开始出现凝胶现象，SZ 的凝胶时间远长于 PSA 树脂，说明 SZ 中炔基团活性相对较低。因此，SZ 的加入降低了树脂体系的反应活性，导致树脂的凝胶时间延长。

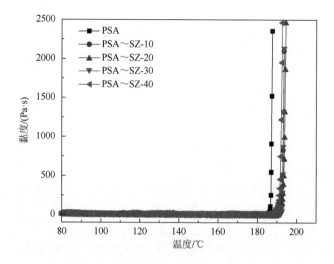

图 13.27   PSA 和 PSA～SZ 树脂的黏度-温度曲线

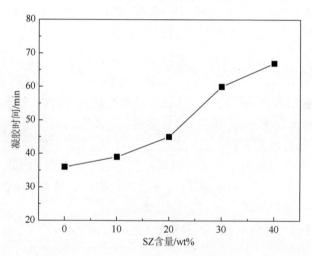

图 13.28   PSA 和 PSA～SZ 树脂在 170℃下的凝胶时间随 SZ 含量变化曲线

图 13.29 是 PSA 和 PSA～SZ 树脂的 DSC 曲线，表 13.42 列出了对应的 DSC 分析结果。图中显示在 200～275℃内，PSA～SZ 树脂出现单一固化放热峰，对应于树脂中端炔基的固化交联反应。此外，随 SZ 含量的增加，树脂的固化放热峰向高温处移动，即固化温度有所提高；同时放热量明显提高。这与 SZ 活性低、放热量高有关。

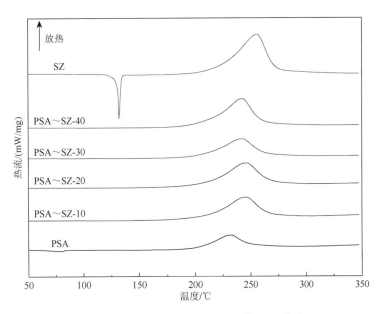

图 13.29　PSA 和 PSA～SZ 树脂的 DSC 曲线

表 13.42　**PSA 和 PSA～SZ 树脂的 DSC 分析结果**

树脂	T_i/℃	T_p/℃	T_e/℃	ΔH/(J/g)
PSA	199	230	257	327
PSA～SZ-10	211	244	272	583
PSA～SZ-20	211	244	270	611
PSA～SZ-30	208	241	269	698
PSA～SZ-40	211	242	263	852
SZ	222	256	273	1044

2. PSA～SZ 树脂固化物的结构与性能

1）PSA～SZ 树脂固化物的红外光谱分析

图 13.30 为 PSA 和 PSA～SZ 树脂在 250℃下固化 4h 后的红外光谱图。PSA～SZ 树脂固化物中，3374cm^{-1} 是 N—H 的伸缩振动峰，2960cm^{-1} 是 C—H 的伸缩振动峰，2105cm^{-1} 是 C≡C 的伸缩振动峰；PSA 树脂固化物中，2960cm^{-1} 是 C—H 的伸缩振动峰，2105cm^{-1} 是 C≡C 的伸缩振动峰，1254cm^{-1} 是 Si—CH$_3$ 的弯曲振动峰。这说明树脂经 250℃固化后，内炔（峰 2105cm^{-1}）仍然存在。

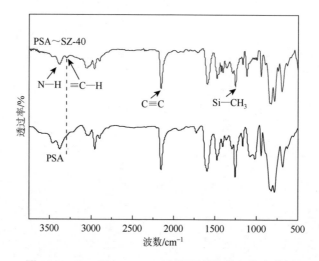

图 13.30   PSA 和 PSA～SZ 树脂固化物的红外光谱图

2）PSA～SZ 树脂固化物的弯曲性能

图 13.31 为 PSA 和 PSA～SZ 树脂固化物的弯曲性能。从图中可以看出 PSA～SZ 树脂固化物的弯曲性能随 SZ 含量的增加而变化，弯曲强度整体呈增加的趋势，弯曲模量变化不大。与 PSA 树脂固化物相比，当 SZ 含量为 20%时，PSA～SZ 树脂固化物的弯曲强度提高了 62.1%，这主要归因于 SZ 的加入，其使树脂体系的分子极性增加，分子链间的相互作用力增大。但随着 SZ 含量继续增加时，PSA～SZ 树脂固化物的弯曲强度基本保持不变。

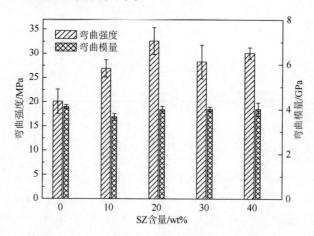

图 13.31   PSA 和 PSA～SZ 树脂固化物的弯曲性能

3）PSA～SZ 树脂固化物的热性能

PSA～SZ 树脂固化物在氮气和空气中的 TGA 曲线如图 13.32 所示，表 13.43

列出了相应的 TGA 数据。由图 13.32(a)可见，随 SZ 含量的增加，PSA~SZ 树脂固化物在氮气气氛下的热稳定性呈下降趋势，这主要是由于 SZ 的热稳定性低于 PSA 树脂，SZ 与 PSA 树脂共聚后，降低了 PSA 树脂的热稳定性。但当 SZ 含量低于 30%时，树脂 T_{d5} 下降程度不大，仍具有较好的热稳定性。

由图 13.32(b)和表 13.43 中数据可知，随 SZ 含量的增加，PSA~SZ 树脂在空气中的 T_{d5} 处于同一水平上(435~445℃)；也可以看到在 400℃左右 TGA 曲线上均出现增重现象，这可能是 PSA 及 PSA~SZ 树脂在空气中的氧化增重所致[20, 21]。

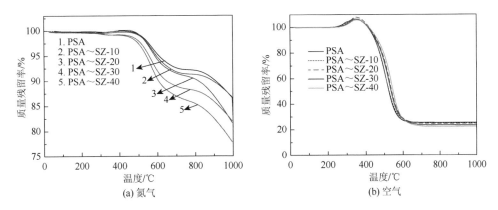

图 13.32　PSA 和 PSA~SZ 树脂固化物的 TGA 曲线

表 13.43　PSA 和 PSA~SZ 树脂固化物的 TGA 数据

树脂	氮气		空气	
	T_{d5}/℃	Y_{r800}/%	T_{d5}/℃	Y_{r800}/%
PSA	609	92.1	435	25.4
PSA~SZ-10	596	91.3	435	25.0
PSA~SZ-20	587	90.4	442	24.6
PSA~SZ-30	557	88.0	438	23.4
PSA~SZ-40	543	85.5	445	22.3

4)PSA~SZ 树脂固化物的介电性能

图 13.33 给出 PSA~SZ 树脂固化物的介电常数随频率的变化情况。可知随着 SZ 含量的增加，PSA~SZ 树脂固化物的介电常数呈增大趋势。原因可能是 SZ 有一定极性，引入 PSA 树脂中后，使树脂极性增加，导致介电常数增大。

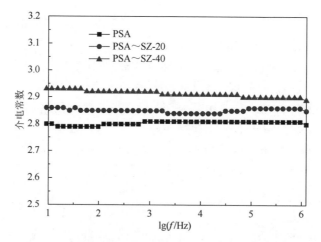

图 13.33　不同频率下 PSA～SZ 树脂固化物的介电常数

5) T300CF/PSA～SZ 复合材料的力学性能

表 13.44 列出了 T300CF/PSA 和 T300CF/PSA～SZ 复合材料的力学性能。可见，SZ 含量为 20%的 PSA～SZ 树脂复合材料的弯曲强度达 270MPa，比 T300CF/PSA 复合材料约提高了 37.0%。这说明引入 SZ 后，T300CF/PSA～SZ 复合材料的力学性能显著提高。这可能是由于 PSA～SZ 树脂的极性较强，改善了树脂与纤维的界面黏结性能。

表 13.44　T300CF/PSA 和 T300CF/PSA～SZ 复合材料的力学性能

复合材料	弯曲强度/MPa	弯曲模量/GPa	层间剪切强度/MPa
T300CF/PSA	197±8.8	18.7±1.5	14.4±0.6
T300CF/PSA～SZ-20	270±6.3	20.2±0.5	22.9±0.7

13.6　酰亚胺苯并噁嗪改性含硅芳炔树脂合成与性能

13.6.1　酰亚胺苯并噁嗪改性含硅芳炔树脂的合成与结构表征

1. 酰亚胺苯并噁嗪(IB)的合成与表征[2]

1) 马来酰亚胺苯并噁嗪 N-(N'-乙炔基-3, 4-二氢-2H-1, 3-苯并噁嗪基)-马来酰胺(MIB-a)的合成

在配有搅拌器、温度计和冷凝管的 250mL 四口烧瓶中，加入间氨基苯乙炔 11.70g(0.10mol)及 200mL 1, 4-二氧六环，在冰水浴下缓慢加入多聚甲醛 6.00g(0.20mol)，保持温度低于 10℃，继续搅拌 10min，然后加入 N-(4-羟苯基)

马来酰亚胺 18.90g(0.10mol)，升温回流反应 24h，反应结束后冷却至室温，蒸除 1,4-二氧六环后得到粗产物，将粗产物溶于乙酸乙酯中，用 0.1mol/L NaOH 溶液洗涤三次，然后用去离子水洗至中性，分离有机层，加入无水硫酸钠干燥，最后蒸除乙酸乙酯得红棕色固体产物 MIB-a，熔点 65℃，产率 59%，合成路线如下：

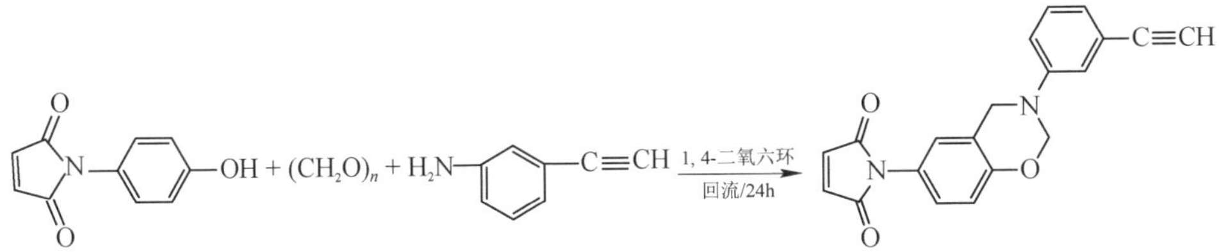

产物 MIB-a 分析：FTIR(KBr，cm^{-1})：3281(≡C—H)，2104(C≡C)，1770(C=O 不对称)，1712(C=O 对称)，1499(1,2,4-三取代苯环)，1237(C—O—C)，1151(C—N—C)，946(苯并噁嗪环)，828(≡C—H 摇摆)，689(马来酰亚胺，≡C—H 面外弯曲)；^{1}H NMR(CDCl$_3$，ppm)：3.05(s,1H，≡CH)，4.66(s，2H，C—CH$_2$—N—)，5.36(s，2H，N—CH$_2$—O—)，6.83(s，2H，—CH=CH—)，6.86～7.25(m，7H，ArH)。

2) N,N'-双(N''-乙炔苯基-3,4-二氢-2H-1,3-苯并噁嗪基)-4,4'-六氟异丙基-双邻苯二甲酰亚胺(FIB-a)的合成

在配有搅拌器、温度计和冷凝管的 250mL 四口烧瓶中，加入 N,N'-双(4-羟苯基)-4,4'-六氟异丙基-双邻苯二甲酰亚胺 6.26g(0.01mol)、多聚甲醛 1.20g(0.04mol)及二氧六环 100mL，然后逐滴加入 3-氨基苯乙炔 2.34g(0.02mol)，加热升温回流反应 72h，反应结束后冷却至室温，蒸除溶剂 1,4-二氧六环得粗产物，将粗产物溶于乙酸乙酯中，用 0.1mol/L NaOH 溶液洗涤数次，然后用去离子水洗至中性，分离有机层，加入无水硫酸钠干燥，最后蒸除溶剂乙酸乙酯得黄色固体粉末产物 FIB-a，熔点 105℃，产率 75%。FTIR(KBr，cm^{-1})：3284(≡C—H)，2105(C≡C)，1780 和 1724(酰亚胺 Ⅰ)，1382(酰亚胺 Ⅱ)，1147(酰亚胺 Ⅲ)，948(苯并噁嗪环)，722(酰亚胺 Ⅳ)。^{1}H NMR(CDCl$_3$，ppm)：3.05(s，≡C—H)，4.67(s，C—CH$_2$—N—)，5.37(s，N—CH$_2$—O—)，6.85～8.06(m，ArH)。

3) N,N'-双(N-乙炔苯基-3,4-二氢-2H-1,3-苯并噁嗪基)-双酚 A 醚邻苯二甲酰亚胺(BIB-a)的合成

BIB-a 由 N,N'-双(4-羟苯基)-双酚 A 醚邻苯二甲酰亚胺 7.02g(0.01mol)、多聚甲醛 1.20g(0.04mol)和 3-氨基苯乙炔 2.34g(0.02mol)反应制得，反应回流时间为 42h，其余合成及后处理方法同上，产物为黄色固体粉末，熔点 95℃，产率 77%。FTIR(KBr，cm^{-1})：3285(≡C—H)，2104(C≡C)，1773 和 1713(酰亚胺 Ⅰ)，1384(酰

亚胺Ⅱ)，1169(酰亚胺Ⅲ)，945(苯并噁嗪环)，747(酰亚胺Ⅳ)。^{1}H NMR(CDCl$_3$,ppm)：1.75(s,CH$_3$)，3.04(s,≡C—H)，4.65(s,C—CH$_2$—N—)，5.35(s,N—CH$_2$—O—)，6.82~7.92(m,Ar-H)。合成路线如下：

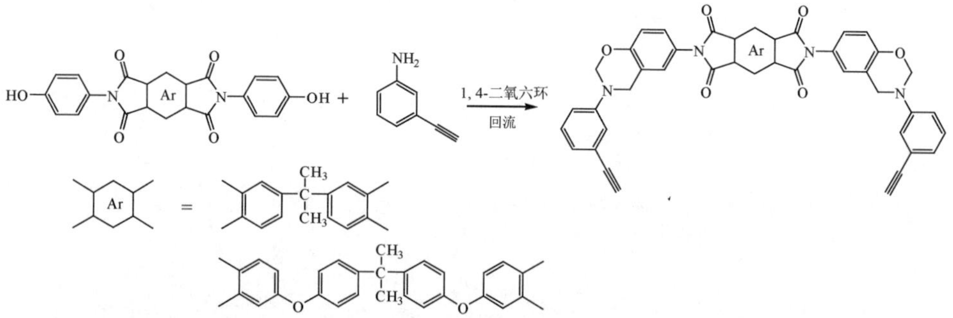

2. 酰亚胺苯并噁嗪改性含硅芳炔树脂的制备

将计量的 IB 和 PSA 树脂加入配有搅拌器、氮气导入管和冷凝器的三口烧瓶中，开动搅拌并升温到 110℃，待反应物完全熔融均相后停止加热，获得红棕色黏稠状酰亚胺苯并噁嗪改性含硅芳炔(PSA～IB-a)树脂。

将 PSA～IB-a 树脂在 130℃下熔融，倒入模具中，然后移至高温干燥箱中升温固化，固化工艺为：150℃/2h + 170℃/2h + 210℃/2h + 250℃/4h，固化完成后冷却至室温。

3. PSA～IB 树脂复合材料的制备

T300 碳纤维布增强复合材料：裁剪 11cm×11cm 的 T300 碳纤维布 12 层，称重，按质量比树脂：纤维 = 37：63 称取 PSA～IB-a-30 树脂(其中 IB 含量 30%，PSA 树脂含量 70%)，溶于 THF 中，树脂完全溶解后，浸渍纤维布制得预浸料，待 THF 挥发后，置于真空烘箱中 70℃进一步干燥 30min，然后在平板压机上压制成型。T300 碳纤维布增强复合材料成型工艺条件为 170℃/2h + 210℃/2h + 250℃/4h，成型压力为 1.5MPa。

T700 单向碳纤维增强复合材料：称取 PSA～IB-a-30 树脂(其中 IB 含量 30%，PSA 树脂含量 70%)，溶于 THF 中，配制成固含量为 28%的溶液，T700 单向碳纤维经该溶液浸渍后，缠绕于滚筒上，晾干后制得预浸料。将预浸料裁剪成长×宽为 25cm×15cm 的小块，0°铺叠 12 层，将叠好的预浸料在真空烘箱 70℃干燥 1h后，放入模具中，在平板压机上压制成型，成型压力为 6MPa，在 170℃保温保压 2h 后，卸去压力，再升温后处理，后处理工艺条件为 210℃/2h + 250℃/4h + 300℃/2h。

13.6.2　酰亚胺苯并噁嗪改性含硅芳炔树脂的性能

1. PSA～IB-a 树脂的性能[2]

利用 DSC 分析来考察 PSA～IB 树脂的固化行为，测得 DSC 曲线如图 13.34 所示，分析结果列于表 13.45。从 DSC 曲线可以看出，PSA 树脂的放热起始温度为 220℃，峰顶温度为 241℃，终止温度为 256℃，放热量为 394J/g。对于 PSA～BIB-a-30 树脂而言，其固化放热峰为一单峰，表明炔基聚合和苯并噁嗪基团的开环反应发生在同一温度范围，可能是因两种固化反应同时进行所致，PSA～BIB-a-30 DSC 曲线的放热峰峰顶温度为 248℃，略微向高温方向移动，放热量也升至 434J/g。三种 PSA～IB-a 树脂 PSA～BIB-a-30、PSA～FIB-a-30 和 PSA～MIB-a-30 树脂的固化放热峰温度很接近，放热峰峰顶温度分别为 248℃、247℃和 249℃。

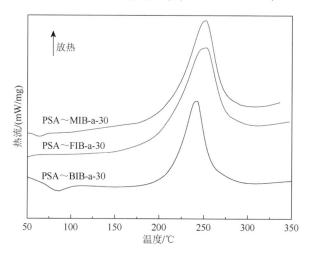

图 13.34　PSA～IB-a 树脂的 DSC 曲线

表 13.45　PSA 和 PSA～IB-a 树脂的 DSC 结果

树脂	T_i/℃	T_p/℃	T_e/℃	ΔH/(J/g)
PSA	220	241	256	394
PSA～BIB-a-30	211	248	271	434
PSA～FIB-a-30	208	247	273	453
PSA～MIB-a-30	212	249	269	510

2. PSA～IB-a 树脂固化物的性能[2]

PSA～IB-a 树脂固化物在氮气气氛下的 TGA 曲线见图 13.35，5%和 10%失重温度(T_{d5} 和 T_{d10}）及 800℃和 1000℃残留率列于表 13.46。酰亚胺苯并噁嗪固化物表现出较好的热稳定性，其中 BIB-a 固化物的 T_{d5} 为 393℃，FIB-a 固化物的 T_{d5} 为 422℃，MIB-a 固化物的 T_{d5} 为 412℃，因此选择酰亚胺苯并噁嗪来改性 PSA，有望保留 PSA 优良的耐热性能。可以看出，三种 PSA～IB-a 树脂固化物的热稳定性相差不大，800℃残留率为 85%左右。PSA～BIB-a-30、PSA～FIB-a-30 和 PSA～MIB-a-30 树脂固化物的 T_{d5} 分别为 532℃、539℃和 534℃。可见 PSA～IB-a 树脂固化物具有优良的耐热性能。

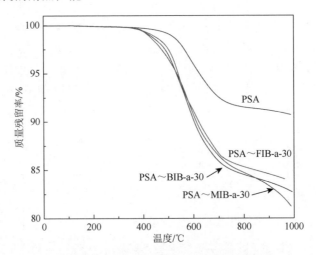

图 13.35　PSA～IB-a 树脂固化物的 TGA 曲线

表 13.46　PSA～IB-a 树脂固化物的 TGA 分析结果

树脂	T_{d5}/℃	T_{d10}/℃	Y_{r800}/%	Y_{r1000}/%
PSA	624	—	92	91
PSA～BIB-a-30	532	603	85	83
PSA～FIB-a-30	539	621	85	83
PSA～MIB-a-30	534	611	85	81

3. 碳纤维增强 PSA～IB-a 树脂复合材料的性能[2]

以 T300 碳纤维布作为增强材料，制备了 T300CF/PSA～IB-a 复合材料，其弯曲性能和层间剪切性能列于表 13.47。对于 T300CF/PSA～BIB-a-30 复合材料而言，其弯曲强度和层间剪切强度与 T300CF/PSA 相比分别约提高了 23%和 36%；对于 T300CF/PSA～MIB-a-30 复合材料而言，由于 MIB-a 脆性大，导致其复合材料性能与 T300CF/PSA 复合材料相差不大。与 T300CF/PSA 相比，其他两种酰亚胺苯并噁嗪改性 PSA 复合材料的弯曲强度及层间剪切强度明显提高，其中 T300CF/PSA～BIB-a-30 复合材料的弯曲强度比 T300CF/PSA 的约提高了 53%，层间剪切强度也约提高了 51%；T300CF/PSA～FIB-a-30 复合材料的弯曲强度和层间剪切强度也分别约提高了 55% 和 52%，两种酰亚胺苯并噁嗪改性 PSA 复合材料的力学性能接近。这表明酰亚胺苯并噁嗪与 PSA 共混共聚后，分子链的极性显著增加，增大了分子链之间及分子链与纤维之间的相互作用力，因此，T300CF/PSA～IB-a 复合材料的树脂基体与纤维的黏结性提高，导致复合材料的力学性能大幅提升。

表 13.47　T300 碳纤维布增强复合材料力学性能

复合材料	弯曲强度/MPa	弯曲模量/GPa	层间剪切强度/MPa
T300CF/PSA	285±12	37.8±1.9	18.5±0.6
T300CF/PSA～BIB-a-30	437±17	52.9±1.8	27.9±1.7
T300CF/PSA～FIB-a-30	441±15	52.6±5.0	28.1±2.2
T300CF/PSA～MIB-a-30	287±7	41.8±2.2	19.1±0.5

对 T300CF/PSA 和 T300CF/PSA～BIB-a-30 复合材料的断面进行 SEM 分析，如图 13.36 所示。可以看出，T300CF/PSA～BIB-a-30 复合材料的碳纤维束上黏附较多的树脂，碳纤维束间基本无间隙，表明 PSA～BIB-a 树脂与纤维的黏附性较好，其复合材料的力学性能相比 PSA 显著提高。

(a) T300CF/PSA　　　　　(b) T300CF/PSA～BIB-a-30

图 13.36　T300 碳纤维布增强复合材料的断面 SEM 图

此外，作者还制备了 T700CF/PSA～BIB-a-30 复合材料，其弯曲性能和层间剪切强度列于表 13.48。可见，T700 碳纤维/酰亚胺苯并噁嗪改性 PSA 树脂复合材料具有较好的力学性能，其室温下弯曲强度达到 1796MPa，层间剪切强度由 PSA

的 51.1MPa 提高至 60.6MPa，约提高了 19%。然而 400℃复合材料弯曲强度保持率较低。

表 13.48　T700 单向碳纤维增强树脂复合材料力学性能*

复合材料	测试温度/℃	弯曲强度/MPa	弯曲模量/GPa	层间剪切强度/MPa
T700CF/PSA	室温	1692±128	136±3.3	51.1±2.9
T700CF/PSA～BIB-a-30	室温	1796±92	133±2.5	60.6±3.7
	400	693±44	114±2.7	

*航天材料及工艺研究所测试。

通过 DMA 对 T700CF/PSA～BIB-a-30 复合材料进行测试，得到的 DMA 曲线如图 13.37 所示。可以看出，tanδ 曲线在 337℃出现一个小峰，即树脂的玻璃化转变温度为 337℃。这说明 400℃复合材料力学性能低与玻璃化转变温度有关。

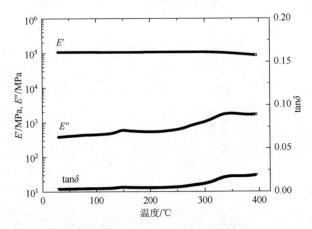

图 13.37　T700CF/PSA～BIB-a-30 复合材料的 DMA 曲线

参 考 文 献

[1]　黄健翔. 含硅芳炔树脂的改性研究. 上海：华东理工大学，2009.

[2]　高宇. 苯并噁嗪改性的含硅芳炔树脂及其复合材料研究. 上海：华东理工大学，2013.

[3]　Kissinger H E. Reaction kinetics in differential thermal analysis. Analytical Chemistry，1957，29（11）：1702-1706.

[4]　Ozawa T. Kinetic analysis of derivative curves in thermal analysis. Journal of Thermal Analysis，1970，2（3）：301-324.

[5]　Crane L W，Dynes P J，Kaelble D H. Analysis of curing kinetics in polymer composites. Journal of Polymer Science Polymer Letters Edition，1973，11（8）：533-540.

[6]　严浩，齐会民，黄发荣. 新颖含硅芳炔基多炔树脂的合成与性能. 石油化工，2004，33（9）：880-884.

[7]　Ghosh N N，Kiskan B，Yagci Y. Polybenzoxazines-new high performance thermosetting resins: synthesis and properties. Progress in Polymer Science，2007，32（11）：1344-1391.

[8] Agag T，Takeichi T. Novel nenzoxazine monomers containing *p*-phenyl propargyl ether：Polymerization of monomers and properties of polybenzoxazines. Macromolecules，2001，34(21)：7257-7263.

[9] 章婷婷，袁荞龙，黄发荣. 含炔丙基苯并噁嗪树脂的性能. 绝缘材料，2013，46(5)：52-57.

[10] 杨丽. 纤维增强含硅芳炔树脂复合材料的结构与性能. 上海：华东理工大学，2014.

[11] 张亚兵，童昉，袁荞龙，等. 含硅芳炔树脂及其共混物熔体的流变性能. 华东理工大学学报(自然科学版)，2015，41(3)：321-327.

[12] Dirlikov S K. Propargyl-terminated resins-a hydrophobic substitute for epoxy resins. High Perform Polymers，1990，2(1)：67-77.

[13] Douglas W E，Overend A S. Curing reactions in acetylene terminated resins-I. uncatalyzed cure of arylpropargyl ether terminated monomers. European Polymer Journal，1991，27(11)：1279-1287.

[14] Grenier M F，Sanglar C. Prepolymers with propargylic terminal residues-I. Simulation of reaction mechanisms and kinetics of monofunctional models. European Polymer Journal，1997，33(7)：1125-1134.

[15] Nair C P R，Bindu R L，Krishnan K，et al. Bis propargyl ether resins：synthesis and structure-thermal property correlations. European Polymer Journal，1999，35(2)：235-246.

[16] Vinayagamoorthi S，Vijayakumar C T，Alam S，et al. Structural aspects of high temperature thermosets-bismaleimide/propargyl terminated resin system-polymerization and degradation studies. European Polymer Journal，2009，45(4)：1217-1231.

[17] 李晓杰. 改性含硅芳炔树脂的制备与性能研究. 上海：华东理工大学，2015.

[18] 周晓辉. 乙炔基封端聚醚酰亚胺改性含硅芳炔树脂的研究. 上海：华东理工大学，2017.

[19] 杨建辉. 硅氮烷改性含硅芳炔树脂及复合材料的性能研究. 上海：华东理工大学，2014.

[20] Han W J，Ye L，Hu J D，et al. Preparation，cure kinetics，and thermal properties of novel acetylene terminated silazanes. Journal of Applied Polymer Science，2012，123(3)：1384-1391.

[21] 池铁，齐会民，黄发荣，等. 含硅芳炔树脂的热氧化降解动力学研究. 玻璃钢/复合材料，2013，(2)：34-37.

第14章

含硅芳炔树脂的陶瓷化及其陶瓷材料的结构与性能

14.1 引　言

14.1.1 陶瓷化材料概述

　　复合材料领域中典型的耐热复合材料是碳/碳(C/C)复合材料，C/C 复合材料是指碳纤维增强碳基体的复合材料，具有密度小、耐高温、抗烧蚀、耐摩擦等特点。C/C 复合材料可以承受高于 3000℃的高温，可用于短时间烧蚀的环境中，如用于火箭发动机喷管、喉衬等构件的制造。C/C 复合材料摩擦系数小、高温稳定可靠，可用作优异摩擦磨损性能的摩擦材料[1, 2]。因此，C/C 复合材料可在航空航天等领域获得广泛的应用[3]。

　　C/C 复合材料主要成分为碳，虽然具有高的耐热特性，但是其抗热氧化性较差[4, 5]。为了提升其抗热氧化性，人们做了不少研究。目前提升 C/C 复合材料抗热氧化性的主要方法有：碳纤维表面涂层、C/C 复合材料整体外表涂层及基体改性等[6-8]，其中，在碳基体中引入 SiC 基元[制备碳/碳-碳化硅(C/C-SiC)复合材料]成为一种有效改进C/C 复合材料抗氧化性的方法[9-13]。但是 C/C-SiC 复合材料制备周期长、制造成本高，从而大大限制了 C/C-SiC 复合材料的广泛应用。快速制备 C/C-SiC 复合材料、降低C/C-SiC 复合材料生产成本成为 C/C-SiC 复合材料研究和发展的重要方向之一。

　　常用的 C/C-SiC 复合材料的制备方法有：化学气相渗透法(chemical vapour infiltration，CVI)[14-18]、先驱体浸渍法(precursor infiltration and pyrolysis，PIP)[19-22]和反应熔体渗透法(reaction melt infiltration，RMI)[23, 24]。以三种不同方法制备的C/C-SiC 复合材料的性能有差异，表 14.1 列出了用三种不同制备方法制得的C/C-SiC 复合材料的各项性能[25]。

表 14.1　不同方法制备的 C/C-SiC 复合材料性能

性能	CVI	PIP	RMI
密度/(g/cm³)	2.1～2.2	1.8	1.9～2.0

性能	CVI	PIP	RMI
空隙率/%	10～15	10	2～5
抗拉强度/MPa	300～320	250	80～190
拉伸模量/GPa	90～100	65	50～70
拉伸强度/MPa	450～500	500	160～300
层间剪切强度/MPa	45～48	10	28～33
纤维含量/vol%	42～47	46	55～65
热导率/[W/(m·K)]	7[1]	5.3～5.5[2]	7.5～10.3[3]

注：1) 室温～1000℃；2) 室温～1500℃；3) 200～1650℃。

先驱体浸渍法[26]是快速制备 C/C-SiC 复合材料的方法，自 1975 年日本科学家[27]首次以聚碳硅烷为先驱体制备了 SiC 纤维以来，聚合物先驱体炭化成为一种重要的陶瓷材料制备方法，且越来越受到人们的关注。常见的聚合物先驱体有聚碳硅烷（PCS）、聚甲基硅烷（PMS）、聚硅氧烷及聚硅氮烷等[28]。聚合物先驱体的陶瓷化性能对所制备的陶瓷材料有很大的影响，可高效陶瓷化的先驱体往往能大幅提升陶瓷材料的制备效率。

含硅芳炔树脂是引入硅元素的多芳炔聚合物，是一类新发展的高耐热树脂，含硅芳炔树脂除了高耐热、耐烧蚀、耐辐射、低介电常数之外，还具备高的陶瓷化率，在 1000℃ 以上炭化可以形成具有 β-SiC 结晶的富碳纳米陶瓷[29]，陶瓷化率达 84%以上，是一种有发展潜力的陶瓷化聚合物先驱体。

14.1.2　C/C-SiC 陶瓷复合材料先驱体

如上述提及，以 PIP 法制备 C/C-SiC 复合材料主要的聚合物先驱体有聚碳硅烷、聚甲基硅烷、聚硅氧烷等[30]，其中以聚碳硅烷使用最为广泛。

1. 聚碳硅烷

聚碳硅烷是以液相浸渍工艺制备 C/C-SiC 复合材料中使用最为广泛的先驱体，其主要结构单元为—Si(CH₃)₂—CH₂—[31, 32]。下面举例说明。

Jian 等[33]对聚碳硅烷制备 CF/SiC 复合材料的工艺进行了研究。他们以碳纤维布浸渍聚碳硅烷溶液并在不同温度下炭化，重复浸渍 8 次制备了 CF/SiC 复合材料，并研究了炭化温度对 CF/SiC 复合材料结构和性能的影响。1000℃炭化所得 CF/SiC 复合材料的弯曲强度为 200.7MPa，层间剪切强度为 16.8MPa；1600℃炭化所得 CF/SiC 复合材料的弯曲强度为 319MPa，层间剪切强度为 29.8MPa。他们认为随着热解温度的升高，界面黏合力降低，弱的界面可以获得高韧性和高强度的

CF/SiC 复合材料。低温炭化获得的 CF/SiC 复合材料界面强度高，开裂可以在纤维和基体之间的界面间传递，从而导致应变低；而高温下获得的 CF/SiC 复合材料界面结合弱，裂缝到达纤维和基体界面时，基体脱纤，虽然裂缝传播整个基体，但是碳纤维仍通过纤维和基体之间的摩擦支持负载，因此弱界面甚至有利于 CF/SiC 复合材料的机械性能。Jian 等[34, 35]还研究了浸渍工艺对所得复合材料的微观结构及性能的影响。他们用聚碳硅烷和三维碳纤维织物制备了 CF/SiC 复合材料。真空浸渍下所得 CF/SiC 复合材料的弯曲强度为 557MPa，密度为 1.79g/cm^3，空隙率为 16.8%，而通过升高浸渍温度，增加浸渍压力后，聚碳硅烷黏度降低，浸渍效率提高，所得 CF/SiC 复合材料的弯曲强度为 662MPa，密度为 1.94g/cm^3，空隙率为 10.4%。

Ma 等[36]以三维碳纤维和聚碳硅烷在 1200℃炭化，反复循环 9~12 次后，制备了三维的 CF/SiC，密度为 1.96g/cm^3，弯曲强度为 473MPa，弯曲模量 73.6GPa，然后将得到的 CF/SiC 复合材料分别在 1600~1800℃下处理 1h。研究表明经过高温处理后，材料会失重 7.61%~8.43%，1600℃处理后材料弯曲强度为 197MPa，1800℃处理后材料弯曲强度只有 77MPa。

聚碳硅烷的合成工艺较为困难，生产成本高，且以其为先驱体制备陶瓷基复合材料的陶瓷化率较低（一般为 60%~70%）。此外，聚碳硅烷在炭化过程中会释放小分子，从而导致所制备的陶瓷基复合材料有空隙，影响材料的最终性能[37]。为了提升复合材料的性能，聚碳硅烷的改性成为研究热点之一。聚碳硅烷改性主要是引入可以交联的反应官能团，以提高树脂交联密度，改性后陶瓷化率可以高达 80%~85%[38, 39]；或者通过添加过渡金属化合物、填料的方式可以使得聚碳硅烷的陶瓷化率达到 73%~93%[40]。

2. 聚甲基硅烷

聚甲基硅烷是一种比较新颖的 SiC 先驱体，其研究始于 20 世纪 80 年代[41, 42]，其主要结构单元为—SiH(CH$_3$)—[43]，聚甲基硅烷的 C 原子和 Si 原子比例为 1，因而裂解产物主要为 SiC，可以获得高 SiC 含量的 C/C-SiC 复合材料，以提升 C/C-SiC 复合材料的抗热氧化性[44]。聚甲基硅烷作为陶瓷先驱体使用时，理论陶瓷化率应超过 90%，但实际中仅为 24%~40%，因此聚甲基硅烷作为 C/C-SiC 复合材料先驱体使用往往需要改性，如加入二乙烯苯形成交联体系，加入硼、氯化物等。

范雪琪等[45]以二乙烯基苯（DVB）为交联剂，配上不同量的聚甲基硅烷制备先驱体，并在 1300℃裂解得到陶瓷产物，研究表明随着二乙烯基苯含量的增加，所制备的陶瓷产物空隙增加，这主要是由二乙烯基苯交联体裂解造成的，当聚甲基硅烷与二乙烯基苯配比为 1∶0.2 时，陶瓷化率有望达到 80%。

Widlage 等[46]通过直接炭化碳纤维增强酚醛树脂的方法制备了多孔 C/C 预制

体，然后利用聚甲基硅烷在 $Co_2(CO)_8$ 催化下反应(Si—H 键容易发生交联)，形成 Si—Si 键，从而使聚甲基硅烷具有更高的陶瓷化率。以该(具有 $Co_2(CO)_8$ 组分的)聚甲基硅烷为先驱体，可以使制备的 C/C 预制体的裂隙封装，而在同样条件下，用聚碳硅烷难以做到。纤维体积分数为 63%，浸渍一次的 C/C-SiC 复合材料的弯曲强度达到 138MPa。

Liu 等[47]用 $SbCl_3$ 改性的聚甲基硅烷在 320℃热交联，并在 1250℃下氮气气氛中进行炭化裂解，制备了 CF/SiC 复合材料，陶瓷化率高达 91%，经过 4 次循环烧结之后，所得 CF/SiC 复合材料密度为 $1.76g/cm^3$，弯曲强度为 381MPa，而以聚碳硅烷循环浸渍 12 次以后也未达到如此好的力学性能。

3. 含硅芳炔树脂

含硅芳炔树脂固化后，在高温下(高于 1000℃)可裂解形成 C—SiC 陶瓷材料，且陶瓷化率可达 80%以上，可望作为一种高陶瓷化率的先驱体使用。以下介绍含硅芳炔树脂固化物的陶瓷化及其陶瓷材料的性能。

14.2　含硅芳炔树脂陶瓷材料的制备

14.2.1　C-SiC 和 C-SiC-B₄C 陶瓷材料的制备

将待高温烧结陶瓷化的二甲基硅烷芳炔树脂、POSS 含硅芳炔树脂和碳硼烷化硅芳炔树脂固化物样品放置于刚玉坩埚内，将坩埚置入管式炉中，用氩气置换管式炉中的空气，抽排 4 次，然后在 150mL/min 氩气流量下以 5℃/min 升温速率将试样加热至 450℃，随后以 2℃/min 升温速率将试样加热至设置温度，并在此温度下保温 6h(特别情况另注)，然后以 2℃/min 降温速率冷却至 450℃后自然冷却至室温，得到黑色烧结产物。设置烧结温度为 600℃、800℃、1000℃、1100℃、1200℃、1300℃和 1450℃。将得到的烧结(陶瓷化)产物依次命名为"树脂名-烧结温度"，并将 PSA-M 和 CB-PSA-M 分别简化为 PSA 和 CB，如 PSA-600、CB-800等，如果是空气下烧结产物，则命名为 PSA-600(O)、CB-800(O)等。

14.2.2　C/C-SiC 复合材料的制备

以 PSA 树脂为先驱体制备一维或二维 CF/C-SiC 复合材料，制备流程工艺如图 14.1 所示。首先将碳纤维和 PSA 树脂制备的预浸料利用模压成型的方法制备 T300 碳布增强树脂复合材料(T300CF/PSA 复合材料)；其次将 T300CF/PSA 复合材料置于高温管式炉中进行炭化，直接得到多孔 CF/C-SiC 预制体；最后用含硅芳炔树脂溶液浸渍多孔 CF/C-SiC 预制体，经固化、炭化得到 CF/C-SiC 复合材料，重复浸渍-固化-炭化过程多次后即可得到致密的 CF/C-SiC 复合材料。

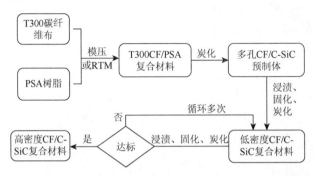

图 14.1　以含硅芳炔树脂为先驱体制备 2DCF/C-SiC 复合材料流程示意图

14.3　含硅芳炔树脂热裂解反应及其机理

14.3.1　含硅芳炔树脂的热裂解反应动力学

1. 热裂解反应动力学模型

含硅芳炔树脂固化物的热裂解过程包括一系列化学键的断裂，如 Si—CH$_3$、Si—C、C—C、烯炔键、芳香环等断裂或破坏，其裂解反应比较复杂。作者对含硅芳炔树脂的热裂解反应进行了探索研究。为了获取热裂解反应的动力学参数，采用阿伦尼乌斯模型来处理：

$$\frac{\mathrm{d}a}{\mathrm{d}t} = A(1-\alpha)^n \exp\left(-\frac{E_a}{RT}\right) \tag{14-1}$$

式中，α 为热裂解反应程度；t 为反应时间；T 为反应温度(K)；A 为指前因子；n 是表观反应级数；E_a 为表观反应活化能。其热裂解反应程度 α 可由下式确定：

$$\alpha = \frac{w_0 - w}{w_0 - w_f} \tag{14-2}$$

式中，w、w_0、w_f 分别为样品热裂解过程的实际质量、初始质量和最终质量。

基于不同升温速率测定固化物的 TGA 曲线，用 Kissinger 方程(14-3)处理裂解反应动力学，求得表观反应活化能 E_a，同时得到表观反应指前因子 A。

$$\frac{\mathrm{d}\left[\ln\left(\frac{\beta}{T_p^2}\right)\right]}{\mathrm{d}(1/T_p)} = -E_a / R \tag{14-3}$$

$$A = \frac{E\beta \exp(E / RT_\mathrm{p})}{RT_\mathrm{p}^2} \tag{14-4}$$

式中，β 为升温速率；$\beta = \mathrm{d}T/\mathrm{d}t$；$R$ 为摩尔气体常数；T_p 为热裂解速率峰顶温度。

再用以下 Crane 方程求解反应级数 n：

$$\frac{1}{n} = -\frac{\mathrm{d}\ln\beta}{\mathrm{d}(1/T_\mathrm{p})}\frac{R}{E} \tag{14-5}$$

2. 含硅芳炔树脂热裂解反应动力学分析

图 14.2 为二甲基硅烷芳炔树脂 PSA-M 固化物在不同升温速率下的 TGA 曲线。表 14.2 为 TGA 数据汇总。可见，PSA-M 树脂固化物具有高的热分解温度。

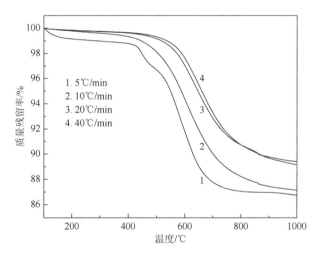

图 14.2　PSA-M 树脂固化物的 TGA 曲线(N_2)

表 14.2　不同升温速率下 PSA-M 树脂固化物的 TGA 数据

升温速率 β/(℃/min)	T_{d5}/℃	Y_{r900}/%
5	537	86.2
10	583	87.0
20	642	89.2
40	656	89.0

对 TGA 数据进行处理，求得 PSA-M 树脂固化物的热裂解表观活化能为

149kJ/mol、指前因子为 1.82×10^8 及表观反应级数为 1，PSA-M 树脂固化物的热裂解反应动力学方程如下：

$$\frac{\mathrm{d}a}{\mathrm{d}t} = 1.82 \times 10^8 (1-\alpha) \exp\left(-\frac{1.79 \times 10^4}{T}\right) \tag{14-6}$$

14.3.2 含硅芳炔树脂的热裂解反应机理

1. 含硅芳炔树脂固化物的升温热裂解产物分析

1）二甲基硅芳炔树脂固化物的裂解产物分析

用热裂解-气相色谱-质谱联用技术对二甲基硅烷芳炔树脂（PSA-M）固化物进行热裂解实验，并对其产物进行分析（图 14.3）。通过与每种物质质谱标准谱图的对比分析，结果显示在热裂解过程中，有以下几种气体放出，氢气（H_2，$M=2$），甲烷（CH_4，$M=16$），水（H_2O，$M=18$），乙烯（C_2H_4，$M=28$）和乙烷（C_2H_6，$M=30$）。PSA-M 树脂固化物随着温度的升高发生不同的裂解反应。当升温至 450℃时，分子链上的侧甲基首先开始断裂，同时固化产物中的共轭烯、炔等结构也发生断链分解与聚合，放出甲烷、乙烯及乙烷等气体；当温度高于 500℃时，除继续发生以上裂解反应外，芳环及稠芳环等结构逐渐发生脱氢与炭化反应等，脱氢反应开始加快，放出 H_2，这一过程在 750℃左右达到高峰，900℃以上热裂解基本结束。H_2O 的形成可能与裂解产生的部分 H_2 与产物中少量氧结合有关。从图中可以看出裂解残留物在 900℃为 90%左右。

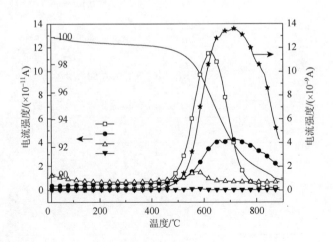

图 14.3　PSA-M 树脂固化物热裂解失重图（升温速率 10℃/min）

（★）H_2；（□）CH_4；（●）H_2O；（△）C_2H_4；（▼）C_2H_6

2) 甲基硅烷芳炔树脂固化物的裂解产物分析

采用相同的方法对甲基硅烷芳炔树脂(PSA-H)固化物的热裂解气相产物进行分析，结果显示在热裂解过程中有氢气、甲烷、水、乙烯、乙烷等气体放出，各裂解气体量与温度的关系如图 14.4 所示。随着温度的升高，树脂发生热裂解反应，由于甲基硅烷芳炔树脂交联密度较高，因此当温度高于 500℃时，分子链上的侧甲基才开始断裂，同时固化产物中的共轭烯、炔等结构也发生分解，放出甲烷、乙烯及乙烷等气体；当温度高于 550℃时，芳环及稠芳环等耐热结构逐渐发生脱氢和炭化反应，生成 H_2，这一过程一直持续到 900℃以上。部分 H_2 可能会与残留物中的氧结合形成 H_2O(初始放出水与试样吸附湿气有关)。从图中可以看出裂解残留物在 900℃为 91.5%左右。

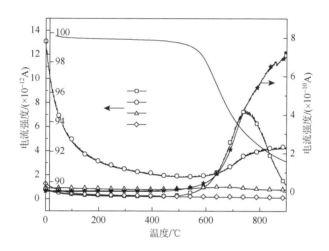

图 14.4　PSA-H 树脂固化物热裂解失重图(升温速率 10℃/min)

(★)H_2；(□)CH_4；(○)H_2O；(△)$CH_2{=}CH_2$；(◇)C_2H_6

3) 甲基乙烯基硅烷芳炔树脂固化物的裂解产物分析

甲基乙烯基硅烷芳炔树脂(PSA-V)固化物的裂解气体量与温度的关系如图 14.5 所示。随着温度的升高，树脂固化结构发生断裂反应，热分解温度明显低于 PSA-M 和 PSA-H 树脂固化物。当升温至 400℃时，分子链上的侧甲基断裂，同时固化产物中的共轭烯、炔等结构也发生分解，放出甲烷、乙烯及乙烷等气体，其中乙烯释放量明显高，这可能与分子结构中侧乙烯基有关；当温度高于 450℃时，除继续发生以上裂解反应外，芳环及稠芳环等结构逐渐发生脱氢、炭化反应，H_2 放出，这一过程在 750℃左右达到峰值，900℃以上热裂解基本结束。部分 H_2 可能会与残留物中的氧结合形成 H_2O。从图中可以看出裂解残留物在 900℃为 90.5%左右。

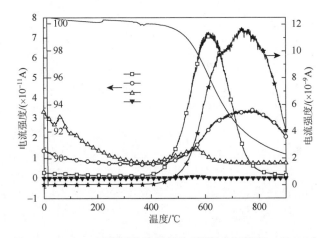

图 14.5   PSA-V 树脂固化物裂解失重图(升温速率 10℃/min)

(★)H_2; (□)CH_4; (○)H_2O; (△)C_2H_4; (▼)C_2H_6

2. 含硅芳炔树脂固化物的恒温热裂解的产物分析

采用热裂解-气相色谱-质谱联用技术对不同硅侧基芳炔树脂固化物热裂解产物进行分析。图 14.6~图 14.8 分别为三种树脂固化物在 650℃和 750℃下的裂解产物气相色谱图,经质谱分析,各种裂解产物汇总于表 14.3 中。结果表明含硅芳炔树脂的裂解产物大部分为苯环、萘环、菲环及它们的衍生物,可以推断其结构主要由芳环和芳稠环结构构成,而这些结构的存在也赋予了树脂固化物好的耐热性能。在这些裂解碎片中,以苯环及其衍生物所占比例最大,芳稠环及其衍生物比例较小,由此说明树脂固化物具有较多的芳环结构,而芳稠环结构相对较少。从分析结果看,几种树脂固化物较高分子量的裂解产物相似;裂解的小分子产物如 CH_4、H_2、C_2H_4 等未被检测出来。

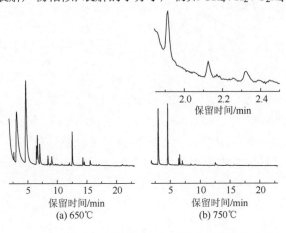

图 14.6   二甲基硅烷芳炔树脂 PSA-M 固化物裂解产物气相色谱图

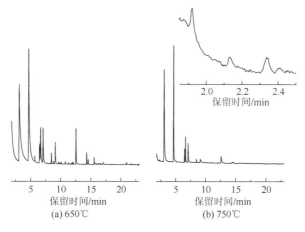

图 14.7　甲基硅烷芳炔树脂 PSA-H 固化物裂解产物气相色谱图

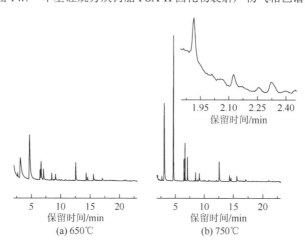

图 14.8　甲基乙烯基硅烷芳炔树脂 PSA-V 固化物裂解产物气相色谱图

表 14.3　含硅芳炔树脂固化物的热裂解释放产物分析结果

保留时间 /min	分子量 $\bar{M}_w$	碎片结构	含量(峰面积)/%					
			PSA-M		PSA-H		PSA-V	
			650℃	750℃	650℃	750℃	650℃	750℃
1.92~2.13	68		—	0.51	—	0.22	—	0.22
2.32	84		—	0.15	—	0.14	—	0.14
3.13/3.06	78		37.31	43.78	37.52	42.19	28.30	31.73

续表

保留时间 /min	分子量 $\bar{M}_w$	碎片结构	含量(峰面积)/%					
			PSA-M		PSA-H		PSA-V	
			650℃	750℃	650℃	750℃	650℃	750℃
4.69/4.64	92		38.79	35.1	34.84	33.41	36.89	35.5
6.48~6.67	106		8.89	7.52	8.88	7.96	10.84	10.39
7.08/7.07	104		3.71	3.53	5.62	5.95	4.19	5.43
8.49/8.49	120		1.21	0.92	1.36	0.96	1.91	1.76
12.54/12.59	128		4.64	4.81	4.59	4.23	6.32	6.07
14.31~14.59	142		2.61	1.28	1.83	1.42	3.36	2.73
15.57	154		1.02	—	0.95	0.91	2.46	2.21
15.79~15.97	156		0.11	—	0.19	—	0.50	0.30
16.65	152		0.13	—	0.16	—	0.33	0.23
17.09	168		0.38	—	0.34	—	0.89	0.77
21.01	178		0.25	—	0.3	—	0.96	0.48

1) 温度对裂解产物的影响

　　一般来说，裂解温度的高低会影响裂解碎片，温度高，裂解程度更深，低分子量碎片会更多，因此裂解温度的选择是相当重要的。本研究选择在树脂分解温度附近的温度进行裂解实验，即 650℃ 和 750℃。对比三种树脂固化物在 650℃ 和

750℃下的裂解分析结果，很显然可以发现当温度升至 750℃时，低分子量的特征碎片(苯环)的含量增加，高分子量的特征碎片(萘环和菲环)含量减少(PSA-V 固化物)甚至消失(PSA-H 和 PSA-M 固化物)，同时出现了 1,4-戊二烯、环戊烯和 1-己烯三种低碳数的非特征碎片。

2) 不同取代基树脂固化物裂解产物分析

由表 14.3 可以发现,三种树脂固化物裂解产物中苯和甲苯的相对含量顺序为: PSA-V＜PSA-H＜PSA-M，而萘环、联苯和菲环的含量顺序为 PSA-V＞PSA-M＞PSA-H。树脂的芳香化反应有 Diels-Alder 反应，可以生成萘环:

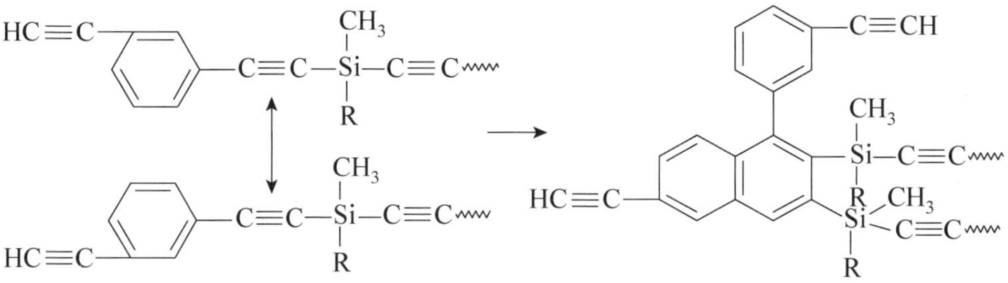

同样可以生成菲环(Diels-Alder 反应):

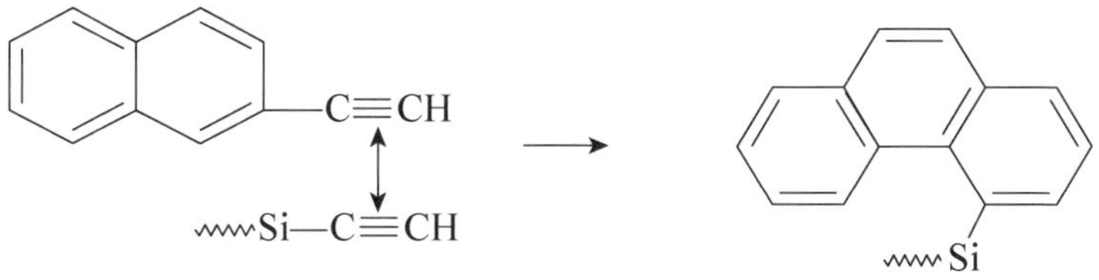

炔基的三聚环化反应生成联苯结构:

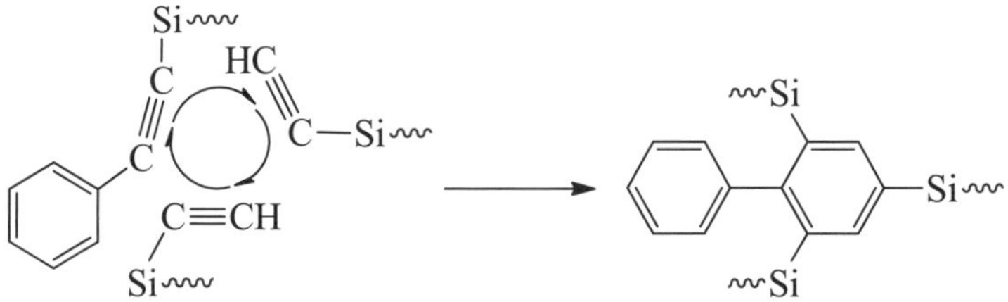

在形成萘环、菲环和联苯的过程中都要消耗苯环与炔基。同时这些反应的难易程度要取决于硅原子上所连取代基的空间位阻和活性，取代基位阻越大，发生 Diels-Alder 反应就越难，取代基活性越大就越容易形成更致密的交联结构。对于三种树脂来说，硅原子上取代基的位阻大小顺序为 PSA-H＜PSA-M＜PSA-V，其取代基分别为 Si—H、—CH$_3$、—CH=CH$_2$，前者后者均有交联活性，取代基可发生交联反应。PSA-H 树脂固化物裂解产物中萘环、联苯和菲环的相对含量最小，这是由于 PSA-H 树脂在固化的过程中首先发生 Si—H 与 C≡C 的加成反应，这就消耗了大量可以生成芳稠环的 C≡C，因此其固化物裂解产物中

芳稠环含量最少，苯环含量最多。对于 PSA-V 树脂，在固化过程中—CH=CH$_2$ 可参与交联反应，包括发生 Diel-Alder 反应，形成芳稠环结构，因此在固化的过程中 PSA-V 树脂形成的芳稠环结构最多，而苯环结构相对减少（由于形成芳稠环的同时需要消耗苯环）；而对于 PSA-M 树脂来说，其取代基不参与交联反应，导致固化形成芳稠环结构的含量介于 PSA-V 与 PSA-H 之间。至于 PSA-M 树脂固化物裂解产物中苯环产物的含量高于 PSA-H 树脂固化物，可能与 PSA-M 树脂交联程度低有关。

3. 含硅芳炔树脂固化物的热裂解机理

含硅芳炔树脂固化物较稳定，裂解失重较难，在 500℃以上开始裂解，裂解反应活化能较高，裂解反应为表观一级反应，树脂裂解反应首先放出氢气、甲烷、乙烯、乙烷和水等产物，伴随极少量芳烃碎片逸出；在 800℃左右，极大部分的小分子已释放出来，裂解反应趋于缓和，几乎近结束，树脂固化物也随裂解的进行而发生断链、聚合、重排等复杂过程，形成较密实的无定形固体残留物，裂解残留率达 90%以上；随温度的进一步升高，在 1000℃以上形成 SiC 晶粒。

14.4   含硅芳炔树脂和碳硼烷化硅芳炔树脂的陶瓷化

14.4.1   二甲基硅芳炔树脂的陶瓷化

PSA-M 固化物在不同温度下烧结得到 Si-C 陶瓷材料，其 XRD 谱图如图 14.9 所示。图中，$2\theta = 23.0°$与 $42.1°$两处的衍射峰分别归属于石墨结构的（002）与（101）晶面（JCPDS25-0284）。β-SiC 的晶面衍射峰则在 $2\theta = 35.4°$、$60.1°$与 $72.0°$三处，分别对应（111）、（220）与（311）晶面（JCPDS29-1129）。从图中可以看出，600℃时有一个宽的衍射峰出现，处于低衍射角处。800℃时出现无定形炭的衍射峰，且随着烧结温度的升高，这两个衍射峰的峰宽逐渐变窄，峰的强度逐渐增加，说明石墨结构在 800℃开始逐渐形成，且随着烧结温度的升高，石墨结构变得逐渐有序。β-SiC 在 1000℃时出现一个并不明显的（111）晶面的衍射峰，（220）与（311）晶面的衍射峰则从 1100℃才出现。这三个衍射峰的宽度都随着烧结温度的升高而变窄，峰强变大。这说明 β-SiC 在 1000℃时便开始形成，且晶体随着烧结温度的升高而逐渐变大。综合而言，PSA-800 是无定形陶瓷材料；PSA-1000、PSA-1100、PSA-1200、PSA-1300 与 PSA-1450 则都是由 β-SiC 纳米晶粒、类石墨碳与无定形 Si-C 结构组成的陶瓷材料。

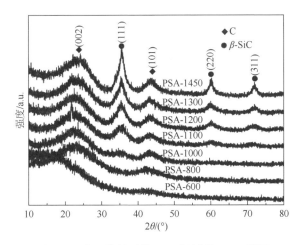

图 14.9　高温烧结后的 Si-C 材料的 XRD 谱图

14.4.2　碳硼烷化硅芳炔树脂的陶瓷化及其机理

1. 碳硼烷化硅芳炔树脂固化物的升温裂解失重分析[48]

CB-PSA-M-30 固化物在氩气气氛下由 40℃加热至 1400℃的 TGA 与 DTG 曲线如图 14.10 所示。由图可以看出，CB-PSA-M-30 固化物在 40~1400℃的热裂解过程中展示出明显的变化过程：300~800℃、800~1200℃及 1200~1400℃的三个阶段。第一个阶段，CB-PSA-M-30 固化物的失重是由聚合物的分解造成的。当温度达到 300℃时，失重速率随着温度的升高而逐渐增加。当温度达到 480℃时，固化树脂的分解速率达到最快，此时失重速率最大。随着温度进一步升高，固化树脂链段的分解逐渐趋于完全，分解产生的小分子随之减少，因而失重速率逐渐减慢。第二个阶段，当温度升至 800℃时，分解基本趋于完全，温度继续升高，其失重并不明显，失重速率基本不变。第三个阶段，当温度达到 1200℃以上时，失重速率再次加快，这主要是因为结构重排引起进一步的裂解，造成了元素的进一步流失。

表 14.4 为 PSA-M 和 CB-PSA-M-30 树脂固化物在氩气气氛中 800℃、1000℃和 1200℃下烧结 1h 后得到的陶瓷化产物的残留率。从表中可以看出，PSA-M 和 CB-PSA-M-30 两种固化物经不同温度烧结后的残留率较高，均在 80%以上，其中 CB-PSA-M-30 的残留率略低于 PSA-M，说明 PSA-M 和 CB-PSA-M 树脂可以作为陶瓷材料先驱体。烧结前 PSA-M 和 CB-PSA-M-30 树脂固化物均为黑褐色，且表观致密；经过氩气下不同温度烧结后，两种树脂固化物除了略有收缩外基本保持原来形貌，呈黑色致密块状固体。

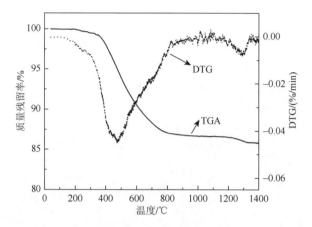

图 14.10   CB-PSA-M-30 树脂固化物在氩气中的 TGA 与 DTG 曲线

表 14.4   PSA-M 和 CB-PSA-M-30 树脂固化物在氩气中不同温度下烧结 1h 后的残留率

温度/℃	PSA-M/%	CB-PSA-M-30/%
800	89.4	84.9
1000	87.5	83.4
1200	85.9	82.0

2. 碳硼烷化硅芳炔树脂固化物的陶瓷化过程分析[48]

1) 烧结产物的物性变化

分别将 CB-PSA-M-30 和 PSA-M 树脂固化物在 600℃、800℃、1000℃、1100℃、1200℃、1300℃ 及 1450℃ 下进行高温裂解烧结,将其烧结产物依次命名为 CB-600、PSA-600,CB-800、PSA-800,CB-1000、PSA-1000,CB-1100、PSA-1100,CB-1200、PSA-1200,CB-1300、PSA-1300 及 CB-1450、PSA-1450,研究裂解产物的变化,详细探讨 CB-PSA-M-30 和 PSA-M 树脂固化物的高温裂解过程及伴随陶瓷材料的形成过程,记录不同温度裂解后产物的失重和线收缩率及密度,结果列于表 14.5。如表所示,CB-PSA-M-30 和 PSA-M 树脂固化物经过不同温度烧结后的失重、线收缩率及陶瓷化产物的密度都随着烧结温度的升高而增大,且显示出三个阶段变化的过程:在 600~1100℃烧结后,样品的失重、线收缩率及陶瓷化产物的密度变化很大;在 1200℃与 1300℃烧结后,样品的失重、线收缩率及陶瓷化产物的密度几乎不变;在 1300℃以上的高温烧结后,CB-PSA-M-30 树脂固化物烧结物的失重、线收缩率及陶瓷化产物的密度再次变大,而 PSA-M 树脂固化物烧结物的失重、线收缩率及陶瓷化产物的密度变化很小。这可能与 CB-PSA-M-30 树脂固化物烧结物中硼化物的挥发有关。

表 14.5　CB-PSA-M-30 和 PSA-M 树脂固化物裂解失重、线收缩率及产物密度

烧结产物	失重 ΔW/%	线收缩率 ΔL/%	密度/(g/cm^3)
CB-600	11.72	7.51	1.253
CB-800	14.30	10.92	1.357
CB-1000	16.69	14.19	1.451
CB-1100	17.54	14.70	1.507
CB-1200	18.16	16.15	1.555
CB-1300	18.66	16.13	1.564
CB-1450	23.09	18.85	1.647
PSA-600	9.09	9.69	1.278
PSA-800	12.56	12.29	1.359
PSA-1000	14.60	15.19	1.402
PSA-1100	17.37	15.50	1.458
PSA-1200	18.04	16.35	1.477
PSA-1300	18.49	16.53	1.495
PSA-1450	18.62	16.90	1.518

　　将 PSA-M 与 CB-PSA-M-30 树脂固化物的高温烧结过程相互比较可以发现，含硼的 CB-PSA-M-30 树脂固化物经 1450℃高温烧结后形成的陶瓷化产物的密度比 PSA-M 形成的陶瓷化产物的密度大，前者约为 1.647g/cm³，后者仅约为 1.518g/cm³。这是因为 PSA-1450 是由 β-SiC 纳米晶粒、类石墨碳与无定形 Si/C 结构组成的，而 CB-1450 是由 β-SiC 和 B_4C 两种纳米晶粒、类石墨碳与无定形 Si/B/C 结构组成的。B_4C 晶体的密度为 2.508～2.512g/cm³，因而产生 B_4C 晶体的陶瓷化产物具有较大的密度。

　　2) 烧结产物的分子结构变化

　　a. CB-PSA-M-30 树脂固化物在高温烧结过程中的结构变化

　　CB-PSA-M-30 和 PSA-M 树脂固化物经不同温度裂解后产物的红外光谱图如图 14.11 所示。CB-PSA-M-30 树脂固化物经过 600℃裂解后，产物有以下几处特征峰：2580cm⁻¹ 处为碳硼烷上 B—H 的伸缩振动峰，1356cm⁻¹ 与 1582cm⁻¹ 处为苯环骨架的伸缩振动峰，1268cm⁻¹ 处为 Si—C 键的振动吸收峰。这些特征吸收峰的存在说明了 CB-PSA-M-30 树脂固化物在 600℃裂解后并没有完全破坏分解。但是，当裂解温度提升至 800℃及以上时，这些特征吸收峰消失了，说明在 800℃时，有机固化物已基本转化为无机 Si-B-C 陶瓷材料。在无机 Si-B-C 陶瓷材料(CB-1200、CB-1300 和 CB-1450)中，820cm⁻¹ 的峰为 Si—C 键的吸收峰，相比完全结晶态的 Si—C 键的峰(850cm⁻¹)，此峰波数有所降低，主要是由材料内部的部分结晶、部分无定形结构引起的[49]。除此以外，3200cm⁻¹ 与 1400cm⁻¹ 处峰对应硼酸的吸收峰，

1040cm^{-1}对应于—Si—O—Si—结构的吸收峰。氧元素污染的出现可能是因为在制备固化样品的过程中与空气接触引起的。3430cm^{-1}与1600cm^{-1}的两处出峰可能与样品吸潮有关。

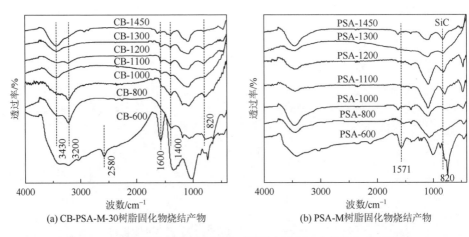

(a) CB-PSA-M-30树脂固化物烧结产物　　　(b) PSA-M树脂固化物烧结产物

图14.11　含硅芳炔树脂固化物经不同温度裂解后产物的红外光谱图

　　PSA-M 树脂固化物经不同温度烧结后，经 600℃裂解后，1571cm^{-1}处苯环骨架的伸缩振动峰仍然明显，直至 800℃裂解后，苯环的骨架振动峰才几乎消失。这说明，裂解温度达到 800℃以上时，有机 PSA-M 树脂固化物才转化为无机 Si-C陶瓷材料。在裂解产物 PSA-1100、PSA-1200、PSA-1300 与 PSA-1450 中，出现了 Si—C 键的吸收峰(820cm^{-1}左右)，同样说明材料结晶的不完整性，即部分结晶，部分无定形结构。

　　b. CB-PSA-M-30 树脂固化物高温裂解的元素流失

　　由以上研究结果可知，当裂解温度上升至 800℃时，CB-PSA-M-30 树脂固化物基本转化为无机 Si-B-C 陶瓷材料。对 CB-PSA-M-30 树脂固化物分别在 600℃与 700℃下进行裂解-色谱联用测试，以分析其转化为无机物过程中的元素流失，分析结果列于表 14.6。如表所示，CB-PSA-M-30 树脂固化物在 600℃下热裂解产生的挥发性组分主要有甲烷、苯、甲苯、乙苯、二甲苯、甲基乙基苯及其同分异构体、萘及甲基萘等。其中，甲烷占挥发性组分的 48.88%，芳香族挥发分占 40.76%。在 700℃下热裂解时，CB-PSA-M-30 树脂固化物释放出硼烷与硅烷，约占总挥发分的 13%；与 600℃裂解挥发产物相比，甲烷比例有所下降，为 27.59%，而芳香族比例有所上升，为 47.41%。在热裂解的过程中，600℃以下时主要为碳元素与氢元素的流失，但是超过了 600℃以后，硅元素与硼元素也开始流失。

表 14.6 CB-PSA-M-30 树脂固化物在 600℃与 700℃下热裂解产生的挥发性产物

产物	含量/%	
	600℃	700℃
CH$_4$	48.88	27.59
B$_2$H$_6$	—	6.56
SiH$_4$	—	6.64
 （苯）	8.87	11.59
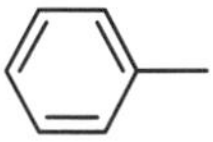 （甲苯）	15.58	16.35
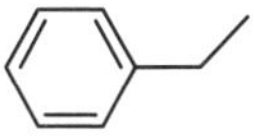 （乙苯）	5.46	6.49
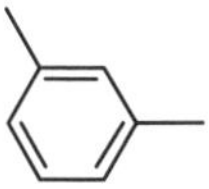 （二甲苯）	3.98	4.64
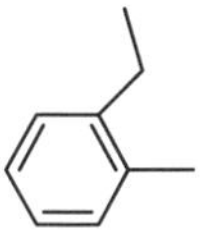 （乙基甲基苯）	3.06	4.10
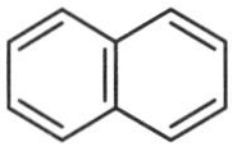 （萘）	2.37	2.58
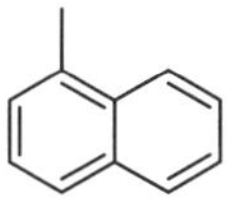 （甲基萘）	1.44	1.66

注：裂解色质分析。

3）烧结产物的形态结构变化

CB-PSA-M-30 树脂固化物在不同温度下烧结得到的 Si-B-C 陶瓷材料的 XRD 谱图如图 14.12 所示。图中，$2\theta = 22.9°$、$42.1°$两处的衍射峰分别归属于炭或石墨结构的 (002)、(101) 晶面 (JCPDS25-0284)。β-SiC 晶体的衍射峰出现在 $2\theta = 35.6°$、$41.5°$、$60.0°$、$71.8°$与 $75.5°$处，分别对应其 (111)、(200)、(220)、(311)、(222) 晶面 (JCPDS29-1129)。三个小的衍射峰 $2\theta = 37.4°$、$53.4°$与 $78.4°$分别对应 B$_4$C 晶体的 (021)、(205) 和 (140) 晶面 (JCPDS35-0798)。B$_4$C 晶体的 (012) 和 (104) 晶面的衍射峰则分别是由于被石墨结构的 (002) 晶面衍射峰与 β-SiC 晶体 (111) 晶面的衍射峰覆盖而没有显现出来。

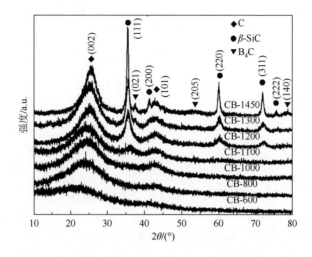

图 14.12　CB-PSA-M-30 树脂固化物高温烧结得到的 Si-B-C 材料的 XRD 谱图

如图 14.12 所示，从 600～800℃，CB-PSA-M-30 树脂固化物逐渐裂解成无机 Si-B-C 陶瓷材料，石墨结构的衍射峰在 800℃开始变得明显。石墨结构的衍射峰为宽的平缓的馒头峰，这是不完全石墨化碳与无定形炭的典型衍射图[50]，证实 800℃制得的 Si-B-C 陶瓷材料是无定形的。在 800～1000℃，Si-B-C 陶瓷材料仍然保持无定形状态。从 1100℃开始，β-SiC 晶体出现，Si-B-C 陶瓷材料发生了相分离。B_4C 晶体从 1300℃开始出现。总体而言，石墨结构、β-SiC 及 B_4C 晶体的衍射峰宽度都随着烧结温度的升高而变窄，峰的强度随着烧结温度的升高而增强。这说明随着烧结温度的升高，无机晶体形成、增大，分子向有序方向排列。简而言之，CB-800 与 CB-1000 是无定形陶瓷材料；CB-1100 与 CB-1200 由 β-SiC 纳米晶粒、类石墨碳与无定形 Si-B-C 结构组成；CB-1300 与 CB-1450 由 β-SiC 和 B_4C 纳米晶粒、类石墨碳与无定形 Si-B-C 结构组成。

利用 Scherrer 公式根据 XRD 谱线宽度可计算陶瓷样品中晶粒尺寸[51]：

$$L = \frac{K\lambda}{\beta\cos\theta} \tag{14-7}$$

式中，L 为晶粒尺寸；K 为与晶粒形状相关的常数（假定晶粒为球形的，K 为 0.89）；λ 为入射 X 射线的波长（1.54056Å）；θ 为衍射角；β 为主峰半峰宽所对应的弧度值。作者选取 XRD 谱图中的 β-SiC 的 (111) 晶面与 B_4C 的 (021) 晶面分别来计算 β-SiC 与 B_4C 的晶粒尺寸[52]，结果列于表 14.7。由表的计算结果可以看出，烧结温度越高，陶瓷化产物中的 β-SiC 与 B_4C 晶粒就越大。且体系中引入硼元素后，所得 Si-B-C 陶瓷材料中的 β-SiC 晶粒的大小随着温度的升高增长更快，由 1200℃时的 5.74nm 增长到 1450℃的 14.29nm。而无硼的 Si-C 陶瓷材料的 β-SiC 晶粒增长缓慢，1200℃

时为 5.72nm，但在 1450℃时也仅为 6.40nm，远小于 CB-1450 的 14.29nm。这说明硼元素的引入，加快了 β-SiC 晶体的增长，这与前人的报道结果相一致[53]。B_4C 晶体由 CB-1300 中的 17.44nm 增长至 CB-1450 中的 22.26nm。

表 14.7　根据 XRD 谱线计算的平均晶粒尺寸

微晶	烧结产物	$\beta \cdot 180/\pi$	θ	L/nm
β-SiC	PSA-1200	1.429	17.71	5.72
	PSA-1450	1.278	17.80	6.40
	CB-1200	1.424	17.87	5.74
	CB-1300	0.833	17.88	9.82
	CB-1450	0.572	17.80	14.29
B_4C	CB-1300	0.471	18.84	17.44
	CB-1450	0.369	18.85	22.26

为了更直观地观察陶瓷材料中的结晶情况，对材料进行了高分辨透射电镜观察。图 14.13 显示了 Si-B-C 与 Si-C 陶瓷材料的 TEM 图及快速傅里叶转换（FFT）图，其中显示了在无定形基体内部存在的 β-SiC 与 B_4C 晶体。由 FFT 图计算出层间距 d 约为 0.25nm 即对应 β-SiC 的（111）晶面，d 为 0.24nm 则对应 B_4C 的（021）晶面。在 CB-1200 中，能够明显观察到 β-SiC 纳米颗粒的存在，为 5~6nm。在 CB-1450 中，不仅能够发现较大的 β-SiC 纳米颗粒（13nm 左右），还有 20nm 以上的 B_4C 颗粒。然而，在 PSA-1200 中，仍然呈现无定形的状态，仅有部分为 1nm 左右的颜色较深的颗粒，根据 XRD 测试结果推测可能为 β-SiC 晶体，但是由于颗粒太小，观察不到晶格衍射条纹。在 PSA-1450 中，可看到 β-SiC 纳米颗粒的存在，约为 5nm。由此可见，TEM 的观察结果与 XRD 的测试结果相一致：硼元素的引入，可以加快 β-SiC 晶体的增长。

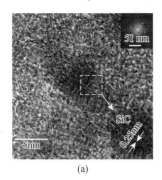
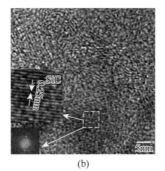

(a)　　　　　　　　(b)　　　　　　　　(c)

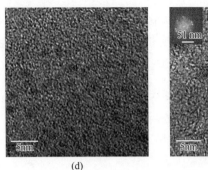
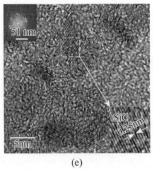

(d)　　　　　　　　　　　(e)

图 14.13　Si-B-C 与 Si-C 陶瓷材料的 TEM 图及 FFT 图

(a) CB-1200；(b、c) CB-1450；(d) PSA-1200；(e) PSA-1200

CB-PSA-M-30 树脂固化物经不同温度烧结得到的 Si-B-C 陶瓷材料的拉曼光谱的表征结果如图 14.14 所示。Si-B-C 陶瓷材料的拉曼图谱的变化趋势与 Si-C 陶瓷材料的变化趋势基本相同：在较低温度下获得的 Si-B-C 陶瓷材料（CB-1000）中，D 峰与 G 峰都比较宽，且重叠在一起；随着烧结温度的升高，D 峰与 G 峰逐渐变窄并分离。同样说明随着烧结温度的升高，无定形炭逐渐向石墨碳转化。CB-1450 的 D 峰与 G 峰的积分强度比 $I_D/I_G = 1.54$。体系中只有少量的乱层石墨结构，但其 I_D/I_G 值比 PSA-1450 小，说明了 CB-1450 石墨化程度比 PSA-1450 高。CB-1450 在 2700cm^{-1} 处的 G′ 峰强度比 PSA-1450 的强度要大，说明了在 CB-1450 石墨层沿着 C 轴的堆叠更厚更有序。

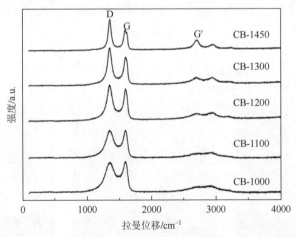

图 14.14　不同温度下制备的 Si-B-C 陶瓷材料的拉曼光谱图

图 14.15 是 CB-1450 与 PSA-1450 两种陶瓷材料的拉曼光谱图的比较，从图中可以更直观地看出两种陶瓷材料中石墨化程度的区别。与 PSA-1450 的拉曼光谱相比，CB-1450 的拉曼光谱中 D 峰与 G 峰重叠的部分更小，分开得更明显，在 G′

处出峰更强，这些都说明经陶瓷化产物 CB-1450 的石墨化程度比 PSA-1450 更高。这说明硼元素的引入促进了游离碳的石墨化进程。在 CB-1450 的谱图中，还可以发现在 1618cm^{-1} 处存在一肩峰（图 14.15 右上角），此为 D'峰。D'峰的出现可能是因为 CB-1450 中掺杂了硼元素后，部分石墨结构中的碳原子被硼原子取代，造成石墨晶格中局部结构扭曲[52]。在陶瓷产物的二级拉曼光谱图中，G'峰（2700cm^{-1}）与 D''峰（2950cm^{-1}）分别对应的是 D 峰的倍频（2×1350cm^{-1}）和 D + G 两峰的和频[(1350 + 1600cm^{-1})]，G'峰与 D''峰的形状也证实了纳米尺寸石墨结构的存在[52, 54, 55]。

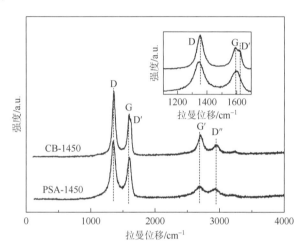

图 14.15　CB-1450 与 PSA-1450 的拉曼光谱图

PSA-1200、PSA-1450、CB-1200 与 CB-1450 的透射电镜图如图 14.16 所示。PSA-1200 显示无定形结构，除了一些黑色的 SiC 斑点以外，并没有类石墨结构。同样的，其他三种陶瓷材料中（PSA-1450、CB-1200 与 CB-1450）能够发现类石墨结构的碳分散于无定形碳基体中[图 14.16 (b)，图 14.16 (c)，图 14.16 (d)]。其中 CB-1450 中堆叠的类石墨结构的层数最多，并且层间距最小。这与拉曼测试结果是一致的，在热裂解的过程中，能够形成少量的类石墨碳的结构，且硼元素的引入有助于石墨化进程。

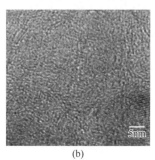

(a)　　　　　　　　　　　　(b)

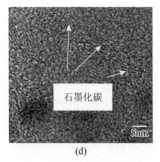

(c) 　　　　　　　　　　　(d)

图 14.16 　PSA-1200(a)、PSA-1450(b)、CB-1200(c)与 CB-1450(d)的透射电镜图

3. 碳硼烷化硅芳炔树脂的固化物的陶瓷化机理

根据以上测试结果可知,通过将有机 CB-PSA-M-30 树脂固化物在氩气气氛中热裂解至 800℃,可以制得无机 Si-B-C 陶瓷材料。在这一裂解过程中,伴随着材料的失重、线收缩及致密化过程。将制得的无机 Si-B-C 陶瓷材料在高温过程中的结构衍化过程描述于图 14.17 中。在 800~1000℃中,Si-B-C 陶瓷材料继续裂解,伴随着进一步的失重、线收缩及致密化的过程,但是在这一过程中 Si-B-C 陶瓷材料一直保持着无定形的结构。Si-B-C 陶瓷材料的相分离开始于 1100℃,在此温度下,β-SiC 纳米晶粒出现了。在 1100~1300℃,Si-B-C 陶瓷材料本身基本不出现失重及线收缩的现象,且密度也基本保持不变。在 1300℃以上,B_4C 纳米晶粒出现,Si-B-C 陶瓷材料的失重、线收缩及密度再次增加。随着热裂解温度从 1100℃开始升高,β-SiC 与 B_4C 纳米晶粒的平均尺寸不断增大,当温度升高到 1450℃时,β-SiC 与 B_4C 纳米晶粒分别增长到 14.29nm 和 22.26nm。

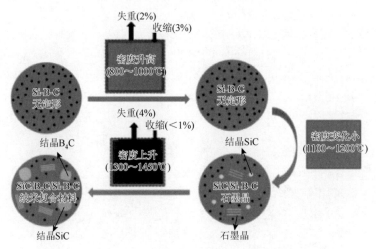

图 14.17 　Si-B-C 陶瓷材料的结构衍化模型

由此可见，通过控制烧结温度，可以控制形成的 Si-B-C 陶瓷材料的结构及其内部形成的 β-SiC 与 B_4C 纳米晶粒的大小，制成一种新型的 Si-B-C 陶瓷材料[56]。

14.4.3　碳硼烷化二甲基硅烷芳炔树脂在有氧条件下陶瓷化

1. 不同碳硼烷含量碳硼烷化含硅芳炔树脂固化物陶瓷化

如图 14.18 所示，PSA-M、CB-PSA-M-10、CB-PSA-M-20 和 CB-PSA-M-30 树脂固化物均为黑褐色，而且表观致密。但是经过空气下 800℃氧化烧结 1h 后，CB-PSA-M-10、CB-PSA-M-20 和 CB-PSA-M-30 树脂固化物烧结产物基本保持原来的形貌，呈黑色致密块状固体，但是 PSA-M 树脂固化物烧结后为白色酥松的固体，且产物较烧结前有明显收缩。

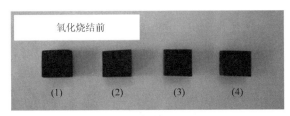

(a) 氧化烧结前

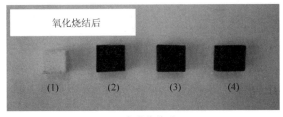

(b) 氧化烧结后

图 14.18　PSA-M(1)、CB-PSA-M-10(2)、CB-PSA-M-20(3) 和 CB-PSA-M-30(4) 树脂固化物在空气中 800℃下烧结前后的照片

表 14.8 为 PSA-M、CB-PSA-M-10、CB-PSA-M-20 和 CB-PSA-M-30 树脂固化物经过空气下 800℃氧化烧结 1h 后的残留率。从表中数据可以看出，PSA-M 烧结后残留率仅为 26.3%，而 CB-PSA-M 树脂固化物的残留率均在 75% 以上，烧结后基本保持原有形状，显示较好的高温抗氧化性能。尤其是 CB-PSA-M-20 和 CB-PSA-M-30 树脂固化物的烧结残留率达到 85% 以上，说明硼含量在 8% 以上(CB-PSA-M-20 的硼含量大约为 8.9%，CB-PSA-M-30 约为 14.3%)的树脂体系，具有较高的高温抗氧化能力。

表 14.8   PSA-M 和 CB-PSA-M 树脂固化物在空气中 800℃下烧结 1h 后的残留率

固化树脂	Y_{r800}/%
PSA-M	26.3
CB-PSA-M-10	75.1
CB-PSA-M-20	85.7
CB-PSA-M-30	86.2

2. 碳硼烷化含硅芳炔树脂固化物在不同温度下陶瓷化

1)烧结失重

在空气气氛中,将 PSA-M 和 CB-PSA-M-30 树脂固化物于 800℃、1000℃和 1200℃下氧化烧结 1h,其残留率见表 14.9。从表中可以发现,对于 PSA-M 固化树脂,经过 800℃空气下烧结 1h 后残留率仅为 26.3%,远低于氩气中相同条件下的残留率(89.4%)。经过 1000℃和 1200℃氧化烧结后残留率在 24.9%~25.6%,说明 PSA-M 树脂固化物经过 800℃空气下烧结后已经完全氧化分解。对于 CB-PSA-M-30 树脂固化物,经过 800℃和 1000℃空气下烧结后残留率保持在 81.8%~86.2%,与氩气中烧结残留率(82.0%~84.9%)几乎一致,这说明 CB-PSA-M-30 树脂固化物在 800℃和 1000℃空气下表现出优异的抗氧化性能。但是 CB-PSA-M-30 经过 1200℃高温氧化烧结后残留率下降至 57.2%,分解比较严重,说明 CB-PSA-M-30 烧结产物在 1200℃下的热氧化稳定性明显下降。总体来说,CB-PSA-M-30 烧结产物的抗氧化温度能够达到 1000℃。

表 14.9   PSA-M 和 CB-PSA-M-30 树脂固化物在空气中不同温度下烧结 1h 后的残留率

温度/℃	残留率/%	
	PSA-M	CB-PSA-M-30
800	26.3	86.2
1000	25.6	81.8
1200	24.9	57.2

2)氧化烧结产物表面元素组成和元素键合形式

CB-800(O)、CB-1000(O)和 CB-1200(O)试样表面 C、Si、B 和 O 元素含量通过 XPS 测定,其结果见表 14.10。三种氧化烧结产物表层的 C 含量很低(小于 7%),而本体中 C 含量超过 50%,表层中主要的元素为 O 元素,其含量达到 60% 左右。这说明 CB-PSA-M-30 树脂固化物表面的 C 元素在氧化烧结过程中氧化分解,而主要残留 O 元素和 Si 元素。从表中还可以发现,CB-1000(O)表面的元素含量与 CB-800(O) 基本一样，而与 CB-800(O) 和 CB-1000(O) 相比，CB-1200(O) 的表层元素中 Si 含量高，而 B 含量低，说明在 1200℃下，B、C 元素流失。

表 14.10　CB-PSA-M-30 树脂固化物在空气中不同温度下烧结 1h 后产物的表面元素组成

产物	表面成分/wt%			
	C	Si	B	O
CB-800(O)	6.3	25.1	6.1	62.5
CB-1000(O)	5.9	25.8	6.6	61.7
CB-1200(O)	3.1	33.0	4.2	59.7

除了元素含量之外，XPS 还可以通过元素的结合能确定表面元素的键合形式。图 14.19 为 CB-800(O)、CB-1000(O) 和 CB-1200(O) 表面的全元素扫描 XPS 谱图，图 14.20 为 CB-800 表面 C1s、B1s、O1s 和 Si2p 的 XPS 谱图。从图中可以看出，CB-800(O) 表面 C1s 存在三个吸收峰，其中心结合能分别为 284.7eV、285.9eV 和 287.8eV，这三个吸收峰分别归属于 C—C、C—O 和 C=O 键[57]。在结合能 533.1eV 处的峰对应的是 O1s，B1s 峰的结合能为 193.6eV，归属于 B—O 键[58]，而结合能 103.5eV 处的峰为 Si2p，对应 Si—O 键[59]。由于 CB-800(O) 固化物中 B1s 和 Si2p 的结合能分别为 189.5eV 和 101.5eV，因此可以推断出固化树脂中的 B 和 Si 元素分别以 B—H 和 Si—C 键形式存在。经过空气中 800℃下氧化烧结 1h 后，表层 CB-PSA-M 固化树脂结构中碳硼烷的 B—H 键和硅烷基团的 Si—C 键被完全氧化，生成氧化硅和氧化硼。氧化硅和氧化硼的生成解释了 O 元素在表层中的积累(表 14.10)。同样，作者发现 CB-1000(O) 和 CB-1200(O) 表面 B1s 和 Si2p 的结合能大约为 193.5eV 和 103.5eV，说明经过 1000℃和 1200℃氧化后，其氧化产物表面均形成氧化硅和氧化硼。氧化硼的熔点较低(约 450℃)，在较高的温度下成熔融玻璃态，且氧化硼可以与氧化硅互熔，形成硼硅玻璃体，同时降低了氧化硅的黏度，提高流动性。在高温下硼硅玻璃层对碳基体具有良好的浸润性，它能够在碳基体表面形成一层液态的保护膜，隔离了氧与碳基体的接触，提高了碳基体的抗氧化能力。由于 B 和 Si 元素在 CB-800(O) 基体中均匀分散，因此 CB-800(O) 碳材料在氧化过程中具有自愈合特性，即如果表面形成的硼硅玻璃保护层有裂纹或覆盖碳基体的程度不完全，那么氧气可通过裂纹处或没有被覆盖的碳基体向材料内部扩散，内部的 B 和 Si 元素又可以在氧化作用下转变成氧化物，进而再次包覆碳基体，起到氧化防护作用。但是氧化硼在 1000℃以上开始挥发[60]，在 1200℃下挥发严重。表面氧化硼的挥发会使氧化硅的相对含量增加，这也解释了 CB-1200(O) 表面 Si 含量高于 CB-800(O) 和 CB-1000(O)(表 14.10)。

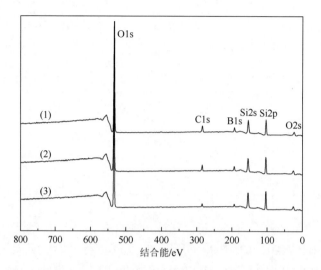

图 14.19　CB-800(O)(1)、CB-1000(O)(2)和 CB-1200(O)(3)表面的全元素扫描 XPS 谱图

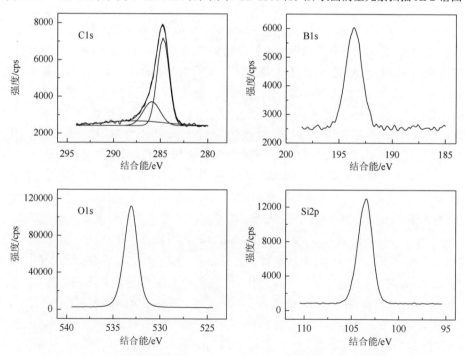

图 14.20　CB-800(O)表面 C1s、B1s、O1s 和 Si2p 的 XPS 谱图

XPS 研究结果表明，CB-PSA-M 树脂固化物经高温空气 1h 氧化后，生成的 CB-800(O)、CB-1000(O)和 CB-1200(O)表面均存在硼硅玻璃氧化保护层，阻止基体进一步氧化。

3) 氧化烧结产物本体元素组成

分别使用碳硫分析仪、氧氮分析仪、元素分析仪和 ICP-AES 测定了 PSA-M 和 CB-PSA-M-30 树脂固化物及其氧化烧结产物中本体的 C、O、H、B 和 Si 元素的含量。测试前，用砂纸打磨烧结产物表面，去除表面层。表 14.11 为 PSA-M 和 CB-PSA-M-30 树脂固化物及其在空气中 800℃、1000℃和 1200℃下烧结 1h 后的氧化烧结产物的本体元素组成。从表中可以看出，PSA-M 树脂固化物的 Si 含量为 12.9%，假设固化物结构中的元素完全氧化(即 $Si \rightarrow SiO_2$、$C \rightarrow CO_2$ 和 $H \rightarrow H_2O$)，最终的残留率应该为 27.6%，与实验结果得到的 26.3%比较接近。因此可以推断，PSA-M 树脂固化物经 800℃烧结 1h 后的白色酥松固体 PSA-800(O)主要成分可能为 SiO_2。SiO_2 包含 46.7%的 Si 和 53.3%的 O，这与表 14.11 中 PSA-800(O)的组成相一致。

表 14.11　PSA-M 和 CB-PSA-M-30 树脂固化物及其在空气中不同温度下烧结 1h 后的烧结产物本体元素组成

树脂或烧结产物	本体元素组成/wt%				
	C	H	Si	B	O
PSA-M 树脂固化物	80.6	5.2	12.9	—	0.8
PSA-800(O)	0.3	0.6	46.3	—	53.1
CB-PSA-M-30 树脂固化物	64.1	5.9	13.0	15.4	3.2
CB-800(O)	56.4	2.8	13.4	16.9	9.0
CB-1000(O)	55.2	2.3	14.1	17.5	9.9
CB-1200(O)	50.3	2.2	21.3	14.7	13.4

CB-800(O) 和 CB-1000(O)除了少量收缩外基本能保持原有固化物的形状，而 CB-1200(O)收缩严重，表面粗糙，凹凸不平。与 CB-PSA-M-30 树脂固化物的本体元素含量相比，CB-800(O)本体的元素含量没有明显变化，其中 C、H 含量降低，O 含量少量增加，C、H 含量的降低应该是由固化物中的有机基团在高温下的裂解引起的。CB-1000(O)本体的元素含量与 CB-800(O)基本一致，这说明在 1h 等温氧化过程中，CB-800(O) 和 CB-1000(O)的基体受到了较好的保护，具有良好的高温抗氧化性能。而温度进一步升高至 1200℃后，氧化烧结产物 CB-1200(O)中本体的 C 元素含量明显下降，而 O 和 Si 含量增加。在 1200℃的等温氧化过程中，CB-1200(O) 中的 C 元素可能由于高温氧化分解而流失，导致 CB-1200(O)的残留率明显下降，仅为 57.2%。在氧化分解过程中，Si 元素由于其热稳定性较高，不易分解而保留在烧结产物中，而 O 元素可能与 B 和 Si 形成氧化物而积累，因此在三种产物中 CB-1200(O)具有最高的 Si 和 O 元素含量。以上结果说明，CB-PSA-M 的氧化烧结产物能够承受 800℃和 1000℃的氧化，而在 1200℃下的抗氧化能力明显下降。

4) 氧化烧结产物微观形貌

作者对氧化烧结后的产物 PSA-800(O)、CB-800(O)、CB-1000(O) 和 CB-1200(O) 进行 SEM 观察,观察其表面和断面的微观形貌。

图 14.21 为烧结产物 PSA-800(O) 断面的 SEM 图。从图中可以看出,PSA-800(O) 整体酥松,尤其在样品断面边缘,几乎呈片状剥离状态。在样品的中间存在一条中心线,这条中心线应该是样品两侧同时在高温空气下氧化,样品从两侧向中间收缩形成的(图中箭头方向)。从样品边缘到中心线可以看出样品逐渐变得致密,这也是烧结产物向中心线收缩的结果。

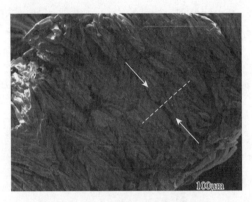

图 14.21　PSA-800(O) 断面 SEM 图

CB-800(O) 的微观形貌与 PSA-800(O) 截然不同。图 14.22 显示的是 CB-800(O) 表面和断面的微观形貌。从图 14.22(a) 可以发现,CB-800(O) 表面存在许多微孔,这是氧化引起的。通常碳材料的氧化过程由氧气被吸附在材料的表面开始,然后通过材料本身的空隙向内部扩散,以材料缺陷为活性中心发生氧化反应[61],生成的 CO 或 CO_2 气体最终从材料表面脱附[62],在表面形成气孔,同时引起材料的失重。但是从图 14.22(a) 中可以看出,经过氧化后的基体表面呈现一层物质,即为 B_2O_3。图 14.22(b) 为 CB-800(O) 样品断面 SEM 图。从图中可以看出,在断面中间除了少数烧结后残留的气孔之外,样品整体还是比较致密的,说明基体得到了很好的保护。而从样品断面边缘可以看出,烧结后的样品断面边缘明显覆盖着一层约 50μm 厚的保护层,其形成机理可能为:在基体的氧化过程中氧扩散进入材料内部,将 C 氧化成 CO 或 CO_2 气体,并从材料表面脱附,同时材料表面的 Si 和 B 元素被氧化,分别生成氧化硅和氧化硼,这两种氧化物最终在样品表层形成硼硅玻璃保护层。由于 800℃下硼硅玻璃黏度较大,不能明显流动,因此存在多孔结构,但是当氧化生成的硼硅玻璃层能够完全覆盖材料的缺陷时,就能阻止氧气的渗入,从而防止基体进一步氧化。

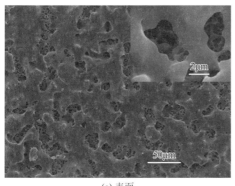
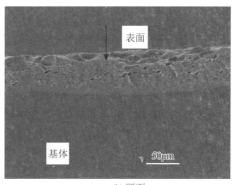

(a) 表面   (b) 断面

图 14.22 CB-800(O) 表面和断面的 SEM 图

图 14.23 为 CB-1000(O) 样品表面和断面的 SEM 图。从图 14.23(a) 中可以发现，与 CB-800(O) 相比，CB-1000(O) 表面光滑致密，没有明显的空隙、裂纹等缺陷。整个样品表面覆盖一层厚度为 20~30μm 致密均匀的硼硅玻璃保护层，如图 14.23(b) 所示。随着温度从 800℃升高至 1000℃，硼硅玻璃层黏度下降，能够自由流动填充到材料内部的空隙中，形成致密的氧化保护层。硼硅玻璃氧化层为 CB-1000(O) 基体提供了较好的氧化防护，基体中仅存在少量空隙缺陷。

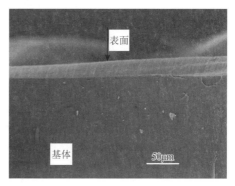

(a) 表面   (b) 断面

图 14.23 CB-1000(O) 表面和断面的 SEM 图

图 14.24 为 CB-1200(O) 样品表面和断面的微观形貌。如图所示，CB-1200(O) 样品表层部分被破坏，硼硅玻璃保护层不能有效覆盖样品表面，造成基体的局部裸露。这种基体局部裸露的现象从 CB-1200(O) 断面的形貌也可以发现。图 14.24(b) 显示氧化后形成的氧化保护层分布不均匀，厚度不一且基体内部空隙较多，氧化层破坏较严重。裸露的基体为氧气的侵入提供了通道，从图 14.24(b) 中左边圆圈区域可以发现，原本裸露的基体被氧化后进一步形成保护层。CB-1200(O) 抗氧化性能

较低可能与硼硅玻璃层中 B/Si 比有关。在 1200℃下，氧化硼容易挥发，导致硼硅玻璃保护层中氧化硼含量减少而二氧化硅相对含量增加，表 14.11 中的数据证实了这一推测。据文献报道[63]，B/Si 比会影响硼硅玻璃体的熔点和黏度，二氧化硅含量的增加会提高硼硅玻璃的黏度，使其不能有效地流动而覆盖到整个样品表面。

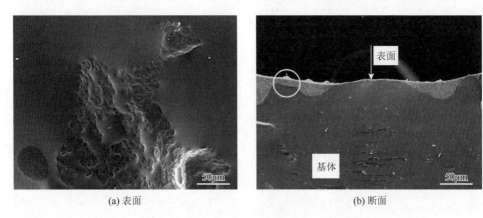

(a) 表面   (b) 断面

图 14.24   CB-1200(O)表面和断面的 SEM 图

3. 碳硼烷化含硅芳炔树脂固化物氧化陶瓷化机理

根据以上分析结果，作者提出了一个氧化模型来描述 CB-PSA-M 树脂固化物在空气中不同温度下的氧化过程，如图 14.25 所示。经过空气中 800℃下氧化 1h 后，CB-PSA-M-30 树脂固化物在表面形成一层多孔的硼硅玻璃保护层；当氧化温度升高至 1000℃后，多孔的硼硅玻璃保护层由于黏度的下降逐渐变得致密均一，有效地阻止了基体的氧化；进一步升高至 1200℃时，硼硅玻璃氧化保护层由于氧化硼的挥发及黏度的上升而变得不均匀，同时造成基体的裸露，裸露的基体为氧气的入侵提供了通道，因此在 1200℃下，硼硅玻璃氧化层不能有效保护基体，基体氧化分解又开始严重。

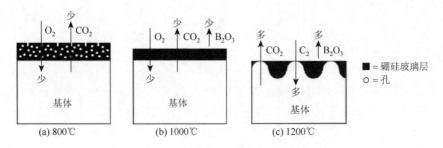

(a) 800℃   (b) 1000℃   (c) 1200℃

图 14.25   CB-PSA-M 固化物在不同温度下氧化烧结的氧化模型

14.5　含硅芳炔树脂陶瓷化材料的结构与性能

14.5.1　碳硼烷化硅芳炔树脂陶瓷化材料的结构

1. 碳硼烷化二甲基硅芳炔树脂陶瓷化材料的形态结构[48]

经过氩气气氛中 1450℃下烧结 6h 后,CB-PSA-M-30 和 PSA-M 树脂固化物的陶瓷化产物 CB-1450 和 PSA-1450 致密,没有明显缺陷,如图 14.26 所示。由阿基米德法测得 CB-1450 和 PSA-1450 的密度分别为 1.53g/cm^3 和 1.40g/cm^3。

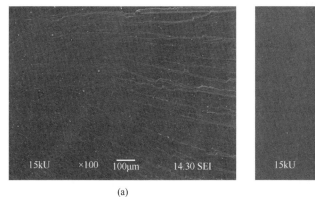
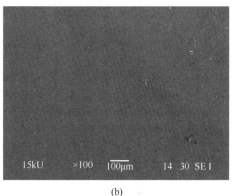

图 14.26　CB-1450(a) 和 PSA-1450(b) 断面 SEM 图

图 14.27 为 CB-1450 和 PSA-1450 中纳米晶粒和碳基体的高分辨透射电镜 (HRTEM) 图及每个纳米晶粒(黑框区域) 的 FFT 图。从图中可以发现,CB-1450 和 PSA-1450 的基体为无定形微观结构,但是存在纳米尺寸的晶粒。纳米晶粒的 FFT 图中光斑到中心斑点距离的倒数即为相应晶面的晶面距,因此可以测量出各晶粒的晶面距。其中晶面间距为 0.24nm、0.38nm、0.25nm 和 0.35nm 的晶面分别对应 B$_4$C 的 (021) 和 (012) 晶面、β-SiC 的 (111) 晶面及石墨结构的 (002) 晶面。从图中还可以看出,CB-1450 中 β-SiC 和 B$_4$C 的晶粒尺寸大约为 12nm 和 20nm,其中 CB-1450 中的 β-SiC 大于 PSA-450 中的尺寸(约 5nm)。CB-1450 和 PSA-1450 中的碳基体主要为无定形结构,但均存在尺寸为 2~3nm 的纳米石墨晶粒。

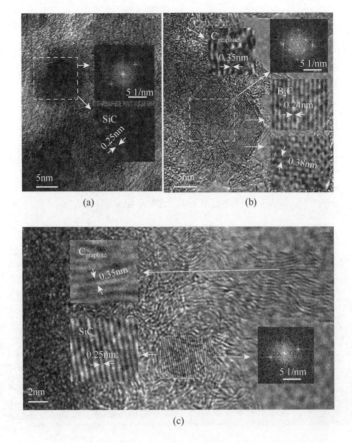

图 14.27　陶瓷化产物中纳米晶粒和碳基体的高分辨透射电镜图

(a) CB-1450 中 SiC 晶粒；(b) CB-1450 中 B₄C 晶粒；(c) PSA-1450 中 SiC 晶粒

图 14.28 为 CB-1450 和 PSA-1450 的 XRD 谱图。如图所示，两种陶瓷化产物均出现了未完全石墨化碳或无定形炭的衍射峰[64]（$2\theta = 25.6°$ 和 $42.3°$ 左右，PDF 标准卡片，JCPDS25-0284）和 β-SiC 的特征峰（$2\theta = 35.7°$、$41.4°$、$60.0°$、$71.8°$ 和 $75.5°$ 左右，JCPDS29-1129）。而陶瓷化产物 CB-1450 在 $2\theta = 37.7°$ 处还出现 B₄C 的特征衍射峰（JCPDS35-0798），说明 PSA-1450 的主要成分为无定形炭和 β-SiC，而 CB-1450 中除了存在无定形炭和 β-SiC 外，还存在 B₄C。通过 Bragg 公式可以计算出各晶粒的晶面距：

$$d = \frac{n\lambda}{2\sin\theta} \tag{14-8}$$

式中，d 为晶面间距；n 为衍射级数；λ 为入射 X 射线的波长；θ 为衍射角。CB-1450 和 PSA-1450 中晶粒的晶面距计算结果列于表 14.12。

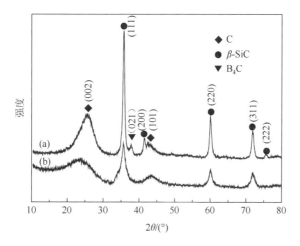

图 14.28　CB-1450(a) 和 PSA-1450(b) 的 XRD 谱图

表 14.12　CB-1450 和 PSA-1450 中晶粒的晶面距

晶粒	$2\theta/(°)$	晶面	晶面间距 d/nm
C	25.6	(002)	0.347
	42.3	(101)	0.213
β-SiC	35.7	(111)	0.251
	41.4	(200)	0.218
	60.0	(220)	0.154
	71.8	(311)	0.131
	75.5	(222)	0.126
B_4C	37.7	(021)	0.238

　　从图 14.28 中还可以看出，CB-1450 的 β-SiC 的峰强度明显要大于 PSA-1450。可使用 Scherrer 公式(14-7)来估算晶粒大小[65]。选取 XRD 谱图中 β-SiC 的 (111) 晶面、B_4C 的 (021) 晶面和碳的 (002) 晶面分别来计算 β-SiC 和 B_4C 的晶粒尺寸及石墨化碳的晶粒厚度[52]。其中 CB-1450 和 PSA-1450 中 β-SiC 的计算参数和晶粒尺寸如表 14.13 所示。

表 14.13　CB-1450 和 PSA-1450 中 β-SiC 的计算参数晶粒尺寸

烧结产物	K	λ/nm	β	$\theta/(°)$	$L_{SiC(111)}/nm$
CB-1450	0.9	0.1541	$0.666\times\pi/180$	17.84	12.5
PSA-1450	0.9	0.1541	$1.855\times\pi/180$	17.79	4.5

从表 14.13 中可以看出，CB-1450 中 β-SiC 的晶粒尺寸为 12.5 nm，而 PSA-1450 中相应的晶粒尺寸仅为 4.5nm，说明硼元素的加入有利于 β-SiC 晶粒的生长。由 Scherrer 公式估算石墨化碳的晶粒厚度[$L_{C(002)}$]，其中 CB-1450 中石墨化碳的晶粒厚度为 3.09nm，PSA-1450 为 2.80nm，CB-1450 的尺寸稍大，但差异不明显。除 β-SiC 外，CB-1450 中还存在 B_4C，其晶粒尺寸为 23.3nm。

以上结果表明 CB-1450 和 PSA-1450 分别为 C/SiC/B_4C 和 C/SiC 纳米陶瓷复合材料。

2. 碳硼烷化二甲基硅芳炔树脂陶瓷化材料的组成

由 ICP-AES 测定 CB-1450 的 B 和 Si 含量分别为 17.0wt%和 14.3wt%，这与通过陶瓷化残留率和 CB-PSA-M-30 树脂固化物化学组成估算的理论值 17.5wt%和 15wt%比较接近，说明由 ICP-AES 测定得的陶瓷化产物及树脂中的 B 和 Si 含量是可信的。使用 ElementarVarioELIII 元素分析仪测定样品中 C 和 H 元素的含量，结果见表 14.14。假设样品中的 Si 和 B 以 SiC 和 B_4C 形式存在，可以计算出 PSA-1450 和 CB-1450 的游离碳含量分别为 78.2wt%和 55.0wt%，因此这两种陶瓷化产物均为碳基材料[66]。

表 14.14　PSA-M 和 CB-PSA-M-30 树脂陶瓷化产物的制备和组成

| 样品 | 陶瓷率/% | 组成/wt% | | | | 线收缩率/% | 密度/(g/cm³) |
		C	Si	B	H		
CB-1450	79.2	65.8	14.3	17.0	0.6	−18	1.53
PSA-1450	83.0	84.4	14.5	—	0.5	−15	1.40

14.5.2　碳硼烷化硅芳炔树脂陶瓷化材料的性能

1. 碳硼烷化二甲基硅芳炔树脂陶瓷化材料热氧化稳定性

树脂衍生的无氧 Si-B-C-(N)陶瓷材料具有相当高的热稳定性、良好的力学性能、优异的耐化学腐蚀性能及良好的抗氧化性能，因而，在近几十年，吸引了国内外众多研究者的兴趣[67-69]。

图 14.29 为 CB-1450 和 PSA-1450 在空气气氛下的 TGA 曲线。从图中可以看出，PSA-1450 从 550℃左右开始氧化分解，在 1000℃时的残留率仅有 31.0%，而 CB-1450 从 550℃左右开始氧化增重，在 1000℃时的残留率达到 105.7%，说明引入碳硼烷不仅使改性含硅芳炔树脂具有优良的抗氧化性能，而且其陶瓷化

产物也体现出优异的热氧化稳定性，因此 CB-PSA-M 树脂有望作为高温抗氧化陶瓷先驱体。

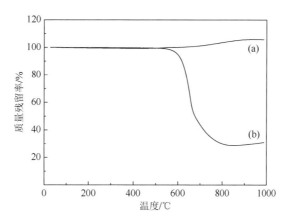

图 14.29　CB-1450(a)和 PSA-1450(b)在空气中的 TGA 曲线

图 14.30 为 CB-1450 经 TGA 测试后得到的氧化陶瓷产物的 XRD 谱图。从图中可以看出，CB-1450 的氧化陶瓷产物中主要存在碳、β-SiC 和 B_4C。除此之外，氧化陶瓷产物中还出现了硼酸的衍射峰($2\theta = 14.6°$和 $27.9°$，PDF 标准卡片，JCPDS30-0199)。硼酸的存在可能是由氧化硼吸潮所致，这也间接地证实了 CB-1450 在氧化过程中生成了氧化硼。

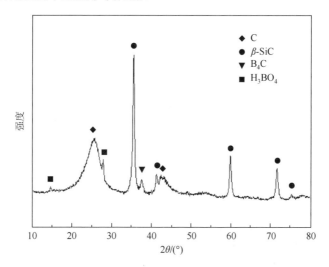

图 14.30　CB-1450 经 TGA 测试后得到的氧化陶瓷产物的 XRD 谱图

图 14.31 为 CB-1450 经 TGA 测试后得到的氧化陶瓷产物的拉曼光谱图。从图中可以看出，在 $1000\sim4000cm^{-1}$ 之间，CB-1450 的氧化陶瓷产物与 CB-1450 的氧

化陶瓷产物的谱图类似，说明氧化陶瓷产物的碳基体为无定形结构，存在纳米石墨晶粒。在 $200\sim1000cm^{-1}$ 区域，CB-1450 的氧化陶瓷产物在 $470cm^{-1}$ 和 $810cm^{-1}$ 位置出现了两个谱峰，分别对应 SiO_2 中 Si—O—Si 和 B_2O_3 中 B—O—B 的振动频谱[70, 71]。因此，从氧化陶瓷产物的拉曼光谱图中可以发现，CB-1450 在氧化过程中生成了 SiO_2 和 B_2O_3，这两种氧化物在高温下互熔，最终形成致密的硼硅玻璃保护层。

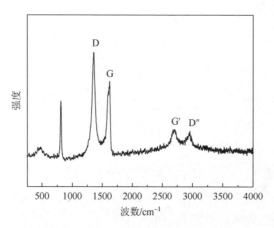

图 14.31　CB-1450 经 TGA 测试后得到的氧化陶瓷产物的拉曼光谱图

　　图 14.32 为 CB-1450 经 TGA 测试后得到的氧化陶瓷产物的断面 SEM 图。从图中可以发现，氧化陶瓷产物表面存在一层厚度约为 $1\mu m$ 的硼硅玻璃保护层。此硼硅玻璃保护层在高温下黏度较小，能够在表面自由流动并且覆盖材料的缺陷[72]，阻止氧气的渗入，从而防止基体的进一步氧化。

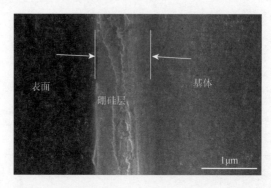

图 14.32　CB-1450 经 TGA 测试后得到的氧化陶瓷产物的断面 SEM 图

2. 碳硼烷化二甲基硅芳炔树脂陶瓷化材料等温氧化行为

CB-1000、CB-1200、CB-1300 与 CB-1450 的等温氧化反应分别在 800℃、1000℃

和 1200℃三个温度下进行，将样品随着氧化的进行其质量变化与氧化时间的关系画成曲线，即为四种样品在不同温度下的等温氧化曲线，分别为图 14.33～图 14.35。

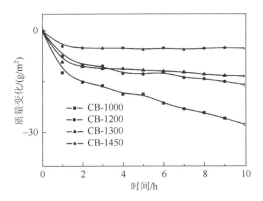

图 14.33　Si-B-C 陶瓷在 800℃氧气气氛下的等温氧化曲线

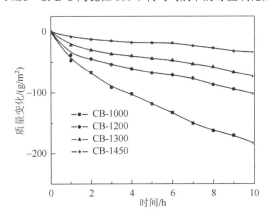

图 14.34　Si-B-C 陶瓷在 1000℃氧气气氛下的等温氧化曲线

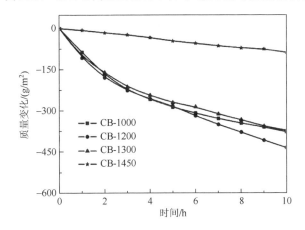

图 14.35　Si-B-C 陶瓷在 1200℃氧气气氛下的等温氧化曲线

据报道，无氧 Si-B-C-(N)陶瓷材料的抗氧化机理为：在氧化过程中，陶瓷材料中的硅原子与硼原子将会氧化形成硅硼玻璃的保护层覆盖在材料的表面，从而赋予材料优异的耐热氧化的能力[73]。在氧化过程中，碳原子氧化产生的碳氧化物（CO、CO_2）释放，在陶瓷材料中形成坑洞，硼原子氧化形成的氧化硼具有流动性及良好的润湿性，有助于填充材料中的坑洞或覆盖其坑洞表面而形成内部抗氧化涂层。另外，硅原子氧化形成的 SiO_2 也具有阻隔作用，可以有效阻挡氧气的渗透。图 14.33 为四种 Si-B-C 陶瓷材料在 800℃氧气气氛下的等温氧化曲线。如图所示，四种 Si-B-C 陶瓷在起初 2h 的等温氧化过程中都显示出一个失重速率下降的过程。在这个过程中，失重速率的变化及质量变化都是很明显的。

根据 Si-B-C 陶瓷材料的元素组成分析结果可知，Si-B-C 陶瓷主要由 C、H、Si 及 B 四种元素组成。当材料在 800℃等温氧化的过程中，C 与 H 元素氧化之后形成碳的氧化物(CO 或 CO_2)和水，将会导致材料的失重；Si 与 B 元素氧化之后则形成硅及硼的氧化物留在材料表面(也就是硅硼玻璃保护层)，导致材料的增重。在最初开始氧化时，陶瓷材料表面并没有硅硼玻璃的保护，因而失重速率是最大的；随着氧化的进行，硅硼玻璃保护层逐渐形成，因而失重速率就会出现逐渐降低的过程；当硅硼玻璃保护层彻底形成之后，氧气无法渗透到材料内部，就可以阻止材料的进一步氧化，此时，失重速率就接近为 0。CB-1300 和 CB-1450(尤其是 CB-1450)在 2～10h 的氧化过程中，质量基本不随氧化时间的延长而改变，说明 CB-1300 和 CB-1450 在氧化 2h 后，形成了有效的硅硼玻璃保护层，从而阻止了材料的进一步氧化。而 CB-1000 与 CB-1200 在 2～10h 的氧化过程中，随着氧化时间的增长，失重仍然逐渐增加，说明在 CB-1000 与 CB-1200 表面并没有形成有效的保护层，无法有效阻止氧气的渗透及 CO、CO_2 和水的挥发。

图 14.34 为 Si-B-C 陶瓷在 1000℃氧气气氛下的等温氧化曲线。如图所示，在 1000℃氧化过程中与在 800℃中一样，四种 Si-B-C 陶瓷在起初 2h 的等温氧化过程中仍然显示出一个失重速率下降的过程，也就是硅硼玻璃保护层逐渐形成的过程。与 800℃氧化时不同的是，在后期 2～10h 的氧化过程中随着氧化时间的延长四种 Si-B-C 陶瓷材料的失重速率都保持一定的数值不变，且失重都继续增加。

图 14.35 为 Si-B-C 陶瓷材料在 1200℃下的等温氧化曲线。如图所示，当等温氧化过程在 1200℃下进行时，氧化失重更加严重。CB-1000、CB-1200 与 CB-1300 的等温氧化曲线基本相同，等温氧化 10h 时，失重都超过了 350g/m²，超过了 30wt%。这说明，CB-1000、CB-1200 与 CB-1300 这三种陶瓷材料在 1200℃抗氧化能力基本上失去。然而，CB-1450 在等温氧化 10h 时失重仅为 88g/m²，大约为

7wt%，表明 CB-1450 在高温富氧环境中具有潜在的应用价值。

表 14.15 为 Si-B-C 陶瓷在不同温度下氧化 2～10h 过程中的恒定失重速率及氧化 10h 时的最终失重。比较同一种 Si-B-C 陶瓷在不同温度下的失重速率及失重可以发现，随着等温氧化的温度由 800℃上升至 1200℃，材料的失重速率与最终失重都增大，这说明 Si-B-C 陶瓷的耐热氧化稳定性是随着氧化温度的升高而降低的。这主要是因为在较高温度下（1000℃及 1200℃），形成的硅硼玻璃保护层的黏度太低，不能有效地阻止氧气渗透及 CO、CO_2 和水的挥发；另外，硅硼玻璃的挥发在 900℃以上变得明显[74]。在高温下，硅硼玻璃保护层的黏度下降与挥发都会使得硅硼玻璃保护层保护材料内部免受进一步氧化的功能退化。

表 14.15　Si-B-C 陶瓷在不同温度氧化过程中的失重速率与 10h 最终失重

烧结产物	恒定失重速率[1)]/[g/(m²·h)]			氧化 10h 的失重/(g/m²)			氧化 10h 的失重/wt%		
	800℃	1000℃	1200℃	800℃	1000℃	1200℃	800℃	1000℃	1200℃
CB-1000	1.7	14.0	25.1	27	182	373	2.5	16.4	31.8
CB-1200	0.8	7.7	28.3	14	102	436	1.3	8.5	32.0
CB-1300	0	5.7	25.3	16	73	373	1.1	6.1	31.0
CB-1450	0	2.2	8.5	5	33	88	0.4	2.6	7.0

注：1) 2～10h 等温氧化曲线的斜率。

3. 碳硼烷化二甲基硅芳炔树脂陶瓷化材料氧化后的表面形貌

将 CB-1000、CB-1200、CB-1300 与 CB-1450 在不同温度下氧化 10h 后的样品进行扫描电镜测试，以便于直接观察它们在不同温度下硅硼玻璃保护层的形成情况，结果如图 14.36 所示。

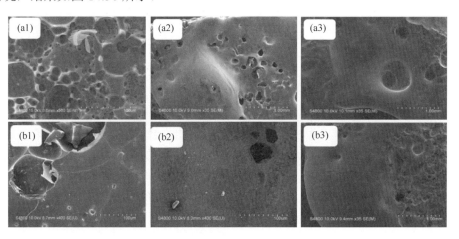

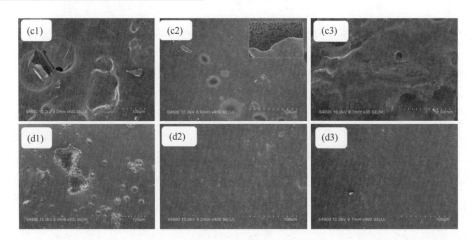

图 14.36 CB-1000(a)、CB-1200(b)、CB-1300(c)与CB-1450(d)分别在800℃(1)、1000℃(2)
和1200℃(3)下氧化 10h 后的 SEM 图

图 14.36(a1)、(b1)、(c1)和(d1)分别为 CB-1000、CB-1200、CB-1300 与 CB-1450 在 800℃下氧化 10h 后的 SEM 图。由图可见，CB-1000 在 800℃下氧化 10h 后，表面并没有被光滑的硅硼玻璃保护层覆盖，而是无规分散着大量的大小不一的坑洞。这就解释了 CB-1000 在 800℃下氧化时持续失重的原因。这些坑洞是氧化过程中释放 CO、CO_2 及 H_2O 后留下的。CB-1200 表面少量的坑及多条裂纹分散在硅硼玻璃保护层中，坑和裂纹的存在解释了其持续失重的原因；大部分都被平滑的保护层覆盖则解释了 CB-1200 的失重速率比 CB-1000 小的原因。CB-1300 与 CB-1450 表面大部分都被平滑有效的硅硼玻璃保护层所覆盖，偶尔的少量区域没有被覆盖。这就解释了这两种陶瓷在 800℃后期 2~10h 的氧化过程中几乎不失重的现象。总体而言，这四种 Si-B-C 陶瓷在 800℃下氧化 10h 后在表面都没有形成一体无缺陷的平滑的硅硼玻璃保护层，这主要是因为硅硼玻璃在 800℃下的黏度较大，流动性不好，难以形成无缺陷的保护膜。

图 14.36(a2)、(b2)、(c2)和(d2)分别为 CB-1000、CB-1200、CB-1300 与 CB-1450 在 1000℃下氧化 10h 后的 SEM 图。由图所示，在 CB-1200、CB-1300 与 CB-1450 表面都形成了一体的平滑的硅硼玻璃保护层，并且 CB-1200 与 CB-1300 的硅硼玻璃保护层只有个别缺陷，CB-1450 表面的硅硼玻璃保护层无缺陷。这是因为在 1000℃时，硅硼玻璃的黏度变小，具有合适的流动性，从而能够在陶瓷表面形成一体无缺陷的平滑的硅硼玻璃保护层。但是，在 CB-1000 表面仍然没有形成有效的硅硼玻璃保护层，而是形成了一个大的突起，发生了严重的氧化，这与 CB-1000 的元素组成是紧密相关的。

图 14.36(a3)、(b3)、(c3)和(d3)分别为 CB-1000、CB-1200、CB-1300 与 CB-1450 在 1200℃下氧化 10h 后的 SEM 图。从图中可以发现，CB-1000、CB-1200

与 CB-1300 表面都发生了严重的氧化，硅硼玻璃保护层严重失效裸露出材料的内部，解释了这三种材料在 1200℃下失重速率快及失重大的原因。只有在 CB-1450 表面上发现了一体的平滑的硅硼玻璃保护层，保护了材料内部，阻止了进一步的氧化，因而失重速率及失重都较小。

14.6　含硅芳炔树脂复合材料的陶瓷化工艺及其陶瓷化复合材料性能

14.6.1　含硅芳炔树脂复合材料炭化工艺

1. 炭化温度的影响

炭化条件对制得的 C/C-SiC 复合材料的微观结构和性能有着重要影响，其中炭化温度对树脂先驱体在裂解过程中的炭化及晶型转变有着最直接的影响。因此 T300CF/PSA-M 复合材料的炭化温度的选择尤为重要。选择将 T300CF/PSA-M 复合材料在不同炭化温度下（800℃、900℃、1000℃、1100℃、1200℃、1300℃、1400℃、1450℃）炭化 6h，制得了多孔 CF/C-SiC 预制体[75]。

图 14.37 是不同炭化温度下 T300CF/PSA-M 复合材料的失重图。随着裂解温度的上升，复合材料的失重逐渐增加，但失重量不多。炭化温度为 800℃时，复合材料的失重只有 2.0%，炭化温度达到 1450℃时，复合材料的失重也仅有 8.5%。说明 PSA-M 树脂陶瓷化率高。

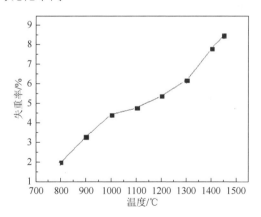

图 14.37　不同炭化温度下 T300CF/PSA-M 复合材料的失重

图 14.38 是 T300CF/PSA-M 复合材料在不同炭化温度下所得多孔 CF/C-SiC 预制体的密度和空隙率变化图。所得多孔 CF/C-SiC 预制体的密度随炭化温度的升高呈现明显的下降趋势，同时伴随着空隙率的上升。800℃炭化所得多孔 CF/C-SiC

预制体密度和空隙率分别为 1.53g/cm³ 和 11.2%，炭化温度在 800～1100℃时，所得多孔 CF/C-SiC 预制体的空隙率变化不大，温度超过 1100℃后，空隙率随炭化温度的升高而大幅度上升。1450℃炭化所得多孔 CF/C-SiC 预制体密度和空隙率分别为 1.46g/cm³ 和 18.3%，多孔 CF/C-SiC 预制体的密度随温度变化的幅度不大，具有较高的密度。

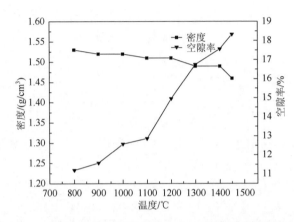

图 14.38   不同炭化温度所得多孔 CF/C-SiC 预制体的密度及空隙率

不同炭化温度下所得多孔 CF/C-SiC 预制体力学性能数据见表 14.16，随着炭化温度的升高，所得多孔 CF/C-SiC 预制体的弯曲强度呈现先下降后上升的趋势，拐点出现在 1000～1100℃。当温度低于 1100℃时，T300CF/PSA-M 复合材料中树脂裂解不完全，为无定形的无机相，纳米晶粒相尚未形成。升高温度使含硅芳炔树脂炭化程度增加，材料失重和空隙率增加，材料密度也下降，从而导致所得制品的力学性能下降。当温度高于 1100℃时，材料的力学性能随温度的升高而逐渐上升。同时高温下裂解残留物逐渐形成 β-SiC 晶粒，β-SiC 晶粒分散在多孔 CF/C-SiC 预制体中，使制品的性能提升。由表中数据可以发现，1450℃炭化所得多孔 CF/C-SiC 预制体的力学性能最好，弯曲强度为 98.6MPa，层间剪切强度达到 6.41MPa。

表 14.16   炭化温度对所得多孔 CF/C-SiC 预制体力学性能的影响

温度/℃	弯曲强度/MPa	弯曲模量/GPa	层间剪切强度/MPa
800	53.8±11.2	17.3±2.0	5.58±0.58
900	49.3±1.8	18.4±1.5	5.07±0.39
1000	48.2±4.8	19.5±1.2	5.04±0.47
1100	47.6±6.6	19.2±1.8	5.13±0.24

续表

温度/℃	弯曲强度/MPa	弯曲模量/GPa	层间剪切强度/MPa
1200	57.8±10.3	23.8±1.9	5.31±0.30
1300	62.4±7.6	21.3±3.9	5.85±0.75
1400	68.6±11.4	18.7±0.9	6.38±0.59
1450	98.6±6.4	19.6±1.6	6.41±0.39

图 14.39 为不同炭化温度下所得 CF/C-SiC 复合材料的 XRD 谱图。图中在炭化温度为 800~1450℃时，所得多孔 CF/C-SiC 预制体在 $2\theta = 25.6°$、43.6°两处出峰，分别对应于试样中碳的(002)、(101)晶面(JCPDS25-0284)，这说明温度达到 800℃时，材料的主要成分已经转变为碳，且 XRD 峰形较宽，说明炭化所得的碳为无定形的碳结构，随着炭化温度的升高，试样在(002)晶面的峰形有逐渐尖锐的趋势，这说明在高温下所得的碳趋向于有序化，升高炭化温度可以得到石墨化程度较高的预制体；谱图中 $2\theta = 35.7°$、60.3°、72.2°三处出峰，分别对应 β-SiC(111)、(220)、(311)晶面(JCPDS29-1129)。温度高于 1300℃时，CF/C-SiC 复合材料才逐渐出现 β-SiC 峰，且峰形较小。当炭化温度达到 1450℃时，β-SiC 峰明显。

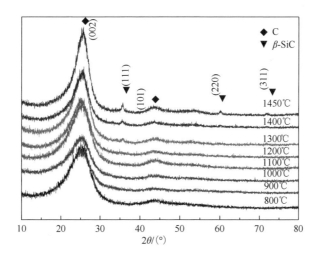

图 14.39　不同炭化温度所得多孔 CF/C-SiC 预制体的 XRD 谱图

2. 炭化时间的影响[75]

将所制备的 T300CF/PSA-M 复合材料在氩气气氛中，在 1450℃下分别保持 2h、4h、6h、8h 制备多孔 CF/C-SiC 预制体，图 14.40 为不同保温时间所得多孔

CF/C-SiC 预制体的密度及空隙率。处理时间为 2h 时，所得材料的密度最大，空隙率最小。这说明炭化 2h，含硅芳炔树脂固化物炭化不完全。延长炭化时间，预制体的密度下降，同时空隙率增加。4～6h 后，延长炭化时间对材料密度及空隙率影响不大。

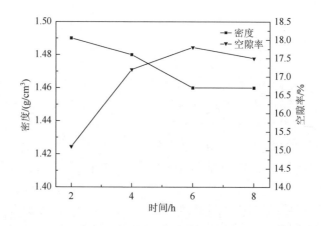

图 14.40　不同保温时间所得 CF/C-SiC 预制体的密度及空隙率

不同保温时间所得预制体的力学性能如表 14.17 所示。炭化 2h 所得 CF/C-SiC 预制体的力学性能较差，弯曲强度为 85.6MPa；炭化时间达到 4～6h 时，材料的力学性能明显增加。这是由于有机先驱体形成陶瓷过程需要经过裂解，才生成无机陶瓷晶粒。炭化 2h，不能使含硅芳炔树脂完全裂解并形成较多的 SiC 晶粒；炭化 4～6h 后，陶瓷化趋于完全，所得的 CF/C-SiC 预制体的性能较为理想；这说明含硅芳炔树脂在 1450℃裂解 4～6h 可形成较理想的结构。

表 14.17　不同保温时间所得多孔 CF/C-SiC 预制体力学性能

时间/h	弯曲强度/MPa	弯曲模量/GPa	层间剪切强度/MPa
2.0	85.6±8.4	19.5±2.7	5.4±0.3
4.0	96.2±10.0	21.1±3.3	6.2±0.3
6.0	97.4±7.4	22.3±4.5	6.1±0.2
8.0	94.2±7.8	25.3±6.9	6.0±0.2

3. 升温速率的影响

有研究表明升温速率对所得 CF/C-SiC 复合材料的力学性能有着直接的影响[76, 77]，缓慢的升温速率有利于减小复合材料在升温过程中的收缩，降低破坏的程度。图 14.41 是不同升温速率下炭化所得多孔 CF/C-SiC 预制体的密度及空隙率。不同炭化温度下，所得制品的密度变化在 1.45～1.47g/cm³，空隙率变化在 18.4%～18.8%，变化幅度较小。

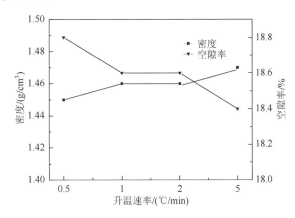

图 14.41　不同升温速率所得多孔 CF/C-SiC 预制体的密度及空隙率

不同升温速率所得多孔 CF/C-SiC 预制体的力学性能列于表 14.18，由表中数据可知，当控制升温速率在 0.5～5℃/min 时，所得多孔 CF/C-SiC 预制体的弯曲强度较好，可以超过 100MPa，从表中数据来看，所得多孔 CF/C-SiC 预制体弯曲性能并没有体现出较大的升温速率依赖性。升温速率为 5℃/min 时，所得 CF/C-SiC 复合材料的弯曲强度较大，为 114MPa，但是其弯曲模量略低。

表 14.18　不同升温速率下所得多孔 CF/C-SiC 预制体的力学性能

升温速率/(℃/min)	弯曲强度/MPa	弯曲模量/GPa	层间剪切强度/MPa
0.5	102.3±17.1	7.8±1.1	7.8±0.9
1.0	107.0±8.1	7.7±0.2	7.7±0.2
2.0	106.6±17.2	8.0±0.2	8.0±0.1
5.0	114.1±13.2	7.3±0.3	7.3±0.2

不同升温速率下炭化所制备的多孔 CF/C-SiC 预制体的层间剪切强度数据见表 14.18，结果同样表明在 0.5～5℃/min 升温速率内，炭化所得 CF/C-SiC 复合材料的层间剪切强度变化同样不是非常明显。升温速率为 0.5～2℃/min 时，所得多孔 CF/C-SiC 预制体的层间剪切强度在 7.7～8.0MPa，而升温速率达到 5℃/min 时，层间剪切强度为 7.3MPa。

以上分析表明，在 0.5～5℃/min 升温速率内，所得材料的力学性能及密度并未出现较大波动，这可能是由于所选择的升温速率的变化范围过小，多孔 CF/C-SiC

预制体性能对升温速率的依赖性并不明显。但是如果升温速率低于 0.5℃/min，会大大延长炭化时间，增加成本；升温速率超过 5℃/min 可能会对炭化设备提出更高的要求。

综上所述，通过直接炭化 T300CF/PSA-M 复合材料的方法可以较快地制得多孔 CF/C-SiC 预制体，所选择的炭化温度为 1450℃，温度保持时间为 6h，升温速率为 2℃/min。

14.6.2　CF/C-SiC 复合材料的致密化

先驱体浸渍法制备 CF/C-SiC 复合材料的过程中，多孔 CF/C-SiC 预制体的致密化过程是制备 CF/C-SiC 复合材料的关键步骤之一，其目的是通过浸渍的方式，将树脂渗入多孔 CF/C-SiC 预制体的空隙内，以降低材料的空隙率、增加材料密度及提升材料力学性能[74]。

图 14.42 为经过不同浸渍次数所得 CF/C-SiC 复合材料的密度及空隙率，从图中可以明显看出，当浸渍次数小于 3 次时，浸渍的效率较高，经过浸渍处理的多孔 CF/C-SiC 复合材料的密度迅速提高，空隙率降低。经过 3 次浸渍后，空隙率由 16.3%下降至 9.0%，密度由 1.45g/cm^3 上升至 1.56g/cm^3。当浸渍次数达到 4 次时，浸渍效率降低，经过 6 次浸渍的 CF/C-SiC 复合材料的密度达到 1.60g/cm^3，空隙率为 7.94%。

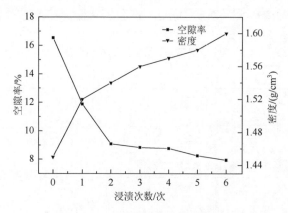

图 14.42　CF/C-SiC 复合材料的密度及空隙率随浸渍次数的变化

图 14.43 是经不同浸渍次数的 CF/C-SiC 复合材料的力学性能，由图可见，随着浸渍次数的增加，CF/C-SiC 复合材料的弯曲性能明显提高，且前 4 次浸渍效果尤为明显，浸渍循环次数达到 4 次时，CF/C-SiC 复合材料的弯曲强度由未浸渍的多孔 CF/C-SiC 预制体的 98.6MPa 提升至 203.3MPa，提升幅度高达 106%，弯曲模量由 32.7GPa 提升至 64.1GPa。浸渍次数达到 4 次以上时，浸渍效率下降，弯

曲强度及弯曲模量变化趋于平缓。这是由于浸渍后期，CF/C-SiC 复合材料空隙率下降，含硅芳炔树脂溶液较难浸入空隙内。

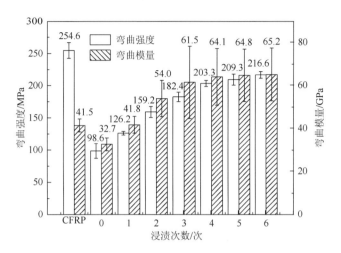

图 14.43　CF/C-SiC 复合材料弯曲性能随浸渍次数的变化

CFRP：T300CF/PSA-M 复合材料

　　图 14.44 是经不同浸渍次数的 CF/C-SiC 复合材料的层间剪切强度，由图中数据可以看到，与制品弯曲强度类似，随着浸渍循环次数的增加，材料的层间剪切强度也增加，经过 4 次浸渍后，CF/C-SiC 复合材料的层间剪切强度达到 18.4MPa，较未浸渍的多孔 CF/C-SiC 预制体提升了 183%。

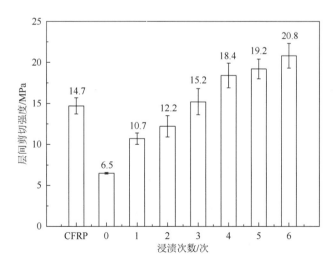

图 14.44　CF/C-SiC 复合材料的层间剪切强度随浸渍次数的变化

CFRP：T300CF/PSA-M 复合材料

14.6.3　CF/C-SiC 复合材料的结构

1. CF/C-SiC 复合材料试样照片

图 14.45 为最终制得的 CF/C-SiC 复合材料的照片，该陶瓷化复合材料板尺寸规整，结构密实。

图 14.45　CF/C-SiC 复合材料照片

2. CF/C-SiC 复合材料的形貌

图 14.46 是经不同浸渍裂解循环次数所得 CF/C-SiC 复合材料的剖面 SEM 图。图 14.46(a) 为未浸渍的多孔 CF/C-SiC 预制体，图 14.46(b)、(c)、(d) 是浸渍次数分别为 1、2、3 次的 CF/C-SiC 复合材料。从图中可以比较容易看出，当浸渍-裂解-炭化循环的次数提高后，碳纤维之间空隙逐渐被含硅芳炔树脂炭化形成的陶瓷基体填充。浸渍次数达到 3 次后，所制得的 CF/C-SiC 复合材料的空隙已经较小，碳纤维表面逐渐被陶瓷基体包覆。这说明以 PSA-M 为浸渍剂来浸渍多孔 CF/C-SiC 预制体时，PSA-M 树脂能够较好地渗入 CF/C-SiC 复合材料内部，有效提高材料的密度，降低材料空隙率，从而达到增强 CF/C-SiC 复合材料性能的目的。

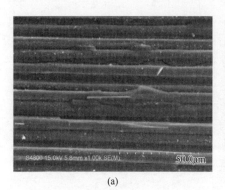
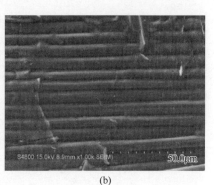

(a)　　　　　　　　　　　　　　　　　(b)

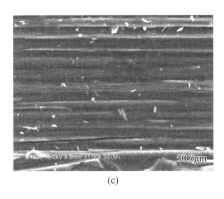 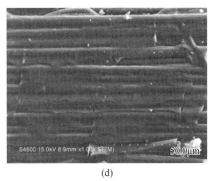

(c)　　　　　　　　　　　　　　(d)

图 14.46　不同浸渍次数制备的 CF/C-SiC 复合材料的剖面 SEM 图

(a) 0 次；(b) 1 次；(c) 2 次；(d) 3 次

以上分析表明，PSA-M 树脂可以作为多孔 CF/C-SiC 预制体的浸渍剂。通过浸渍 PSA-M 树脂溶液的方式，可以有效降低材料的空隙率，提高材料密度及力学性能，制得性能良好的 CF/C-SiC 复合材料。

3.　XRD 分析

含硅芳炔树脂固化物经过 1450℃炭化后可以得到富碳纳米陶瓷复合材料，纳米相主要为 β-SiC 及部分石墨晶粒[7]。以含硅芳炔树脂为先驱体制备的 CF/C-SiC 复合材料中同样形成了 β-SiC、无定形碳及部分石墨晶粒。

图 14.47 为经过 4 次浸渍处理之后得到的 CF/C-SiC 复合材料试样的 XRD 谱图。如图所示，所得试样的 XRD 谱图中出现了碳的衍射峰（$2\theta = 25.8°$ 和 43.5°，PDF 标准卡片，JCPDS25-0284），用含硅芳炔树脂制备的 CF/C-SiC 复合材料中碳由石墨化碳和无定形炭（主要组分）组成。XRD 谱图中也出现了 β-SiC 的特征衍射峰（$2\theta = 35.7°$、60.0° 和 71.9°，PDF 标准卡片，JCPDS29-1129）。通过 Bragg 公式 (14-8) 可以计算晶粒的晶面距，所得晶面距见表 14.19。

表 14.19　CF/C-SiC 复合材料中的晶粒及晶面距

晶粒	$2\theta/(°)$	晶面	晶面距 d/nm
C	25.8	(002)	0.345
	43.5	(101)	0.214
β-SiC	35.7	(111)	0.251
	60.0	(220)	0.154
	71.9	(311)	0.131

当晶粒尺寸小于 100nm 时，可以利用 Scherrer 公式 (14-7) 来估算晶粒尺寸大

小。由于炭化形成的碳基体主要为未石墨化的无定形炭，因此只选择 β-SiC(111) 晶面来估算 β-SiC 晶粒尺寸。计算所得 C/C-SiC 复合材料中 β-SiC 晶粒大小约为 18.6nm，比树脂陶瓷化产物中晶粒尺寸大[2]，这可能是因为制备 CF/C-SiC 复合材料过程中复合材料的反复烧结导致晶粒尺寸有所增大。

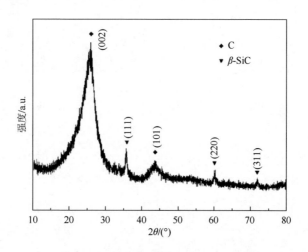

图 14.47   CF/C-SiC 复合材料 XRD 谱图

4. 拉曼光谱分析

激光拉曼光谱可以用来表征碳材料的石墨化程度。图 14.48 为经过 4 次致密化处理后所得 CF/C-SiC 复合材料的拉曼光谱图。从图中可以看出，在 1580cm^{-1} 处出峰，这对应于材料中碳原子的石墨结构的峰，被称为 G 峰；在 1360cm^{-1} 处出峰对应于碳材料中缺陷结构的峰，被称为 D 峰。这说明 CF/C-SiC 复合材料中既存在无定形炭结构，又存在石墨化碳结构，且在材料的二级拉曼光谱中同样存在两个峰 D′(2700cm^{-1}) 和 G′(2950cm^{-1}) 分别对应的是 D 峰的倍频峰 (2×1350cm^{-1}) 和 D + G 两峰的合频峰[(1350 + 1600cm^{-1})]。D 峰和 G 峰的积分面积可以认为是材料中对应结构的含量，因此可以利用两积分面积比 (I_D/I_G) 来评价材料的石墨化程度。经计算 CF/C-SiC 复合材料 I_D/I_G 为 1.43，说明复合材料的石墨化程度较低。另外，可以通过经验公式 (14-9) 来计算试样中石墨化碳的晶粒大小[78]：

$$L_a = \frac{4.35}{I_D / I_G} \tag{14-9}$$

经计算，CF/C-SiC 复合材料中石墨碳的晶粒大小为 3.04 nm。

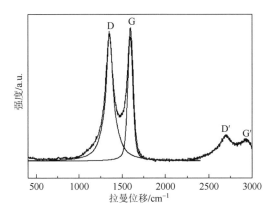

图 14.48　CF/C-SiC 复合材料的拉曼光谱图

14.6.4　CF/C-SiC 复合材料的性能

陶瓷化 CF/C-SiC 复合材料的性能列于表 14.20。可以看出经三次重复浸渍与炭化制得的复合材料具有良好的力学性能。

表 14.20　CF/C-SiC 复合材料的各项性能

性能项	数值
密度/(g/cm^3)	1.57
空隙率/%	8.7
弯曲强度/MPa	203
弯曲模量/GPa	61.5
层间剪切强度/MPa	18.4
热导率/[W/(m·K)]	3.4

参 考 文 献

[1] Francois C. Design，fabrication and application of thermostructural composites (TSC) like C/C，C/SiC，SiC/SiC. Advance Engineering Materials，2002，12：903-912.

[2] 李晔，黄启忠，朱东波. 液相浸渍法制备 C/C 复合材料. 炭素，2001，(4)：14-17.

[3] Krenkel W，Berndt F. C/C-SiC composites for space applications and advancedfriction systems. Materials Science and Engineering A，2005，412：177-181.

[4] Wang D，Liu Y. Present situation of friction materials. Journal of Advanced Ceramics，2007，3：15-19.

[5] Hokao M，Hironaka S，Suda Y，et al. Friction and wearproperties of graphite/glassy carbon composites. Wear，2000，237：54-62.

[6] Liao J，Chen T，Huang B，et al. Influence of the pore structure of carbon fibers oil the oxidation resistance of C/C composites. Carbon，2002，40(4)：617-621.

[7] Buckley J D，Ediel D D. Carbon/Carbon materials and composites. Park Ridge：Noyes Publication，1993：281.

[8] 殷玲. C/C 复合材料 $MoSi_2$-Cr-Si/SiC 系高温抗氧化复合涂层的研究. 长沙：中南大学，2011.

[9] Krenkel W，Heidenreich B，Renz R. C/C-SiC compositesfor advanced friction systems. Advanced Engineering Materials，2002，4：427-436.

[10] Fouquet S，Rollin M，Pailler R，et al. Tribologicalbehaviour of composites made of carbon fibres and ceramicmatrix in the Si-C system. Wear，2008，264：850-856.

[11] Walter K. Carbon Fibre Reinforced Silicon Carbide Composites（C/SiC，C/C-SiC）. Handbook of Ceramic Composites，2005.

[12] Krenkel W，Hald H. Liquid infiltrated C/SiC-Analternative material for hot space structures. Proceedings of the ESA/ESTEC Conference on SpacecraftStructures and Mechanical Testing，1988.

[13] Parshant K，Srivastava K. Tribological behaviour of C/C-SiC composites-A review. Journal of Advanced Ceramics，2016，1：1-12.

[14] Xiao P，Xiong X，Zhang H，et al. Progress and application of C/C-SiC ceramic braking materials. China Journal of Nonferrous Metal，2005，15（5）：667-674.

[15] 孟广耀. 化学气相淀积与无机新材料. 北京：科学出版社，1984.

[16] Warren J W. Fiber and grain-reinforced chemical vapor infiltration（CVI）silicon carbide matrix composites. Ceramic Engineering and Science Proceedings，1985，7-8：684-693.

[17] 徐永东，张立同，成来飞. CVI 法制备三维纤维增强碳化硅复合材料. 硅酸盐学报，1996，24（5）：485-489.

[18] 邓景屹，刘文川，魏永良，等. 用化学气相渗法制备碳纤维增强碳-碳化硅梯度基复合材料. 炭素，1995，（2）：4-8.

[19] 刘文川，邓景屹，杜海峰，等. C/C，C/C-SiC 梯度基、纳米基、双元基复合材料微观结构特征.中国科学（B 辑），1998，28（5）：471-476.

[20] Prewo K M. Fiber-reinforced ceramics：newopportunities or composite materials. American Ceramic Society Bulletin，1989，68（2）：395-400.

[21] 张立同，成来飞，徐永东，等. 自愈合碳化硅陶瓷基复合材料研究及应用进展. 航空材料学报,2006,26（3）:226-232.

[22] Sato K，Tezuka A，Funayama O，et al. Fabrication and pressure testing of a gas-turbine component manufactured by a preceramic-polymer-impregnation method. Journal of Composites Science，1999，59：853-859.

[23] Krenkel W. Cost effective processingm of CMC composites by melt infiltration（LSI-process）. Ceramic Engineering and Science Proceeding，2001，22（3）：443-454.

[24] Jiang S Z，Xiong X，Chen Z K，et al. Influence factors of C/C-SiC dual matrix composites prepared by reactive melt infiltration. Materials Design，2009，30：3738-3742.

[25] Heidenreich B. C/SiC and C/C-SiC composites. In：Bansal N P，Lamon J. Ceramic Matrix Composites：Materials，Modeling and Technology. ACS：John Wiley & Sons，2015，Chapter 6：147-216.

[26] 宋麦丽，田蔚，闫联生，等. 聚碳硅烷制备 C/C-SiC 高温复合材料的应用. 固体火箭技术，2014，37（1）：128-133.

[27] Yajima S，Hayashi J，Omori M，et al. Development of a silicon carbide fibre with high tensile strength. Nature，1976，261：683-685.

[28] 熊亮萍，许云书. 陶瓷先驱体聚合物的应用. 化学进展，2007，19（4）：567-574.

[29] 王灿锋. 碳硼烷化含硅芳炔树脂及其复合材料和陶瓷化材料的研究. 上海：华东理工大学，2011；Wang C F，Huang F R，Jiang Y，et al. A novel oxidation resistant SiC/B_4C/C nanocomposite derived from a carborane-containing conjugated poly-carbosilane. Journal of the American Ceramic Society，2012，95（1）：71-74.

[30]　熊亮萍，许云书. 陶瓷先驱体聚合物的应用. 化学进展，2007，19（4）：567-574.

[31]　宋麦丽，傅利坤. SiC 先驱体-聚碳硅烷的应用研究进展. 中国材料进展，2013，32（4）：243-248.

[32]　薛金根，王应德，冯春祥，等. 先驱体聚碳硅烷的合成研究进展. 有机硅材料，2004，18（2）：25-28.

[33]　Jian K，Chen Z H，Ma Q S，et al. Processing and properties of 2D-C$_f$/SiC composites incorporating SiC fillers. Materials Science and Engineering A，2005，408：330-335.

[34]　Jian K，Chen Z H，Ma Q S，et al. Effects of polycarbosilane infiltration processes on themicrostructure and mechanical properties of 3D-C$_f$/SiC composites. Ceramics International，2007，33：905-909.

[35]　简科，陈朝辉，马青松，等. 裂解工艺对先驱体转化制备 C$_f$/SiC 材料结构与性能的影响. 复合材料学报，2004，21（5）：57-61.

[36]　Ma Y，Wang S，Chen Z H，et al. Effects of high-temperature annealing on the microstructures and mechanicalproperties of C$_f$/SiC composites using polycarbosilane. Materials Science and Engineering A，2011，528：3069-3072.

[37]　王国栋，宋永才. SiC 基复合材料先驱体聚合物研究进展. 有机硅材料，2014，（2）：130-135.

[38]　Interrante L V，Moraes K，Liu Q，et al. Silicon-based ceramics from polymer precursor.Pure and Applied Chemistry，2002，74（11）：2111-2117.

[39]　简科，陈朝辉，马青松，等.聚碳硅烷/二乙烯基苯快速升温裂解制备 C$_f$/SiC 复合材料.国防科技大学学报，2003，25（2）：30-33.

[40]　Seyferth D，Lang H，Sobon C A，et al. Chemical modification of preceramic polymers：their reactions with transition metal complexes and transition metal powders. Journal of Inorganic and Organometallic Polymers，1992，2（1）：59-77.

[41]　张兴华，West R. 液体聚硅烷的合成与交联. 高分子学报，1986，（4）：257-263.

[42]　Miller R D，Michl J. Polysilane high polymers. Chemical Reviews，1989，89（6）：1359-1410.

[43]　Hemidaa T，Birot M，Pillot J P. Synthesis and characterization of new precursors to nearly stoichiometric SiC ceramics，part I：the copolymer route. Journal of Materials Science，1997，32：3475-3483.

[44]　邢欣，刘琳，苟燕子，等. 碳化硅陶瓷先驱体聚甲基硅烷的研究进展. 硅酸盐学报，2009，37（5）：898-904.

[45]　范雪琪，陈来，吴市，等. 聚甲基硅烷/二乙烯基苯交联和裂解. 材料科学与工程学报，2006，24（6）：921-922.

[46]　Widlage B，Odeshi A G，Mucha H. A cost effective route of the densification of carbon-carbon composites. Journal of Materials Processing Technology，2003，132：313-322.

[47]　Liu L，Li X D，Xing X，et al. A modified polymethylsilaneas the precursor for ceramic martrix composites. Journal of Organometallic Chemistry，2008，693：917-922.

[48]　王灿峰. 碳硼烷化含硅芳炔树脂及其复合材料和陶瓷化材料的研究. 上海：华东理工大学，2012.

[49]　Müller A，Peng J，Seifert H J，et al. Si-B-C-N ceramic precursors derived from dichlorodivinylsilane and chlorotrivinylsilane. 2. Ceramization of polymers and high-temperature behavior of ceramic materials. Chemistry of Materials，2002，14：3406-3412.

[50]　Schmidt H，Borchardt G，Müller A，et al. Formation kinetics of crystalline Si$_3$N$_4$/SiC composites from amorphous Si-C-N ceramics. Journal of Non-Crystalline Solids，2004，341：133-140.

[51]　Kao H，Wei W. Kinetics and microstructural evolution of heterogeneous transformation of θ-alumina to α-alumina. Journal of the American Ceramic Society，2000，83：362-368.

[52]　Peña A R，Mariotto G，Gervais C，et al. New insights on the high-temperature nanostructure evolution of SiOC and B-doped SiBOC polymer-derived glasses. Chemistry of Materials，2007，19：5694-5702.

[53]　Schiavon M A，Gervais C，Babonneau F，et al. Crystallization behavior of novel silicon boron oxycarbide glasses.

Journal of the American Ceramic Society，2004，87(2)：203-208.

[54]   Cuesta A，Dhamelincourt P，Laureyns J，et al. Raman microprobe studies on carbon materials. Carbon，1994，32：1523-1532.

[55]   Vakifahmetoglu C，Colombo P，Carturan S M，et al. Growth of one-dimensional nanostructures in porous polymer-derived ceramics by catalyst-assisted pyrolysis. Part Ⅱ：cobalt catalyst. Journal of the American Ceramic Society，2010，93：3709-3719.

[56]   Guron M M，Wei X，Welna D，et al. Preceramic polymer blends as precursors for boron-carbide/silicon carbide composite ceramics and ceramic fibers. Chemistry of Materials，2009，21(8)：1708-1715.

[57]   González C A，Boury B，Teixidor F，et al. Carboranyl units bringing unusual thermal and structural properties to hybrid materials prepared by sol-gel process. Chemistry of Materials，2006，18：4344-4353.

[58]   Joyner D J，Hercules D M. Chemical bonding and electronic structure of B_2O_3，H_3BO_3，and BN：An ESCA，Auger，SIMS，and SXS study. Journal of Chemical Physics，1980，72：1095-1108.

[59]   Alfonsetti R，Lozzi L，Passacantando M，et al. XPS studies on SiO_x thin films. Applied Surface Science，1993，70-71：222-225.

[60]   Soulen J R，Sthapitanonda P，Margrave J L. Vaporization of inorganic substances：B_2O_3，TeO_2 and Mg_3N_2. Journal of Physical Chemistry，1955，59：132-136.

[61]   Luthra K L. Oxidation of carbon/carbon composites-a theoretical analysis. Carbon，1988，26：217-224.

[62]   Jacobson N S，Leonhardt T A，Curry D M，et al. Oxidative attack of carbon/carbon substrates through coating pinholes. Carbon，1999，37：411-419.

[63]   Fergus J W，Worrell W L. Silicon-carbide/boron-containing coatings for the oxidation protection of graphite. Carbon，1995，33：537-543.

[64]   Cheng L，Tseng W J. Effect of acid treatment on structure and morphology of carbons prepared from pyrolysis of polyfurfuryl alcohol. Journal of Polymer Research，2010，17：391-399.

[65]   Kao H，Wei W. Kinetics and microstructural evolution of heterogeneous transformation of θ-alumina to α-alumina. Journal of the American Ceramic Society，2000，83：362-368.

[66]   Colombo P，Mera G，Riedel R，et al. Polymer-derived ceramics：40 years of research and innovation in advanced ceramics. Journal of the American Ceramic Society，2010，93：1805-1837.

[67]   Aldinger F，Weinmann M，Bill J. Precursor-derived Si-B-C-N ceramics. Pure & Applied Chemistry，1998，70(2)：439-448.

[68]   Cai Y，Zimmermann A，Prinz S，et al. Nucleation phenomena of nano-crystallites in as-pyrolysed Si-B-C-N ceramics. Scripta Materialia，2001，45(11)：1301-1306.

[69]   Yeon S H，Reddington P，Gogotsi Y，et al. Carbide-derived-carbons with hierarchical porosity from a preceramic polymer. Carbon，2010，48：201-210.

[70]   Trcera N，Rossano S，Tarrida M. Structural study of Mg-bearing sodosilicate glasses by Raman spectroscopy. Journal of Raman Spectroscopy，2011，42：765-772.

[71]   Zhuang H，Zou X，Jin Z. Temperature dependence of Raman spectra of vitreous and molten B_2O_3. Physical Review B，1997，55：6105-6108.

[72]   Zhang X，Xu L，Du S，et al. Preoxidation and crack-healing behavior of ZrB_2-SiC ceramic composite. Journal of the American Ceramic Society，2008，91：4068-4073.

[73]   Raj R，An L，Shah S，et al. Oxidation kinetics of an amorphous silicon carbonitride ceramic. Journal of the American Ceramic Society，2001，84(8)：1803-1810.

[74]　Suwattananont N，Petrova R S. Oxidation kinetics of boronized low carbon steel AISI 1018. Oxidation of Metals，2008，70：307-315.

[75]　鲁加荣. 含硅芳炔树脂先驱体及其 C/C-SiC 复合材料研究. 上海：华东理工大学，2016.

[76]　张智，郝志彪，闫联生. 裂解升温速率对 C/C-SiC 复合材料性能的影响研究. 炭素技术，2008，4：35-38.

[77]　简科，陈朝辉，陈国民，等. 裂解升温速率对聚碳硅烷先驱体转化制备 C_f/SiC 材料弯曲性能的影响. 材料工程，2003，(11)：11-13.

[78]　Ferrari A C，Robertson J. Interpretation of raman spectra of disordered and amorphous carbon. Physical Review B，2000，61：14095-14107.

第15章

含硅芳炔树脂复合材料的制备技术与性能

15.1　含硅芳炔树脂复合材料的模压工艺与性能

热固性树脂在热压成型过程中所表现的流变行为比热塑性树脂复杂得多，整个热压过程伴随着化学反应，树脂需经历黏流态、凝胶态和玻璃态。树脂的流动阶段即树脂黏流态是物料充满型腔的最佳时机，是确保制品成型的关键时期；凝胶阶段流动较困难，但仍可流动，此时树脂黏度明显增大；玻璃态是固化后阶段，该阶段制品已成型，可将制品脱模。成型工艺条件的确定需深入了解热固性树脂体系的流变特性。

利用预浸料在黏流和凝胶两阶段流动可塑态，在压力作用下即可充模成型。但充模成型是需要时间的，时间长短取决于树脂化学反应形成交联结构的速度(即固化速度)，而速度的快慢又取决于温度。随着加热时间的延长和温度的升高，处于流动阶段的预浸料中树脂黏度较低，直至变成网状体型结构。为了加大树脂流动性，加一定的压力是非常必要的。因此模压成型工艺过程中，温度、压力和时间是控制复合材料制品质量的主要工艺参数。本节就含硅芳炔树脂复合材料的模压成型展开讨论。

15.1.1　复合材料的模压成型

1. 含硅芳炔树脂的固化工艺确定[1]

1) 含硅芳炔树脂的 DSC 分析

含硅芳炔树脂(PSA)中存在内炔和外炔活性基团，在树脂固化反应过程中会放出较高的热量，图 15.1 是典型 PSA 树脂的 DSC 曲线。从图上可见，PSA 树脂从 160℃开始出现放热，峰顶温度为 233.1℃，树脂固化放热量为 259.4J/g，且在300℃以上还有放热的趋势。研究表明固化反应首先从外炔开始，即在 160℃开始反应，270℃时反应基本结束。由于内炔的位阻较大，其反应活性大大低于外炔，在 DSC 曲线上 300℃以上的放热主要为内炔基团的交联反应。如果进一步升高固化温度至 300℃，大部分内炔基团发生交联反应，树脂交联密度提高，会导致树脂固化物及树脂复合材料力学性能下降[2]。考虑到树脂的固化应平稳进行，确定树脂的固化程序为 150℃/2h + 170℃/2h + 210℃/2h + 250℃/4h。

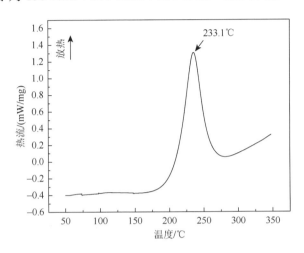

图 15.1　含硅芳炔树脂的 DSC 曲线（10℃/min，N_2）

2) 含硅芳炔树脂的红外光谱分析

树脂按 150℃/2h + 170℃/2h + 210℃/2h + 250℃/4h 固化后，测定其红外光谱。图 15.2 是 PSA 树脂固化前后的红外光谱图。从树脂的红外光谱图可以看出 3295cm^{-1} 处强而尖的吸收峰为≡C—H 的非对称伸缩振动峰，3063cm^{-1} 和 3025cm^{-1} 处为苯环 C—H 伸缩振动峰，2970cm^{-1} 处是—CH_3 的非对称伸缩振动峰，2158cm^{-1} 处特征吸收峰是—C≡C—伸缩振动峰，1594cm^{-1}、1474cm^{-1} 处的吸收峰是苯环骨架振动的吸收峰，1254cm^{-1} 处的吸收峰为 Si—CH_3 对称变形振动的特征吸收峰。

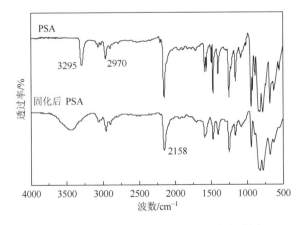

图 15.2　固化前后的 PSA 树脂红外光谱图

树脂固化后 3295cm^{-1} 处的振动峰已基本消失，且在 2158cm^{-1} 处的—C≡C—伸缩振动峰强度减弱，说明含硅芳炔树脂外炔基团都已参与了交联反应，树脂的内炔基团部分发生了交联反应，该现象与 DSC 分析结果一致。以 2970cm^{-1} 处—CH$_3$的吸收峰为参比内标峰，计算得含硅芳炔树脂的内炔基团发生交联反应的反应程度约为 27.3%，若要使内炔交联反应完全，可进一步升高温度。

2. 纤维增强复合材料制备过程

采用模压复合工艺制备复合材料：裁剪 (11×11) cm^2 的高强玻璃纤维布（5w90-160，南玻院）17 层，称其质量；称取含硅芳炔树脂，加入四氢呋喃（配成质量浓度约 40%的树脂溶液），搅拌使树脂完全溶解，以树脂溶液浸渍裁好的玻璃纤维布。将浸渍好的预浸料悬挂通风柜中干燥 12h，使溶剂挥发。然后放置真空烘箱中，在 70℃下干燥 2h 除去残留溶剂。复合材料的制备过程见图 15.3，按此过程制备含胶量分别为 20wt%、26wt%、31wt%和 35wt%的复合材料；同时在成型压力为 0.3MPa、0.6MPa、1.5MPa 和 2.0MPa 下分别制备含胶量为 31wt%的复合材料。

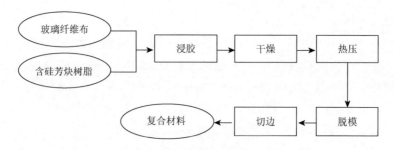

图 15.3   含硅芳炔树脂复合材料的制备过程示意图

15.1.2   复合材料模压成型工艺优化

1. 含胶量[1]

表 15.1 列出了不同含胶量高强玻璃纤维布增强含硅芳炔树脂复合材料的力学性能。由表中数据可知，含胶量对复合材料的弯曲强度与弯曲模量有显著的影响，随着含胶量的提高，复合材料的力学性能呈现先升高后降低的趋势。当含胶量为 20wt%时，弯曲强度和模量都很低；当含胶量为 31wt%时，复合材料的弯曲强度与模量达到最高；当含胶量达到 35wt%时，复合材料的性能又下降。这是因为树脂在复合材料中起到纤维所承受的应力的分散与转移作用，当含胶量较低时，纤维间缺乏树脂，纤维无法作为一个整体来抵抗形变和外力；当含

胶量过高时，纤维的相对比例下降，致使纤维增强的作用减弱，因而复合材料的力学性能又会下降。因此含胶量为 31wt%的含硅芳炔树脂复合材料的力学性能凸现优势。

表 15.1 不同含胶量的含硅芳炔树脂复合材料的力学性能

含胶量/wt%	弯曲强度/MPa	弯曲模量/GPa
20	60.1±5.6	6.0±0.1
26	257.7±9.3	10.6±0.6
31	278.2±6.5	11.9±1.4
35	193.0±5.9	10.3±0.7

2. 成型温度[1]

凝胶时间是考察树脂固化工艺的一个重要指标，树脂的凝胶时间过长或过短均不利于复合材料的制备；而树脂的凝胶时间依赖于温度，温度高，凝胶时间短，温度低，凝胶时间长。表 15.2 为含硅芳炔树脂在不同温度下的凝胶时间。随着温度的升高，PSA 树脂的凝胶时间迅速缩短，当温度为 170℃时，树脂的凝胶时间为 33min，当温度为 190℃时，树脂的凝胶时间只有 10min。由操作经验可知较佳凝胶时间为 30~45min，所对应的温度作为压制成型温度比较有益。因此选择170℃作为复合材料的起始压制温度，在该温度下，树脂具有较好的反应活性和适宜的凝胶时间。综合考虑树脂的固化工艺和树脂凝胶时间，最终确定 PSA 树脂复合材料的升温程序为 170℃/2h + 210℃/2h + 250℃/4h。

表 15.2 PSA 树脂在不同温度下的凝胶时间

温度/℃	凝胶时间/min
150	76
170	33
180	19
190	10

3. 成型压力[1]

表 15.3 列出了不同成型压力下制备的高强玻璃纤维布增强含硅芳炔树脂复合材料的弯曲性能。由表中数据可知，成型压力的高低对复合材料的弯曲强度与弯

曲模量均有影响，随着成型压力的提高，复合材料的力学性能呈现升高的趋势。当成型压力为 0.3MPa 时，复合材料的弯曲强度和模量较低；在 0.6MPa 下压制的 PSA 复合材料的弯曲性能有大幅提高，但稍低于 1.5MPa 成型压力下制备的复合材料的性能；而当成型压力为 2.0MPa 时，弯曲性能提高已不显著。这是因为当成型压力较低时，纤维与树脂的界面缺陷如空隙多，使复合材料力学性能低。因此若要复合材料达到较好的性能且保持较低的成型压力，可选成型压力 0.6MPa 左右。

表 15.3　不同成型压力制备的含硅芳炔树脂复合材料的弯曲性能

成型压力/MPa	弯曲强度/MPa	弯曲模量/GPa
0.3	214.6±5.8	8.9±0.2
0.6	264.3±3.3	11.0±0.6
1.5	273.6±4.1	11.4±0.3
2.0	278.2±6.5	11.6±1.4

图 15.4 为高强玻璃纤维增强复合材料断面的 SEM 图。由图可见，树脂均匀地包裹着玻璃纤维，表明树脂与纤维的黏结性良好。

图 15.4　含硅芳炔树脂复合材料断面的 SEM 图(×4000)

15.1.3　复合材料模压成型工艺

根据模压成型工艺的优化研究，确定含硅芳炔树脂纤维增强复合材料的模压工艺过程如下：平板模具 170℃预热后把预浸料放进模具；预热 10～15min 后，在 10～15min 内将压力升至 0.3MPa，最后在 10～15min 内将压力从 0.3MPa 升至 0.6MPa，170℃下保温保压 2h，再升温至 210℃，保温保压 2h，再升温至 250℃，保温保压 4h，之后在保压下自然冷却至室温，卸压脱模取出复合材料板，修边，剪裁，制样。含硅芳炔树脂复合材料的模压成型工艺示意图如图 15.5 所示。

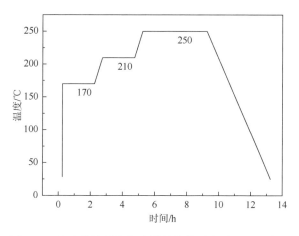

图 15.5　含硅芳炔树脂复合材料的模压成型工艺示意图

15.2　含硅芳炔树脂复合材料的 RTM 成型工艺与性能

典型含硅芳炔树脂在常温下为固体，其熔融温度为 90～110℃，因此树脂的 RTM 注射温度必须在 110～130℃内，而高温 RTM 成型工艺与普通 RTM 工艺相比，其对成型系统有更高的要求，如高温 RTM 成型要求加热系统升温迅速而又平稳、模具尺寸稳定且密封性能好、真空辅助能提供稳定的流动压力、管道系统可保温保压等。

影响 RTM 成型复合材料力学性能的主要因素有：增强材料(纤维的类型、尺寸、规格、表面处理、排列方向、铺层次序和体积含量等)、树脂(树脂的类型、化学性质、黏度和温度的关系、黏度和时间的关系等)、模具(模具的几何尺寸、内部结构、型腔表面材料和表面质量、进出胶口的位置和数量、模具的密封性等)、模具的预热温度、注射温度、注射压力、辅助真空和环境条件等。这些因素有时会相互影响，如环境温度会影响树脂黏度，增强材料类型和体积含量会影响注射压力，模具的几何尺寸和内部结构也会影响注射压力。在 RTM 成型设备、树脂基体、增强材料和模具状况一定的条件下，影响 RTM 工艺的主要因素是：纤维体积、树脂黏度及树脂与纤维的浸润情况、温度、真空辅助、注射压力等。

15.2.1　含硅芳炔树脂复合材料 RTM 成型系统的建立

1. 模具设计[3]

在高温 RTM 成型系统中，模具的好坏直接影响成型试样的尺寸稳定性、增强体纤维铺放过程、成型后试样脱模的难易。在建立含硅芳炔树脂 RTM 成型系统前主要针对模具的材质及尺寸、模具的密封及试样的脱模进行探讨。

1) 模具材质

RTM 成型工艺的模具可以选择聚合物模具、聚合物复合材料模具、陶瓷模具、金属模具等。根据高温使用的要求，模具材质选择不锈钢质且需高温退火处理。不锈钢对 RTM 成型工艺无温度限制、耐摩擦和损伤，能成型纤维体积含量高的试样，且在成型过程中能保证试样的尺寸稳定。为装、取增强体和试样方便，模具可采用上、中、下三件套组装；在上模、下模设置顶出孔，通过顶出孔将模具分离开；模具间的连接采用螺栓，这样简便易行，且维修方便。

2) 模具尺寸

考虑到模具质量及实验的方便性和对 RTM 成型复合材料性能的后续考察，制备的钢制模具内腔的尺寸为 260mm×130mm×2mm。

3) 模具密封

RTM 成型工艺，尤其是对真空辅助 RTM 成型工艺来说，密封必须是绝对可靠的，这才能保证在注模过程中模具腔内不泄压，使树脂能在增强体纤维中以相同的注射压力稳定运动；降低复合材料的空隙率，提高复合材料的性能。

模具密封方式有多种，可采用压紧方式，也就是靠模具边缘的压紧密封区密封，这要求两半模具密封区平整光滑，避免形成接触缝隙，有时纤维会进入压紧密合区内，给密封带来麻烦；另一种是采用 O 型密封圈密封，这种方法简单可靠。根据不同的成型温度，可选择不同使用温度的密封材料，本实验采用 O 型密封圈密封。

为满足高温 RTM 成型，选用可耐 300℃ 的硅橡胶条密封材料，虽然使用后胶条产生裂纹，但能满足使用要求。

市场上没有适合尺寸的 O 型硅橡胶圈，可使用硅橡胶条来裁制。为保证模具内的密封性，将密封条按如图 15.6 所示方式裁制。这样在模具螺栓的紧固下，两个密封条压实在一起，可避免泄漏。

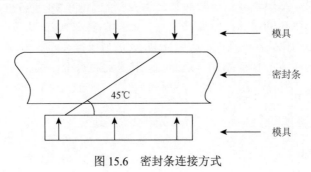

图 15.6　密封条连接方式

4) 试样的脱模

RTM 成型使用的树脂的黏度较低，能够充分地浸润模具表面，在固化后容易黏附在模具表面，因此模具表面须涂脱模剂。经多次实验，采用喷雾式硅油脱模剂，再经 270℃处理后可满足使用要求。

2. 高温 RTM 成型系统的建立[3]

本实验室自制了高温真空辅助 RTM 成型系统。成型过程分模具预热、树脂熔融、树脂真空注模及固化成型等几个阶段。含硅芳炔树脂的高温 RTM 成型系统示意图如图 15.7 所示。RTM 成型采用真空辅助，可以预先排除纤维束内的空气，且使树脂流动更顺畅，制得空隙率低、力学性能高的复合材料制品；成型工艺系统中，模具在鼓风式烘箱内进行预热和保温，树脂的熔融和保温是通过循环加热油浴来实现的；以氮气钢瓶为压力源，调节压力阀来控制 RTM 成型时的注射压力。

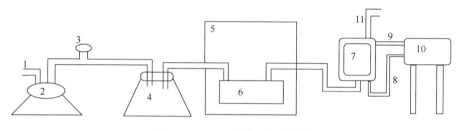

图 15.7　RTM 成型工艺系统图

1. 排气管；2. 真空泵；3. 真空表；4. 缓冲瓶；5. 鼓风式烘箱；6. 模具；7. 压力反应釜；
8. 进油管；9. 出油管；10. 循环油浴装置；11. 加压管

3. 含硅芳炔树脂 RTM 成型实施[3]

RTM 成型工艺流程主要包括：模具准备、增强体准备与铺放、树脂准备、合模检漏、树脂注射、树脂固化、试样加工处理，其流程如图 15.8 所示。模具准备包括模具清理、涂脱模剂及模具密封性检查。增强体准备包括增强体裁取、增强体表面处理等；树脂准备包括树脂的加热、搅拌与熔融、脱泡处理等。

RTM 工艺参数的确定是 RTM 制品在制备中必不可少的一部分，工艺参数包括注射压力、注射温度、真空度、注胶口和排气口的位置、纤维含量和结构、树脂性能和后固化等。以下就主要 RTM 成型主要工艺参数进行讨论。

15.2.2　含硅芳炔树脂 RTM 成型工艺优化

1. 含胶量[3]

结合之前对含硅芳炔树脂性能的研究情况，初步制定含硅芳炔树脂的注射温度为 110℃，注射压力为 0.3MPa，并结合真空辅助成型，制备了不同含胶量的石英纤维复合材料平板，对复合材料的力学性能和断面形貌进行测试，以确定优化后的复合材料的含胶量。表 15.4 为不同含胶量复合材料的力学性能。由表可知，随着复合材料含胶量的增加，其弯曲强度、弯曲模量和层间剪切强度呈现先增大后减小的趋势，在含胶量为 32.5wt%时，力学性能达到最高。

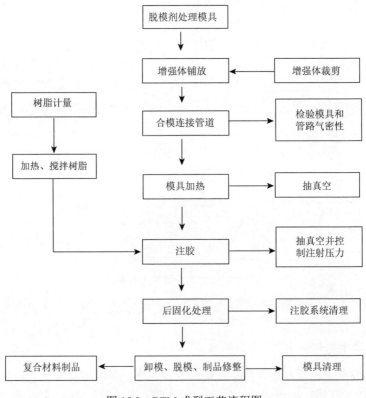

图 15.8　RTM 成型工艺流程图

表 15.4　不同含胶量复合材料的力学性能

注射温度/℃	注射压力/MPa	含胶量/wt%	厚度/mm	弯曲强度/MPa	弯曲模量/GPa	层间剪切强度/MPa
110	0.3	29.2	1.95	217.7±10.2	17.1±0.4	17.3±0.3
110	0.3	32.5	2.10	225.0±8.4	18.0±0.4	17.8±0.5
110	0.3	38.6	2.12	210.5±3.9	16.2±0.7	18.0±0.4
110	0.3	41.9	2.40	197.4±5.7	14.5±0.6	15.9±0.4
110	0.3	46.9	2.70	143.8±2.3	11.4±0.5	13.1±0.6

含胶量的变化使得复合材料的表面状况也不同，图 15.9 为不同含胶量复合材料的表面形貌。由图可知，含胶量为 29.2wt%时，复合材料表面有缺胶现象；含

胶量为 32.5wt% 和 38.6wt% 时，复合材料表面光洁平整；含胶量为 41.9wt% 时，复合材料进胶口处比较光洁，但后部表面有褶皱(纤维被冲动)；含胶为 46.9wt% 时，复合材料表面褶皱更明显。这是由于制备含胶量较高的复合材料时纤维含量少，预先铺放的纤维表面与模具内壁的空间较大，树脂在注入模具时，容易对纤维产生冲刷，造成制品表面有褶皱。而含胶量太低时，预先铺放的纤维表面与模具内壁接触紧密，树脂注入困难，树脂不能充满纤维空隙或间隙，容易产生缺胶。因此，结合力学性能和复合材料表面状况，较为合适的复合材料含胶量为 32.5wt% 左右。

29.2wt%　　　　　　　　　　　32.5wt%

38.6wt%

41.9wt%　　　　　　　　　　　46.9wt%

图 15.9　不同含胶量复合材料的表面状况

2. 注射压力[3]

在较低压力下能实现 RTM 成型工艺制备复合材料，这是作者所希望的。压力有助于树脂对纤维的浸润，并使树脂充满模具空间，但压力高给设备系统的负荷大大增加。有效的方法是在树脂传递初期使用低压使树脂慢慢流动并能较好地浸润纤维，而当模具型腔内已基本充满树脂时，可使用较大压力进一步压满树脂。

在不同注射压力下成型的石英纤维复合材料的弯曲性能和层间剪切性能列于表 15.5。从表中可以看出，树脂注射压力为 0.5MPa 时，由于成型时树脂均匀流动，形成的空隙率较小，对纤维有较好的浸润，因此复合材料有最佳的力学性能；当压力高于 0.5MPa 时，树脂在纤维束之间的流动和纤维丝之间的微观流动将会不一致，产生的空隙较多，复合材料的机械性能下降；当注射压力低于 0.5MPa 时，不利于气泡的充分排除，且因充模时间较长而降低了含硅芳炔树脂的流动性，最终影响制品性能。

表 15.5   不同注射压力复合材料制品的力学性能

注射温度/℃	注射压力/MPa	厚度/mm	弯曲强度/MPa	弯曲模量/GPa	层间剪切强度/MPa
110	0.3	2.10	225.0±8.4	18.0±0.4	17.8±0.5
110	0.4	2.11	237.7±13.6	18.5±0.7	19.4±0.6
110	0.5	2.10	255.7±29.7	17.2±1.1	18.0±0.3
110	0.6	2.10	213.1±9.2	14.3±0.5	18.6±0.4

3. 注射温度[3]

注射温度会影响树脂的黏度，从而影响树脂对纤维的浸润性。从纤维浸润的角度来考虑，树脂黏度低是必要的。然而并不是树脂的黏度越低越好，因为树脂黏度过低时，充模时树脂流动容易形成湍流，会夹带气泡进入模腔使制品空隙率升高，影响制品的力学性能。

不同注射温度对石英纤维复合材料制品力学性能的影响如表 15.6 所示。从表中可以看出，110℃和120℃注射温度的复合材料的力学性能都较好，说明树脂可在 110～120℃下注射。

表 15.6   不同注射温度复合材料制品的力学性能

注射温度/℃	注射压力/MPa	厚度/mm	弯曲强度/MPa	弯曲模量/GPa	层间剪切强度/MPa
110	0.5	2.10	255.7±29.7	17.2±1.1	18.0±0.3
120	0.5	2.10	226.4±11.1	17.2±0.9	18.7±0.4

4. 增强材料形式

用不同类型纤维增强体以 RTM 成型工艺制备复合材料，对制备的复合材料的力学性能进行了测试，结果列于表 15.7。由表可以看出，对 2.5D 编织布作为增强材料的复合材料，测试不同方向的力学性能，结果显示编织布在两个方向上的力学性能有差别，浅交弯联石英织物纬向的弯曲强度和剪切强度均大于经向，浅交直联石英织物纬向的弯曲强度大于经向，但纬向的剪切强度却低于经向。这是由于编织布在纬向的纤维密度大于在经向的纤维密度。这表明纤维的编织形式会大大影响复合材料的性能，凸显出复合材料的各向异性。

表 15.7　不同增强材料复合材料制品的力学性能

纤维类型	注射温度/℃	注射压力/MPa	厚度/mm	纤维方向	弯曲强度/MPa	弯曲模量/GPa	层间剪切强度/MPa
平纹石英布	110	0.5	2.10	—	196.8±13.3	15.9±0.5	15.7±0.2
石英织物（浅交弯联）	110	0.5	2.42	经向	144.7±7.2	8.6±0.8	21.1±1.8
				纬向	325.6±29.9	12.8±0.5	25.8±1.0
石英织物（浅交直联）	110	0.5	2.47	经向	180.6±23.4	13.8±1.0	20.2±2.6
				纬向	324.6±6.0	11.0±0.3	12.6±0.7

利用优化的 RTM 成型工艺参数，制备石英布增强复合材料，其性能如表 15.8
所示。

表 15.8　RTM 成型复合材料优化工艺参数其性能

注射温度/℃	注射压力/MPa	厚度/mm	弯曲强度/MPa	弯曲模量/GPa	层间剪切强度/MPa
110	0.5	2.10	255.7±29.7	17.2±1.1	18.0±0.3

参 考 文 献

[1]　黄琛. 含硅芳炔树脂结构与性能及其复合材料的制备. 上海：华东理工大学，2010.

[2]　Ogsawara T，Ishikawa T，Itoh M. Carbonfiber reinforced composites with newly developed silicon containing polymer MSP. Advanced Composite Materials，2001，10：319-327.

[3]　邓鹏. 含硅芳炔树脂及其 RTM 成型研究. 上海：华东理工大学，2011.

第16章

含硅芳炔树脂复合材料界面及其偶联剂

高性能纤维增强的树脂基复合材料是当今高技术领域的重要材料。世界范围内已开发出包括环氧树脂、双马来酰亚胺树脂、聚酰亚胺树脂、端乙炔基聚酰亚胺等在内的多种热固性树脂。近年来，含硅芳炔树脂成为国内外的研究热点，其主链一般由苯基、乙炔基和硅烷基组成。特殊的组成和分子结构使含硅芳炔树脂集有机物特性与无机物功能于一身，属于有机-无机杂化树脂体系。固化后的树脂呈高度交联的结构，具有优异的耐热性能(分解温度高达650℃，高者达700℃以上)、高温陶瓷化性能，可作为耐烧蚀防热材料、耐高温透波材料及耐高温陶瓷的先驱体材料，在航空航天、电子信息领域具有广泛的应用前景。

自2002年以来，华东理工大学设计并合成了一类新型PSA树脂。在研究过程中发现，由于PSA树脂分子结构中极性官能团少，其固化物的表面极性弱，表面能与增强材料如碳纤维、石英纤维等不能良好匹配等原因，制备的复合材料界面黏结强度较弱，复合材料的层间剪切强度不高，影响了树脂基体优良性能的发挥，复合材料的力学性能达不到协同效应。迫切需要对复合体系的界面开展设计和优化，使增强材料与PSA树脂之间形成良好的界面。

然而复合材料界面结构极为复杂，如何构建表界面相匹配的材料体系，掌握增强体(纤维)、树脂体系的表面性质，确立增强体纤维与基体的相互作用、界面反应，探索界面微结构、性质及其与复合材料综合性能的关系，一直是复合材料领域的研究重点。许多研究学者根据最为接受的"化学键理论"，选择和合成了不同类型的界面处理剂(偶联剂)，如针对玻璃纤维、石英纤维而设计应用的硅烷偶联剂，解决了通用复合材料的界面强度提升的问题

随着复合材料、胶黏剂、电子、航空等领域的迅速发展，传统的硅烷偶联剂已经难以满足这些行业的特殊要求。例如，导弹或宇宙飞船、飞机和火箭等需要耐高温或高耐热复合材料，在这些情况下使用的硅烷偶联剂就必须有优良的耐高温性能。

作为潜在耐高温材料的PSA复合材料不仅在常温下界面结合较差，在高温下树脂与纤维剥离更加严重。如果要实现PSA树脂的有效应用，不仅要解决常温下，更需解决在较高温度下的界面问题。

16.1　含硅芳炔树脂复合材料界面改性基本原则

针对含硅芳炔复合材料的弱界面问题，运用偶联剂化学改性的思想，在市售硅烷偶联剂的基础上，针对含硅芳炔树脂及增强纤维的结构特点，设计制备了几种带有炔基等特殊官能团的硅烷偶联剂，使一端的官能团能够与含硅芳炔树脂发生物理或化学作用，而含硅烷的另一端能够与石英纤维表面作用，改善 QF/PSA 的界面性能。

作为一种潜在的耐高温树脂，PSA 树脂复合材料主要在较苛刻的环境条件如500℃应用，而 PSA 树脂属弱极性树脂，与纤维的表面能又不匹配，在高温下树脂基体与纤维剥离严重，因此耐高温偶联剂的开发成为重要的研究课题之一。

耐高温硅烷偶联剂是随着耐高温树脂的发展而兴起的。提高有机物(聚合物)耐热性能的主要途径，即在分子结构中引入耐热的基团，如芳香环、杂环及无机元素如 Si 等。在耐高温偶联剂的设计中，同样在其中引入耐热的结构，可以提高偶联剂的耐热性。

考虑PSA树脂耐高温应用的潜在优势，在偶联剂的结构中设计引入耐热基团，提高 PSA 树脂复合材料在高温下的各项性能，满足 PSA 树脂复合材料高温应用的要求。

16.2　含硅芳炔树脂复合材料用新型硅烷偶联剂的结构设计与使用特点

偶联剂 AS-1 的结构如图 16.1 所示。其中硅氧烷官能团可以发生水解，与石英纤维表面的基团形成—Si—O—Si—的网络结构。

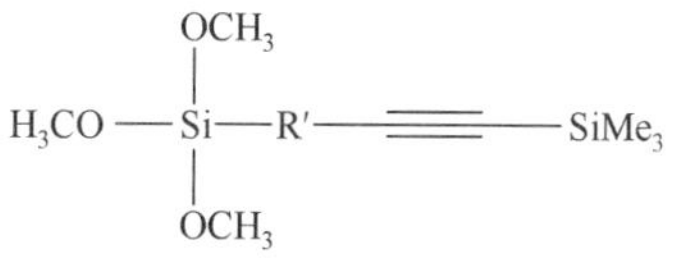

图 16.1　偶联剂 AS-1 的分子结构

异氰酸酯基(—NCO)基团具有很强的反应活性，很容易与含有羟基的极性物质如水等反应生成氨基甲酸酯等极性化合物。因此，在硅烷偶联剂中引入异氰酸酯基，期望与树脂表面形成良好的物理化学作用。含异氰酸酯硅烷的偶联剂 IPTS[2]的结构式如图 16.2 所示。

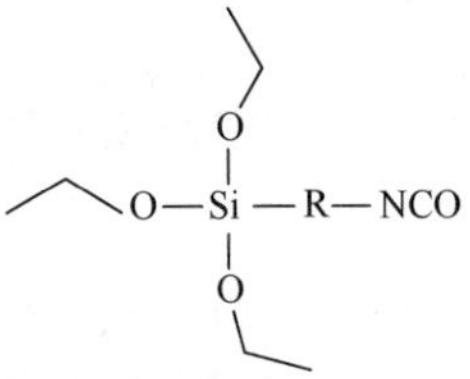

图 16.2　偶联剂 IPTS 的分子结构

　　市售及所设计制备的 AS-1、IPTS 偶联剂在常温下都能够明显提高石英纤维增强的含硅芳炔树脂复合材料的界面黏接。但是，由于偶联剂本身化学结构中没有耐热的基团，因此在较高温度使用时，复合材料的力学性能下降明显，如含异氰酸酯结构的 IPTS 偶联剂，当在 200℃测试时，力学性能已经下降 33%以上[3]。

　　如果将 AS-1 中的内炔设计调整为含端炔氢的硅烷偶联剂(≡—R Si(OMe)₃)，炔基在树脂固化过程中会发生三聚环化等反应，形成苯环，这在一定程度上提高偶联剂的耐热性[4]。

　　聚酰亚胺是目前耐热等级最高的有机聚合物，主要是由于其结构中含有高热稳定的酰亚胺环。因此将酰亚胺环结构单元引入硅烷偶联剂中，有望提高硅烷偶联剂耐高温性能。同时由于酰亚胺环上羰基的诱导效应，酰亚胺环具有较强的极性，可增加偶联剂的极性。

　　设计如图 16.3 所示的偶联剂 CA-K，在树脂固化过程中，可以发生热闭环生成酰亚胺环，赋予复合体系良好的耐高温性能[5]。

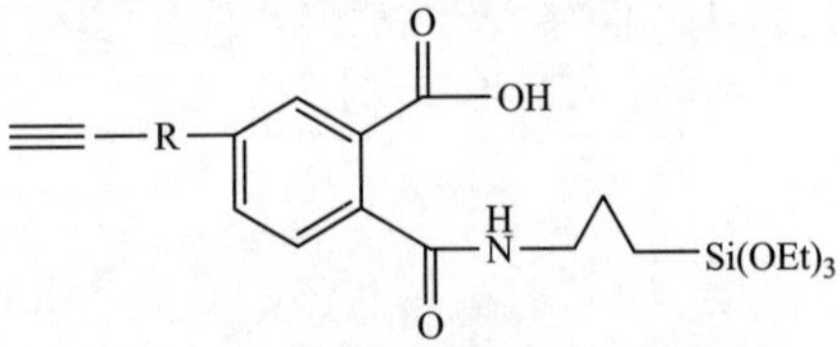

图 16.3　偶联剂 CA-K 的分子结构

　　如果在偶联剂结构中引入如醚键(—O—)等柔性基团，在提高复合材料界面黏接强度的同时，也可提高复合材料的韧性，如图 16.4 所示的含醚键酰亚胺硅烷偶联剂 AAS[6]。

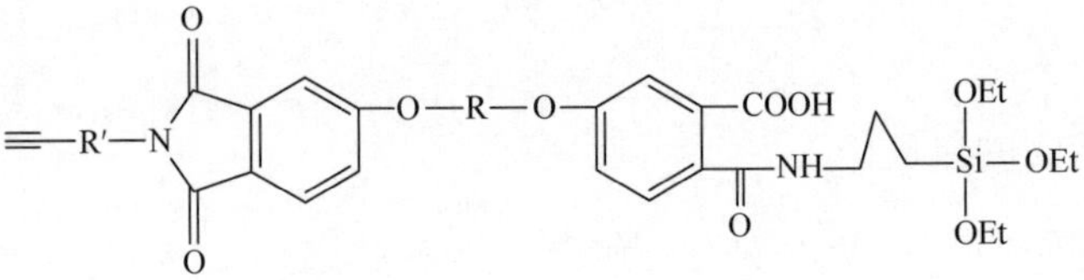

图 16.4　含醚键酰亚胺硅烷偶联剂 AAS 的结构式

除了酰亚胺环以外，其他结构的杂环如苯并噁嗪环、邻苯二甲腈等耐热结构也可引入硅烷偶联剂中，如图 16.5 所示含有苯并噁嗪的偶联剂 BCA，以及图 16.6 中含有类邻苯二甲腈官能团的偶联剂 DCA。这些杂环不仅可提高复合材料的高温性能，同时因为结构中含有的 N 元素极性较强，与纤维的相互作用如氢键等更强，也在一定程度上提高 PSA 树脂复合材料的界面黏接性能[7, 8]。

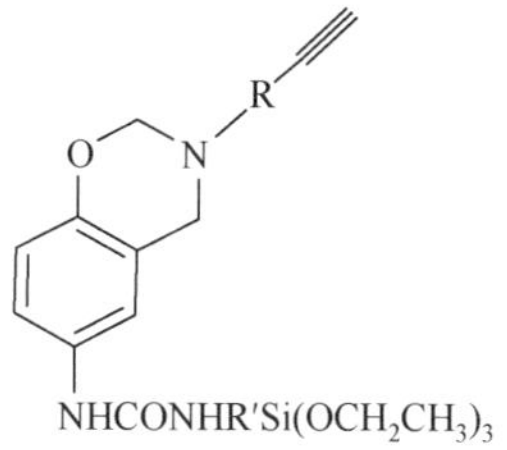

图 16.5　含苯并噁嗪硅烷偶联剂 BCA 结构式

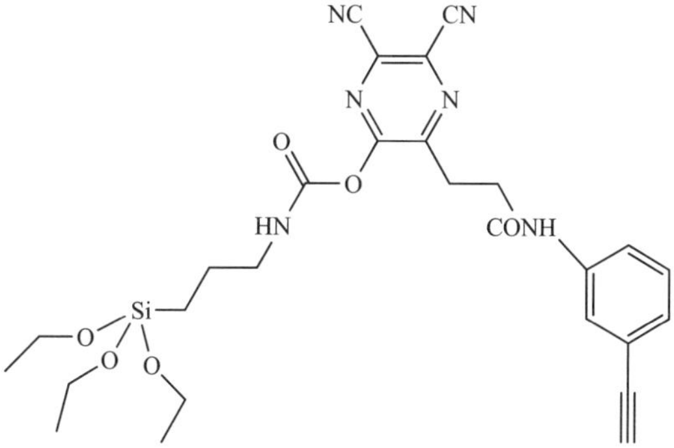

图 16.6　含二甲腈硅烷偶联剂 DCA 结构式

通常的偶联剂是小分子化合物，其对复合材料的界面作用也往往是单一的。随着复合材料应用的日益扩展，对复合材料的界面改性不仅仅只局限于提高强度，还需要其他更多的材料性能的提高。而大分子偶联剂给予分子结构更多的可设计性，结合聚合物本身的一些特性，通过将偶联剂与高分子共聚结合的方式，在提高有机-无机界面黏接的同时，发挥偶联剂和高分子部分的综合优势，提高复合材料的耐热性和机械性能，尤其是材料的韧性[9]。与普通小分子偶联剂相比，大分子不仅能够与聚合物基体分子链之间形成较强的物理和化学缠结，而且可以通过改变分子结构和分子量，实现对复合材料界面结构的调控和优化[9, 10]。同时，长分子链对官能团的包埋作用也有效延长了偶联剂的储存期。与常规的硅烷偶联剂相比，即使在室温冷暗处放置 90 天以上，偶联剂的化学结构仍然稳定[10]。

BDA-K 是华东理工大学设计制备的一种乙炔基封端、侧链接枝硅氧烷的聚醚酰亚胺大分子偶联剂，其分子结构如图 16.7 所示[9]。

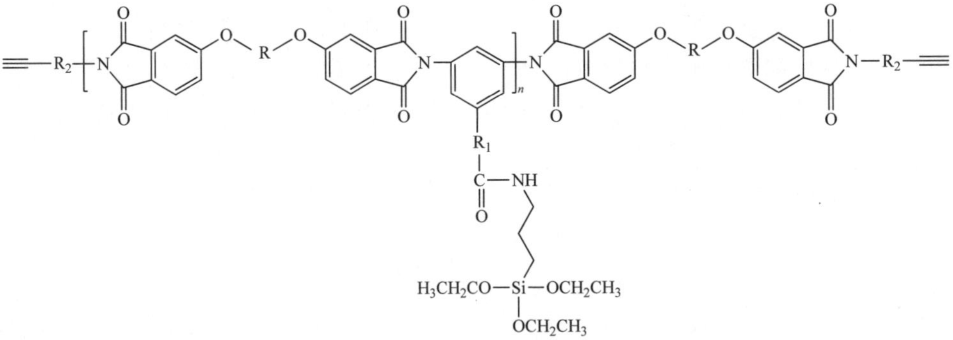

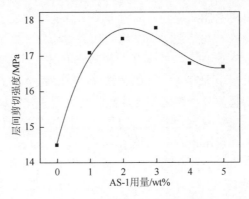

图 16.7　大分子偶联剂 BDA-K 的结构式

在设计聚酰亚胺大分子偶联剂分子结构时，若考虑改变二胺或二酐的结构，破坏聚酰亚胺结构的规整性，可以有效改善偶联剂的溶解性。如图 16.8 所示，大分子偶联剂 GMAC 可较好地溶于 DMSO、THF 等溶剂中[10]。

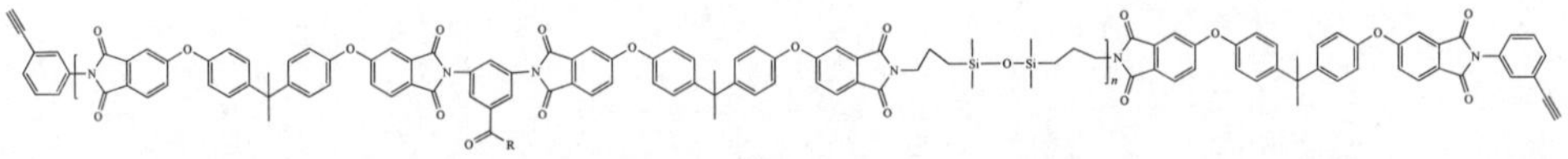

图 16.8　主链含不同二胺的聚酰亚胺大分子硅烷偶联剂 GMAC 结构式

16.3　新型硅烷偶联剂提高含硅芳炔树脂复合材料界面性能效果

不同偶联剂由于结构不同而对 QF/PSA 复合材料的界面影响效果不同。AS-1 用量对 QF/PSA 复合材料的界面影响的实验结果如图 16.9 所示。AS-1 用量低于相对于石英纤维质量的 2wt%时，复合材料 ILSS 随着 AS-1 用量的增加而增大，AS-1 用量达到 2wt%～3wt%时，ILSS 达到最大值 17.78MPa，这主要是因为 AS-1 在增强

图 16.9　偶联剂 AS-1 用量对 QF/PSA 复合材料 ILSS 的影响

纤维表面形成均匀分布的单分子层。AS-1 用量继续增加，复合材料 ILSS 又下降。AS-1 处理 QF-PSA 复合材料的 ILSS 最大值比未处理复合材料的 ILSS 提高了 22.6%。整体复合材料 ILSS 提高有限，主要是因为偶联剂中的炔基仍然是非极性基团，在常温下很难与树脂基体相互作用[1]。

　　将偶联剂中与树脂作用的官能团极性增强，有助于提高复合材料的界面黏接。偶联剂 IPTS 的有效官能团是—NCO，偶联剂用量对 QF/PSA 复合材料的 ILSS 值影响同样明显，如图 16.10 所示。随着偶联剂用量的增加，复合材料的 ILSS 值呈现先升后降的趋势。当偶联剂的用量为纤维质量的 2.0wt%～2.5wt% 时，偶联剂的改性效果最好，复合材料的 ILSS 值出现最大值 20.76MPa，与未处理的相比，提升了 41.5%。当偶联剂用量继续增加超过 2.5wt% 时，复合材料的 ILSS 值下降，并趋于稳定，(17.5±0.5)MPa。主要是因为偶联剂用量太大，超过了在石英纤维表面形成有效分子层吸附所需的用量，过量的偶联剂在石英纤维表面形成松散的结构，反而影响复合材料的性能[2]。

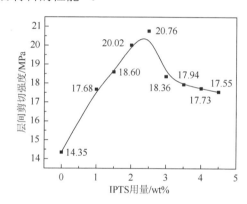

图 16.10　偶联剂 IPTS 用量对 QF/PSA 复合材料 ILSS 的影响

　　复合材料经 IPTS 处理前后室温和 200℃测试条件下的力学性能如表 16.1 所示。由表 16.1 中数据可以看出，与室温下的相比，在 200℃时复合材料的各项力学性能均呈现下降趋势。200℃下未处理样的 ILSS 值约下降了 27.1%，处理样的 ILSS 值约下降了 33.5%，说明经偶联剂处理后复合材料试样的高温 ILSS 衰减率增加。这主要是由于—NCO 与复合体系界面物理吸附的 H_2O 作用后生成的氨基甲酸酯等不耐热结构在 200℃分解[3]。

表 16.1　复合材料经偶联剂改性前后力学性能的变化

项目	室温		200℃		衰减率/%	
	未处理	IPTS 处理	未处理	IPTS 处理	未处理	IPTS 处理
ILSS/MPa	17.0±0.7	21.2±0.1	12.4±0.8	14.1±1.2	27.1	33.5

综合上述分析，经偶联剂处理后，复合材料力学性能在 200℃时的衰减率明显，表明偶联剂会对复合材料的高温力学性能产生一定的影响。改性前后复合材料的力学性能均随测试温度的升高而降低，尤其是弯曲模量会急剧地下降。

偶联剂 AG-2 中一端含有与 PSA 树脂相同的官能团即端炔基，能够参与树脂的固化，因此相比于 AS-1 与 IPTS，表现出更好的界面增强作用。由图 16.11 可知，与室温下复合材料 ILSS 相比，250℃下复合材料 ILSS 值呈现下降趋势，但整条曲线的变化趋势与室温相同，即随偶联剂 AG-2 用量的增加呈现先增后减的趋势。250℃时未经偶联剂处理试样 ILSS 值较室温下降低了 5%左右。加入 1.0wt%偶联剂可使复合材料 ILSS 明显提升。当偶联剂用量为 2.0wt%时改性效果达到最优，ILSS 值较高温下空样提升接近 33%，但与同条件下室温 ILSS 值相比下降了 6%左右。当偶联剂用量继续增加时，复合材料 ILSS 明显下降，当用量为 3.0wt%时，复合材料 ILSS 值与高温最大值相比约下降 16%，与同条件下室温值相比下降接近 4%。这说明 250℃下偶联剂 AG-2 对 QF/PSA 复合材料 ILSS 值的提升效果比较明显，与同等条件下的室温性能相比，下降幅度不大。端炔基虽然参与树脂的三聚环化反应，但由于分子结构中无其他耐热结构，故偶联剂的耐温性能仍有限[4]。

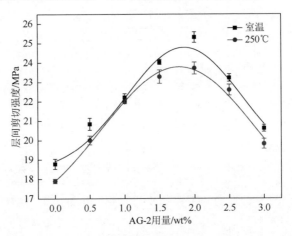

图 16.11　偶联剂 AG-2 用量对 QF/PSA 复合材料室温和 250℃ ILSS 的影响

偶联剂 CA-K 中含有酰胺酸结构，在树脂固化过程中，酰胺酸发生热闭环生成酰亚胺环，赋予复合体系良好的耐高温性能[5]。

图 16.12 及表 16.2 分别给出 QF/PSA 中加入 CA-K 后，QF/PSA 复合材料体系在室温和高温下力学性能的变化。如图 16.12 所示，在室温时，未加入偶联剂的 QF/PSA 复合材料的 ILSS 为 17.0MPa，加入偶联剂后出现比较明显的提升，当偶联剂用量为 0.5wt%时，ILSS 提升至 17.2MPa，当偶联剂用量达到 2wt%时，复合材料的 ILSS 达到最大值 22.9MPa，约提高了 34.7%，偶联剂与纤维及树脂之间的

相互作用达到最佳；若 CA-K 用量继续增加，则复合材料的 ILSS 反而开始下降，当偶联剂用量达到 3wt%时，只提高了 22.8%。这主要是由于过量的 CA-K 会发生自聚，成为杂质影响界面结合，从而影响复合材料的力学性能。

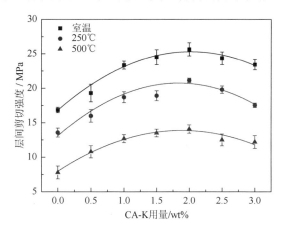

图 16.12　偶联剂 CA-K 用量对 QF/PSA 复合材料室温、250℃和 500℃ ILSS 影响

表 16.2　偶联剂 CA-K 对 QF/PSA 复合材料在 250℃和 500℃力学性能保持率的影响

温度	ILSS/MPa		ILSS 保持率/%	
	未处理	2wt% CA-K 处理	未处理	2wt% CA-K 处理
室温	17.0	22.9	—	—
250℃	12.1	18.9	71.1	82.5
500℃	7.0	12.6	41.2	55.0

在 250℃及 500℃条件下，随偶联剂用量的增加，QF/PSA 复合材料的 ILSS 值变化趋势与室温情况大体一致，在 CA-K 用量达到 2wt%时，复合材料的 ILSS 值达到最佳。但随着温度的升高，复合材料的 ILSS 总体都有所下降。未添加偶联剂时，250℃及 500℃复合材料 ILSS 分别下降至 12.1MPa 及 7.0MPa；添加偶联剂后复合材料的 ILSS 下降程度基本相同，添加 2wt% CA-K 时，250℃及 500℃复合材料 ILSS 为 18.9MPa 及 12.6MPa，相对于室温时同样处理的条件，样品 ILSS 保持率分别为 82.5%及 55.0%，远高于同样温度时未处理的空样数据，说明偶联剂在高温条件下在纤维和树脂之间有良好的键合作用，可增强界面结合。

偶联剂结构中引入如醚键等柔性基团，在提高复合材料界面黏接强度的同时，也可提高复合材料的韧性。表 16.3 的结果表明，含醚键酰亚胺硅烷偶联剂 AAS 添加到 QF/PSA 复合材料体系中时，由于醚键的耐热性不高，虽然结构中仍含有酰亚胺环，但高温下的力学性能远不如 CA-K。不过由于醚键的柔性，在室温下对 PSA 树脂表现出良好的增韧效果[6]。

表 16.3　AAS 处理对 QF/PSA 界面性能的影响

样品	ILSS/MPa			冲击强度/(kJ/m^2)
	室温	250℃	保持率/%	室温
空白参比	16.0	12.4	77.5	82.9
加 3wt% AAS 试样	24.1	15.9	66.0	99.8

含其他耐热杂环如苯并噁嗪环、类邻苯二甲腈结构的端炔基硅烷偶联剂,不仅含有与树脂和纤维分别作用的端基官能团,而且同时含有极性较强的 N 原子,可明显提高 QF/PSA 复合材料在室温和较高温度下的界面性能。如表 16.4 的数据表明,分子结构中含有苯并噁嗪环的偶联剂 BCA 明显提高了 QF/PSA 复合材料的力学性能[7];含有类邻苯二甲腈结构的 DCA 在树脂固化过程也闭环固化,形成耐热的结构,可提高复合材料的高温性能,结果如表 16.5 所示[8]。它们的界面改性效果优于同等条件下的 CA-K,主要是由于 N 原子较强的极性,可以与纤维和树脂有更好的物理吸附作用,可提高复合材料的界面黏接强度。

表 16.4　2.0wt% BCA 对 QF/PSA 复合材料 200℃及 250℃的层间剪切强度的影响

温度/℃	层间剪切强度/MPa	
	0.0wt%	2.0wt%
室温	16.2±0.4	27.4±0.9
200	15.3±0.5	21.7±0.5
250	13.6±0.5	16.9±0.4

表 16.5　2.0wt% DCA 改性后的 QF/PSA 复合材料在室温、250℃和 500℃下的层间剪切强度

温度/℃	ILSS/MPa		ILSS 保持率/%	
	未处理	DCA 处理	未处理	DCA 处理
室温	16.9±0.4	27.6±0.5	—	—
250	14.3±0.7	22.9±0.3	84.6	83.0
500	8.7±0.6	15.1±0.7	51.5	54.7

大分子偶联剂的设计和应用增加了偶联剂分子与树脂基体和纤维的物理缠结,同样显著提高了复合材料高温力学性能。如表 16.6 所示,250℃和 500℃时,空白 QF/PSA 复合材料的 ILSS 分别降至 14.1MPa 和 8.6MPa,而以大分子 BDA-K 为偶联剂,当其添加量为 3.5wt%时,复合材料的 ILSS 分别为 21.8MPa 和 15.5MPa,ILSS 保持率达到 89.0%和 63.3%。复合材料表面处理后的 ILSS 数据远高于未处理的,尤其是在 500℃下的数值和室温空样相当。

表 16.6 **3.5wt% BDA-K 对 QF/PSA 复合材料 250℃和 500℃界面黏接的影响**

温度/℃	ILSS/MPa		ILSS 保持率/%	
	未处理	3.5wt% BDA-K 处理	未处理	3.5wt% BDA-K 处理
室温	15.9	24.5	—	—
250	14.1	21.8	88.7	89.0
500	8.6	15.5	54.1	63.3

表 16.6 中数据表明，在高温下 BDA-K 仍然能够保持复合材料良好的力学强度；其中的端炔基参与 PSA 树脂的固化，硅氧烷侧链能与石英纤维作用，将树脂和纤维有效桥接；而聚醚酰亚胺主链含有的酰亚胺环具有高热稳定性和较强极性，柔性链段醚键的引入也将有效提升大分子偶联剂自身发生形变的能力。引入这样设计结构的大分子偶联剂，使 QF/PSA 复合材料既能在高低温下保持良好的界面结合能力，又能起到增韧的效果[9]。

表 16.7 为 BDA-K 用量对 QF/PSA 复合材料的冲击强度的影响。未经 BDA-K 处理时，复合材料的冲击强度为 261.9kJ/m²，在用量为 1.0wt%和 2.0wt%时冲击性能稍有增加，继续添加，直到偶联剂用量为 3.5wt%时，冲击性能增长量最大并且达到了最高值 324.2kJ/m²，较未处理时约提高了 23.8%。说明大分子偶联剂中能发生较大形变的高分子链段和—C—O—C—柔性链段吸收了较多的冲击能量，在适当的 BDA-K 用量情况下在界面上起到增韧的作用。

表 16.7 **BDA-K 用量对 QF/PSA 复合材料缺口冲击强度的影响**

BDA-K 用量/wt%	缺口冲击强度/(kJ/m²)
0.0	261.9±9.8
1.0	276.8±11.2
2.0	279.6±12.4
3.0	300.6±10.7
3.5	324.2±12.6
4.0	322.0±10.3

在大分子偶联剂主链中引入不同结构的聚酰亚胺环，破坏聚酰亚胺的结构规整性，在提高大分子偶联剂溶解性的同时，仍然保留其良好的耐热性能。表 16.8 的数据表明，以两种不同结构的二胺为单体设计制备的共聚聚酰亚胺硅烷偶联剂 GMAC，在其用量为 3.5wt%时，QF/PSA 复合材料的高温力学性能仍有较大的提高[10]。

表 16.8   250℃及 500℃时 3.5wt% GMAC 对 QF/PSA 复合材料力学性能的影响

温度/℃	层间剪切强度/MPa		保持率/%
	未处理	3.5wt% GMAC 处理	
室温	16.4±0.4	25.2±1.0	—
250	13.7±0.5	21.6±0.6	85.7
500	8.1±0.4	14.7±0.7	58.3

与小分子偶联剂相比，虽然大分子偶联剂在高温下的界面改性效果相当，但长分子链对官能团的包埋作用有效延长了偶联剂的储存期。与常规的硅烷偶联剂相比，如图 16.13 所示，GMAC 即使在室温冷暗处放置 90 天以上，偶联剂的化学结构仍然稳定。

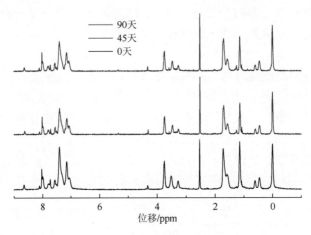

图 16.13   GMAC 稳定性研究的 ^{1}H NMR 表征

16.4   新型硅烷偶联剂增强含硅芳烃复合材料界面性能表征

实验测试数据表明，设计制备的新型结构的耐热硅烷偶联剂确实有效提高了 PSA 复合材料的界面性能。偶联剂的作用效果可以通过对树脂、纤维及复合体系的表征得到进一步验证。常用的表征方法有 FTIR、XPS、动态接触角、原子力显微镜（AFM）、DSC、TGA 以及 SEM 等。

以大分子偶联剂 BDA-K 为例，利用这些表征方法，研究了新型结构的耐热硅烷偶联剂提高 PSA 复合材料的界面性能的作用机制[9, 11]。

16.4.1   偶联剂与纤维的相互作用表征

分别通过 AFM、表面能及 XPS 表征偶联剂与纤维的相互作用。

1. AFM 表征

偶联剂在复合材料体系中的作用机制之一，普遍认为树脂、偶联剂及纤维之间存在机械啮合作用，而粗糙的表面是形成啮合作用的主要因素。偶联剂与复合材料体系作用时，由于其在纤维表面的物理和化学吸附作用，会引起纤维表面粗糙度的变化，可以通过 AFM 表征给出。

图 16.14 和表 16.9 为 BDA-K 处理石英纤维前后的粗糙度变化。

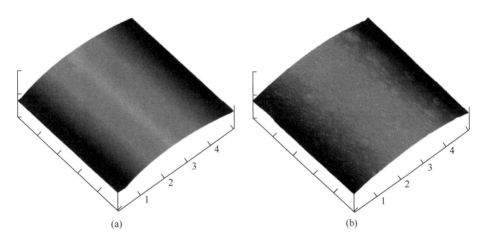

图 16.14　BDA-K 处理石英纤维前后的粗糙度变化

(a) BDA-K 处理前；(b) BDA-K 处理后

表 16.9　BDA-K 处理石英纤维前后的粗糙度变化

样品	R_q/nm	R_a/nm
未处理 QF	143.4	117.9
BDA-K 处理 QF	204.5	175.7

从图 16.14 中能清晰地看出，处理前后石英纤维表面有巨大的变化。BDA-K 未处理前，石英纤维表面比较光滑，只是存在一些小凸起，这是由浸润剂在其表面涂覆不均匀所产生的；BDA-K 处理后，石英纤维表面均匀分布凸起更明显，是因为 BDA-K 吸附在石英纤维表面，形成均匀的大分子涂层。未处理的石英纤维表面均方根粗糙度 (R_q) 和平均粗糙度 (R_a) 分别为 143.4nm 和 117.9nm，处理之后分别上升到 204.5nm 和 175.7nm。石英纤维表面粗糙度上升，更有利于石英纤维与树脂基体间的机械啮合，达到部分增强复合材料界面的目的。

2. 表面能表征

对于树脂基复合材料而言，增强纤维与树脂基体之间的浸润性对复合材料的性能的影响很大。一般来说，浸润性好，界面黏结强度就比较高。如果浸润性不好，界面上容易留有空隙，不但不能很好地传递应力，反而容易成为应力集中源，使材料性能变差。因此，要制备高性能的复合材料，对增强材料的浸润性能进行研究是十分必要的。浸润性能一般可以通过材料的接触角和表面能来表征。通常表面能测试实验中选用的检测试剂有二次蒸馏水、甲酰胺、甘油、乙二醇等。

选用二次蒸馏水和甲酰胺为表面能检测试剂，测定它们的表面张力作参比，相应地可测得偶联剂处理前后的石英纤维的表面能，相关数据见表 16.10。表 16.11 所示为检测试剂及含硅芳炔树脂溶液在石英纤维表面的接触角。

表 16.10   检测试剂及石英纤维的表面张力（表面能）参数

	表面能参数/(mJ/m^2)			
	γ	γ^d	γ^p	$X^p = \gamma^p/\gamma$
二次蒸馏水	71.5	28.6	43.4	0.61
甲酰胺	57.2	41.6	15.6	0.27
未处理 QF	53.9	9.5	44.3	0.82
BDA-K 处理 QF	75.8	74.4	1.4	0.02

注：γ 为表面张力（表面能）；γ^d 为色散分量；γ^p 为极性分量。

表 16.11   检测试剂及含硅芳炔树脂溶液在石英纤维表面的接触角

检测试剂	接触角 $\theta/(°)$	
	未处理	BDA-K 处理
二次蒸馏水	45.40	107.12
甲酰胺	49.07	56.05
PSA 树脂溶液	62.24	22.61

由表 16.10 可以看出，经过 BDA-K 表面处理之后，石英纤维表面能和色散分量增加，极性分量变小。虽然 BDA-K 是极性大分子，但极性基团部分与纤维表面作用后，封端的极性很弱的炔基暴露在外面，使石英纤维极性下降，但整体偶联剂处理过的石英纤维表面能变大，与 PSA 树脂的表面能差距更大，更有利于 PSA 树脂在石英纤维表面的浸润。

含硅芳炔树脂溶液在处理前后的石英纤维表面的接触角变化进一步验证了这一结果。如表 16.11 所示，石英纤维在经过偶联剂处理之后与含硅芳炔树脂溶液的接触角变小，表明偶联剂处理石英纤维表面后，石英纤维与含硅芳炔树脂的表面匹配程度增加，二者的浸润性增强，有利于复合材料界面性能的改善。

3. XPS 表征

有效的界面形成不仅仅是树脂基体与增强纤维的机械啮合和物理浸润，更重要的是偶联剂在复合材料界面的化学键桥作用。而 XPS 是表征纤维表面化学组成和结构的有效方法。

表 16.12 给出了偶联剂处理前后石英纤维表面化学元素相对含量的变化。5wt% BDA-K 处理前后，石英纤维表面的主要元素组成并未改变，仍为 C、N、O 和 Si，但由于 BDA-K 中 C 元素占比较高，C 元素含量从 56.26%增加至 69.22%，其他元素含量均有所降低。

表 16.12　BDA-K 处理前后石英纤维表面元素分布(%)

样品	C1s	N1s	O1s	Si2p
未处理 QF	56.26	9.31	21.83	12.60
BDA-K 处理 QF	69.22	6.30	16.87	7.61

对 C1s、N1s、O1s 及 Si2p 进行分峰处理，表 16.13 给出了石英纤维表面集中主要元素化学组分组成的变化。284.6eV 处碳峰为内标。C1s 分峰结果表明，未经偶联剂处理的石英纤维表面主要含有—C—C—(284.6eV)、—C—N—(286.1eV)、—C—OH(286.5eV)和—C＝O(288.2eV)，主要来自纤维表面的环氧上浆剂，经过 BDA-K 处理之后，—C—C—和—C—N—含量稍有增加，—C—OH 和—C＝O 含量减少，这是由于 BDA-K 中碳和酰亚胺环含量较高，且能有效通过化学键合作用到石英纤维上，覆盖住原本纤维表面的上浆剂。由 N1s 的分峰数据可知石英纤维表面 N 的主要结合方式为—NH—CO—(399.7eV)及含氮杂环结构(398.3eV)。随着 BDA-K 的作用，石英纤维表面出现了酰亚胺环的结构(400.4eV)，含量为 32.04%，与此同时，氮杂环含量从 20.66%显著减少至 5.11%，与 C1s 分析是一致的。O1s 结合状态和含量分析数据给出石英纤维表面 O1s 的主要结合方式为—C＝O (531.6eV)、—Si—O—(531.9eV)、—C—OH(532.6eV)、SiO$_2$(532.7eV)。而处理后 C—O—C(533.6eV)的出现，表明起增韧作用的醚键成功被引入。石英纤维表面 Si2p 的结合类型，分别是—Si—OH(102.3eV)及 SiO$_2$(103.3eV)，经过 BDA-K 处理之后，除了—Si—OH 和 SiO$_2$ 含量下降外，还出现了新的官能团—Si—O—Si—(101.5eV)，含量达到 21.46%，这主要是因为 BDA-K 中硅氧烷水解后与石英纤维表面的硅醇脱水缩合，生成新的化学结构—Si—O—Si—，覆盖住部分 SiO$_2$。上述结果分析均表明 BDA-K 能与纤维发生化学键合，有效附着在纤维表面。

表 16.13　不同方法处理的 QF 表面各化学组分分析

表面元素	结合能/eV	化学组分	相对含量/%	
			未处理 QF	BDA-K 处理 QF
	284.6	—C—C—	56.12	64.81
C1s	286.1	—C—N—	15.33	18.13
	286.5	—C—OH	21.56	13.23
	288.2	—C＝O	6.99	3.83
	398.3	环烃—N＝	20.66	5.11
N1s	399.7	—NH—CO—	79.34	62.85
	400.4	酰亚胺环	—	32.04
	531.6	—C＝O	16.61	14.32
	531.9	—Si—O—	35.46	46.90
O1s	532.6	—C—OH	5.13	3.79
	532.7	SiO₂	42.80	29.13
	533.6	C—O—C	—	5.86
	101.5	—Si—O—Si—	—	21.46
Si2p	102.3	—Si—OH	31.35	27.80
	103.3	SiO₂	68.65	50.74

16.4.2　偶联剂与树脂基体的相互作用表征

分别通过 FTIR、DSC 及 TGA 等表征偶联剂与 PSA 树脂基体的相互作用。

1. FTIR 表征

图 16.15 为添加 10wt% BDA-K 后 PSA 的固化进程的 FTIR 谱图。170℃处理 2h 后，混合体系中的—C≡CH 在 $3288cm^{-1}$ 的特征峰明显减弱，且随着固化温度的升高逐渐消失，表明 BDA-K 分子中的端炔参与 PSA 的交联固化，其反应进程与 PSA 树脂的固化是完全一致的。而酰亚胺环结构中，羰基对应的 $1778cm^{-1}$ 和 $1724cm^{-1}$ 处的不对称和对称伸缩振动峰，以及 C—N 在 $1357cm^{-1}$ 处的伸缩振动峰，在聚合过程中没有发生明显变化，这说明酰亚胺环始终稳定存在，没有开环分解。而在 $1100cm^{-1}$ 左右—Si—O—Si—的特征峰变强变宽，是由于 BDA-K 长侧链中的硅氧烷基团发生缩聚反应而形成网状结构。

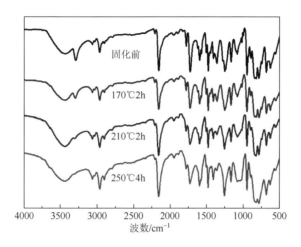

图 16.15　10wt% BDA-K/PSA 固化进程的 FTIR 谱图

2. DSC 表征

图 16.16 为 PSA、10wt% BDA-K/PSA 复合体系及 BDA-K 的 DSC 曲线。由曲线 a 和 c 可见，PSA 树脂的起始固化温度为 169.5℃，放热峰峰顶温度为 245.6℃，放热量为 428.6J/g；BDA-K 中端炔在 172.0℃开始发生交联，放热峰峰顶温度为 249.4℃，放热量为 144.9J/g。BDA-K 添加量为 10wt% 的复合体系中，炔基在 170.6℃开始固化，与 PSA 几乎相同；放热峰峰顶温度为 255.7℃，介于 PSA 树脂和 BDA-K 之间；放热量为 348.1J/g。根据偶联剂添加比例进行计算，10wt% BDA-K/PSA 复合体系的理论放热量为 400.2J/g，高于实际测得的放热量，由此可以说明 BDA-K 与树脂之间不是单纯的物理共混，而是产生了化学作用，即 BDA-K 与 PSA 树脂中的—C≡CH 相互交联发生固化。

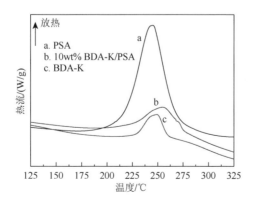

图 16.16　PSA、10wt% BDA-K/PSA 及 BDA-K 的 DSC 曲线

3. TGA 表征

图 16.17 为固化后的 BDA-K、PSA 和 10wt% BDA-K/PSA 树脂的 TGA 曲线。可以发现，PSA 树脂热稳定性好，T_{d5} 为 625℃，900℃时残留率达到 91%。BDA-K 固化产物失重集中在 450～600℃，部分较弱的键发生断裂，T_{d5} 为 489℃，大分子偶联剂本身具有较好的耐热性，900℃时的残留率为 58%。添加 10wt% BDA-K 之后，复合体系的 TGA 曲线变化与 PSA 树脂非常相似，虽然失重率相对于 PSA 树脂略有上升，T_{d5} 为 578℃，但 900℃时的残留率为 89%，略有下降。这主要是由于添加的偶联剂失重率较大，混合树脂整体的失重率上升，但若将其失重率与单纯偶联剂和 PSA 树脂按照比例简单加和的失重率数值进行对比，即图 16.17 中的 b、d 曲线，在 450℃之后混合体系失重率小于单纯的失重加和，而这一温度区间正是 BDA-K 开始明显失重的区间。证明 BDA-K 与 PSA 在固化过程中发生了相互作用，来自不同体系的端炔相互反应，同时偶联剂自身也发生聚合，生成更加耐热的结构。无论是端炔交联还是硅氧烷自聚形成的结构都有较高的键能，需要很高的温度才能被破坏。因此即使偶联剂本身耐热较差的少部分链段断开，仍可通过一定的长分子链缠结及酰亚胺环的极性作用，保持混合树脂体系有更好的耐热效果，减缓了混合固化树脂的降解。

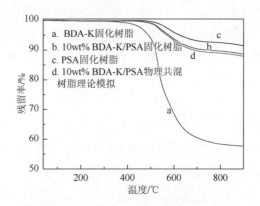

图 16.17   固化后 BDA-K、PSA 及 10wt%BDA-K/PSA 的 TGA 曲线

16.4.3   偶联剂增强复合材料界面作用的 SEM 表征

对纤维增强树脂基复合材料的横断面进行 SEM 表征，可以直观地给出偶联剂在复合材料界面作用效果的信息。图 16.18 为 3.5wt% BDA-K 处理前后不同温度下断裂横截面的 SEM 图。从图 16.18(a) 和图 16.18(b) 中可以看出空白样中石英纤维拔脱严重，拔脱出的石英纤维表面光滑，界面剪切应力较低，石英纤维和树脂

之间间隙较大，界面结合强度也相对较低。而大分子偶联剂处理之后的复合材料断面明显得到改善，树脂均匀地包裹在纤维表面。这是由于大分子在复合材料体系中的化学键合及链缠绕作用增强了石英纤维和树脂之间的结合，破坏引发能较高，因此层间剪切强度大幅度提升。图 16.18(c)中断裂的裂纹沿纤维基体传播，当裂纹延伸至纤维与树脂界面层时消失，说明在破坏过程中大分子链可发生较大的形变，抑制裂纹扩展，总吸收能较多；适中的界面黏合强度使得吸收冲击能量形成剥离状树脂层，应力在界面处有效释放，复合材料的韧性得到有效的提高。

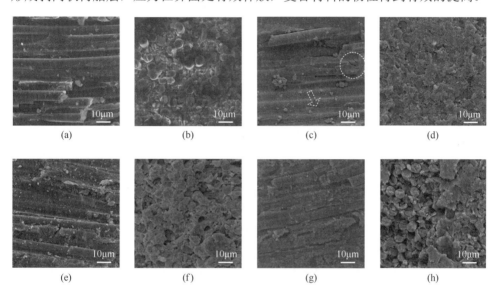

图 16.18　3.5wt%BDA-K 处理的 QF/PSA 复合材料在 250℃和 500℃时的横截面形貌

(a，b)空样，室温；(c，d)3.5wt% BDA-K 处理样，室温；(e，f)3.5wt% BDA-K 处理样，250℃；(g，h)3.5wt% BDA-K 处理样，500℃

在 250℃下石英纤维和树脂结合较紧密，石英纤维表面仍然黏附有大量树脂，图 16.18(f)中只有少数孔洞，说明石英纤维拔脱不明显，但相对于图 16.18(c)，250℃下能明显看出石英纤维与树脂的间隙。500℃高温下，树脂与石英纤维间隙进一步变大，石英纤维自身开始受热变形，树脂脱黏、脱落现象加剧，但大部分树脂仍能附着在石英纤维上，说明 BDA-K 在高温下依旧可以起到良好的桥接作用。

16.5　偶联剂增强复合材料界面的作用机理

通过偶联剂分别与纤维和树脂的相互物理化学作用表征，可以推断出偶联剂改性复合材料界面的作用机理。

BDA-K 在 QF/PSA 界面作用的机制，如图 16.19 所示。BDA-K 中—O—CH_2—CH_3

首先水解成 Si—OH，与石英纤维表面的—OH 形成氢键，在固化过程中脱水缩合形成耐热的—Si—O—Si—。由文献可知，PSA 树脂的固化主要为 Diels-Alder 和三聚环化反应，交联形成苯环结构。BDA-K 中含有的炔基在固化中也能够参与交联，与 PSA 树脂形成稳定的物理化学缠结。BDA-K 有效地连接了石英纤维和 PSA 树脂，并且形成柔软的大分子偶联剂涂层，增强了弱界面层，刚性基团和柔性链的配合作用使得界面的强度和韧性同时得到提高。

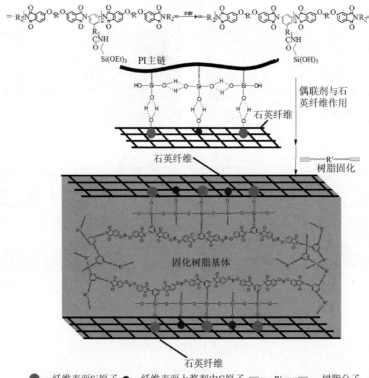

图 16.19　BDA-K 在 QF/PSA 复合材料界面的作用机制

参 考 文 献

[1]　董超，扈艳红，杜磊. AS-1 处理石英纤维对含硅芳炔树脂复合材料界面的影响. 功能高分子学报，2013，26(3)：280-289.

[2]　梁秀华，扈艳红，杜磊，等. 异氰酸酯基硅烷偶联剂改性石英纤维/含硅芳炔复合材料界面. 玻璃钢/复合材料，2013，(8)：44-50.

[3]　扈艳红，梁秀华，杜磊. 异氰酸酯硅烷处理石英布/PSA 树脂复合材料的影响. 宇航材料工艺，2014，44(1)：62-64.

[4]　葛宇，扈艳红，杜磊. 含端炔硅烷偶联剂处理石英纤维对透波用 QF/PSA 复合材料界面影响. 功能材料，2014，

45（20）：20078-20084.

[5]　王林靖，扈艳红，杜磊，等. 乙炔基芳酰胺酸硅烷改进石英纤维/含硅芳炔复合材料高温界面性能. 复合材料学报，2016，33（2）：287-296.

[6]　杨海荟，扈艳红，杜磊，等. 新型硅烷偶联剂对石英纤维/含硅芳炔复合材料界面增强增韧改性. 玻璃钢/复合材料，2016，（8）：13-21.

[7]　张芳芳. 含噁嗪环偶联剂对 QF/PSA 复合材料界面增强增韧作用的研究. 上海：华东理工大学，2017.

[8]　成滨，扈艳红，邓诗峰，等. 一种含腈基的硅烷偶联剂改性石英纤维/含硅芳炔复合材料. 复合材料学报，2019，36（3）：545-554.

[9]　顾渊博，扈艳红，杜磊，等. 聚醚酰亚胺耐热大分子偶联剂增强增韧石英纤维/含硅芳炔复合材料. 高等学校化学学报，2017，38（9）：1670-1677.

[10]　Yang T，Hu Y H，Deng S F，et al. Syntheses and thermal stability of a novel acetylene-end-capped silicon-containing polyimide coupling agent with silane pendant group. High Performance Polymers，2019，31（90）：1259-1271.

[11]　顾渊博. 聚醚酰亚胺耐热大分子偶联剂增强增韧石英纤维/含硅芳炔复合材料界面. 上海：华东理工大学，2017.

第17章

含硅芳炔树脂的应用及发展前景

17.1 含硅芳炔树脂的性能

17.1.1 树脂的基本性能

在聚芳基乙炔树脂分子结构中引入硅原子后所形成的含硅芳炔树脂材料的特性发生了显著变化，相比聚芳基乙炔树脂，含硅芳炔树脂的耐热性显著提升，加工性能和力学性能明显改善，同时具备了高温陶瓷化新特性。表17.1列出典型含硅芳炔树脂(PSA-M)的基本性能。

表17.1 含硅芳炔树脂(PSA-M)的基本性能

性能项	数值
物理特性	棕色的低黏度液体或固体(熔点约130℃)，熔体黏度0.3～1.0Pa·s
固化温度/℃	160～250
固化热/(J/g)	220～500
密度/(g/cm³)	1.05
弯曲强度/MPa(室温)	22.6(17.4，250℃)
弯曲模量/GPa(室温)	3.09(2.44，250℃)
压缩强度/MPa	81.8
压缩模量/GPa	1.83
介电常数	2.9
玻璃化转变温度/℃	>520
热分解温度 T_{d5}/℃	631(N_2)，561(空气)
热分解残留率/%(800℃)	90.9(N_2)，37.8(空气)

含硅芳炔树脂与聚芳基乙炔树脂一样，具备优异的介电性能，其石英纤维增强复合材料不仅具有优异的宽频宽温介电性能，而且具有良好的机械力学性能，是一种性能优良的透波材料。

17.1.2 树脂的储存性能

1. 含硅芳炔树脂储存稳定性实验

PSA-M 树脂在室温(RT)和低温 LT(4℃)下保存在避光的容器内,存放 1~12 月,跟踪分析测定树脂的结构与性能,考察了储存时间对树脂的结构与性能及其复合材料性能的影响。

采用层压成型工艺制备复合材料:裁剪 16cm×16cm 的石英纤维布 17 张,浸渍 35wt%左右树脂的四氢呋喃溶液,晾干后将预浸料干燥 12h,再放入真空烘箱 70℃下抽真空 1h。按 170℃/2h + 210℃/2h + 250℃/4h 压制,压力取 1~3MPa。

2. PSA 树脂结构与性能变化[1]

1)树脂的化学结构

通过红外光谱和核磁共振分析来检测 PSA-M 树脂的主要特征官能团,跟踪树脂的化学结构在储存过程中的变化。图 17.1 为在室温和低温条件下储存不同时间后 PSA-M 树脂的 FTIR 光谱图。图中 3293cm^{-1} 特征吸收峰来自 PSA-M 树脂中的炔氢的非对称收缩振动峰,3063cm^{-1} 和 3025cm^{-1} 处为苯环 C—H 伸缩振动峰,2964cm^{-1} 处是—CH$_3$ 的非对称伸缩振动峰,2156cm^{-1} 处是—C≡C—伸缩振动峰,1593cm^{-1}、1474cm^{-1} 处是苯环 C≡C 骨架振动峰,1254cm^{-1} 处的吸收峰为 Si—CH$_3$ 基对称变形振动峰,而在 796cm^{-1} 处是苯环上间位取代的特征峰。从图中可以看出,与树脂的初始状态相比,室温和低温储存 12 个月后,PSA-M 树脂的特征官能团吸收峰并没有发生改变。

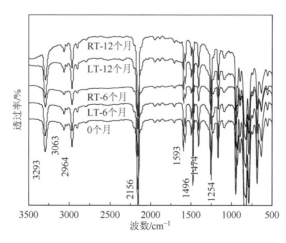

图 17.1 室温和低温储存 6 个月和 12 个月的 PSA-M 树脂 FTIR 谱图

RT:室温;LT:低温 4℃

图 17.2 为 PSA-M 树脂的初始状态及其在室温下储存 4 个月、6 个月、12 个月的 ^{1}H NMR 谱图。如图 17.2 所示，CH_3—Si—CH_3 中 C—H 的化学位移在 0.52ppm 处(a)；C≡CH 中 C—H 的化学位移在 3.05ppm 处(b)；化学位移在 7.26ppm、7.48ppm、7.69ppm 处的是苯基上的质子峰(c)。化学位移在 1.60ppm 左右的尖峰为氘代氯仿试剂中 H_2O 的共振峰，化学位移在 2.30ppm 左右的小峰为树脂中残存溶剂甲苯的 CH_3 峰。表 17.2 中列出了 a、b 处的峰度，并由树脂结构式推算树脂的分子量，可知从核磁谱图算出的树脂分子量在 12 个月储存期内变化不大，说明室温储存 12 个月后的 PSA-M 树脂化学结构基本稳定。

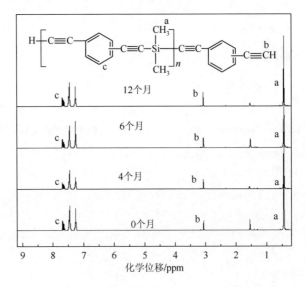

图 17.2   室温储存不同时间后的 PSA-M 树脂 ^{1}H NMR 谱图

表 17.2   室温储存不同时间的 PSA-M 树脂核磁分析结果

储存期/月	a(Si—CH_3)	b(≡C—H)	$\bar{M}_n$ (NMR)
0	11.609	1.000	830.3
4	9.410	1.000	697.9
6	8.946	1.000	669.7
12	8.769	1.000	658.0

2)树脂的反应活性

采用 DSC 分析表征了 PSA-M 树脂储存过程中的固化特性，并考察了 PSA-M 树脂在储存中的凝胶时间。

图 17.3 为 PSA-M 树脂初始状态及室温和低温储存不同时间后的 DSC 曲线，其相关分析结果列于表 17.3。从图及表中可以看出，不论是在室温还是低温储存条

件下 PSA-M 树脂放热峰的起始反应温度、峰顶温度、终止温度及放热量随储存时间的延长仅有较小波动，可以说明树脂在储存中比较稳定，没有发生明显的化学反应。

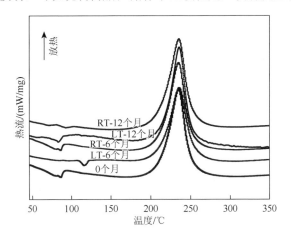

图 17.3　PSA-M 树脂不同条件储存下的 DSC 曲线

RT：室温，LT：低温

表 17.3　PSA-M 树脂 DSC 分析结果

储存期/月	T_i/℃	T_p/℃	T_e/℃	ΔH/(J/g)
0	213.0	234.9	267.8	399.4
6（室温）	213.0	234.9	267.8	399.4
6（低温）	212.8	235.7	269.4	358.5
12（室温）	211.8	235.4	263.1	414.1
12（低温）	216.2	235.7	270.2	429.6

表 17.4 列出了 PSA-M 树脂室温储存 6 个月和 12 个月的凝胶时间与温度的关系。从表中可以看出随着温度的升高，树脂的凝胶时间迅速缩短，而随着储存时间的延长（6 个月后），树脂的凝胶时间略有缩短。

表 17.4　室温储存的 PSA-M 树脂凝胶时间与温度的关系

储存时间/月	凝胶时间/min				
	160℃	170℃	180℃	190℃	200℃
6	82	45	29	17	11
12	73	41	29	16	9

可以利用凝胶时间来计算树脂的固化反应活化能：

$$\frac{1}{t_{gel}} = A\exp(-E_a / RT)$$ (17-1)

式中，t_{gel} 为凝胶时间，s；E_a 为固化反应活化能，kJ/mol；T 为反应温度，℃。

相关数据列于表 17.5 中，$\ln\left(\frac{1}{t_{gel}}\right)$ 与反应温度 T 的倒数呈线性关系(图 17.4)，使用最小二乘法可以得到拟合直线的斜率，这样便可以求得凝胶反应的活化能。计算出室温储存 6 个月、12 个月后树脂的凝胶活化能分别为 85.2kJ/mol 和 85.0kJ/mol，可知 PSA-M 树脂储存 12 个月后凝胶活化能基本无变化，说明 PSA-M 树脂在储存过程中性能稳定。

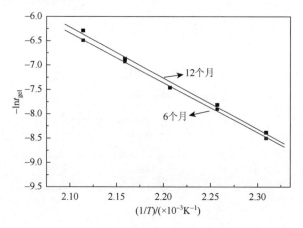

图 17.4 $\ln(1/t_{gel})$ -1/T 拟合直线

表 17.5   PSA-M 树脂室温储存下的凝胶时间及相关数据表

储存时间/月	温度/℃	凝胶时间(t_{gel})/s	(1/T)/(×10⁻³K)	$-\ln t_{gel}$
	160	4920	2.309	−8.50
	170	2700	2.257	−7.90
6	180	1740	2.207	−7.46
	190	1020	2.159	−6.93
	200	660	2.114	−6.49
	160	4380	2.309	−8.38
	170	2460	2.257	−7.81
12	180	1740	2.207	−7.46
	190	960	2.159	−6.87
	200	540	2.114	−6.29

3) 树脂的黏度

图 17.5 为室温储存 PSA-M 树脂的流变曲线，相关分析数据列于表 17.6 中。表 17.6 中列出的是在室温下 PSA-M 树脂在不同储存时间的黏度值及其加工窗口数值。从图 17.5 中可以看到，树脂的黏度先下降，然后稳定在某一较低黏度，最后黏度骤然上升，即出现凝胶。随着储存时间的延长，PSA 树脂的加工窗口略向高温段偏移，但窗口大小变化不明显。

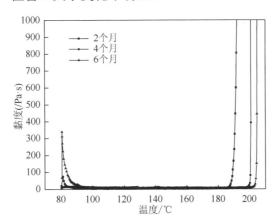

图 17.5　室温储存的 PSA-M 树脂黏温曲线

表 17.6　PSA-M 树脂的流变分析结果

储存期/月	加工窗口/℃	加工窗宽/℃
2	85～187	102
4	90～198	108
6	95～203	108

图 17.6 和图 17.7 分别为室温及低温储存下的 PSA-M 树脂黏温曲线。从图 17.6 和图 17.7 可以看出在室温和低温下储存 12 个月树脂的黏度变化不大。随着温度的升高，树脂的黏度变低，且不管是在室温还是低温下储存，树脂的黏温曲线随储存时间的延长呈波动变化，说明 PSA-M 树脂在 12 个月的储存期内的黏度相对稳定。但是在低温条件下储存的树脂其波动的范围较小，且黏度相比室温储存的 PSA 树脂也较低。这说明低温储存的 PSA-M 树脂稳定性要略优于室温。

图 17.8 和图 17.9 分别为室温及低温储存的 PSA-M 树脂黏时曲线。从图中可以看出，随着恒温时间的延长，树脂的黏度升高，这是由于树脂在 110℃会发生化学反应，树脂黏度升高。室温储存树脂在 110℃下的初始黏度低于 500mPa·s，且恒温 5h 后黏度也没超过 700mPa·s，说明树脂的适用期是比较长的，而低温储

存的树脂在 110℃下的初始黏度同样低于 500mPa·s，且恒温 5h 后黏度也未超过 500mPa·s，即在低温储存 PSA-M 树脂 110℃的黏度稳定性要比室温储存的树脂低，适用期也更长。

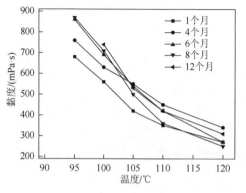

图 17.6   室温储存 PSA-M 树脂的黏温曲线

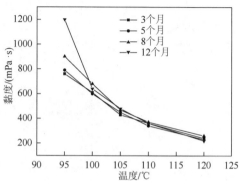

图 17.7   低温储存 PSA-M 树脂的黏温曲线(4℃)

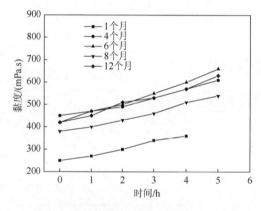

图 17.8   室温储存的 PSA-M 树脂黏时曲线
（110℃）

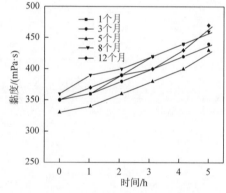

图 17.9   低温储存(4℃)的 PSA-M 树脂黏时
曲线(110℃)

4) 树脂复合材料的性能

表 17.7 列出了储存 6 个月后 PSA-M 树脂的石英纤维增强复合材料的力学性能。从表中可知树脂储存 6 个月后，其石英纤维增强复合材料力学性能保持稳定。

表 17.7   储存 PSA-M 树脂复合材料的力学性能

树脂	弯曲强度/MPa	弯曲模量/GPa	层间剪切强度/MPa
PSA	210.5±6.3	12.2±0.3	17.1±0.1
PSA(6 个月)	226.8±5.4	13.3±0.4	17.9±0.2

17.2　含硅芳炔树脂复合材料的性能

17.2.1　含硅芳炔树脂复合材料的热物理性能

T300 碳布增强 PSA-M 树脂复合材料（CF/PSA-M）的热性能实验结果如表 17.8 所示，结果表明 CF/PSA-M 复合材料（厚度方向）的热导率 γ 随温度的升高而增大，符合一般规律；CF/PSA-M 复合材料厚度方向的隔热性能比 CF/酚醛好。

表 17.8　含硅芳炔树脂复合材料的热物理性能

温度/℃	比热容 C_p/[10^3J/(kg·K)]		热扩散系数 α/(cm²/s)		热导率 γ/[W/(m·K)]	
	CF/PSA-M	CF/酚醛	CF/PSA-M	CF/酚醛	CF/PSA-M	CF/酚醛
20	0.903	1.091	0.00285	0.00437	0.347	0.591
200	1.494	1.766	0.00240	0.00329	0.480	0.698
400	2.036	—	0.00234	—	0.643	—
600	2.637	—	0.00257	—	0.910	—
800	3.078	—	0.00272	—	1.125	—

注：西安航天复合材料研究所测试。

17.2.2　含硅芳炔树脂复合材料的力学性能

以含硅芳炔树脂为基体，石英纤维平纹布为增强材料，采用模压成型工艺制备复合材料，复合材料性能测试结果见表 17.9。结果表明石英纤维增强含硅芳炔树脂复合材料具有优良的室温和高温力学性能。

表 17.9　石英纤维增强含硅芳炔树脂复合材料的力学性能

测试项目	室温	500℃
弯曲强度/MPa	195.0±8.3	130.0±7.2
弯曲模量/GPa	21.8±0.5	22.7±0.4
拉伸强度/MPa	486.0±6.6	129±10
拉伸模量/GPa	20.5±1.2	24.2±1.3
压缩强度/MPa	137±10	76.1±7.6
压缩模量/GPa	28.0±2.9	—
层间剪切强度/MPa	15.9±1.0	10.6±1.8

注：航天特种材料及工艺技术研究所测试。

以含硅芳炔树脂为基体，石英纤维平纹布为增强材料，采用 RTM 成型工艺制备了复合材料，考察了复合材料的力学性能，测试结果如表 17.10 所示。从数据可知，复合材料具有优异的高温力学性能。

表 17.10   石英纤维增强含硅芳炔树脂复合材料的力学性能

测试温度 /℃	拉伸性能			弯曲性能		剪切性能	压缩性能	
	强度 /MPa	模量/GPa	伸长率/%	强度/MPa	模量/GPa	层间剪切强度 /MPa	强度/MPa	模量/GPa
室温	541	18.3	3.59	213	20.4	15.9	128	23
300	387	22.2	3.84	185	19.3	12.8	78.3	—
400	203	21.1	1.81	152	19.4	12.6	89.7	—
500	102	19.7	5.49	103	19.0	8.6	57.6	—

注：航天材料及工艺研究所测试。

17.2.3   含硅芳炔树脂复合材料的介电性能

以含硅芳炔树脂为基体，石英纤维平纹布为增强材料，采用模压成型工艺制备复合材料，复合材料介电性能测试结果如图 17.10 所示。从图中可以看出复合材料介电常数和介电损耗正切值在 7～19GHz 和室温～500℃内变化小且稳定，表明石英纤维增强含硅芳炔树脂复合材料在宽频和宽温范围内具有优异的介电性能。

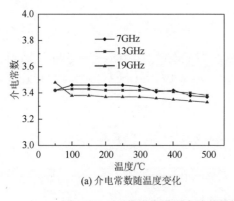
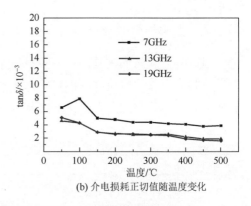

(a) 介电常数随温度变化　　　　　　　　(b) 介电损耗正切值随温度变化

图 17.10   石英纤维增强含硅芳炔树脂复合材料的介电性能随温度的变化

17.3   含硅芳炔树脂复合材料的应用前景

17.3.1   含硅芳炔树脂复合材料用作耐烧蚀防热材料

以含硅芳炔树脂为基体，碳纤维布为增强材料，用模压成型工艺制备树脂基复合材料(CF/PSA)。采用氧-乙炔火焰加热烧蚀实验测试含硅芳炔树脂复合材料的烧蚀性能，测试条件为：氧气压力 0.4MPa，乙炔压力 0.095MPa，热流密度 $(4187\pm419)\text{kW/m}^2$，测试结果如表 17.11 所示。

表 17.11　含硅芳炔树脂复合材料的氧乙炔烧蚀试验结果

复合材料试样	测试方法	线烧蚀率/(mm/s)	质量烧蚀率
模压 CF/PSA 复合材料[1]	氧-乙炔烧蚀法	0.043	0.021g/s
RTM 成型 CF/PSA 复合材料[2]	导管烧蚀法	0.30	0.05g/(cm·s)

注：1)西安航天复合材料研究所测试；2)航天材料及工艺研究所测试。

以含硅芳炔树脂为基体，用碳纤维编织物为增强材料，用 RTM 成型工艺制备复合材料。采用超音速导管烧蚀实验测试其烧蚀性能，烧蚀实验结果也列于表 17.11，烧蚀表面均匀平整。

含硅芳炔树脂复合材料不仅具备优良的耐烧蚀防热性能，还具有优良的机械力学性能，如表 17.12 所示，与钡酚醛树脂相比有显著的优势，尤其是质量烧蚀率比酚醛树脂复合材料低得多。

表 17.12　短切 T700 碳纤维增强含硅芳炔树脂合材料的烧蚀性能(氧-乙炔烧蚀实验)

树脂基体	烧蚀时间/s	线烧蚀率/(mm/s)	质量烧蚀率/(g/s)
PSA 树脂	20	0.019	0.0119
钡酚醛树脂	20	0.018	0.0436

注：试样尺寸ϕ30mm×10mm。

17.3.2　含硅芳炔树脂复合材料用作透波材料

以含硅芳炔树脂为基体，以石英纤维布为增强材料，用模压成型工艺制备复合材料，测定并考察了复合材料的介电性能，测试结果列于表 17.13。结果表明石英纤维增强含硅芳炔树脂基复合材料在 X 波段具有优良的透波性能，在 Kα 波段也显示优异特性。

表 17.13　石英纤维增强含硅芳炔树脂复合材料的介电性能[1]

试样	8~12GHz(X 波段)[2]		34~36GHz(Kα 波段)[3]	
	介电常数ε	介电损耗 tanδ	介电常数ε	介电损耗 tgδ
QF/PSA 复合材料	3.3	0.003	3.0	0.01

注：1)上海无线电设备研究所测试；2)试样尺寸 23mm×10mm×16mm，波导法；3)试样尺寸 7mm×3.5mm×6.5mm，波导法。

以含硅芳炔树脂为基体，以石英纤维布为增强材料，用模压成型工艺制备复合材料，测定复合材料的介电性能如表 17.14 所示，复合材料显示出优良的介电性能。

表 17.14   含硅芳炔树脂复合材料的介电性能(测试频率为 7~19GHz)

性能	测试温度/℃					
	50	100	200	300	400	500
介电常数	3.43	3.43	3.42	3.42	3.40	3.37
介电损耗	4.93×10^{-3}	5.25×10^{-3}	3.59×10^{-3}	3.30×10^{-3}	2.75×10^{-3}	2.58×10^{-4}

注：航天材料及工艺研究所测试。

采用 RTM 成型工艺，用含硅芳炔树脂和石英纤维布制备复合材料，测定并考察复合材料的介电性能，结果如表 17.15 所示，可见 RTM 成型的复合材料具有优良的介电性能。

表 17.15   含硅芳炔树脂复合材料的介电性能(测试频率为 7~18GHz)

性能	测试温度/℃					
	18	100	200	300	400	500
介电常数	3.34	3.38	3.37	3.36	3.32	3.29
介电损耗	2.34×10^{-3}	2.14×10^{-3}	2.77×10^{-3}	2.82×10^{-3}	1.27×10^{-3}	6.48×10^{-4}

注：航天特种材料及工艺技术研究所测试。

17.3.3   含硅芳炔树脂复合材料用作绝缘材料

电子产品的高性能化对电子材料的性能提出了新的要求，尤其是耐热性，如电子元器件中常见的覆铜板需具有高耐热特性，含硅芳炔树脂材料是一种优选的材料。将含硅芳炔树脂与二氧化硅以质量比 70∶30 熔融态下混合均匀后，冷却溶解于甲苯-丁酮溶剂而配成浸渍液，浸渍玻璃纤维布，晾干后制得预浸料，与铜箔热模压得到覆铜板，将预浸料直接模压制得复合材料板。将覆铜板和复合材料板(试样大小 5mm×5mm)分别试验测试。将覆铜板在 288℃锡液中放置 30min 后取出，未见覆铜板有爆板现象；将复合材料板置于压力锅中，在 2atm、121℃和 100%湿度下蒸煮 2h 后，再将复合材料板浸入 288℃锡液中放置 10s，取出后再放入，连续 30 次浸放未有暴裂现象发生。玻璃纤维布增强含硅芳炔树脂复合材料及其覆铜板的信赖性测试结果表明含硅芳炔树脂具有优异的耐热性，可望用于高端集成电路的封装、集成电路载板、高模量高密度集成板、伺服器电路板、高频通信电路板等方面。

17.4   含硅芳炔树脂及其材料的发展前景

含硅芳炔树脂作为有机-无机杂化材料，结合了有机材料和无机材料的特性，以其优异的耐热性和介电性能、良好的机械性能和陶瓷化性能著称，它将在耐热结构功能一体化复合材料，包括耐烧蚀防热复合材料、高温透波复合材料及耐高温绝缘材料，以及 CF/C-SiC 复合材料等方面获得应用，显示出好的发展前景。硅是地球最丰富的资源元素之一，价廉物美，其合理利用已成为人们追求的目标。炔类化合物相对烯类化合物而言比较少，人们研究和利用的炔类化合物聚合制材料也少，是有待于开发的领域。利用硅与芳炔结合合成含硅芳炔树脂并制备新材料有其特别的意义，虽然炔化合物产量不多，成本高，但随技术的发展，其应用量会增加，进而价格将会大幅下降。当前，含硅芳炔树脂发展面临着以下挑战。

1. 炔基反应多而复杂，搞清反应机理或控制反应有待深入研究

含硅芳炔树脂的主要反应基团是炔基，其反应活性高，业已证明树脂存在多种反应[2]。

1）三聚环化反应

众所周知三个炔基发生成环反应，形成苯环结构：

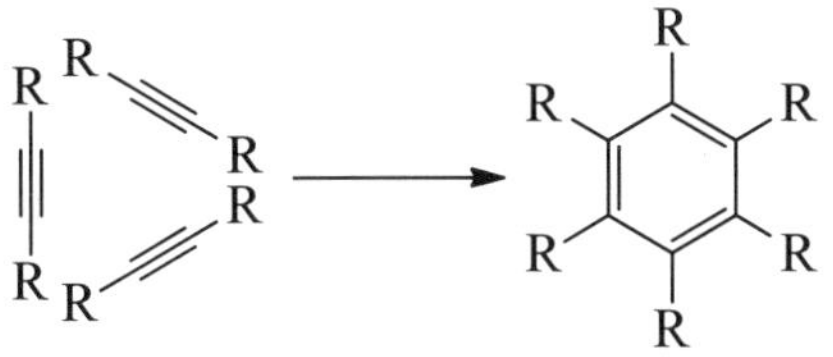

研究表明芳炔树脂发生三聚环化反应的可能性为 20%～30%，同时发生其他化学反应；过渡金属有机化合物可使树脂在较低温度下发生固化反应。

2）偶合反应

炔基可以发生多种偶合反应，包括 Glaser 偶合反应、Strauss 偶合反应等（参见第 5 章）。

3）Diels-Alder 加成反应

两个或三个二元炔分子在热或催化剂作用下，发生 Diels-Alder 加成反应，形成苯并环结构：

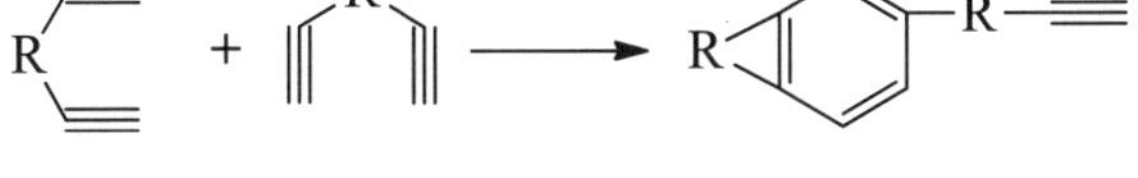

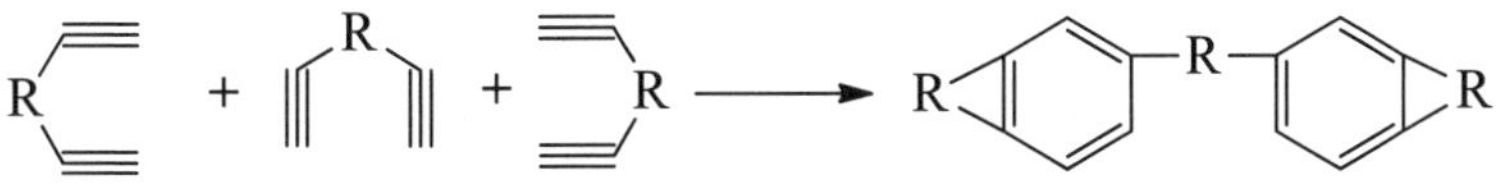

如果在硅原子上连接有可反应性基团如氢、乙烯基等，那么固化反应将更加复杂。例如，含硅氢的芳炔树脂可发生：①Si—H 与 C≡C 之间的硅氢加成反应；②C≡C 与苯乙炔之间的 Diels-Alder 反应（参见第 5 章）。

2. 固化树脂的结构分析难度大

目前大多数化学结构的分析手段如核磁共振(NMR)、紫外光谱(UV)等分析是基于可溶于溶剂的物质,对交联固化的树脂结构分析手段很少,红外光谱、固体核磁共振等技术虽然能给出一些固化树脂的结构信息,但更多的、更准确的分子结构信息仍无法获取。

3. 炔类化合物少而贵等问题

炔类化合物开发得不多,种类和产量都比较少,因此炔化合物价格昂贵,给树脂推进应用产生困难。目前烯类树脂几十元/kg 到几百元/kg,而炔类树脂要上千元/kg。但随应用推广和技术发展,炔类树脂价高问题自然会解决。

含硅芳炔树脂及其材料的发展前景是光明的,源于其以下基本特征:

(1)含硅芳炔树脂的结构可设计性强,可设计合成多种结构的树脂[3-6],形成系列具有不同性能的树脂,从而可以满足不同的应用需求。

(2)含硅芳炔树脂具有高的反应活性,可与许多活性物质反应,制成结构、性能范围更广的材料体系,可满足多样化使用要求。

(3)含硅芳炔树脂,可溶可熔,黏度可控,固化温度低可在 200℃以下进行。固化无挥发产物,可适应 RTM 成型、模压成型、缠绕成型等。

(4)含硅芳炔树脂具备极高的耐热性、优异的介电性能、抗辐照性能、优异的阻燃性能(自熄)、光电特性、高温下可陶瓷化性能等,可望用作耐高温材料、介电材料、空间材料、阻燃材料、烧蚀材料及光电材料、陶瓷化先驱体材料等。

参 考 文 献

[1] 邓鹏. 含硅芳炔树脂及其 RTM 成型研究. 上海:华东理工大学,2011.

[2] Hecht S,Frecht J M J. An alternative synthetic approach toward dendritic macromolecules:novel benzene-core dendrimers via alkyne cyclotrimerization. Journal of the American Chemical Society,1999,121(16):4084-4085.

[3] Yin G G,Zhang J,Wang C F,et al. Synthesis and characterization of new disilane-containing arylacetylene resin. European Polymers Journal,2008,(67):1-7.

[4] Wang F,Zhang J,Huang J X,et al. Synthesis and characterization of poly(dimethylsilylene ethynylenephenylene ethynylene) terminated with phenylacetylene. Polymer Bulletin,2006,56:19-26.

[5] 周围,张健,尹国光,等. 氯化含硅芳炔树脂的合成. 石油化工,2007,36(6):618-622.

[6] Li Q,Zhou Y,Hang X D,et al. Synthesis and characterization of a novel arylacetylene oligomer containing POSS units in main chain. European Polymer Journal,2008,44:2538-2544.

第18章

其他芳炔树脂材料

除了聚芳基乙炔树脂和含硅芳炔树脂之外，人们还发展了一些其他类型的芳炔树脂。以下主要介绍目前研究报道较多的几种树脂，如含炔基聚酰亚胺树脂、含炔基酚醛树脂等[1]。

18.1 含炔基聚酰亚胺树脂

热固性聚酰亚胺树脂复合材料拥有优异的力学性能、耐热氧化性能、介电性能、耐溶剂性能等，在航空航天领域得到了广泛的应用。热固性聚酰亚胺的活性端基有很多种，包括降冰片烯、乙炔基、苯乙炔基、氰基、苯并环丁烯等[2,3]。本节主要介绍含炔基的聚酰亚胺树脂，包括乙炔基封端聚酰亚胺和苯乙炔基封端聚酰亚胺。利用苯乙炔基封端的聚酰亚胺相对于乙炔基封端的聚酰亚胺在加工工艺方面具有明显的优势，主要表现为：由于苯乙炔基封端的聚酰亚胺的炔基为内炔，所以固化反应温度比乙炔基(端炔)高150℃左右(300~350℃)，这样就可以与树脂的熔融温度拉开差距，为树脂熔融流动提供较宽的加工窗口。这样使得在聚酰亚胺的苯乙炔端基发生交联反应前，树脂可以发生熔融流动，并能对纤维进行充分浸润，当达到反应温度时，端部的苯乙炔基开始反应使得分子链逐渐固定下来形成一定形状的刚性固体。此外，树脂不含端炔基团，没有炔氢，固化后的树脂具有更高的热氧化稳定性[4,5]。本节主要介绍苯乙炔基封端聚酰亚胺树脂及其复合材料。

18.1.1 苯乙炔基封端聚酰亚胺树脂的合成

苯乙炔基封端聚酰亚胺的合成是以二酐类单体和二胺类单体为原料，经过酰胺化和亚胺化反应获得聚酰亚胺树脂，该树脂两端以苯乙炔封端[6-8]。苯乙炔基封端聚酰亚胺树脂的合成主要有两种途径：一种是先制备聚酰胺酸再亚胺化获得树脂；另一种是通过单体反应物聚合路线获得树脂。

1. 聚酰胺酸路线

通过聚酰胺酸路线制备苯乙炔基封端聚酰亚胺树脂的合成路线如下：

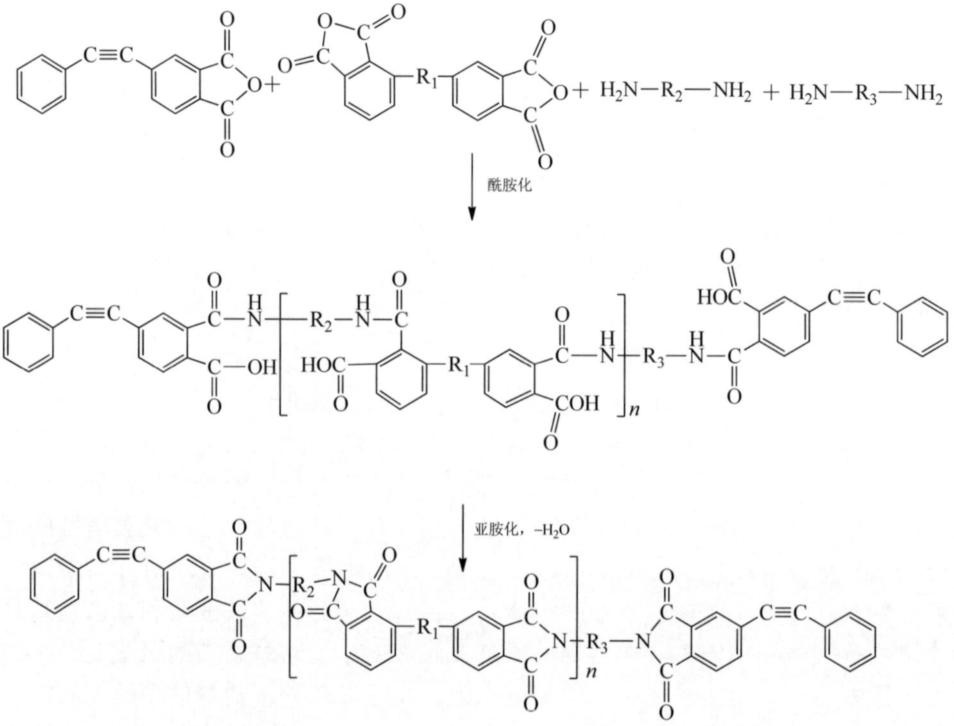

其主要原料包括芳香族二酐、芳香族二胺及含苯乙炔基团的封端剂。首先，将芳香族二胺溶解在合适的溶剂中，一般选用极性较强的酰胺类溶剂，如 N,N-二甲基甲酰胺（DMF）、N,N-二甲基乙酰胺（DMAc）或者 N-甲基吡咯烷酮（NMP）。然后加入芳香族二酐和封端剂（固态或浆液状），在一定温度下搅拌，二酐单体和固体封端剂一边溶解一边与二胺发生开环加成反应，该反应为放热反应，根据需要可通过冷却控温。随着反应的进行，聚酰胺酸将逐渐生成，反应体系的黏度也将随之增加。接下来加热反应体系，通过亚胺化反应使得聚酰胺酸脱水，从而制得聚酰亚胺树脂[9, 10]。

苯乙炔基封端聚酰亚胺的结构可以通过选择不同的芳香族二酐和芳香族二胺来调节，也会因所选择单体的反应活性不同而反应难度有所差异[11]。其中，芳香族二酐的反应活性（亲电性）大小与其酸酐中的羰基碳的电子接受能力呈正相关关系，故芳环上带有吸电子基团的二酐单体反应活性高，而带有给电子基团的反应活性就低。例如，以下几种芳香族二酐单体的反应性依次降低：均苯四甲酸酐、砜二酞酸酐、酮二酰酸酐、六氟异丙叉二酰酸酐、联苯四羧酸二酐、二苯醚二酸酐。另外，芳香族二胺的反应活性(亲核性)则随胺上的氮原子电子云密度的增加而升高，故芳环上带有给电子基团的二胺单体反应活性高，而带有吸电子基团的反应活性就低。以结构通式为 $H_2N—(p—C_6H_4)—X—(p—C_6H_4)—NH_2$ 的芳香族二胺为例，其连接基团 X 分别为—O—、—CH_2—、—(C=O)—、—SO_2—时，单体反应活性依次降低。

　　除了单体选择外，苯乙炔基封端聚酰亚胺的合成工艺对制得树脂的性能也十分重要。例如，芳香族二酐和芳香族二胺的加料顺序就与生成的聚酰亚胺树脂的分子量密切相关。两种单体中，芳香族二酐单体不仅会与二胺反应，还可以与水反应。如果选择先将芳香族二酐溶于溶剂中，在加入二胺进行反应之前，二酐容易与体系中的水发生水解反应，产生损耗，使得两种单体的物料配比发生变化，从而使得实验结果与设计的分子量发生明显偏差。而如果选择先将芳香族二胺溶于溶剂中，在加入二酐时，因为二胺的亲核反应活性远远大于水，故它将更容易与二酐发生反应，使得水对反应的影响大大减小，致使实际参与反应的物料配比与设计值更为接近，使反应生成的分子量更为可控。此外，亚胺化的方法对于苯乙炔基封端聚酰亚胺的合成也非常重要。一般采用的亚胺化方法主要有热亚胺化和化学亚胺化两种。其中，热亚胺化方法操作简单，只需将聚酰胺酸加热至一定温度，使得酰胺与羧酸进行脱水环化即可得到亚胺环，制得聚酰亚胺树脂。这种方法主要用于苯乙炔基封端聚酰亚胺预浸料的制备，热亚胺化反应可以在复合材料成型过程中完成。化学亚胺化方法一般采用乙酸酐作为脱水剂，以吡啶、异喹啉或三乙胺等叔胺为催化剂，之后通过后处理即可得到聚酰亚胺树脂[12]。

2. PMR 路线

　　PMR 路线全称为单体反应物聚合法(polymerization of monomeric reactant)，是由 NASA 路易斯研究中心发明的。该法是将制备苯乙炔基封端聚酰亚胺树脂的单体制成单体混合物溶液，该溶液既可以直接用于加热制备聚酰亚胺树脂，又可以用于制备聚酰亚胺预浸料并进一步制备复合材料。单体混合物溶液的制备可分为三个步骤，即二酐酯化、二胺溶解与混合物溶液制备[13]。

　　用 PMR 路线制备苯乙炔基封端聚酰亚胺的第一步是二酐酯化，即将芳香族二酐单体在醇中加热酯化，获得芳香族二酸二酯。该反应无需添加催化剂，其难易程度主要取决于二酐单体对电子的相亲性，同时也与二酐单体的颗粒大小有关。总体来说，二酐的酯化速度与其在溶剂中的溶解度密切相关，对于溶解度较差的二酐而言，可以加入良溶剂增加其溶解度，由此可明显缩短酯化时间。表 18.1 列出了几种二酐单体在各种醇中的酯化速度。PMR 法的另一个关键步骤是芳香族二胺单体的制备。二胺单体需要溶解在醇类溶剂或其混合溶剂中。一般来说，含极性侧基、含醚键及非对称结构的二胺在醇中的溶解性较好，表 18.2 列出了几种常用单体及其在醇中的溶解性。在获得酯化后的二酐溶液及溶解的二胺溶液后，将二者混合，在一定温度下反应即可得到苯乙炔基封端聚酰亚胺的单体混合物溶液。

表 18.1　几种二酐单体在醇中的酯化速度

二酐	酯化速度/min			
	甲醇	乙醇	异丙醇	正丁醇
均苯四甲酸二酐(PMDA)	25	40	110	35
六氟二酐(6FDA)	40	51	92	17
二苯酮四羧酸二酐(BTDA)	34	75	>600	38
二苯硫醚四酸二酐(TDPA)	26	35	>600	26
二苯醚四酸二酐(ODPA)	30	97	480	17
二苯砜四羧酸二酐(DSDA)	95	130	>600	33
联苯四甲酸二酐(BPDA)	>600	>600	>600	260
三苯二醚二酐(HQDPA)	>600	>600	>600	480

表 18.2　几种二胺单体在醇中的溶解性

二胺	分子结构	溶解性	溶解温度
间苯二胺(m-PDA)		甲醇/乙醇/正丁醇	室温
3,4'-二氨基二苯醚(3,4'-ODA)		甲醇/乙醇/正丁醇	>30℃
(4,4'-ODA) 4,4'-二氨基二苯醚		不溶	—
1,3,4-三苯二醚二胺(1,3,4-APB)		甲醇/乙醇/正丁醇	>30℃
2,2'-二甲基二氨基联苯(DMBZ)		不溶	—
2,2'-二(三氟甲基)二氨基联苯(TFMBZ)		甲醇/乙醇/正丁醇	>30℃

二胺	分子结构	溶解性	溶解温度
二苯基芴二胺(FDA)	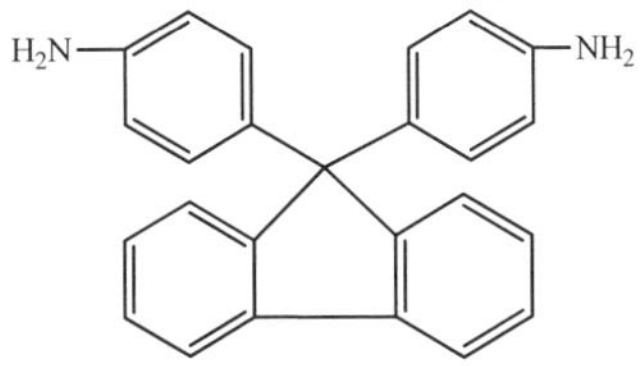	—	—

18.1.2　苯乙炔基封端聚酰亚胺树脂的结构与性能

与其他聚酰亚胺树脂一样，可用于合成苯乙炔基封端聚酰亚胺树脂的二酐单体和二胺单体多达数百种。因此，可以通过调节二酐和二胺单体的结构和配比，控制所得聚酰亚胺树脂的主链、侧基及端基的结构，从而实现对树脂耐热性、工艺性、机械性能和耐溶剂性等性能的调控[14-16]。下面将简要讨论苯乙炔基封端聚酰亚胺的分子结构与性能的关系。

1. 二酐单体结构

用于合成苯乙炔基封端聚酰亚胺的二酐单体为含有双官能度酸酐的芳香族化合物，其结构的变化将对形成的聚酰亚胺树脂的分子链刚性、分子间作用力等起着决定性的作用，从而影响树脂的耐热性能和工艺性能[17, 18]。

在耐热性能方面，分子链刚性越大、分子间作用力越强，聚酰亚胺固化树脂的玻璃化转变温度越高，故一般可以通过引入刚性基团、极性基团、提高交联密度和结晶度等方式来提高固化树脂的玻璃化转变温度。几种不同的二酐结构苯乙炔基封端聚酰亚胺树脂的结构如下：

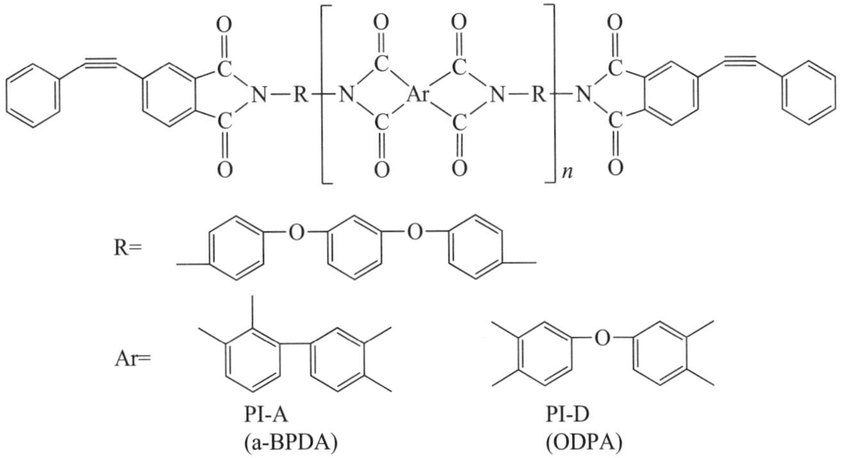

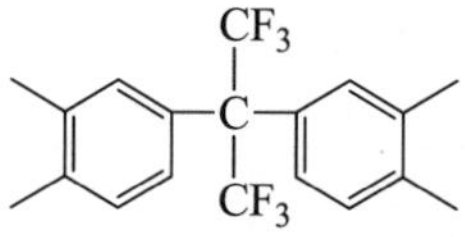

PI-E
(6FDA)

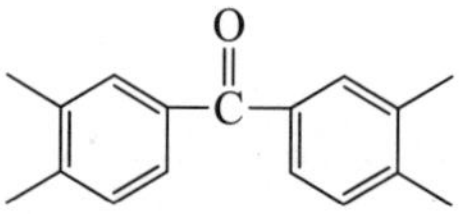

PI-F
(BTDA)

其固化物的玻璃化转变温度的关系为：PI-F＞PI-E＞PI-A＞PI-D。在工艺性能方面，分子链刚性越大，分子链内旋转位垒越高，聚酰亚胺树脂的黏度越高；分子链间作用力越大，分子链的运动能力下降，聚酰亚胺树脂的黏度越高。在分子链的刚性和分子间作用力的共同作用下，这几种聚酰亚胺树脂的黏度关系为：PI-F＞PI-A＞PI-D＞PI-E。其中，PI-E 因其结构中的两个三氟甲基的基团体积较大，增加了分子链间距离，从而降低分子链的堆砌密度，故分子间作用力较小，其黏度在几种树脂中最低。

2. 二胺单体结构

可以通过改变二胺单体的结构，调节聚酰亚胺分子链的柔顺性、对称性、极性、位阻等，以调控苯乙炔基封端聚酰亚胺树脂的耐热性能和工艺性能，这与二酐单体结构和性能的关系类似[19, 20]。

几种不同二胺结构的苯乙炔基封端聚酰亚胺树脂结构如下：

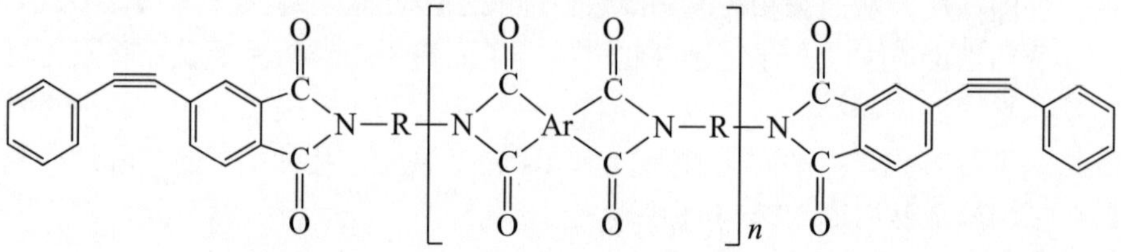

Ar=

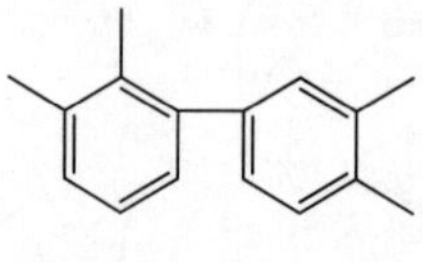

R=

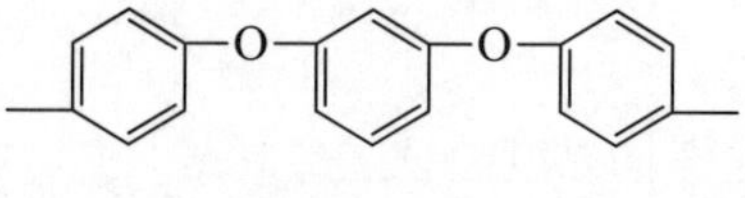

PI-A
(1,3,4-APB)

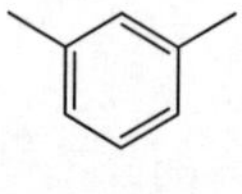

PI-B
(m-PDA)

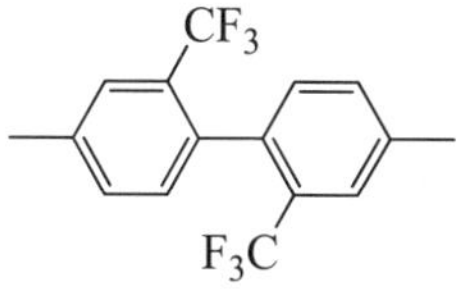

在耐热性能方面，其玻璃化转变温度的关系为：PI-H＞PI-B＞PI-G＞PI-A。主要原因是 PI-H 含有联苯结构，其刚性最大，故玻璃化转变温度相对最高，PI-B 主要为苯环结构，刚性也较大，玻璃化转变温度仅次于 PI-H，而 PI-G 和 PI-A 均含有柔性较好的醚键，且柔性随醚键增多而增加，故玻璃化转变温度也依次降低。在工艺性能方面，总体来说，聚酰亚胺树脂的黏度随分子链柔性的增加而降低，故其黏度的变化趋势与玻璃化转变温度的变化大体一致，具体表现为：PI-B＞PI-G＞PI-H＞PI-A。其中，PI-H 因含有体积较大的三氟甲基侧基，其分子链的堆积减弱，分子间作用力降低，故其在保持较高玻璃化转变温度的同时也具有较低的黏度，说明体积效应对聚酰亚胺的工艺性能影响更为显著。

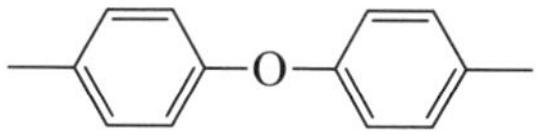

3. 侧基结构

侧基结构与苯乙炔基封端聚酰亚胺树脂的性能密切相关，改变聚酰亚胺的侧基结构，能够调节树脂的溶解性、耐热性能和工艺性能等。例如，引入含氟、硅或磷的基团，或者具有较大体积的侧基，如芴结构等，可以有效提高树脂的溶解性。这些结构的引入，可能由于基团的空间作用，联苯结构的两个苯环平面发生扭曲不能处于同一个平面，从而破坏共轭结构，由此可明显改善聚酰亚胺树脂在有机溶剂中的溶解性能。

4. 分子量

在热固性树脂中，与热塑性树脂不同的是，树脂的分子量对于树脂性能而言不是越大越好。对于苯乙炔基封端聚酰亚胺树脂而言，树脂的分子量主要影响树脂的固化特性和工艺性能，而其端基发生反应形成交联网络后，又将影响固化树脂的耐热性能和力学性能[21]。

在流变性能方面，聚酰亚胺树脂的黏度随分子量的增大而升高，这可以解释为，分子量大，分子链缠结越严重，分子量发生位移及链间相对滑移的阻力越大，因此黏度越高。在耐热性能方面，苯乙炔基封端聚酰亚胺树脂的固化物的玻璃化转变温度随树脂分子量的增大而逐渐降低，但下降幅度逐渐变缓。这是因为随着树脂分子量的增大，其端部的苯乙炔基团占比逐渐降低，使得固化物的交联密度降低，导致固化物耐热性能降低，但分子链长度的增加又将使得分子间作用力增加，从而缓解耐热性能的降低。在这两种因素的共同作用下，树脂的分子量在增大至某一值后，玻璃化转变温度随分子量的变化趋于平缓。此外，苯乙炔基封端聚酰亚胺树脂固化物的 T_{d5}（5%热分解温度）随其对应树脂的分子量的变化不明显，只是相同温度下的残余质量随分子量的增大而增加。在力学性能方面，苯乙炔基封端聚酰亚胺树脂固化物的韧性随树脂分子量的增大而显著提高。这是因为树脂分子量的增大，树脂交联点间分子链段长度增加，使得树脂固化物的交联密度降低，有利于更充分地吸收冲击能量，树脂固化物韧性提高。

18.1.3 苯乙炔基封端聚酰亚胺树脂及其复合材料的性能

根据成型工艺，苯乙炔基封端聚酰亚胺可以大致分为两类：一类为热压成型聚酰亚胺树脂，这类树脂黏度一般较大，适用于模压成型或热压罐成型；另一类是液态聚酰亚胺树脂，这类树脂黏度较低，适用于树脂传递模塑(RTM)、树脂膜熔渗成型工艺(RFI)等液态成型工艺。

苯乙炔基封端聚酰亚胺树脂最早采用的成型工艺是热压成型工艺，目前已报道的分子结构多达几十种[22]，耐温等级涵盖 177～426℃[10]，成熟的树脂牌号有：PETI-5、AFR-PE-4、HFPE、PEPTI、Tri-API、$P^2SI900HT$ 等，如表 18.3 所示。苯乙炔基封端聚酰亚胺树脂与多种型号的碳纤维均能实现良好的复合，制得的复合材料具有较高的力学性能、抗分层能力和抗热冲击能力。表 18.4 展示了 NASA 开发的 IM7 碳纤维增强 PETI-5 树脂复合材料的力学性能。

表 18.3 典型热压成型苯乙炔基封端聚酰亚胺树脂

树脂牌号	T_g/℃	最低黏度/(Pa·s)(温度/℃)	研发机构
PETI-5	270[1)	6000	NASA
AFR-PE-4	384(E′)	—	NASA
HFPE	—	—	NASA
PEPTI	270～313	—	NASA
Tri-API	308～351	3.4～1750	UBE
LaRCMPEI	265～291	60(335)～6000(371)	NASA
$P^2SI900HT$	489[2)	—	P^2SI 公司
AC721	421[2)	16.95(320)	航空工业复合材料技术中心
HT-400	455[2)	28(310)	航空工业复合材料技术中心

注：1)DSC 法，10℃/min；2)DMA 法，5℃/min，以 tanδ 峰顶温度表示玻璃化转变温度。

表 18.4 IM7CF/PETI-5 复合材料的力学性能

性能	铺层	测试条件	2500g/mol[1]	5000g/mol[1]
开孔压缩强度/MPa	25/50/25	室温	342	335
		177℃/湿态	219	238
开孔拉伸强度/MPa	25/50/25	室温	444	461
		177℃/湿态	436	452
压缩层间剪切强度/MPa	100/0/0	室温	95.9	86.2
		177℃/湿态	66.4	46.9
压缩强度/MPa	100/0/0	室温	1768	1659
压缩模量/GPa	100/0/0	室温	131	133
拉伸强度/MPa	100/0/0	室温	2364	2295
拉伸模量/GPa	100/0/0	室温	149	157
90°拉伸强度/MPa	0/0/100	室温	—	72
		177℃/湿态	—	49

注：1)基体树脂的分子量。

　　苯乙炔基封端聚酰亚胺树脂能够实现液态成型工艺主要得益于苯乙炔基苯酐封端剂的开发，特别是与异构联苯二酐结合，液态成型苯乙炔基封端聚酰亚胺更加受到人们的青睐。目前，该类树脂的耐温等级涵盖 220～350℃，成熟的树脂牌号有：PETI-RTM、PETI-298、PETI-300、HT-350RTM、AC729RTM 等，如表 18.5 所示。NASA 开发了一系列适用于 RTM、真空辅助树脂传递模塑（VARTM）、RFI 等液态成型工艺的聚酰亚胺树脂，如 RTM-330、RTM-350、RTM-370，其中采用 RTM 成型的 T650-35 增强的复合材料的性能如表 18.6 所示，三种树脂在 288℃ 和 315℃ 均具有较高的力学性能保持率。

表 18.5 典型液态成型苯乙炔基封端聚酰亚胺树脂

树脂牌号	T_g/℃	280℃，2h 黏度/(Pa·s)	研发机构
PETI-RTM	250[1]	0.6	NASA
PETI-298	298[1]	1.4	NASA
PETI-330	330[1]	0.09	NASA
PETI-375	375[2]	0.4	NASA
RTM-330	330	>1.5	NASA
RTM-350	350	>2	NASA
RTM-370	370	8.5	NASA
HT-350RTM	392[3]	0.81	航空工业复合材料技术中心
AC729RTM	416[3]	0.30	航空工业复合材料技术中心

注：1)DSC 法，10℃/min；2)DMA 法，5℃/min，以储能模量拐点 E' 温度表示玻璃化转变温度；3)DMA 法，5℃/min，以 tanδ 峰顶温度表示玻璃化转变温度。

表 18.6   不同液态成型苯乙炔基封端聚酰亚胺树脂基体的复合材料性能

性能	测试温度/℃	RTM370	RTM350	RTM330	BMI-5270
开孔压缩强度/MPa	23	306	285	252	245
	288	223	216	220	148
	315	166	199	185	—
开孔压缩模量/GPa	23	50	43	43	51
	288	47	44	45	38
	315	42	45	50	—
短梁剪切强度/MPa	23	62	58	57	37
	288	43	32	38	14
	315	32	31	33	—

18.1.4   苯乙炔基封端聚酰亚胺树脂复合材料的应用

苯乙炔基封端聚酰亚胺树脂最早的应用是高速民航飞机,后来随着航空航天技术的发展,这类聚酰亚胺复合材料因其独特的性能优势,逐渐在飞机结构、发动机结构、导弹结构上得到应用[23-25]。

在飞机结构上,美国空军研究实验室采用 AFR-PE-4 聚酰亚胺复合材料制备了 B-2 轰炸机的发动机尾喷管上部的机身尾缘蒙皮,其能够提供该部位的耐温能力和抗声振能力,结构减重效果明显,如图 18.1 所示。我国航空工业复合材料技术中心首次实现了苯乙炔基封端聚酰亚胺预浸料的热熔法工艺技术,并采用自动铺丝工艺制备了 S 型结构典型件。

图 18.1   B-2 隐形轰炸机的机身尾缘蒙皮示意图

在发动机结构上,航空工业复合材料技术中心采用 CF3052/HT-350RTM 聚酰亚胺树脂,利用 RTM 工艺制造了航空发动机机匣类结构(图 18.2),可实现约 20%的减重目标。此外，Rolls-Royce 公司在军用发动机验证计划中开发碳纤维增强的聚酰亚胺树脂复合材料中介机匣。

图 18.2　CF3052/HT-350RTM 聚酰亚胺复合材料中介机匣

在导弹结构上，航空工业复合材料技术中心采用湿法预浸料、模压工艺研制了基于 HT-400/EW250 的耐高温复合材料天线罩，并通过了高温模拟环境实验，已经实现小批量的装机应用(图 18.3)。中国空空导弹研究院与航空工业复合材料技术中心合作，以 CF3031 增强材料，选用 HT-350RTM 聚酰亚胺树脂，用 RTM 成型工艺，制备了导弹用苯乙炔基封端聚酰亚胺复合材料连接环，如图 18.4 所示。其通过了导弹连接环结构的静力实验考核，达到了 150%设计载荷。

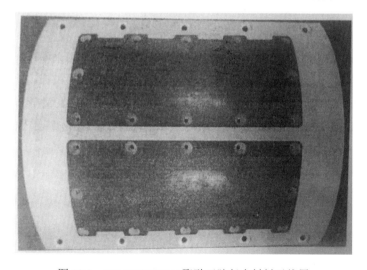

图 18.3　HT-400/EW250 聚酰亚胺复合材料天线罩

图 18.4   CF3031/HT-350RTM 聚酰亚胺复合材料导弹连接环

18.2   含炔基酚醛树脂和含炔基苯并噁嗪树脂

酚醛树脂作为高性能热固性树脂一直得到广泛应用，但是酚醛树脂的固化反应符合缩聚反应机理，在固化过程中有小分子物质释放，因此在成型加工过程中需要较高的压力。同时因为酚醛树脂固化时需要催化剂的参与，这直接限制了酚醛树脂的使用。并且和其他热固性树脂相比，酚醛树脂的热稳定性和热氧化稳定性相对较差。通过在酚醛树脂结构中引入可生成交联结构的反应性官能团，得到的加成型酚醛树脂在固化时无需催化剂、没有小分子释放，在改善原有酚醛树脂的热稳定性的同时，又保留了酚醛树脂原有的优异特性[26-27]。

带苯乙炔官能团的酚醛树脂是通过苯酚、3-苯乙炔基苯酚和甲醛等在酸催化剂的条件下反应制得的，其合成路线如下：

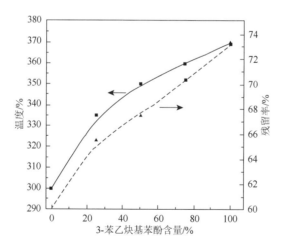

275℃

进一步加成和交联反应 ←

该树脂在 250～275℃内发生固化反应，且带苯乙炔官能团的酚醛树脂的固化时间与炔基树脂相比显著缩短，这说明二者之间的固化机理存在较大差异。Hergenrother 和 Wood 等对固化机理进行了研究，认为苯酚与炔键发生加成反应。随着 3-苯乙炔基苯酚含量的增加，树脂固化后所得到的树脂的热稳定性也相应提高。如图 18.5 所示，随着 3-苯乙炔基苯酚含量的增加，树脂的热分解起始温度和700℃残留率都大幅提高。

图 18.5　3-苯乙炔基苯酚含量对酚醛树脂热分解温度的影响

Reghunadhan 采用 3-氨基苯乙炔的偶氮化反应制备炔基酚醛树脂，其结构如下：

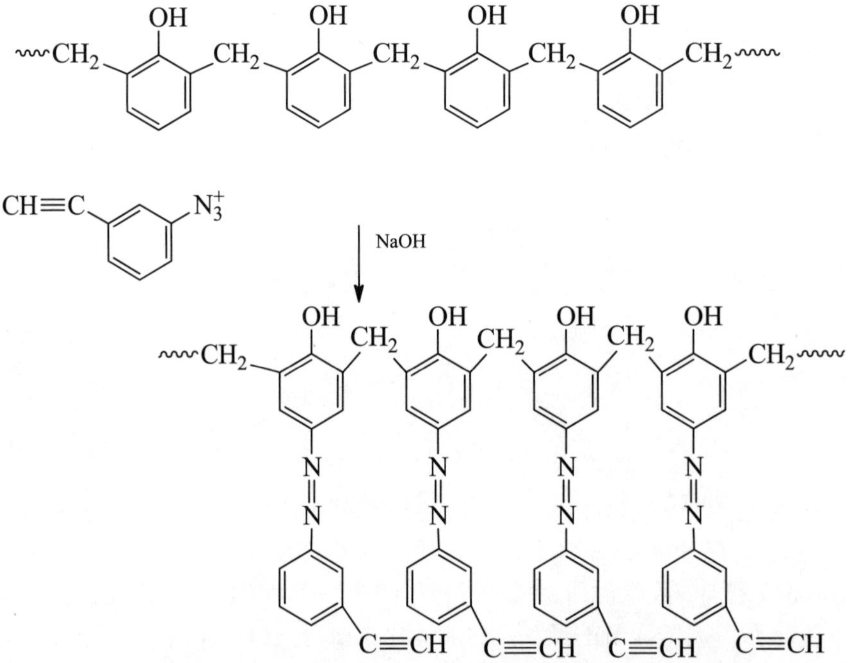

用元素分析法对该树脂中 N 元素含量进行计算,可确定取代反应的反应程度。GPC 测试结果发现随着偶氮化反应程度的提高,树脂的表观分子量下降、黏度减小,但热稳定性显著提高。

苯并噁嗪树脂是一种新型的改性杂环酚醛树脂。自 1944 年 Holly 和 Cope 在合成 Mannich 反应产物中意外发现苯并噁嗪化合物以来,国内外 Ishida、Burke、Schreiber、顾宜等对苯并噁嗪的合成和应用进行了深入的研究,并取得一定成果。苯并噁嗪可经加热和/或催化开环聚合,形成类似酚醛树脂的交联结构,且具有许多独特的性能,如较低的熔融黏度,聚合时无小分子挥发物放出,聚合过程中收缩很小(近似“零”收缩),树脂有良好的耐热性、力学性能、电气性能、阻燃性能和高残留率,并具有灵活的分子设计性,被称为新型酚醛树脂[28]。迄今,苯并噁嗪树脂已应用在许多领域,但纯的苯并噁嗪树脂还存在一些缺点,如制品较脆、高温下的热稳定性不是很好。为了进一步提高苯并噁嗪树脂的性能,科学工作者对苯并噁嗪树脂的改性展开了一系列研究。

为了进一步提高聚苯并噁嗪树脂的热稳定性,Ishida 成功地将乙炔基引入苯并噁嗪树脂内,并且合成了一系列不同结构的树脂[29],深入研究了结构对树脂热稳定性的影响,合成反应和树脂结构如下:

其中: X=

—O—	(BO-apa)	—CH₂—	(BF-apa)

—O—　(BO-apa)　—CH₂—　(BF-apa)

$$-\overset{O}{\underset{\parallel}{C}}-\quad (BZ\text{-}apa)\qquad -SO_2-\quad (BS\text{-}apa)$$

$$-\underset{CF_3}{\overset{CF_3}{C}}-\quad (BAF\text{-}apa)\qquad -\underset{CH_3}{\overset{CH_3}{C}}-\quad (BA\text{-}apa)$$

$$-S-\quad (TP\text{-}apa)\qquad\qquad\qquad (BP\text{-}apa)$$

使用 DSC 和 TGA 对树脂的热性能进行研究。在 DSC 曲线上，树脂的固化放热峰出现在 180～200℃。热稳定性如表 18.7 所示，与聚苯并噁嗪树脂(BA-a)相比，乙炔基封端的苯并噁嗪树脂的 5%、10%的失重温度和 800℃的残留率都有所提高，树脂的玻璃化转变温度在 320～370℃[30]。

表 18.7　多种乙炔基苯并噁嗪树脂的热稳定性(N₂)

树脂	T_{d5}/℃	T_{d10}/℃	Y_{r800}/%
Ph-apa	491	592	81
BF-apa	470	575	78
TP-apa	489	592	79
BZ-apa	478	547	80
HQ-apa	488	573	81
BS-apa	440	540	78
NP-apa	380	428	76
BA-apa	458	524	74
BP-apa	462	492	73
BAF-apa	494	539	71
BO-apa	415	513	75
BA-a	390	425	32

18.3　含炔基芳砜树脂

聚芳砜树脂作为高性能工程塑料，具有优异的性能，例如，在高温下的热稳定性、尺寸稳定性、模量保持率及抗辐射性能等均较好。尽管聚芳砜树脂具有优异的性能，但由于它耐溶剂性较差，限制了其使用领域。为了克服这个缺点，乙炔基作为侧基或端基被引入芳砜低聚物分子中[7,31]。端炔基芳砜树脂是由二溴苯与苯二酚类进行 Ullmann 醚反应，然后由端炔基催化置换溴原子，其合成路线如下：

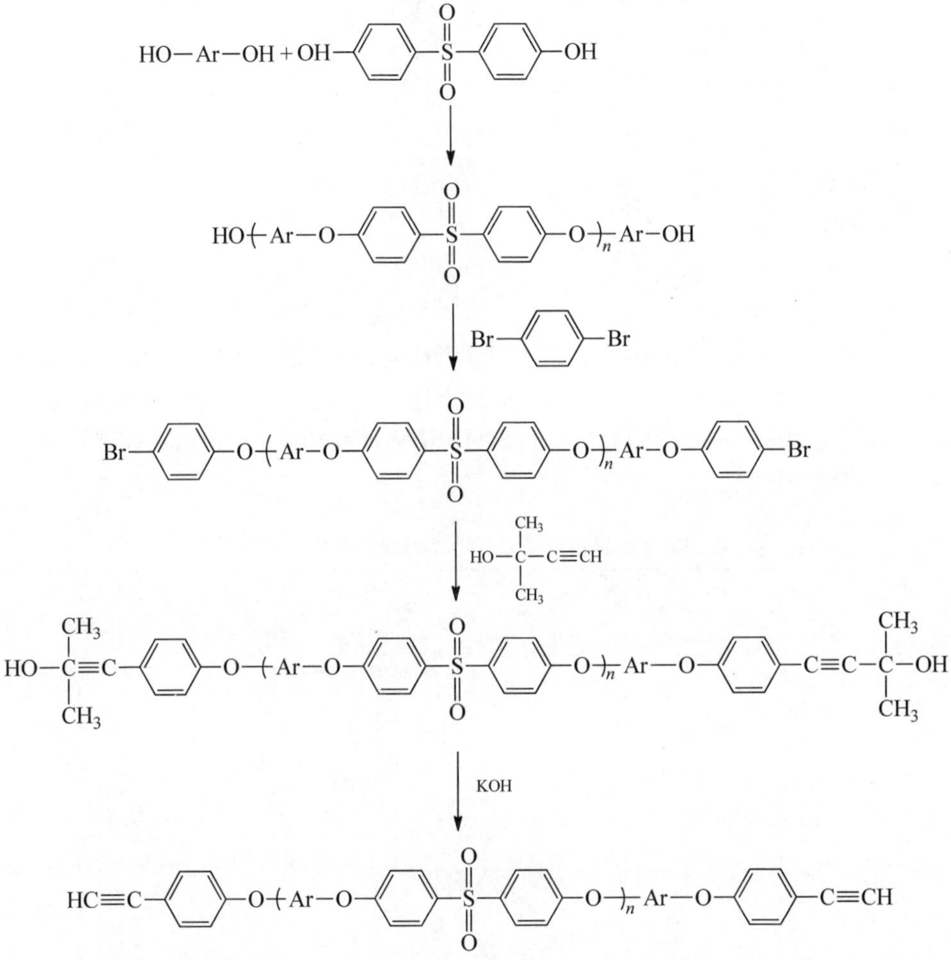

也可以使用 Vilsmeyer 反应得到炔基封端的聚芳砜树脂，如下所示：

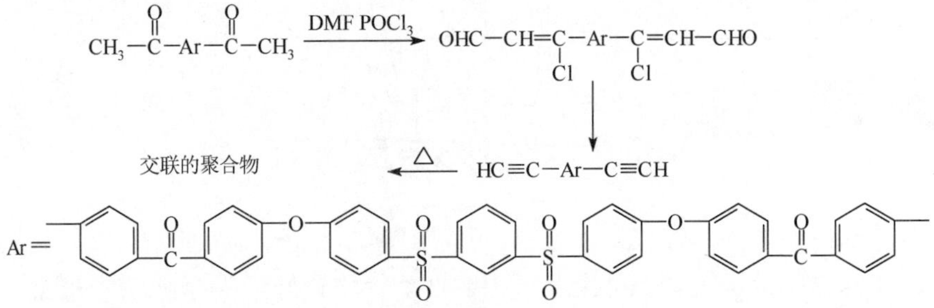

含氟树脂具有低介电性能、低吸湿、高的热和化学稳定性，因此在航空航天领域等得到应用。Kim 和 Kang 等合成了乙炔基封端的高含氟聚芳砜树脂作为波导材料，其结构式如下：

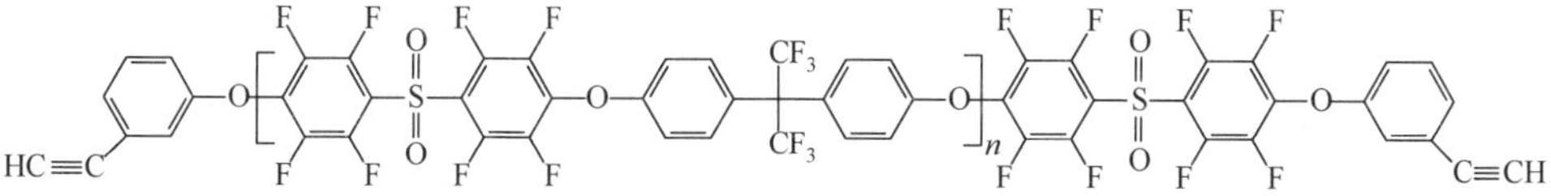

18.4　含炔基聚苯基喹𫫇啉树脂

聚苯基喹𫫇啉(polyphenylquinoxaline，PPQ)溶于氯代烃、酰胺和酚类溶剂，具有优良的可加工性和热氧化稳定性，可在 300℃ 以上长期使用。由芳族双(邻二胺)与芳族二苯偶酰缩聚而成，主要用作薄膜、胶黏剂和复合材料基体树脂。薄膜在空气中 316℃ 下老化 600h 时微微起皱，老化 1100h，失重 1.24%。碳纤维单向层合板的弯曲强度为 848MPa(25℃)和 483MPa(316℃)，弯曲模量 142.7GPa(25℃)和 70.3GPa(316℃)。取代苯基包括苯、氯苯、烷基苯、烷氧基苯、羟基苯，以及反应活性的乙烯基苯、乙炔基苯和氰基苯等[32-34]。

含炔基聚苯基喹𫫇啉的合成方法如下：

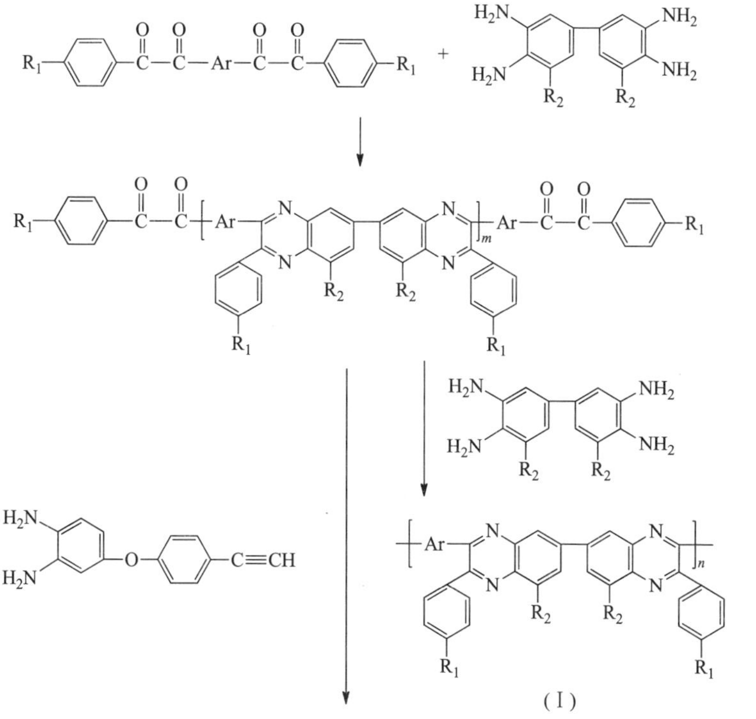

（Ⅰ）

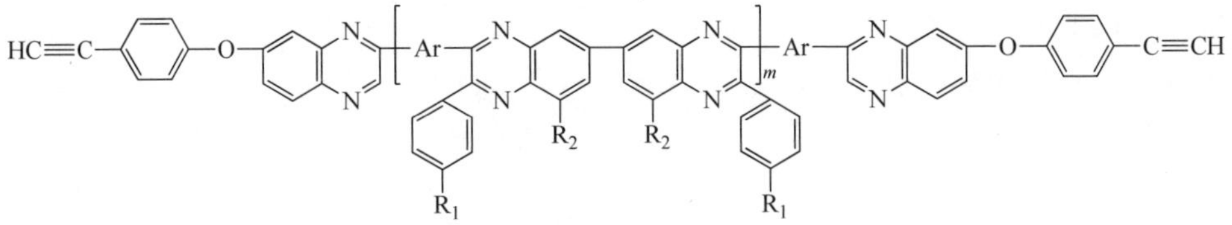

(Ⅱ)

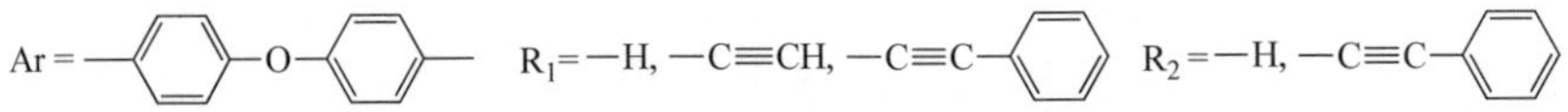

Ar= —⟨C₆H₄⟩—O—⟨C₆H₄⟩—   R₁= —H, —C≡CH, —C≡C—⟨苯⟩   R₂= —H, —C≡C—⟨苯⟩

乙炔基封端的聚苯基喹噁啉树脂(ATPQ)(树脂Ⅱ，R₁=R₂=H)在280℃固化8h，得到玻璃化转变温度为 321℃的树脂，且具有优良的力学性能。与线形高分子量聚苯基喹噁啉(Ⅰ，R₁ = R₂ = H)比较，ATPQ 树脂的可加工性和耐溶剂性有所改善，但耐热氧化性能有所降低。表 18.8 列出单向石墨纤维增强 ATPQ 树脂层压板的力学性能，显示出优良的力学性能。

表 18.8　单向石墨纤维/ATPQ 层压板的力学性能

测试条件/℃	弯曲强度/MPa	弯曲模量/GPa
25	237	19.3
260	201	17.1
260(空气中 500h 后)	189	16.8

使用不同单体可合成带有侧基的聚苯基喹噁啉树脂，当 Ar = —C₆H₄OC₆H₄—，R₁ = H，R₂ = —C≡C—C₆H₅ 时，可得到以下结构树脂：

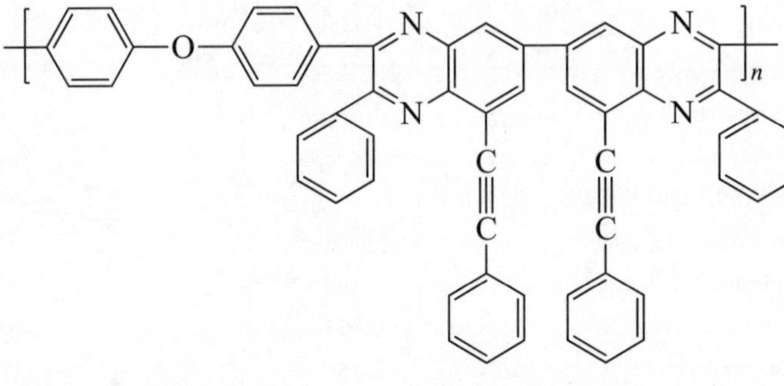

当 Ar = —C₆H₄OC₆H₄—、R₁ = —H 和—C≡CH，R₂ = —H 时，可得到以下带侧基的聚苯基喹噁啉树脂：

　　带乙炔基的聚苯基喹噁啉在热引发下发生交联反应而形成有一定交联度的交联聚苯基喹噁啉。通过改变聚苯基喹噁啉树脂中乙炔基的含量，即 R_1 为—H 和—C≡CH 的比例，最终可以得到不同玻璃化转变温度的树脂，以满足不同应用的需要。树脂玻璃化转变温度变化如表 18.9 所示，可见改变乙炔基含量，可较大幅度地提升聚苯基喹噁啉树脂的玻璃化转变温度。此外，随着乙炔基含量的增加，树脂的固化温度降低，耐溶剂性能明显改善。

表 18.9　乙炔基含量对聚苯基喹噁啉树脂固化物玻璃化转变温度的影响

乙炔基含量/%	玻璃化转变温度/℃
0	306
5	337
10	348
30	378

参 考 文 献

[1]　黄发荣，周燕. 先进树脂基复合材料. 北京：化学工业出版社，2008.

[2]　陈祥宝. 高性能树脂基体. 北京：化学工业出版社，1999.

[3]　包建文，陈祥宝. 发动机耐高温聚酰亚胺树脂基复合材料研究进展. 航空材料学报，2012，32(6)：1-13.

[4]　包建文. 耐高温树脂基复合材料及其应用. 北京：航空工业出版社，2018.

[5]　Jensen B J，Hergenrother P M，Nwokogu G. Polyimides with pendent ethynyl groups. Polymer，1993，34(3)：630-635.

[6]　Hergenrother P M，Smith J J G. Chemistry and properties of imide oligomers end-capped with phenylethynylphthalic anhydrides. Polymer，1994，35(22)：4857-4864.

[7]　Ayambem A，Mecham S J，Sun Y，et al. Endgroup substituent effects on the rate/extent of network formation and adhesion for phenylethynyl-terminated poly(arylene ether sulfone) oligomers. Polymer，2000，41(13)：5109-5124.

[8]　Ogasawara T，Ishida Y，Yokota R，et al. Processing and properties of carbon fiber/triple-a polyimide composites fabricated from imide oligomer dry prepreg. Composites Part A：Applied Science and Manufacturing，2007，38(5)：1296-1303.

[9]　Wright M E，Schorzman D A. A fast thermally curing naphthyl-ethynyl imide. Macromolecules，1999，32(25)：8693-8694.

[10]　Cho D，Choi Y，Drzal L T. Simultaneous monitoring of the imidization and cure reactions of LaRC PETI-5 sized on a braided glass fabric substrate by dynamic mechanical analysis. Polymer，2001，42(10)：4611-4618.

[11]　丁孟贤. 聚酰亚胺-化学、结构与性能的关系及材料. 北京：科学出版社，2006.

[12]　Sasaki T，Yokota R. Synthesis and properties of an addition-type imide oligomer having pendent phenylethynyl

groups: investigation of curing behavior. High Performance Polymers, 2006, 18(2): 199-211.

[13] Hao J Y, Hu A J, Yang S Y. Preparation and characterization of mono-end-capped PMR polyimide matrix resins for high-temperature applications. High Performance Polymers, 2002, 14(4): 325-340.

[14] Lincoln J E, Hout S, Flaherty K, et al. High temperature organic/inorganic addition cure polyimide composites. Part 1: Matrix thermal properties. Journal of Applied Polymer Science, 2008, 107(6): 3557-3567.

[15] Takekoshi T, Terry J M. High-temperature thermoset polyimides containing disubstituted acetylene end groups. Polymer, 1994, 35(22): 4874-4880.

[16] Wright M E, Schorzman D A. Thermally curing aryl-ethynyl end-capped imide oligomers: study of new aromatic end caps. Macromolecules, 2000, 33(23): 8611-8617.

[17] Chen C, Yokota R, Hasegawa M, et al. Isomeric biphenyl polyimides. (I) chemical structure-property relationships. High Performance Polymers, 2005, 17(3): 317-333.

[18] Kochi M. Isomeric biphenyl polyimides. (II) glass transitions and secondary relaxation processes. High Performance Polymers, 2005, 17(3): 335-347.

[19] Hergenrother P M, Bryant R G, Jensen B J, et al. Phenylethynyl-terminated imide oligomers and polymers therefrom. Journal of Polymer Science Part A: Polymer Chemistry, 1994, 32(16): 3061-3067.

[20] Hao J Y, Hu A J, Gao S Q et al. Processable polyimides with high glass transition temperature and high storage modulus retention at 400℃. High Performance Polymers, 2001, 13(3): 211-224.

[21] 姚逸伦, 张朋. 耐高温高韧性聚酰亚胺树脂分子量与性能关系. 复合材料学报, 2016, 18(2): 199-211.

[22] Cho D, Drzal L T. Characterization, properties, and processing of LaRCTM PETI-5 as a high-temperature sizing material. I. FTIR studies on imidization and phenylethynyl end-group reaction behavior. Journal of Applied Polymer Science, 2000, 76(2): 190-200.

[23] 侯鹏, 罗艾然. 聚酰亚胺基树脂构件在航空发动机上的应用. 纤维复合材料, 2018, 2: 57-59.

[24] 王倩倩, 周燕萍. 耐高温聚酰亚胺树脂及其复合材料的研究及应用. 工程塑料应用, 2019, 47(8): 144-147.

[25] Yokota R. Recent trends and space applications of polyimides. Journal of Photopolymer Science and Technology, 1999, 12(2): 209-216.

[26] Nair C P R. Advances in addition-cure phenolic resins. Progress in Polymer Science, 2004, 29(5): 401-498.

[27] Reghunadhan N C P, Bindu R L, Ninan K N, et al. Addition curable phenolic resins based on ethynyl phenyl azo functional novolac. Polymer, 2002, 43(9): 2609-2617.

[28] Huang J, Zhang J, Wang F, et al. The curing reactions of ethynyl-functional benzoxazine. Reactive & Functional Polymers, 2006, 66(12): 1395-1403.

[29] Ishida H, Sanders D P. Improved thermal and mechanical properties of polybenzoxazines based on alkyl-substituted aromatic amines. Journal of Polymer Science Part B: Polymer Physics, 2000, 38(24): 3289-3301.

[30] Kim H J, Brunovska Z, Ishida H. Synthesis and thermal characterization of polybenzoxazines based on acetylene-functional monomers. Polymer, 1999, 40(23): 6565-6573.

[31] Kim J P, Kang J W, Kim J J, et al. Fluorinated poly(arylene ether sulfone)s for polymeric optical waveguide devices. Polymer, 2003, 44(15): 4189-4195.

[32] Hergenrother P M. Adhesive and composite evaluation of acetylene-terminated phenylquinoxaline resins. Polymer Engineering and Science, 1981, 21(16): 1072-1078.

[33] Hedberg F L, Arnold F E. New acetylene-terminated phenylquinoxaline oligomers. Journal of Applied Polymer Science, 1979, 24(3): 763-769.

[34] Hergenrother P M. Poly(phenylquinoxalines) containing ethynyl groups. Macromolecules, 1981, 14(4): 891-897.

关键词索引